Laborbücher Chemie

Wasser und Wasseruntersuchung

2., neu bearbeitete und erweiterte Auflage

Methodik, Theorie und Praxis chemischer, chemisch-physikalischer und bakteriologischer Untersuchungsverfahren

Leonhard A. Hütter

Verlag Moritz Diesterweg
Otto Salle Verlag
Frankfurt am Main · Berlin · München

Verlag Sauerländer
Aarau · Frankfurt am Main · Salzburg

CIP-Kurztitelaufnahme der Deutschen Bibliothek

Hütter, Leonhard A.:
Wasser und Wasseruntersuchung:
Methodik, Theorie u. Praxis chem., chem.-physikal. u. bakteriolog. Untersuchungsverfahren /
Leonhard A. Hütter. –
2., neu bearb. u. erw. Aufl. –
Frankfurt am Main; Berlin; München: Diesterweg/Salle;
Aarau; Frankfurt am Main; Salzburg: Sauerländer, 1984.
  (Laborbücher Chemie)
  ISBN 3-425-05075-3 (Diesterweg)
  ISBN 3-7941-2615-7 (Sauerländer)

Bildernachweis: Fa. Heraeus S. 97; Labor Hütter S. 10, 14, 177, 183, 188, 199, 202; Fa. Kelomat S. 272; Fa. Merck S. 12, 216, 256; Archiv Ruhrverband S. 130, 131, 133, 135, 136, 137, 138; Fa. Sartorius S. 101, 273, 280, 281; Fa. Seral S. 99; Fa. Testoterm S. 158; Fa. WTW S. 161, 171, 207, 262

Leonhard A. Hütter
Wasser und Wasseruntersuchung
Reihe: Laborbücher Chemie

Bestellnummer: 5075

ISBN 3-425-05075-3 (Diesterweg)
ISBN 3-7941-2615-7 (Sauerländer)

2., neu bearbeitete und erweiterte Auflage 1984

© 1979 Verlag Moritz Diesterweg, GmbH & Co., Otto Salle Verlag GmbH & Co. Frankfurt am Main
  Verlag Sauerländer AG, Aarau

Alle Rechte vorbehalten. Die Vervielfältigung, Aufnahme, Speicherung und Wiedergabe durch irgendwelche Datenträger (EDV, Mikrofilm usw.) auch einzelner Teile, Texte oder Bilder – mit Ausnahme der in §§ 53, 54 URG ausdrücklich genannten Sonderfälle – gestattet das Urheberrecht nur, wenn sie mit dem Verlag vereinbart wurden.

Die Wiedergabe von Warenbezeichnungen, Handelsnamen oder sonstigen Kennzeichen in diesem Buch berechtigt nicht zu der Annahme, daß diese von jedermann frei benutzt werden dürfen. Vielmehr kann es sich auch dann um eingetragene Warenzeichen oder sonstige gesetzlich geschützte Kennzeichen handeln, wenn sie als solche nicht eigens gekennzeichnet sind.

Technische Daten und andere Informationen werden aufgrund der von den Herstellern bzw. Institutionen gemachten Angaben nach bestem Wissen und Gewissen weitergegeben; sie entsprechen dem Stand bei Drucklegung. Zwischenzeitliche Änderungen sind im Interesse einer Weiterentwicklung der Geräte, Normen, Verordnungen u. a. ohne vorherige Veröffentlichung möglich. Schadenersatz-Ansprüche für Besitzschäden, Vermögensschäden sowie Folgeschäden jeder Art aufgrund dieser Veröffentlichung können nicht anerkannt werden.

Herstellung: Sauerländer AG, Aarau

Inhaltsübersicht

1 Wasser und Wasseranalyse 3

1.1 Begründung und Anforderungen – didaktische und experimentelle Aufbereitung 4
    1.1.1 Anforderungen an den Laboranten bzw. Praktikanten 5
    1.1.2 Protokollführung 6
    1.1.3 Anforderungen an das Laboratorium – Gerätezusammenstellung und praktische Hinweise 6
        1. Allgemeiner Laborbedarf 7
        2. Geräte aus Glas 7
        3. Geräte aus Kunststoff 9
        4. Reagenzien und Chemikalien 9
        5. Reinstwasser und keimfreies Wasser 9
        6. Systeme und Reagenziensätze zur Wasseruntersuchung 9
        7. Waagen 13
        8. Thermometer 13
        9. Kältethermostat 13
        10. Autobüretten (Kolbenbüretten) und Dispenser 13
        11. Mehrzweck-Laborschreiber 14
        12. Ionscan-System zur Metallspurenanalyse 15
        13. Leitfähigkeitsmeßgeräte (Konduktometer) 15
        14. pH- und mV-Meßgeräte; Ionenmeter; Elektroden; Pufferlösungen 15
        15. Sauerstoff- und BSB-Meßgeräte 15
        16. CSB-Meßplatz 16
        17. Filterphotometer 16
        18. Spektralphotometer 16
        19. Flammenphotometer 16
        20. Trockenschränke, Brutschränke; Sterilisatoren; Autoklaven 16
        21. Geräte und Hilfsmittel für die Bakteriologie 17
        22. Literatur und Information; Handbibliothek 17
    1.1.4 Einsatz spezieller Apparate und Methoden 17
        1. Probenahmegeräte 17
        2. Möglichkeiten und Systeme zur Probenvorbereitung und Spurenanreicherung 18
        3. Atomabsorptionsspektrometrie (AAS) und ICP-AES 19
        4. Ionenchromatographie (IC) 19
        5. Gesamter organisch gebundener Kohlenstoff (TOC) 20
        6. Weitere Geräte und Analysenmethoden 20
    1.1.5 Gliederung der Untersuchungen 20
    1.1.6 Auswahl der Untersuchungsobjekte; Arbeitsplanung 21
    1.1.7 Auswahl der Einzelbestimmungen für eine bestimmte Wasserprobe 23
    1.1.8 Wahl des Untersuchungsverfahrens für die Einzelbestimmungen 24
    1.1.9 Reihung der Einzelbestimmungen im Rahmen einer Gesamtuntersuchung; Probenkonservierung 25

1.2 Wasser ist nicht gleich Wasser – Charakterisierung verschiedener Wasserarten; Gewässerschutz 26
    1.2.1 Niederschlagswasser 27
    1.2.2 Grundwasser 28
    1.2.3 Quell- und Brunnenwasser; Grundwassererschließung 34
    1.2.4 Mineral- und Heilwässer 35

	1.2.5	Oberflächenwasser	35
	1.2.6	Abwasser; Gewässerschutzprobleme	37
	1.2.7	Meerwasser	41

1.3 Wasser als Lebensraum – Hydrobiologie ... 41

- 1.3.1 Das Süßwasser als Umwelt der Organismen ... 41
- 1.3.2 Biologisches Gleichgewicht;
  Die Selbstreinigung von Gewässern und dessen Störung ... 42
- 1.3.3 Biologische Vorgänge und Stoffkreislauf im See ... 45
- 1.3.4 Biologische Vorgänge im Fließwasser; Trophie und Saprobie;
  Gewässerbeurteilung nach dem Saprobiensystem ... 47
- 1.3.5 Bedeutung und Grenzen der biologischen Wasseranalyse ... 49

1.4 Inhaltsstoffe natürlicher Wässer – deren mögliche Herkunft und Bedeutung ... 51

- 1.4.1 Gesamt-Elektrolytgehalt; Elektrische Leitfähigkeit ... 52
- 1.4.2 Oxoniumionen-Konzentration, $c(H_3O^+)$; pH-Wert ... 52
- 1.4.3 Alkalimetalle: Na^+, K^+, (Li^+, Rb^+) ... 53
- 1.4.4 Erdalkalimetalle: Ca^{2+}, (Sr^{2+}, Ba^{2+}); Mg^{2+} ... 54
- 1.4.5 Härte eines Wassers, $c(Ca^{2+} + Mg^{2+})$ ... 55
- 1.4.6 Kohlenstoffdioxid (Kohlensäure), $CO_2(H_2CO_3)$,
  Hydrogencarbonat (HCO_3^-) und Carbonat (CO_3^{2-});
  Kalk-Kohlensäure-Gleichgewicht ... 56
- 1.4.7 Sauerstoff (O_2) ... 58
- 1.4.8 Halogenide: Cl^-, (F^-, Br^-, I^-) ... 58
- 1.4.9 Sulfat (SO_4^{2-}) ... 59
- 1.4.10 Stickstoffverbindungen: Ammonium (Ammoniak), $NH_4^+(NH_3)$,
  Nitrit (NO_2^-) und Nitrat (NO_3^-) ... 59
- 1.4.11 Phosphat (PO_4^{3-}) ... 60
- 1.4.12 Kieselsäure (H_2SiO_3) und Silicat (SiO_3^{2-}) ... 61
- 1.4.13 Schwermetalle: Eisen (Fe^{2+}/Fe^{3+}), Mangan (Mn^{2+}),
  Blei (Pb^{2+}), Kupfer (Cu^{2+}), Zink (Zn^{2+}) ... 61
- 1.4.14 Spurenelemente ... 63
- 1.4.15 Organische Stoffe – Chemische Oxidierbarkeit (CSB; TOC, DOC);
  Bedeutung von Summen- und Gruppenparametern; Leitsubstanzen ... 64
  1. Oxidierbarkeit mit Kaliumpermanganat, ($KMnO_4$-Verbrauch) ... 65
  2. Oxidierbarkeit mit Kaliumdichromat, ($K_2Cr_2O_7$-Verbauch),
     Chemischer Sauerstoffbedarf (CSB) ... 67
  3. Gesamter (gelöster) organisch gebundener Kohlenstoff, TOC (DOC) ... 67
- 1.4.16 Organische Stoffe – Biochemische Oxidierbarkeit;
  Biochemischer Sauerstoffbedarf (BSB) ... 69
- 1.4.17 Chlor (Cl_2) und Ozon (O_3); Desinfektion ... 70
- 1.4.18 Radioaktivität ... 72

1.5 Mögliche Schadwirkungen des Wassers und deren Beseitigung ... 73

- 1.5.1 Toxische Stoffe im allgemeinen (Toxikologie) ... 74
- 1.5.2 Toxische anorganische Stoffe ... 74
  1. Beryllium (Be^{2+}) und Aluminium (Al^{3+}) ... 75
  2. Blei (Pb^{2+}) ... 75
  3. Cadmium (Cd^{2+}) ... 75
  4. Chrom (Cr^{3+}, Cr^{6+} (CrO_4^{2-})) ... 76
  5. Quecksilber (Hg^{2+}) ... 76
  6. Arsen, As(III), As(V) ... 77
  7. Selen, Se(IV), Se(VI) ... 77
  8. Cyanid (CN^-) ... 78
  9. Schwefelwasserstoff (H_2S) ... 78

	1.5.3	Toxische organische Stoffe	78
		1. Pestizide (Schädlingsbekämpfungsmittel)	78
		2. Polycyclische aromatische Kohlenwasserstoffe (PAK; PAH)	79
		3. Halogenkohlenwasserstoffe (HKW)	79
		4. Phenole	80
		5. Kohlenwasserstoffe (KW); Mineralöl und Mineralölprodukte	80
		6. Grenzflächenaktive Stoffe (Tenside)	81
	1.5.4	Biologische Testverfahren – Toxizitätsprüfung mit Wasserorganismen	81
	1.5.5	Mikroorganismen; Viren	82
		1. Algen	82
		2. Eisen- und Manganbakterien	82
		3. Krankheits- (Seuchen-) Erreger	82
	1.5.6	Werkstoffe – Korrosion und Korrosionsschutz	83
		1. Säurekorrosion	85
		2. Sauerstoffkorrosion	86
		3. Beton und Betonangriff	87
	1.5.7	Störende oder schädigende Einflüsse hinsichtlich bestimmter Verbrauchergruppen	88
	1.5.8	Aufbereitung des Wassers zu Trinkwasser	92
1.6	Reinstwasser und keimfreies Wasser für analytische und bakteriologische Zwecke		95
	1.6.1	Mono- und bidestilliertes Wasser	97
	1.6.2	Vollentsalzung durch Ionenaustausch und Umkehr-Osmose	98
	1.6.3	Keimfreies Wasser	100
1.7	Trinkwasser – Beschaffenheit, Anforderungen und Beurteilung; Grenzwerte		102
1.8	Mineral- und Heilwässer; Tafelwässer		108
	1.8.1	Entstehung	108
	1.8.2	Charakterisierung und Beschaffenheit	108
	1.8.3	Untersuchung	112
1.9	Fischereigewässer – Anforderungen, Untersuchung und Beurteilung		114
1.10	Wasser für Hallenbäder, Freibeckenbäder und Badeseen – Anforderungen und Beurteilung		117
	1.10.1	Hallenbäder und Freibeckenbäder	119
	1.10.2	Badeseen	121
1.11	Regenwasser und Schnee (Niederschlagswasser)		122
	1.11.1	Inhaltsstoffe	123
	1.11.2	Untersuchungshinweise	123
1.12	Abwasser – Beschaffenheit, Reinigung, Untersuchung und Beurteilung		124
	1.12.1	Abwasserarten und deren Beschaffenheit	125
	1.12.2	Einleitebedingungen	126
	1.12.3	Die Reinigung kommunaler Abwässer	128
		1. Das Kanalisationssystem	129
		2. Verfahren zur Abwasserreinigung	129
		3. Die mechanische Reinigung	129
		4. Die biologische Reinigung	131
		5. Weitergehende Reinigung	137
		6. Schlammbehandlung	139
	1.12.4	Untersuchung und Beurteilung	140

1.13	Darstellung und Interpretation der Untersuchungsergebnisse	142
	1.13.1 Gliederung einer Wasseranalyse	143
	1.13.2 Berechnung und Angabe der Analysenergebnisse; statistische Verfahren	143
	1.13.3 Indirekte Berechnungen	147
	1.13.4 Summenbestimmungen und Ausgleich der Ionenbilanz	147
	1.13.5 Die Problematik des Begriffes «Wasserhärte»	148
	1.13.6 Verschmutzungsindikatoren	149
	1.13.7 Der Befund	150

2 Experimentelle Methoden der Wasseruntersuchung 151

2.1 Probenahme und Sinnenprüfung 151
- 2.1.1 Probenahme und Probenkonservierung … 152
- 2.1.2 Prüfung auf Geruch und Geschmack … 155
- 2.1.3 Prüfung auf Färbung und Trübung … 156

2.2 Physikalische und physikalisch-chemische Untersuchungen 157
- 2.2.1 Bestimmung der Temperatur … 157
- 2.2.2 Bestimmung der Dichte … 159
- 2.2.3 Bestimmung der elektrischen Leitfähigkeit … 160
- 2.2.4 Bestimmung der Oxoniumionen-Konzentration, $c(H_3O^+)$; pH-Wert … 165
- 2.2.5 Bestimmung der Redox-Spannung … 172
- 2.2.6 Bestimmung der Calciumcarbonatsättigung … 174
- 2.2.7 Bestimmung der Absorption im sichtbaren ($\lambda = 436$ nm) und im UV-Bereich ($\lambda = 254$ nm) … 178

2.3 Chemische und biochemische Summenbestimmungen 180
- 2.3.1 Bestimmung des Gesamtrückstandes und des Abdampfrückstandes … 180
- 2.3.2 Summenbestimmung durch Kationenaustausch … 181
- 2.3.3 Bestimmung der Gesamthärte (°d GH) … 184
- 2.3.4 Bestimmung der Säure- und Basekapazität (K_S und K_B; m-Wert und p-Wert) … 184
- 2.3.5 Bestimmung des gesamten anorganisch gebundenen Kohlenstoffs (TIC; ΣCO_2 bzw. Q_c-Wert) … 190
- 2.3.6 Bestimmung des gesamten organisch gebundenen Kohlenstoffs (TOC) … 191
- 2.3.7 Bestimmung der Oxidierbarkeit mit Kaliumpermanganat ($KMnO_4$-Verbrauch) … 191
- 2.3.8 Bestimmung der Oxidierbarkeit mit Kaliumdichromat ($K_2Cr_2O_7$); Chemischer Sauerstoffbedarf (CSB) … 194
- 2.3.9 Bestimmung des biochemischen Sauerstoffbedarfs (BSB) … 200

2.4 Bestimmung von Kationen 208
- 2.4.1 Bestimmung von Lithium (Li^+), Natrium (Na^+) und Kalium (K^+) … 208
- 2.4.2 Bestimmung von Calcium (Ca^{2+}) und Magnesium (Mg^{2+}) sowie deren Summe (Gesamthärte; GH) … 211
- 2.4.3 Bestimmung von Eisen (Fe^{2+}; Fe^{3+}) … 217
- 2.4.4 Bestimmung von Mangan (Mn^{2+}) … 219
- 2.4.5 Bestimmung von Kupfer (Cu^{2+}) … 220
- 2.4.6 Bestimmung von Zink (Zn^{2+}) … 221
- 2.4.7 Bestimmung von Blei (Pb^{2+}) … 223
- 2.4.8 Bestimmung von Chrom (Cr^{6+}) … 225
- 2.4.9 Bestimmung von Nickel (Ni^{2+}) … 226
- 2.4.10 Bestimmung von Schwermetallspuren (Bi, Cd, Cu, In, Pb, Tl, Zn, (Hg)) durch Ionenscan-Analyse … 228

2.4.11	Bestimmung von Schwermetallspuren (Ag, Bi, Cd, Co, Cu, Ni, Pb, Tl, Zn) durch Atomabsorptions-Spektrometrie (AAS)	228
2.4.12	Halbquantitative Bestimmung von Aluminium (Al^{3+})	229
2.4.13	Halbquantitative Bestimmung von Arsen, As(III), As(V)	230

2.5 Bestimmung von Anionen ... 230

2.5.1	Berechnung des gelösten Kohlenstoffdioxids (der freien Kohlensäure), des Hydrogencarbonat- und Carbonat-Ions (CO_2 bzw. H_2CO_3; HCO_3^-, CO_3^{2-}); Bestimmung der Carbonathärte (°d KH)	230
2.5.2	Bestimmung von Chlorid (Cl^-)	237
2.5.3	Bestimmung von Fluorid (F^-)	239
2.5.4	Bestimmung von Cyanid (CN^-)	242
2.5.5	Bestimmung von Hydrogensulfid (HS^-)	244
2.5.6	Bestimmung von Sulfat (SO_4^{2-})	245
2.5.7	Bestimmung von Phosphat (als PO_4^{3-}) und Silicat bzw. Kieselsäure (als SiO_2)	247

2.6 Bestimmung von Stickstoffverbindungen ... 251

2.6.1	Bestimmung von Ammonium (NH_4^+) bzw. Ammoniak (NH_3)	251
2.6.2	Bestimmung von Nitrit (NO_2^-)	253
2.6.3	Bestimmung von Nitrat (NO_3^-)	255

2.7 Bestimmung gelöster Gase ... 257

2.7.1	Bestimmung von Sauerstoff (O_2)	257
2.7.2	Bestimmung von Kohlenstoffdioxid (CO_2)	263
2.7.3	Bestimmung von freiem Chlor und Gesamtchlor (Cl_2)	266

3 Bakteriologische Wasseruntersuchung 268

3.1 Zweck und Bedeutung der bakteriologischen Wasseruntersuchung ... 270

3.2 Sterilisation der Geräte und Nährmedien; Arbeitshinweise ... 271

3.3 Entnahme, Transport und Aufbewahrung von Wasserproben für die bakteriologische Untersuchung ... 274

3.4 Bestimmung der Koloniezahl (Volumenbezogene Zahl der vermehrungsfähigen Keime) . 275

3.4.1	Gußplatten-Verfahren auf Gelatine-Agar Nährboden	276
3.4.2	Membranfilter-Verfahren	278
3.4.3	Schnellkontrolle mit Total-Count-Tester	282

3.5 Nachweis und Bestimmung der Koloniezahl von Escherichia coli und coliformen Bakterien ... 282

3.5.1	Nachweis durch Anreicherung in Lactose-Pepton-Nährlösung und Bestimmung des Coli-Titers	284
3.5.2	Differenzierung auf Selektivnährböden nach Flüssigkeitsanreicherung bzw. Membranfiltration; «Bunte Reihe»	286
3.5.3	Membranfilter-Verfahren	288
3.5.4	Schnellkontrolle mit Coli-Count-Tester	289

3.6 Nachweis und Bestimmung der Koloniezahl von Enterokokken ... 290

VII

4 Literatur und Information ... 291

4.1 Literatur ... 291
    4.1.1 Standardwerke ... 291
    4.1.2 Lehrbücher und Monographien ... 291
    4.1.3 Schriftenreihen und Periodika ... 296
    4.1.4 Literaturzitate ... 304
    4.1.5 Firmenschriften und Sonderdrucke ... 308

4.2 Wasserrecht. Gesetze und Verordnungen ... 311
    4.2.1 Bundesrepublik Deutschland ... 311
    4.2.2 Deutsche Demokratische Republik ... 313
    4.2.3 Österreich ... 314
    4.2.4 Schweiz ... 315
    4.2.5 Europäische Gemeinschaften ... 316

4.3 Normen ... 316
    4.3.1 Deutsche Normen (DIN) ... 316
    4.3.2 Österreichische Normen (ÖNORM) ... 317
    4.3.3 Schweizer Normen (SN) ... 318
    4.3.4 International Organization of Standardization (ISO) ... 319

4.4 Zeitschriften und Periodika Wasserfach und Grenzgebiete ... 319
    4.4.1 Bundesrepublik Deutschland ... 319
    4.4.2 Deutsche Demokratische Republik ... 322
    4.4.3 Österreich ... 322
    4.4.4 Schweiz ... 323

4.5 Spezielle Hinweise und Informationen ... 324
    4.5.1 Bundesrepublik Deutschland ... 324
    4.5.2 Deutsche Demokratische Republik ... 326
    4.5.3 Österreich ... 326
    4.5.4 Schweiz ... 328
    4.5.5 Internationaler Gewässerschutz ... 330

4.6 Bezugsquellen- und Firmenverzeichnis ... 330

Verzeichnis gebräuchlicher Kurzbezeichnungen ... 334

Sachwortverzeichnis ... 335

Vorwort zur ersten Auflage

Wasser ist für die meisten Menschen naturgemäß etwas so Gewöhnliches und Alltägliches, daß ihm – solange es in reichlicher Menge und guter Qualität zur Verfügung steht – kaum Aufmerksamkeit geschenkt wird. Information bleibt weitgehend unbeachtet; erst wenn irgendwo ein Problem auftaucht, eine Unzulänglichkeit, horcht man auf. Welche Anstrengungen und Überlegungen aber nötig sind, welche Schwierigkeiten oft überwunden werden müssen, um allein jeden Tag das benötigte Trinkwasser bereitzustellen, um unsere Gewässer zu schützen und vor weiterem Verfall zu bewahren, ist im allgemeinen nur jenen bekannt, die sich beruflich damit zu befassen und die enorme Verantwortung für unser kostbarstes Gut zu tragen haben.

Verständnis für eine Sache kann man vor allem dadurch wecken, daß man sich damit befaßt und mit der Problematik vertraut macht. Das vorliegende Buch soll diesem Anliegen dienen; es ist aus dem Bemühen entstanden, das ebenso wichtige wie interessante Thema Wasser und Wasseruntersuchung in zwar knapper, aber umfassender Form einem möglichst weiten Kreis begeisterungsfähiger und engagierter junger Menschen in nicht allzusehr vereinfachender Form zu erschließen bzw. der sie betreuenden Lehrerschaft eine Handreichung für diese Aufgabe anzubieten. Insbesondere ist es gedacht für jene schulischen und beruflichen Bereiche, die aufgrund ihrer Lehrpläne und Ausbildungsziele anspruchsvollere Themen zu bearbeiten und fachübergreifende Zusammenhänge (Chemie – Biologie – Umweltkunde) zu vermitteln haben und die über Möglichkeiten zu entsprechender praktischer Betätigung im Labor verfügen oder diese sich grundsätzlich schaffen können.

Infolge dieser doch wesentlich weiter reichenden als nur wasserfach-bezogenen Ausrichtung der Thematik schien es erforderlich, auch auf die methodisch-didaktischen Probleme der Wasseruntersuchung einzugehen, um so auch jenen Lehrenden wie Lernenden, die sich noch nicht mit diesem Thema befaßt haben, den Zugang zu erleichtern.

Der erste Teil bringt die für Wasseruntersuchungen maßgeblichen allgemeinen Grundlagen, Untersuchungskriterien und Beurteilungsgrundsätze. Dabei sind die Gegebenheiten der Bundesrepublik Deutschland, Österreichs und der Schweiz, auch was gesetzliche Vorschriften und Normen anlangt, berücksichtigt. Der Biologie des Wassers ist in einem eigenen Abschnitt («Wasser als Lebensraum – Hydrobiologie») und so oft als nötig im Text soweit Rechnung getragen, daß die jeweils maßgebenden chemischen und bakteriologischen Untersuchungsverfahren richtig eingesetzt und deren Ergebnisse richtig interpretiert werden können. Hygienisch-toxikologische Gegebenheiten sind hinsichtlich der wichtigsten möglichen Inhaltsstoffe des Wassers berücksichtigt. Schadwirkungen des Wassers werden besprochen und theoretisch fundiert. Neben der Darstellung der üblichen Wasserarten (z. B. Trinkwasser, Mineralwasser, Wasser für Hallenbäder) wurde auch die Untersuchung von Regenwasser einbezogen sowie die Herstellung von Rein- und Reinstwasser und von keimfreiem Wasser, wie es für die chemischen und bakteriologischen Untersuchungen benötigt wird. Der Planung von Untersuchungsvorhaben sowie der Darstellung und Interpretation der Untersuchungsergebnisse sind ebenfalls eigene Abschnitte gewidmet. Leider mußte aus Platzgründen auf die theoretische Behandlung des Wassermoleküls und seiner Makrostruktur verzichtet werden. Es wäre also ergänzend die Frage der chemischen Bindung zu bearbeiten; ebenso wäre darauf hinzuweisen, daß Wasser in der Hauptsache zwar als $^1_1H_2\,^{16}_8O$ vorliegt, daß jedoch auch Moleküle wie etwa $D_2\,^{18}_8O$ oder HD^{16}_8O existent sind, daß also sämtliche Nuklide sowohl des Wasserstoffs wie des Sauerstoffs und deren natürliche Mischung das ausmachen, was einfachhin als «H_2O» formuliert wird. Auch über die Bedeutung der H-

Brückenbindung sollte gesprochen werden; diesen H-Brücken verdanken wir es schließlich, daß Wasser bei Raumtemperatur flüssig und von angenehmer Viskosität ist, während es eigentlich bei ca. $-75\,°C$ sieden und bei ca. $-100\,°C$ gefrieren müßte.
Der zweite Teil befaßt sich mit der experimentellen Wasseranalyse. Den einzelnen Verfahren ist jeweils ein theoretischer Abschnitt vorangestellt und, wo nötig, mit dem ersten Teil des Buches koordiniert. Insgesamt kann dabei ein beträchtliches theoretisches wie auch experimentelles Rüstzeug erarbeitet werden, das keineswegs nur für die Wasseruntersuchung von Bedeutung ist. Zudem bietet die bei Wasseruntersuchungen stets nötige Zusammenschau mehrerer und oft verschiedenartigster Parameter eine vorzügliche Möglichkeit zur Einübung in ein umfassendes Denken.
Die im dritten Teil behandelten bakteriologischen Verfahren stellen ein als Einführung gedachtes Programm zur Untersuchung insbesondere solcher Wässer dar, in denen Fäkalindikator-Bakterien an sich nicht vorhanden sein sollten, wie z. B. in Trinkwasser bzw. Wasser mit Trinkwasserqualität.
Allen Kolleginnen und Kollegen, Firmen und Institutionen, die am Zustandekommen dieses Buches mitgewirkt haben und weiter an dessen Vervollkommnung mitarbeiten, sage ich herzlichen Dank, besonders auch dem Verlag für die sorgfältige Gestaltung.
Möge das Buch seinen Zweck erfüllen und für den einen oder anderen Anreiz sein, tiefer in dieses umfassende und für uns alle so bedeutsame Wissensgebiet oder eines seiner Spezialgebiete einzudringen.

A-6060 Hall in Tirol, im Oktober 1978   Leonhard A. Hütter

Vorwort zur zweiten Auflage

Seit Erscheinen der 1. Auflage hat auf dem Wassersektor eine lebhafte Entwicklung stattgefunden. Das verstärkte Bemühen um den Schutz unseres kostbarsten Bodenschatzes brachte neue Technologien und Analysenmethoden und hat auch in der Literatur sowie in entsprechenden Gesetzen und Normen ihren konkreten Niederschlag gefunden. Diese Gegebenheiten führten – unter Beibehaltung des bewährten Grundkonzeptes – zu einer Neubearbeitung und beträchtlichen Erweiterung des Buches, für dessen Ermöglichung ich dem Verlag sehr zu Dank verpflichtet bin. Aber auch den vielen Institutionen, Behörden, Firmen und Freunden, die mit Rat und Tat geholfen haben, gilt mein Dank.
Von den Veränderungen gegenüber der 1. Auflage seien hervorgehoben das vielfach gewünschte Sachwortregister sowie der 43 Seiten umfassende 4. Abschnitt: «Literatur und Information»; er umfaßt neben wichtigen Anschriften u. a. das wesentliche Angebot an Buchliteratur, Schriftenreihen, Zeitschriften sowie Normen und Gesetze der Bundesrepublik Deutschland, der DDR, Österreichs und der Schweiz. Außerdem wurde der Abschnitt über Laborausstattung und Gerätebedarf sowie das Firmenverzeichnis beträchtlich erweitert, v. a. auch im Hinblick auf instrumentelle Analytik. Der Abschnitt «Abwasser» wurde völlig neu konzipiert, ein Abschnitt «Fischereigewässer» eingefügt. Sämtliche Analysenverfahren wurden überarbeitet und z. T. erheblich erweitert.
Möge das Buch wiederum Anklang und Freunde finden, die Ausbildung junger Fachkräfte unterstützen und die gut nachbarliche Zusammenarbeit befruchten!

A-6060 Hall in Tirol, im April 1984   Leonhard A. Hütter

1 Wasser und Wasseranalyse

Wasser, H_2O, das Oxid des Wasserstoffs, ist die weitaus häufigste und wichtigste chemische Verbindung an der Erdoberfläche. Etwa 1400 Mio. Kubikkilometer Wasser bedecken die Erdoberfläche, nur 2,6% davon sind Süßwasser, das sind immerhin noch rund 36 Mio. km^3. Wiederum nur 0,02% der Süßwassermenge befinden sich in den Seen und Flüssen der Erde und 0,58% sind Grundwasser und Bodenfeuchte. Rund 3700 Mio. m^3 Wasser flossen allein in der Bundesrepublik Deutschland im Jahre 1982 durch die Leitungen der öffentlichen Wasserversorgung, die mit 18 775 Wassergewinnungsanlagen (1975) über 96% des gesamten Wasserbedarfes deckt. Davon wurden etwa 2700 Mio. m^3, das sind über 70%, in den Bereich «Haushalte und Kleingewerbe» abgegeben, was einem täglichen Wasserverbrauch von 147 Liter je Einwohner entspricht.

Wasser war der Lebensraum der ersten Organismen der Erde und hat diese fundamentale Bedeutung auch beibehalten, nachdem eine große Zahl von Organismen zum Landleben übergegangen waren. Während Leben, wenn auch in primitivster Form ohne Sauerstoff möglich ist, gibt es ohne Wasser kein Leben. In wäßrigen Lösungen laufen die lebenerhaltenden Vorgänge ab. Die Nahrung wird in wäßriger Lösung oder mit Wasser aufgenommen und die Endprodukte des Stoffwechsels sind wieder hauptsächlich Wasser, in dem die übrigen Abfallstoffe gelöst, suspendiert oder emulgiert den Organismus verlassen. Der menschliche Körper selbst besteht zu rund 60 bis 65% aus Wasser und bereits 15% Wasserverlust führt zum Verdurstungstod.

Diese überragende Bedeutung erhält das Wasser einerseits dadurch, daß es flüssig ist, und andererseits – selbst Nichtelektrolyt – das beste natürliche Lösungsmittel für viele Stoffe, insbesondere Ionenverbindungen, aber auch für Gase darstellt und daher von allen biologischen Systemen als Transportmittel für diese Stoffe verwendet werden kann.

Somit ist es nicht verwunderlich, daß es nirgends auf der Erde reines Wasser gibt, daß es stets mehr oder weniger viele Stoffe in verschiedener Konzentration aufgenommen hat. Denn fortwährend befindet es sich als Flüssigkeit im Kreislauf und in irgendwelchem lösenden Kontakt mit seinen natürlichen Behältnissen im Boden (Grundwasser), auf der Erdoberfläche (Oberflächenwasser) oder mit der Luft (Regenwasser). Stets kann es dabei auch zum Träger von Krankheitskeimen und von toxischen Stoffen aus der Natur oder der menschlichen Tätigkeit werden. Welche Bedeutung dem Wasser für die menschliche Gesundheit zukommt, hat bereits der große griechische Arzt HIPPOKRATES (460 v. Chr.) gewußt. Er faßt die Krankheit als einen Reaktionsprozeß zwischen dem menschlichen Organismus, Luft, Wasser und örtlicher Umgebung auf und schreibt in seinem Buch «Περὶ ἀέρων, ὑδάτων, τόπων» fundamentale Erkenntnisse nieder, die auch heute sinngemäß nicht an Bedeutung verloren haben: Wer richtige Untersuchungen über die ärztliche Kunst anstellen will ... muß auch die Wirkungsweise der Gewässer betrachten. Denn wie sie sich in bezug auf Geschmack und Schwere unterscheiden, so ist auch die Wirkung jedes einzelnen Gewässers verschieden ... Ferner hat man darauf zu achten, ob man sich daselbst sumpfigen, weichen oder harten, vom Himmel oder vom Gebirge kommenden oder auch salzigen und nicht zu erweichenden Wassers bedient ... Denn auf das Wasser kommt es am meisten an, wenn man gesund sein will [84].

1.1 Begründung und Anforderungen – didaktische und experimentelle Aufbereitung

Zweifellos kommt dem Wasser eine Bedeutung zu, die nicht hoch genug veranschlagt werden kann. Es gilt Verständnis zu wecken, daß Wasser unser kostbarstes Lebens- und Wirtschaftsgut ist und daß die Versorgung der Bevölkerung mit gutem Wasser in ausreichendem Maße eine der wichtigsten wirtschaftlichen Fragen überhaupt ist.
«Trinkwasser ist das wichtigste Lebensmittel. Es kann nicht ersetzt werden» (DIN 2000) [915].
«Dem Schutz des Trinkwassers nach Güte und Menge gebührt gegenüber anderen konkurrierenden Interessen der Vorrang. Grund-, Quell- und Oberflächenwasser, das der Trinkwasserversorgung dient, muß daher zum Wohle der Allgemeinheit in bestmöglicher Weise vor Verunreinigung und vor Beeinträchtigung der Ergiebigkeit geschützt werden» (DIN 2000). Das ist eine lebenswichtige Aufgabe, die nicht allein die industriellen Abwasserproduzenten und die für die Trinkwasserversorgung und -kontrolle Verantwortlichen, sondern uns alle angeht. Sie fällt auch nicht allein jenen Schulen und fachlichen Ausbildungsstätten zu, die sich im Hinblick auf den angestrebten Beruf ihrer Kandidaten mit dem Thema Wasser pflichtmäßig zu befassen haben, sondern grundsätzlich allen Schulen, die aufgrund ihrer Bildungsziele dem Schüler größere Zusammenhänge und Einsichten zu vermitteln haben und die über entsprechende Möglichkeiten zu Übungen im chemischen Laboratorium verfügen. Es wäre wohl auch für einschlägige Studienrichtungen an den Universitäten noch ein Thema, das Aufmerksamkeit verdient.
Abgesehen von der fundamentalen Bedeutung des Wassers, die schon an sich eine nähere Beschäftigung rechtfertigt, gibt es wohl kaum ein Thema, das bereits mit einigen wenigen experimentellen Bestimmungen so viele grundlegende Einsichten zu vermitteln vermag, wie die Wasseruntersuchung. Es zeigt sich in vielen chemischen Übungen, die an den einzelnen Praktikanten oft erhebliche Anforderungen stellen, immer wieder, daß sie letztlich und bestenfalls doch nur zur Beherrschung der eingeübten Analysenmethoden und der zugehörigen Theorie führen und keinerlei höheren Anreiz bieten.
Demgegenüber ermöglicht jede Wasseruntersuchung je nach Umfang nicht nur, sich eine Reihe fundamentaler Analysenmethoden anzueignen, wobei der Schwierigkeitsgrad weitgehend den Möglichkeiten des Labors wie auch dem Ausbildungsstand der Praktikanten und der verfügbaren Zeit angepaßt werden kann. Vielmehr erhält das erbrachte analytische Datenmaterial von dem Vorhaben «Wasseranalyse» her einen übergeordneten Rang, einen Sinn, der auch die Forderung nach hoher Analysengenauigkeit rechtfertigt und einsichtig macht, weil es eben darum geht, im Ernstfall aufgrund dieser Werte Beurteilungen und Gutachten abzugeben, Entscheidungen zu treffen, die für Volksgesundheit, Produktionsprozesse und Industrieanlagen enorme Verantwortungen in sich schließen.
Die Bedeutung einer derartig übergreifenden Zusammenschau und Beurteilung von Analysendaten mag auch daraus ersichtlich sein, daß beinahe der gesamte erste Teil dieses Buches der Aufgabe dient, diesem Anliegen in etwa gerecht werden zu können.
Auch hinsichtlich der Möglichkeiten zu experimentellen Unternehmungen gibt es wohl kaum ein Thema, das so vielfältig und reichhaltig ist wie das Thema Wasser. Ob es das dem Zapfhahn entnommene Trinkwasser ist, das untersucht wird, oder das Wasser des nächsten Schwimmbeckens oder Badesees, ob es sich um eine Quelle oder einen Brunnen handelt, um ein Fischwasser, Aquarienwasser, um eine Flasche Mineralwasser oder ob in einem Fluß ein bestimmter Schadstoff vermutet wird, der nachgewiesen werden soll; oder

ob das zur Betonherstellung eines Neubaues verwendete Wasser auf Betonangriff überprüft werden soll – die Möglichkeiten sind damit erst angedeutet, bei weitem nicht erschöpft.

Es soll jedoch auch gleich am Anfang mit aller Deutlichkeit gesagt werden, daß Wasser hinsichtlich einer ganzen Reihe von «Inhaltsstoffen» für viele Zwecke sich zwar hinlänglich genau analytisch charakterisieren läßt, daß aber doch jedes Wasser im Hinblick auf den Ort seines natürlichen Vorkommens gleichsam seine eigene und einmalige Individualität besitzt, die sich auch durch noch so umfangreiche Untersuchungen nur annähernd erfassen läßt.

Dies macht das Thema Wasser zwar faszinierend, letztlich aber doch auch entsprechend schwierig. Schwierigkeiten und anfängliche Mißerfolge, die vor allem in einer mangelhaften Organisation und Koordination der Aufgaben und Praktikanten zu suchen sein dürften, sollten jedoch nicht davon abhalten nochmals zu überlegen, zu planen, neu zu beginnen.

Es mag auch gerade am Anfang leicht der Eindruck entstehen, als ob den Untersuchungsergebnissen keine allzu große Bedeutung beizumessen wäre. – Solange praktisch wie theoretisch wohlfundiert gearbeitet und ein entsprechender Untersuchungsbefund ausgearbeitet wird, ist der Wert dieser Arbeit immer noch höher als der so mancher dieser unrealistischen, «isolierten», dem Alter und der Reife des Praktikanten oft in keiner Weise angemessenen «Versuche» und Praktikumsaufgaben.

Und wenn auch eine mit entsprechender Erfahrung noch so sorgfältig ausgeführte und aufschlußreiche Wasseranalyse noch lange nicht die Lösung eines Wasserproblems bedeutet, so wird doch allein schon die Beschäftigung mit diesem Thema, neben allen theoretischen und experimentellen Erfahrungen die dabei gewonnen werden, Sinn und Verständnis für umfassende und übergreifende lebensnahe Zusammenhänge, für Planung und Koordination vermitteln.

1.1.1 Anforderungen an den Laboranten bzw. Praktikanten

Die an den Praktikanten bzw. an eine Arbeitsgruppe zu stellenden Anforderungen können durch die Wahl eines entsprechenden Arbeitsvorhabens weitgehend dem theoretischen wie praktischen Ausbildungsstand angepaßt werden.

In theoretischer Hinsicht werden fundamentale Kenntnisse der anorganischen, organischen und der physikalischen Chemie vorausgesetzt, ebenso auch in praktischer Hinsicht: grundlegende Kenntnisse an Chemikalien, Geräten und Arbeitsmethoden, Umgang mit Analysenwaage, Meßkolben, Pipette, Photometer u. ä., sowie Kenntnisse über Unfallverhütung und Erste Hilfe.

Die weitaus wichtigste Voraussetzung ist jedoch das persönliche Interesse und Engagement, die Bereitschaft, sich in ein Problem vertiefen zu wollen, zielbewußte und verantwortungsbewußte Arbeit zu leisten – und sich von Mißerfolgen nicht gleich entmutigen zu lassen.

Das sind Voraussetzungen, wie sie an sich jede chemisch-experimentelle Betätigung verlangt. Auch eine Routine-Wasseruntersuchung ist in vieler Hinsicht eine Angelegenheit, bei der im Labor eine Reihe von Einzelbestimmungen durchgeführt, die Ergebnisse zusammengefaßt und sodann eine darauf basierende Aussage gemacht wird. Das sollte eigentlich nur eine Notlösung sein. Auch wenn das Wasser am Zapfhahn des Labors zur Untersuchung entnommen wird, sollte die Arbeit nicht auf das Labor beschränkt bleiben; es wären Erkundigungen einzuholen, z. B. woher das betreffende Wasser kommt, wo und wie es aufbereitet wird. Wann immer dies möglich ist, sollte der Ort des Vorkommens selbst aufgesucht werden, etwa in Begleitung eines Sachverständigen, der See, die Quelle, das Einzugsgebiet. Die Beobachtungen und die gewonnenen Erfahrungen sollen zu Protokoll genommen und in die Untersuchung mit einbezogen werden. Damit ist oft ein erheblicher Aufwand an Zeit und Mühe verbunden. Doch läßt sich nur auf diese Weise ein den Tatsachen gerecht werdendes, realistisches Bild des untersuchten Wassers gewinnen.

Eine sehr wichtige Aufgabe ist auch die Entwicklung der Vorstellungskraft. Bereits zu Hause, bei der Durcharbeitung insbesondere der Analysenvorschriften sollte man sich eine möglichst konkrete Vorstellung von den später im Labor durchzuführenden Arbeiten schaffen und die einzelnen Arbeitsschritte durchdenken. Daher ist in diesem Buch keine «Zusammenstellung der benötigten Geräte» zu den einzelnen Analysenvorschriften gegeben, sondern diese der eigenen Vor-Arbeit überlassen.

1.1.2 Protokollführung

Um Ergebnisse und Beobachtungen auswerten zu können, muß man sie schriftlich festhalten. Daher ist auf die Protokollführung großes Gewicht zu legen. Die gesamte, mit dem Untersuchungsvorhaben gegebene Arbeit des Praktikanten muß in allen wesentlichen Schritten aus dem Protokoll eindeutig reproduzierbar sein. Das Protokoll sollte somit beinhalten: alle wesentlichen experimentellen Arbeitsschritte, Meßergebnisse, Berechnungen, aufgetretene Schwierigkeiten und deren Beseitigung; sowie theoretische Überlegungen, Beobachtungen, Diskussionsergebnisse, Dokumentationsunterlagen (eigene Mappe), Fotos, Skizzen z. B. von der Lage eines Wasservorkommens, einer Aufbereitungsanlage, aber auch von neu kennengelernten Geräten und Apparaten (Prospekte).

Zu jedem Arbeitsabschnitt gehören außerdem Datum und Uhrzeit. Keinesfalls kann ein «Protokoll» akzeptiert werden, das aus einer Anhäufung der verschiedensten «vorläufigen» Notizen wie Einwaagen, Bürettenablesungen usw. besteht. Auch ist es nicht üblich, von einem Protokoll eine «Reinschrift» anzufertigen, es sei denn für gewisse Zusammenfassungen; in diesem Fall dürfen jedoch die eigentlichen Protokollblätter nicht entfernt werden.

Als Protokoll kann eine Ringmappe DIN A 4 mit karierten Einlageblättern verwendet werden, sie sollte aus festem Material bestehen, damit auch im Freien die nötigen Notizen gemacht werden können.

Oft zwingt erst die Niederschrift oder eine Skizze zu genauer Beobachtung und Formulierung. Was aus dem Protokoll nicht oder nicht mehr exakt (z. B. wegen Unleserlichkeit oder zu oberflächlicher Ausführung) greifbar ist, kann für den abschließend zu erstellenden Befund nicht (mehr) verwertet werden.

1.1.3 Anforderungen an das Laboratorium – Gerätezusammenstellung und praktische Hinweise

Das Thema «Wasseruntersuchung» stellt – zumindest für den Anfang – keine Ansprüche an das Labor, die beträchtlich über das hinausgehen, was zu einer gediegenen Grundausstattung zur Durchführung chemischer Praktika mit Schwerpunkt Instrumentalanalytik und quantitative Analyse erforderlich ist. Eine Ausnahme bilden lediglich die Anschaffungen für bakteriologische Untersuchungen. Die aufgeführten teureren Geräte sind im allgemeinen auch anderweitig einsetzbar. Zudem bieten eine Anzahl von Firmen preiswerte kleine Geräte (nicht selten mit dem know-how ihrer teureren Varianten), die für den Anfang durchaus genügen und als «Feldgeräte» auch dann noch benötigt werden, wenn bei intensiverer Beschäftigung mit der Materie im Laufe der Zeit höhere Ansprüche gestellt werden. Ähnliches gilt für den Einsatz von Reagenziensätzen bzw. Analysensystemen zur Wasseruntersuchung; vielfach ist die eine oder andere ihrer apparativen Komponenten ebenfalls als allgemeines Laborgerät verwendbar.

Was die Räumlichkeiten betrifft, muß zumindest ein in geeigneter Weise ausgebauter Laborraum (Labortische mit Strom-, Wasser- und Gasversorgung, Spülbecken, Abzüge, Geräte- und Chemikalienschränke) von angemessener Größe vorhanden sein. Da wohl in den meisten Fällen die Größe eine nicht so leicht abzuändernde Gegebenheit ist, richtet sich die Anzahl der möglichen Arbeitsgruppen von je etwa 6 Praktikanten primär nach den Möglichkeiten des Labors. Soll ein gewisser Ausbildungsstandard mit einer konkreten Anzahl von Praktikanten erreicht bzw. gehalten werden, sind eben auch entsprechende Ansprüche anzumelden.

Außerdem muß ein vom «Naß-Labor» getrennter Zweitraum für Apparate und Instrumentalanalyse vorhanden sein, der notfalls auch als Wägeraum und für bakteriologische Arbeiten verwendet wird, so lange hiefür keine eigenen Räumlichkeiten verfügbar sind. Wünschenswert ist ein weiterer Raum in Labornähe, ausgestattet mit einer kleinen Handbibliothek, der als Vorbereitungs- bzw. Seminarraum dient.

Bezüglich der konkret vorzusehenden Anzahl an Glasgeräten und sonstiger Gerätschaft: dies ist – abgesehen vom finanziellen Aspekt – dieselbe Frage, die bereits bei den Laborräumlichkeiten aufgeworfen wurde. Jedenfalls muß für eine vertretbare Praktikumsarbeit ein Labor von Anfang an nicht nur räumlich den Mindestanforderungen genügen, sondern auch mit einer modernen und einsatzfähigen (brauchbaren!) Grundausstattung für eine gewisse Anzahl von Laborplätzen ausgerüstet sein.

Im wesentlichen sind dies die im folgenden aufgeführten Gerätschaften, von denen das eine oder andere bereits zu den «gehobenen Ansprüchen» zu rechnen ist. Dazu kommen Heizgeräte (z. B. Glühofen, Wasserbäder), Vakuumexsikkatoren, Magnetrührer, Zentrifuge, Kühl- bzw. Tiefkühlschrank, Filtrationsgeräte sowie diverses Kleinmaterial. Die fallweise beigefügten praktischen Hinweise sollen dem Anfänger die Arbeit erleichtern; im übrigen sei auf die Handbücher der Laboratoriumspraxis verwiesen, z. B. [175].

Ebenso soll auch die Gerätezusammenstellung sowohl dieses als auch des folgenden Abschnitts mit Bezugsquellenhinweisen (Abschn. 4.6) eine praktische Handreichung sein und die Information bzw. den Einkauf erleichtern, wobei auch die in Abschn. 4.1.5 aufgeführte Firmenliteratur hilfreich sein kann. Die Firmen- bzw. Geräteauswahl wurde mit größter Gewissenhaftigkeit getroffen. Dies bedeutet keineswegs die Diskriminierung nicht genannter Firmen oder Produkte. Bei der Fülle des Angebots kann es sich verständlicherweise nur um eine Auswahl handeln, die von dem in diesem Buch zu rechtfertigenden Umfang, nicht zuletzt aber auch von der eigenen Erfahrung her geprägt ist.

1. Allgemeiner Laborbedarf: Ein reichhaltiges Angebot kann den Laborkatalogen und dem Prospektmaterial der betreffenden Hersteller bzw. Lieferanten entnommen werden, z. B. (2, 4, 7, 18, 21, 36, 44, 48).

2. Geräte aus Glas: (39, 48). Bechergläser, Erlenmeyerkolben, Meßkolben, Pipetten, Büretten und andere Glasgeräte sollten aus chemisch resistentem Glas (Duran 50) gefertigt sein. Alle Glasgeräte (insbesondere auch erstmals gebrauchte!) müssen mit einem geeigneten Reinigungsmittel, z. B. (25, 48), vorschriftsmäßig gereinigt, mehrmals mit heißem Wasser und sodann mindestens zwei- bis dreimal mit Deionat gespült werden (schütteln! auch die Hände mit Deionat spülen!). Zum Trocknen verwende man kunststoffbeschichtete Abtropfgestelle, die ebenfalls peinlichst sauber zu halten sind (keine minder gut gereinigten Geräte auf dasselbe Abtropfgestell geben; Stifte öfters mit Bürste und Spülmittel säubern). Bei größerer Reinigungsquote kann sich die Anschaffung eines Laborspülautomaten lohnen. Längere Zeit gelagerte Geräte müssen vor Gebrauch neuerlich gereinigt werden (Laborluft!). Falls eine Reinigung unmittelbar nach Gebrauch möglich ist, kann häufig auf Spülmittel verzichtet werden.

Besondere Aufmerksamkeit ist den **Volumenmeßgeräten** zu schenken. Sie sollten grundsätzlich nur von ein und demselben Hersteller bezogen werden und von eichfähiger Qualität sein. Fallweise ist eine Überprüfung [92] angebracht, zumal diese sehr lehrreich ist.

Meßkolben sollten – mit warmem Spülmittel ganz gefüllt – nach entsprechender Einwirkungszeit im Kolbenhals mit einer weichen Bürste gereinigt, gut gespült und sodann möglichst senkrecht (zwischen den Stiften) in das Abtropfgestell gehängt werden. So können im Kolben keine Wasserreste eintrocknen, wie dies häufig an Abtropfgestellen mit zu flach angesetzten Stiften geschieht. Bei der Bereitung von Titrierlösungen beachte man, daß Deionat (Spritzflasche frisch füllen!), Chemikalien und Meßgefäße längere Zeit im selben Raum (Wägeraum) gestanden haben, der die Nenntemperatur der Meßgefäße (20 °C) aufweisen sollte.

Pipetten bringen oft große Reinigungsprobleme. Häufig wird übersehen, daß sich erst nach einiger Zeit Tropfen zusammenziehen und somit kein definiertes Volumen ausgeflossen ist. Zur gründlichen Reinigung legt man sie über Nacht in ein warmes Reinigungsbad (Plastikschale) und bürstet das Glasrohr mit einer weichen Pipetten- bzw. Bürettenbürste. Nach Durchsaugen von warmem Wasser und zuletzt von Deionat (mehrmals in kleinen Portionen) mit der Wasserstrahlpumpe dürfen sich in der Pipette bei senkrechtem Ablauf des Wassers innerhalb von 1 bis 2 Minuten keine Tropfen zusammenziehen. Auch außen muß jede Pipette gründlich mit Deionat gespült werden. Zum Trocknen saugt man mittels der Wasserstrahlpumpe einige Zeit Luft hindurch, dabei wird die Pipette möglichst senkrecht gestellt und die Spitze mit einem Stück Filterpapier bedeckt. Oder man trocknet durch Auslaufen-lassen (nicht hineinblasen!), wobei man die Pipette mit der Spitze auf ein mehrfach gefaltetes Stück Filterpapier stellt. Vor Gebrauch sollten Pipetten mit der zu messenden Flüssigkeit benetzt werden, Auslauf verwerfen, sodann knapp über die Marke einsaugen (Pipettierball) (48), langsam abtropfen lassen, bis der untere Flüssigkeitsmeniskus auf der Volumenmarke «aufsitzt» (Augenhöhe! gerade stehen!) und das definierte Volumen in die Vorlage entleeren. Dabei Pipette senkrecht halten, mit der Spitze die Gefäßwand berühren (Gefäß nötigenfalls schräg halten), von selbst ausfließen lassen, 15 s mit angelegter Spitze warten, abstreifen. (Bei Auslauf an Plastikgefäßen können Fehler entstehen!).

Büretten werden ähnlich wie Pipetten gereinigt (mit warmer Reinigungslösung gefüllt am Stativ über Nacht stehenlassen). Bleiben sie nur vorübergehend unbenützt, sollten sie mit Deionat vollständig gefüllt und mit Alufolie verschlossen am Stativ aufbewahrt werden. Vor Gebrauch mehrmals mit wenig Reagenzlösung spülen. Zum Füllen kann man sich ebenfalls des Pipettierballs bedienen: man steckt ihn mittels einer geeigneten (konischen) Vorrichtung an die Bürette und saugt die Meßlösung aus einem kleinen, verschließbaren (Plastik-)Wägegefäß durch die Bürettenspitze ein.

Immer wieder macht das Ablesen Schwierigkeiten und kann zu groben Fehlern führen, wenn sich je nach Flüssigkeitsstand und Beleuchtung mehrere Menisken ausbilden. Man lese stets – und vorteilhaft mit Hilfe einer Lupe – den unteren Meniskus unter gleichen Bedingungen ab. Dabei kann eine Ablesehilfe nützlich sein: man färbe die eine Hälfte

eines weißen Kartonstückes mit scharfer Trennlinie schwarz und halte es rückwärts an die Bürette; bringt man die Grenzlinie (schwarz unten) knapp unter den Meniskus, werden störende Reflexe und der parallaktische Fehler ausgeschaltet.
Grundsatz: Nach jeder Titration Bürette wieder bis zur Null-Marke auffüllen!
Kolbenbüretten und Dispenser: s. Pkt. 10
Küvetten sind Präzisionsgeräte und bedürfen einer entsprechenden Behandlung. Sie sollten in Sätzen gleicher Schichtdicke (z. B. 10,00 mm) und spektral ausgemessen von einem erfahrenen Hersteller, z. B. (9) angekauft werden. Nur an den matten Flächen berühren. Nach Reinigung mit einem Spezialreinigungsmittel (9) und gründlichem Spülen mit Deionat kann das Trocknen der hauptsächlich verwendeten 10-mm-Küvetten mit der Zentrifuge erfolgen (Zentrifugengläser entfernen, in die Metallhülse etwas Schaumstoff und Filterpapier geben, Zentrifuge langsam anfahren). Außerdem gibt es spezielle Küvettenzentrifugen (9). Für Messungen im UV-Spektralbereich sind Quarzküvetten erforderlich.

3. Geräte aus Kunststoff: (18, 48). Das Angebot an Laborgeräten aus Kunststoffen ist außerordentlich reichhaltig. Insbesondere **Probenahmegefäße** sind von Wichtigkeit; sie sollten aus dickwandigem PP oder PVC (am wenigsten gasdurchlässig) gefertigt und gut verschließbar sein. Um zu verhindern, daß gewisse (Spuren-)Stoffe aus der Probe an der Gefäßwand adsorbiert werden, kann man einige Flaschen zur Absättigung freier Valenzen eine Woche lang mit einer 5%igen Lösung von Iod in 8%iger Kaliumiodid-Lösung behandeln, wobei die Flasche randvoll gefüllt und der Verschluß aufgeschraubt wird; hernach mehrere Tage hindurch häufig mit Deionat unter intensivem Schütteln spülen. Nicht benützte Flaschen sollten randvoll mit Deionat gefüllt aufbewahrt werden. Verwendet man **Wägegefäße** aus Kunststoff bzw. die bequemen flexiblen Wägeschalen, aus denen das Wägegut vielfach direkt in den Kolben eingespült werden kann, so ist zu beachten, daß diese elektrostatisch aufgeladen sein können und eine Wägung unbrauchbar machen. Man merkt dies an der schwankenden Anzeige beim Annähern des Einwaagevibrators. *Abhilfe:* Im Vakuumexsikkator einzeln, zwischen Filterpapier aufbewahren, vor und während der Wägung nur mit Pinzette anfassen.

4. Reagenzien und Chemikalien: (6, 23, 25, 35). Sämtliche zur Verwendung gelangenden Chemikalien müssen analysenrein (z. A.) (p. A.), in gewissen Fällen von noch höherer Reinheit (Merck suprapur) [540] und in wohldefiniertem Zustand sein. Ältere und durch unsachgemäße Lagerung oder Entnahme möglicherweise verunreinigte Chemikalien dürfen für analytische Zwecke nicht verwendet werden. Zum Ansetzen der Reagenz-Lösungen darf nur Wasser von hoher Reinheit (vgl. Abschn. 1.6) verwendet werden.

5. Reinstwasser und keimfreies Wasser: Das für analytische und bakteriologische Zwecke benötigte Wasser sowie die Geräte zu dessen Herstellung sind in Abschn. 1.6. besprochen.

6. Systeme und Reagenziensätze zur Wasseruntersuchung: (8, 13, 22, 24, 25, 29, 43, 46, 47). Die Anforderungen an die Gewässergüte und die auch für weniger Geübte vielfach nötig gewordene Gewässerüberwachung haben ein reichhaltiges Angebot an Testsätzen für praktisch alle primär interessierenden Bestimmungen und Kenngrößen entstehen lassen. Häufig handelt es sich um **kolorimetrische Verfahren,** wobei im einfachsten Fall mit Farbvergleichskalen, bei aufwendigeren Systemen mit Farbkomparatoren bzw. sogar mit Mikroprozessor-Photometern gearbeitet wird. Auch **titrimetrische Verfahren** gelangen zur Anwendung.
Derartige Systeme können die exakte Ausführung der einzelnen Bestimmungen nach

genormten Verfahren, z. B. den DEV [1] nicht ersetzen. Auch aus didaktischen Gründen ist das ausschließliche Arbeiten mit Reagenziensätzen nicht angezeigt, wenn dabei das Einarbeiten in die Norm-Verfahren umgangen oder vernachlässigt wird. Andererseits sollte aber zur Kenntnis genommen werden und ist aus der Praxis hinlänglich erwiesen, daß mit den heute zur Verfügung stehenden Systemen vor allem für den **Feldeinsatz** Möglichkeiten gegeben sind, die ihre Anwendung nicht nur rechtfertigen, sondern z. T. sogar unumgänglich machen, vor allem bei sich rasch ändernden Parametern. Auch ist es für eine Orientierung unbedeutend, ob man z. B. 10 oder 12 mg/l Chlorid findet, jedoch oft von entscheidender Bedeutung, daß man in wenigen Minuten sagen kann, ob in dem Gewässer 10 oder 100 mg/l Chlorid vorhanden sind oder ein Fischgewässer einen nicht mehr tolerierbaren Ammonium-Gehalt aufweist. Was nützt eine noch so genaue Bestimmungsmethode, wenn das im Labor zur Untersuchung gelangende Wasser nicht mehr den tatsächlichen Gegebenheiten entspricht (z. B. gechlortes Trink- oder Schwimmbadwasser) und auch Probenkonservierungen nicht problemlos sind. Abzulehnen sind aus theoretischen wie didaktischen Gründen Testsätze, die das Reaktionsprinzip und die Störmöglichkeiten verschweigen.

Nachfolgend sollen die Systeme von HELLIGE (8) und MERCK (25) kurz charakterisiert werden.

Das Neo-Komparator-System von HELLIGE (8)

Das System von HELLIGE zählt zu den **visuell-kolorimetrischen Verfahren.** Die nach den Analysenvorschriften des Handbuches [503] angesetzten Proben werden in Rechteckküvetten (13 bzw. 40 mm Schichttiefe) gefüllt und die entwickelte Farbintensität mit einer im

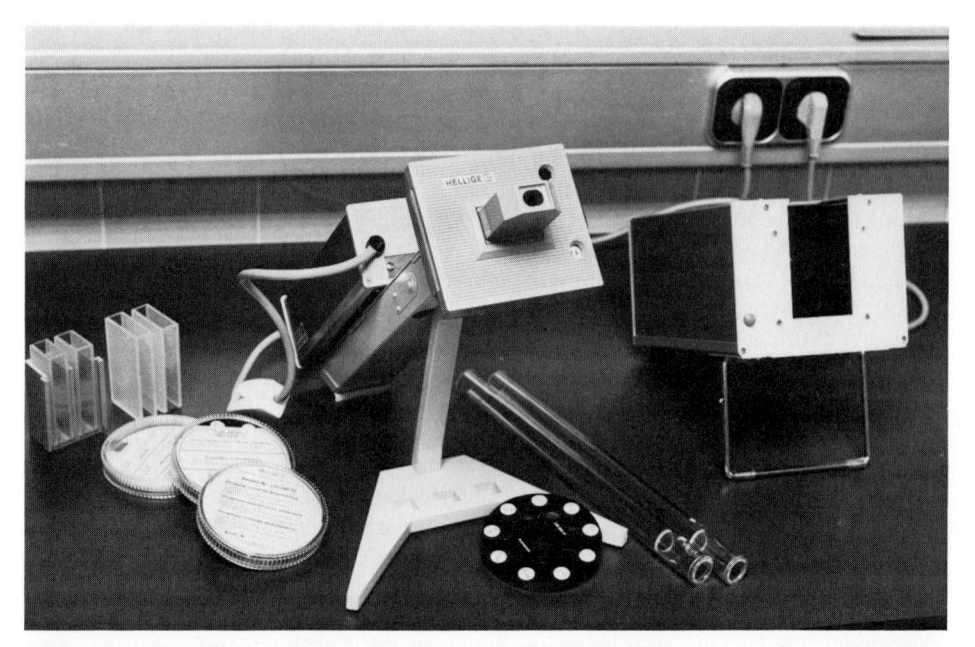

Abb. 1.1.3a *Das HELLIGE (8) Neo-Komparator-System zur visuell-kolorimetrischen Analyse: Neo-Komparator mit Prismenvorsatz, Nesslerrohransatz und aufgesteckter Tageslichtleuchte, auf Tischstativ; daneben Küvetten, Farbscheiben und Nesslerrohre (250 mm Schichttiefe); rechts Tageslichtleuchte für Neo-Komparator zur Verwendung mit Küvetten bis zu 40 mm Schichttiefe.*

Neo-Komparator drehbaren 9stufigen Farbglas-Standardscheibe abgeglichen. Der Farbabgleich wird wesentlich erleichtert durch Aufstecken eines **Prismenvorsatzes,** der die beiden Farbkreise (Probe – Farbscheibe) zu einem einzigen, in zwei Hälften geteilten Farbkreis vereinigt. Dadurch, daß die beiden Farben ohne Zwischenraum aneinander grenzen, heben sich die Farbflächen schon bei geringem Farbunterschied deutlich voneinander ab. Der Farbabgleich wird häufig durch ungleichmäßige Beleuchtung bzw. verschiedenfarbigen Hintergrund erschwert. Zur Vermeidung daraus resultierender Fehlmessungen sollte die **Tageslichtleuchte** verwendet werden, die ein gleichbleibendes, gut diffuses «Standard-Nordlicht» gibt. Sind sehr geringe Farbintensitäten bzw. Konzentrationen zu messen, kann die Empfindlichkeit des Neo-Komparators durch Verwendung von **Neßler-Rohren** – Rundküvetten mit 250 mm Schichttiefe – im Vergleich zur 13-mm-Küvette auf das 20fache erhöht werden. Die mit Probe bzw. Blindprobe gefüllten Rohre werden in den Neßlerrohransatz gelegt und nach Aufsetzen einer speziellen Tageslichtleuchte im Neo-Komparator abgeglichen. Mit dem Neo-Komparator lassen sich übrigens auch ohne Farbscheiben Messungen durchführen, falls man sich eine entsprechend abgestufte Reihe von Standardlösungen herstellt.

Das Testsatz- und Photometer-System von MERCK (25)

MERCK hat mit seinen 5 verschiedenen Schnelltest-Systemen Merckoquant, Aquamerck, Aquaquant, Microquant und Spectroquant [524] ein umfassendes analytisches Programm für die Wasseruntersuchung geschaffen. Die einzelnen Bestimmungen sind bezüglich Empfindlichkeit und Nachweisgrenze so aufgebaut, daß sie den interessierenden bzw. als Grenzwert vorgeschriebenen Bereich erfassen. Sie sind in speziellen Methodenheften bzw. -Sammlungen eingehend beschrieben, auch was die theoretischen Grundlagen und die Störmöglichkeiten betrifft. Neben den Sätzen für Einzelbestimmungen sind sinnvolle Parameterkombinationen zu praxisgerechten «Wasserlabors» für eine Reihe wichtiger Anwendungsgebiete zusammengefaßt, etwa die «Aquamerck Wasserlabors für die Bauindustrie» [528], «Aquamerck Wasserlabor für Aquaristik und Teichwirtschaft» [527], «Aquamerck Chlor- und pH-Bestimmung» [530] und das universelle «Aquamerck-Kompaktlabor für Wasseruntersuchungen» [526]. Zu den einzelnen Systemen gibt es Nachfüllpackungen.

Merckoquant: [532]. Merckoquant-Tests sind ionenspezifische Teststäbchen zur Suche wichtiger Inhaltsstoffe (derzeit 25) und deren halbquantitativen Bestimmung. Nach Eintauchen in die Probe werden die Farbzonen (Farbzone) am Teststäbchen mit einer Farbskala verglichen.

Aquamerck: [525]. Die Aquamerck-Reagenziensätze beruhen auf titrimetrischen und kolorimetrischen Verfahren. Die *titrimetrischen Verfahren* (s. Abb. 2.4.2) werden mittels Präzisionstropfer oder vorzugsweise unter Anwendung einer speziellen Titrierpipette ausgeführt. Es ist zu empfehlen, diese ein wenig über die Nullmarke zu füllen und sodann den Stempel genau auf Null zu stellen – am besten mittels einer Lupe, die auch zum Ablesen des Titrantverbrauchs verwendet werden sollte. Die Titration erfolgt in 5-ml-Ringmarkengefäßen aus Kunststoff. Man beachte, daß sich ein völlig ebener (!) Meniskus ausbildet (trockenes Gefäß) oder verwende eine 5-ml-Spritze; außerdem ist empfehlenswert, die Titration auf einem kleinen Magnetrührer auszuführen. Die *kolorimetrischen Verfahren* basieren entweder auf Vergleich der in einer Probe nach Zusatz entsprechender Reagenzien in einem 5-ml-Ringgefäß gebildeten Farbintensität mit Papier-Farbstandards oder einem Dreikammer-Prüfgefäß. Die mittlere Rechteckkammer (10 ml) dient als Reaktionsgefäß, die beiden daran grenzenden transparenten Rechteckkammern sind als Farbstandards ausgebildet, manchmal sogar für zwei verschiedene Bestimmungen, z. B. Phosphat/Silicat oder Chlor/pH-Wert.

Aquaquant: [531]. Die Aquaquant-Testsätze sind hochempfindliche Küvettenteste mit Farbskalenschiebekomparator im Auflichtverfahren (s. Abb. 2.6.3). Durch Ausnützung einfacher optischer Effekte wird eine ungemein hohe Brillanz der Farbe und damit eine entsprechend gute Differenzierbarkeit erreicht. Für Lösungen geringer Färbung wird das Langrohr-System mit einer Schichtdicke von 80 mm (bzw. 160 mm) verwendet.

Microquant: [531]. Microquant-Testsätze sind Küvetteste, die mit einem 10stufigen Drehscheiben-Farbkomparator im Durchlichtverfahren arbeiten. Sie sind auf Tageslicht (5600 K) abgestimmt (bzw. Tageslicht-Leuchtstoffröhre), zu dessen Simulation auch der CompraLux Leuchtkastenkoffer verwendet werden kann. Sie eignen sich besonders auch zur Untersuchung trüber oder gefärbter Wässer.

Spectroquant mit Digital-Photometer SQ 103: [531] (s. Abb. 1.1.3b). Spectroquant ist ein Sortiment ionenspezifischer Reagenziensätze zur kolorimetrischen (falls sie als Nachfüllpackungen für Microquant verwendet werden) bzw. photometrischen Analyse. Die z. B. zur Ausschaltung von Störungen bzw. für die Bestimmung selbst oft benötigten zahlreichen Einzelreagenzien sind bei Spectroquant in wenigen Flüssigkonzentraten und Pulvergemischen zusammengefaßt. In entsprechenden Methodenblättern [531] ist die

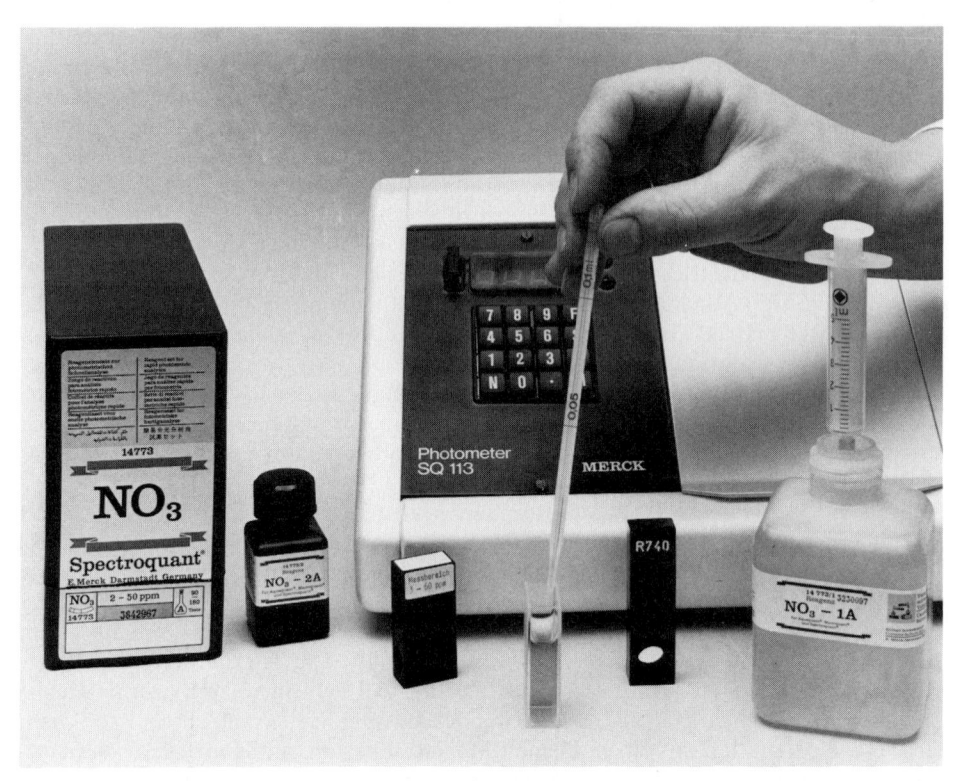

Abb. 1.1.3b *Das* MERCK *(25) Spectroquant-System [531] mit dem rechnenden Digital-Laborphotometer SQ 113 für Batterie- und Netzbetrieb (Modell 103 nur für Netzbetrieb), dargestellt am Beispiel der Nitrat-Bestimmung. Beim Gerät die Reagenzien des Spectroquant Nitrat-Tests 14773 sowie Kalibrierküvette, Meßküvette und Interferenzfilter R 740.*

jeweilige Bestimmung als Aquaquant-, Microquant- oder Spectroquant-Verfahren exakt beschrieben. Speziell zu diesem Analysensystem wurde ein rechnendes Digital-Photometer geschaffen (das auch anderweitig eingesetzt werden kann). Dessen hervorstechendste Eigenschaft: die für jede Bestimmung nötigen Justierungen werden von zwei Farbfiltern übernommen, einem Interferenz-Linienfilter zur Vorgabe einer definierten Meßwellenlänge und einer Kalibrierküvette, dessen Farbe und Farbintensität einer bestimmten Konzentration entspricht, welche als «Faktor» in das Gerät eingegeben wird. Mit ihrer Hilfe wird also das Photometer vor jeder Meßreihe methodenspezifisch geeicht, ohne daß Eichlösungen angesetzt werden müssen und kann so in wenigen Sekunden an die jeweilige Aufgabenstellung adaptiert werden.

7. Waagen: (27, 37). Mindestens je eine Präzisionswaage und Analysenwaage müssen zur Verfügung stehen, letztere mit entsprechendem Wägetisch (möglichst vom Waagenhersteller).
Präzisionswaage, z. B. Sartorius [579] elektronische Mikroprozessor-Präzisionswaage 1401 MP 7–2 (Wägebereich 2100 g, Ablesbarkeit 0,1 g) oder Zweibereichswaage 1216 MP (Wägebereich 120/1200 g, Ablesbarkeit 0,01/0,1 g).
Analysenwaage, z. B. Sartorius [579] oberschalige elektronische Mikroprozessor-Analysenwaage 1602 MP 8 (Wägebereich 200 g, Ablesbarkeit 0,1 mg). Diese, sowie auch die unterschaligen Sartorius-Analysenwaagen ermöglichen in Verbindung mit der «Hydrostatischen Einrichtung» [583] zudem die Bestimmung der Dichte.

8. Thermometer: (12, 17, 31, 45, 49). Anstelle von Hg-Thermometern sollten bevorzugt (wasserdichte) elektronische Digital-Thermometer (LCD-Anzeige) verwendet werden. Im allgemeinen genügen die in Leitfähigkeits-, pH- und Sauerstoffmeßgeräten (Feldgeräte) vielfach zusätzlich eingebauten Thermometer. Für Vergleichszwecke und spezielle Messungen sollte ein geeichtes Gerät vorhanden sein, das mit Maximal- und Minimaltemperaturspeicher (45) sowie einer oder mehreren Meßsonden mit entsprechender Kabellänge (z. B. 5 m, 50 m) für Messungen in Schwimmbädern oder Seen ausgestattet ist. Am Kabel können Tiefenmarkierungen und an der Sonde eine Sichtscheibe angebracht werden.

9. Kältethermostat: (17) [364]. Häufig liegen natürliche Wässer, insbesondere Quellwässer je nach Jahreszeit im Temperaturbereich zwischen etwa 2 und 15 °C. Sollen bei diesen Temperaturen Messungen durchgeführt werden, wobei die aktuelle Temperatur oft längere Zeit realisiert werden muß, ist ein Kältethermostat erforderlich. Das zu untersuchende Wasser muß während des Transportes etwa auf der Entnahmetemperatur oder knapp darunter gehalten werden, z. B. in einer Kühltasche. Bei dem in Abb. 1.1.3c gezeigten Gerät handelt es sich nicht nur um einen Bad-Kältethermostaten; der zusätzlich vorhandene externe Heiz- und Kühlkreislauf ermöglicht einen universellen Einsatz im Labor.

10. Autobüretten (Kolbenbüretten) und Dispenser: (2, 7, 18, 21, 26, 27, 34, 40, 48). Zunehmend werden (automatische) Kolbenbüretten und Dispenser eingesetzt, insbesondere wenn häufig Titrationen gleicher Art bzw. das Abmessen und Übertragen gleicher (jedoch variabel einstellbarer) Flüssigkeitsvolumina durchzuführen sind. Dispenser sollten in angemessener Zahl und verschiedener Größe zur Verfügung stehen; bei Kolbenbüretten sind mindestens ein Grundgerät und einige Titrant-Wechseleinheiten (2,500 ml und 25,00 ml) anzuschaffen. Die Autobürette von Radiometer ist zudem Komponente des automatischen Titrationssystems dieses Herstellers (vgl. Pkt. 11.).

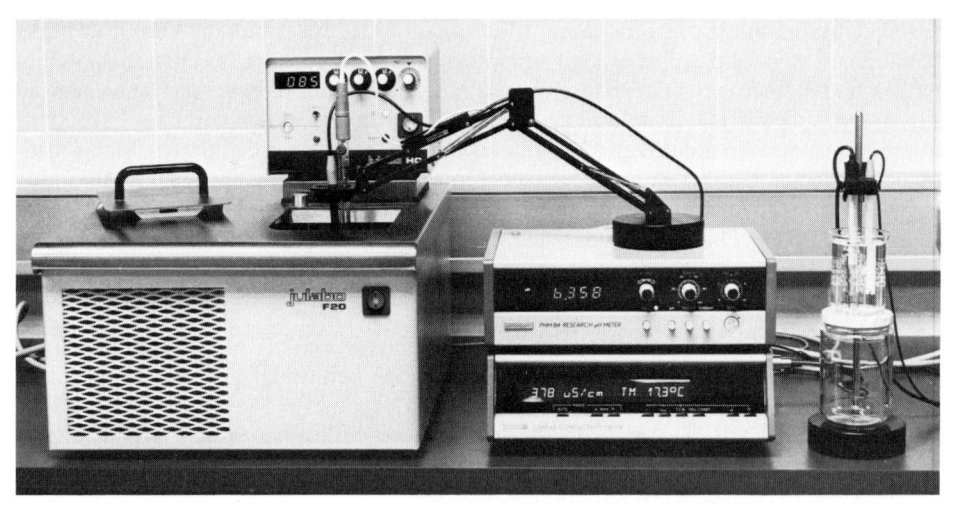

Abb. 1.1.3 c *Gerätekombination zur exakten Bestimmung physikalisch-chemischer Parameter bei verschiedenen Temperaturen, bestehend aus:*
1. **Kältethermostat F 20-HC** *der Fa.* JULABO *(17) mit im Temperierbad in 100-ml-Becherglas eingesetzter Wasserprobe – darin eintauchend Einstabmeßkette und Temperaturfühler –, deren pH-Wert bei 8,5 °C bestimmt werden soll.*
Der F 20-HC ist ein bis $-20\,°C$ (Auflösung 0,1 K, Temperaturkonstanz $\pm\, 0.02\, K$) für alle Laborarbeiten einsetzbarer Kältethermostat mit vollelektronischer Proportionalregelung der Temperatur, u.a. ausgestattet mit Druck- und Saugpumpe für externe Temperiervorgänge (z.B. in Doppelmantelgefäßen).
2. **Research pH-, mV- und Ionen-Meter PHM 84** *der Fa.* RADIOMETER *(34). Bereiche: pH und pX: $-15,000$ bis $+15,000$; mV: $-1500,0$ bis $+1500,0$ und -5000 bis $+5000$ (Auflösung: 0,001 pH oder 0,1 mV); alle Korrekturmöglichkeiten, einschließlich automatischer Temperaturkompensation und ISO-pH-Konzept; Polarisationsspannung einstellbar zwischen -600 und $+600$ mV; BCD- und Schreiberausgang.*
3. **Mikroprozessor Leitfähigkeits- und Temperaturmeßgerät CDM 83** *der Fa.* RADIOMETER *(34), umfassend 7 Leitfähigkeitsdekaden (0...1300 µS/cm bis 0...1300 mS/cm), Bereichsumschaltung automatisch oder manuell bei gleichzeitiger optimaler Frequenzanpassung (73 Hz, 586 Hz, 4,69 kHz und 50 kHz). Sonstige frei wählbare und vom Mikroprozessor ausgewertete, überwachte und gespeicherte Parameter: Bezugstemperatur ($-10...105,0\,°C$), Temperaturkoeffizient (0,00...3,50 %/K), Zellkonstante (0,0900...1,0999 cm^{-1} und 1,100...11,000 cm^{-1}). Sämtliche eingegebenen bzw. gespeicherten Parameter können am 20stelligen Display zur Anzeige gelangen. Empfehlenswerte Meßelektrode: CDC 304 (Eintauchtyp; rechts im Bild während eines nicht thermostatisierten Meßvorgangs). Ausgangsmodul für automatische Leitfähigkeitstitration mit Schreiber- und BCD-Ausgang.*

11. **Mehrzweck-Laborschreiber:** (34) [571]. Ein Laborschreiber sollte vielseitig einsetzbar sein, vor allem, wenn nicht gleichzeitig an mehreren Geräten gearbeitet wird, die einen Schreiber benötigen. Im letzteren Fall ist es günstiger, mit dem betreffenden Gerät den optimalen Schreiber anzukaufen, falls er nicht ohnedies in das Gerät integriert ist. Der **REC 80 Servograph** verfügt über 12 Papiervorschübe und ist elektronisch ansteuerbar, z. B. vom Autotitrator. Sein besonderer Vorzug besteht darin, daß das Grundgerät für die verschiedensten Anwendungsfälle mit leicht austauschbaren Einschüben (Moduln) ausgestattet werden kann, von denen folgende die wichtigsten sind:
µV/mV-Modul (REA 112): hochempfindlicher Einschub für sämtliche Arbeiten, bei

denen Potentialdifferenzen zu messen und zu registrieren sind, etwa Redoxspannung, Messungen mit ionenselektiven Elektroden, automatische Leitfähigkeitstitration, Registrierung der Signale von Ionenchromatograph bzw. HPLC-Systemen, Gaschromatograph, UV-VIS- (IR-) Spektrophotometer.

pH-/Titrigraph-Modul (REA 160): für automatische Titrationen mit Kurvenregistrierung. Es sei auf die jeder anderen Art von Titrationskurve überlegene «Stufentitration» von Radiometer hingewiesen, die selbst bei schlecht definierten Wendepunkten meist noch eine unmittelbare Auswertung erlaubt.

Ionscan-Modul (REA 120): (s. Pkt. 12)

Derivation-Modul (REA 260): Zusätzlich zu den Modulen läßt sich der Schreiber mit einer Einheit zur Bildung der 1. Ableitung von Titrationskurven ausrüsten.

12. Ionscan-System zur Metallspurenanalyse: [570]. Das System besteht aus REC 80 Servograph mit Modul REA 120 (vgl. Pkt. 11) sowie der universellen Titrationseinheit TTA 80, in welche spezielle Elektroden eingesetzt werden. Falls eine automatische Titrationseinrichtung vorhanden ist, muß nur der Umrüstsatz (REA 120 und Elektroden) hinzugekauft werden.

13. Leitfähigkeitsmeßgeräte (Konduktometer): (26, 34, 44, 49). Es sollen batteriebetriebene Feldgeräte, die auch Temperaturmessung gestatten (s. Abb. 2.2.3) sowie ein Präzisionskonduktometer (Abb. 1.1.3 c) zur Verfügung stehen. Letzteres eignet sich in Verbindung mit Autobürette, Laborschreiber und Titrationseinheit für automatische konduktometrische Titrationen [565] (vgl. Pkt. 10 und 11). Die Platinelektrode sollte nicht trocken, sondern in einem verschließbaren Plastikgefäß in Deionat aufbewahrt werden.

14. pH- und mV-Meßgeräte; Ionenmeter; Elektroden; Pufferlösungen: (3, 26, 30, 34, 40, 44, 49). Es sollten batteriebetriebene Feldgeräte, die auch Temperaturmessung und -Korrektur sowie mV-Ablesung gestatten, zur Verfügung stehen (s. Abb. 2.2.4 b). Für Präzisionsmessungen (z. B. Messung der Ionenaktivität) ist ein Gerät mit einer Auflösung von 0,1 mV erforderlich (Abb. 1.1.3 c). Diese Geräte ermöglichen in Verbindung mit einer **Glaselektrode** (Einstabmeßkette) (16, 30, 34, 40, 49) [504–513, 595] die Messung des pH-Wertes, mit einer **Redoxelektrode** (Pt-Hg/Kalomel- bzw. Pt-Ag/AgCl-Elektrode) (16, 34, 40, 49) [509, 510, 568] die Messung von Redoxspannungen (mV-Anzeige) und in Verbindung mit **Ionenselektiven Elektroden** (16, 30, 34) [24, 44, 47, 206.7, 310, 326, 389, 393, 511, 550, 551, 566, 567] die Bestimmung von Ionenkonzentration bzw. Ionenaktivität. Besonders hingewiesen sei auf die Ross-pH-Elektrode (30) [552, 553] sowie die Equithal-pH-Elektrode (16) (s. die entsprechenden Merkblätter der Hersteller). Die Einstabmeßkette CWL-LCW von Russel (Russel GmbH, Postf. 63, D-6928 Helmstadt-Bargen) ist insbesondere zur pH-Messung in elektrolytarmen Wässern geeignet. **Gassensitive Elektroden** (16, 30, 49) [512, 597–600] werden v. a. zur Bestimmung von O_2, CO_2, Cl_2 und NH_3 eingesetzt.

Zur Eichung der pH- bzw. Redoxelektroden sind **Präzisionspuffer** (16, 25, 34, 35, 40) [539, 576] erforderlich.

15. Sauerstoff- und BSB-Meßgeräte: Die klassische Sauerstoffbestimmung nach WINKLER ist nur für Einzelproben anwendbar; für jede Probe ist eine «Sauerstoff-Flasche» nötig. Im Hinblick auf die Vielfalt der Einsatzmöglichkeiten und der überaus großen Bedeutung von Sauerstoff als Gewässerparameter ist die **elektrochemische Bestimmung** mittels **Sauerstoffsonde** (12, 16, 30, 49) [597–600] (s. Abb. 2.3.9 a), die sinnvoll mit einem Temperatur-Meßfühler kombiniert ist, die Methode der Wahl. Die O_2-Sonde kann mit einem bis zu 200 m langen Kabel ausgestattet werden (49), so daß direkte Messungen an beliebigen Meßpunkten und damit nicht nur eine sehr rasche Bestimmung des O_2-Gehalts, sondern auch die Erstellung von Sauerstoff- und Temperaturprofilen (O_2-Gehalt bzw. Temperatur an einer bestimmten Stelle z. B. eines Sees als Funktion der Wassertiefe an der betreffenden Stelle) möglich sind.

In ähnlicher Weise kann bei der Bestimmung des **Biochemischen Sauerstoffbedarfs (BSB)** (s. Abb. 2.3.9 a) nicht nur der O_2-Verbrauch einer Probe z. B. innerhalb von 5 Tagen (BSB_5) oder in beliebigen zeitlichen Intervallen, etwa nach 2 oder 3 Tagen ermittelt werden, sondern auch die Abnahme des O_2-Gehalts als Funktion der Zeit. Soll mehr oder weniger regelmäßig für eine größere Zahl von Proben der BSB bestimmt werden, ist der Einsatz eines Geräts zur **manometrischen BSB-Bestimmung** (13, 49) (s. Abb. 2.3.9 b) lohnend.

16. **CSB-Meßplatz:** (22, 30, 49) [602]. Die Abwasserüberwachung gemäß AbwAG erfordert u. a. die Ermittlung des **Chemischen Sauerstoffbedarfs.** Ganz allgemein ist die chemische Oxidierbarkeit von Wasserinhaltsstoffen ein wichtiger Summenparameter und Verschmutzungsindikator. Dies hat zur Entwicklung praxisgerechter Meßplätze (s. Abb. 2.3.8) geführt – im wesentlichen bestehend aus CSB-Reaktor (Heizblock) für mehrere Proben und (Mikroprozessor)-Filterphotometer (vgl. Pkt. 6 und 17).

17. **Filterphotometer:** (22, 24, 25, 49) [531, 601]. Im Zusammenhang mit der Entwicklung immer anspruchsvollerer Systeme zur Wasseruntersuchung (s. Pkt. 6) werden nicht nur eine Reihe einfacher Filterphotometer sondern auch **Mikroprozessor-Photometer** (22, 25, 49) (s. Abb. 1.1.3 b und Abb. 2.3.8) angeboten, die in Verbindung mit den entsprechenden Reagenziensätzen, aber auch für andere Bestimmungen einsetzbar sind, sofern für das jeweilige Meßproblem ein geeignetes Spektral-Filter vorhanden ist.

18. **Spektralphotometer:** (3, 18, 20, 32, 44) gestatten jede gewünschte Wellenlänge direkt einzustellen, bei VIS-Geräten (visible = im Wellenlängenbereich des sichtbaren Lichts) i. a. zwischen 315 und 800 (900) nm, mit UV-Zusatz ab 195 nm **(UV-VIS-Einstrahlspektralphotometer).** Somit können nicht nur sämtliche Konzentrationsbestimmungen durchgeführt, sondern auch Absorptionsmaxima bestimmt und Absorptionskurven aufgenommen werden – wenn auch zeitaufwendig, da Punkt für Punkt der Kurve ausgemessen werden muß. **UV-VIS-Zweistrahlspektralphotometer** (3, 32) ermöglichen neben allen Konzentrationsbestimmungen in Verbindung mit einem Schreiber die automatische Registrierung z. B. von Absorptionskurven, meist auch die Bildung der 1. bzw. höherer Ableitungen von Kurven.

Die Geräte sollten mit **Mehrfachprobenraum** für mindestens 4 bis 6 Proben ausgerüstet sein. Besondere Aufmerksamkeit ist den **Küvetten** (s. Pkt. 2) zu schenken.

19. **Flammenphotometer:** (22, 34). Flammenphotometrische Verfahren unter Verwendung von Propan als Brenngas sind gut geeignet zur Bestimmung von Li, Na, K. Infolge Umstellung auf Atomabsorption (AAS) oder ionenselektive Messungen in Krankenhäusern und Instituten sind oft preiswerte Geräte zu haben.

20. **Trockenschränke, Brutschränke; Sterilisatoren; Autoklaven:** Bei Ankauf von **Trockenschränken (TS)** ist zu überlegen, ob die Absicht besteht, auch auf bakteriologischem Gebiet zu arbeiten – jedenfalls kann leicht hiefür vorgesorgt werden, indem man ein oder zwei TS für Routinearbeiten, einschließlich Hitzesterilisation von Geräten (z. B. Pipetten, die infolge ihrer Länge nicht in kleineren Autoklaven sterilisiert werden können), z. B. Heraeus (10), Modell T 5042 E oder ST 5042, ankauft. Außerdem sind zwei **Brutschränke (BS)** nötig (häufig muß gleichzeitig bei zwei verschiedenen Temperaturen

bebrütet werden), die so gewählt werden, daß sie sich auch als Trockenschränke eignen (peinlichst sauber und frei von jedwelchen Dämpfen halten; im Instrumentallabor aufstellen), z. B. Heraeus, Modell BT 5042 E. Ein kleineres Modell ist in Abb. 3.2 b gezeigt.
Während beim Einsatz eines TS zu Sterilisationszwecken Heißluft zur Anwendung kommt, bewirkt bei **Autoklaven** (4, 18, 19, 48) überhitzter Wasserdampf auf schonendere Weise (Sterilisation von Nährmedien u. a.) die Abtötung von Keimen (s. Abb. 3.2 a).

21. Geräte und Hilfsmittel für die Bakteriologie: (4, 7, 18, 21, 25, 28, 37, 38, 48) [521, 523, 548, 578, 580, 581, 582, 585, 586]. Zur Durchführung eines kleinen Kursprogramms werden benötigt: ein **Autoklav** sowie zwei **Brut- und Trockenschränke (BT)** (s. Pkt. 20), **Edelstahlfiltrationsgeräte** (37, 38), die auch anderweitig in der (Wasser-)Analytik gern verwendet werden, **Dosierspritze** (s. Abb. 1.6.3) sowie einiges Kleingerät, etwa Impfnadeln und Impfösen, Petrischalen, Pipetten, Säuglingsmilchflaschen, Kolben und Kulturröhrchen. An Verbrauchsmaterialien benötigt man **Nährmedien** (25), insbesondere steril verpackte **Nährkartonscheiben mit Membranfilter** (37) sowie Systeme zur Differenzierung von Keimen (1, 14). Einzelheiten und Abbildungen s. Abschn. 3.

22. Literatur und Information; Handbibliothek: Das in Abschn. 4 vorgelegte Literatur- und Informationsangebot ist den praktischen Bedürfnissen angepaßt (Beigabe der Adressen; Literatur, die i. a. leicht erhältlich ist bzw. in den entsprechenden Instituten eingesehen werden kann). Dabei sind auch jene Gebiete berücksichtigt, die in diesem Buch nicht oder nicht mit der nötigen Ausführlichkeit behandelt werden konnten. Je nach Interessen wird es bei sorgfältiger Überlegung leicht möglich sein, die optimale Auswahl zu treffen und eine Handbibliothek zu schaffen. Auch die **Firmenschriften** sind sorgfältig ausgewählt und nicht nur wertvoll, weil sie meist kostenlos abgegeben werden. Im allgemeinen repräsentieren sie den jeweiligen Stand der Entwicklung und erbringen u. a. auch wertvolle Unterlagen zur Apparatekunde.

1.1.4 Einsatz spezieller Apparate und Methoden

Sämtliche in der Umwelt existierenden Stoffe können auch in das Wasser gelangen und müssen ggf. identifiziert und quantitativ bestimmt werden. So ist es nicht verwunderlich, daß bei der Bewältigung dieser schwierigen Aufgabe in der Wasserchemie heute in zunehmendem Maße aufwendige Analysensysteme und -Methoden zum Einsatz kommen. Wenngleich derlei Geräte zumeist größeren Instituten und Forschungsstätten vorbehalten bleiben, ist es im Hinblick auf die apparative Entwicklung der Wasserchemie doch angezeigt, sich mit den heutigen Möglichkeiten wenigstens theoretisch einigermaßen vertraut zu machen. Anhand von Prospektmaterial und Lehrexkursionen (dabei können vielleicht sogar ab und zu Proben mittels AAS oder RFA untersucht werden) sollte jedoch stets die Theorie an der Praxis orientiert werden.

1. Probenahmegeräte: (4, 15, 20, 29, 30, 43, 49, 50) [200.8, 203.1]. Zur Entnahme von Wasserproben aus größerer Tiefe (Seen; Grundwasser) oder in strömenden Gewässern sind spezielle Geräte nötig, ebenso für die Probenentnahme von Abwässern und Abläufen aus Kläranlagen. Zur Probenentnahme aus verschiedenen Tiefen stehender Gewässer werden **Vertikalentnahmegeräte,** z. B. nach RUTTNER eingesetzt. Bei Fließgewässern kommen **Horizontalentnahmegeräte** oder automatische Probensammler zur Anwendung. Abwasserproben bzw. Kläranlagenabläufe werden vorwiegend automatisch

entnommen. Mit automatischen Geräten können im wesentlichen folgende **Probenarten** entnommen werden (vgl. dazu auch DEV [1], DIN 38402-A11 «Probenahme von Abwasser»):
– **zeitproportionale Sammelprobe** aus gleichen Volumina an Teilproben (Einzelproben), die nach gleichen Zeitintervallen entnommen und zu einer Mischprobe vereint werden (eine Tagesmischprobe z. B. repräsentiert in etwa den Tagesmittelwert);
– **zeitproportionale Einzelproben,** die wie oben entnommen, jedoch nicht vermischt werden (repräsentieren z. B. das Tagesprofil);
– **mengenproportionale Sammelprobe,** bestehend a) aus gleichen Volumina an Teilproben, die mit einer Frequenz (Häufigkeit) entnommen werden, die zur aktuellen Wassermenge proportional ist oder b) Teilproben, deren Menge zur aktuellen Wassermenge proportional ist, und die nach gleich großen Intervallen entnommen werden (eine derartige Tagesmischprobe repräsentiert in etwa z. B. die Tages-Schmutzfracht);
– eine Anzahl zeitproportionaler oder mengenproportionaler **Fraktionsproben,** von denen jede einzelne einen Entnahmezeitraum repräsentiert (z. B. Zweistundenmischprobe gem. AbwAG.).

2. Möglichkeiten und Systeme zur Probenvorbereitung und Spurenanreicherung: (3, 20, 25, 31, 32) [123, 155, 202.2]. Häufig müssen neben größeren Mengen an Begleitstoffen (Ionen; organische Stoffe) geringe bis äußerst geringe Mengen an Spurenelementen und organischen Schadstoffen der vielfältigsten Art bestimmt werden. Dazu gibt es entsprechende Anreicherungsverfahren, die zudem für bestimmte Stoffe bzw. Stoffklassen weitgehend selektiv sind (Abtrennung störender Matrix). Es sollten jedoch die bei den betreffenden Verfahren möglichen Fehlerquellen nicht unterschätzt werden [308, 403, 417]. Enthält die Probe auch ungelöste Partikel (Schwebstoffe), werden diese entweder durch Zentrifugieren oder Filtration (0,45 μm) abgetrennt und separat untersucht oder es wird die Probe homogenisiert (z. B. Mixer oder Ultraschall) und direkt untersucht bzw. einem Aufschluß unterworfen [308, 359]. Bereits bei der Probenahme ist zu berücksichtigen, welche Untersuchungen durchgeführt werden sollen und sind entsprechende Maßnahmen vorzusehen (Gefäße, Entnahmetechnik, Konservierungsmaßnahmen).
Anreicherungsmethoden für Elementspuren, insbesondere Schwermetalle:
– **Solventextraktion:** [308, 325]. Hierbei handelt es sich um eine flüssig-flüssig Extraktion, bei der als Extraktionsmittel mit Wasser möglichst unmischbare (apolare) organische Lösungsmittel dienen, z. B. Methylisobutylketon (MIBK) oder Diisopropylketon mit Xylol. Um die Metalle in die organische Phase zu bringen und zugleich von den Begleitstoffen abzutrennen, werden sie komplex gebunden (chelatisiert) und zwar mit Stoffen, die selbst in der organischen Phase gut löslich sind, etwa Ammonium-pyrrolidin-dithiocarbamat (APDC) oder Hexamethylenammonium-hexamethylen-dithiocarbamat (HMDC). Eine Anreicherung wird insofern erreicht, als die organische Phase im Vergleich zur Probenmenge nur ein geringes Volumen einnimmt. Die DEV [1] geben bei den entsprechenden Verfahren eine einfache flüssig-flüssig Extraktionsapparatur an.
– **Ionenaustauscher:** [315, 316, 317, 318]. An speziellen metallselektiven Ionenaustauschern, z. B. chelatbildender Ionenaustauscher auf Cellulosebasis HYPHAN [573] lassen sich bevorzugt Schwermetalle sorbieren (Multielementanreicherung), wobei die oft störenden Alkali- und Erdalkalimetalle in Lösung bleiben. Desorption und Regenerierung erfolgt wie bei anderen Ionenaustauschern, z. B. mit Salzsäure, c (HCl) = 1 mol/l. Die Anwendung wird eingeschränkt durch die Komplexierung störende organische Komplexbildner. Diese können durch UV-Photolyse (UV-Aufschluß) zerstört werden [319].

- **Eindampfen (Einengen)** einer Wasserprobe ist keine geeignete Methode zur Spurenanreicherung (jedoch kann der Abdampfrückstand zu Vorproben verwendet werden).

Anreicherungsmethoden für organische Spurenstoffe: [408]. Zur Anreicherung organischer Species kann grundsätzlich jedes Verfahren herangezogen werden, bei dem aus der wäßrigen Phase ein bevorzugter Übergang in eine zweite Phase (fest, flüssig, gasförmig) erfolgt:

- **Adsorption an Aktivkohle** (oder synthetische Polymere) mit anschließender Elution oder thermischer Desorption (je nach instrumenteller Weiterverarbeitung).
- **Solventextraktion,** wobei extrem unpolare Solventien verwendet werden können (Pentan, Hexan, Dichlormethan) da nur organische Stoffe, nicht aber Metallchelatkomplexe gelöst werden müssen.
- **Ausgasmethoden** (z. B. Purge-and-Trap Verfahren), wobei die Probe mit einem Trägergas ausgeblasen und die dabei ausgetragenen organischen Komponenten an einem Adsorptionsmittel (Trap-Kolonne) gesammelt werden. Diese Methode ist bereits weitgehend automatisiert (20). Die Dampfraumanalyse (Head-Space Technik) (32) hat in der Gaschromatographie große Bedeutung erlangt.

Seit einiger Zeit gibt es Extraktionssysteme mit Einmal-Trennsäulen verschiedenster Eigenschaften und Selektivität [404], die insbesondere zur Abtrennung und Anreicherung organischer, aber auch von Metallspuren hervorragend geeignet sind. Zudem können bis 10 Proben gleichzeitig behandelt werden. Es handelt sich um das **VAC-ELUT System** mit Bond Elut-Extraktionssäulen von Analytichem International (ict Handelsges. m. b. H., Antoniterstr. 36, D-6230 Frankfurt bzw. Bösendorferstr. 2, A-1010 Wien) und um das **BAKER-10 Extraction System** (Baker Chemikalien, Postf. 1661, D-6080 Groß-Gerau).

3. Atomabsorptionsspektrometrie (AAS) und ICP-AES: (3, 20, 31, 32). Geräte zur AAS haben in der (Spuren-)Analytik eine ungeahnte Bedeutung erlangt. Spezielle Techniken (Graphitrohrküvette, Hydridtechnik, Kaltdampftechnik) erhöhen die Empfindlichkeit und erweitern die Einsatzmöglichkeiten, so daß mit Ausnahme von Cer und Thorium sämtliche Metalle und Halbmetalle sowie auch viele Nichtmetalle der Bestimmung zugänglich sind (vgl. Abschn. 2.4.11). Für jedes zu bestimmende Element ist eine eigene Lampe nötig (von einigen Kombinationslampen für zwei- bis drei Elemente abgesehen). Auch auf eine entsprechende Gasversorgung ist hinzuweisen, sowie auf die Notwendigkeit einer gut funktionierenden Absaugung über dem Brenner des Geräts.

Bei der ICP (Inductively Coupled Plasma)-AES (Atomemissionsspektrometrie) handelt es sich um ein im Hochfrequenzfeld ionisiertes Gas (Argon), das mit einer Temperatur von ca. 8000 °C sich insbesondere zur Atomisierung *und* Anregung schwer atomisierbarer Elemente, z. B. B, Ta, Ti, U, W sowie für die Multielement-Analyse eignet.

4. Ionenchromatographie (IC): (3, 5, 32) [62, 135, 327, 367, 500, 563]. Im Prinzip ist die IC ein HPLC (High Performance Liquid Chromatography)-System, bestehend aus Elutionspumpe, Probenaufgabe, Trennsäule zur selektiven Trennung von Anionen und Kationen und nachgeschaltetem Leitfähigkeitsdetektor, dessen Ausgangssignal von einem Schreiber aufgezeichnet wird. Im allgemeinen lassen sich alle Arten von Wässern, auch solche mit sehr geringem Elektrolytgehalt (Kesselspeisewasser, Regenwasser) durch direkte Probeninjektion (100 μl) untersuchen, ggf. muß die Probe verdünnt bzw. mit einer speziellen Säule aufkonzentriert werden. Die IC eignet sich insbesondere zur Trennung und Bestimmung von **Anionen.** In den meisten Fällen ist eine gute Selektivität (Peaktrennung) und eine hohe Nachweisgrenze gegeben – z. B. können die folgenden Ionen in einem einzigen Arbeitsgang bestimmt werden: F^-, Cl^-, Br^-, NO_2^-, NO_3^-, SO_4^{2-}, HPO_4^{2-}. Amperometrische Detektion ermöglicht die Bestimmung von CN^-, HS^-, I^- u. a. In Kombination geeigneter Säulen und Detektoren lassen sich eine Vielzahl organischer Stoffe erfassen, d. h. es besteht Ausbaumöglichkeit zu einem universellen HPLC-System. Auch zur Kationentrennung wird die IC eingesetzt.

5. Gesamter organisch gebundener Kohlenstoff (TOC): Zur Bestimmung dieses bedeutungsvollen Summenparameters (vgl. Abschn. 1.4.15) werden eine Reihe von Geräten angeboten (3, 12, 20, 29), die sämtlich relativ aufwendig sind. Einige Meßprinzipien sind in Abschn. 2.3.6 skizziert.

6. Weitere Geräte und Analysenmethoden: Ergänzend zu den bisher besprochenen Geräten und Methoden soll noch auf einige besonders bedeutsame Techniken hingewiesen werden. In der Praxis werden häufig auch Verfahren kombiniert und dadurch die Möglichkeiten noch beträchtlich erweitert.

Spektrophotometrische Methoden: besonders wichtig sind die **IR-Spektroskopie** (3, 32) [351, 352, 358, 560] zur Identifikation organischer Verbindungsklassen, insbesondere von Kohlenwasserstoffen (vgl. DEV, H 18: Bestimmung von Kohlenwasserstoffen), z. B. Unterscheidung biogener und mineralölbürtiger Kohlenwasserstoffe, sowie die **UV-VIS-Spektroskopie** (3, 20, 32) [409, 557, 559, 560] (photometrische Bestimmung von Kationen und Anionen; Absorptionsverhalten bei bestimmten Wellenlängen; Absorptionskurven).

Chromatographische Methoden: Hier sind zu nennen die **Dünnschichtchromatographie** (DC = TLC; HPTLC) (25) [213.1, 543, 544, 560] (z. B. Bestimmung polycycl. aromatischer Kohlenwasserstoffe nach DEV, H 13), die **(Hochdruck-)Flüssigchromatographie** (LC, HPLC) (3, 25, 32) [555, 557, 560] (Trennung und Identifizierung organischer Stoffe; eine spezielle Form der HPLC ist die in Pkt. 4 beschriebene IC), sowie die **Gaschromatographie** (GC) (25, 32) [202.2, 213.1, 322, 323] (Trennung und Identifizierung organischer Stoffe – insbesondere durch Kopplung Gaschromatographie/Massenspektrometrie; GC/MS) [366].

Elektrochemische Methoden: [92, 329, 374, 387], insbesondere die **Polarographie** (26) und die **Inversvoltammetrie** (26) (Bestimmung von Spurenelementen; Applikations-Bulletins erhältlich).

Röntgenfluoreszenzanalyse (RFA): [315, 316] (rasche qualitative Übersichtsanalysen von Wasserinhaltsstoffen ab Element Fluor bis Uran; bei Selektivanreicherung empfindliche Methode zur Multielementbestimmung).

Neutronenaktivierungsanalyse (NA): [400, 401].

Enzymatische Methoden [28, 213.1, 213.2, 361] finden ebenfalls behutsam Eingang in die Wasseranalytik.

In Erweiterung **biologischer Testverfahren** zur Toxizitätsprüfung (DEV, L 11 Daphnien-Kurzzeittest; DEV, L 15, L 20 Fischtest) (vgl. Abschn. 1.5.4) werden auch luminiszierende Bakterien eingesetzt, z. B. im MICROTOX (3).

1.1.5 Gliederung der Untersuchungen

Zur Gewinnung eines Überblicks und zur Erleichterung der Vorbereitungen ist es günstig, die vielfältigen Einzeluntersuchungen zunächst nach Sachgebieten zu ordnen. Aus diesen werden dann die für den Zweck der Untersuchung erforderlichen Einzelbestimmungen ausgewählt und genauer koordiniert.

1. **Örtliche Erhebungen:** Zur Sicherung des Befundes für ein bestimmtes Wasser sind zunächst eine Reihe allgemeiner Informationen nötig. Mit deren Erbringung können jeweils kleine Gruppen von Praktikanten betraut werden, wobei zu berücksichtigen ist, daß viele dieser Erhebungen zugleich mit der Probenahme erfolgen.
Geologische Erhebungen: Einholung von Auskünften über die geologischen Verhältnisse des Wasservorkommens.
Geographische Erhebungen: Bei Quell- und Oberflächenwässern z. B. Lage und Höhenlage (Karten, Skizzen, Fotos), Einzugsgebiet, Gelände- und Uferbewuchs, Nutzung und Besiedlung des Geländes (Dünger?), Zuflüsse (zum See) (woher? Abwässer?).
Meteorologische Erhebungen: Allgemeiner (jahreszeitlicher) Wettercharakter, Luftdruck, Lufttemperatur zum Zeitpunkt der Probenahme; wann war der letzte (starke) Regen? (Ausschwemmungen).
Hygienische und betriebstechnische Erhebungen: Nutzungsarten des Wassers und Nutzungsstellen (auch zur Viehtränke?); Zustand der Quellfassung, des Brunnens (Tiefe, Durchmesser, Auskleidung) bzw. des Sees oder Flusses (Schaumbildung, Ölfilm, Ablagerungen am Ufer, Algenwachstum, Sichttiefe …). Werkstoffarten und Zustand der Anlagen, Behälter, Leitungen; allgemeiner Eindruck vom Zustand z. B. des Badesees, Schwimmbades, Brunnens usw.

2. **Sinnenprüfung:** (Geruch, Geschmack, Farbe, Trübung) (vgl. Abschn. 2.1). Diese stellen zwar subjektive Empfindungen des Untersuchenden dar, doch dürfen sie deshalb nicht unterschätzt bzw. vernachlässigt werden. Fielfach sind die Sinnesorgane zuverlässiger als chemische Apparate.

3. **Physikalische und physik.-chem. Untersuchungen:** (vgl. Abschn. 2.2) z. B. Temperatur, pH-Wert, Leitfähigkeit. Sie stellen bestimmte Eigenschaften des Wassers für sich oder in Beziehung zu seiner chemischen Zusammensetzung fest.

4. **Chemische Untersuchungen:** (Abschn. 2.3–2.7). Sie ermitteln den Gehalt des Wassers an einzelnen Ionenarten bzw. chemischen Stoffen (z. B. Chlorid, Calcium, Sauerstoff) und an bestimmten, nach charakteristischen Eigenschaften zusammengefaßten Stoffgruppen (Summenbestimmungen).

5. **Bakteriologische Untersuchung:** (Abschn. 3.4–3.6). Diese erbringt hauptsächlich Koloniezahlen pro Volumen von Bakterien-Fraktionen, die an hohe Nährstoffkonzentrationen angepaßt sind, so z. B. auch jener, die aus dem Darm von Mensch und Tier stammen.

1.1.6 Auswahl der Untersuchungsobjekte; Arbeitsplanung

Die sorgfältige Arbeitsplanung ist der erste Schritt für ein erfolgreiches Unternehmen. Zunächst werden in einer **Vorbesprechung** gemeinsam mit den Praktikanten je nach örtlichen Gegebenheiten die verschiedenen Aspekte und Möglichkeiten zu Wasseruntersuchungen überlegt und ein längerfristiges Programm entworfen. Dieses wird dann durch die im Verlaufe der Untersuchungen hinzugewonnenen praktischen Erfahrungen und sich abzeichnender spezieller Interessen und Fähigkeiten einzelner Praktikanten in angemessener Weise konkretisiert. Wo immer dies möglich ist, sollte die Mitarbeit von Fachleuten (z. B. Wasserwerk, Gesundheitsamt, Hygiene-Institut) gewonnen werden – sie kennen die (örtlichen) Probleme, können entsprechende Impulse geben und das Augenmerk auf echte Fragen lenken, die zu sinnvollen Unternehmungen führen. Auch

auf die Mitarbeit von Biologen, Limnologen und Geologen (Geographen) ist großer Wert zu legen.
Nachfolgend einige Anregungen zur Findung von Untersuchungsobjekten und zur Arbeitsplanung.

1. Den Anfang sollten immer einige nicht zu umfangreiche Trinkwasseruntersuchungen mit Probenahme am Zapfhahn (des Labors) bilden. Der Praktikant soll zunächst eine Vorstellung bekommen, daß natürliches Wasser ein kompliziertes System verschiedenartigster, oft nur in Mengen von wenigen mg/l und darunter enthaltenen Stoffen ist. Und daß Analysenverfahren, bei denen es um die Bestimmung solch geringer Stoffmengen geht, noch dazu um die Bestimmung mehrerer Stoffe nebeneinander und in sehr verschiedenen Konzentrationsverhältnissen, ein hohes Maß an Genauigkeit und Eigenverantwortlichkeit erfordern.
Um rasch einen Überblick zu gewinnen, können hier und auch bei den späteren Untersuchungen die grundlegenden Bestimmungen vorerst mit käuflichen Reagenziensätzen durchgeführt werden. Sodann wird die exakte Bestimmung vorgenommen. Auch ist es zunächst nicht nötig, alle Bestimmungen aus ein und derselben Probe vorzunehmen. Doch muß das benötigte Wasser stets so rechtzeitig entnommen werden (Einübung der Probenahme am Zapfhahn!), daß es Gelegenheit hat, die Raumtemperatur anzunehmen – ausgenommen jene Bestimmungen, die unmittelbar durchzuführen sind. Bei jeder neuen Probenahme sollen pH-Wert und Leitfähigkeit überprüft werden. Somit liegt für die spätere Untersuchung aus einer *einzigen* Probenahme bereits interessantes Datenmaterial zum Vergleich vor.
In den **Zwischenbesprechungen** wird laufend über die gewonnenen Ergebnisse berichtet, das Datenmaterial, zu dessen Auswertung auch statistische Verfahren herangezogen werden sollten, vorgelegt und diskutiert und die sich daraus ergebenden weiteren Maßnahmen festgelegt. Diese regelmäßigen Zwischenbesprechungen nach Bedarf sind ein grundsätzliches Erfordernis für die Arbeitsüberwachung und Arbeitsplanung auch für jedes spätere Unternehmen. Sie dürfen nicht «so zwischendurch im Gespräch» erfolgen, sondern sind ein eigener Arbeitsschritt, auf den sich der Praktikant vorbereiten muß.
In den anfänglichen Untersuchungen geht es vor allem darum, einige wenige Parameter eines Trinkwassers sicher zu erfassen und optimal auszuwerten. Ist dieses Untersuchungsziel bzw. dieses Ausbildungsziel erreicht, wird das Projekt jeweils mit einer **Schlußbesprechung** beendet. Dabei gibt jeder Praktikant sein Endergebnis bekannt bzw. legt den Befund vor und erläutert ihn mündlich. Wie schon bei der Vorbesprechung, sollten auch hier, insbesondere wenn umfangreichere Untersuchungen durchgeführt wurden, Sachverständige zugegen sein, korrigieren und die Ergebnisse mit bewerten. Falls sich dabei für die einzelnen Befunde Änderungen bzw. Ergänzungen ergeben, wird ein Zusatzprotokoll verfaßt und dem Befund beigeschlossen. Damit wäre das Unternehmen beendet. Bereits die Schlußbesprechung des ersten abgeschlossenen Unternehmens wird interessante Einblicke erbringen und Ansporn sein für weitere Aufgaben.

2. Als nächstes wäre insbesondere an die Untersuchung von Hallen- bzw. Freibeckenbäder zu denken, auch hier zunächst nur an die Überprüfung des pH-Wertes, der Chlorung und des einen oder anderen Verschmutzungsindikators. Solch kleinere Untersuchungen können dann stets parallel mit einem umfangreicheren Unternehmen weitergeführt werden, wobei jeder Praktikant (oder Arbeitsgruppen mit je 2 bis 3 Personen) entsprechende laufende Kontrollen (an verschiedenen Bädern) vornehmen.

3. Eine neuerliche Trinkwasseruntersuchung könnte dann bereits auch die bakteriologische Untersuchung mit einbeziehen. Gerade darum, weil hier der Befund für Fäkalindikatoren negativ ausfällt und für die Koloniezahl ein niedriger Wert gefunden wird, ist dies eine gute Kontrolle der sterilen Arbeitsbedingungen. Parallel dazu (Kontaminationsgefahr für die Trinkwasserprobe beachten!) sollte aber auch das Wasser eines Flusses bzw. Badesees bakteriologisch untersucht werden, damit auch ein positiver Befund erkannt wird.

4. Können die bisher durchgeführten Untersuchungen als zufriedenstellend bewertet werden, wird man umfassendere oder auch speziellere Probleme in Angriff nehmen, etwa die Untersuchung einer Quelle, eines Brunnens, eines schwach belasteten Fließgewässers oder Sees. Oder man wird den einen oder anderen Spurenstoff in die Untersuchung einbeziehen bzw. für sich allein bestimmen, z. B. Zink, Kupfer, Blei in abgestandenem Leitungswasser. Soll das Korrosionsverhalten studiert werden, müssen zusätzliche Bestimmungen vorgenommen werden. Auch Fließgewässer können auf Verschmutzungsstoffe bzw. den einen oder anderen (vermuteten) Schadstoff geprüft werden.

5. Ein hochinteressantes, wenn auch schwieriges Gebiet stellt die Mineral- bzw. Heilwasseruntersuchung dar. Hier sollte mit einem Institut, das solche Analysen durchführt, Kontakt aufgenommen und Unterlagen erbeten werden.

6. Als weitere Möglichkeit kämen spezielle Untersuchungsreihen in Frage, z.B. die Bestimmung von Fluorid (ionenselektive Elektrode) in einer größeren Anzahl von Trinkwässern, Tafelwässern, Mineralwässern.

Als besonders wertvoll könnten sich auch Überprüfungen des Sauerstoffgehaltes (O_2-Elektrode) eines Sees erweisen, z. B. ein volles Jahr hindurch in regelmäßigen Abständen. Die Messungen müssen genau vorbereitet und stets in gleicher Weise ausgeführt werden, z. B. nahe der Oberfläche – in bestimmten Tiefen, am Ufer – in der Seemitte, am Zufluß – am Abfluß.

In Gebieten mit größeren geologischen Unterschieden sind insbesondere auch Grundwasseruntersuchungen sehr aufschlußreich.

Auch an die Untersuchung von Regenwasser oder Schnee sollte gedacht werden.

7. Welches Thema auch immer im Laufe der Zeit aufgegriffen wird, nie darf es lediglich den Zweck verfolgen, daß der Praktikant dabei eine Reihe wichtiger Methoden der Chemie und einfacher bakteriologischer Untersuchungsverfahren in den Griff bekommt. Stets soll er dabei auch lernen können, wie ein Unternehmen geplant und durchgeführt wird, wie man die verschiedensten Arbeiten im Labor und bei Felduntersuchungen koordiniert und wie man schließlich von übergeordneten Gesichtspunkten aus eine Beurteilung (Befund) vornimmt. Das Schaffen von Möglichkeiten dazu wird ebenfalls stets jeder Arbeitsplanung zugrunde gelegt sein müssen.

1.1.7 Auswahl der Einzelbestimmungen für eine bestimmte Wasserprobe

Eine «komplette» Wasseranalyse ist weder möglich noch nötig. Mit zunehmender Verfeinerung der Methodik, z. B. Atomabsorption, könnte man immer noch das eine oder andere Spurenelement entdecken. Je nach den in der Arbeitsplanung festgelegten Untersuchungszielen wird man sich sinnvoll beschränken. Allerdings kann es notwendig werden, auf Grund unvorhersehbarer Ergebnisse sich zusätzliche Information zu verschaffen. Für den Anfang kann das folgende Schema nützlich sein:

1. Örtliche Erhebungen und die Sinnenprüfung sollen zeigen, daß Wasser nicht bloß als «chemisches Objekt» betrachtet werden darf.

2. An physikalisch-chemischen Untersuchungen sind immer durchzuführen: die Bestimmung der Temperatur, des pH-Wertes und möglichst auch der Leitfähigkeit.

3. Die chemischen Untersuchungen sind die umfangreichsten. **Hauptinhaltsstoffe** wie Natrium, Kalium, Magnesium, Calcium; Chlorid, Hydrogencarbonat, Sulfat, Nitrat und ggf. noch Sauerstoff und Kohlendioxid sollten immer bestimmt werden. Ihre Summe in mg/l ergibt den ungefähren Gehalt an gelösten Inhaltsstoffen. Ihre Summe in mmol/l erlaubt eine ungefähre Bilanzierung der Kationen und Anionen und damit die Entscheidung, ob die Analyse in etwa stimmen kann.
Begleitstoffe, etwa Eisen, Mangan, Ammonium, Nitrit, Phosphat, Silicat, Fluorid, sowie **Spurenstoffe** z. B. Kupfer, Zink, Blei sollten soweit bestimmt werden, als der Untersuchungszweck dies fordert. Dasselbe gilt für **Summenbestimmungen,** wobei die Bestimmung der Oxidierbarkeit wohl am häufigsten vorgenommen wird. Auch die Liste der **Verschmutzungsindikatoren** (Abschn. 1.13.6) wird man immer wieder durchsehen müssen. Von den **Summenbestimmungen** ist die Säure- und Basekapazität von großer Bedeutung, da die hieraus gewonnenen Werte für eine Reihe von Berechnungen benötigt werden.

4. Die bakteriologische Untersuchung muß sich in dem gegebenen Rahmen auf die Bestimmung der Koloniezahl sowie auf den Nachweis von Fäkalindikatoren beschränken.

1.1.8 Wahl des Untersuchungsverfahrens für die Einzelbestimmungen

Die Wahl des Untersuchungsverfahrens für eine Einzelbestimmung wird zur Hauptsache festgelegt:
– von der Konzentration des zu bestimmenden Stoffes in der Probe,
– von Störeinflüssen anderer Inhaltsstoffe der Probe,
– von den experimentellen Möglichkeiten des Labors,
– von dem Ausbildungsstand der Praktikanten, und
– von didaktischen Erwägungen.

Grundsätzlich sind die im 2. und 3. Teil des Buches vorgelegten Bestimmungen auf alle Wässer anwendbar. Es ist jedoch ratsam, stets auch noch andere Literatur beizuziehen, insbesondere die DEV [1], da gerade diese Verfahren von qualifizierten Fachleuten bearbeitet, erst nach oft vieljähriger Erprobung ausgegeben und durch Ergänzungslieferungen auf dem aktuellen Stand gehalten werden.

Was die didaktische Seite dieser Frage betrifft, sollte bei Gelegenheit die eine oder andere Bestimmung von einzelnen Praktikanten bzw. einer kleinen Arbeitsgruppe nach mehreren Verfahren z. B. Maßanalyse – Photometrie; Flammenphotometrie – ionenselektive Elektrode durchgeführt werden. Dabei ist für jedes Verfahren eine ausreichende Zahl von Analysenwerten sicherzustellen. Durch solche methodische Parallelbestimmungen werden nicht nur (systematische) Verfahrensfehler leichter entdeckt, vielmehr bildet der Vergleich und die Diskussion der auf verschiedenem Wege erhaltenen Daten und Problemlösungen zugleich ein erstrangiges methodisches und didaktisches Mittel, jungen Menschen vertretbare Vorstellungen von der faszinierenden Denk- und Arbeitsweise der Chemie, aber auch von den dabei auftretenden Schwierigkeiten zu vermitteln. Dasselbe gilt für die Verfahren der Bakteriologie.

1.1.9 Reihung der Einzelbestimmungen im Rahmen einer Gesamtuntersuchung; Probenkonservierung

Bei der Festlegung der Reihenfolge, in der die Einzelbestimmungen im Rahmen einer Wasseruntersuchung vorgenommen werden sollen, ist dem Umstand Rechnung zu tragen, daß sich Wasserproben bei längerer Aufbewahrung in Abhängigkeit von der Zeit durch mikrobielle Stoffwechselvorgänge ebenso wie durch chemische Umsetzungen irreversibel verändern können, so daß sie im Hinblick auf ihre qualitative und quantitative Beschaffenheit bei einer späteren Untersuchung nicht mehr dem Originalzustand entsprechen.

Harte Wässer können nach längerem Stehen Kalk abscheiden; gewisse (Spuren)Stoffe können von der Wand des Probengefäßes adsorbiert werden; Silicat kann ausflocken, ebenso Eisenoxidhydrat; Nitrat kann zu Nitrit reduziert werden usw. Grundsätzlich sollte eine Wasserprobe sofort, oder doch innerhalb der ersten 10 Stunden nach Probenahme untersucht werden – eine Forderung, die bei umfangreicheren Untersuchungen praktisch nicht zu erfüllen ist.

Abhilfe wäre zwar dadurch möglich, daß für jede Einzelbestimmung bzw. für die in einer Praktikumseinheit vorgesehenen Bestimmungen neuerlich eine Probenahme erfolgt. Dies ist jedoch oft schon deshalb unmöglich, weil manche Proben weit herbei geholt sind. Es wäre, abgesehen von den in Abschn. 1.1.6 genannten Fällen aber auch insofern abzulehnen, weil dadurch praktisch ständig neue Proben zur Untersuchung gelangen, das Ergebnis bzw. der Befund sich jedoch auf die gesamte Untersuchung bezieht. Die Zusammensetzung eines Wassers ist keine Konstante; sie kann sich unter den verschiedensten Einflüssen mehr oder weniger rasch ändern. Lediglich für die bakteriologische Untersuchung, die in den meisten Fällen viel häufiger zu erfolgen hat als die chemische, ist eine nicht in Zusammenhang mit dieser stehende Probenahme zulässig. In diesem Fall muß aber ohnedies ein eigener Befund abgefaßt werden. Als Kompromiß kann folgendes Vorgehen empfohlen werden:

1. Man studiere die für die vorgesehene Untersuchung maßgeblichen Analysenvorschriften und erarbeite sich daraus einen Plan für die dem Untersuchungsvorhaben optimal angepaßte Reihenfolge der Einzelbestimmungen und die bei der Probenahme zu treffenden Maßnahmen.

2. Am Ort der Probenahme werden zunächst alle örtlichen Erhebungen vorgenommen sowie die bei der Probenahme vorgesehenen Bestimmungen und die entsprechenden Probenvorbereitungen (z.B. Ansetzen der Sauerstoffbestimmung) durchgeführt.

3. Zugleich wird die gesamte, von einem Praktikanten für die Untersuchung im Labor benötigte Wassermenge entnommen. Dazu sollten PVC-Flaschen verwendet werden, da diese bei gleicher Wandstärke weniger gasdurchlässig sind als PE-Flaschen.

4. Diese Probenahme erfolgt in mehreren Flaschen in der Weise, daß die je Flasche (meist 500 bis 1000 ml) entnommene Wassermenge für die in einer Praktikumseinheit vorgesehene(n) Bestimmung(en) ausreicht, wobei für jede Bestimmung mindestens 3 Werte vorzusehen sind. Als Reserve für Zusatzuntersuchungen sollte zusätzlich 1 l Probe entnommen werden.

5. Die Flaschen werden gut verschlossen und beschriftet (Name, Datum, vorgesehene Bestimmungen) in eine mit Eisbeutel vorgekühlte (falls die Entnahmetemperatur tief liegt) Kühltasche o. dgl. gestellt und sofort in das Labor gebracht. Jene Proben, die nicht sogleich aufgearbeitet werden können, werden im Tiefkühlschrank bei -18 bis $-22\,°C$

eingefroren; dies kann auch zu Hause geschehen, falls der Tiefkühlschrank die Probenzahl nicht faßt.
Die Enteisung erfolgt bei Zimmertemperatur und so rechtzeitig, daß die Probe zum Zeitpunkt der Analyse Zimmertemperatur angenommen hat. In einem Vorversuch mit Leitungswasser bestimme man die dazu benötigte Zeit.

6. Die für am selben oder folgenden Tag vorgesehenen Untersuchungen benötigte Wassermenge verbleibt zum Teil in der Kühltasche bzw. wird im Kühlschrank etwa auf Entnahmetemperatur gehalten. So läßt sich – falls kein Feldgerät vorhanden ist – auch im Labor noch exakt der bei der Entnahmetemperatur herrschende pH-Wert bestimmen. Da die Puffereichung ebenfalls bei dieser Temperatur durchzuführen ist, nimmt man die Fläschchen mit den Pufferlösungen zur Probenahme mit und stellt sie zum Wasser in die Kühltasche. Die Temperatur muß im Labor noch überprüft werden. Sodann bestimme man sogleich die Säure- und Basekapazität (elektrometrisch), sowie die Leitfähigkeit der Probe. Soweit möglich sollen auch Oxidierbarkeit, sowie Eisen, Phosphat und Silicat möglichst unmittelbar nach der Probenahme bestimmt werden, letztere u. U. mit Reagenziensätzen.

7. Ist eine gleichzeitige bakteriologische Untersuchung vorgesehen, müssen alle in Abschnitt 3.2 und 3.3 gegebenen Hinweise beachtet werden.

1.2 Wasser ist nicht gleich Wasser – Charakterisierung verschiedener Wasserarten; Gewässerschutz

Wasser gibt es in ungeheurer Menge, rund 71 % der Erdoberfläche sind mit Wasser bedeckt, doch nie und nirgends in reinem Zustand, denn Wasser ist das beste natürliche Lösungsmittel. In Kontakt mit seinen natürlichen Reservoirs und Leitungssystemen löst es vor allem Feststoffe (Salze), vielfach aber auch im Erdinneren vorkommende Gase (CO_2, H_2S), in Kontakt mit der atmosphärischen Luft insbesondere O_2 und CO_2. Vor allem der Kohlensäuregehalt des (Regen-)Wassers ist von großer Bedeutung, da sie z. B. Carbonatminerale unter Bildung leicht löslicher Hydrogencarbonate angreift. Insgesamt stellen sich komplizierte Gleichgewichte ein, die außerdem (jahres)zeitlichen Schwankungen unterworfen sind und im allgemeinen nicht gestatten, von einem bestimmten Wasser eine auf längere Zeit gültige Aussage zu machen.
Weiter spielen auch die zur Wasserversorgung nötigen Behälter und Transportsysteme eine Rolle. Je nach Gehalt an Elektrolyten, O_2 und CO_2 des Wassers und dem für Behälter, Leitungen und Armaturen verwendeten Material (Beton, Gußeisen, Kupfer- und Kupferlegierungen, Blei) bilden sich einerseits schützende (passivierende) Überzüge an der Rohrinnenwand (die bis zur Verkrustung führen können), andererseits kann es auch zu beträchtlicher Korrosion kommen und das Wasser nachweisbare Mengen an Eisen, Kupfer, Zink, Blei u. a. aufnehmen.
Je nach Art und Menge der gelösten Stoffe besitzt jedes Wasser seinen charakteristischen Geschmack, ist jedoch normalerweise farblos und geruchlos, vielfach auch zum direkten menschlichen Genuß geeignet (Quellwasser, Grundwasser). Nicht selten sind im Wasser aber auch schon von Natur aus gesundheitsschädliche (toxische) Stoffe, teils mineralischer Art, teils aus Verwesungsprodukten stammend, sowie Krankheitserreger enthalten. Weitaus problematischer sind die durch den Menschen verursachten Belastungen, insbesondere der Oberflächenwässer, vielfach aber auch bereits der Grundwässer.

Tab. 1.2 gibt einen Überblick über die verschiedenen Wasserarten hinsichtlich ihrer Herkunft und Verwendung.

Tab. 1.2 *Übersicht über die verschiedenen Wasserarten hinsichtlich ihrer Herkunft und ihrer Verwendung.*

Wasserarten

- **hinsichtlich ihrer Herkunft:**
  Oberflächenwasser (Bach-, Fluß-, See- und Meerwasser)
  Grundwasser, Quellwasser, Mineral- und Heilwasser
  Niederschlagswasser (Regen-, Schnee- und Gletscherwasser, Tau, Rauhreif, Hagel)
  Abwasser (häusliche, gewerbliche und industrielle Abwässer; Niederschlagswasser)

- **hinsichtlich ihrer Verwendung:**

  Wasser zum direkten menschlichen Genuß:
  Trinkwasser, Tafelwasser, Mineralwasser, Heilwasser

  Wasser für spezielle Verwendungszwecke mit Trinkwasserqualität:
  Wasser für den Haushalt
  Wasser für Hallen- und Freibeckenbäder
  Wasser für Bäckereien, Brauereien, Brennereien, und Likörfabriken
  Wasser für (Speise)Eisbereitung, für Konservenfabriken, Molkereien, fleischverarbeitende Betriebe, Zucker- und Stärkefabriken, Margarine- und Speisefettfabriken, für die pharmazeutische Industrie, für landwirtschaftliche Betriebe u. a.

  Wasser ohne Trinkwasserqualität:
  Betriebswasser (früher: Brauchwasser)
  Wasser für Wäschereibetriebe, Textilindustrie, Gerbereien, Beton- und Zementverarbeitung, Papier- und Zellstoffindustrie, photographisches Gewerbe, Glas- und Tonwarenindustrie, Gummi- und Kautschukindustrie, Metallveredelungsbetriebe u. a.

  Destilliertes (Destillat; Bidestillat) bzw. vollentsalztes Wasser (Deionat)

1.2.1 Niederschlagswasser

Wasser, das als Regen, Schnee, Tau, Rauhreif, Hagel wieder auf die Erdoberfläche gelangt – in der Bundesrepublik Deutschland im Jahresdurchschnitt etwa 205 Mrd. Kubikmeter –, ist an sich der reinste Wassertyp der Natur, da es einem natürlichen Destillationsprozeß entstammt. Durch den intensiven Kontakt mit der Luft, der zwar für diese einen beachtlichen Reinigungseffekt ausübt, wird Niederschlagswasser jedoch mit all jenen Stoffen belastet, die von Natur aus Bestandteil der Luft und in Wasser gut löslich sind, v. a. Sauerstoff und Kohlendioxid, oder durch anthropogene Tätigkeit eine künstliche Verunreinigung derselben darstellen: Industrie- und Fahrzeugabgase, Kohlenmonoxid, Schwefeldioxid, Nitrose Gase, Ammoniak, Ruß und Industriestaub, Radioaktivität sowie eine Vielzahl organischer Verbindungen. Selbstverständlich können viele dieser Stoffe auch einer natürlichen Verunreinigung der Luft entstammen, etwa nach Vulkanausbrüchen.

Da der Mineralstoffgehalt normalerweise gering ist, wirkt sich insbesondere die CO_2-Sättigung in dem schwach gepufferten System in der Weise aus, daß vor allem Regenwasser einen niedrigen pH-Wert aufweist und aggressiv ist (vgl. Abschn. 1.11).

1.2.2 Grundwasser

Als Grundwasser wird nach DIN 4049 [909] jenes unterirdische Wasser bezeichnet, das die Hohlräume der Erdrinde zusammenhängend ausfüllt und dessen Bewegung ausschließlich oder nahezu ausschließlich von der Schwerkraft und den durch die Bewegung selbst ausgelösten Reibungskräften bestimmt wird. (vgl. ÖN B 2400 [936]).
Während der **Hydrologie** (Gewässerkunde) ganz allgemein die Wissenschaft vom Wasser, seinen Eigenschaften und Erscheinungsformen auf und unter der Landoberfläche ist, befaßt sich die **Hydrogeologie** speziell mit der Erforschung des Grundwassers. Sie ist somit jene Wissenschaft bzw. jener Teil der Geologie, der die Abhängigkeit der Erscheinungen des unterirdischen Wassers von den Eigenschaften der Erdrinde behandelt.

1. Grundwasserneubildung: Von der Antike bis in das 17. Jahrhundert hinein hielt man die Erde für zu undurchlässig, als daß durch Versickern von Regenwasser Grundwasser entstehen könne; man dachte, daß es durch unterirdische Kanäle unter den Bergen hindurch aus dem Meer in das Land ströme. Tatsächlich aber stammt in unserem Klimabereich (humides Klima; humidas = feucht, naß) der größte Teil der Grundwasserneubildung, d. h. der Zugang von in den Boden infiltriertem Wasser zum Grundwasser aus dem versickernden Anteil des Niederschlags (echtes Grundwasser), hauptsächlich des Regens *(Infiltrationstheorie)* (Infiltration = Zugang von Wasser in die Erdrinde). Unter bestimmten Voraussetzungen kann Grundwasser auch Uferfiltrat aus oberirdischen Gewässern sein. In beiden Fällen handelt es sich um Wasser, das bereits am Kreislauf teilgenommen hat und deshalb **vadoses Wasser** (vado = schreiten, gehen) genannt wird. Ob und in welchem Ausmaß auch **juveniles Wasser** (iuvenilis = jugendlich), also Wasser, das noch nie am irdischen Wasserkreislauf teilgenommen hat und aus magmatischen Differentiationsvorgängen stammt, zur Grundwasserneubildung beiträgt, ist eine noch weitgehend offene Frage (vgl. Abschn. 1.8). Auch aus den Niederschlägen gelangt nur ein Bruchteil in das Grundwasser. Im Mittel gelten für die Bundesrepublik Deutschland etwa die folgenden Werte: Vom gesamten Niederschlag gelangen durch Verdunstung 51% wieder in die Atmosphäre. Von den restlichen 49% sind 35%, also mehr als zwei Drittel oberirdischer Abfluß (Gewässer) und nur 14% Grundwasser (unterirdischer Abfluß). Im allgemeinen wird im Winterhalbjahr mehr Grundwasser gebildet als im Sommerhalbjahr (geringerer Verbrauch; geringere Verdunstung).
Somit ist also Grundwasser zur Hauptsache eingebunden in den **Wasserkreislauf** der Erde *(hydrologischer Zyklus),* worunter nach DIN 4049 eine «ständige Folge der Zustands- und Ortsänderungen des Wassers mit den Hauptkomponenten Niederschlag, Abfluß, Verdunstung und atmosphärischer Wasserdampftransport» zu verstehen ist. Diese Formulierung soll jedoch nicht den Eindruck wecken, als nähme jedes Grundwasser im selben Ausmaß an diesem Kreislauf teil. So gibt es die in den Sedimenten enthaltenen **synsedimentären fossilen Wässer,** die dem ältesten hydrologischen Zyklus angehören, dann Grundwässer in größeren Tiefen **(Tiefenwässer),** die schon über menschlich-historische Zeitspannen dort verweilen ohne am Kreislauf teilzunehmen; sie liegen meist mehrere hundert Meter unter Vorflutniveau und weisen einen beträchtlichen Elektrolytgehalt auf. **Umsatzwässer** sind aus hydrogeologischer Sicht Wässer, die innerhalb eines oder weniger Jahre am Wasserkreislauf beteiligt sind und in der Regel im oder über dem Niveau der Vorfluter zirkulieren. Schließlich gibt es noch die **Vorratswässer;** sie zirkulieren unterhalb des Vorflut-Niveaus und sind von Natur aus meist nicht in den periodischen Wasserkreislauf einbezogen.

2. Bodeninfiltration und Grundwasserbewegung (Grundwasserdynamik): Der Grundwasserkörper beginnt definitionsgemäß dort, wo das Wasser die Hohlräume *zusammenhängend* ausfüllt. Zwischen Erdoberfläche und Grundwasseroberfläche befindet sich zunächst ein Bereich, der nicht gänzlich mit Wasser ausgefüllt ist und als **wasserungesättigte Bodenzone** (Wasser der ungesättigten Bodenzone) bezeichnet wird. Sodann erst folgt die **wassergesättigte Bodenzone** (Wasser der gesättigten Bodenzone = Grundwasser).

Die zusammenhängenden Hohlräume im Erdinnern, die das Grundwasser nicht nur speichern, sondern auch weiterzuleiten imstande sind und damit eine Grundwasserbewegung ermöglichen, bezeichnet man als **Grundwasserleiter.** Je nach den Verhältnissen in der Erdrinde können diese Hohlräume äußerst vielgestaltig sein. Grundsätzlich ist zwischen **Poren-** und **Kluft-Hohlräumen** zu unterscheiden. Als Poren werden Hohlräume bezeichnet, die sich in Lockergesteinen (Sand, Kies, Ton, Tuff) von Gebieten mit jungtertiären oder pleistozänen Sedimenten, etwa im norddeutschen Flachland, im Alpenvorland, in Bach- oder Flußniederungen zwischen den einzelnen, sich mehr oder weniger berührenden Gesteinspartikeln befinden. Das Gesamt aller Poren nennt man **Porenraum** (Porenvolumen). Im Gegensatz dazu bilden sich im Festgestein der Mittel- und Hochgebirge, etwa in Gebieten mit Kalkstein, Sandstein, kristallinem Gestein, Tonschiefern, Grauwacken, Vulkaniten nicht Poren sondern Fugen und Spalten aus, die als «Klüfte» bezeichnet werden. Je nach tektonischer Beanspruchung und Zerreißfestigkeit der Gesteine können Klüfte von einigen Zentimetern bis zu mehreren Metern entstehen, die sich vorwiegend in Richtung der Störungszone erstrecken, nach einigen Metern enden um sodann von anderen abgelöst zu werden. Im allgemeinen geht mit zunehmender Tiefe eine Abnahme der Zerklüftung einher.

Eine besondere Art der Klüfte sind die **Karst-Hohlräume** in den carbonatischen Gesteinen. Infolge der meist sehr verschiedenartigen chemischen Zusammensetzung (Carbonate und häufig auch Sulfate von Calcium und Magnesium) und des dadurch bedingten ungleichmäßigen Lösevermögens des (zirkulierenden) CO_2-haltigen Wassers sind in geologischen Zeitspannen entsprechend vielgestaltig-unregelmäßige Hohlräume, von schmalen Klüften bis zu gewaltigen Höhlen entstanden. Die Wasserbewegungen in ihnen gleichen oft eher den oberirdischen Bächen als einer typischen Grundwasserbewegung; daher wird u. a. das in ihnen fließende Wasser nach ÖN B 2400 sinnvollerweise nicht als Grundwasser bezeichnet.

Häufig werden mehrere Grundwasserleiter durch schwerdurchlässige Schichten *(Grundwasserhemmer)* bzw. undurchlässige Schichten *(Grundwassernichtleiter)* voneinander getrennt. Der **Grundwasserkörper,** worunter ein eindeutig abgegrenztes oder abgrenzbares Grundwasservorkommen (oder Teil eines solchen) verstanden wird, ist dann in mehrere **Grundwasserstockwerke** gegliedert (Zählung von oben nach unten), die sich vielfach sehr unterschiedlich verhalten und auch in ihrem Chemismus häufig sehr unterschiedlich sind. Alle Schichten oberhalb der Grundwasseroberfläche bezeichnet man als **Grundwasserdeckschichten,** unabhängig davon, ob sie gut oder schlecht durchlässig sind. Grundwassernichtleiter in Lockergesteinen sind unverwitterte Tone; Geringleiter u. a. sehr feine Sande und sandige Tone; Leiter z. B. Kiese und mittelkörnige Sande. Grundwassernichtleiter in Festgesteinen sind (als Gestein) Kalke, Sandsteine, Basalte, Gips, Steinsalz; Grundwasserleiter (im Gesteinsverband, meist zerklüftet) u. a. Kalke, Sandsteine, Gips.

3. Uferfiltration und Grundwasseranreicherung: Infiltration von Wasser in den Untergrund ist auch aus Oberflächengewässern möglich. Unter **Uferfiltration** (Uferfiltrat) versteht man den Wasserzufluß aus diesen Gewässern z. B. durch die Flußsohle und das

Flußufer in den landseitigen Untergrund, bedingt durch ein hydraulisches Potentialgefälle vom Flußwasser zum Grundwasser hin. Voraussetzung hiefür ist allerdings die Durchlässigkeit des Gewässerbetts, die infolge der starken Gewässerbelastung z. B. infolge Verschlammung und Abdichtung der Poren häufig nicht (mehr) gegeben ist. Der Reinigungseffekt bei der Untergrundpassage des Wassers ist je nach Länge der Fließstrecke (i. a. bei 50 bis 250 m) und der Verweilzeit im Untergrund beträchtlich; allerdings werden organische Stoffe meist nur unzureichend zurückgehalten (leichtflüchtige Organohalogenverbindungen zu etwa 50 %), so daß – trotz der Vermischung mit dem landseitigen Grundwasser («Mischwasser») – eine Aufbereitung nötig ist. Durch Uferfiltration wird zudem ein weitgehender Ausgleich von Temperaturschwankungen in Richtung eines angenehm kühlen Grundwassers erreicht.

Das Verfahren der **künstlichen Grundwasseranreicherung** besteht darin, daß Flußwasser direkt oder nach Vorreinigung über Infiltrationsbecken bzw. Schluckbrunnen in den Untergrund eingebracht und dadurch das vorhandene Grundwasser aufgestockt wird. Das dabei erhaltene Mischwasser wird in bestimmter Entfernung von den Einspeisungsanlagen mittels Förderbrunnen gewonnen.

Sowohl Uferfiltration als auch Grundwasseranreicherung haben für die Wasserversorgung der Bundesrepublik Deutschland (und nicht nur für diese) eine überaus große Bedeutung, insbesondere im Rhein-Ruhr-Gebiet. So sind von den 1981 in den öffentlichen Wasserversorgungsunternehmen geförderten rund 4200 Mio. m^3 Wasser rund 300 Mio. m^3 Uferfiltrat, 420 Mio. m^3 angereichertes Grundwasser und 2600 Mio. m^3 echtes Grundwasser. Die Aufschlüsselung nach Ländern gibt ein interessantes Bild: Nordrhein-Westfalen steht mit 60,1 % Oberflächenwasser, einschließlich Uferfiltrat und angereichertem Grundwasser und nur 37,6 % echtem Grundwasser an der Spitze; Schleswig-Holstein hingegen bezieht lediglich 0,8 % Oberflächenwasser und 99,2 % echtes Grundwasser, wohingegen Berlin-West zu 100 % mit echtem Grundwasser versorgt werden kann (Jahresbericht 1982 des BGW; s. Abschn. 4.5.1.13).

4. Mikrobiologische Aktivität des Grundwassers: Im lichtlosen Untergrund gibt es nur für **chemotrophe** Organismen eine Lebensgrundlage, d. h. für Organismen, die ihre Energie aus Redox-Reaktionen gewinnen können. Dennoch herrscht auch unter diesen Bedingungen eine reiche Lebenstätigkeit.

Mikrobielle Sulfatreduktion (Desulfurikation) erfolgt durch die obligat anaerob lebenden Bakteriengattungen *Desulfovibrio* und *Desulfotomaculum,* dabei wird Schwefelwasserstoff gebildet:

$$8\,H^+ + \overset{+VI}{SO_4^{2-}} \longrightarrow \overset{-II}{H_2S} + 2\,H_2O + 2\,OH^-$$

Daher ist in sogenannten «reduzierten Grundwässern» häufig Schwefelwasserstoff anzutreffen.

Mikrobielle Nitratreduktion: Viele fakultativ anaerobe Bakterien vermögen im sauerstoffarmen Milieu ($O_2 < 5$ mg/l) Nitrat zunächst zu Nitrit abzubauen, das dann seinerseits mikrobiell bis zum Stickstoff reduziert wird **(Denitrifikation).** Andere Bakterien reduzieren Nitrit sogar bis zum Ammonium **(Nitratammonifikation):**

$$\overset{+V}{NO_3^-} \longrightarrow \overset{+III}{NO_2^-} \longrightarrow \overset{+II}{NO} \begin{array}{c} \nearrow \overset{+I}{N_2O} \longrightarrow \overset{+0}{N_2} \\ \searrow \overset{+I}{NH_2OH} \longrightarrow \overset{-III}{NH_3}/\overset{-III}{NH_4^+} \end{array}$$

Ob im Grundwasser **Eisen- und Mangan-Ionen** vorhanden sind, hängt von deren Oxidationsstufe und dem pH-Wert des Wassers ab. Im aeroben Milieu liegt Eisen als praktisch unlösliches Fe(III) vor, kann jedoch bei entsprechender bakterieller O_2-Zehrung im anaeroben Milieu zu leicht wasserlöslichem Fe(II) reduziert werden, wodurch u. U. sehr hohe Eisen(II)-Konzentrationen entstehen können. Daneben gibt es in der Gattung *Thiobacillus* auch «Eisenbakterien», die Fe(II) zu Fe(III) oxidieren können. Analog vermögen gewisse Bakterien z. B. Arten der Gattung *Pseudomonas* unter Energiegewinn Mn(II) zu Mn(IV) zu oxidieren [416]. Die in reduzierten Wässern herrschende Redoxspannung wirkt häufig bereits bakterizid, daher sind natürliche reduzierte Wässer meist keimarm.

5. Hygienische und chemische Beschaffenheit: Die Qualität des Grundwassers wird entscheidend davon beeinflußt, welche chemischen, mechanischen und biologischen Eigenschaften die vom Wasser durchströmten Schichten haben. In den obersten Bodenschichten ist die Zahl der Mikroorganismen meist sehr hoch, nimmt jedoch in Abhängigkeit von der Filtrationskraft des Bodens rasch ab, so daß sie im allgemeinen bereits in 6 bis 8 m Tiefe bei einem nicht künstlich in seiner Struktur veränderten Boden nur noch sehr gering ist.

Nach den in DIN 2000 [915] niedergelegten Erfahrungen «wird Grundwasser, das sich in feinporigen (lockeren oder verfestigten) Gesteinen in größerer Tiefe sammelt, in der Regel auch bei tieferer Absenkung und extremen Niederschlägen nicht nachhaltig beeinflußt und ist deshalb in der Regel mikrobiologisch einwandfrei und in seiner Beschaffenheit gleichbleibend. Es weist keine stärkeren Temperaturunterschiede auf. Grundwasser, das sich in Spalten und Klüften, also in verhältnismäßig großen Hohlräumen bewegt (sogenanntes Kluftwasser) ist auch in großer Tiefe nicht immer mikrobiologisch einwandfrei. Kluftwasser kann über viele Kilometer mit Verschmutzungsstellen in Verbindung stehen, die äußerlich nicht als zum Einzugsgebiet gehörig angesehen werden.»

«Uferfiltriertes Grundwasser (Uferfiltrat), also Wasser, das aus einem oberirdischen Gewässer natürlich oder künstlich durch Ufer oder Sohle in den Untergrund gelangt ist, wird in seiner Beschaffenheit wesentlich von der des Oberflächenwassers bestimmt und kann deshalb größeren Schwankungen der Temperatur, des Geruchs und Geschmacks sowie der chemischen und mikrobiologischen Eigenschaften unterliegen. Je feinporiger der Untergrund ist und je weiter die Entnahmestellen vom Ufer entfernt sind, desto besser ist die Reinigungswirkung der Filterstrecke. Bei der Bodenpassage werden in vielen Fällen nicht alle störenden Stoffe aus dem versickerten Oberflächenwasser entfernt, so daß in der Regel das gewonnene Uferfiltrat aufbereitet werden muß» (DIN 2000).

Die chemische Zusammensetzung echter Grundwässer [334] (vgl. Tab. 1.2.2) hängt weitgehend von der Art und Tiefe des durchströmten Untergrundes, insbesondere der obersten Bodenschichten und von der Berührungszeit des Wassers mit dem Boden ab. Neben der direkten Auflösung mineralischer Bestandteile des Bodens, z. B. von Alkali- und Erdalkalichloriden, ist die Beladung des Wassers mit Inhaltsstoffen oft auch mit einer chemischen Reaktion verbunden. Das CO_2-haltige Niederschlagswasser reichert sich beim Durchsickern der Humusschichten weiter mit CO_2 an und wird dadurch befähigt, in tieferen Schichten lagernde, schwerlösliche (Erdalkali)Carbonate unter Bildung von Hydrogencarbonat, z. B.:

$$CaCO_3 + (H_2O + CO_2 \rightleftharpoons H_2CO_3) \longrightarrow Ca(HCO_3)_2$$

$$FeS_2 + 2(H_2O + CO_2 \rightleftharpoons H_2CO_3) \longrightarrow Fe(HCO_3)_2 + H_2S + S$$

und allmählich sogar auch Silicate in Lösung zu bringen. Auch die gegenseitige Löslichkeitsbeeinflussung fördert die Auflösung, z. B. des Calciumphosphats und des Calciumsulfats durch Alkalichlorid oder Magnesiumchlorid. Schließlich spielen auch noch Austauschvorgänge an gewissen Mineralen eine Rolle.

Wegen der Vielfalt der Bodenformationen ist die Zusammensetzung der Grundwässer äußerst verschieden, für ein und dasselbe Grundwasser jedoch weitgehend konstant (vgl. Tab. 1.2.2). Beispielsweise ist aus den vegetationsarmen Bereichen der Kalkalpen bekannt, daß das Grundwasser relativ weich ist, obwohl genau das Gegenteil zu vermuten wäre. Der niedrige Gehalt an Hydrogencarbonat reicht jedoch nicht aus, um größere Mengen von Kalk zu lösen.

Tab. 1.2.2 *Chemische Beschaffenheit einiger Grundwässer in Abhängigkeit von Grundwasserleiter und Tiefe (in mg/l bzw. °d). Analyse 1, 2, 3* HOPPE *(1952), 4, 5 Fa. Preußag, 6, 7* MICHEL *(1963)* [334].

Chemische Parameter	Analyse 1	Analyse 2	Analyse 3	Analyse 4	Analyse 5	Analyse 6	Analyse 7
	Granit	Tonschiefer	Sandstein carbonatisch	Kalkstein	Kalkstein mit Gips	Sandstein 330…353 m	Kalkstein 504…564 m
	Ruhla/ Thüringen	Greiz/ Thüringen	Kraftsdorf/ Thüringen	Lügde/ O-Westfalen	Lügde/ O-Westfalen	Lohberg/ Nordrhein-	Waltrop/ Westfalen
Na^+	–	–	–	–	–	12452	12000
K^+	–	–	–	–	–	52	–
NH_4^+	–	–	–	–	–	–	–
Mg^{2+}	3,7	1,5	31,4	–	–	584	372
Ca^{2+}	18,2	18,5	59	–	–	2000	2519
Ba^{2+}	–	–	–	–	–	–	98
Fe^{2+}	–	Spur	–	0,2	1,14	0,36	249
Mn^{2+}	–	–	–	0	–	–	–
Cl^-	5,32	21,3	21,0	21,3	170,4	23400	24250
NO_3^-	–	–	–	–	–	–	–
SO_4^{2-}	22,4	42,0	48,0	92,0	1563	1280	545
HCO_3^-	45,7	24,2	246	272	342	17	61
CO_2 gebunden	–	11,0	89	99	123	–	–
CO_2 frei	–	8,8	–	33	104,5	–	–
CO_2 aggressiv	4,4	8,0	–	0	2,2	–	–
GH (°d)	3,43	2,95	15,6	19,04	100,8	–	–
KH (°d)	2,1	1,12	11,3	12,6	15,68	–	–
NKH (°d)	1,33	1,83	4,3	6,44	85,12	–	–

Um sehr weiche und elektrolytarme Wässer handelt es sich auch bei Grundwässern in magmatischen oder metamorphen Gesteinen (Granit, Glimmerschiefer u. a.) (Analyse 1). Grundwasser in Tonschiefern, Quarziten und quarzitischen Schiefern ist ebenfalls sehr weich und elektrolytarm (Abdampfrückstand < 100 mg/l), so daß mit aggressiver Kohlensäure gerechnet werden muß, oft auch mit bedeutendem Eisengehalt (Analyse 2). Ähnliches gilt für Grundwasser aus Grauwacken. Die Zusammensetzung des Grundwassers in Sandsteinen ist wesentlich vom Bindemittel des Sandsteins abhängig:

Bindemittel: *Charakteristik:*
– tonig, ferritisch oder kieselig   sehr weich
– carbonatisch   hohe KH (Analyse 3)
– anhydritisch   hohe NKH

In Mergel, Kalk- und Dolomitgesteinen ist jedoch fast immer mit einer hohen Carbonathärte (KH) und Nichtcarbonathärte (NKH) zu rechnen, bei Salzeinlagerungen auch mit (viel) Na^+ und Cl^- (Analyse 4 und 5).

Die chemische Zusammensetzung tiefer Grundwässer (Analyse 6 und 7) ist in den verschiedenen geologischen Formationen und den verschiedenen Gebieten der Erde zumindest im Typ sehr ähnlich (Hauptbestandteile: Na^+, Mg^{2+}, Ca^{2+}; Cl^-, HCO_3^-, CO_3^{2-}, SO_4^{2-}), die Konzentration schwankt jedoch zwischen einigen 1000 mg/l und etwa 300000 mg/l.

Von großer Bedeutung ist, insbesondere für die Aufbereitungstechnik, ob das Wasser sauerstoffreich oder im reduzierten Zustand (O_2-frei oder max. 4 mg/l O_2) vorliegt. Reduzierte Grundwässer enthalten neben NH_3, NO_2^- und gelegentlich H_2S im allgemeinen Fe^{2+}- und Mn^{2+}-Ionen, die aus dem Wasser entfernt werden müssen.

6. Grundwasserbelastung – Grundwasserschutz: Welche Bedeutung Grundwasser für die öffentliche Wasserversorgung besitzt, wurde bereits in Pkt. 3 anhand einiger Zahlen angedeutet. Grundwasser ist ein *Bodenschatz*, der sich zwar erneuert, aber gerade dadurch auch entsprechend vielfältigen Gefährdungen ausgesetzt ist und im Hinblick auf die enorme Bedeutung eines angemessenen Schutzes bedarf. Dies kommt sowohl in der EG Richtlinie «Über den Schutz des Grundwassers gegen Verschmutzung durch bestimmte gefährliche Stoffe» [887] als auch in den Regeln W 101 bis W 105 des DVGW (vgl. Abschn. 4.5.1.16) klar zum Ausdruck (vgl. [242.6, 242.7, 244.11] sowie Abschn. 4.5.4.3). Abgesehen von lokalen *geogenen* Belastungen (z. B. finden sich in verertzten Gesteinsfolgen neben Schwermetallen bisweilen auch erhöhte Arsen-Gehalte) sind die *anthropogenen* Belastungen infolge ihrer Vielfalt weitaus besorgniserregender. So können etwa in (ungeordneten) Deponien gelagerte feste Abfallstoffe allmählich chemisch oder bakteriell gelöst werden und in das Grundwasser sickern. Aus dem Straßenverkehr sind u. a. Chlorid (Streusalz), Schwermetalle, insbesondere Blei, sowie Mineralölprodukte grundwassergefährdende Stoffe. Infolge Überdüngung werden oft erhebliche Mengen an Nitrat und Ammonium (das bei der Bodenpassage ebenfalls praktisch vollständig zu Nitrat oxidiert wird) ausgewaschen (Kalium und Phosphat werden i. a. bereits in der wasserungesättigten Zone adsorbiert). Hinzu kommen Belastungen durch den Einsatz von Schädlingsbekämpfungs- (Pestizide) und Unkrautvernichtungsmitteln (Herbizide). Ein Problem eigener Art ist die zunehmende *thermische Belastung* durch Einleiten z. B. von Kühlwässern bzw. umgekehrt durch Wärmeentzug mittels Wärmepumpen. Weitere Probleme ergeben sich durch *Grundwasserabsenkungen* v. a. in Lockergesteinen und in niederschlagsarmen Jahren bzw. Gegenden durch zu massive Grundwasserentnahme aber auch infolge ökologisch falscher Regulierungsmaßnahmen an Fließgewässern.

Literatur: [21, 52, 53, 67, 82, 88, 94, 96, 118, 124, 141, 147, 200, 203, 206, 207, 208, 209, 212, 216, 220, 241, 244, 245].

1.2.3 Quell- und Brunnenwasser; Grundwassererschließung

Quellwasser entstammt einem örtlich begrenzten, natürlichen Grundwasseraustritt. Alle Quellen verdanken ihr Entstehen der Tatsache, daß in der Erdoberfläche wasserdurchlässige und wasserundurchlässige Schichten existieren, die im Laufe der Erdgeschichte zu verschiedenen Zeiten gebildet und durch Faltungen der Erdrinde gegeneinander verlagert und schräg gestellt wurden. Das nähere (und vor allem bergwärts gelegene) Gebiet, aus dem der Wasserspender sein Wasser bezieht, heißt **Einzugsgebiet.** Der Abfluß einer Quelle wird als **Quellschüttung** (l/s) bezeichnet; im allgemeinen sind die Quellschüttungen unter 1000 l/s und in Abhängigkeit vom Niederschlagsgang, den Infiltrationsverhältnissen im Einzugsgebiet und dessen Größe gewissen Schwankungen unterworfen. Die für eine ausreichende Wasserversorgung nötige Erschließung von Grundwasser durch Wassergewinnungsanlagen hängt von den geologischen und hydrogeologischen Gegebenheiten ab und erfolgt neben **Quellfassungen** vorzugsweise durch **Brunnen,** da deren Leistung unabhängig vom Niederschlagsgang ist. Vorzugsweise werden **Bohrbrunnen** angelegt, wobei auch mehrere grundwasserführende Schichten angebohrt werden können. **Schachtbrunnen,** bei denen das Grundwasser durch Graben eines Schachtes angeschnitten wird, sollten nach DIN 2000 für zentrale Wasserversorgungsanlagen nicht mehr gebaut werden.

Horizontalfilterbrunnen eignen sich besonders zur Entnahme von nicht zu tief liegendem Grundwasser aus Lockergesteinen sowie zur Uferfiltratgewinnung; sie bestehen aus einem Sammelschacht, von dem aus einzeln absperrbare Fassungsstränge radial in den Grundwasserleiter führen.

Dem Schutz des Einzugsgebiets und aller mit der Wassergewinnung zusammenhängenden Anlagen vor Verunreinigung kommt eine außergewöhnliche Bedeutung zu. In den entsprechenden Regelwerken (vgl. Abschn. 1.2.2.6) sind drei **Schutzzonen** unterschieden. **Zone I (Fassungsbereich)** soll den unmittelbaren Schutz der Fassungsanlage und ihrer nächsten Umgebung (im Umkreis von mindestens 10 m) vor Verunreinigungen und sonstigen Beeinträchtigungen gewährleisten. **Zone II (Engere Schutzzone)** soll den Schutz vor Verunreinigungen und sonstigen (insbesondere bakteriellen) Beeinträchtigungen gewährleisten, die von den verschiedenen menschlichen Aktivitäten ausgehen und wegen ihrer Nähe zur Fassungsanlage besonders gefährdend sind. Zone II reicht von der Zonengrenze I bis zu einer Linie, von der aus das Grundwasser etwa 50 Tage bis zum Eintreffen in der Fassungsanlage benötigt – eine nicht unproblematische Festlegung unter der Voraussetzung, daß eine Verweildauer des Grundwassers im Untergrund von 40 bis 60 Tagen ausreicht um phatogene Keime und Viren zu beseitigen. **Zone III (Weitere Schutzzone)** soll den Schutz des Grundwassers vor weitreichenden Beeinträchtigungen, insbesondere vor nicht oder schwer abbaubaren chemischen und radioaktiven Stoffen gewährleisten. Sie umfaßt in der Regel das Einzugsgebiet einer Gewinnungsanlage. Für **Heilquellen** gelten zusätzliche Schutzbestimmungen (vgl. WHG, § 19 [730.7]).

Hinsichtlich der hygienischen und chemischen Beschaffenheit gilt das in Abschn. 1.2.2 für Grundwasser Gesagte, einwandfreie Beschaffenheit von Einzugsgebiet, Fassungsanlage, Förder- und Transporteinrichtungen vorausgesetzt.

Literatur: [37, 88, 118, 141, 147, 208].

1.2.4 Mineral- und Heilwässer

Mineral- und Heilwässer sind hygienisch einwandfreie natürlich zutage tretende Quellwässer oder z. B. durch Bohrung erschlossene (tiefe) Grundwässer, die sich im Erdinnern mit gelösten Salzen, häufig auch mit Gasen angereichert haben und aufgrund ihres Mineralstoff- und Spurenelementgehalts bzw. infolge ihres Gehalts an pharmakologisch wirksamen Substanzen eine wohltuend-erfrischende und gesundheitsfördernde Wirkung (Mineralwässer) bzw. spezielle Heilwirkungen (Heilwässer) aufweisen. Einzelheiten s. Abschn. 1.8.

1.2.5 Oberflächenwasser

Als Oberflächenwasser wird das Wasser aus stehenden oder fließenden Gewässern bezeichnet, also das Wasser von Bächen, Flüssen, Teichen, Seen, – wogegen Quellen unmittelbar an ihrem Austritt als austretendes Grundwasser anzusprechen sind. Oberflächenwasser ist praktisch ein Gemisch aus Grund-, Quell-, Regen- und Abwasser und dementsprechend in seiner chemischen Zusammensetzung starken Schwankungen unterworfen. Vor allem aber ist es von Natur aus ein idealer Lebensraum einer ungeheuer vielfältigen Organismenwelt. Durch das Einleiten von Abwässern aus Siedlungs-, Gewerbe- und Industriegebieten und diffus aus Abschwemmungen landwirtschaftlich genutzter Flächen werden ständig Krankheitserreger und chemische Schadstoffe in die Gewässer eingetragen. Daraus ergeben sich vielfältige Probleme, nicht nur für das betroffene Gewässer selbst und seine Organismenwelt, sondern auch im Hinblick auf dessen Nutzung für die Trinkwasserversorgung und für Erholungszwecke (Freibäder).

Um einer weiteren Schädigung der Gewässer wirksam entgegenzutreten, sieht die EG-Richtlinie «Betreffend die Verschmutzung infolge der Ableitung bestimmter gefährlicher Stoffe in die Gewässer der Gemeinschaft» [883] vor, jegliche Einleitung «bestimmter einzelner Stoffe, die hauptsächlich aufgrund ihrer Toxizität, ihrer Langlebigkeit, ihrer Bioakkumulation auszuwählen sind ...» zu beseitigen (Liste I), sowie die Verschmutzung der Gewässer durch die in Liste II aufgeführten Stoffe zu verringern. Unter «Verschmutzung» im Sinne der EG-Richtlinie ist zu verstehen: «die unmittelbare oder mittelbare Ableitung von Stoffen oder Energie in die Gewässer durch den Menschen, wenn dadurch die menschliche Gesundheit gefährdet, die lebenden Bestände und das Ökosystem der Gewässer geschädigt, die Erholungsmöglichkeiten beeinträchtigt oder die sonstige rechtmäßige Nutzung der Gewässer behindert werden.»

Fließgewässer: Unberührte Bäche und kleinere Flüsse sind im allgemeinen sauerstoffreich, frei von Eisen und Mangan und bei geringer bis mittlerer Härte vielfach im Kalk-Kohlensäure-Gleichgewicht, d. h. nicht aggressiv. Das reinste und elektrolytärmste Oberflächenwasser führen Bäche, die von Gletschern abfließen.

Die Zusammensetzung von Flußwasser kann stark schwanken, ebenso dessen Temperatur. Neben Calcium und Hydrogencarbonat findet sich vor allem Chlorid, Sulfat, Phosphat, Nitrat und Ammonium. Je nach klimatischen Verhältnissen (starker Regen, Schneeschmelze – vielfach mit Einschwemmung großer Mengen Straßen-Streusalz) und Belastung durch Abwässer mit hohem Gehalt an Phosphat und Nitrat (Waschmittel, Dünger) kann es zu erheblichen Störungen des biologischen Gleichgewichts kommen.

Seen und Stauseen: Stehende natürliche oder künstliche Gewässer, die vor Abwässern geschützt werden, sind meist elektrolytarm (vgl. Tab. 1.2.5), weich und für die Trinkwasserversorgung – meist unter einfacher Aufbereitung – gut geeignet. Insbesondere wenn

Tab. 1.2.5 *Chemische Zusammensetzung einiger Schweizer Seewässer (in mg/l) nach* RANKAMA *und* SAHAMA *(1952) [334].*

	Lac de Champex (Kanton Wallis)	Lac Noir (Kanton Freiburg)	Lac Taney (Kanton Wallis)
Na^+	2,25	1,73	0,92
K^+	1,08	1,03	0,90
Mg^{2+}	0,36	6,14	2,43
Ca^{2+}	5,17	80,20	41,16
Cl^-	2,69	1,54	1,06
HCO_3^-	8,09	72,87	64,92
SO_4^{2-}	3,22	103,74	6,45
SiO_2	3,76	1,92	2,89

das Wasser der Tiefenschicht eines oligotrophen (Stau-)Sees entnommen werden kann. Da von rund 803 mm jährlichem Niederschlag nur etwa 112 mm (14 %) in das Grundwasser gelangen, reicht dieses zur Trinkwasserversorgung in Ballungsgebieten bei weitem nicht aus. Oft muß sogar auf Oberflächenwasser von minderer Qualität zurückgegriffen werden, dessen Aufbereitung beträchtliche Kosten verursacht.

Phosphat und Nitrat sind für stehende Gewässer von überaus großer Bedeutung. Mengen, die für die biologische Aktivität eines Fließgewässers noch völlig belanglos sind, können das biologische Gleichgewicht eines Sees derart weitgehend und irreversibel stören, daß Eutrophierung eintritt (vgl. Abschn. 1.3.2).

Anforderungen: Die an Oberflächenwasser zu stellenden Anforderungen müssen zunächst und grundsätzlich darauf ausgerichtet sein, daß der vielfältigen Organismenwelt und deren Lebensgemeinschaften (Biozönosen) ihr natürlicher Lebensraum und ihre natürlichen Lebensbedingungen erhalten bleiben. Ebenso müssen auch dem Menschen, der in den meisten Fällen ja selbst Urheber der Verschmutzung ist, Gewässer erhalten bleiben, die sowohl für Erholungszwecke als auch für die Trinkwasserversorgung geeignet sind. Entsprechende Anstrengungen finden zur Zeit in drei bedeutsamen EG-Richtlinien konkreten Ausdruck. Die «Richtlinie des Rates betreffend die Verschmutzung infolge der Ableitung bestimmter gefährlicher Stoffe in die Gewässer der Gemeinschaft» wurde oben bereits erwähnt. Der Hauptsache nach geht es darum, bestimmte toxische, persistente bzw. bioakkumulierende anorganische und organische Stoffe bzw. Stoffgruppen den Gewässern ganz (Liste I) oder weitgehend (Liste II) fernzuhalten, z. B. Cd, Cr, Hg, Ni, Pb; Ammoniak, Cyanid, Nitrit; Biozide, mineralölbürtige KW, organische Halogenverbindungen, Phenole. In der «Richtlinie des Rates über die Qualität von Süßwasser, das schutz- oder verbesserungsbedürftig ist, um das Leben von Fischen zu erhalten» [885] sind entsprechende Richtwerte (G) (guide = Leitwert) bzw. imperative Werte (I) (imperativ = zwingender Wert) für insgesamt 14 Parameter von Salmoniden- bzw. Cyprinidengewässern festgelegt (vgl. Abschn. 1.9). Schließlich muß Oberflächenwasser auch für die Trinkwasserversorgung verfügbar sein und verfügbar bleiben und zwar in einer Qualität und Menge, daß Aufbereitungsmaßnahmen mit vertretbarem technologischem (und damit auch finanziellem) Aufwand möglich sind und möglich bleiben. Allerdings wäre es unrealistisch – auch von der Natur der Sache her – sämtliche Oberflächenwässer, etwa das Wasser einer Talsperre oder das des Rheins nach gleichen Maßstäben zu messen. Dementsprechend sieht die «Richtlinie des Rates über die Qualitätsanforderungen an Oberflächenwasser für die Trinkwassergewinnung in den

Mitgliedstaaten» [881] hinsichtlich der zu treffenden Aufbereitungsmaßnahmen drei Gruppen von Grenzwerten vor (wiederum G- und I-Werte sowie insgesamt 46 Untersuchungsparameter):

Kategorie A 1: Einfache physikalische Aufbereitung und Entkeimung, z. B. Schnellfilterung und Entkeimung.

Kategorie A 2: Normale physikalische und chemische Aufbereitung und Entkeimung, z. B. Verchlorung, Koagulation, Flockung, Dekantierung, Filterung und Entkeimung (Nachchlorung).

Kategorie A 3: Physikalische und verfeinerte chemische Aufbereitung, Oxidation, Adsorption und Entkeimung, z. B. Brechpunkt-Chlorung, Koagulation, Flockung, Dekantierung, Filterung, Oxidation, Adsorption (Aktivkohle), Entkeimung (Ozon, Nachchlorung).

Oberflächenwasser, das nicht zumindest den A 3-Grenzwerten entspricht, darf zur Trinkwassergewinnung nicht verwendet werden; es ist vielmehr nach einem bestimmten Zeitplan zu sanieren.

Es ist sehr zu wünschen, daß diesen Richtlinien und Bemühungen auch in den nicht den Europäischen Gemeinschaften angehörenden Staaten gebührende Aufmerksamkeit zuteil werde.

Probenahme: Die Entnahme von Proben ist dem Zweck der vorgesehenen Untersuchungen anzupassen, wobei auch geologische und biologische Faktoren zu berücksichtigen sind, ferner Jahreszeit, Tageszeit, Sonneneinstrahlung, Witterungsverhältnisse sowie auch die Lage des Ortes an dem die Proben entnommen bzw. die Tiefe aus der sie geschöpft werden.

Werden Proben im Hinblick auf die Prüfung der Brauchbarkeit eines Gewässers für die Trinkwassergewinnung entnommen, finden sich in einer eigenen EG-Richtlinie [886] für 46 Untersuchungsparameter entsprechende Anweisungen, einschließlich der anzuwendenden Untersuchungsmethoden.

Zur Durchführung der Probenahme s. auch DEV [1], DIN 38 402-A 12 «Probenahme aus stehenden Gewässern».

Literatur: [5, 6, 34, 37, 55, 83, 100, 101, 113, 116, 124, 146, 166, 201, 202, 212.7, 216, 217, 240, 241, 242, 246, 261].

1.2.6 Abwasser; Gewässerschutzprobleme

Nach DIN 4045 [907] ist Abwasser «Nach häuslichem oder gewerblichem Gebrauch verändertes, insbesondere verunreinigtes, abfließendes und von Niederschlägen stammendes und in die Kanalisation gelangendes Wasser. In erster Linie unterscheidet man:
a) Schmutzwasser
b) Regenwasser (Niederschlagswasser)
c) Mischwasser (z. B. a und b gemischt).»

Häusliche Abwässer enthalten im wesentlichen organische Stoffe, die beim Einleiten in «gesundes» Gewässer nach einer gewissen Fließstrecke unter Mitwirkung von Wasserorganismen weitgehend abgebaut werden (Selbstreinigung). Abwässer aus Gewerbe und Industrie sind dagegen häufig nicht oder nur beschränkt abbaubar. Zudem enthalten sie dem natürlichen Wasser oft völlig artfremde Stoffe, unter ihnen auch Giftstoffe, die das biologische Milieu schwer schädigen bzw. dessen Aktivität vernichten können.

Die großen Ballungszentren der Bevölkerung mit ihrer enormen Abwasserproduktion aus Haushalt, Gewerbe und Industrie stellen an die Selbstreinigungskraft der davon betroffenen Gewässer Anforderungen, denen diese ohne Zutun des Menschen längst nicht mehr gewachsen sind. Daher ist in der Bundesrepublik Deutschland (für Österreich bzw. die Schweiz vgl. [770, 830, 870] und Abschn. 4.5.3.1) für jede Einleitung von Abwasser in ein Gewässer eine behördliche Genehmigung erforderlich. «Eine Erlaubnis für das Einleiten von Abwasser darf nur erteilt werden, wenn Menge und Schädlichkeit des Abwassers so gering gehalten werden, wie dies bei Anwendung der jeweils in Betracht kommenden Verfahren nach den allgemein anerkannten Regeln der Technik möglich ist ... Die Bundesregierung erläßt mit Zustimmung des Bundesrates allgemeine Verwaltungsvorschriften über Mindestanforderungen an das Einleiten von Abwasser, die den allgemein anerkannten Regeln der Technik im Sinne des Satzes 1 entsprechen.» (WHG § 7a Abs. 1) [730.7]. Demnach ist die Erteilung einer Erlaubnis an bestimmte Voraussetzungen und Auflagen gebunden. Dem Einleiter wird die Einhaltung von Werten sowohl für Summenparameter und die Abwassermenge als auch für Einzelstoffe auferlegt. Unbefugte Einleitungen werden strafrechtlich verfolgt. Inzwischen wurden 30 Verwaltungsvorschriften für bestimmte Industriebranchen bzw. für das Einleiten von Abwasser aus Gemeinden in Gewässer [730.8] erlassen, für etwa 20 weitere industrielle Abwasserarten werden derzeit solche erarbeitet. Die einzelnen Verwaltungsvorschriften enthalten Mindestanforderungen für die Parameter des AbwAG [730.9] (diese sind: Absetzbare Stoffe, CSB, Cadmium, Quecksilber, Fischtoxizität), soweit diese im jeweiligen Fall relevant sind und für weitere Einzelstoffe und Summenparameter, die für das betreffende Abwasser wesentlich sind. Da das AbwAG für das Einleiten von Abwasser in Gewässer im Sinne des § 1 Abs. 1 des WHG eine Abgabe durch den Einleiter vorsieht, deren Größenordnung durch die Schädlichkeit des eingeleiteten Abwassers bestimmt wird (Schadeinheiten; SE), bekommen die Mindestanforderungen der Verwaltungsvorschriften noch insofern zusätzlich Bedeutung bzw. Anreiz, als bei Unterschreitung der darin aufgeführten Werte die Abgabe eine Halbierung erfährt.

Große Probleme werfen immer noch jene Unternehmen und Kleinbetriebe auf, die ihre Abwässer nicht direkt in Gewässer (Direkteinleiter), sondern zunächst in die Kanalisation einleiten. Auch für diese Indirekteinleiter werden bundeseinheitlich strenge Mindestanforderungen zu stellen sein, sofern nicht in absehbarer Zeit von den Ländern entsprechende Regelungen getroffen werden. Darüber hinaus ist es dringend erforderlich, daß die Gemeinden zur Erhebung verursachergerechter, an der Schädlichkeit orientierter Abwassergebühren übergehen.

Obwohl primär fließende Gewässer viele Jahrzehnte hindurch als ideale Medien zum Abtransport der anfallenden Abwässer betrachtet wurden (und in manchen Ländern immer noch werden), sind auch die noch wesentlich empfindlicheren stehenden Gewässer nicht vor Einleitungen verschont geblieben. Zwar kann die Einleitung mäßiger Mengen häuslicher Abwässer in nährstoffarmen (oligotrophen) Seen z. T. einen durchaus wünschenswerten Düngeeffekt, insbesondere hinsichtlich der Nutzung als Fischereigewässer aufweisen. Die mit der enorm anwachsenden Besiedlung in Seenähe und der Vergrößerung der Umliegergemeinden entsprechend sich vergrößernde Abwassermenge und die Benützung der Seen als Vorfluter hat jedoch auch hier vielfach zu schwerster Schädigung vieler Gewässer geführt und kostspielige Sanierungsmaßnahmen erforderlich gemacht. Auf lange Sicht zielführend ist in diesen Fällen die inzwischen vielfach geübte Praxis, sämtliche Abwässer in rund um den See (oder auch durch den See) führenden Leitungen zu sammeln (Ringkanalisation) und einer gemeinsamen biologischen Reinigung, nötigenfalls mit zusätzlicher Phosphatelimination zu unterziehen.

Trotz vieler noch erforderlichen Verbesserungen am Zustand unserer Gewässer darf nicht übersehen werden, welche Anstrengungen und Aufwendungen nötig waren, um den derzeitigen Zustand zu erreichen. So sind im öffentlichen Bereich von 1971 bis 1981 insgesamt fast 40 Mrd. DM investiert worden, davon für den Kläranlagenbau 14 Mrd. DM und weitere 25 Mrd. DM für Kanalisation. Im industriellen Bereich wurden in den letzten Jahren im Durchschnitt rund 800 Mio. DM jährlich investiert, dies sowohl für die Abwasserbehandlung als auch – insbesondere bei einer Reihe von Großbetrieben – für durchgreifende innerbetriebliche Maßnahmen. Allein die BASF investierte in ihre Großkläranlage 450 Mio. DM und hat hiefür die enormen jährlichen Betriebskosten von etwa 40 Mio. DM zu tragen. Das im Umweltprogramm von 1971 gesetzte Ziel, bis 1985 das Abwasser von 90% aller Einwohner der Bundesrepublik Deutschland in öffentliche Kanalisationen zu sammeln und vollbiologisch zu reinigen, ist weitgehend erreicht. 1982 waren 88% der Einwohner an Kanalisationen angeschlossen, das Abwasser von 73% der Einwohner wird vollbiologisch gereinigt. Bezogen auf die an öffentliche Kanalisationen angeschlossenen Einwohner wird heute das Abwasser zu 83% vollbiologisch gereinigt (Umwelt Nr. 91, 1982; vgl. Abschn. 4.5.1.1), 1970 waren es knapp 40%.

Eine ebenso positive Entwicklung kann auch die Schweiz verzeichnen. Der im Gewässerschutzgesetz 1971 [870.3] angestrebte Zustand konnte weitgehend realisiert werden. Über 80% aller Einwohner- und Einwohnergleichwerte, also auch die industriellen, sind an eine mechanisch-biologische Kläranlage angeschlossen. Besondere Erwähnung verdient, daß die Schweiz, als hydrologischer Mittelpunkt Europas – Rhein, Rhone und Inn entspringen in der Schweiz und entlassen ihre Wässer in Nordsee, Mittelmeer und das Schwarze Meer – bestrebt ist, ihre Gewässer an den Qualitätsanforderungen der EG-Richtlinie zu messen mit dem Bemühen, Qualitätsstufe 1 einzuhalten.

Nach wie vor große Sorgen bereitet die Verschmutzung von Elbe, Werra und Weser. Erhebliche Belastungen mit sauerstoffzehrenden Substanzen, Schwermetallen und chlororganischen Verbindungen stammen aus dem Gebiet der DDR und möglicherweise auch der CSSR. Die Reduzierung der Salzbelastung von Weser und Werra wäre ebenfalls eine vordringliche Aufgabe für die Verursacher.

Daß gemeinsame Anstrengungen auch zu bedeutenden Sanierungserfolgen führen, zeigt sich insbesondere am **Rhein,** Deutschlands wasserreichstem Fluß (Abfluß an Meßstelle Nr. 5 Koblenz, Fluß-km 590,3, 1982 im Mittel 2160 m^3/s, bzw. rund 187 Mio. m^3 pro Tag). Mit einem Einzugsgebiet von 40% der Fläche mit 60% der Einwohner ist der Rhein zugleich das bedeutendste Oberflächengewässer der Bundesrepublik Deutschland. Unterhalb Rheinfelden bis zur Mündung werden für rund 9 Mio. Menschen über 2 Mio. m^3/d Trinkwasser aus dem Rhein bzw. aus dem Uferfiltrat entnommen; bezieht man auch den Bodensee mit ein, kommt man auf rund 5 Mio. m^3/d für mehr als 18 Mio. Menschen.

Außerdem wird der Rhein als Schiffahrtsstraße und als Betriebswasserspender genutzt und muß als Vorfluter nicht nur das ihm entnommene Trinkwasser, sondern auch das aus Grundwasser stammende als häusliches Abwasser aufnehmen und abtransportieren. Die Zuführung an industriellem Betriebswasser wird auf etwa 3 Mio. m^3/d geschätzt, etwa 21 Mio. m^3/d des Rheinwassers werden zusätzlich als Kühlwasser genutzt, so daß sich zur chemischen auch eine thermische Belastung gesellt.

Trotz dieser enormen Belastungen hat sich die Gesamtsituation des Rheins in den letzten Jahren ständig verbessert. Die vollbiologische Behandlung der Abwässer von Ludwigshafen, Mannheim und Speyer hat dazu geführt, daß der Sauerstoffgehalt selbst bei geringer Wasserführung 1982 kaum einmal unter 5 mg/l O_2 gesunken ist und im Mittel bei 8,2 mg/l lag (Meßstelle Nr. 4 Mainz, Fluß-km 498,5), während er in früheren Jahren zum Teil sogar unter 1 mg/l gesunken war. Ähnlich günstige Werte sind auch am Mittel- und Unterlauf des Rheins zu vermerken (Meßstelle Nr. 7 Kleve-Bimmen, Fluß km 865,0),

nachdem u. a. die mechanisch-biologischen Kläranlagen von Mainz, Koblenz, Leverkusen, Düsseldorf und Essen in Betrieb sind. Die Belastung mit biologisch abbaubaren Stoffen ging von 7 mg/l BSB_5 (1966) auf 4 mg/l BSB_5 (1982) im Mittel zurück (Meßstelle Nr. 7, w. o., auch für die weiteren Daten). Ebenso verbessert hat sich die Belastung mit Ammonium, sie betrug 1966 im Mittel 1,09 mg/l, 1972 3,00 mg/l und 1982 0,31 mg/l NH_4-N; gestiegen ist jedoch der Nitrat-Gehalt. An Gesamt-Phosphor wurden 1976 0,97 mg/l und 1982 0,38 mg/l ermittelt. Der Chloridgehalt lag 1966 im Mittel bei 126 mg/l, stieg 1972 auf 228 mg/l und betrug 1982 136 mg/l. Auch der Schwermetallgehalt hat sich verringert, z. B. ist Quecksilber von 0,91 μg/l (1976) auf $<$ 0,20 μg/l (1982) im Mittel gesunken.*
Was die biologisch nicht abbaubaren organischen Stoffe mit 4 mg/l BSB_5, entsprechend einer mittleren Fracht von 11,1 kg/s BSB_5 betrifft, so sind davon rund 70 % Huminstoffe, wie sie in großer Vielfalt bei biologischen Abbauvorgängen entstehen, und weitere 10 % Ligninsulfonsäuren, die zur Hauptsache aus der Zellstoff- und Papierindustrie stammen und derzeit weder durch Kläranlagen noch durch Selbstreinigung der Gewässer entscheidend verringert werden können. Weitere 6 % der organischen Fracht sind mineralölbürtige Kohlenwasserstoffe, 2 bis 3 % Chlor-Lignine und der Rest eine Vielzahl der verschiedensten schwer abbaubaren organischen Stoffe, zu deren weiterer Verringerung noch beträchtliche Anstrengungen nötig sind, wofür das «Übereinkommen zum Schutz des Rheins gegen chemische Verunreinigungen» [883] eine bedeutsame Basis bildet. In dem Maße, in dem unsere Gewässer weiter entlastet werden, setzt auch die natürliche Selbstreinigungskraft in verstärktem Maße ein und kann sich in unseren Flüssen und Seen wieder vielfältiges Leben ansiedeln.
Literatur: [5, 34, 55, 83, 100, 101, 124, 126, 127, 134, 136, 143, 214, 215].

* Es muß in diesem Zusammenhang vermerkt werden, daß diese Werte (entnommen den «Zahlentafeln der pysikalisch-chemischen Untersuchungen 1982, Deutsche Kommission zur Reinhaltung des Rheins») nur dann entsprechende Vergleiche gestatten, wenn auf gleiche Wasserführung bezogen wird. Über diesbezügliche Bemühungen s.[211.7].

Tab. 1.2.7 *Chemische Zusammensetzung des Meerwassers (in mg/kg) nach* RANKAMA *und* SAHAMA *(1952) [334].*

Kationen:		Anionen:		
Na^+	10 752	Cl^-	19 345	
K^+	390	Br^-	66	
Mg^{2+}	1 295	F^-	1,3	
Ca^{2+}	416	SO_4^{2-}	2 701	
Sr^{2+}	13	HCO_3^-	145	
Spurenstoffe:		**Gelöste Gase:**		
Al^{3+}	0,16 – 1,9	O_2	0,0	– > 8,5 ml/l
Rb^+	0,2	N_2	8,4	– 14,5 ml/l
Li^+	0,1	CO_2	34	– 56 ml/l
Ba^{2+}	0,05	Ar	0,2	– 0,4 ml/l
I^-	0,05	He + Ne	$\sim 1,5 \cdot 10^{-4}$	ml/l
Fe^{2+}	0,002 – 0,02	H_2S	0,0	– > 22 ml/l
Mn^{2+}	0,001 – 0,01			

1.2.7 Meerwasser

97,4 % der Gesamt-Wassermenge der Erde sind Meerwasser. Trotz andauernder Materialzufuhr durch die Flüsse – man rechnet mit $2340 \cdot 10^6$ Tonnen pro Jahr [334] – und Verdunstung haben sämtliche Weltmeere die nahezu gleiche und konstante Zusammensetzung (vgl. Tab. 1.2.7). Der Salzgehalt ist mit rund 35 g/kg sehr hoch. Auch der Gehalt an gelösten Gasen ist in den oberen Schichten hoch und ausschlaggebend für das Leben im Meer und die Lösbarkeit des Kalkes. Bei den im Meerwasser gelösten organischen Verbindungen (2–15 mg/kg) handelt es sich vorwiegend um kurzlebige Abbauprodukte des pflanzlichen und tierischen Stoffwechsels. Humusartige Stoffe verleihen dem Meerwasser seine charakteristische Eigenfarbe. Tab. 1.2.7 bringt lediglich einige besonders wichtige Inhaltsstoffe, es kann jedoch fast sicher angenommen werden, daß im Meerwasser Verbindungen (Ionen) sämtlicher chemischer Elemente anzutreffen sind, wenn auch oft nur in geringster Konzentration, und eines Tages daraus nicht nur gewonnen werden können, sondern wahrscheinlich auch (wieder-)gewonnen werden müssen.
Literatur: [5, 57, 70, 890].

1.3 Wasser als Lebensraum – Hydrobiologie

Die Hydrobiologie ist zum einen Teilgebiet der Hydrologie, der Lehre von den Erscheinungsformen des Wassers insgesamt, zum anderen jenes Teilgebiet der Biologie, das sich mit den Lebensvorgängen im Wasser befaßt. Ihre Objekte sind somit Tiere, Pflanzen und Bakterien, soweit sie im Wasser leben, sowie die Erforschung der aus ihnen sich bildenden Lebensgemeinschaften (Biozönosen) und ihrer Bedeutung für die Umwelt.
Die Hydrobiologie umfaßt die Teilbereiche **Marinbiologie** (Meerwasserkunde) und **Limnologie** (Süßwasserkunde), die Lehre von den Lebensvorgängen, den Organismen und ihren Umweltbeziehungen im stehenden und fließenden Süßwasser. Sowohl Marinbiologie wie Limnologie sind zugleich Teilgebiete der **Ökologie,** der Lehre von den Wechselbeziehungen der Organismen (Pflanzen, Tiere, Menschen) untereinander und mit allen Faktoren ihrer belebten und unbelebten Umwelt.

1.3.1 Das Süßwasser als Umwelt der Organismen

Flüsse (der längste ist beinahe 7000 km) und **Seen** (mit einer Tiefe von wenigen Metern bis zu über 1000 m) sind die auffälligsten Wasseransammlungen des Binnenlandes. Dazu kommen noch die unterirdischen Gewässer (Grundwasser). Als **Weiher** bezeichnet man flache Seen, deren Boden überall von Pflanzen besiedelt werden kann; sofern sie einen Abfluß haben, nennt man sie **Teiche.**
Der lebhafte Wasserstrom eines Gebirgsbaches, aber auch der träge dahinfließende Strom mit seinem kaum noch ausgeprägten Gefälle bewirken einen steten Abtransport aller im Wasser gelösten und ungelösten Stoffe. Darin unterscheiden sich diese «nach oben und unten offenen» Systeme grundsätzlich von den allseitig gegen das Land abgegrenzten Seen, auch in bezug auf ihre biologischen Möglichkeiten und Aktivitäten. Bäche, Flüsse entspringen Quellen – Grundwasseraustritten aus dem Erdinnern mit wiederum charakteristischen Lebensbedingungen und Lebensformen.

Diese geographischen Gegebenheiten sind maßgeblich für eine Anzahl weiterer Faktoren, die das hydrobiologische Geschehen mitbestimmen:
Temperatur: Sie bestimmt Geschwindigkeit und Intensität biochemischer Prozesse, bei Tieren vor allem die der Atmung. Häufig wird auch die Bewegungsgeschwindigkeit beeinflußt. Auch bei Algen und höheren Wasserpflanzen ist das Vorkommen oft an bestimmte Temperaturbereiche gebunden. Erhöhte Lebensaktivität bringt jedoch nicht nur erhöhte Substanzproduktion, sondern auch erhöhten Bedarf an Nährstoffen. Bei optimaler Temperatur tritt stets auch ein optimaler Effekt ein, der bei weiterer Temperaturerhöhung wieder abnimmt.
Sauerstoff: Gesteigerte Atmungsintensität hat stets Vergrößerung des Sauerstoffbedarfes zur Folge. Da für viele Arten bei optimaler Temperatur ein maximaler Sauerstoffverbrauch gegeben ist, lassen sich daraus für Vorkommen, Verbreitung und Konkurrenz gewisser Arten wichtige Schlüsse ziehen. Für Fließwassertiere, aber auch für Algen und Moose des Fließwassers ist der Sauerstoffbedarf grundsätzlich höher als für verwandte Arten im Stillwasser.
Licht: ist für die CO_2-Assimilation der Algen, also für die Bildung der Ur-Produktion sowie für die Verteilung des Zooplanktons von allergrößter Bedeutung.
Der **pH-Wert** des Wassers beeinflußt sowohl bei Pflanzen wie bei Tieren den Stoffwechsel; sinkt er unter 5,5 oder steigt er über 9, so ist auf die Dauer Leben nicht möglich. Weiter sind zu nennen die **mineralischen Nährstoffe,** insbesondere **Phosphat** (z. B. können Algen in kürzester Zeit das 30fache ihres Bedarfes speichern) und **Nitrat.** Eine besondere Rolle für das Vorkommen oder Fehlen bestimmter Pflanzen oder Tiere spielt auch die **Ionenzusammensetzung** des Wassers. Süßwassertiere leben in hypotonischer Lösung, ihre Körperflüssigkeit ist ionenreicher als das umgebende Wasser. Schließlich ist für die Organismen fließender Gewässer auch die **Wasserströmung** sowie die **Struktur des Untergrundes** bedeutsam.

1.3.2 Biologisches Gleichgewicht; Die Selbstreinigung von Gewässern und dessen Störung

Die Organismen sind jedoch nicht allein der Wirkung der oben genannten Milieufaktoren unterworfen. Sie sind aufeinander angewiesen, beeinflussen, fördern bzw. dezimieren einander und bilden Lebensgemeinschaften (Biozönosen); so sind etwa die Wasserpflanzen Nahrung (z. B. für Blattminierer), Substrat für die Eierablage (Libellen, Wassermilben, Köcherfliegen), Werkstoff zum Bau von Gehäusen (Larven der Köcherfliegen und Wasserschmetterlinge) usw. Während die heterotrophen Bakterien sich aus der im Wasser gelösten und auch ungelösten organischen Substanz aufzubauen und zu erhalten vermögen, bilden sie selbst die Lebensgrundlage für höher organisierte Organismen, z. B. die Protozoen. Diese wiederum dienen den nächsthöheren Ordnungen der jeweiligen Biozönose, etwa Würmern, Insektenlarven, Schnecken und Kleinkrebsen als Nahrung und diese ihrerseits wieder den Fischen. Insgesamt dezimiert diese vielfältige Organismenwelt – vom Einzeller bis zum Fisch – direkt oder indirekt die Pflanzenwelt eines Gewässers. Nach dem Absterben einzelner ihrer Vertreter setzt mit Hilfe von Bakterien die Rückführung in ihre einfachen organischen und anorganischen Bausteine (Mineralisation) ein; diese stehen als Nährstoffangebot den Pflanzen erneut zur Verfügung. So herrscht also ein steter Kreislauf aus Produzenten – den Pflanzen –, Konsumenten – den Tieren – und abbauenden Kräften (Destruenten) – den Bakterien.

Die Organismen des Lebensraumes Wasser stehen somit untereinander in engster gegenseitiger Verflechtung, wobei der Kreislauf der Stoffe alle einzelnen Glieder zu einem einzigen Ganzen verbindet, zu einem ökologischen Gefüge oder **Ökosystem.** Die Ausgeglichenheit dieser Gesamtheit vielfältigster wechselseitiger Beziehungen und Verflechtungen wird als **biologisches Gleichgewicht** bezeichnet; es garantiert den ungestörten Stoffkreislauf und damit allen Organismen gute Lebensbedingungen und ist zugleich Voraussetzung für eine optimale **Selbstreinigung** des betreffenden Gewässers.

Die **Algen** (Grünalgen, Blaualgen, Kieselalgen …) sowie alle höheren Wasserpflanzen sind die **Ur-Produzenten** oder **Primärproduzenten.** Aus Wasser (H-Spender) und den darin gelösten anorganischen Nährstoffen, insbesondere Phosphat und Nitrat (P–N-Spender) sowie aus dem ebenfalls darin gelösten CO_2 (C-Spender) vermögen sie mit Hilfe des Bio-Katalysators Chlorophyll und Sonnenlicht durch **Photosynthese** gemäß (der hier sehr vereinfacht wiedergegebenen) Gleichung:

$$6\,H_2O + 6\,CO_2 \xrightarrow[\text{Kat.}]{E = h \cdot \nu} C_6H_{12}O_6 + 6\,O_2$$

Kohlenhydrate (und in weiterer Folge auch Fette, Eiweißstoffe u. a.), d. h. energiereiche organische Substanz aufzubauen.

Diese Urproduktion der **photoautotrophen Organismen,** zum Teil auch der dabei gebildete Sauerstoff, stellt ein Reservoir potentieller chemischer Energie dar, aus dem letztlich die gesamte tierische Organismenwelt eines Gewässers lebt. Zunächst die «Filtrierer», die unmittelbar die einzelligen Algen, besonders das ganz winzige Nano-Plankton, ebenso aber auch Bakterien und unbelebte organische Partikel «abfiltrieren». Diese Pflanzenfresser sind die **Primärkonsumenten** oder Konsumenten 1. Ordnung, die ihrerseits weiteren Konsumenten als Nahrung dienen, zunächst den verschiedenen Arten der «Räuber» (Fleischfresser; Konsumenten 2. bzw. 3. Ordnung, falls ihnen eine zweite räuberische Stufe folgt), zuletzt den Fischen. Über die Filtrierer wird also die Primärproduktion als Energieträger an die Folgeproduzenten, denen sie als Lebensgrundlage dienen, weitergegeben.

Die **Konsumenten** vermögen weder organische Stoffe aus anorganischen aufzubauen, noch Energie aus anorganischen Quellen zu beziehen, sie sind als **heterotrophe Organismen** zur Aufrechterhaltung ihrer Lebensvorgänge auf die vorgegebenen organischen Stoffe und die dadurch für sie verfügbar werdende Energie angewiesen. Sie verwenden diese Energiequellen teils zur Schaffung eigener Körpersubstanz, wobei sie als potentielle chemische Energie erhalten bleibt, teils zur Deckung des Energieaufwandes ihres Betriebsstoffwechsels.

Von einem biologischen Gleichgewicht kann jedoch nur dort die Rede sein, wo das Verhältnis von Produzenten, Konsumenten und Destruenten ausgewogen ist – und bleibt; wo es also nicht durch äußere natürliche oder anthropogene Einflüsse, z. B. Abwässer, in einer Weise beeinflußt wird, daß das natürliche Selbstregulativ, die **Selbstreinigungskraft,** zur Wiederherstellung des Gleichgewichts nicht mehr ausreicht.

Läßt man z. B. Abwasser in einem offenen Gefäß längere Zeit stehen, so kann man zunächst eine durch Bakterienentwicklung verursachte zunehmende Trübung wahrnehmen. Bei ausreichender Lichtzufuhr setzt sodann Algenvermehrung ein (grünliche Färbung des Wassers), und schließlich klärt sich die Flüssigkeit unter Schlammabscheidung. Auch bei abwasserbelasteten Gewässern, insbesondere Flüssen ist festzustellen, daß die Werte der gemessenen Parameter der Verschmutzung sinken und nach einer ausreichenden Fließzeit der ursprüngliche Zustand wiederhergestellt wird.

Stirbt ein Organismus in einem Oberflächenwasser oder gelangt organisches Material von außen herein, etwa durch Abwasser, so wird diese Substanz normalerweise durch Bakterien aerob abgebaut. Die organische Substanz wird dabei unter Sauerstoffverbrauch und Energiegewinn in einfachste Bausteine zerlegt und unter Energieverbrauch zum Teil in Körpersubstanz überführt, zum Teil vollständig zu anorganischen Stoffen, CO_2 und H_2O abgebaut. Die verschiedenen am Stoffabbau beteiligten Organismen ergänzen einander; die Spalt- und Stoffwechselprodukte der einen werden von den anderen weiterverarbeitet. Diese Kette ineinandergreifender Prozesse führt letztlich zu anorganischen Verbindungen. Man bezeichnet diesen Prozeß als **Mineralisation,** oder im Hinblick auf die Beseitigung des Abfallprodukts und die für das Gewässer dabei erzielte Wirkung als **Selbstreinigung.** Den Mikroorganismen kommt dabei auch insofern eine besondere Bedeutung zu, als sie infolge ihrer ungeheuer großen Zahl und damit gewaltigen Gesamtoberfläche extrem hoher Leistungen beim Stoffabbau fähig sind. Eine wirksame Selbstreinigung kann jedoch nur dort erfolgen, wo durch eine gute Sauerstoffversorgung entsprechende Lebensbedingungen für diese Mikroorganismen gegeben und die Mineralisationsprodukte durch Abschwemmen weitgehend entfernt werden.

Die Mineralisation ist somit die Umkehrung der in den Produzenten vollzogenen Syntheseprozesse. Es handelt sich um komplizierte Redoxvorgänge, wobei die CO_2-Photoassimilation primär eine Reduktion von CO_2 zu Kohlenhydraten und anderen organischen C-Verbindungen unter Freigabe von Sauerstoff darstellt, die Mineralisation jedoch den entsprechenden Oxidationsprozeß, bei dem unter Verbrauch von Sauerstoff schließlich wieder anorganische Stoffe als Endprodukte erscheinen, hauptsächlich Wasser, CO_2, Nitrat, Phosphat und Sulfat. Soweit diese Stoffe nicht aus dem Gleichgewicht entfernt werden, stehen sie den photoautotrophen Organismen neuerlich zur Verfügung.

Steht ein Ökosystem im biologischen Gleichgewicht, so sind Neubildung organischer Substanz und Mineralisation gegeneinander ausgewogen. Schon die Zufuhr natürlicher Bestandsabfälle, viel mehr noch die durch menschliche Tätigkeit gegebene Situation kann dieses oft durch Jahrtausende hindurch eingestellte Gleichgewicht schwerstens schädigen und irreversible Zustände herbeiführen. Selbst wo die Mineralisation dank guter Sauerstoffversorgung noch vollständig ablaufen kann, wird durch das vergrößerte Nährstoffangebot für gewisse Organismen, insbesondere Algen, die Voraussetzung zu einer Massenentwicklung geschaffen, die anderen Organismen die Lebensgrundlage entzieht. So können Seen mit ursprünglich geringem Nährstoffgehalt *(oligotropher Zustand)* bei entsprechender Belastung über die Stufe der *Mesotrophie* in den Zustand der **Eutrophie** gelangen. Unter Eutrophierung ist nach VOLLENWEIDER (1968) die «zunehmende Anreicherung der Gewässer mit Pflanzennährstoffen und den hierdurch verursachten progressiven Verfall der Gewässer durch üppiges Pflanzenwachstum und dessen Folgen für den Gesamthaushalt der betreffenden Wasserkörper» zu verstehen (zit. nach [97], 116).

Diese sich ständig vermehrende Bioproduktion bedingt eine ständige Zunahme an organischer Substanz und nach Absterben und Mineralisation derselben ein neuerlich erhöhtes Angebot an Pflanzennährsalzen, mit neuerlich sich erhöhender Bioproduktion. So beträgt beispielsweise die Photosyntheseleistung innerhalb von 24 h in oligotrophen Seen 0,065 mg/l, in mesotrophen Seen 0,206 mg/l, bei Eutrophierung jedoch 7,202 mg/l CO_2 [312]. Sobald für die oxidativen Mineralisationsprozesse *(aerober Abbau)* der Sauerstoff – trotz vermehrter Produktion desselben durch die Algenmasse – nicht mehr ausreicht, gewinnen immer mehr reduktive Prozesse die Oberhand, wobei es schließlich zur Ausbildung eines Fäulnis-Milieus («Umkippen des Gewässers») kommen kann. Der hier ebenfalls benötigte Sauerstoff wird anorganischen (Nitraten, Sulfaten) oder organischen Verbindungen entzogen, aus denen durch die Reduktionsvorgänge NH_3, H_2S (Fischsterben größten Ausmaßes), CO_2, CH_4 sowie eine Vielzahl übelriechender organischer Verbindungen entstehen können (Fäulnismilieu). Unter **Fäulnis** (tierische Stoffe) bzw. Vermoderung (pflanzliche Stoffe) – meist wird in beiden Fällen von Fäulnis gesprochen – ist somit der *anaerobe Abbau* anorganischer und organischer Stoffe in Gegenwart von Wasser bei vollständigem Sauerstoffmangel zu verstehen.

Diese grundlegende Strukturänderung eines Gewässers ist naturgemäß in einem stehenden Gewässer viel ausgeprägter als in einem Fließgewässer. Während hier die Verhältnisse relativ schnell normalisiert sind, schreitet die Eutrophierung in stehenden Gewässern auch dann noch fort, wenn z. B. die Abwassereinleitung längst eingestellt wurde, und führt zu völliger Verödung. Dabei ist von größter Bedeutung, daß durchwegs die Verfügbarkeit von Phosphor, sei es aus fortwährender (anthropogener) Zufuhr oder aus der Remobilisierung bereits vorhandener Reserven, z. B. im Sediment, das Eintreten dieses Zustandes herbeiführt bzw. dessen Ausmaß begrenzt (Minimumfaktor), da alle übrigen Nährstoffe, einschließlich Stickstoff meist in ausreichendem Maße vorhanden sind und daher die Primärproduktion nicht limitieren.

1.3.3 Biologische Vorgänge und Stoffkreislauf im See

Seen sind zwar keine Fließgewässer, doch auch keine völlig ruhenden Gewässer. Sie unterliegen (zumindest in Mitteleuropa) einem Jahresrhythmus von Stagnation und Zirkulation. Im Sommer lagert sich eine warme Oberschicht **(Epilimnion)** über die kalte Tiefenschicht **(Hypolimnion)**, wobei in der Übergangszone **(Metalimnion)** die Temperatur sprunghaft abnimmt *(Sprungschicht)*. Im Herbst kühlt sich die Oberfläche ab, Wind und Sturm führen allmählich zu einer tiefgreifenden Durchmischung, bis bei Temperaturgleichheit eine Zirkulation der gesamten Wassermasse einsetzt *(Herbstzirkulation)*. Im Winter kühlt sich dann das Epilimnion (bis zur Eisbildung) ab, während die Temperatur in der Tiefe mit etwa 4 °C annähernd konstant bleibt *(Winterstagnation)*. Im Frühjahr setzt nach der Schneeschmelze die Erwärmung der Oberfläche bis zur Temperaturgleichheit von 4 °C im ganzen See ein und führt unter Mitwirkung des Windes zur *Frühjahrsvollzirkulation*. Mit weiterer Erwärmung bildet sich dann wieder das typische 3-Stockwerk-System heraus *(Sommerstagnation)*. Das **Epilimnion** ist die Schicht der stärksten pflanzlichen und tierischen Besiedlung. In der durchlichteten und damit dem pflanzlichen Leben zugänglichen sauerstoffreichen obersten Wasserschicht *(trophogene Zone)*, bildet sich das **Plankton,** eine für das stehende Wasser charakteristische, unabhängig von Grund und Ufer im Wasser schwebende oder treibende Lebensgemeinschaft aus Bakterien, Blau-, Kiesel- und Grünalgen **(Phytoplankton)**, Rädertieren, Kleinkrebsen u.ä. **(Zooplankton)**. Je nach Nährstoffangebot ist es mehr oder weniger dicht und reicht, dem Lichtbedarf der einzelnen Organismen angepaßt, verschieden tief hinab. Ein großer Teil desselben wandert mit Beginn der Abenddämmerung (Lichtmangel) aus der Tiefe empor und morgens wieder in die tagsüber bevorzugte Tiefe zurück *(Vertikalwanderung)*.

Diese Planktonproduktion hält solange an, bis einer der Nährstoffe verbraucht ist, andernfalls kommt sie das ganze Jahr hindurch nicht zum Stillstand. Die Organismen selbst leben im allgemeinen nur einige Wochen und sinken dann in das von der Atmosphäre abgeschlossene und von den während der Stagnationsperioden eingebrachten Sauerstoffvorräten zehrende **Hypolimnion** ab. Die Gesamtheit dieser toten organischen partikulären Biomasse wird als **Detritus** bezeichnet. Bereits während des Absinkens setzen teils autolytische, teils bakterielle Abbauprozesse ein *(tropholytische Zone)*, so daß der gleichsam wie ein «Organismen-Regen» langsam zu Boden schwebende Detritus weitgehend mineralisiert sein kann, wenn er den Grund erreicht und sich dort insbesondere während der sommerlichen Stagnationsperiode anhäuft. Andernfalls wird die Mineralisation am Boden durch sogenannte «Detritusfresser», etwa rote Zuckmückenlarven (Gattung *Chironomus)* oder rote Schlammröhrenwürmer (Gattung *Tubifex)* weitergeführt bzw. vervollständigt.

Das Ausmaß der dadurch verursachten Sauerstoffzehrung hängt nicht nur von der zu verarbeitenden Biomasse, sondern auch von der Form des Seebeckens ab. Je weiter der Weg bis zum Boden und je geringer die Sinkgeschwindigkeit, desto vollständiger kann bereits während des Absinkens die Mineralisation fortschreiten, so daß die Sauerstoffreserven des Seebodens geschont bleiben. Allerdings ist damit auch das Nahrungsangebot für die Organismen der Bodenzone **(Benthal)** und noch mehr für die der Tiefenzone **(Profundal)** gering und entsprechend auch die Besiedlungsdichte. Daher ist die Tiefenzone unbelasteter Seen und künstlicher Stauseen oft im oligotrophen Zustand und wegen seiner gleichbleibenden Reinheit, Keimarmut und niedrigen Temperatur hervorragend zur Trinkwasserversorgung geeignet. Völlig verschieden davon ist die Situation in flachen Seen. Hier wird die Oxidation der abgestorbenen Organismen auch am Grunde des Sees noch intensiv fortgesetzt und die Bodenzone ist infolge des reichlichen Nährstoffangebotes dicht besiedelt. Dies führt während der Stagnationsperioden zu einem starken Sauerstoffschwund in der Tiefe, wenn nicht gar zu völligem Fehlen desselben. Ganz allgemein häufen sich, besonders im Laufe der sommerlichen Stagnationsperiode die Endprodukte des Abbaues am Boden an, vor allem Nitrat, Phosphat und Sulfat. Auf die Erscheinung der Eutrophie und des «Umkippens» wurde bereits hingewiesen (Abschn. 1.3.2); es sei noch vermerkt, daß durch die anaeroben Reduktionsvorgänge die bereits sedimentierten und damit aus dem Stoffkreislauf ausgeschiedenen schwerlöslichen Stoffe, etwa Fe- und Mn-Phosphat, wiederum gelöst werden und als zusätzliches Nahrungsangebot neuerlich in den Stoffkreislauf eintreten können.

Die Rolle der Algen ist zwiespältig. Einerseits erzeugen sie den für die mikrobielle Selbstreinigung der Gewässer nötigen Sauerstoff, andererseits vermehren sie als Träger der biologischen Ur-Produktion durch ihre Assimilate und Reservestoffe sowie ihrer Zellsubstanz die Konzentration an organischen Stoffen im Wasser. Folge davon ist die Anhäufung organischer Zersetzungsprodukte, welche die Sauerstoffzehrung erhöhen. Unzersetzt bis zum Boden gelangende organische Substanz verstärkt die Schlammbildung und begünstigt das Einsetzen von Fäulnisprozessen.

Überdies muß noch der Tag-Nacht-Zyklus berücksichtigt werden. Wenngleich tagsüber Sauerstoff produziert wird, tritt nachts infolge Aufhörens derselben und intensivem Verbrauch durch die Atmung der Organismen Sauerstoffmangel ein, besonders bei abnehmender Tageslänge, so daß es zu beträchtlichen Tagesschwankungen im Sauerstoffhaushalt eines Gewässers kommt. Diese Faktoren sind bei der **Probenahme zur Sauerstoffbestimmung** bzw. bei der elektrometrischen Messung des Sauerstoffgehalts zu berücksichtigen und in die Bewertung mit einzubeziehen.

In gefährdeten Gewässern kommt es zudem häufig zur gefürchteten «Wasserblüte», einer oberflächlichen Blaualgenschicht. Sie unterbindet, besonders bei Windstille, durch ihren Abschirmeffekt einerseits die Sauerstoffsättigung von der Oberfläche her, andererseits verringert sie zugleich die Lichtzufuhr, so daß auch die Sauerstoffproduktion im Wasser selbst gedrosselt wird. Eine ähnliche Wirkung haben Ölfilme, Kohlenstaubdecken sowie Detergentienschaum. Folge davon ist die Hemmung der oxidativen Selbstreinigung mit der daraus resultierenden Schädigung des Gewässers.

1.3.4 Biologische Vorgänge im Fließwasser; Trophie und Saprobie; Gewässerbeurteilung nach dem Saprobiensystem

Der Fluß ist ein «offenes» System. Es herrscht hier kein Kreislauf des Wassers und der Nährstoffe, sondern ein zur Mündung hin gerichteter Transport. Die Milieufaktoren ändern sich nicht wie beim See vertikal, sondern von der Quelle aus stromabwärts. Gefälle und damit Strömung nehmen allmählich ab. Die Sedimente am Grund werden langsam mitgetragen und durch Reibung und Abbauvorgänge immer feinkörniger. Die Sommertemperaturen steigen stromabwärts an. Jeder Organismus im Fluß lebt da, wo er besonders gute Lebensbedingungen vorfindet – jedoch auch in ständiger Gefahr, abgetrieben zu werden. In dem Maße, in dem die Strömung flußabwärts geringer wird, gleichen sich die Lebensbedingungen immer mehr denen im See an.

Der Sauerstoffeintrag ist bei starker Turbulenz so groß, daß ein gefährliches Sauerstoffdefizit nur in langsam fließenden Gewässern und in Zonen mit direkter Fäulnis, etwa nach Einleiten organisch hochbelasteter Abwässer gegeben ist. Im Bereiche der direkten Einleitung laufen vorwiegend sauerstoffzehrende Fäulnisprozesse ab **(polysaprobe Zone)** (vgl. Tab. 1.3.4), wobei die **Trophie,** d. h. die Intensität der organischen photoautotrophen Primärproduktion entsprechend zurückgedrängt wird.

Bei gutem Sauerstoffeintrag und vorausgesetzt, daß nicht durch eingeleitete Giftstoffe die bakterielle Abbaukraft (zu sehr) geschädigt wurde, setzt jedoch bald die Mineralisation der organischen Stoffe ein **(mesosaprobe Zone)**. Unter günstigen Voraussetzungen führt diese Selbstreinigung schließlich zur **oligosaproben Zone** mit nur noch geringen Resten an Verschmutzung. In dem Maße also das Gesamt der heterotrophen Bioaktivität, einschließlich der tierischen, d. h. die **Saprobie** abnimmt, vermag die **Trophie** wieder zuzunehmen – bei zu reichem Nährstoffangebot und in wenig bewegten Gewässern u. U. sogar bis zur Stufe der Eutrophie. Es sind somit Saprobie und Trophie komplementäre Begriffe.

Für jede saprobe Zone ist eine bestimmte Lebensgemeinschaft pflanzlicher und tierischer Organismen charakteristisch, die zur Beurteilung des Zustandes eines Gewässers herangezogen werden kann. Denn wie man nach der analytisch ermittelten Beschaffenheit des Wassers und der dabei gewonnenen Charakteristik voraussagen kann, welche Organismen an einer bestimmten Stelle optimale Lebensbedingungen finden und welche Biozönosen sich ausbilden können, so läßt sich auch umgekehrt aus den vorgefundenen Organismen und ihren Lebensgemeinschaften auf den Zustand eines Gewässers schließen. Die Indikatoreigenschaften eines Organismus werden um so signifikanter, je höhere Verschmutzungsgrade er anzeigt.

Man nennt dieses bereits 1902 bzw. 1909 von KOLKWITZ und MARSSON für fließende Gewässer aufgestellte und von LIEBMANN 1947 bis 1962 [107] mehrmals revidierte und auch auf stehende Gewässer ausgedehnte «System der tierischen und pflanzlichen Saprobien» (gr. $\sigma\alpha\pi\varrho\acute{o}\varsigma$ = verfault, verdorben; $\beta\acute{\iota}o\varsigma$ = das Leben) kurz das **Saprobiensystem** (vgl. Tab. 1.3.4). Je nach dem Grad der Verschmutzung bzw. der erreichten Phase der Selbstreinigung werden vier biologisch charakteristische Bereiche (Saprobitätsstufen) unterschieden. Jeder Stufe kommen bestimmte «Leitorganismen» zu und jede Stufe wird außerdem durch eine Farbe gekennzeichnet, die einer bestimmten «Güteklasse» entspricht (Münchner Verfahren). So sind auf entsprechenden «Gewässergütekarten» (s. Abschn. 4.5.1.22 und 4.5.3.1) die Flußläufe an z. B. besonders stark belasteten Stellen sofort durch die jeweilige Farbmarkierung (rot) erkenntlich.

Tab. 1.3.4 Biologische Charakteristik und Beurteilung von Fließgewässern nach dem Saprobiensystem im Vergleich zu experimentellen mikrobiologischen und chemischen Kriterien.

Biologische Charakteristik (Leitorganismen s. [107])	Saprobität	Wasser-Güteklasse	Verunreinigung mit organischen Stoffen	Kenn-farbe	Kolonie-zahl/ml	BSB_5 [105]	CSB [105]
Mikroorganismen vorherrschend Bakterien zeigen Massenentfaltung Artenzahl gering Individuendichte oft hoch Destruenten überwiegen Produzenten fehlen fast völlig Organismen mit hohem Sauerstoffbedarf fehlen	Polysaprobe Zone (ps. Z.)	IV	Sehr starke Verschmutzung	Rot	> 100000	≥ 14	
Zwischenstufe		IV/III		Rot/gelb			200–80
Zahlreiche Arten von Mikroorganismen Makroorganismen bereits häufiger vertreten Destruenten überwiegen noch Produzenten nehmen zu Tierische Konsumenten nehmen zu Gesamt-Artenzahl höher als in ps. Z.	α-mesosaprobe Zone (ams. Z.)	III	Starke Verschmutzung	Gelb	100000	14–5,5	65–20
Zwischenstufe		III/II		Gelb/grün			18–11
Optimale Lebensbedingungen für die meisten Organismen Starker Rückgang der Destruenten Starke Zunahme von Produzenten und Konsumenten Biozönosen zeigen hohe Artenkonstanz und Artenpräsenz	β-mesosaprobe Zone (bms. Z.)	II	Mäßige (schwache) Verschmutzung	Grün	10000	5,5–3	9–8
Zwischenstufe		II/I		Grün/blau			4
Makroorganismen eindeutig vorherrschend Produzenten überwiegen Konsumenten treten zurück Große Individuenzahl, jedoch je Art meist geringe Zahl	Oligosaprobe Zone (os. Z.)	I	(kaum) nicht verunreinigt	Blau	100	≤ 3	2–1

Fußend auf dem Saprobiensystem schuf BEGER [27] 1952 eine Art «biologisches Indikatorsystem». Er ging dabei von der Erkenntnis aus, daß jeder Organismus von einer größeren Zahl ökologischer Bedingungen abhängig ist, z. B. von Menge und Beschaffenheit der Nährstoffe, von dem zur Verfügung stehenden Sauerstoff, von der Temperatur, vom Licht usw. und daß ferner jeder Organismus physiologische Eigenheiten besitzt. Von da aus lassen sich viele Lebewesen wie auch unbelebte Stoffe als Indikatoren zur Lösung nicht nur der praktischen Frage, ob ein Wasser rein oder verschmutzt und damit für den menschlichen Genuß brauchbar oder unbrauchbar ist, sondern auch zur Klärung betriebstechnischer Fragen heranziehen. BEGER unterscheidet die folgenden zehn Gruppen:

1. Gesundheitsschädliche Organismen und ihre Überträger
2. Rein- und Schmutzwasser-Anzeiger
3. Schwefelwasserstoff-Anzeiger
4. Eisen- und Mangan-Anzeiger
5. Kalk-Anzeiger
6. Salz-Anzeiger
7. Grund- und Oberflächenwasser-Anzeiger
8. Kalt- und Warmwasser-Anzeiger
9. Farb-Anzeiger
10. Geruchs- und Geschmacks-Anzeiger

1.3.5 Bedeutung und Grenzen der biologischen Wasseranalyse

Trotz gewisser Schwierigkeiten und Einschränkungen ist die Bedeutung der biologischen Wasseranalyse, insbesondere im Abwassersektor außerordentlich groß und häufig chemischen Verfahren überlegen. Es geht jedoch nicht darum, Methoden und deren Vorteile und Nachteile gegeneinander auszuspielen, sondern in gegenseitiger Ergänzung zu optimalen Ergebnissen zu gelangen. THIENEMANN und LIEBMANN [107] stellen folgende Vorteile bzw. Nachteile einander gegenüber:

1. Die biologische Wasseranalyse ist stets anwendbar, ganz gleich, ob die schädlichen Abwässer gerade abgelassen werden oder nicht. Die analysierte Lebensgemeinschaft an Pflanzen und Tieren gibt einen Durchschnittswert an über die Beschaffenheit des über sie während längerer Zeit hinweggeflossenen Wassers. Dem Biologen kann es also gleichgültig sein, ob er bei seiner Untersuchung von der Fabrik aus gesehen wird und ob daraufhin die Abwässer zurückgehalten werden und erst wieder zum Abfluß gelangen, wenn man das Feld für «rein» hält. Er kann, so paradox es auch klingt, die Zusammensetzung eines Wassers beurteilen, auch wenn er es bei seiner Untersuchung gar nicht antrifft. Der Chemiker dagegen muß die Abwasserwelle direkt fassen.

2. Der Biologe kann in den meisten Fällen schon mit *einer* Untersuchung einen Durchschnittswert bekommen, während der Chemiker wiederholte Probeentnahmen vornehmen muß. Deshalb kann

3. die biologische Beurteilung eines Gewässers meist mit viel größerer Schnelligkeit erfolgen als die chemische.

4. Handelt es sich darum, die Einwirkung von Verunreinigungen auf die biologischen Verhältnisse im Wasser zu prüfen, z. B. bei allen fischereibiologischen Fragen, so ist die biologische Wasseranalyse die in erster Linie anzuwendende Methode.

5. Andererseits kann die biologische Wasseranalyse zwar nachweisen, daß ein Abwasser für Organismen schädliche Stoffe enthält, nicht aber welcher Art diese Stoffe sind. Nur für wenige Stoffe existieren sichere biologische Indikatoren, so daß im allgemeinen nur die chemische Analyse die Zusammensetzung der schädigenden Stoffe nachweisen kann.

6. Die biologische Analyse kann nie genaue Zahlenwerte für die Menge der fraglichen Stoffe liefern, denn der Organismus ist kein chemisches Präparat, das unter bestimmten Bedingungen stets in der gleichen Weise reagiert. Mengenangaben kann deshalb nur die chemische Analyse liefern.

Zu diesen gewiß sehr berechtigten Aussagen ist zu bemerken, daß sie nur ein Teilgebiet der Wasseranalytik ansprechen, wenn auch ein sehr bedeutsames: die Untersuchung von Oberflächengewässern, insbesondere die Abwasseranalytik. Es wird in den folgenden Abschnitten noch zu zeigen sein, daß die Thematik der Wasseranalyse wesentlich weiter zu fassen ist und daß sowohl bei vielen Wässern als auch Untersuchungszwecken chemische Parameter die vorherrschende Rolle spielen, z. B. in der Mineral- und Heilwasseranalytik. In vielen anderen Fällen erbringt die bakteriologische Untersuchung zusammen mit chemischen Parametern die gewünschte Information, etwa bei Trinkwasser- und Badewasseruntersuchungen. Einer vielschichtigen Kritik hat kürzlich ELSTER [205.12] das Saprobiensystem und die damit verbundenen Begriffe und Aussagen insbesondere hinsichtlich «Gewässergüte» sowie dessen Anwendung auf stehende Gewässer unterzogen.

Literatur: [27, 37, 69, 97, 107, 108, 113, 121, 137, 138, 146, 156, 157, 215, 240, 246, 261].

Tab. 1.4 *Inhaltsstoffe natürlicher Wässer nach* HABERER *(1969) [5]*

Lösungssystem	Echte Lösung				Kolloide Lösung	Suspension
Lösungsform	Molekulardispers				Kolloiddispers	Grobdispers
Häufigster Teilchendurchmesser in cm	10^{-8}–10^{-6}				10^{-7}–10^{-5}	$> 10^{-5}$
	Elektrolyte		Nichtelektrolyte			
	Kationen	Anionen	Gase	Feststoffe		
Hauptinhaltsstoffe häufig > 10 mg/l	Na^+ K^+ Mg^{2+} Ca^{2+}	Cl^- NO_3^- HCO_3^- SO_4^{2-}	O_2 N_2 CO_2	$SiO_2 \cdot xH_2O$		Tone Feinsande organische Bodenbestandteile
Begleitstoffe meist $\ll 10$ mg/l häufig $> 0,1$ mg/l	Sr^{2+} Fe^{2+} Mn^{2+} NH_4^+ Al^{3+}	F^- Br^- I^- NO_2^- HPO_4^{2-} HBO_2	H_2S NH_3 CH_4 He	Organische Verbindungen (Stoffwechselprodukte)	Oxidhydrate von Metallen, z. B. von Fe, Mn (Sol), Kieselsäure und Silicate Huminstoffe	Oxidhydrate von Fe und Mn Öle, Fette sonstige organische Stoffe
Spurenstoffe $< 0,1$ mg/l	Li^+ Rb^+ Ba^{2+}	HS^-	Rn			
	As (III), Cu^{2+}, Zn^{2+}, Pb^{2+} sowie eine Vielzahl weiterer Spurenelemente, z. T. auch als Anionen bzw. komplex gebunden.					

1.4 Inhaltsstoffe natürlicher Wässer – deren mögliche Herkunft und Bedeutung

Die Bezeichnung «Inhaltsstoffe» ist zwar inkorrekt, konnte jedoch bisher noch durch kein besseres Wort ersetzt werden. Sie stammt aus einer Zeit, da angenommen wurde, die in Wasser gelösten Stoffe blieben als solche erhalten. Tatsächlich sind jedoch nur oder doch fast nur hydratisierte Ionen vorhanden und es ist im konkreten Fall schwer zu sagen, ob ein Sulfat-Gehalt z. B. aus der Auflösung von mineralischem Calciumsulfat (Gips), Magnesiumsulfat (Bittersalz) oder Natriumsulfat (Glaubersalz) – oder aus Gemischen dieser Stoffe stammt. Die Kenntnis der geologischen Verhältnisse vermag ebenfalls nur Anhaltspunkte zu liefern. Dies ist auch der Grund, weshalb bei Wasseranalysen stets Ionen aufgeführt werden und nicht konkrete «Inhaltsstoffe». Insgesamt muß sich die Ionenbilanz der Kationen und Anionen ausgleichen (vgl. Abschn. 1.13.4).

Obwohl im Wasser die Einzel-Ionen durch ihre Hydrathüllen voneinander abgeschirmt sind und nicht als «chemische Verbindungen» aufgefaßt werden können, verursacht für die Geschmacksempfindung z. B. weder das Na^+- noch das Cl^--Ion je für sich den Eindruck «salzig», sondern beide Ionen gemeinsam. Dies rührt daher, daß vom Körper keine Einzel-Ionen, weder Kationen, noch Anionen allein aufgenommen werden, sondern stets ladungsneutrale Ionenpaare. Je nach den Konzentrationsverhältnissen treten die Eigenschaften eines bestimmten «reinen» Salzes dabei mehr oder weniger stark geschmackbestimmend hervor. Andererseits können im Wasser aber auch gewisse Spurenelemente vorhanden sein, etwa Fe, Mn, Cu oder organische Spurenstoffe, z. B. Phenole, die schon in geringster Konzentration dem Wasser einen charakteristischen Geschmack verleihen; hier wird die Rolle des Anions, z. B. HCO_3^-, gegenüber dem Kation, z. B. Fe^{2+}, bedeutungslos.

Außer diesen anorganischen Ionen sind in vielen Wässern – abgesehen von Mikroorganismen – eine große Zahl an organischen Stoffen anzutreffen, die jedoch nur selten als Einzelsubstanzen erfaßt werden (können). Meist faßt man sie als mehr oder weniger spezielle Stoffgruppen-Parameter zusammen. Viele dieser Stoffe können infolge autogener Verschmutzung (Selbstverschmutzung) zwar ebenfalls natürlicher Herkunft sein (z. B. Kohlenwasserstoffe, Stoffwechsel- und Abbauprodukte, Huminstoffe), meist handelt es sich aber um allogene Verschmutzung (Fremdverschmutzung), z. B. durch Abwässer, Boden- und Straßenausschwemmungen, Eintrag aus Niederschlag, Badebetrieb, Schiffahrt. In eingeschränktem Umfang gilt dies auch für anorganische Stoffe, etwa Nitrat, Ammonium, Phosphat, Schwermetalle (z. B. Korrosionsprodukte), so daß es im konkreten Fall sehr schwer sein kann zu beurteilen, ob bzw. in welchem Ausmaß ein Stoff als «natürlicher» Inhaltsstoff anzusprechen ist.

Als «Inhaltsstoffe» im Sinne dieses Abschnittes sollen insbesondere jene Stoffe (und Organismen) gelten, die im allgemeinen «von Natur aus» im Wasser anzutreffen sind, auch wenn ihre Konzentration durch autogene und/oder allogene Beeinträchtigung u. U. sogar bis in den toxischen Bereich erhöht sein kann. Weiter solche Stoffe, die infolge von Aufbereitungsmaßnahmen (z. B. Chlor) oder infolge von Sekundärbeeinträchtigung z. B. aus dem Rohrnetz in das Wasser gelangen können (v. a. Cu, Pb, Zn).

Tab. 1.4 gibt eine Übersicht der wichtigsten Inhaltsstoffe natürlicher Wässer und deren Mengenverhältnisse. Bezüglich der **Grenzwerte** chemischer Stoffe für Trinkwasser vgl. Abschn. 1.7.

1.4.1 Gesamt-Elektrolytgehalt; Elektrische Leitfähigkeit

Wie weitgehend ein Wasser mineralisiert ist, d. h. welche Stoffmenge an gelösten Salzen es enthält, läßt sich durch Messung der elektrischen Leitfähigkeit ermitteln. Als Richtwerte können gelten (μS/cm):

Destilliertes Wasser	< 3
Regenwasser; Schneewasser	50– 100
Sehr schwach mineralisiertes Grund- bzw. Oberflächenwasser	50– 200
Schwach mineralisiertes Wasser; Tafelquellwässer	200– 500
Gut mineralisiertes Grund- bzw. Quellwasser	500–2000
Mineralwässer	> 2000

Falls eine hohe Leitfähigkeit nicht geologisch bedingt ist, kann auf Verunreinigung mit anorganischen Stoffen, bzw. bei Fließgewässern auf das Mitführen von Salzfrachten geschlossen werden.

Zu beachten ist, daß bei höherem Elektrolytgehalt die Ionen infolge gegenseitiger elektrostatischer Beeinflussung in ihrer Beweglichkeit beeinträchtigt werden (geringere Ionenaktivität) und dadurch eine zu niedrige Leitfähigkeit resultiert.

1.4.2 Oxoniumionen-Konzentration, $c(H_3O^+)$; pH-Wert

Oxoniumionen sind ein wesentlicher «Inhaltsstoff» aller Wässer. Ihre Konzentration, ausgedrückt durch den pH-Wert, pH = $-\log c(H_3O^+)$, wird durch Reaktionsabläufe und Gleichgewichtseinstellungen chemischer und biologischer Vorgänge entscheidend bestimmt. Die Kenntnis des pH-Wertes gestattet daher neben einer Art «Gesamtbeschreibung» des Wasserzustandes auch die Interpretation einzelner Analysenergebnisse, z.B. ob gebundene Kohlensäure vorwiegend als Hydrogencarbonat oder als Carbonat vorliegt. Welchen pH-Wert ein Wasser aufweist, hängt hauptsächlich vom Stoffmengenverhältnis der freien Kohlensäure (CO_2) zum Hydrogencarbonat ab. Bei gut gepufferten Grundwässern (mittlere Härte) liegt er häufig in der Nähe des Neutralpunktes (pH = 6,5–7,5), bei weichen, jedoch CO_2-reichen (aggressiven) Wässern etwa zwischen 5 und 6, bei sehr kohlensäurereichen Mineralwässern («Säuerlinge») kann er sogar auf 4,5–4 absinken. Andererseits kann in carbonatreichen Wässern der pH-Wert auf ~ 9 ansteigen. Abgesehen von der Temperatur sind von besonderer Bedeutung die biologischen Zyklen sowie die einzelnen Schichtungen in stehenden Oberflächengewässern. Das Epilimnion hat einen anderen pH-Wert als z.B. das Hypolimnion. Und im Epilimnion wiederum kann bei einem See mit guter Bepflanzung und Beleuchtung am Morgen ein pH-Wert von 7–7,5 festgestellt werden, gegen Mittag steigt er an, erreicht schließlich am Nachmittag mit pH ~ 9 und darüber seinen Höchstwert, um sich über Nacht wieder auf seinen Morgenwert einzustellen. Ähnlich der jahreszeitliche Rhythmus: Im Frühjahr (April–Mai) und im September ist eine massenhafte Vermehrung der Bioproduktion (Algen) festzustellen, wobei großer CO_2-Bedarf herrscht – und analog ein Anstieg des pH-Wertes. Ist die freie Kohlensäure aufgebraucht, wird dem Hydrogencarbonat CO_2 entzogen und es beginnt die Hydrogencarbonat-Assimilation (biogene Entkalkung).

1.4.3 Alkalimetalle: Na^+, K^+, (Li^+, Rb^+)

Natrium (Na^+): Von den Alkalimetall-Ionen ist das Natrium weitaus am häufigsten. Vorwiegend entstammt es den Salzlagerstätten sowie den Verwitterungsprodukten der Urgesteine und der weitverbreiteten Na–Al-Silicate. In Grundwässern sind jedoch im allgemeinen nur wenige mg/l bis etwa 50 mg/l Na^+-Ionen vorhanden. Eine bedeutende Erhöhung des Na-Gehalts kann bei der Wasseraufbereitung infolge Enthärtung durch Ionenaustausch ($Ca^{2+}/2\,Na^+$) erfolgen. Möglicherweise besteht ein Zusammenhang zwischen Na-Überangebot im Trinkwasser und Herzkranzgefäßerkrankungen als Folge einer Na-geschädigten Niere (vgl. K^+, Cl^-).

Kalium (K^+): Trotz der etwa gleich großen Verbreitung in den Gesteinen wie Natrium, ist Kalium meist in noch viel geringerer Menge (1–2 mg/l) in Grundwässern anzutreffen. Ursache dafür ist neben der größeren Adsorptionsfähigkeit der Böden und Gesteine vor allem die Bedeutung von Kalium für die Pflanzen. Im menschlichen Körper sind etwa gleich große Mengen an Na^+- und K^+-Ionen vorhanden (Cl^-, HCO_3^-, PO_4^{3-}), wobei Natrium sich hauptsächlich in der Körperflüssigkeit, Kalium in der Zelle findet. Auf dem Austausch K^+/Na^+ durch die Zellmembranen («Natriumpumpe») beruht die Einstellung des osmotischen Druckes in der Zelle *(Turgor)*, die Flüssigkeitsausscheidung sowie auch die Ausbildung von Muskel- und Nervenerregung bestimmenden Membranpotentialen. Daher ist bei starkem Flüssigkeitsverlust (Schweiß) zur Aufrechterhaltung des Konzentrationsgefälles K^+/Na^+ eine erhöhte Kochsalzzufuhr bis zu etwa 20 g/d nötig, während bei normaler Arbeit etwa 6–10 g/d als genügend und durch die tägliche Nahrungsaufnahme gedeckt angesehen werden. Ständiger Genuß von kochsalzreichem Trinkwasser führt hingegen erwiesenermaßen schon bei Jugendlichen zu Hypertonie. Salzmangel, der durch akute Flüssigkeitsverluste durch Magen und Darm entsteht (z. B. Cholera), muß rasch behoben werden, weil der Körper ohne die Salze nicht in der Lage ist, zugeführtes Wasser festzuhalten (Tod durch Herzversagen). In solchen Fällen muß rasch Kalium und besonders Natrium (Cl^-, HCO_3^-) zugeführt werden, doch nimmt der geschädigte Darm keine Salze aus Lösungen auf. Es gehört zu den größten Entdeckungen der Medizin der letzten Jahrzehnte, daß Glucose den Salzen den Weg durch die Darmschleimhaut öffnet. Sowohl Na^+ wie K^+ sind Aktivatoren vieler Enzymsysteme (Na^+ z. B. der Amylase, K^+ der Glykolyse und der Atmungskette) [103, 372, 386].

Erhöhte Kaliumgehalte im Grundwasser sind meist auf das Auswaschen von Kalidüngern aus humusarmen Böden durch Niederschläge zurückzuführen (Verschmutzungsindikator).

Lithium (Li^+): ist ein Spurenelement, dem Na^+ verwandt, kann dieses aber nicht ersetzen. In hartem Wasser (Mineralwässer) gilt es als Schutzfaktor gegen Herzinfarkt, außerdem wirkt es bei manisch-depressiven Psychosen hemmend auf die manische Phase [103, 386].

Rubidium (Rb^+): ist ein Spurenelement, die Verteilung im Körper entspricht weitgehend der des K^+, das es auch unspezifisch in Enzymsystemen zu ersetzen vermag [103, 372].

1.4.4 Erdalkalimetalle: Ca^{2+}, (Sr^{2+}, Ba^{2+}); Mg^{2+}

Calcium (Ca^{2+}): kommt in der Natur bei weitem am häufigsten als Carbonat vor – mehr als 700 Ca-Minerale sind bekannt –, z. B. Calcit, Marmor, Kalkstein, Kreide, Mergel, Dolomit ($CaCO_3 \cdot MgCO_3$), weiter als Sulfat (Gips, Anhydrit) und schließlich in den Erstarrungsgesteinen (z. B. Granit, Diorit, Basalt), die in 100 kg etwa 4 kg chemisch gebundenes Calcium aufweisen.
Mit Ausnahme des Sulfats, das in Wasser relativ gut löslich ist (Sulfathärte), sind alle übrigen Ca-Minerale sehr schwer löslich. Wenn neben wenig Sr^{2+}- und Ba^{2+}- dennoch oft beträchtliche Mengen an Ca^{2+}- und Mg^{2+}-Ionen im Wasser angetroffen werden, so deshalb, weil das im Niederschlagswasser gelöste CO_2 im Laufe der Verwitterungsprozesse zur Bildung von wesentlich leichter löslichen Hydrogencarbonaten (Carbonathärte) führt, z. B:

$$CaMg(CO_3)_2 + 2(H_2O + CO_2) \rightleftharpoons H_2CO_3) \rightleftharpoons CaMg(HCO_3)_4$$

Wird CO_2 aus dem Gleichgewicht entfernt (Wasser offen stehen lassen, erwärmen, kochen), so kommt es zur Abscheidung der entsprechenden Carbonate («Kesselstein»). In physiologischer Hinsicht ist Calcium für den Menschen von sehr großer Bedeutung, z. B. Aufbau der Knochen (ca. 1 kg Ca!), Zähne, Zellwände sowie für Muskelkontraktion und Blutgerinnung [103, 372] (s. auch Mg und Abschn. 1.4.5).
Strontium (Sr^{2+}): Inaktives Sr begleitet das Ca in kleinen Mengen und ist daher als Spurenelement v. a. in Mineralwässern anzutreffen. Im Stoffwechsel verhält es sich wie Ca (bez. ^{90}Sr s. Abschn. 1.4.18) [103, 372].
Barium (Ba^{2+}): kommt in meist noch geringeren Mengen als Sr in natürlichen Wässern vor sowie durch dessen ausgedehnte technische Verwendung in industriellen Abwässern. Die für den Menschen gefährliche Dosis liegt bei 600 mg/l [346].
Magnesium (Mg^{2+}): Wie das Calcium tritt auch das Magnesium als Carbonat ($MgCO_3$ Magnesit, $CaCO_3 \cdot MgCO_3$ Dolomit) sowie auch als leicht lösliches Sulfat, ($MgSO_4 \cdot 7 H_2O$, Bittersalz) in Erscheinung, ist jedoch in Silicaten (z. B. Serpentin, Olivin, Asbest, Talk) weitaus am häufigsten vertreten. Für die Lösevorgänge gilt dasselbe wie für Calcium (Härtebildner).
Magnesium ist Zentralatom des Chlorophylls. Die Hauptaufgabe im Organismus ist die Aktivierung nahezu aller Enzyme, die beim Umsatz von ATP bzw. der anderen energiereichen Phosphate beteiligt sind. Daher ist Mg auch ein wesentlicher Faktor bei der Muskelkontraktion und bei der Übertragung der Erregung vom Nerven auf den Muskel. Medizinisch werden magnesium-(und sulfat-)haltige Mineralwässer («Bitterwässer») gegen Fettleibigkeit und Verstopfung sowie gegen Leber- und Gallenleiden verordnet. Es hemmt die Bildung der Harnsäure und fördert deren Ausscheidung und ist daher wirksam bei Gicht und Nierensteinen. Obwohl nur zu 0,6 % in Knochen enthalten (Ca 36,7 %), wird deren Festigkeit durch Einbau in das Kristallgitter beträchtlich erhöht, für die Festigkeit des Zahnschmelzes erwies es sich wirksamer als Fluor. Gewebe, deren O_2-Verbrauch krankhaft eingeschränkt ist, wie beim Krebs, enthalten kaum noch Magnesium; auch bei Herzinfarktpatienten wurden deutlich erniedrigte Werte für Mg und K im Herzmuskel gefunden. Im allgemeinen scheint eher eine Mg-Unterversorgung zu herrschen, außerdem verleiht es dem Wasser schon in Konzentrationen, die bei weitem unter der Schädlichkeitsgrenze liegen, einen unangenehm-bitteren Geschmack [103, 372].

1.4.5 Härte eines Wassers, $c(Ca^{2+} + Mg^{2+})$

Bisher wurde unter «Härte» der Gehalt eines Wassers an Erdalkali-Ionen verstanden. Die neuen IUPAC-Regeln zählen Magnesium jedoch nicht mehr zu den Erdalkalien. Daher ist nach DIN 38409-H6 «Härte eines Wassers» [1] dessen Gehalt an Calcium-, Magnesium-, Strontium- und Barium-Ionen zu verstehen. Die beiden letzteren können infolge ihrer meist sehr geringen Konzentration in Trink- und Betriebswässern (Brauchwässern), für die der Begriff von Bedeutung ist, meist vernachlässigt werden. Andere Kationen (z. B. Al, Cu, Fe, Zn) werden vor der Härtebestimmung maskiert oder ausgefällt und daher nicht mit erfaßt.
Folgende Bezeichnungen haben sich weithin eingebürgert (zur Problematik s. Abschn. 1.13.5):

Gesamthärte (GH): ist die «Härte eines Wassers» im oben dargelegten Sinne, also die Stoffmengenkonzentration an Calcium- und Magnesium-Ionen in mmol/l.

Carbonathärte (KH): ist jener Anteil an Calcium- und Magnesium-Ionen in der Volumeneinheit, für den eine äquivalente Konzentration an Hydrogencarbonat- und Carbonat-Ionen, sowie den bei deren Hydrolyse entstehenden Hydroxid-Ionen vorliegt. Bei den meisten natürlichen Wässern entspricht die KH der Säurekapazität bis zum pH-Wert 4,3 ($K_{S\,4,3}$) (m-Wert), häufig auch als Säurebindungsvermögen (SBV) bezeichnet, d. h. jener Anzahl ml 0,1 mol/l HCl, die man beim Titrieren von 100 ml Wasser bis zum pH-Wert 4,3 benötigt. Meist ist KH < GH, enthält das Wasser jedoch mehr Äquivalente an Hydrogencarbonat- und Carbonat-Ionen als an Calcium- und Magnesium-Ionen (KH > GH), so wurden auch Carbonate anderer Kationen (z. B. Natriumcarbonat) aufgelöst; in diesem Falle wird KH = GH gesetzt.

Nichtcarbonathärte (NKH): ist der nach Abzug der KH von der GH gegebenenfalls verbleibende Rest an Calcium- und Magnesium-Ionen und bedeutet, daß dieser Anteil nicht aus der Auflösung von Carbonaten, sondern z. B. aus Sulfaten, Chloriden, Nitraten, Silicaten, Phosphaten stammt.

Der Begriff «Härte» als Kenngröße zur Charakterisierung bestimmter Eigenschaften eines Wassers ist aus wissenschaftlicher Sicht nicht nötig, in der Praxis kommt ihm jedoch erhebliche Bedeutung zu. Historisch ist er auf das Verhalten des Wassers beim Waschvorgang mit fettsauren Seifen zurückzuführen. Hartes Wasser schäumt mit Seife schlecht und führt zur Abscheidung schwer löslicher Ca-Mg-Seifen auf dem Gewebe (moderne Waschmittel werden nicht beeinträchtigt), auch die Haut wird von hartem Wasser schlecht benetzt. Bei vielen industriellen und gewerblichen Prozessen darf das Wasser keine oder nur ganz geringe Härte aufweisen (vgl. Abschn. 1.5.7). Der infolge der Härte in Eisenrohren sich ausbildende Belag bewirkt zwar Korrosionsschutz, kann jedoch auch zu völliger Rohrverkrustung führen. Unter den in Dampfkesseln herrschenden Bedingungen bildet hartes Wasser Kesselstein, der nicht nur zu erheblichen Wärmeverlusten, sondern beim Abspringen des Belages auch zu Kesselexplosionen führen kann.
In gesundheitlicher Hinsicht besteht über die Auswirkungen der Härte noch immer Unklarheit, insbesondere über eine mögliche Korrelation «hartes Wasser – niedrige Mortalität an Herz-/Kreislaufkrankheiten» bzw. «weiches Wasser – hohe Mortalität». Im allgemeinen gilt eher zu weiches als zu hartes Wasser gesundheitsgefährdend, da es leichter Schwermetallspuren zu mobilisieren vermag (z. B. aus dem Rohrnetz) [204, 386]. Wasser mittlerer Härte mit einem hohen Gehalt an Hydrogencarbonat schmeckt frisch und ist als Trinkwasser hervorragend geeignet.
Je nach geologischer Beschaffenheit des Bodens können Wässer die unterschiedlichste Härte aufweisen. Sehr weiche Wässer mit nur 1–2 °d findet man in Gebieten mit Basalt-

und Sandstein- oder Granitböden, harte Wässer – gelegentlich mit mehr als 100°d – entstammen meist Kalk-, Gips- oder Dolomitböden.
Die Härte kann u. U. auch als Verschmutzungsindikator dienen, denn häufig zeigt sich in durch Jauche, Harn und Abwässer lokal verunreinigten Grundwässern nicht nur eine Erhöhung der Härte, sondern auch ein gestörtes Ca/Mg-Verhältnis. Normalerweise findet sich viel mehr Ca als Mg; der Quotient Ca^{2+}/Mg^{2+} beträgt in nicht verunreinigten Wässern etwa 4–5:1 [330].

1.4.6 Kohlenstoffdioxid (Kohlensäure), $CO_2(H_2CO_3)$, Hydrogencarbonat (HCO_3^-) und Carbonat (CO_3^{2-}); Kalk-Kohlensäure-Gleichgewicht

Kohlenstoffdioxid ist in jedem Wasser in freier und in gebundener Form vorhanden und stammt aus der Atmosphäre, aus biologischen Abbauprozessen oder aus Mineralien. Kohlensäure selbst wird gemäß Gl. (1)

$$CO_2 + H_2O \rightleftharpoons H_2CO_3 \tag{1}$$

nur zu etwa 0,1 % gebildet, so daß man ihre Bildungsgleichung in die Gleichung für die 1. Dissoziationsstufe Gl. (2) einbezieht:

$$(CO_2 + H_2O \rightleftharpoons H_2CO_3) + H_2O \rightleftharpoons H_3O^+ + HCO_3^- \tag{2}$$

Obwohl also praktisch keine undissoziierte Kohlensäure vorliegt, wird dennoch oft von «Kohlensäure» gesprochen, auch wenn es sich tatsächlich um CO_2 handelt.
Freie Kohlensäure (CO_2): Der CO_2-Gehalt schwankt sehr weitgehend. Grundwässer liegen meist zwischen 10–20 mg/l CO_2, können in gewissen Fällen aber auch auf 100 mg/l und Mineralwässer («Säuerlinge») sogar auf 1000 mg/l CO_2 und darüber ansteigen. In Oberflächenwässern findet man im allgemeinen nur sehr wenig CO_2, etwa 1–10 mg/l. Für die Verteilung des CO_2 in den verschiedenen Formationen stehender Gewässer gilt ähnliches wie für Sauerstoff.
Gesundheitlich ist der Gehalt eines Wassers (Mineralwasser) an Kohlensäure vorteilhaft, sie übt infolge einer Steigerung der Durchblutung der Schleimhäute eine erfrischende Wirkung aus, wird rasch vom Darm in den Körper aufgenommen und bald wieder durch die Lunge ausgeatmet, dabei wird das Atemzentrum angeregt. Ferner wird durch die Kohlensäure die Ausscheidung von Wasser und von Stoffwechselschlacken über die Niere erhöht. Bedeutsam ist auch ihre konservierende Wirkung; z.B. sind CO_2-reiche Grundwässer sehr keimarm und Mineralwässer bleiben über Monate und oft über Jahre chemisch unverändert und bakteriologisch einwandfrei.
Hydrogencarbonat (HCO_3^-) und Carbonat (CO_3^{2-}): Anwesenheit und Stoffmengenkonzentration der Anionen der Kohlensäure ist weitgehend davon abhängig, wie lange und bei welcher Temperatur ein mehr oder weniger CO_2-reiches Wasser in Kontakt mit carbonatischen Mineralien gestanden hat (das in den Boden versickernde Niederschlagswasser reichert sich bei der Passage in den oberen Bodenschichten, dessen Porenluft 5–8 Vol.-% CO_2, gegenüber nur 0,03 Vol.-% der Atmosphäre, enthält weiter mit CO_2 an). Dabei stellt sich eine bestimmte Konzentration an Kationen, zur Hauptsache Calcium und Magnesium, sowie ein bestimmter pH-Wert ein. Von diesem pH-Wert sowie von der Gesamtmineralisierung und der herrschenden Temperatur hängt es ab, welche anioni-

sche Species der Kohlensäure und in welcher Konzentration vorliegen. Außerdem wird dadurch auch die **Pufferkapazität** bestimmt, die für alle biologischen Vorgänge im Wasser eine überaus große Bedeutung hat.
Ab pH = 4,3 beginnt die Konzentration an HCO_3^- rasch zu steigen, erreicht bei pH = 8,3 das Maximum und nimmt dann wieder ab. Analog sinkt ab pH = 4,3 die Konzentration an CO_2 (bei pH = 6,4 liegen je 50% CO_2 und HCO_3^- vor) und wird bei pH > 8,3 vernachlässigbar. In gleicher Weise beginnt die Konzentration an CO_3^{2-} ab pH = 8,3 rasch zu steigen, bei pH = 10,3 liegen je 50% HCO_3^- und CO_3^{2-} vor (vgl. Abschn. 2.5.1). Die Konzentration an Carbonat-Ionen ist somit in den meisten natürlichen Wässern sehr gering bzw. vernachlässigbar.
Weitere Gleichgewichtssysteme z. B. von Kieselsäure und Phosphorsäure sowie von Huminsäuren können diese pH-Einstellungen u. U. erheblich beeinflussen, so daß bei vielen natürlichen Wässern eine exakte Bestimmung der Kohlensäure und ihrer Anionen keine leichte Aufgabe ist.

Die folgenden Begriffe sind aus praktischer Sicht von Bedeutung. Dabei ist zu beachten, daß es sich nicht um stoffliche, sondern lediglich um funktionelle Unterschiede handelt. Bezüglich einer entsprechenden theoretischen Deutung s. Abschn. 2.2.6.
Gebundene Kohlensäure (HCO_3^-): Sie entspricht jener Menge an CO_2, mit der die vorhandenen Erdalkali-(ggf. auch Alkali-)Ionen valenzmäßig abgesättigt sind, meist in Form des Hydrogencarbonat-Ions (KH).
Freie zugehörige Kohlensäure (CO_2): Um eine gewisse Menge Erdalkali-Ionen als Hydrogencarbonat in Lösung zu halten, ist eine gewisse Menge «freies» CO_2 nötig und daher «zugehörig». Ist das vorhandene freie CO_2 hierzu gerade ausreichend, so befindet sich das Wasser im **«Kalk-Kohlensäure-Gleichgewicht»**. Dieses Gleichgewicht ist für Trinkwasser insbesondere aus korrosionstechnischen Gründen anzustreben. Die dazu erforderliche Menge an CO_2, die mit steigender Konzentration an HCO_3^- ebenfalls zunimmt, gilt als Grenzwert. Reicht bei harten Wässern das vorhandene CO_2 nicht aus, diesen Anteil zu stellen, wird Kalk abgeschieden; dasselbe gilt für eine Temperaturerhöhung (CO_2 wird aus dem Gleichgewicht entfernt). Dieser Vorgang ist auch in der Natur für die **«biogene Entkalkung»** von größter Bedeutung, wobei der CO_2-Entzug durch die CO_2-Assimilation von Wasserpflanzen erfolgt. Die Kreide- und Jura-Formationen verdanken weitgehend solchen Vorgängen ihr Entstehen.
In technologischer Hinsicht sind **Mischwässer** aus verschiedenen Quellen (mit unterschiedlicher Temperatur) oft problematisch, da sie beim Vermischen entweder kalkaggressiv oder kalkabscheidend werden können.
Freie überschüssige (aggressive) Kohlensäure (CO_2): Ist in einem Wasser mehr CO_2 vorhanden, als zur Aufrechterhaltung des Kalk-Kohlensäure-Gleichgewichts nötig ist, so ist dieser Überschuß «aggressiv», greift Metalle und Beton an sowie bereits ausgebildete passivierende Schichten im Leitungssystem. Insbesondere bei sehr weichen, also nur schwach gepufferten Wässern wirken sich bereits geringste Mengen schädigend aus, da für ein In-Lösung-Halten von Hydrogencarbonat bis etwa 2°d KH eine zugehörige Kohlensäure nicht benötigt wird und somit das gesamte CO_2 aggressiv ist.
Literatur: [5, 87, 341].

1.4.7 Sauerstoff (O_2)

Oberflächenwässer, insbesondere wenn sie sich in Bewegung befinden, lösen Sauerstoff aus der Luft oft bis zur Sättigung (14,6 mg/l O_2 bei 0,1 °C, bzw. 9,1 mg/l O_2 bei 20 °C). Auch in Wasser selbst bildet sich durch die Aktivität der photoautotrophen Organismen ständig Sauerstoff (vgl. Abschn. 1.3.2) – gelegentlich sogar bis zur Übersättigung – doch wird durch die chemisch-biologischen Oxidationsvorgänge und den Tag-Nacht-Zyklus andererseits auch ständig Sauerstoff verbraucht. Daher kann der O_2-Gehalt in stehenden Gewässern sehr unterschiedlich sein. Dies muß bei der Probenahme stets berücksichtigt werden. Während im Epilimnion infolge der Planktontätigkeit oft Übersättigung herrscht, ist das Hypolimnion sauerstofffrei und im Profundal manchmal sogar H_2S vorhanden, ohne daß der See als verunreinigt anzusprechen wäre. Zudem sind die jahreszeitlichen und die täglichen Schwankungen zu berücksichtigen (vgl. Abschn. 1.3.3). Reine tiefe Grundwässer sind sauerstofffrei, daher kommt es hier ganz allgemein zu anaeroben Vorgängen, zunächst zur Nitrat-Reduktion, dann zur Bildung von H_2S. Für das Leben in Oberflächengewässern (Fische) ist ein Gehalt von < 2 mg/l O_2 unzureichend, mindestens 5 mg/l O_2 sollten vorhanden sein. Diesen Wert hat auch die WHO [4] übernommen, wobei sie Sauerstoff zu jenen Substanzen zählt, «deren Gehalt im Wasser bevorzugt überwacht werden sollte». 5–6 mg/l O_2 gelten auch für die Bildung passivierender Überzüge im Leitungsnetz als optimal – vorausgesetzt, daß keine aggressive Kohlensäure vorhanden ist, wodurch die Schutzschicht zerstört, bzw. Fe, Pb, Zn, (Cu) angegriffen und O_2 zu O^{2-} reduziert wird, da das Redoxpotential dieses Vorgangs in stark saurer Lösung 1,18 V und in stark alkalischer Lösung immer noch 0,4 V beträgt, so daß eine Reihe gebräuchlicher Metalle oxidiert werden.

Für die Güte eines Trinkwassers spielt O_2 nur insofern eine Rolle, als die Gefahr von Geschmacksbeeinträchtigung durch noch unvollkommen mineralisierte Substanzen in Gegenwart von genügend Sauerstoff herabgesetzt wird.

1.4.8 Halogenide: Cl^-, (F^-, Br^-, I^-)

Chlorid (Cl^-): Fast alle Binnengewässer enthalten Chlorid. Gebiete mit Urgestein meist < 10 mg/l Cl^-, in Küstengebieten und Steinsalzlagerstätten entsprechend mehr. Da Chlorid hauptsächlich aus NaCl stammt, ist das Molverhältnis Cl^-/Na^+ im allgemeinen etwa gleich 1. Chlorid unterliegt bei der Abwasserreinigung, aber auch bei den natürlichen Selbstreinigungsprozessen der Oberflächenwässer, keiner Veränderung und wird beim Eintritt in das Grundwasser kaum adsorbiert. Eine erhöhte Chloridkonzentration kann praktisch nur durch Verdünnung beseitigt werden. Chlorid ist deshalb ein sehr dauerhafter Verschmutzungsindikator. Soweit ein überhöhter Chloridgehalt nicht geologisch bedingt ist, kann vermutet werden, daß Verunreinigung mit Abwässern, insbesondere auch aus Straßenstreusalz (NaCl, $CaCl_2$) stammend, vorliegt. Physiologisch ist Chlorid unbedenklich (vgl. jedoch Abschn. 1.4.3). Je nach der übrigen Zusammensetzung des Wassers tritt bei > 100 mg/l Cl^- ein salzartiger Geschmack auf. Die Grenze der Genießbarkeit liegt bei 400 mg/l Cl^-, entsprechend etwa 660 mg/l gelöstem NaCl. Hauptaufgabe im Organismus ist, als Gegenion für Na^+ zu dienen und den osmotischen Druck der extrazellulären Flüssigkeit zu bewirken. Eine spezifische Wirkung übt es bei der Sekretion des Magensaftes aus [103].

Fluorid (F^-): ist in fast allen Wässern in Spuren, meist < 0,5 mg/l vorhanden. Zur Verhinderung der Zahnkaries und zum Aufbau des Skeletts benötigt der Mensch, vor allem der

Jugendliche, täglich etwa 1,5 mg F^-, wovon die Nahrungszufuhr nur etwa 0,5 mg deckt. Eine allgemeine Fluoridierung von Trinkwasser ist jedoch abzulehnen, da Trinkwasser nicht zum Träger von Medikamenten gemacht werden darf.
Konzentrationen von $>1,5$ mg/l F^- sind schädlich und führen zu Fluorose-Erscheinungen (gefleckter Zahnschmelz, Haarausfall, Hautentzündung u. a.). Wünschenswert wäre ein Fluoridgehalt von 0,6–1,2 mg/l F^- [5, 66, 87, 103, 205.7, 217.1].
Bromid (Br^-), Iodid (I^-): Beide Ionen finden sich, wenn überhaupt, in gewöhnlichen Wässern nur in Spuren (in Kropfgegenden 0,1–2 μg/l, in kropffreien Gegenden 2–15 μg/l I^-). Iod ist Bestandteil der Schilddrüsenhormone, Mangel führt zu Kropfbildung. Brom erfüllt keine physiologischen Aufgaben [103].

1.4.9 Sulfat (SO_4^{2-})

Im allgemeinen findet man in Wässern einen Sulfatgehalt von etwa 10–30 mg/l. Infolge der relativ guten Löslichkeit von Gips (ca. 2,5 g/l $CaSO_4 \cdot 2\,H_2O$) sind jedoch auch Wässer mit bis zu 100 mg/l Sulfat und darüber anzutreffen. Neben diesem Lösevorgang kann Sulfat sich auch als Endprodukt der Mineralisation bei der (mikrobiellen) Oxidation der im Erdinneren weit verbreiteten Sulfide und des H_2S, aber auch von schwefelhaltigen organischen Stoffen bilden. Daher ist in Seen öfters ein erhöhter Sulfatgehalt anzutreffen. Allerdings ist im anaeroben Milieu auch Sulfatreduktion möglich. Industrieabwässer weisen ebenfalls oft einen hohen Sulfatgehalt auf.
Sulfat bildet häufig den Hauptanteil der NKH, daher übertrifft die Konzentration an Ca^{2+} meist die an SO_4^{2-}; wo dies nicht der Fall ist, kann auf eine Entfernung von Ca^{2+} durch Austauschvorgänge gegen Alkali-Ionen geschlossen werden.
Sulfatreiche Wässer, besonders wenn zugleich Mg^{2+} (Bittersalz; Geschmacksgrenze bei 600 mg/l SO_4^{2-}) und/oder Na^+ (Glaubersalz; Geschmacksgrenze bei 200 mg/l SO_4^{2-}) [330] vorhanden sind, wirken abführend, da Sulfat nahezu unresorbierbar ist.

1.4.10 Stickstoffverbindungen: Ammonium (Ammoniak), NH_4^+ (NH_3), Nitrit (NO_2^-) und Nitrat (NO_3^-)

Ganz allgemein werden N-Verbindungen in noch stärkerem Maße als S-Verbindungen durch (mikrobielle) Redoxvorgänge gebildet bzw. abgebaut. Neben seiner mineralischen Herkunft (Salpeter) ist das Vorhandensein von **Nitrat** meist auf die Mineralisation organischer N-Verbindungen, z. B. vollständiger Abbau der aus Eiweiß entstehenden Aminosäuren, zurückzuführen.
Auch der **Ammonium-N** wird in geeignetem Milieu durch die Tätigkeit nitrifizierender Bakterien über **Nitrit** bis zum **Nitrat** oxidiert. Andererseits sind, wie beim Sulfat, im anaeroben Milieu (z. B. Moorwässer) auch Reduktionsvorgänge möglich, die bis zur Bildung von NH_3 bzw. NH_4^+ führen können (pH-abhängiges Gleichgewicht).
Ammonium (Ammoniak) NH_4^+ (NH_3): wird als Zwischenprodukt beim Abbau N-haltiger organischer Substanz gebildet. Da diese jedoch auch aus Exkrementen menschlichen oder tierischen Ursprungs stammen können, muß ein positiver Befund stets als bedenklich gelten, wenngleich eine toxische Wirkung nicht bekannt ist. Auch durch Düngerausschwemmung kann Ammoniak u. U. direkt in das (Grund)Wasser gelangen, wobei meist auch ein erhöhter Sulfatgehalt festgestellt wird. Außer der mikrobiellen Nitratreduktion ist in Fe- und Mn-reichen Grundwässern auch chemische Nitratreduktion durch den unter Druck aus den Sulfiden mittels CO_2-reichem Wasser freigesetzten H_2S möglich.

Die Werte können stark schwanken, meist liegen sie jedoch zwischen 0,1 und 3 mg/l NH_4^+.
Nitrit (NO_2^-): entsteht als Zwischenprodukt natürlicher Ab- und Umbauvorgänge sowohl bei der Oxidation von NH_4^+, als auch bei der Reduktion von NO_3^-; gelegentlich auch in Fe- und Zn-haltigen Leitungsrohren, ebenfalls durch Nitratreduktion. In reinem, unverschmutztem Wasser ist Nitrit nie vorhanden, höchstens einmal spurenweise bis max. 0,001 mg/l NO_2^- [87]. Das Fehlen von Nitrit bedeutet wegen seines labilen Charakters keineswegs hygienische Unbedenklichkeit. Seine Anwesenheit – wobei Mengen von 0,2–2 mg/l NO_2^- gefunden werden können – ist jedoch stets ein wichtiger Hinweis auf Verschmutzung.
Obzwar Nitrit ein starkes Fischgift ist, sind die geringen Mengen, die gelegentlich in Wässern anzutreffen sind, für den Menschen gesundheitlich an sich unbedenklich. Es gilt jedoch als erwiesen, daß Nitrit die wichtigste Substanz für die Bildung krebserzeugender N-Nitrosoverbindungen darstellt, da es mit allen nitrosierbaren Aminen und Amiden reagieren kann [56, 201.5]. Es ist daher unverständlich, weshalb in der Fleischkonservierungs- und Frischhalteindustrie noch immer große Mengen an Nitrat und Nitrit zum Einsatz kommen dürfen: Pökelsalz ist NaCl mit etwa 0,5 % $NaNO_2$ und bis zu 1 % $NaNO_3$, wobei das behandelte Fleisch bis zu 200 mg Nitrit und mindestens ebensoviel Nitrat enthalten kann.
Nitrat (NO_3^-): ist in fast allen Wässern in geringer Menge nachweisbar, in Oberflächenwässern etwa 0,4–8 mg/l, in verschmutzten Fließgewässern 50–150 mg/l NO_3^- und mehr. Der oft beträchtliche Nitratgehalt von Grundwässern kann aus Salpeterlagern stammen, aber auch aus Düngerausschwemmungen (wobei verschmutzte Einzelbrunnen Werte von 50–4000 mg/l NO_3^- aufweisen können [330]) sowie aus den Abbau- und Oxidationsvorgängen organischer und anorganischer Stoffe.
Fehlen Ammonium und Nitrit und ist ein hoher Nitratgehalt nicht geologisch bedingt, so kann – wenn die bakteriologische Beschaffenheit des Wassers einwandfrei ist – gefolgert werden, daß zwar Verunreinigungen stattgefunden haben, jedoch die Selbstreinigungskraft zur Mineralisation ausreichend war.
Erhöhter Nitratgehalt verursacht bei Kleinkindern Methämoglobinämie (Blausucht). Ferner muß Nitrat als latent krebserzeugend angesehen werden, da im Körper ebenfalls Reduktion zu Nitrit möglich ist [201.5, 205.3].

1.4.11 Phosphat (PO_4^{3-})

Von den drei Anionen der *ortho*-Phosphorsäure ist in dem meist schwach alkalischen Milieu natürlicher Wässer praktisch nur das Hydrogenphosphat-Ion existent und auch dieses kommt in Mengen von nur etwa 0,1 mg/l HPO_4^{2-} und darunter vor, da die Phosphate vom Boden gut adsorbiert werden. Werte von >0,3 mg/l Phosphat sowohl im Grundwasser als auch im Oberflächenwasser sind fast ausschließlich das Produkt menschlicher Verunreinigungen (Abwässer, Jauche, Dünger, Waschmittel) [87]. Es ist anzunehmen, daß eine Phosphatkonzentration von >0,5 mg/l in Gegenwart ausreichender Mengen an N-Verbindungen bereits zur Überernährung von Algen und Wasserpflanzen und zu daraus resultierender Störung des biologischen Gleichgewichts stehender Gewässer und zu beschleunigter Eutrophierung (vgl. Abschn. 1.3.2) führt.
Der Phosphatgehalt häuslicher Abwässer liegt bei 10 mg/l. Leider wird Phosphat auch in mechanisch-biologischen Kläranlagen nicht vollständig zurückgehalten; Restkonzentrationen von 0,5–1 mg/l Phosphat werden als noch zumutbar angesehen [314]. Im

Trinkwasser soll Phosphat höchstens in Spuren vorhanden sein. Im Falle einer Wasseraufbereitung unter Zusatz von Mono- und Polyphosphaten (vgl. Abschn. 1.5.8) darf ein Gesamtgehalt von 6,8 mg/l Phosphat nicht überschritten werden. Höhere Konzentrationen können infolge ihrer Pufferwirkung zu Verdauungsstörungen Anlaß geben [330].
Im Organismus erfüllt Phosphor in anorganischer und organischer Bindung eine Reihe wichtiger Funktionen: Baustein des Skeletts sowie der Zellen und ihrer Strukturen, Energiegewinnung und -verwertung in Form energiereicher Verbindungen, Transport von Substanzen durch Membrane, in Form von Nucleinsäuren Träger und Vermittler genetischer Information.

1.4.12 Kieselsäure (H_2SiO_3) und Silicat (SiO_3^{2-})

Der Kieselsäuregehalt natürlicher Wässer ist auf die Verwitterung der Gesteine zurückzuführen. Natürliche Wässer enthalten etwa 5–8 mg/l Silicat, Seen oft nur 1–2 mg/l; insbesondere sehr weiche Wässer können jedoch auch bis zu 50 mg/l Silicat und mehr aufweisen. Kieselsäure kommt sowohl in echt gelöster Form (je nach pH-Wert als Silicat-Ion oder undissoziiert) oder in kolloidalem Zustand vor. Toxikologisch und hygienisch ist Kieselsäure unbedenklich. In aufbereiteten Wässern (Korrosionsschutz; vgl. Abschn. 1.5.6) sind bis zu 52 mg/l H_2SiO_3 tolerierbar.

1.4.13 Schwermetalle: Eisen (Fe^{2+}/Fe^{3+}), Mangan (Mn^{2+}), Blei (Pb^{2+}), Kupfer (Cu^{2+}), Zink (Zn^{2+})

Die Auswahl umfaßt Kationen, welche entweder in natürlichen Wässern relativ häufig spurenweise vorkommen, vielfach aber auch durch den korrodierenden Angriff des Wassers auf die Leitungssysteme in dasselbe gelangen können. Weitere Schwermetall-Kationen s. Abschn. 1.5.2.
Eisen (Fe^{2+}/Fe^{3+}): ist in Spuren in fast allen natürlichen Wässern anzutreffen, in «reduzierten Grundwässern» (O_2-Mangel, CO_2, NH_4^+, H_2S) häufig 1–3 mg/l, manchmal auch bis zu 10 mg/l Fe^{2+}. Beim Austritt aus der Erdoberfläche erfolgt rasch Oxidation, wobei zunächst kolloide, opaleszierende Lösungen entstehen und schließlich Eisen(III)-oxidhydrat ausfällt. In Moorwässern kommt Eisen als Humat in komplexer organischer Bindung vor [178]. Durch die Einwirkung aggressiver Kohlensäure kann schließlich auch aus dem Leitungsnetz Eisen in das Wasser gelangen.
Obwohl Eisen u. a. zum Aufbau des Hämoglobins nötig (Tagesbedarf 5–20 mg Fe) und eine toxische Wirkung nicht bekannt ist, gilt es in Gewässern als unerwünscht. Bereits 0,3 mg/l Fe^{2+} verursachen einen eigenartigen metallischen Geschmack, zudem tritt leicht Hydrolyse (Trübung) und Oxidation zu biologisch unwirksamem Fe^{3+} ein. Im Leitungssystem bilden sich, besonders bei Anwesenheit von Eisenbakterien, Ablagerungen und Verkrustungen (vgl. Abschn. 1.5.6). Eine Reihe von Betrieben (vgl. Abschn. 1.5.7) benötigen Fe- und Mn-freies Wasser.
Mangan (Mn^{2+}): Für Mangan gilt ähnliches wie für Eisen, es findet ebenfalls Eingang in biologische Zyklen, wird im Reduktionsmilieu leicht gelöst, jedoch weniger leicht oxidiert wie Eisen, so daß es meist als Mn^{2+} vorliegt (max. etwa 1–2 mg/l).
Blei (Pb^{2+}): ist ein nichtessentielles Spurenelement, dessen Vorkommen in Wässern fast nie geologischen Ursprungs ist. Meist stammt es aus bleihaltigen Rohrleitungen und Armaturen, insbesondere bei längerer Verweilzeit des Wassers im Rohrsystem, z. B. über

Nacht oder bei seltener Entnahme. Selbst bei Verwendung verzinkter Stahlrohre kann Blei gefunden werden (vgl. Zink).
Blei ist stark toxisch, insbesondere wird ein zur Blutbildung benötigtes Enzym geschädigt, ebenso die Nervenfunktionen. Ähnlich dem Calcium wird es in den Knochen abgelagert, jedoch auch in Leber, Nieren, Zentralnervensystem und Haaren (Messung der Bleibelastung). Bis es zu erkennbaren Schädigungen kommt (Magenstörungen, Kopfschmerzen, Müdigkeit, Nierenstörungen, blasse Farbe der sichtbaren Schleimhäute und des Gesichts als Symptome) bedarf es einer relativ langen Exposition. Ein Bleigehalt im Blut von 0,4 mg/l Blut ist gerade noch symptomlos erträglich, 0,7–0,8 mg/l bedeuten bereits akute Gefahr. Schon die Aufnahme von täglich 1 mg Pb über einige Wochen kann zu Bleivergiftung führen, ebenso ein ständiger Bleigehalt im Trinkwasser von 0,3 mg/l. Im allgemeinen werden jedoch trotz der hohen Bleibelastung der Umwelt durch Fahrzeugabgase Gehalte über 0,02 mg/l (ohne Stagnation im Leitungsrohr) noch selten gefunden. Blei ist außerdem ein starkes Fischgift, insbesondere in weichen Wässern [103, 205.7, 211.5, 346, 372, 561].

Kupfer (Cu^{2+}): kommt in natürlichen Wässern praktisch nicht vor. Wird Kupfer gefunden, stammt es entweder aus industriellen Abwässern, Pflanzenschutzmitteln oder Korrosionserscheinungen an Armaturen und Leitungen. Auch zur Algenbekämpfung vor allem in Schwimmbädern werden Cu-Salze eingesetzt.
Kupfer ist ein essentielles Spurenelement und Bestandteil u.a. der Cytochromoxidase, daher unentbehrlich für die Zellatmung; es wird nicht kumuliert. Der Tagesbedarf von 2–3 mg ist aus der Nahrung reichlich gedeckt. Ein geringer Cu-Gehalt im Trinkwasser ist unbedenklich, doch verleihen bereits 2 mg/l Cu^{2+} dem Wasser einen metallischen Geschmack, 5 mg/l machen es ungenießbar.
Cu gehört zu den starken Fischgiften (letale Konzentration für Frischwasserfische ca. 0,1 mg/l), insbesondere in Gegenwart von Zn und Cd sowie in Abhängigkeit von der Härte des Wassers [103, 346].

Zink (Zn^{2+}): kommt in natürlichen Wässern gelegentlich in Spuren, meist bei 0,02 mg/l vor. Aggressives Wasser kann jedoch aus verzinkten Leitungen und Armaturen (Messing) bis zu 5 mg/l Zn^{2+} herauslösen, insbesondere bei erhöhtem Chlorid- und Sulfatgehalt. Verzinkte oder aus Zink und Zinklegierungen bestehende Bedarfsgegenstände (Behälter, Leitungen usw.) sind in der Bundesrepublik Deutschland nicht mehr zulässig. Abgesehen davon, daß bereits etwa 2 mg/l Zn^{2+} (je nach Wasserhärte) eine opaleszierende Trübung bewirken und den Geschmack beeinträchtigen, bestehen gegen Zink selbst im allgemeinen keine Bedenken. Es ist jedoch zu beachten, daß Zink, wie es für technische Zwecke verwendet wird (vgl. DIN 1706 und DIN 2444), geringe Mengen von zum Teil hochtoxischen Begleitelementen enthält, etwa Pb, Cd, As, Cu, Sn, Sb. Zink wirkt außerdem reduzierend, daher wird – vor allem bei längerer Stagnation des Wassers in den Leitungen – Nitrat zu Nitrit reduziert, wobei Zn^{2+} in Lösung geht.
Im Körper spielt Zink eine außerordentlich wichtige und vielseitige Rolle. Neben der Funktion als Enzymbaustein kennt man über 80 Enzyme, deren Aktivität vom Zn abhängig ist; beinahe alle lebenserhaltenden Prozesse der Zellen werden in irgendeiner Weise von Zink beeinflußt. Jeder psychische und physische Streß führt zu hohen Zinkverlusten mit dem Urin; Folge davon (wie auch anderer Zn-Mangelerscheinungen) kann sein Haarausfall, schlechte Wundheilung, Prädiabetes, Potenzverlust, rheumatische Arthritis, Appetitmangel, weiße Flecken in den Fingernägeln und ganz allgemein eine Schwächung der Immunabwehr. Der Tagesbedarf des Menschen liegt bei 2–10 mg Zink [66, 89, 103, 205.7, 346, 372].

1.4.14 Spurenelemente

Höhere Lebewesen bestehen weitgehend aus Verbindungen der Nichtmetalle. Beim Menschen machen die Elemente H, C, N, O, P, S und Cl 98,10 % des Körpergewichts aus, während die Metalle nur mit 1,90 % beteiligt sind. Von diesen 1,90 % entfallen 1,89 % auf die vier Elektrolyte Na, K, Ca und Mg, lediglich 0,012 % verbleiben für die restlichen Elemente, sie werden daher mit Recht als «Spurenelemente» bezeichnet. Auffällig ist, daß das Blut der Säugetiere und das Meerwasser eine erstaunlich ähnliche Ionenzusammensetzung aufweisen. Auch daß so viele Elemente, jedoch meist nur in geringsten Konzentrationen benötigt werden, deutet darauf hin, daß die ersten Organismen in einem wäßrigen Milieu entstanden sind, in dem ein ungemein reiches Ionenangebot geherrscht hat; die Zusammensetzung des Meerwassers hat sich seither kaum geändert.

Da das «Leben» in so hohem Maße durch Mineralstoffe und Spurenelemente determiniert ist und weil die natürliche Umwelt der Lebewesen seit Urzeit her weit mehr Elemente umfaßt als jene, die die Wissenschaft vorderhand als lebensnotwendig («essentiell») (an)erkannt hat, kann angenommen werden, daß an subtilen biochemischen Reaktionen auch solche Elemente und spezifische Elementkombinationen beteiligt sein können, von denen man derzeit noch vermutet, sie hätten keine physiologische Bedeutung für den Menschen. Wohl nur Beryllium kann in dieser Hinsicht ausgeschieden werden, mit großer Wahrscheinlichkeit aber auch die sogenannten «Begleitelemente» (Li begleitet Na, Rb begleitet K, Sr begleitet Ca), die infolge ihrer weiten Verbreitung gewissermaßen als «Verunreinigungen» mit aufgenommen werden.

Schon dies zeigt, wie problematisch der Begriff «essentiell» an sich ist. Dazu kommt, daß es auch für die als essentiell erkannten Elemente einen Konzentrationsbereich gibt, unterhalb dessen Mangelerscheinungen (drastische Ausfallserscheinungen, häufig infolge von Störungen im Enzymsystem), oberhalb dessen jedoch toxische Wirkungen (s. Abschn. 1.5.2) auftreten. Die Schwellenkonzentration zum toxischen Bereich liegt oft nur knapp über dem essentiellen Wert (z. B. bei Cr und Se), wobei in gewissen Fällen auch die Oxidationsstufe und Bindungsform des betreffenden Elements eine Rolle spielt.

Auch die von einer Expertenkommission der WHO 1973 getroffene Einteilung, die den Begriff «essentiell» ersetzen soll, ist nicht unproblematisch; es werden drei Gruppen unterschieden: 1. für den Menschen erwiesenermaßen lebensnotwendige, 2. für den Menschen möglicherweise nützliche und 3. für den Menschen toxisch wirkende Elemente. KIEFFER [372] schlägt folgende einfache Einteilung vor: 1. Elemente, die zweifelsfrei funktionelle Bestandteile oder Bausteine von körpereigenen Strukturen des Menschen sind (H, C, N, O, F, Na, Mg, Si, P, S, Cl, K, Ca, V, Cr, Mn, Fe, Co, Ni, Cu, Zn, Se, Mo, Sn, I), 2. Elemente, für die bisher noch keine Funktionen im menschlichen Körper nachgewiesen werden konnten. Es ist anzunehmen, daß Elemente der Gruppe 2. in Gruppe 1. überwechseln, für Al, As, Sn, Cd, Pb liegen bereits Indizien für eine biologische Funktion vor.

In gut mineralisierten Wässern sind häufig schon von Natur aus, d. h. geologisch bedingt, eine große Zahl an Spurenelementen anzutreffen, meist in Konzentrationen unter 0,1 mg/l, gelegentlich aber auch in bereits toxischen Mengen. Auch elektrolytarme Wässer können infolge natürlicher Anreicherungseffekte von Spurenelementen im CO_2-reichen Humusboden, z. B. aus abgestorbenen Blättern, bei Infiltration in das Grundwasser bevorzugt Spurenelemente aufnehmen (Ag, As, Au, Be, Cd, Co, Ge, Mn, Ni, Pb, Se, Sn, Tl, Zn) [372]. Hinzu kommen als anthropogene Belastung von Oberflächen- und Regenwasser aber auch des Bodens jene Elemente, die industriell in großem Maßstab verarbeitet und in den verschiedensten Produkten eingesetzt werden (z. B. Cd, Hg, Ni, Cr, Pb), viele werden z. B. als Humate komplex gebunden bzw. an Schwebstoffe adsorbiert und schließlich im Sediment abgelagert und immer mehr angereichert, gelegentlich daraus auch wieder remobilisiert mit Konsequenzen, die schwer in all ihren Dimensionen abschätzbar sind [66, 103, 201, 205.7, 346, 372].

1.4.15 Organische Stoffe – Chemische Oxidierbarkeit (CSB; TOC, DOC); Bedeutung von Summen- und Gruppenparametern; Leitsubstanzen

Neben den in den vorhergehenden Abschnitten genannten anorganischen Inhaltsstoffen natürlicher Wässer finden sich auch **echt gelöste organische Stoffe** in größter Vielfalt, insbesondere Stoffwechselprodukte und Stoffe sämtlicher Zwischenstufen der Mineralisation abgestorbener organischer Materie (Selbstverschmutzung) (s. Abschn. 1.4). Häufig sind unter ihnen auch lebensnotwendige Spuren- und Wirkstoffe, über deren Aufbau und Funktion noch weitgehend Unklarheit herrscht. Infolge des ständigen biochemischen Um- und Abbaues ist die Existenz der Einzelverbindungen im allgemeinen jedoch nur von kurzer Dauer. Außerdem sind in vielen Wässern **kolloid gelöste Huminstoffe (HUS)** nachweisbar. Es sind dies hochmolekulare, ungemein kompliziert und verschiedenartig gebaute organische Strukturen, vielfach enthalten sie Fe, Mn, Cu und Zn in komplexer Bindung (Chelatkomplexe). Sie sind ein Charakteristikum der Moorböden und Moorwässer, aber auch sonstiger humusreicher Böden, aus denen sie durch Ausschwemmung in die Oberflächen-, ggf. auch in das Grundwasser gelangen können. Ihre Entstehung verdanken sie abgestorbenem, vorwiegend pflanzlichem Material, aus dem sie sich durch chemische und biologische bodenspezifische Umsetzungen im Humus bilden und – falls sie in das Wasser gelangen –, diesem eine charakteristische gelbe bis bräunlichgelbe Farbe verleihen [178, 371]. Sie sind analytisch schwer zu charakterisieren und von den **Ligninsulfonsäuren** zu unterscheiden [336, 338, 409], die nie natürlichen Ursprungs sind, sondern meist aus Einleitungen von Sulfitablaugen der Papier- und Zellstoffindustrie stammen.

Durch solcherlei vielfältigste, jedoch meist nur in geringster Konzentration vorhandene gelöste organische Stoffe, die sich den üblichen Nachweismethoden entziehen, sowie auch durch ihren ebenfalls oft nur ganz geringen Gehalt an Humussäuren sind unverschmutzte natürliche Wässer selbst bei völliger analytischer Identität dennoch in staunenswerter und einzigartig-unnachahmlicher Weise charakterisiert.

Zu all diesen natürlichen Stoffen kommen in ständig zunehmender Zahl gewässerbelastende organische Stoffe aus der menschlichen Tätigkeit – unter ihnen auch Schadstoffe verschiedenster Art und Toxizität –, wie sie in natürlichen Gewässern niemals vorkommen können. Die Möglichkeiten zur Belastung der Gewässer mit «Kulturschmutz» sind ebenso vielseitig wie die menschlichen Aktivitäten: Einleiten von Abwässern häuslicher, gewerblicher oder industrieller Herkunft (oft unzureichend oder überhaupt nicht in Kläranlagen aufbereitet) in die Vorfluter, die ihrerseits wieder bereits stark belastet sein können, etwa durch Niederschlagswasser («Abwasser der Luft»), durch Ausschwemmungen von Pflanzenschutzmitteln, künstlichem Dünger, Straßenschmutz, durch Schiffsverkehr, Badebetrieb ...

Immer mehr Oberflächenwasser muß zur Trinkwasserversorgung herangezogen werden. Auch das Grundwasser ist der Gefahr ausgesetzt, daß die Selbstreinigungskraft des Bodens nicht ausreicht und Verschmutzung eintritt. Um so mehr Bedeutung gewinnen

Verfahren, die es gestatten, den Verschmutzungsgrad festzustellen und das Gesamt der organischen Laststoffe zu beurteilen.

Grundsätzlich ist es weder möglich noch in den meisten Fällen nötig, auch nur einige der vielen in Frage stehenden organischen **Einzelstoffe** je für sich zu bestimmen, ausgenommen es besteht Verdacht auf eine ganz spezielle Kontamination. Für solche Fälle existieren Methoden und Vorschriften zur Einzelbestimmung [1, 2, 3, 6]. In anderen Fällen ist es wichtig zu wissen, ob bestimmte **Stoffgruppen** vorhanden sind, z. B. organisch gebundenes Chlor (vgl. Abb. 1.4.15), die häufig auch – etwas spezieller – in Form von **Leitsubstanzen** bestimmt werden, etwa Chlorphenole, PAK oder PCB. Zur Bewältigung derartiger Aufgaben wird beinahe die gesamte moderne Instrumentalanalytik eingesetzt.

Weitaus am häufigsten geht es aber einfach darum, festzustellen, ob überhaupt bzw. in welchem Ausmaß eine Belastung mit organischem Material vorliegt. Allerdings kann dabei auf chemischem Wege nicht festgestellt werden, ob diese anthropogenen Ursprungs ist, oder ob es sich um natürliche Ab- und Umbauprodukte der biologischen Aktivität des Wassers handelt – was nicht bedeutet, daß es nicht u. U. ebenfalls toxische Stoffe sein können. Die für derartige **Summenbestimmungen** ausgearbeiteten Methoden und Geräte beruhen auf der mehr oder weniger vollständig durchführbaren **chemischen Oxidation** der organischen Stoffe zu CO_2 und H_2O, wobei die Konzentration des gebildeten CO_2 bestimmt und daraus der vorhandene **gesamte organische Kohlenstoff (TOC)** bzw. der **gelöste organische Kohlenstoff (DOC)** errechnet wird (vgl. Abb. 1.4.15). Man kann aber auch die zur Oxidation benötigte Menge an Sauerstoff bestimmen, der einem starken Oxidationsmittel entzogen wird. Als solche sind gebräuchlich:

Kaliumpermanganat, $KMnO_4$, in saurer (oder alkalischer) Lösung und das unter den gegebenen experimentellen Bedingungen noch stärker oxidierend wirkende **Kaliumdichromat, $K_2Cr_2O_7$**.

Die Menge des Sauerstoffs, die auf chemischem Wege zur vollständigen Oxidation einer organischen Verbindung zu CO_2 und H_2O benötigt wird, wobei N und S zu definierten Endprodukten umgewandelt werden, bezeichnet man als **Chemischen Sauerstoffbedarf** oder **CSB-Wert** (engl. COD = Chemical Oxygen Demand). Der CSB-Wert einer Wasserprobe kann zwar als Maß für die Summe der organischen Verunreinigungen gelten, gestattet aber nicht ihre mengenmäßige Berechnung, wenn ihre Elementarzusammensetzung nicht bekannt ist. Als Umrechnungsfaktor können für häusliche und gewerbliche Abwässer etwa 1,2 mg CSB je mg Substanz angenommen werden [105]. Der andere Weg führt über die **biologische Oxidation** (Abschn. 1.4.16).

1. Oxidierbarkeit mit Kaliumpermanganat; $KMnO_4$-Verbrauch (mg/l $KMnO_4$): Die Bestimmung der Oxidierbarkeit wird sehr häufig mit $KMnO_4$ durchgeführt, insbesondere in jenen Fällen, wo es um die Bewertung der Verschmutzung kaum oder schwach belasteter Gewässer geht, z. B. oligotrophe bis mesotrophe Seen, Badewässer, häusliche Abwässer und insbesondere auch Trinkwasser (Grundwasser). Dabei ist man sich bewußt, daß unter den gegebenen Versuchsbedingungen das Redoxpotential von $KMnO_4$, $E = 1,43$ V (MnO_4^-/Mn^{2+}; $E^0 = 1,52$ V), keineswegs ausreicht, um alle im Wasser vorhandenen organischen Stoffe vollkommen zu oxidieren, z. B. Chlorkohlenwasserstoffe. Etwa vorhandene anorganische oxidierbare Stoffe, z. B. Fe^{2+}, NO_2^-, H_2S können ermittelt und rechnerisch berücksichtigt werden. Im allgemeinen wird angenommen [105], daß vom Gesamt der organischen Stoffe nur etwa 20–25 % oxidiert werden. Da somit der $KMnO_4$-Verbrauch in keiner Weise den CSB-Wert repräsentiert, fehlt es nicht an Stimmen, die eine solch unzureichende Bestimmung «endgültig ad acta» [410] gelegt haben wollen. Obgleich die Permanganat-Oxidierbarkeit organischer Stoffe außeror-

Abb. 1.4.15 Überblick über Möglichkeiten zur Erfassung organischer Stoffe in Wässern.

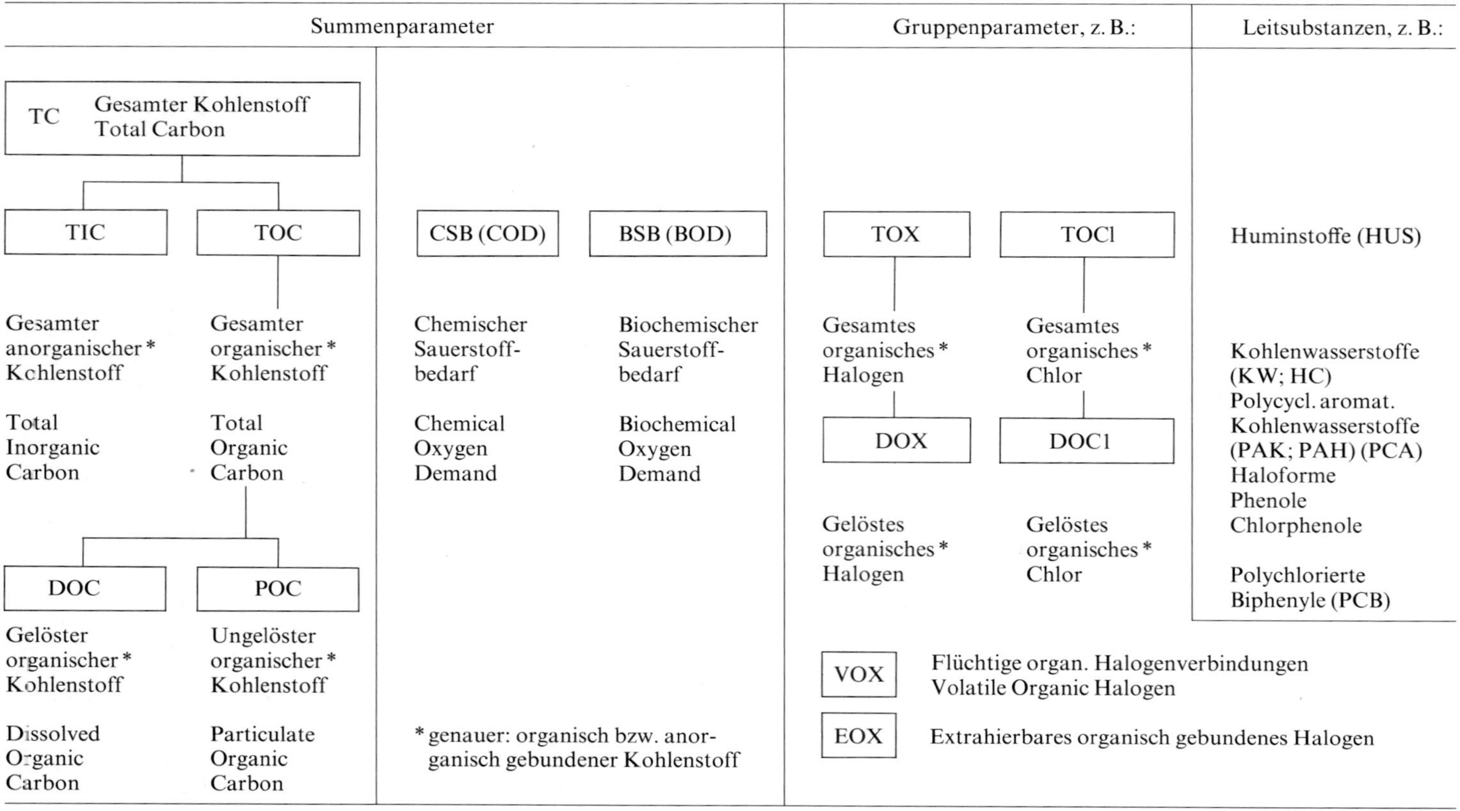

Summenparameter	Gruppenparameter, z. B.:	Leitsubstanzen, z. B.:
TC Gesamter Kohlenstoff / Total Carbon		
TIC — Gesamter anorganischer* Kohlenstoff / Total Inorganic Carbon	TOX — Gesamtes organisches* Halogen / TOCl — Gesamtes organisches* Chlor	Huminstoffe (HUS)
TOC — Gesamter organischer* Kohlenstoff / Total Organic Carbon	DOX — Gelöstes organisches* Halogen / DOCl — Gelöstes organisches* Chlor	Kohlenwasserstoffe (KW; HC) Polycycl. aromat. Kohlenwasserstoffe (PAK; PAH) (PCA)
DOC — Gelöster organischer* Kohlenstoff / Dissolved Organic Carbon	VOX — Flüchtige organ. Halogenverbindungen / Volatile Organic Halogen	Haloforme Phenole Chlorphenole
POC — Ungelöster organischer* Kohlenstoff / Particulate Organic Carbon	EOX — Extrahierbares organisch gebundenes Halogen	Polychlorierte Biphenyle (PCB)
CSB (COD) Chemischer Sauerstoffbedarf / Chemical Oxygen Demand		
BSB (BOD) Biochemischer Sauerstoffbedarf / Biochemical Oxygen Demand		

* genauer: organisch bzw. anorganisch gebundener Kohlenstoff

dentlich verschieden sein kann, weist ein hoher Verbrauch an $KMnO_4$ doch grundsätzlich immer auf organische Verunreinigung hin, vor allem wenn dieser Befund durch erhöhte Werte an NH_4^+, NO_3^-, Cl^- sowie eine hohe Koloniezahl gestützt wird. Humushaltige Wässer, z. B. Moorwässer, können einen $KMnO_4$-Verbrauch bis zu 350 mg/l $KMnO_4$ aufweisen; hier liegt eine natürliche Verunreinigung vor, die hygienisch ohne Bedeutung ist.

Werden zur Bestimmung des $KMnO_4$-Verbrauchs als Kennzahl für den Reinheitsgrad eines Wassers, insbesondere des Trinkwassers, die DEV (H4) [1] herangezogen (vgl. Abschn. 2.3.7), so können folgende Werte als **Beurteilungsgrundlage** dienen [105, 330] (vgl. Tab. 1.4.16):

Reine Grund- und Quellwässer: 3–8 mg/l $KMnO_4$; Werte von > 12 mg/l $KMnO_4$ sind für Trinkwasser bedenklich.
Reine Oberflächenwässer: 8–12 mg/l $KMnO_4$.
Reine Fließgewässer: max. etwa 4 mg/l $KMnO_4$.
Mäßig verunreinigte Flüsse: 20–35 mg/l $KMnO_4$.
Stark verunreinigte Flüsse: 100–150 mg/l $KMnO_4$.

Bei der Beurteilung des $KMnO_4$-Verbrauchs reiner Wässer ist zu beachten, daß in diesem Wert auch der Blindwert, der durch die Selbstzersetzung des $KMnO_4$ unter den Versuchsbedingungen entsteht, sowie auch die für das Erkennen der Rosafärbung benötigte Menge an $KMnO_4$ enthalten ist. Nach LEITHE [105, 379] kann er mit etwa 1,5–2 mg/l $KMnO_4$ veranschlagt werden.

2. Oxidierbarkeit mit Kaliumdichromat; $K_2Cr_2O_7$-Verbrauch (mg/l CSB): Kaliumdichromat ist in der zur Anwendung kommenden stark sauren Lösung im Vergleich zu Permanganat ein wesentlich stärkeres Oxidationsmittel ($Cr_2O_7^{2-}/Cr^{3+}$; $E^0 = 1,36$ V; $E = 1,90$ V) und imstande, die meisten organischen Stoffe praktisch vollständig zu oxidieren. Dennoch wird auch nach dieser Methode nur eine 95–97 %ige Oxidation erreicht. Der Fehlbetrag ist vor allem durch flüchtige, oxidationsbeständige Spaltprodukte (CO, CH_4) zu erklären. Ammoniak- bzw. Amino-, Amido und Nitrilo-Stickstoff wird ohne Sauerstoffverbrauch in Ammoniumsulfat übergeführt [105].

Im Gegensatz zu Permanganat berechtigt das Ergebnis der durch Dichromat praktisch vollständigen Oxidierbarkeit fast aller in häuslichen und auch industriellen Abwässern anzutreffenden Stoffe, den **Dichromatverbrauch mit dem CSB-Wert gleichzusetzen,** d. h. mit dem zur vollständigen Oxidation notwendigen Sauerstoffbedarf (engl. gelegentlich TOD = Total Oxygen Demand) [105].

Leider hat das in der stark sauren Lösung erreichbare Redoxpotential von Dichromat, $E = 1,90$ V, zur Folge, daß das nicht pH-abhängige Redoxpotential des Systems $1/2\ Cl_{2(g)}/Cl^-$; $E^0 = 1,36$ V weit überschritten und damit Chlorid zu Chlor oxidiert wird, welches seinerseits wiederum eine Vielzahl von Sekundärreaktionen mit organischen Stoffen eingehen kann. Die in den DEV [1] inzwischen verfügbare CSB-Methodik (DIN 38 409-H 41, H 42, H 43, H 44) kann in Anbetracht der grundsätzlichen CSB-Problematik als zunächst zufriedenstellend angesehen werden. Nachteile sind: die für Routineuntersuchungen zu komplizierte Methodik, der Einsatz von heißer konzentrierter Schwefelsäure sowie von relativ großen Mengen an Quecksilber- (Maskierung von Chlorid) und Silber-(Katalysator)Salzen [105, 206.9, 206.11, 213.2, 215.2, 379, 410, 420].

3. Gesamter (gelöster) organisch gebundener Kohlenstoff, TOC (DOC): Die beiden oben beschriebenen Methoden werden in hervorragender Weise ergänzt durch eine weitere, apparativ gut ausbaufähige Methode der chemischen Oxidierbarkeit. Nach MERZ [213.2] ist der TOC (s. Abb. 1.4.15; Prinzipbeschreibung s. Abschn. 2.3.6) ein Maß für den Gehalt an organischen Wasserinhaltsstoffen und so als eine Meßgröße für die Reinheit bzw. die Verschmutzung von Trink-, Oberflächen- oder Abwasser verwendbar. Er ist ein Maß für die Belastung dieser Gewässer mit organischen Substanzen, die schon in Spuren wassergefährdend sein können. Der TOC ist eine exakt definierbare, absolute Größe und ist direkt meßbar. Die Störung der anderen Oxidationsverfahren BSB und CSB zeigt der TOC nicht. Bei schwer abbaubaren Substanzen ist der TOC der aussagekräftigste Summenparameter.

Da organische Substanzen im Wasser sowohl in gelöster als auch in ungelöster Form vorliegen können, setzt sich der TOC aus den Anteilen DOC und POC zusammen. Der insgesamt in einem Wasser vorhandene Kohlenstoff TC ist die Summe TOC + TIC, wobei der anorganische Kohlenstoff (TIC) von der im Wasser vorhandenen Kohlensäure und ihren Anionen repräsentiert wird (Q_c-Wert; vgl. Abschn. 2.3.5).

Die Interpretation kann von den gefundenen Werten des TOC, DOC und TC ausgehen (vgl. Tab. 1.4.15a, b). Aufschlußreich können Relationen zwischen CSB, BSB und TOC sein (BÖHNKE, MALZ [206.9]). Auch ist z. B. im Bereich der Trinkwasseraufbereitung und der weitergehenden Abwasserreinigung die Adsorptionskinetik an Aktivkohlefiltern über den TOC besser zu verfolgen als über andere Verfahren. Dies gilt auch für bestimmte Bereiche der Gewässerüberwachung und Verfolgung von Selbstreinigungsvorgängen in sehr schwach belasteten Gewässern [309]. Eine u. U. sehr informative Ergänzung zum TOC (DOC)-Wert stellt die Messung der UV-Absorption (vgl. Abschn. 2.2.7) dar. Ist diese hoch, kann damit gerechnet werden, daß ein beträchtlicher Anteil des ermittelten DOC aus Huminstoffen und/oder Ligninsulfonsäuren stammt [409]. Insgesamt kann die TOC-Methodik [206.9, 213.2, 305, 306, 309, 328, 418] als sehr bedeutsam für die Wasseranalytik eingestuft werden.

Tab. 1.4.15a *Mögliche Größenordnungen der TOC-Gehalte verschiedener Wässer in mg/l C (nach [328]).*

Bidestillat (Quarzapparatur)	≥ 0,1	Trinkwasser	0,5–2
		Flußwasser	2–5
Deionat	0,1–0,8	Industrieabwässer	5–10 000

Tab. 1.4.15b *TC-, TIC- und TOC-Gehalte verschiedener Wasserproben in mg/l C (nach [309]).*

	TC	TIC	TOC		TC	TIC	TOC
Vorfluter unbelastet	37	37	0	kommunales Abwasser			
	73	72	1	– mechanisch geklärt	108	33	85
– schwach belastet	79	51	28	– biologisch geklärt	39	22	16
				– Aktivkohlefilter	69	64	4
– stark belastet	243	67	176	– Filtration und Flockung	17	17	0
	595	12	583				

1.4.16 Organische Stoffe – Biochemische Oxidierbarkeit; Biochemischer Sauerstoffbedarf (BSB)

Wie in Abschn. 1.4.15 bereits erwähnt, können zur Oxidation der im Wasser vorhandenen organischen Stoffe nicht nur chemische, sondern auch biologische Oxidationsprozesse herangezogen werden. Der Mikroflora im Wasser kommt ja «von Natur aus» diese Aufgabe zu – allerdings am natürlichen biologischen Material. Ist eine entsprechend ausgeprägte Mikroflora und ein reichliches Sauerstoffangebot von bekanntem Gehalt gegeben, so kann experimentell festgestellt werden, in welchem Ausmaß innerhalb einer bestimmten Zeit Oxidation eingetreten ist. Man bezeichnet die Menge an Sauerstoff, die von den Mikroorganismen verbraucht wird, um die im Wasser vorhandenen organischen Stoffe bei 20 °C oxidativ abzubauen als **Biochemischen Sauerstoffbedarf (BSB-Wert; mg/l O_2)** (engl. BOD = Biochemical Oxygen Demand).

Die bei der biologischen Oxidation sich abspielenden Prozesse beanspruchen allerdings bedeutend mehr Zeit als die chemischen. So benötigen gut abbaubare frische häusliche Abwässer zum vollständigen Abbau etwa 20 Tage (BSB_{20}). Da man normalerweise nicht 20 Tage auf ein Untersuchungsergebnis warten kann, und innerhalb von 5 Tagen immerhin ein etwa 70%iger Abbau erreicht ist, wird im allgemeinen der BSB_5-Wert bestimmt, in gewissen Fällen sind sogar schon nach 24 h (BSB_1) konkrete Aussagen möglich. Bei biologisch schwer abbaubaren Verunreinigungen, etwa aus der Papier- und Lederindustrie, wird jedoch innerhalb von 5 Tagen keineswegs ein 70%iger Abbau erreicht. Außerdem ist zu beachten, daß in manchen Wässern toxische Stoffe vorhanden sein können, welche auf die biologische Aktivität der Bakterien hemmend, wenn nicht schädigend wirken und dadurch der BSB_5-Wert in einer Weise erniedrigt wird, die bei weitem nicht mehr den Tatsachen entspricht. Trotz dieser Einschränkungen wird in der Wasser- und Abwasserchemie der BSB_5-Wert als aufschlußreiche Maßzahl für die vorhandenen biologisch abbaufähigen Verunreinigungen eines Wassers und für die dadurch gegebene Belastung des Sauerstoffhaushalts eines Gewässers verwendet. Ganz allgemein sind hohe Werte für den BSB ein Zeichen für organische Belastung des Wassers, bei Grundwässern ein Hinweis auf unvollständige Mineralisation bei der Bodenpassage. Jedoch muß ein geringer BSB, wie aus dem oben Gesagten hervorgeht, keineswegs bedeuten, daß es sich um nicht verschmutztes Wasser handelt. Aufgrund eines einzigen Parameters wird aber auch keine Gewässerbeurteilung vorgenommen.

Leithe [105] hat den interessanten Versuch unternommen, am Beispiel einiger oberösterreichischer Flüsse den Zusammenhang der Werte für CSB, BSB_5 und CSB_{Mn} untereinander und mit den Saprobienstufen aufzuzeigen (Tab. 1.4.16) (vgl. Tab. 1.3.4). Wenn

Tab. 1.4.16 *Zusammenhang zwischen Saprobienstufe, CSB-, BSB_5- und CSB_{Mn}-Werten in oberösterreichischen Flüssen nach* Leithe *[105] (vgl. Tab. 1.3.4).*

Saprobienstufe	CSB (mg/l) ($K_2Cr_2O_7$)	BSB_5 (mg/l O_2)	CSB_{Mn} (mg/l $KMnO_4$)
I	2	2	6
I/II	4	4	6
II	8–9	3–4	11–15
II/III	11–18	4–7	26–35
III	20–65	20	30–150
III/IV	80–200	40–120	150–390
IV	–	–	–

auch derartige Vergleiche nur mit Vorsicht verallgemeinert werden dürfen, stellen sie dennoch einen aufschlußreichen Anhaltspunkt dar.

Biologische Aktivität: Der BSB kann nicht nur zur Beurteilung der Belastung eines Gewässers mit biologisch oxidierbaren organischen Substanzen herangezogen werden, er stellt vielmehr umgekehrt auch ein Kriterium für die biologische Aktivität eines Gewässers dar. Diese wird in dem Maße bedeutsamer, in dem die Verschmutzungsstoffe als Nährstoffe verwertbar sind, bzw. je besser das Adaptierungsvermögen der Mikroorganismen hinsichtlich des gebotenen chemischen Milieus ist. Daher sind Wässer und Abwässer von relativ gleichbleibender Zusammensetzung, wie z.B. die häuslichen Abwässer, für die biologische Selbstreinigung günstiger als Ableitungen aus Gewerbe und Industrie, die sowohl hinsichtlich ihrer Inhaltsstoffe als auch deren Konzentrationsverhältnissen fortwährenden Schwankungen unterliegen.

Literatur: [41, 74, 77, 97, 105, 117, 126, 214.6, 214.8, 392, 398, 413, 421, 422].

1.4.17 Chlor (Cl_2) und Ozon (O_3); Desinfektion

Weder Chlor noch Ozon ist ein natürlicher Inhaltsstoff des Wassers. Um jedoch eine einwandfreie hygienische Beschaffenheit zu gewährleisten, muß Wasser zur Erreichung von Trinkwasserqualität ggf. mit Chlor oder Ozon, manchmal mit beidem, behandelt werden. Dabei wird auch eine Geruchs- und Geschmacksverbesserung sowie Entfärbung (z.B. bei Verunreinigung von Oberflächenwasser mit Fe-Humaten) erreicht. Allerdings können sich bei Chlorung von organisch belasteten Wässern, insbesondere in Gegenwart von Huminstoffen toxische Chlorsubstitutionsprodukte (z.B. Chloroform, Chlorphenole) bilden.

Chlor (Cl_2): Die Chlorung ist das am häufigsten angewandte Desinfektionsverfahren. Sie erfolgt im allgemeinen nach einer der folgenden Methoden:

1. Zusatz von gasförmigem Chlor (0,2–0,3 g/m³ Cl_2) bzw. von Chlordioxid (ClO_2).

$$Cl_{2\,(g)} + 2\,e^- \rightleftharpoons 2\,Cl^- \qquad E^0 = 1{,}36\ V$$

2. Zusatz von Natriumhypochlorit-Lösung, NaClO, (ca. 13% wirksames Chlor) bzw. Calciumhypochlorit, $Ca(ClO)_2$, (ca. 60–75% wirksames Chlor), wobei folgende Redoxsysteme entscheidend sind:

$$ClOH + H_3O^+ + 2\,e^- \rightleftharpoons Cl^- + 2\,H_2O \qquad E^0 = 1{,}49\ V$$

$$ClOH \longrightarrow HCl + O_{(g)}$$

Die Desinfektionswirkung von Chlor ist stark temperatur- und pH-abhängig. Da an den Gleichgewichten fast immer H_3O^+-Ionen beteiligt sind, verursachen Wässer mit zunehmendem pH-Wert auch einen höheren Chlorbedarf bzw. benötigen eine längere Einwirkungszeit, jedoch ist nach einstündiger Behandlung im allgemeinen das Desinfektionsziel erreicht. Die Geschmacksgrenze für Chlor liegt bei 0,5 mg/l Cl_2. Eine gesundheitsschädigende Wirkung für den Menschen tritt erst bei hohen Konzentrationen auf, im allgemeinen werden 50–90 mg/l Cl_2 noch gut vertragen. Als Restgehalt nach erfolgter Aufbereitung werden 0,3 mg/l Cl_2 gefordert; dieser Wert kann vorübergehend auf 0,6 mg/l erhöht werden. Zur Gewährleistung einer wirksamen Chlorung müssen an allen Stellen des

Versorgungsnetzes und am Zapfhahn noch 0,1–0,2 mg/l Cl_2 nachweisbar sein (Chlorzehrung).

Chlordioxid hat gegenüber Chlor eine 2,5fache Oxidationskraft und kann somit auch auf Substanzen einwirken, die von Chlor nicht angegriffen werden. Unangenehme Geruchs- und Geschmackstoffe im Wasser, die z. B. von Phenolen, Algen oder deren Zersetzungsprodukten herrühren, werden von ClO_2 oxidiert und in geruchs- und geschmacksneutrale Stoffe umgewandelt. Die eigene Geruchs- und Geschmacksgrenze von ClO_2 ist etwa viermal höher als die von Chlor. Dadurch tritt bei mit ClO_2 behandelten Wässern eine Qualitätsverbesserung ein. Außerdem geht ClO_2 mit Ammonium keine Verbindung ein, die Bildung unerwünschter Chloramine wird somit eingeschränkt. Die Keimtötungsgeschwindigkeit nimmt im Gegensatz zum Chlor mit steigendem pH-Wert zu, doch sollte er nicht über 7,8 liegen (Rückbildung von Chlorit). Chlordioxid ist im Wasser gut beständig. Nach abgeschlossener Zehrung läßt sich ein Überschuß über längere Zeit aufrechterhalten, so daß auch bei ausgedehnten Rohrnetzen einer Wiederverkeimung wirksam begegnet wird [87, 205.4, 211.4, 244.9, 730.4, 730.5, 870.7, 960].

Als Ausgangsmaterial zur Herstellung von ClO_2 dient Natriumchlorit ($NaClO_2$) und Chlorgas.

Zur Beurteilung einer Chlorung sind folgende Differenzierungen gebräuchlich:

Freies Chlor: Chlor, das als gelöstes, elementares Chlor (Cl_2), als unterchlorige Säure (HClO) und als Hypochlorit-Ion (ClO^-) im Wasser vorliegt.

Gebundenes Chlor: Chlor, das in Form der Chloramine (z. B. NH_2Cl, $NHCl_2$) oder von organischen Chloraminen (z. B. CH_3NHCl) vorliegt; sie können in Gegenwart von Ammonium bzw. Aminoverbindungen gebildet werden.

Gesamtchlor: Die Summe des freien und gebundenen Chlors (vgl. DEV, DIN 38 408-G4).

Ozon (O_3): ist das stärkste aller zur Wasserdesinfektion zur Verfügung stehenden Oxidationsmittel:

$$O_{3(g)} + 2\,H_3O^+ + 2\,e^- \rightleftharpoons O_{2(g)} + 3\,H_2O \qquad E^0 = 2{,}07\ V$$

Ozon tötet Bakterien und Viren wesentlich schneller als Chlor, außerdem werden keine Fremdstoffe eingeschleppt und ist der freiwerdende Sauerstoff in den meisten Fällen erwünscht. Dem steht allerdings seine hohe Toxizität gegenüber (MAK 0,2 mg/m^3; Chlor 1,5 mg/m^3), zudem wird Ozon derart schnell reduziert, daß in längeren Leitungssystemen das Wasser am Zapfhahn ozonfrei und damit eine einwandfreie Wasserbeschaffenheit nicht mehr gewährleistet bzw. eine Sicherheits-Chlorung erforderlich ist. Bei einer Einwirkungszeit von etwa 10 min werden 0,3–2 mg/l Ozon benötigt [87]. Der Restozongehalt bei Eintritt in das Verteilungsnetz darf 0,05 mg/l O_3 nicht überschreiten.

Schließlich sei noch die **anodische Oxidation** [139, 373] erwähnt. Sie stellt ein sehr wirksames und einfaches Verfahren zur Desinfektion dar, bei dem überdies keinerlei Fremdstoffe eingetragen werden. Die Wirkung auf Mikroorganismen und insbesondere auch auf Viren beruht auf dem Entzug von freier Energie, d. h. auf dem Entzug von Elektronen an der Anode und der Zerstörung der molekularen Struktur. Daher wird neben der Abtötung pathogener Keime auch eine Entgiftung toxischer Substanzen durch weitgehenden Abbau derselben wie auch sonstiger organischer Belastungsstoffe (Farbstoffe, geruchs- und geschmacksbeeinträchtigende Stoffe) erreicht. Bezüglich der Langzeitwirkung gilt dasselbe wie für Ozon.

1.4.18 Radioaktivität

Die Überwachung unserer Gewässer, insbesondere der Abwässer im Hinblick auf ihre mögliche Kontamination mit radioaktiven Stoffen gewinnt in dem Maße an Bedeutung, in dem Erzeugung und Verbrauch derselben zunehmen.

Von den im Wasser vorkommenden Stoffen mit natürlicher Radioaktivität ist vor allem das Edelgas **Radon, Rn**, zu nennen, ein kompliziertes Nuklidgemisch, stammend hauptsächlich aus dem Radiumzerfall ($^{222}_{86}$Rn; α; 3,8 d) und dem Thoriumzerfall ($^{220}_{86}$Rn; α; 55,6 s). Es ist spurenweise in manchen Mineralwässern anzutreffen, z.B. Gasteiner- und Karlsbader-Wasser. Von zunehmendem Interesse ist auch das u.a. zur Altersbestimmung von Grundwässern verwendete **Tritium**, $^{3}_{1}$H (T); β; 12,323 a. Es verdankt seine stete Neubildung und damit seine Präsenz in Oberflächenwässern der kosmischen Höhenstrahlung: $^{14}_{7}$N ($^{1}_{0}$n, $^{3}_{1}$H) $^{12}_{6}$C. Die ganz geringe β-Aktivität von nur etwa 10^{-6}–10^{-8} μCi/m^3 des Grundwassers und damit des Trinkwassers stammt jedoch aus dem Zerfall des nur zu 0,012% im Nuklidgemisch des natürlichen **Kaliums**, $^{39}_{19}$K (93,3%) vorkommenden Nuklids $^{40}_{19}$**K** (β; 1,28·10^{9}a). Dem Zerfall desselben verdankt wahrscheinlich das Hauptnuklid des Elements Calcium, $^{40}_{20}$Ca (96,94%), sein Dasein, sowie auch das schwere Hauptnuklid des Elements Argon, $^{40}_{18}$Ar (99,60%) (daher besitzt Ar eine größere Atommasse als K). Die beim Zerfall von $^{40}_{19}$K freiwerdende Energie kann als die Hauptquelle der Erdwärme angesehen werden.

Die im Wasser ggf. vorhandene geringe natürliche Radioaktivität gilt im allgemeinen als unschädlich, vielfach wird sie in Heilwässern sogar medizinisch genützt, z.B. zur Behandlung von Muskel- und Gelenkrheumatismus, Nervenkrankheiten, Hauterkrankungen, Alters- und Abnützungserscheinungen.

Von den durch künstliche Kontamination in das Wasser gelangenden radioaktiven Stoffen (z.B. nach Atomexplosionen durch das Niederschlagswasser) ist neben Tritium ganz besonders das Strontium-Nuklid $^{90}_{38}$Sr (β; 28,5 a) von Bedeutung, da es anstelle von Calcium in die Knochensubstanz eingebaut wird und dadurch die Neubildung der roten Blutkörperchen im Knochenmark schädigt. Ganz allgemein gilt, daß Radionuklide besonders für jene Körperzellen eine hohe Toxizität aufweisen, die sich in intensiver Vermehrung befinden, das können sowohl maligne Zellen (Krebsbekämpfung), jedoch auch die Keimzellen sein (Schädigung des Erbgutes).

Literatur: [1, 2, 3, 4, 61, 75, 95, 103, 118, 151, 205.2, 384, 385].

1.5 Mögliche Schadwirkungen des Wassers und deren Beseitigung

Wasser ist hervorragendes Lösungsmittel und wichtiger biologischer Lebensraum. Doch nicht alle Stoffe, die auf natürliche Weise oder durch menschliche Tätigkeit in das Wasser gelangen können, sind den im Wasser lebenden Organismen zuträglich, ebensowenig wie dem Menschen. Viele dieser Stoffe sind zudem bestimmten Verwendungszwecken hinderlich, wenn nicht schädlich. Ein gutes Trinkwasser eignet sich durchaus nicht auch als Kesselspeisewasser. Was also für den einen Verwendungszweck nützlich oder erforderlich ist, kann für einen anderen Zweck zum größten Schaden werden. Weder das «chemisch reine» Wasser – es wäre z. B. als Trinkwasser schon aus geschmacklichen Gründen ungeeignet, aufgrund osmotischer Effekte mit Zellschädigung in größerer Menge sogar toxisch! – noch auch das natürliche «Rohwasser» (Grundwasser, Oberflächenwasser) ist, schon wegen seiner oft ganz verschiedenartigen Beschaffenheit, für alle Zwecke geeignet und muß jeweils in einer dem Verwendungszweck angemessenen Weise verändert werden. Diese Veränderung erfordert je nach dem zur Verfügung stehenden Rohwasser und der gewünschten Beschaffenheit einen oft erheblichen Aufwand an chemischer Technologie (Wasseraufbereitung) (vgl. Abschn. 1.5.8 und Abb. 1.4.15). Zudem kann sich Wasser auch in den Speicherbehältern und Transportsystemen in einer Weise verändern, daß es für einen bestimmten Verwendungszweck unbrauchbar wird, wobei es gleichzeitig zur Schädigung und allmählichen Zerstörung der Werkstoffe (Korrosion) kommt (vgl. Abschn. 1.5.6). Wasseraufbereitungsverfahren werden daher auch als Korrosionsschutzmaßnahmen durchgeführt.
Aus all dem ergeben sich für den (Wasser) Chemiker und oft auch für den Biologen und Mikrobiologen (Bakteriologen) eine Fülle von Aufgaben und Problemen. Im Rohwasser müssen zunächst die Schadstoffe bzw. die einem bestimmten Verwendungszweck hinderlichen Stoffe festgestellt und über einen längeren Zeitraum hindurch überwacht und quantitativ erfaßt werden. Nur so kann eine Aufbereitung sinnvoll geplant und durchgeführt werden. Sodann ist auch die Wirksamkeit der getroffenen Maßnahmen zu überwachen, wobei in bestimmten Fällen gesetzliche Forderungen (Grenzwerte) einzuhalten sind. Die Überwachung muß sich dabei sowohl auf das unmittelbar aufbereitete Wasser als auch auf das Wasser am «Zapfhahn», also an der Entnahmestelle bzw. am Ort des Verbrauchers erstrecken. Es darf dabei nicht außer acht gelassen werden, daß sich der Zustand des Wassers kurzfristig in vielerlei Hinsicht ändern kann, insbesondere bei Oberflächenwässern, und daß somit einer chemischen Analyse oder einer bakteriologischen Untersuchung lediglich die Bedeutung einer Momentaufnahme des jeweiligen Zustandes zukommt.
Insbesondere ist in diesem Zusammenhang auch das umfassende Arbeitsfeld des Hygienikers zu nennen (1866 wurde für den Begründer der wissenschaftlichen Hygiene, MAX VON PETTENKOFER in München das erste Hygiene-Institut an einer deutschen Universität erichtet). **Hygiene** [64] ist die nach der griechischen Göttin $\dot{v}\gamma\acute{\iota}\varepsilon\iota\alpha$ benannte wissenschaftliche Lehre von der Gesundheit. Unter Hygiene werden daher (u. a.) auch alle jene Maßnahmen zusammengefaßt, die vorbeugend gegen das Entstehen oder die Verbreitung von Krankheiten getroffen werden. Im Rahmen des Umweltschutzes, der Gewässerüberwachung und des Gewässerschutzes befaßt sich die Hygiene ganz allgemein mit der Wirkung von äußeren Umweltfaktoren auf den Menschen, im besonderen mit der Untersuchung und Abwehr von krankheitserregenden Bakterien, Viren, Hefen, Pilzen

und anderen Objekten der Mikrobiologie, sowie mit den verschiedenen anorganischen und organischen Schadstoffen und ihrer Toxikologie (Umwelthygiene). Die dabei gewonnenen Erkenntnisse und zu treffenden Maßnahmen fanden und finden nicht zuletzt auch Eingang in entsprechende gesetzliche Regelungen und Normen.

Ob die Kontrolle bzw. Überwachung durch die zuständigen Behörden erfolgt, oder durch jene Personen, die mit der Betreuung bestimmter Anlagen (z. B. Aufbereitung, Kesselanlagen, Schwimmbäder) betraut sind, oder ob es sich um die Aneignung eines entsprechenden Fachwissens in der schulischen und beruflichen Ausbildung und damit hauptsächlich um «Lehr-Untersuchungen» handelt – stets geht es darum, mögliche Schadwirkungen des Wassers auf Mensch und Tier, auf technische Einrichtungen und Anlagen rechtzeitig zu erkennen und zu beseitigen bzw. entsprechende Schritte zu veranlassen.

1.5.1 Toxische Stoffe im allgemeinen (Toxikologie)

Die **Toxikologie** ist die Lehre von den schädlichen Wirkungen chemischer Substanzen auf lebende Organismen. Ein Stoff ist dann als **Gift** zu bezeichnen, wenn er bei Inkorporation schädliche Wirkungen hervorruft. In der Praxis werden jedoch nur solche Stoffe als Gift bezeichnet, bei denen das Risiko, daß sie zu einer Schädigung führen, verhältnismäßig groß ist [22]. Schon PARACELSUS (1493–1541) hat sich mit der Frage beschäftigt, was ein Gift sei, und richtig erkannt, daß nicht primär der Stoff selbst, sondern die Dosis maßgebend ist: «Was ist, das nit gifft ist? alle ding sind gifft, und nichts ohn gifft / Allein die dosis macht das ein ding kein gifft ist.» *(Sola dosis facit venenum.)* Diese Ansicht ist nur insofern zu ergänzen, als es nach heutiger Auffassung nicht allein auf die Dosis ankommt, sondern auch auf die im Organismus akkumulierte Stoffmenge bzw. auf die im empfindlichsten Organ auftretende Konzentration. Die durch Gifte verursachten Funktionsstörungen beruhen zum Teil auf Zerstörung der Zellstruktur, Blockierung der Enzymaktivität und ähnlichen Vorgängen.

Außer durch natürliche Bodenvorkommen (im Grundwasser) sowie durch gewisse Stoffwechsel- und Abbauprodukte der Mikroorganismen (im Oberflächenwasser) kann das Wasser auch durch industrielle, landwirtschaftliche und gewerbliche Tätigkeit, durch Mülldeponien, ungeeignete Materialien für Depots und Wasserleitungen sowie ggf. auch durch Zusätze bei der Aufbereitung (vgl. Abschn. 1.4.17) zum Träger toxischer Substanzen werden. Die Zahl jener Stoffe, die sich trotz ihres im Wasser anzutreffenden niederen Konzentrationsbereiches (häufig weit unter 1 mg/l) für Wasserorganismen oder im Trinkwasser für Mensch und Tier als toxisch erweisen, geht in die Tausende [365], wobei die organischen Stoffe weitaus in der Mehrzahl sind. Sie alle je einzeln analytisch zu erfassen, ist weder möglich noch nötig – ausgenommen die anorganischen Stoffe (Ionen). Auf die Bedeutung entsprechender Summenparameter und Leitsubstanzen für organische Stoffe wurde bereits in Abschn. 1.4.15 hingewiesen.

1.5.2 Toxische anorganische Stoffe

Zu den anorganischen Elementen bzw. Stoffen, die infolge ihrer hohen Toxizität und z. T. auch kumulativen Eigenschaft sowie infolge ihrer auch meist vielfältigen industriellen und gewerblichen Verwendung für das Trinkwasser von besonderem Interesse sind, zählen: Beryllium, Blei, Cadmium, Chrom, Quecksilber sowie Arsen und Selen; ferner Cyanid und Schwefelwasserstoff (Grenzwerte s. Abschn. 1.7). Anionisch auftretende toxische Spurenelemente wie Arsenat, Selenat, Borat können auch als «Antimetabolite» wirken, indem sie die Stelle von Phosphat oder Nitrat einnehmen. Einige weitere Stoffe, die auch in diesem Zusammenhang von Interesse sind, wurden bereits im vorhergehenden Abschnitt besprochen.

1. Beryllium (Be^{2+}) und Aluminium (Al^{3+}): Beryllium ist aufgrund der Schrägbeziehung dem Aluminium näher verwandt als den Erdalkalimetallen und mit diesem auch in verschiedenen Mineralen vergesellschaftet (z. B. Beryll). Obwohl Be zu den seltenen Elementen zählt und i. a. nur in hoch mineralisierten Wässern gelegentlich anzutreffen ist, droht es infolge zunehmender technischer Verwendung immer mehr zu einer ubiquitären Belastung zu werden. Beryllium ist ein akumulationsfähiges Element (heteroionischer Austausch in Knochen) und scheint besonders in Gegenwart von Sulfat hochtoxisch zu sein [365], indem es zu Störungen der Blutbildung im Knochenmark und der bedingten Reflexe führt; es ist außerdem ein starkes Fischgift.

Aluminium wird aus dem Darm nur in äußerst geringen Mengen resorbiert (wahrscheinlich infolge Bildung von schwerlöslichem Aluminiumphosphat) und weist in den durch Wasser und Nahrungsmittel (Zubereitung) in den Körper gelangenden Mengen keinerlei Toxizität auf, eher läßt sich sogar eine physiologische Funktion vermuten [372]. Al hat jedoch in jüngster Zeit in Zusammenhang mit saurem Regen insofern Bedeutung erlangt, als die dadurch bedingte zunehmende Bodenversauerung zur Freisetzung von Al^{3+}-Ionen (z. B. aus Feldspäten) führt und diese eine stark phytotoxische Wirkung infolge Schädigung des Wurzelsystems der Pflanzen ausüben, wobei infolge von Ausschwemmungsvorgängen auch mit einer Beeinträchtigung des Grundwassers gerechnet werden muß. Aus denselben Gründen kann auch in Oberflächengewässern Al aus dem Sediment remobilisiert werden. Außerdem können Aluminium-Ionen auch infolge unsachgemäß ausgeführter Flockungsprozesse z. B. in der Trinkwasser- bzw. Schwimmbeckenwasseraufbereitung in den Vorfluter gelangen, sei es durch Überdosierung von Flockungsmitteln, etwa Aluminiumsulfat, oder durch direktes Einleiten des Rückspülwassers aus den Filteranlagen (vgl. [953]).

Al ist in sauren Gewässern für Fische bereits in Konzentrationen unter 0,1 mg/l stark toxisch [339] und führt außerdem zur Abtötung des Planktons und damit zur Gewässerverödung. In speziellen Biotopen, z. B. Moor- und Sumpfgewässern, führt es zur Ausflockung der typischen Huminstoffe und damit ebenfalls zu einer Biotopzerstörung.

2. Blei (Pb^{2+}): s. Abschn. 1.4.13.

3. Cadmium (Cd^{2+}): fällt als Begleitelement von Zink bei dessen technischer Gewinnung an. Cd-Emissionen stammen aus dieser sowie aus der weiterverarbeitenden Industrie, aus der Eisenverhüttung, aus fossilen Brennstoffen, aus Zigarettenrauch u. a., sie können durch direkte Einleitung oder indirekt (Niederschlag) in das Wasser gelangen, doch trägt dieses nur etwa 10 % zur Gesamt-Cd-Belastung bei. Auch nach nächtlicher Stagnation in sonst Cd-freiem Leitungswasser wurden 1–2 μg/l Cd gefunden, vermutlich aus verzinkten (vgl. Abschn. 1.4.13) Rohren stammen; insbesondere weiche Wässer mit niedrigem pH-Wert wirken Cd-lösend [205.7].

Cd hat keine essentielle Bedeutung, es wird in Nieren und Leber gespeichert, wobei es eine feste Bindung mit einer niedermolekularen Proteinfraktion eingeht und sowohl den Eiweiß- als auch den Kohlenhydratstoffwechsel beeinträchtigt. Cd ist stark toxisch für das Sperma des Menschen und erwies sich im Tierversuch als eines der wirksamsten Metalle zur Erzeugung von Sarcomen. Zn und Se vermögen zahlreiche toxische Wirkungen von Cd herabzusetzen [201.2, 201.6, 205.7, 561]. Cd ist außerdem ein starkes Fischgift.

4. **Chrom, Cr^{3+}, Cr^{6+} (CrO_4^{2-}):** Chromverbindungen können z. B. aus Abwässern von Metallbeizereien und Galvanikbetrieben in Grund- und Oberflächenwasser gelangen. Cr(VI) ist von etwa 100fach höherer Toxizität als Cr(III), wird im Magen-Darm-Trakt z. T. zu Cr(III) reduziert und v. a. in Leber und Nieren kumuliert, bei Überdosis mit entsprechender Organschädigung. Unter natürlichen Bedingungen verschiebt sich das Redoxgleichgewicht $Cr^{3+} + 4 H_2O \rightleftharpoons CrO_4^{2-} + 3e^- + 8 H^+$ im Wasser häufig nur langsam nach rechts. Cr(III) hat u. a. als Bestandteil des Glucosetoleranzfaktors essentielle Bedeutung, es beeinflußt den Kohlenhydratmetabolismus günstig und erhöht die Glucoseverträglichkeit bzw. steigert die Wirksamkeit des Insulins (Altersdiabetes!). Außerdem scheinen arteriosklerotische Prozesse gehemmt zu werden.

Das Trinkwasser trägt nur wenig zu einer ausreichenden oralen Chromzufuhr bei. Trinkwässer aus 80 willkürlich ausgewählten Wasserversorgungsgebieten der Bundesrepublik Deutschland enthalten im Durchschnitt 1,2 $\mu g/l$ Cr^{3+} (Schwankungsbereich 0,1–7,6 $\mu g/l$). Der Cr (VI)-Anteil am Gesamtchrom liegt bei 10%. Bei einem täglichen Konsum von 2 l Trinkwasser werden somit nur etwa 2–3 μg aufgenommen (1977) [201.2]. Chrom scheint man eher als Mangelfaktor denn als humantoxikologisch relevanten Stoff werten zu müssen [103, 201.2, 346, 372, 561].

5. **Quecksilber (Hg^{2+}):** [200.2, 201.2, 205.7]. Obwohl Hg praktisch überall in der Natur vorkommt, wenn auch in sehr geringer Konzentration, gehört es wahrscheinlich zu den biologisch überflüssigen Elementen. Durch seine vielfältige Verwendung z. B. in der chem.-pharmazeutischen Industrie, der Papier-, Farben- und Elektroindustrie (Leuchtstofflampen enthalten Hg!), sowie in der Landwirtschaft (Saatbeizmittel) und bei der häuslichen und gewerblichen Verbrennung von Kohle und Heizöl gelangen ständig größere Mengen von Hg an die Umwelt und damit auch in das Wasser. Die große Gefährlichkeit dieses Metalls und seiner Verbindungen besteht in der Akkumulation in den Nahrungsketten, zunächst der Organismen des Wassers, welche in den Fischen, insbesondere den langlebigen Raubfischen, einen äußerst gefährlichen Betrag erreichen kann. Ab einem Gehalt von 1 $\mu g/kg$ Hg ist Fisch als Nahrungsmittel nicht mehr geeignet; Hechte enthielten jedoch bereits bis zu 8 $\mu g/kg$, Thunfische oft die vielfache Menge. Die Anreicherung in Meerestieren kann das 20fache betragen, bei Süßwassertieren sogar das 100- bis 500fache.

Der natürliche Hg-Gehalt von Meerwasser liegt bei 0,03 $\mu g/l$, Grundwasser enthält etwa 0,01–0,07 $\mu g/l$, Oberflächenwasser 0,08–0,12 $\mu g/l$, Regenwasser 0,2–2 $\mu g/l$. Der Hg-Gehalt des Rheins (Meßstelle Kleve-Bimmen, Fluß-km 865) betrug z. B. 1980 max. 2,78 $\mu g/l$ (im Durchschnitt 0,56 $\mu g/l$) und 1982 max. 0,50 $\mu g/l$ (im Durchschnitt 0,20 $\mu g/l$), wobei jedoch die Wasserführung zu berücksichtigen ist (vgl. Abschn. 1.2.6). Die Hg-Gehalte in Trinkwässern liegen zwischen 0,1 und 5 $\mu g/l$. Geht man von einem Durchschnittsgehalt von 0,2 $\mu g/l$ aus, so werden bei einem täglichen Konsum von 2 l Trinkwasser 0,4–0,8 μg Hg inkorporiert; durch die Nahrung ist der Mensch mit ca. 29 $\mu g/d$ belastet, insgesamt also mit rund 35 $\mu g/d$. Der von der WHO maximal tolerierbare Wert beträgt 40 μg pro Tag. Die Dosis-Wirkung-Beziehungen beim Hg sind sehr eng: 0,2 mg/d scheinen beim Menschen noch ohne Wirkungen zu sein, 0,3 mg/d gilt als Grenzdosis und die dreifache Menge führt nach längerer Zeit bereits zum Tod.

Von den anorganischen Hg-Verbindungen ist Hg^{2+} stark toxisch; noch weitaus gefährlicher sind die organischen Hg-Verbindungen, an erster Stelle das Methyl-Hg. Es ist anzunehmen, daß durch die Tätigkeit einer entsprechenden Mikroflora und Mikrofauna nach einer gewissen Zeit alle Hg-Verbindungen in organisches, v. a. Methylquecksilber umgewandelt werden; diese aber, insbesondere die kurzkettigen Alkylverbindungen, werden fast 100%ig durch die Magen-Darmschleimhaut resorbiert, die anorganischen immerhin nur zu etwa 10%. Auch während der Verteilung im Organismus durchdringt Alkyl-Hg viel leichter die natürlichen Membranen und sammelt sich wegen der hohen Lipoidlöslichkeit insbesondere im Zentralnervensystem an (Enzymhemmung). Hier machen sich die Wirkungen einer chronischen Hg-Vergiftung auch zuerst bemerkbar: Nachlassen der Gedächtnisleistung, des Lern- und Anpassungsvermögens, Mißfallen an der Umgebung, Kontaktschwierigkeiten. Zudem steht eine Störung der Nierentätigkeit im Vordergrund des Vergiftungsbildes.

6. Arsen, As(III), As(V): Arsen ist in Sedimentgesteinen, eisenhaltigen Tonen und Mergel sowie Buntsandstein und Flußsanden ziemlich verbreitet und kommt daher in Grund- und Oberflächenwasser, wenn auch nur in Mengen von etwa 0,01 mg/l, häufig vor (meist als Hydrogenarsenat(V)-Ion, $HAsO_4^{2-}$). Doch gibt es auch Quellen mit beträchtlichem Arsengehalt, z. B. Bad Dürkheim mit 12,9 mg/l As. Erhöhte As-Gehalte im Wasser können also durchaus geologische Ursachen haben. Häufig aber sind sie aus Verunreinigung des Oberflächen- und Grundwassers durch gewerbliche Abwässer z. B. aus Gerbereien und Hüttenbetrieben sowie auf die Ausschwemmung aus Mülldeponien – Braunkohlenasche enthält erhebliche Mengen an As – zurückzuführen. Arsenhaltige Schädlingsbekämpfungsmittel im Weinbau sowie Futtermittelzusätze sind nicht mehr gestattet.

Elementares As ist ungiftig, doch wird es in Wasser und Körperflüssigkeiten leicht zu arseniger Säure, H_3AsO_3, oxidiert, die ebenso wie ihr Anhydrid, As_2O_3 («Arsenik»), und ihre Metallsalze, die Arsenate(III), hochgiftig ist. Weniger giftig sind die Arsenate(V); offenbar müssen diese im Körper zunächst zu As(III) reduziert werden. Die Giftwirkung des Arsens beruht beim Warmblütler auf einer Desaktivierung thiolhaltiger Enzyme. Das Vergiftungsbild zeigt Erkrankungen der Nerven und der Haut (Haare, Nägel), wobei es zu schweren Gewebsschädigungen infolge Zerstörung des Kapillarsystems kommt (Karzinome der Leber, der Haut, der Bronchien und der Lunge). Knochenmarkschädigung kann zu sekundärer Anämie und Leberzirrhose führen. Bei ein- und erstmaliger oraler Aufnahme liegt die letale Dosis für den Menschen zwischen 60 und 120 mg As_2O_3 ($\triangleq$ 45 und 90 mg As), doch wird berichtet, daß bereits 0,2 mg As täglich nach mehrmonatiger Aufnahme chronische Vergiftungserscheinungen zeigen können. Bei langzeitiger Aufnahme durch das Trinkwasser nimmt auch das Krebsrisiko stark zu; 0,78 mg As je Tag und Person über ein Jahr gelten als krebsgefährdend, so daß der von der WHO [4] vorgeschlagene Grenzwert (Muß-Anforderung) von 0,05 mg/l As einen zu geringen Sicherheitsfaktor beinhaltet [205.7, 561].

7. Selen, Se(IV), Se(VI): Selen ist ein essentielles Spurenelement und kommt in geringer Menge überall in der Natur vor, im Wasser vorwiegend als Selenat(IV)- bzw. Selenat(VI)-Ion. Wenngleich reine Se-Minerale selten sind, ist Selen infolge seiner Vergesellschaftung mit Schwefel nicht nur ein Begleiter des vulkanischen elementaren Schwefels (bis zu 5%), sondern auch ein regelmäßiger Nebenbestandteil der Schwermetallsulfide (Pyrit z. B. 0,001 bis 0,025% Se). In weit höherem Ausmaß wird Selen jedoch anthropogen freigesetzt, z. B. bei der Erzverhüttung, der Öl- und Kohleverbrennung. Aus diesen Prozessen gelangt Se über die Luft in das Niederschlagswasser und damit in das Oberflächenwasser. Hinzu kommen Abwässer u.a. aus der Elektroindustrie (Gleichrichter, Photozellen) und der Papierindustrie.

Selen übt eine eigenartig zwiespältige Funktion aus. Einerseits ist es ein lebenswichtiges Spurenelement und kann z. B. Vitamin E in einer Reihe von Krankheitszuständen ersetzen, andererseits hat es in toxikologischer Hinsicht große Ähnlichkeit mit Arsen (carcinogene Wirkung in größeren Dosen). Se-Gehalte von 9 mg/l im Trinkwasser führen zu schweren chronischen Gesundheitsschäden. Im allgemeinen werden mit der Nahrung jedoch nur etwa 0,2 mg/d aufgenommen. Die Selengehalte der Wässer liegen meist unter 5 μg/l, Werte von mehr als 10 μg/l deuten auf Verunreinigungen hin [201.2, 205.7].

Neuere Erkenntnisse bestätigen zwar, daß Se im ppm-Bereich toxisch wirkt, doch gilt als wahrscheinlich, daß es im (essentiellen) ppb-Bereich die Wirksamkeit cancerogener Stoffe herabsetzt. Dies könnte darauf beruhen, daß viele Stoffe erst als Epoxid im Körper akut cancerogen werden. Se vermag als starkes Antioxidans (weit stärker als Vitamin E) diesen Prozeß zu unterbinden. Aus demselben Grunde könnte Selen auch den Alterungsprozeß günstig beeinflussen. Es wird vorgeschlagen, den Grenzwert für Trinkwasser von derzeit 8 μg/l auf 50 μg/l hinaufzusetzen [213.2, 372, 405, 561].

8. Cyanid (CN$^-$): kann z. B. aus Abwässern von Galvanikanstalten in Oberflächen- und Grundwasser gelangen. Im Magen wird durch die Salzsäure des Magensaftes Cyanwasserstoff, HCN («Blausäure»), in Freiheit gesetzt, welche das für die Gewebsatmung unentbehrliche katalytische Eisen des Atmungsfermentes in eine nicht mehr katalytisch wirksame Form überführt. Dadurch wird die Übertragung des Sauerstoffs aus dem Hämoglobin auf die organische Substanz verhindert, was zu einer sehr rasch eintretenden Gewebserstickung führt. Letale Dosis für den Menschen: 1 mg HCN je kg Körpergewicht (MAK 11 mg/m^3) [531].

9. Schwefelwasserstoff (H$_2$S): entsteht bei der anaeroben Zersetzung schwefelhaltiger organischer Substanzen sowie durch Sulfatreduktion bei Sauerstoffmangel. Dieser Vorgang findet zuweilen sogar in den Endsträngen von Wasserversorgungsanlagen statt. H$_2$S ist stark giftig (MAK 15 mg/m^3), bereits 2 mg/l H$_2$S in der Atemluft wirken tödlich. Bei Luftzutritt erfolgt jedoch rasch Oxidation zu Sulfat; außerdem verleiht H$_2$S dem Wasser einen so ekelerregenden Geruch, daß es ungenießbar ist (s. auch Abschn. 2.5.5).

1.5.3 Toxische organische Stoffe

Das Problem der organischen Verunreinigungen in der Umwelt ist vor allem eine Frage nach dem Verbleib der Jahr für Jahr zum Einsatz kommenden ungeheuren Mengen an synthetischen organischen Produkten sowie auch eine Frage nach der sinnvollen Erfassung (vgl. Abschn. 1.4.15) der Vielzahl der davon in das Wasser gelangenden Stoffe. Dazu kommt, daß das Wirkungsspektrum ungemein breit gefächert ist; es reicht von harmlosen, leicht abbaubaren Stoffen bis hin zu schon in geringsten Mengen hochtoxischen, extrem persistenten und kumulativ in Wasserorganismen bzw. im Menschen sich anreichernden Stoffen. Die analytische Erfassung muß sich im allgemeinen auf jene Summenparameter, Gruppenparameter oder Leitsubstanzen, in gewissen Fällen auch Einzelsubstanzen beschränken, die insbesondere im Hinblick auf toxische Wirkungen für die aquatischen Biozönosen bzw. für den Menschen von vorrangigem Interesse sind.

1. Pestizide (Schädlingsbekämpfungsmittel): sind Stoffe, die gegen schädliche oder unerwünschte Mikroorganismen (z. B. Bakterizide), Kleinpilze (Fungizide, z. B. Holzschutzmittel), Algen (Algizide), Pflanzen- bzw. Pflanzenteile (Unkrautvernichtungsmittel; Herbizide), Insekten (Insektizide) oder tierische Schädlinge angewendet werden. Sie gehören zur Gruppe der Umweltchemikalien. Viele dieser Stoffe werden in großen

Mengen als **Pflanzenschutzmittel** eingesetzt, z. B. Insektizide, Fungizide. Alle Pestizide sind bei Langzeitexposition für Warmblütler im μg/kg-Bereich toxisch. Das Wirkungsspektrum reicht vom schnell wirkenden Nervengift bis zu cancerogenen Wirkungen kumulativ im Organismus angereicherter Substanzen. Zu den Pestiziden zählen u. a. chlorierte Kohlenwasserstoffe, organische Phosphorverbindungen, Carbamate, Phenylharnstoffverbindungen. Hochtoxische Insektizide mit einer Halbwertszeit in Böden von bis zu 12 Jahren sind u. a. Aldrin, Isodrin, Dieldrin, Endrin, DDT, Azinphos, Parathion (E 605), Endosulfan, Chlordan, Heptachlor, Methoxychlor, Toxaphen, Carbamate, γ-Hexachlorcyclohexan (HCH; Lindan) [46, 202.2, 205, 355, 365, 377, 382, 555].
Die EG-Richtlinie [881] schreibt einen für die Gewässerkategorie A1 zwingenden Grenzwert von 1 μg/l Pestizide – gesamt (Parathion, HCH, Dieldrin) vor.

2. Polycyclische aromatische Kohlenwasserstoffe (PAK; PAH): umfassen eine Stoffgruppe mit einigen hundert Verbindungen, von denen ein Teil im Tierversuch stark carcinogen wirkt, vor allem das Benzo(a)pyren. Eigenartigerweise sind diese Stoffe nicht nur in Gewässern und oberflächennahen Bodenschichten nachweisbar. BORNEFF (1973) [205.7] fand in 170 m Tiefe in einem etwa 100 000 Jahre alten Bohrkern, d. h. in einem sicher zivilisatorisch unbelasteten Material Benzo(a)pyren. Auch Grundwässer haben einen Normalpegel von etwa 0,01–0,05 μg/l PAK. Die EG-Richtlinie [881] schreibt einen für die Gewässerkategorie A 1 und A 2 zwingenden Grenzwert von 0,2 μg/l PAK (als C) vor. Die Untersuchung nach DEV [1] DIN 38 409-H13 beschränkt sich auf sechs relativ leicht nachzuweisende repräsentative Verbindungen, darunter auch Benzo(a)pyren [4, 63, 205.7, 213.1, 340, 355, 414, 425, 543, 544, 555, 730.4].

3. Halogenkohlenwasserstoffe (HKW): Die Zahl der dieser Stoffgruppe zugehörigen Substanzen ist überaus groß, wobei die chlorierten Verbindungen weit in der Mehrzahl sind. Zu ihren einfachsten Vertretern zählen Methanderivate, u. a. Bromoform sowie das als cancerogen einzustufende Chloroform («Haloforme»), weiter die meisten der bereits bei den Pestiziden genannten Stoffklassen und Einzelsubstanzen bis zu den überaus persistenten (biologische Halbwertszeit bis zu 100 Jahren) und toxischen polychlorierten Biphenylen (PCB), die zwar nicht als Pestizide, jedoch in ungemein weitem Umfang technische Verwendung finden bzw. gefunden haben. Der Einsatz halogenierter KW erstreckt sich praktisch auf alle Gebiete: Chemische Reinigung («Tri», «Per» bzw. «Tetra»), Löse- und Verdünnungsmittel, Entfettungs- und Extraktionsmittel (auch in der Nahrungsmittelindustrie!), Feuerlöschmittel, Kältemittel, Desinfektionsmittel, Konservierungsmittel, Kunststoffe (z. B. Polyvinylchlorid), Weichmacher, Stabilisatoren, Holzschutzmittel (z. B. das hochtoxische und persistente Pentachlorphenol), Medikamente u. v. m. Leichtflüchtige HKW, insbesondere Chloroform, können überdies durch den Einsatz von Oxidationsmitteln (Chlorung) bei der Trinkwasseraufbereitung und Abwasserbehandlung entstehen.
Nicht nur ihre erwiesene Gefährlichkeit, auch der Gedanke, daß organische Naturstoffe mit wenigen Ausnahmen kein Halogen enthalten, macht diese Substanzgruppe generell verdächtig bzw. zeigt bei ihrem Nachweis auf einen anthropogenen Einfluß hin. In unbelastetem Grundwasser und Regenwasser liegen die Konzentrationen an HKW (ber. als Cl) meist unter 0,1 μg/l, in Oberflächenwässern je nach Herkunft und Belastung um ein bis zwei Zehnerpotenzen höher.
Die Analytik der HKW erstreckt sich vorwiegend auf die Erfassung als Gesamthalogen (TOX, DOX) bzw. Gesamtchlor (TOCl, DOCl) (s. Abb. 1.4.15), auf die Erfassung leichtflüchtiger HKW (bis zu 6 C-Atomen; Kp. 20 ... 180 °C) (DEV [1] DIN 38 407-F 4) sowie

auf die Bestimmung der extrahierbaren (Hexan, Heptan, Diisopropylether) organisch gebundenen Halogene (EOX) (DIN 38409–H 8) [202.2, 213.1, 322, 323, 355, 415].

4. Phenole: Phenol und seine vielen Substitutionsprodukte sind – abgesehen von ihrer Toxizität – auch im Hinblick auf ihre organoleptischen (ein Körperorgan erregende) Eigenschaften, nämlich auf ihre intensive Geruchs- und Geschmacksbeeinflussung (v. a. Chlorphenole) im Wasser unerwünscht. Zudem werden schon bei geringer Konzentration in Oberflächenwässern Phenole im Körper von Fischen angereichert (häufig mit toxischen Wirkungen), wodurch eine starke Geschmacksbeeinträchtigung des Fischfleisches eintritt. Obgleich viele Phenole als Desinfektions- und Konservierungsmittel breite Anwendung finden und auch die Chlorung von belasteten Oberflächenwässern zu chlorierten Phenolen führen kann, ist doch eindeutig erwiesen, daß auch solche Phenole in beträchtlicher Konzentration anzutreffen sind, die mit Sicherheit nicht synthetischen Produkten entstammen. Es sind im wesentlichen Produkte biochemischer Umsetzungen aus Böden sowie Bestandteile aus dem Abbau von Holz (Lignin) und Laub. Aber auch Menschen und Tiere sind beachtliche Phenol-Produzenten: über Harn und Kot werden täglich zwischen 50 und 150 mg je Einwohner ausgeschieden, so daß allein auf diese Weise jährlich rund 2000 Tonnen Phenole in Abwässer und Klärwerke gelangen.

Akute Toxizität (vgl. HKW) sowie Geruchs- und Geschmacksschwellenkonzentration der einzelnen Phenole sind außerordentlich unterschiedlich und können sich über mehrere Zehnerpotenzen erstrecken, was deren umweltrelevante Einschätzung, aber auch deren Analytik beträchtlich erschwert. Viele Phenole werden bakteriell, wenn auch langsam, so doch meist vollständig zu CO_2 abgebaut, andere werden im Wasser unter Lichteinwirkung zu Huminsäuren kondensiert, vor allem die als Hauptkomponente der natürlichen Phenole geltende 4-Hydroxyzimtsäure.

Die EG-Richtlinie [881] schreibt einen für die Gewässerkategorie A 1 zwingenden Grenzwert von 1 μg/l (als Phenol) vor. Der Phenol-Index kann nach DEV [1] DIN 38408-H 16 bestimmt werden [201.3, 201.6, 202.2, 322, 555].

5. Kohlenwasserstoffe (KW); Mineralöl und Mineralölprodukte: Der umfangreiche Einsatz von Mineralöl und Mineralölprodukten, etwa Benzin, Heizöl, Dieselkraftstoffe, Schmieröle und Erzeugnisse der weiteren Verarbeitung sowie der Transport dieser Produkte und häufig auch deren gesetzwidrige Beseitigung bringt erhebliche Belastungen für Grund- und Oberflächenwässer. Alle diese Stoffe unterliegen nur in sehr geringem Maße einem biologischen Abbau und bleiben im Wasser, vor allem im Grundwasser emulgiert, suspendiert, kolloidal oder auch gelöst über lange Zeit erhalten. Die Emulsionsbildung wird durch grenzflächenaktive Stoffe (Tenside) gefördert. KW sind mit den üblichen Aufbereitungsverfahren nur zum geringen Teil entfernbar. Ähnlich den phenolischen Verbindungen verleihen sie dem Wasser einen abstoßenden Geruch und Geschmack. Verdünnungen von 1:1 Million bis 1:1 Milliarde sind geruchlich und geschmacklich noch feststellbar. Der Geschmacksschwellenwert liegt bei 10–100 μg/l. Die EG-Richtlinie [881] schreibt einen für die Gewässerkategorie A 1 zwingenden Grenzwert von 50 μg/l vor. Die DEV [1] ermöglichen die «Bestimmung von Kohlenwasserstoffen» (DIN 38409-H 18) sowie die «Bestimmung von schwerflüchtigen, lipophilen Stoffen (Siedepunkt > 250 °C)» (DIN 38409-H 17) [202.2, 351, 352, 357, 560].

Analog den Phenolen gibt es auch eine große Zahl an KW, die biogenen Ursprungs sind und z. B. aus Oberflächenschichten von Blättern, Nadeln, Blüten usw. oder aus aquatischen Organismen wie Phyto- und Zooplankton stammen. Relativ große Mengen sind weiter in Abwässern und Abwasserschlämmen anzutreffen. Die Analytik sollte im Hinblick auf die ggf. zu treffenden Maßnahmen deshalb auch den Nachweis erbringen können, daß in einem bestimmten Fall mineralölbürtige KW auszuschließen sind [213.1, 350, 560].

6. Grenzflächenaktive Stoffe (Tenside): Nach DEV [1] DIN 38 409-H 23 «Bestimmung der methylenblauaktiven und der bismutaktiven Substanzen» werden als methylenblauaktive (MBAS) (anionische Tenside) bzw. bismutaktive (BiAS) (nichtionische Tenside) Substanzen synthetische organische grenzflächenaktive Stoffe bezeichnet (Sammelname «Tenside»; der Begriff **«Detergentien»** als Bezeichnung für Waschmittel, die u. a. Tenside enthalten, tritt in der neuen Gesetzgebung [730.11, 730.12] nicht mehr auf), die in Wasch- und Reinigungsmitteln als waschaktive Substanzen enthalten sind. Außerdem werden Tenside als Netz-, Dispergier- und Emulgiermittel («Additive») in Schmierölen und Motorenkraftstoffen sowie bei technischen Verfahren eingesetzt. Daher können sie nicht nur in häuslichen, sondern auch in gewerblichen und Industrieabwässern vorkommen. Der Gesetzgeber verlangt, daß anionische und nichtionische Tenside im Gewässer bis zu 80 % abbaubar sein müssen [730.11, 730.12]. Leider bezieht sich dies nur auf den Abbau derjenigen Atomgruppierung im jeweiligen Tensid, die für die Erniedrigung der Grenzflächenspannung verantwortlich ist. An die Mineralisation des Restmoleküls, das vielfach Benzolringe enthält, wird keinerlei Forderung gestellt, so daß eine bedeutende Quelle der Verschmutzung nach wie vor toleriert wird.

Die EG-Richtlinie [881] schreibt für die Gewässerkategorie A 1 und A 2 einen Leitwert für methylenblauaktive Stoffe von 0,2 mg/l (Laurylsulfat) vor [353, 354, 356, 376, 560].

1.5.4 Biologische Testverfahren – Toxizitätsprüfung mit Wasserorganismen

In Gruppe L der DEV [1] (DIN 38 412) «Testverfahren mit Wasserorganismen» werden Verfahren beschrieben, die sich mit der «Wirkung chemischer und physikalischer Parameter auf Testorganismen» charakterisieren lassen. Dabei werden unter definierten Versuchsbedingungen Wirkungen erfaßt, denen die chemische Analyse grundsätzlich nicht zugänglich ist, vor allem im Hinblick auf (akute und chronische) Toxizität einzelner oder mehrerer Stoffe, aber auch auf biologische Schadwirkungen allgemein als Zusammenwirkung aller Noxen («Noxizität»). Allerdings kommt nach evtl. eingetretener Schadwirkung der chemischen Analytik die Aufgabe zu, nach den die betreffenden Wirkungen verursachenden Stoffen zu fahnden.

Als Testorganismen sind in DIN 38 412-L 1 aufgeführt:
- Bakterien als Destruenten
- Algen als Primärproduzenten
- Protozoen als einzellige Primär- und Sekundärkonsumenten
- Kleinkrebse, Mollusken als Konsumenten unter den Vielzellern
  (z. B. Daphnien)
- Fische als Konsumenten höherer Ordnung und Endglied der
  (z. B. Goldorfe) aquatischen Nahrungskette
- Natürliche Biozönosen (z. B. Plankton, Benthos, Belebtschlamm)

Von besonderer Bedeutung sind jene Testverfahren, die sich mit der Wirkung von Wasserinhaltsstoffen auf Fische (Fischtest, L 15) bzw. mit der Giftwirkung von Abwässern auf Fische (Fischtest, L 20) befassen [201.1]. Der Fisch ist nicht nur Endglied der aquatischen Nahrungskette, sondern auch ein äußerst empfindlicher Indikator hinsichtlich einer für ihn ungünstigen oder schädigenden Wasserqualität. Die Fischtoxizität ist außerdem einer der Parameter des AbwAG [730.9].

Als Alternative zum Fischtest wird auch die schädigende Wirkung von Wässern auf luminiszierende Bakterien angewandt (Microtox Toxicity Analyzer System) (3).

1.5.5 Mikroorganismen; Viren

Das Wasser ist Lebensraum einer ungemein vielfältigen Mikrowelt, so daß mit dem Vorhandensein von irgendwelchen Keimen im Wasser immer gerechnet werden muß. Diese Tatsache sagt als solche noch nichts aus über eine etwaige Gesundheitsgefährdung durch das betreffende Wasser, wenngleich sich Mikroorganismen in vielfältiger Weise störend bemerkbar machen können.

1. Algen beeinträchtigen bisweilen Geruch und Geschmack des Wassers in einer Weise, daß es als Trinkwasser nicht mehr zu gebrauchen ist. Außerdem wird die Aufbereitung erheblich erschwert (vgl. Abschn. 1.3.5) [201.4, 201.6, 202.2].

2. Eisen- und Mangan-Bakterien: Sie können dem Wasser ebenfalls einen unangenehmen Geschmack verleihen und außerdem zu derart dichten Ablagerungen von Fe- und Mn-Oxiden in den Rohrleitungen führen, daß Verstopfung derselben eintritt. Typisch für diese Bakterien ist, daß sie mindestens einen Teil der Energie, die sie für ihren Stoffwechsel benötigen, durch die Oxidation der Fe(II)- und Mn(II)-Verbindungen gewinnen (vgl. Abschn. 1.2.2.4 und 1.4.13).

3. Krankheits-(Seuchen-)Erreger: [200.3, 203.3, 399]. Obwohl die meisten im Wasser vorhandenen Keime ungefährlich sind, weiß man aus Zeiten, in denen eine Trinkwasserhygiene unbekannt war, daß durch Wasser Erreger gefährlicher Krankheiten übertragen werden können. So starben z. B. zwischen 1349 und 1417 allein in Straßburg etwa 62000 Menschen an Seuchen. Auch in neuerer Zeit traten in unserem Gebiet wiederholt Epidemien durch verseuchtes Trinkwasser auf. 1901 noch forderte eine Typhusepidemie in Gelsenkirchen 2600 und 1924 in Hannover 300 Menschenleben.

Die weiter unten aufgeführten Krankheitserreger gelangen per os in den menschlichen oder tierischen Organismus und verlassen ihn wieder durch Ausscheidung mit dem Stuhl oder Urin. Einleitung menschlicher oder tierischer Ausscheidungen direkt oder über das Abwasser in den Boden – und damit vielfach in das Grundwasser – oder in die Vorfluter (Flüsse, Seen) bringt daher leicht die Gefahr mit sich, daß Kontakt zur Wasserversorgung eintritt. Doch nicht allein dem unmittelbar zum Trinken bestimmten Wasser ist Aufmerksamkeit zu schenken, sondern jedem Wasser, das in irgendeiner Weise Kontakt zum Menschen oder für ihn zum Genuß bestimmten Produkten erhält (Badewasser, Reinigungs- und Spülwasser in Molkereien, Wasser zur Zubereitung und Herstellung von Nahrungsmitteln usw.). Bereits im Wasser kann bei entsprechendem Nährstoffangebot eine Vermehrung der Keime eintreten. Gelangen pathogene Keime jedoch in Nahrungsmittel, kann durch rasche Anreicherung schon der Genuß geringer Mengen derselben zu schnell auftretenden schweren Krankheitserscheinungen führen. In diesem Zusammenhang soll auch erwähnt werden, daß für den Menschen an sich ungefährliche saprophytäre Keime, z. B. Escherichia coli, bei starker Vermehrung in Lebensmitteln durch ihre Stoffwechselprodukte bzw. Endotoxine ebenfalls gefährliche Erkrankungen auslösen können. Mit Recht wird daher für eine Reihe von Verwendungszwecken Wasser gefordert, das Trinkwasserqualität aufweist (vgl. Abschn. 1.5.7 und 1.10).

Während bei chemischen Giftstoffen durch die Verdünnung eine Verminderung der Gesundheitsgefährdung erreicht wird, können bei Wasser, das pathogene Keime enthält, auch bei stärkerer Verdünnung sich sogar Steigerungen der Gefährlichkeit ergeben, wenn in dem entsprechenden Milieu die Voraussetzungen für die Vermehrung dieser Keime gegeben sind. Grundsätzlich ist eine Infektion durch Wasser bei allen Krankheiten denkbar, deren Erreger für eine gewisse Zeit im Wasser virulent bleiben:

Cholera (Erreger: *Vibrio cholerae*)
Typhus und Paratyphus (Erreger: Salmonellen)
Bakterienruhr *(Dysenterie)* (Erreger: Shigellen)
Epidemische Gelbsucht *(Hepatitis epidemica)* (Virusinfektion).

Neben diesen typischen Wasserinfektionen durch bakterielle Erreger bzw. Viren gibt es noch eine Anzahl anderer Erreger, die durch irgendwelche Zufälle oder Unachtsamkeiten bzw. durch Dauerausscheider in das Wasser gelangen und damit direkt oder indirekt zu einer Infektion bzw. Erkrankung des Menschen Anlaß geben können, z. B. Spinale Kinderlähmung, Maul- und Klauenseuche (Virusinfektionen), Amöbenruhr, Tuberkulose, Weilsche Krankheit.

Der Nachweis einzelner Krankheitserreger ist nicht nur äußerst schwierig, sondern auch gefährlich und nur entsprechend ausgestattete und befugte Laboratorien sind imstande bzw. berechtigt, diese Untersuchungen durchzuführen. Im allgemeinen ist es aber auch nicht nötig, Krankheitserreger direkt nachzuweisen. Immer, wenn sich die Zahl der Keime plötzlich ungebührend erhöht – eine Feststellung, die allerdings eine ständige Überwachung voraussetzt – und/oder unter den Keimen auch solche gefunden werden, die fäkalen Ursprungs sind **(Escherichia coli** und **fäkale Streptokokken)** bzw. sein können **(coliforme Bakterien)**, besteht der Verdacht, daß auch pathogene Keime im Wasser vorhanden sein können. Mit dem Nachweis derartiger **Indikatorkeime (Fäkalindikatoren)** befaßt sich der dritte Teil dieses Buches.

1.5.6 Werkstoffe – Korrosion und Korrosionsschutz

Wasser kann sich auch auf die zur Aufbewahrung und zum Transport bestimmten Behälter und Leitungssysteme schädigend auswirken. Nach DIN 50900 ist Korrosion eine Zerstörung von Werkstoff durch chemische oder elektrochemische Reaktion mit seiner Umgebung. Die allgemeine oder **Flächenkorrosion** wirkt auf der gesamten Werkstoffoberfläche ziemlich gleichmäßig, die **lokale Korrosion (Lochfraßkorrosion)** wirkt durch punktförmigen Angriff. Das Ausmaß der Korrosion hängt ab von der Güte des Werkstoffes, bzw. hinsichtlich des Wassers insbesondere vom pH-Wert desselben **(Säurekorrosion),** vom Gehalt an gelöstem Sauerstoff **(Sauerstoffkorrosion)** sowie von der Pufferung und dem Gesamt-Elektrolytgehalt **(Betonangriff; Lochfraßkorrosion).** Zudem spielen Strömungsgeschwindigkeit, Temperatur (-unterschiede) sowie auch Ablagerungen in metallischen Werkstoffen (vgl. Abschn. 1.5.5) u. a. eine erhebliche Rolle.

Korrosion soll soweit als möglich vermieden werden, da sie zur Beeinträchtigung und allmählichen Zerstörung der Anlagen führt und damit deren betriebliche Eignung, Sicherheit und Lebensdauer herabsetzt und die Güte des Wassers durch Aufnahme von Korrosionsprodukten (z. B. Fe, Zn, Cu, Pb) beeinträchtigen kann. Korrosionsschäden können verhindert oder verringert werden durch Wahl eines für ein bestimmtes Wasser bestgeeigneten Werkstoffes bzw. durch entsprechenden Werkstoffschutz (Schutzanstriche und Auskleidungen, vgl. DIN 50930) sowie durch Aufbereitung des Wassers (vgl. Abschn. 1.5.8).

Für den **Korrosionsschutz** ist bei metallischen Werkstoffen die Bildung von Schutzschichten **(Passivierung)** nach anfänglichem oberflächlichem Angriff durch das Wasser von entscheidender Bedeutung. Die zur Verwendung kommenden Werkstoffe haben – Cu ausgenommen – aufgrund ihrer Stellung in der elektrochemischen Spannungsreihe ein unedleres Potential als das System H/H^+ ($E^0 = \pm\ 0{,}00$ V), so daß sie von den im Wasser vorhandenen Oxonium-Ionen oxidiert werden können. Ist jedoch im Wasser genügend Sauerstoff (ca. 5 mg/l O_2) vorhanden, so bildet sich auf den meisten zur Verwendung kommenden Werkstoffen eine porenfreie, dünne Oxidschicht, die dem Metall oberflächlich ein Potential verleiht, das dem eines Edelmetalls gleichkommt [388, 407].

Phosphate und Polyphosphate können bei weichen bis mittelharten Wässern ebenfalls passivierend wirken und werden ggf. bei der Aufbereitung sowohl von Wasser im Kraftwerksbetrieb als auch von Trinkwasser zugesetzt, doch dürfen nicht mehr als 5 mg/l Phosphat (als P_2O_5) im Wasser verbleiben. Es bildet sich einerseits eine dünne Ca–Fe-Phosphatschicht aus, andererseits wird auch die Bildung von Kesselstein unterdrückt, da mit den Härtebildnern stabile Komplexe entstehen. Bereits vorhandene Rohrverkrustungen können allmählich abgebaut werden.

Auch der Zusatz von **Kieselsäure** (bis zu 40 mg/l SiO_2) bewirkt durch Bildung schwerlöslicher Eisensilicate Korrosionsschutz, ist jedoch für den Kraftwerksbetrieb ebenso gefährlich wie hartes Wasser, da sich an den Kesselwandungen stark wärmeisolierendes, steinhartes SiO_2 abscheidet und, falls ein Stück dieser Schicht abspringt, es zu lokaler Überhitzung und damit zu Kesselexplosionen kommen kann.

In geschlossenen Wasser-Dampf-Kreisläufen (Kesselspeisewasser) hat sich zur Verhinderung von Korrosion **Hydrazin** bewährt. Als noch wirksamer gilt das von der Bayer AG, Leverkusen, entwickelte aktivierte Hydrazin («Levoxin»). Die korrosionsinhibierende Wirkung beruht auf der Aktivierung und Beschleunigung der Oxidation von Fe(II) und damit der Bildung passivierender Oxiddeckschichten, die Anwesenheit von O_2-Restmengen ist dabei erforderlich [307].

Die Gefahr der Korrosion besteht grundsätzlich sowohl für metallische (Fe, Zn, Cu, Pb) als auch für anorganische nichtmetallische Werkstoffe (Beton, Mörtel, Asbestzement). Organische Werkstoffe (z. B. PE hart und weich, PP, PVC) und Anstriche auf Bitumen- bzw. Teerbasis sind in der Regel durch Korrosion nicht gefährdet, doch ist hier besonders darauf zu achten, daß sie keine Geruchs- und Geschmacksstoffe, bei den Anstrichen vor allem auch, daß sie keine Polycyclische Aromate (vgl. Abschn. 1.5.3) in das Trinkwasser abgeben und die Vermehrung von Mikroorganismen nicht begünstigen.

An **metallischen Werkstoffen** werden hauptsächlich verwendet (vgl. DIN 50930) [375, 388]:

Gußeisen gilt im allgemeinen als guter Werkstoff. Wenn der Roheisenschmelze geringe Mengen Magnesium zugesetzt werden («Sphäroguß»; duktiles Gußeisen), erhält das Gußeisen u. a. durch den beim Erstarren ausgeschiedenen «Kugelgraphit» eine Elastizität, die der des Stahles gleichkommt, wobei die leichte und exakte Vergießbarkeit («Schleuderguß») erhalten bleibt. Meist werden Gußeisenrohre durch Tauchen mit einem Schutzüberzug auf Bitumen- oder Teerbasis versehen. Als besonders korrosionsbeständig und für alle Arten von Wässern einsetzbar gilt das **austenitische Gußeisen** mit Kugelgraphit und einem Gehalt an Nickel von etwa 15–30 %.

Stahl ist zwar in physikalischer Hinsicht ein hervorragender Werkstoff, jedoch recht korrosionsanfällig, falls es zu keiner Schutzschichtbildung kommt bzw. kein Schutzüberzug vorgesehen wird.

Edelstähle (Cr- und Cr–Ni-Stähle) sind für allgemeine Belange zu kostspielig. Sie verdanken ihre hervorragende Beständigkeit gegen Flächenkorrosion der Ausbildung einer passivierenden Schicht und sind somit gegenüber einer oxidierenden Umgebung beständig. Wird diese Schicht jedoch zerstört und ist nicht ausreichend Sauerstoff zu deren Neubildung vorhanden, kommt es leicht zu Lochfraßkorrosion, besonders bei erhöhter Chlorid-Konzentration im Wasser.

Zink hat große Bedeutung als Legierungsmetall (Messing) sowie zum Verzinken von Stahlrohren (vgl. jedoch Abschn. 1.5.2). Es vermag besonders in Gegenwart von Phosphat gut passivierende Schichten auszubilden und schützt zudem das darunterliegende Eisen nicht nur mechanisch, sondern auch elektrochemisch vor Korrosion: Zn ist unedler als Eisen (Zn/Zn^{2+}; $E^0 = -0,76$ V) (Fe/Fe^{2+}; $E^0 = -0,44$ V) und wird bei der Bildung von Lokalelementen (vgl. Abb. 1.5.6) zur Anode.

Kupfer, Messing, Rotguß sind im allgemeinen widerstandsfähiger als Eisen. Chlorid- und Phosphat-Ionen können die Schutzschichtbildung stören. *Messing* (z. B. CuZn37; DIN 17660) und *Sondermessing* mit Gehalten an Fe, Si, Al, Ni, Mn, Pb u.a. (z. B. CuZn39Pb2; DIN 17660) haben den Nachteil, daß je nach Legierung und Art des Wassers eine allmähliche (elektrochemische) Entzinkung eintritt. Messing wird hauptsächlich für Armaturen verwendet. *Rotguß* (z. B. G–CuSnZnPb5; DIN 1705) ist von hervorragender Korrosionsbeständigkeit, besonders gegenüber Meerwasser.

Cu-haltigen Werkstoffen sollen in Fließrichtung des Wassers keine Fe-Werkstoffe nachgeschaltet werden (elektrochemische Korrosion).

Nach diesem allgemeinen Überblick nun zu den wichtigsten Korrosionserscheinungen:

1. Säurekorrosion: Jede Korrosion von Metallen erfolgt aus dem Bestreben des Metalls, durch Abgabe von Elektronen in den energie-ärmeren Ionen-Zustand überzugehen. Taucht man z. B. ein blankes Stück Eisen in Wasser, so verlassen Fe^{2+}-Ionen den Gitterverband und gehen in Lösung (vgl. Abb. 1.5.6). Durch die im Metall zurückbleibenden Elektronen baut sich rasch ein elektrisches Feld auf, so daß keine weiteren Fe^{2+}-Ionen mehr in Lösung gehen. Im Gleichgewicht stellt sich zwischen Fe/Fe^{2+} ein von der Konzentration an Fe^{2+}-Ionen abhängiges Potential (NERNSTsche Gleichung) ein, wobei gilt, daß im Falle $c(Fe^{2+}) = 1$ mol/l, das Potential E gleich ist dem Normalpotential E^0:

$$Fe: \rightleftharpoons Fe^{2+} + 2e^- \qquad E^0 = -0,44 \text{ V} \qquad (1)$$

Sind im Wasser Stoffe vorhanden, die ein edleres (positiveres) Potential aufweisen als Fe, z. B. Oxonium-Ionen, so werden die überschüssigen Elektronen aufgebraucht, indem sie die H_3O^+-Ionen zu Wasserstoff reduzieren, was zur Folge hat, daß weiter Eisen in Lösung gehen kann. Umgekehrt kann man auch sagen, daß die (edleren) H_3O^+-Ionen imstande sind, Fe zu oxidieren:

$$2H_3O^+ + 2e^- \rightleftharpoons H_{2(g)} + 2H_2O \qquad E^0 = \pm 0,00 \text{ V (definitionsgemäß)} \quad (2)$$

Da das Potential E des Redoxpaares H/H^+ (Gl. 2) ebenfalls von der Konzentration, in diesem Falle an Oxonium-Ionen, d. h. vom pH-Wert abhängt, kann eine Auflösung nur dann erfolgen, wenn eine entsprechend hohe Konzentration, d. h. ein niederer pH-Wert gegeben ist. Solche Wässer müssen bei der Aufbereitung entsäuert werden (vgl. «Kalk-Kohlensäure-Gleichgewicht», Abschn. 1.4.6). Im pH-Bereich zwischen 7–9 tritt nur noch unerhebliche Korrosion auf. Die elektrochemische Korrosion, bei der an räumlich voneinander getrennten anodischen und kathodischen Bereichen ein Elektronenübergang stattfindet, kann sich also auch an einem einheitlichen Metall abspielen, wobei sich auf engem Raum kathodische und anodische Bereiche, sogenannte **«Lokalelemente»** ausbilden (vgl. Abb. 1.5.6). Eine Bildung von Lokalelementen kann auch durch Inhomogenitäten der Materialstruktur (heterogene Gefügeteile, Korngrenzen) sowie durch teilweise Abdeckung mit Sedimenten bzw. Korrosionsprodukten u. a. bewirkt werden.

2. Sauerstoffkorrosion: Auch bei der Sauerstoffkorrosion, des weitaus bedeutungsvollsten Korrosionsvorganges, ist der elektronenliefernde Prozeß wiederum z. B. die Auflösung von Eisen nach Gl. (1). In diesem Falle werden die Elektronen jedoch vom Sauerstoff aufgenommen (Gl. 3), d. h. Sauerstoff wird reduziert, oder anders gesprochen: Sauerstoff wirkt dem Eisen gegenüber als Oxidationsmittel:

$$O_{2(g)} + 4e^- \rightleftharpoons 2O^{2-} \qquad (3)$$

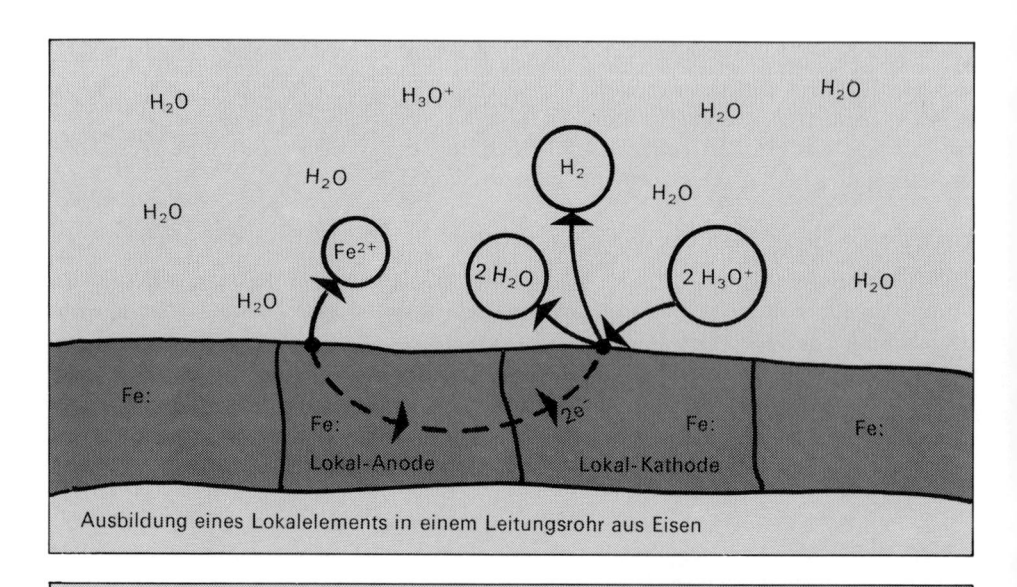

Ausbildung eines Lokalelements in einem Leitungsrohr aus Eisen

Durch den oxidierenden Angriff der im Wasser vorhandenen Oxonium-Ionen bildet sich ein anodischer und ein kathodischer Bereich im Metall (Lokalelement).

Fe^{2+}-Ionen gehen in Lösung, d. h. Eisen wird anodisch aufgelöst, die Oxonium-Ionen werden kathodisch zu Wasserstoff reduziert:

$$Fe_{(s)} \rightleftharpoons Fe^{2+} + 2e^- \qquad E^0 = -0{,}44\ V$$
$$2e^- + 2H_3O^+ \rightleftharpoons H_{2(g)} + 2H_2O \qquad E^0 = \pm 0{,}00\ V$$
$$Fe_{(s)} + 2H_3O^+ \longrightarrow Fe^{2+} + H_{2(g)} + 2H_2O$$

Abb. 1.5.6 *Säurekorrosion: schematische Darstellung der Ausbildung eines Lokalelements infolge der oxidierenden Wirkung des Wassers.*

Da das Sauerstoff-Ion in wäßriger Lösung nicht existent ist, treten (in saurer Lösung) die folgenden Reaktionen auf:

$$O_{2(g)} + 4\,H_3O^+ + 4\,e^- \rightleftharpoons 6\,H_2O \qquad E^0 = 1{,}23\ V \qquad (4)$$

$$O_{2(g)} + 2\,H_2O + 4\,e^- \rightleftharpoons 2\,OH^- + 2\,OH^- \qquad E^0 = 0{,}40\ V \qquad (5)$$

Durch die nach Gl. (5) gebildeten Hydroxid-Ionen wird die Umgebung der Lokal-Anode alkalisch und es kommt zur Abscheidung von Eisen (II)-hydroxid, das weiter zu $Fe(OH)_3$ oxidiert wird. Da fast in jedem Wasser auch Hydrogencarbonat-Ionen vorhanden sind und durch die Hydroxid-Ionen die Wand-Alkalität auf pH $\sim$ 10 steigt, kommt es nach Gl. (6) und Gl. (7) zur Kalkabscheidung:

$$HCO_3^- + OH^- \rightleftharpoons CO_3^{2-} + H_2O \qquad (6)$$

$$Ca^{2+} + CO_3^{2-} \rightleftharpoons Ca^{2+}CO_3^{2-}{}_{(s)} \qquad pK_L = 7{,}92 \qquad (7)$$

Aus Eisen (III)-hydroxid bzw. basischen Eisencarbonaten und Kalk bildet sich bei Wässern, die im «Kalk-Kohlensäure-Gleichgewicht» (Gleichgewichtswässer) stehen, eine **«Kalk-Rost-Schutzschicht»** aus, die einen dichten Überzug auf der Metalloberfläche bildet und diese vor weiterem Angriff schützt. In sehr weichen und sauerstoffarmen Wässern kann sich eine derartige Schutzschicht jedoch nicht bilden, da die Eisenhydroxide bzw. -Oxidhydrate selbst keinen dichten, passivierenden Überzug auszubilden vermögen – im Gegenteil: das Potential des Rostes ist positiver (edler) als das des Eisens, so daß an der Berührungsstelle beider sich ebenfalls Lokalelemente ausbilden und das Eisen, insbesondere bei Anwesenheit größerer Mengen an Chlorid und bei geringer Strömungsgeschwindigkeit des Wassers, verstärkt gelöst wird **(Lochfraßkorrosion).**

In stark saurer Lösung beträgt das Potential E der Sauerstoffreduktion 1,18 V, in stark alkalischer Lösung 0,40 V. Auch dieses Potential liegt noch höher als das der meisten zur Anwendung kommenden Metalle, so daß diese korrodiert werden. Selbst Kupfer (Cu/Cu^{2+}; $E^0 = 0{,}35$ V) wird noch angegriffen, jedoch verhindert auch hier die dichte, passivierende Schicht von Cu_2O das Fortschreiten der Korrosion. Die Anwesenheit einer genügenden Menge an Sauerstoff im Wasser ist somit trotz seiner enorm korrodierenden Wirkung für die meisten metallischen Werkstoffe zugleich der beste Korrosionsschutz, vorausgesetzt, daß die anderweitige Zusammensetzung des Wassers nicht zerstörend auf die gebildeten Schutzschichten einwirkt, und u. a. eine konstante, nicht zu geringe Strömungsgeschwindigkeit herrscht – Bedingungen, die nicht in allen Fällen ideal zu realisieren sind.

3. Beton und Betonangriff: [388]. Beton wird aus Zement, Zuschlagstoffen (Sand, Kies, Splitt, Schotter) und Anmachwasser hergestellt, er erhärtet unter Wasseraufnahme. Insbesondere sehr dichter Beton ist ein guter und in der Regel dauerhafter Baustoff. Bestimmte Wässer greifen jedoch Beton an und mindern seine guten Eigenschaften, weshalb Beton meist durch Anstriche (Bitumen, Wasserglas, Epoxidharze) bzw. Auskleidungen (Keramikplatten) vor direktem Wasserzutritt geschützt wird. Außerdem läßt Beton sich nur auf Druck beanspruchen. Durch Einbau von Stahlbewehrungen («Stahlbeton») kann auch eine hohe Zugspannbelastbarkeit erreicht werden, z. B. bei «Spannbeton», so daß derartige Rohre auch für Druckleitungen verwendbar sind. Da Beton billiger und gegen Wasser beständiger ist als Stahl und in Betonleitungen praktisch keine Inkrustierungen entstehen, werden Stahlrohre (auch Gußeisen) zum Innenschutz oft mit einer im Schleudergußverfahren aufgebrachten Betonschicht versehen.

Für den **Betonangriff** durch Wasser sind **Auslaugungserscheinungen** und **Treiberscheinungen** charakteristisch. Beton enthält vorwiegend wasserhaltige Verbindungen des Kalks, der Kieselsäure, Tonerde und Eisenoxide. Wasser kann allmählich gewisse Bestandteile des erhärteten Zements herauslösen, wodurch es zur Auflockerung des Gefüges kommt. Da Beton ein alkalisch reagierendes Produkt ist, wirken sich stark saure Wässer (pH < 6) besonders schädigend aus; dies um so mehr, wenn leicht lösliche Ca-, Mg- und NH_4^+-Salze entstehen können («austauschfähige Salze»). Die besonders gefährlichen Treiberscheinungen werden vorwiegend durch Sulfat verursacht. Sulfat bildet mit Aluminaten (ein Bestandteil des nicht sulfatresistenten Betons ist das *tri*-Calciumaluminat) Calciumaluminat-sulfat-hydrat, $3CaO \cdot Al_2O_3 \cdot 3CaSO_4 \cdot 31H_2O$ (Ettringit), das ein größeres Volumen als das *tri*-Calciumaluminat beansprucht, so daß durch den entstehenden Druck das Betongefüge gelockert wird.

Zur Beurteilung der Betonschädlichkeit eines Wassers sind nach DIN 4030 «Beurteilung betonangreifender Wässer, Böden und Gase» als bestimmende Faktoren heranzuziehen: pH-Wert, Sulfat (SO_4^{2-}), Magnesium (Mg^{2+}), Ammonium (NH_4^+) und kalkangreifende Kohlensäure (CO_2). Eine rasche Feldbeurteilung kann mit dem «Wasserlabor für die Bauindustrie» [528] erfolgen (vgl. auch Abschn. 1.5.7 sowie ÖNORM B 3305).

Literatur: [23, 32, 65, 90, 125].

1.5.7 Störende oder schädigende Einflüsse hinsichtlich bestimmter Verbrauchergruppen

Die nachfolgende Zusammenstellung kann keinesfalls erschöpfend sein, weder was die Aufzählung von Verbrauchern, noch was die störenden bzw. schädigenden Einflüsse betrifft. Sie soll jedoch eine gewisse Vorstellung vermitteln von den Ansprüchen, die von den verschiedenen Verbrauchergruppen an das Wasser gestellt werden.

Trinkwasser wird aufgrund seiner außerordentlichen Bedeutung in einem eigenen Abschnitt (1.7) ausführlich dargestellt, ebenso Wasser für Hallen- und Freibeckenbäder (1.10). Bei allen Verbrauchergruppen, für die Wasser von Trinkwasserqualität gefordert ist (vgl. Tab. 1.2), müssen stets auch die für Trinkwasser maßgeblichen Anforderungen mit berücksichtigt werden.

Störende oder schädigende Stoffe:	Art der Beeinträchtigung bzw. Schädigung:
Wasser mit Trinkwasserqualität	
1. Verbrauchergruppe: [330] Haushalt	
Eisen, Mangan, Huminstoffe	Bewirken bei gerbsäurehaltigen Getränken (Tee) tintenartige Verfärbung sowie Geschmacksbeeinträchtigung bei Kaffee und Tee.
Zu große Härte	Geschmacksbeeinträchtigung von Kakao und anderen Milchgetränken; Milch- und Mehlsuppen werden flockig; Fleisch und Hülsenfrüchte kochen schwer weich.
Hoher Chlorid-Gehalt	Geschmacksbeeinträchtigung von Kaffee und Tee.

Störende oder schädigende Stoffe:	Art der Beeinträchtigung bzw. Schädigung:
2. Verbrauchergruppe: Bäckereien	
Fäulnisbakterien, wilde Hefen, Schimmelpilze	Beeinflussung der Teigführung und des Geschmacks der Backwaren.
Eisen, Mangan, Huminstoffe	Verfärbung der Produkte; katalytische Fettzersetzung und damit Beeinträchtigung der Haltbarkeit.
3. Verbrauchergruppe: Brauereien	
Schimmelpilze, wilde Hefen	Störung vieler Fabrikationsprozesse.
Eisen, Mangan, Ammonium	Verfärbung und Schädigung der Hefe und des Malzes; Trübung des Bieres.
Magnesium (> 30 mg/l), Chlorid	«Durchschmecken»; ggf. kann Durchfall auftreten.
Nitrat (> 25 mg/l)	Störung der Gärungsprozesse.
4. Verbrauchergruppe: Brennereien und Likörfabriken	
Nicht einwandfreie bakteriologische Beschaffenheit	Aufkommen wilder Hefestämme.
Eisen, Mangan	Schwarzfärbung der Eiweißstoffe an der Luft; Verfärbung und Schädigung der Hefe.
Zu große Härte	Trübungen und Bildung von Bodensatz bei der Herstellung alkoholischer Getränke.
5. Verbrauchergruppe: Speiseeisbereitung	
Nicht einwandfreie hygienische Beschaffenheit	Krankheitskeime können durch die tiefe Temperatur lange virulent bleiben; Seuchengefahr.
Eisen, Mangan	Verfärbungen und Geschmacksbeeinträchtigung.
6. Verbrauchergruppe: Konservenfabriken	
Insbesondere anaerob wachsende Bakterien, Pilze	Zerstörung der Produkte; Lebensmittelvergiftung.
Eisen, Mangan	Verfärbungen.
Nitrat	Reduktion zu Nitrit.
Hoher Gehalt an Natrium und Hydrogencarbonat	Beeinträchtigung der Beständigkeit der Vitamine.
7. Verbrauchergruppe: Molkereien	
Krankheitserreger	Seuchengefahr.
Mikroorganismen, auch wenn hygienisch unbedenklich	Beeinträchtigung der Fabrikationsprozesse und der Qualität der Fertigprodukte.
Eisen Eisenbakterien	Beeinträchtigung von Geschmack und Farbe (blau bis schwarz) von Butter, Käse u. a.
Zu hoher Salzgehalt, insbesondere Magnesium und Calcium	Butter erhält einen seifenartigen, bitteren Geschmack.
Zu hoher Sauerstoffgehalt	Förderung der Oxidationsprozesse bei Fetten («Ranzigwerden») und des Abbaues der Eiweißstoffe.

Störende oder schädigende Stoffe:	Art der Beeinträchtigung bzw. Schädigung:
8. Verbrauchergruppe: Zuckerfabriken	
Bakterien, Pilze, zu hoher Salzgehalt, besonders Ca und Mg (Chlorid, Sulfat)	Störung der Produktionsprozesse; Braunfärbung beim Kochen des Saftes.
Nitrat	Melassebildner; vermag die sechsfache Menge Zucker am Kristallisieren zu hindern.
9. Verbrauchergruppe: Stärkefabriken	
Krankheitserreger und andere Mikroorganismen	Seuchengefahr; Störung der Produktionsprozesse.
Eisen, Mangan (-Bakterien)	Fleckigwerden der Stärke.
Verschiedene Hefearten	Bildung «fließender Stärke»; Bildung von Milch- und Buttersäure (Stoffwechselvorgänge).
Organische Substanzen (> 10 mg/l $KMnO_4$)	Beeinträchtigung der hygienischen Beschaffenheit.
10. Verbrauchergruppe: Landwirtschaftliche Betriebe	
Zu tiefe Temperatur ($< 7\,°C$)	Erkrankungsgefahr der Tiere.
Krankheitserreger	Seuchengefahr.
Zu niedriger und zu hoher Elektrolytgehalt	Gesundheitliche Beeinträchtigung der Tiere.
Zu hoher Gehalt an Natrium	Beeinträchtigung der Bodenstruktur, auch für Tiere schädlich.

Wasser ohne Trinkwasserqualität

11. Verbrauchergruppe: Kesselspeisewasser	
Sink- und Schwebestoffe, Trübungsstoffe, Organische Kolloide	Ausflockungen und Schäumen im Kessel.
Kieselsäure	Ablagerungen und Wärmestau; Gefahr von Kesselexplosionen.
Härtebildner in geringsten Spuren ($> 0,02$ mmol/l $\triangleq\ > 0,1\,°d$) Leitfähigkeit $> 0,2\,\mu S/cm$	Kesselstein bzw. Schlammbildung; Schäumen.
Freie Kohlensäure (CO_2) (aus thermischem Zerfall von Hydrogencarbonat)	Korrosionsfördernd.
pH < 8	Korrosionsfördernd.
Sauerstoff ($> 0,02$ mg/l)	Korrosionsfördernd.
Eisen, Kupfer	Korrosionsfördernd.
Öl	Bildung wärmestauender Beläge; mit Härtebildnern Verkrustungen.

Störende oder schädigende Stoffe:	Art der Beeinträchtigung bzw. Schädigung:

12. Verbrauchergruppe: Kühlwasser (im Kreislaufprozeß)

Störung des Kalk-Kohlensäure-Gleichgewichtes beim Kühlvorgang	Korrosion; Ablagerungen.
Organische Stoffe (> 25 mg/l $KMnO_4$)	Pilz- und Bakterienwucherungen mit Verstopfungsgefahr der Leitungen.
Hoher Gehalt an Chlorid, Sulfat, Nitrat	Korrosionsfördernd.
Zu geringe Härte	Keine Schutzschichtbildung.
Eisen und Mangan (-Bakterien)	Ablagerungen; Rohrverkrustungen.

13. Verbrauchergruppe: Beton- und Zementverarbeitung

Vgl. Abschn. 1.5.6 und [528]		Betonangriffend: schwach	stark	sehr stark
pH-Wert (Säuren)		6,5–5,5	5,5–4,5	$< 4,5$
Kalklösende Kohlensäure (CO_2)	mg/l	15–30	30–60	> 60
Ammonium	mg/l	15–30	30–60	> 60
Magnesium	mg/l	100–300	300–1500	> 1500
Sulfat	mg/l	200–600	600–3000	> 3000

14. Verbrauchergruppe: Wäschereibetriebe

Zu große Härte (bei modernen Waschmitteln unschädlich)	Mit Seife Bildung von Ca- und Mg-Seifen; Behinderung des Wascheffektes und allmählich Schädigung der Gewebe. Erschwerung des Spülvorganges.
Eisen und Mangan in geringsten Spuren	Verfärbung der Wäsche, beim Bleichen auch Schwarzfärbung möglich (Braunsteinflecke).
Huminstoffe	Gelb-braune Verfärbungen.
Natrium, Magnesium und Chlorid in größeren Mengen	Wäsche trocknet schlecht und nimmt hygroskopische Eigenschaften an.

15. Verbrauchergruppe: Photographisches Gewerbe

Sink- und Schwebestoffe, Algen, Diatomeen	Filmverkrustungen u. ä.
Zu hohe Gesamthärte ($> 1,5$ mmol/l $\triangleq\, > 8,4\,°$d)	Verschleierungen; Ausfällungen; Schlammbildung in den Reaktionsbädern.
pH $> 8,5$ (und/oder zu hohe Temperatur)	Zu starkes Quellen der Emulsion (Faltenbildung bzw. Abschwimmen der Emulsion).
pH < 6 (und/oder zu tiefe Temperatur)	Zu geringe Quellung (Behinderung des Chemikalienaustausches zwischen Emulsion und Reaktionsbad).
Sauerstoff, gechlorte Wässer	(zu rasche) Oxidation der Entwicklungsbäder.
Detergentien	Farbverfälschungen (bereits wenige mg/l).
Kupfer (Spuren)	Katalytische Oxidation von Schwarzweiß- und Farbentwicklern.
Eisen (> 3 mg/l Fe^{2+})	Bei sämtlichen Verarbeitungsprozessen störend.

1.5.8 Aufbereitung des Wassers zu Trinkwasser

Nach DIN 2000 [915] haben die Güteanforderungen an das abzugebende Trinkwasser «sich im allgemeinen an den Eigenschaften eines aus genügender Tiefe und ausreichend filtrierenden Schichten gewonnenen Grundwassers von einwandfreier Beschaffenheit zu orientieren, das dem natürlichen Wasserkreislauf entnommen und in keiner Weise beeinträchtigt wurde». «Wasser, das schon ohne Aufbereitung allen Güteanforderungen entspricht, ist – wenn möglich – einem Wasser, das erst aufbereitet werden muß, vorzuziehen. In allen Fällen, in denen das gewonnene Wasser aber nur bedingt oder nicht stets mit ausreichender Sicherheit die erforderliche Güte hat, darf auf eine verfahrenstechnisch und betriebstechnisch einwandfreie Aufbereitung nicht verzichtet werden» (DIN 2000).
«Es genügt aber nicht, einwandfreies Wasser zu erschließen oder durch Aufbereitung zu schaffen. Es soll vielmehr auch sichergestellt werden, daß es an der Übergabestelle den Verbraucher in ausreichender Menge, Güte und Druck erreicht» (DIN 2000).
Je nach Qualität des Rohwassers umfaßt die **Aufbereitung** stets eine Reihe von Arbeitsschritten. Sie werden im allgemeinen aus den Ergebnissen der chemischen sowie der biologisch-bakteriologischen Untersuchungen (Gutachten) sowohl was ihre Zahl als auch ihre Reihenfolge betrifft, festgelegt. Außerdem sind die entsprechenden gesetzlichen Bestimmungen [730.3, 730.4, 730.5, 870.2, 870.7, 881, 889] und Normen [915, 916, 919, 941, 947, 948, 958, 959, 960] zu beachten.
Nachfolgend die wichtigsten Verfahrensschritte; eingehendere Informationen sind der Literatur zu entnehmen (s. oben), z. B. [5, 87, 202.1, 205.1, 205.4, 209, 211, 212.9, 217, 244, 375, 380, 406].

1. **Vorreinigung: Entfernung ungelöster und kolloider Verunreinigungen:** Die ungelösten groben Verunreinigungen (Laub, Äste u. dgl.) werden von Grob- und Feinrechen, denen Siebe zur Entfernung feiner Verunreinigungen (z. B. Plankton) nachgeschaltet sind, vor Eintritt in die Vorklär- oder Absetzbecken zurückgehalten. Die Becken sind so gestaltet, daß dabei auch die Fließgeschwindigkeit verringert wird, sie dienen je nach Herkunft des Wassers zur Grobschlammabsetzung bzw. zum Absetzen und Entfernen von Schwebestoffen und Kolloiden. Wird der Sinkvorgang der Teilchen durch die Schwerkraft bestimmt, spricht man von **Sedimentation.** Durch Zusatz von Chemikalien bildet sich eine **Flockung** aus, die eine neuerliche Sedimentation zur Folge hat, dabei entstehen durch Koagulation aus kleinen und kleinsten Schwebestoffen (Kolloiden) größere absetzbare Teilchen. Die kolloiden Teilchen sind vorwiegend negativ geladen. Die Zugabe hochgeladener Kationen, z. B. Al^{3+} bzw. Fe^{3+} (Sulfate und Chloride von Aluminium und Eisen u. a.) bewirkt mit den Hydrogencarbonat-Ionen des Wassers beim Rühren eine Ausflokkung entsprechender kolloider Hydroxidteilchen (Gl. 1 u. 2), welche positiv geladen sind, die Schwebstoffe adsorbieren und nach Erreichen einer gewissen Größe sedimentieren.

$$Al^{3+} + 3\,HCO_3^- \longrightarrow Al(OH)_{3(s)} + 3\,CO_2 \qquad (1)$$

$$Fe^{3+} + 3\,HCO_3^- \longrightarrow Fe(OH)_{3(s)} + 3\,CO_2 \qquad (2)$$

$$\begin{matrix} SO_4^{2-} \\ 2\,Cl^- \end{matrix} + Ca^{2+} \longrightarrow \begin{matrix} Ca^{2+}SO_4^{2-} \\ Ca^{2+}(Cl^-)_2 \end{matrix} \qquad (3)$$

Nach abgeschlossener Aufbereitung dürfen max. je 0,2 mg/l Al^{3+} bzw. Fe^{3+} im Wasser vorhanden sein [730.5]. Die Aufenthaltszeit im Sedimentationsbecken (je nach Beckenart bis zu einigen Stunden) läßt sich zugleich als Reaktionszeit für weitere Aufbereitungsmaßnahmen nützen.

2. Filtration: Das durch die verschiedenen Verfahren entsprechend den Gegebenheiten vorbehandelte Wasser wird anschließend filtriert. Im **Langsamfilter** werden die Vorgänge, die bei der natürlichen Bodenfiltration stattfinden, nachgeahmt. Als Filtermaterial kommt gewaschener Sand und Kies zur Anwendung. Die Filtergeschwindigkeit beträgt nur 5–20 cm/h. **Schnellfilter** sind rückspülbar und werden in offener und geschlossener (Druckfilter) Bauart hergestellt. Die Filtergeschwindigkeit beträgt etwa das 40–50fache der Langsamfilter. Als Filtermaterial dient je nach dem Aufbereitungszweck z. B. Quarzsand, Anthrazit, Aktivkohle. Für spezielle Maßnahmen werden Filtermaterialien benutzt, die mit Inhaltsstoffen des Wassers reagieren und damit zugleich entfernt werden. Bei der **Trockenfiltration** wird das Wasser auf die Oberfläche des Filtermaterials in der Weise verregnet, daß sich das Filter nicht überstaut und das Filtermaterial teilweise lufterfüllt bleibt. Dieses Verfahren, bei dem Belüftung und Filtration kombiniert sind, dient vor allem zur Entfernung von hohen Gehalten an NH_3 und H_2S aus dem Grundwasser und erleichtert bzw. ermöglicht die Enteisenung und Entmanganung.

3. Belüftung: Die Belüftung des Wassers dient der Anreicherung des Wassers mit Luftsauerstoff oder auch der Entfernung von Gasen (CO_2, H_2S) und Stoffen mit hohem Dampfdruck (Geruchs- und Geschmacksstoffe). In den **offenen Belüftungsanlagen** kommt u. a. Verdüsung und Verregnung zur Anwendung. Bei der **geschlossenen Belüftung** wird dem Wasser mittels eines Kompressors oder Injektors im geschlossenen System Luft zugeführt, die ölfrei sein muß und in einem nachgeschalteten Mischgefäß gründlich mit dem Wasser vermischt wird. Geschlossene Belüftung kommt fast ausschließlich zur Sauerstoffanreicherung des Wassers in Betracht und wenn ein CO_2-Verlust vermieden werden soll. Auch die Trockenfiltration schließt eine Belüftung des Wassers mit ein.

4. Enteisenung: Eine Enteisenung ist notwendig, wenn der Fe-Gehalt des Rohwassers > 0,15 mg/l beträgt. Eisen liegt in sauerstoffarmem Wasser vorwiegend als Fe^{2+} vor, meist echt gelöst. Zu seiner Abscheidung muß es zunächst zu Fe^{3+} oxidiert werden, dabei entsteht unlösliches Eisen(III)-oxidhydrat, das koaguliert und durch Filtration aus dem Wasser entfernt wird. Die Oxidation kann durch Belüftung, ggf. auch durch Chlor erzielt werden.

5. Entmanganung: Bereits bei einem Gehalt von 0,07 mg/l Mn^{2+} soll eine Entmanganung durchgeführt werden; sie erfolgt meist im gleichen Verfahrensschritt wie die Enteisenung, jedoch wird Mn^{2+} weniger leicht oxidiert als Fe^{2+}.

6. Entsäuerung: Die Entsäuerung dient der Einstellung des Gleichgewichts-pH-Wertes (Kalk-Kohlensäure-Gleichgewicht; vgl. Abschn. 1.4.6), dabei darf nach der TA-VO [730.5] der pH-Wert von 7,5 nicht überschritten werden.
Zur **mechanischen Entsäuerung** dient die offene Belüftung des Wassers (s. oben), hierbei wird die Konzentration an Ca^{2+}-Ionen und der m-Wert (vgl. Abschn. 2.3.4) des Wassers nicht verändert, jedoch gleichzeitig O_2 aufgenommen. Bei weichen Wässern wird nach diesem Verfahren der Gleichgewichts-pH-Wert nicht immer erreicht, bei harten Wässern kann es zu Kalkausscheidung kommen.
Zur **chemischen Entsäuerung** wird entweder über Materialien filtriert, die alkalische Substanzen abgeben, oder es werden solche zugesetzt. Die TA-VO gestattet den Zusatz von Calciumcarbonat, Magnesiumcarbonat, halbgebranntem Dolomit, Calciumoxid, Magnesiumoxid, Calciumhydroxid, Magnesiumhydroxid, Natriumcarbonat und Natriumhydroxid. Bei der Entsäuerung durch Filterung über gekörntes $CaCO_3$ gehen Ca^{2+}-

und CO_3^{2-}-Ionen in das Wasser über, bis der Gleichgewichts-pH-Wert erreicht ist, dabei bilden sich mit überschüssigem CO_2 im Wasser HCO_3^--Ionen: je mmol/l reagierendes CO_2 nimmt der Gehalt an Ca^{2+}-Ionen um 1 mmol/l und der m-Wert um 2 mmol/l zu.

7. **Schutzschichtbildung:** Zur Verhütung von Korrosion und zur Verhinderung von Kesselsteinbildung können dem Wasser Phosphate und Polyphosphate sowie Kieselsäure und deren Salze oder Mischungen dieser Stoffe zugesetzt werden. Nach abgeschlossener Aufbereitung dürfen im Wasser max. 5 mg/l Phosphat (als P_2O_5) bzw. max. 40 mg/l Silicat (als SiO_2) vorhanden sein (TA-VO) (vgl. Abschn. 1.5.6).

8. **Zentrale Enthärtung:** Nach DIN 2000 ist es «nicht Aufgabe der zentralen Trinkwasserversorgung, das Wasser für spezielle Verwendungszwecke besonders aufzubereiten», daher betreiben Abnehmer bisweilen eine eigene Nachaufbereitungsanlage (Ionenaustausch; vgl. [380]). Wird eine Enthärtung vorgenommen, ist eine Mindestkonzentration von 60 mg/l Ca^{2+} einzuhalten [889].

9. **Entfernung von Nitrat (und Sulfat):** Die EG-Richtlinie [881] sieht einen für alle drei Gewässerkategorien (vgl. Abschn. 1.2.5) zwingenden Grenzwert für Nitrat von 50 mg/l vor, ebenso die EG-Richtlinie [889] (TW-VO bisher 90 mg/l). Nach allgemeiner Ansicht ist die zunehmende Nitratbelastung der Gewässer, insbesondere auch der Grundwässer, weitgehend auf Überdüngung zurückzuführen und muß primär auch unter diesem Gesichtspunkt einer Lösung zugeführt werden (Verursacherprinzip). Außerdem ist die Nitratelimination schwierig und kostspielig. Als Verfahren kommen in Betracht: **Ionenaustausch,** problematisch dabei ist eine entsprechende Erhöhung der Chlorid- und Sulfationenkonzentration im Wasser sowie die bei der Regenerierung der Austauscher entstehenden nitratreichen Abwässer. Gute Chancen hat ein neues Verfahren, bei dem der Austauscher mit Kalk und CO_2 regeneriert wird und Nitrat sowie auch Sulfat gegen Hydrogencarbonat ausgetauscht werden. Bei der **Umkehrosmose** besteht die Gefahr einer zu weitgehenden Eliminierung aller Ionen (keine selektive Abscheidung möglich; salzreiche Abwässer). **Biologische Verfahren** sind noch nicht Stand der Technik, möglich ist anaerobe Reduktion von Nitrat bzw. Nitrit zu Stickstoff durch Mikroorganismen (ähnlich wie in der Abwasserbehandlung) bzw. Reduktion mit autotrophen Bakterien [213.2].

10. **Entfernung von Geruchs- und Geschmacksstoffen:** Dazu können physikalische, chemische und biologische Verfahren verwendet werden, z. B. **Belüftung** des Wassers (Entfernung flüchtiger Substanzen z. B. H_2S), Adsorption der geruchs- und geschmackstragenden Stoffe an **Aktivkohle;** durch **Flockung** und anschließende Schnellfiltration können emulgierte und hochmolekulare gelöste Geschmacksstoffe entfernt werden. Durch **Oxidation** mit den in der TA-VO zugelassenen Chemikalien (Chlor, Ozon, $KMnO_4$) oder mit Luftsauerstoff entstehen aus den Geruchs- und Geschmacksstoffen in den meisten Fällen weniger stark wahrnehmbare Abbauprodukte (Mineralisation). Die Anwendung von **Chlor** kann jedoch in Gegenwart von Phenolen und Phenolderivaten sowie von Naturstoffen mit phenolischen Gruppen zu Substitutionsprodukten führen, die sich geruchlich und geschmacklich besonders störend bemerkbar machen. Als **biologische Verfahren** sind hauptsächlich Untergrundpassage und Langsamsandfiltration in Anwendung (vgl. Abschn. 1.2.2.3 und 1.5.3).

11. **Entkeimung:** Die Entkeimung dient der Abtötung (Desinfektion) und/oder Abscheidung (z. B. durch Filtration) von Krankheitserregern und der Verringerung der Koloniezahl entsprechend den Anforderungen, die in Abschn. 1.7 aufgeführt sind (vgl. Abschn. 1.4.17). Trinkwasser aus Oberflächenwasser muß stets entkeimt werden, ebenso

Grund- und Quellwasser, wenn dieses nicht dauernd den gestellten Anforderungen entspricht.

Die **Chlorung** (vgl. Abschn. 1.4.17) ist ein einfaches und sicheres Verfahren. Die die Desinfektion gewährleistende Chlormenge (Chlorbedarf) ist abhängig u. a. vom Gehalt an organischen Substanzen (Kolloiden) und Ammoniumverbindungen, ferner vom Redoxpotential, dem pH-Wert, der Temperatur und der Einwirkungsdauer. In der Regel wird die Chlorung als letzter Verfahrensschritt der Aufbereitung durchgeführt, da hierbei die sicherste Wirkung erzielt wird.

Ozon (vgl. Abschn. 1.4.17) hat ebenfalls eine ausgezeichnete keimtötende Wirkung. Soweit das restliche Ozon nach der Einwirkungszeit nicht abgebaut ist, muß es aus gesundheitlichen und korrosionstechnischen Gründen entfernt werden (Aktivkohlefiltration). Da der Ozonung die Nachwirkung im Verteilernetz fehlt, wird häufig eine Chlorung nachgeschaltet.

Anodische Oxidation: s. Abschn. 1.4.17.

1.6 Reinstwasser und keimfreies Wasser für analytische und bakteriologische Zwecke

Es ist eine häufig nicht in gebührendem Ausmaß berücksichtigte Tatsache, daß das für Wasseranalysen zur Herstellung der Reagenzlösungen und zum Verdünnen der zu untersuchenden Wässer verwendete Wasser einen entsprechenden Reinheitsgrad aufweisen muß. Für bakteriologische Untersuchungen muß es zudem keimfrei sein.

In den meisten Fällen ist das käufliche Destillat oder Deionat mit einem zu hohen Risikofaktor behaftet und darf ohne vorherige Überprüfung keinesfalls eingesetzt werden. Vielfach ist es üblich, einen größeren Vorrat in Glas- oder Kunststoffbehältern (im Labor) mehr oder weniger lange Zeit aufzubewahren. Dabei können leicht Verunreinigungen aus dem Behältermaterial und der (Labor-)Luft (CO_2, NH_3, HCl) in das Wasser gelangen, bzw. bei Kunststoffen durch die Gefäßwandung diffundieren. Außerdem ist mit einer Verkeimung des Wassers, insbesondere in Kunststoffbehältern, zu rechnen. Werden andererseits zur Aufbewahrung Glasflaschen verwendet, können schon innerhalb kurzer Zeit erhebliche Mengen an Natrium-, Silicat-, Borat- u. a. Ionen in Lösung gehen.

Grundsätzlich sollte das für Wasseruntersuchungen benötigte **Destillat** oder **Deionat** *stets frisch* und mit größter Sorgfalt *selbst hergestellt* und vor der Verwendung die Leitfähigkeit überprüft werden. Bei den in Abschn. 1.6.2 vorgestellten Geräten ist ein Leitfähigkeitsmeßgerät bereits eingebaut, so daß bei entsprechender Sauberkeit der nachfolgenden Leitungen und Behälter auf eine Überprüfung verzichtet werden kann.

Die **Überprüfung des pH-Wertes** bietet keine Gewähr für ein einwandfreies Wasser. Einerseits genügen in dem ungepufferten System bereits geringste Spuren an CO_2, um eine saure Reaktion zu zeigen, andererseits entgehen gelöste Neutralsalze der Bestimmung. Ein knapp bei 7 liegender pH-Wert muß also keineswegs bedeuten, daß das Wasser in Ordnung ist. Z. B. sinkt der pH-Wert von 7 im gasfreien Zustand auf etwa 5,4, wenn sich das Wasser mit CO_2-hältiger Luft ins Gleichgewicht gesetzt hat; bereits 1 % Sättigung bringt den pH-Wert auf 6,4 [508]. Außerdem ist eine Messung von pH-Werten in derart hochohmigen Lösungen sehr schwierig (eine hiefür speziell entwickelte Einstabmeßkette s. Abschn. 1.1.3.14).

Die **Überprüfung der Leitfähigkeit** gestattet, wenn auch nicht Schwebstoffe, Kolloide (z. B. Eisenoxidhydrat, Kieselsäure), gelöste Neutral-Gase und organische Stoffe, so doch die vorhandenen Ionen zu erfassen. Dabei ist zu beachten, daß Oxonium-Ionen eine vergleichsweise hohe Ionenbeweglichkeit aufweisen und die Eigendissoziation des Wassers zu einer Minimalkonzentration des Wassers an H_3O^+- und OH^--Ionen von je 10^{-7} mol/l und einer elektrischen Leitfähigkeit von 0,064 μS/cm (25 °C) (0,039 μS/cm bei 18 °C) führt. Wird also eine niedrige Leitfähigkeit festgestellt, bedeutet dies, daß dissoziierte Stoffe und somit auch Oxonium-Ionen nur in geringer Konzentration vorhanden sind. Die Leitfähigkeit gibt somit auch indirekt über den pH-Wert Aufschluß. So kann z. B. ein hochreines Wasser mit einer Leitfähigkeit von 0,08 μS/cm (18 °C) im pH-Bereich 6,6 ... 7,6 liegen; beträgt die Leitfähigkeit 1 μS/cm, ist ein pH-Bereich von 5,6 ... 8,6, bei 2 μS/cm ein pH-Bereich von 5,2 ... 9,0 und bei 20 μS/cm ein pH-Bereich von 4,4 ... 9,6 möglich [588].

Um eine eindeutige Aussage über die Qualität eines Reinstwassers treffen zu können, sollte auch der **Abdampfrückstand** und insbesondere bei durch Ionenaustausch hergestelltem Reinstwasser der **TOC-Gehalt** bestimmt werden. Ebenso ist die **Koloniezahl** ein wichtiger Parameter, nicht zuletzt deshalb, weil durch Absterben von Keimen im Wasser Sekundärverunreinigung erfolgt.

Was die **Anforderungen** betrifft, unterscheidet die ASTM Norm D 1193-77 «Standard Specification for Reagent Water» [3] vier Reinheitsstufen (vgl. Tab. 1.6) und gibt Anweisung für deren Herstellung.

    Typ   I: Analytik im ng-Bereich, z. B. Atomabsorption.
    Typ II: Analytik im μg-Bereich.
    Typ III: Analytik im mg-Bereich; Spülen von Laborgeräten.

Für Wasseruntersuchungen in dem hier gesteckten Rahmen ist die Reinheitsstufe II, in weniger anspruchsvollen Untersuchungen auch die Reinheitsstufe III ausreichend.

Ausdrücklich sei jedoch darauf hingewiesen, daß jeder Praktikant angehalten werden muß, sich eine klare Vorstellung zu verschaffen, was der Umgang mit Wasser mit einer Leitfähigkeit von z. B. 1 μS/cm bedeutet. Schon die Berührung des Glasmantels der Leitfähigkeitsmeßzelle oder der Innenwand des zum Messen verwendeten Becherglases genügt, um (bei sehr niedrigen Werten) ein völlig falsches Ergebnis zu bewirken. Wenn am Rein- und Reinstwasser nicht die Sauberkeit beginnt, wird auch kaum in den anderen Bereichen, z. B. bei der Reinigung der Geräte, bei den bakteriologischen Untersuchungen, jene Sorgfalt herrschen, die für die Wasseranalytik Voraussetzung ist.

Tab. 1.6 *Die vier Reinheitstypen des Reagenz-Wassers nach ASTM Norm D 1193-77 [3].*

	Typ I	Typ II	Typ III	Typ IV
Abdampfrückstand maximal (mg/l)	0,1	0,1	1,0	2,0
Leitfähigkeit (25 °C) maximal (μS/cm)	0,06	1,0	1,0	5,0
pH-Bereich (25 °C)	–	–	6,2–7,5	5,0–8,0
Mindest-Entfärbezeit von $KMnO_4$ (min)	60	60	10	10

1.6.1 Mono- und bidestilliertes Wasser

Voraussetzung für ein einwandfreies Destillat ist eine entsprechend hochwertige Destillationsanlage und deren ständige sorgfältige Wartung. Zur Erzielung der nötigen Reinheit sollten unbedingt Quarzapparaturen zur Anwendung kommen, z.B. der DESTAMAT-Baureihe (11), mit denen bei einer Stundenleistung von 2 Liter (1,7 kW Strom- und 35 l Kühlwasserverbrauch) **Mono-Destillat** mit einer Leitfähigkeit von 2,2 μS/cm bzw. 1,5 μS/cm oder **Bi-Destillat** mit einer Leitfähigkeit von 0,4 μS/cm (Stundenleistung 1,8 l; 3,1 kW Strom- und 70 l Kühlwasserverbrauch) gewonnen werden kann. Verwendet man gewöhnliche Glasapparaturen, ist im allgemeinen bei Einfachdestillation eine Leitfähigkeit von 20 μS/cm, bei Bidestillation von etwa 2 μS/cm erzielbar.

Diese Werte können noch unterboten werden, wenn eine Mischbett-Ionenaustauscheranlage vorgeschaltet wird (was zudem die Apparatur praktisch wartungsfrei macht); dies sollte bei harten Wässern grundsätzlich immer geschehen. Besonders zu beachten ist, daß das Destillat beim Abtropfen möglichst wenig mit der Luft und damit mit Staub und

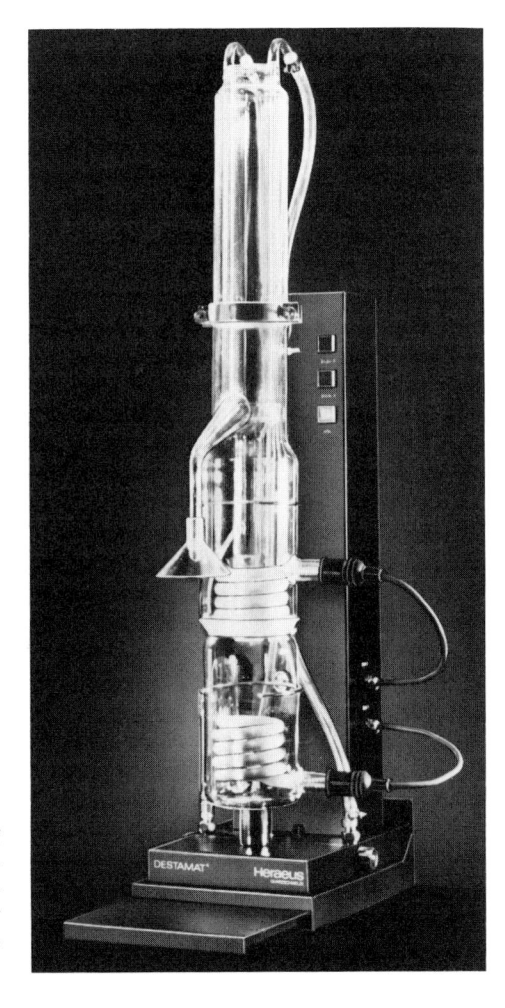

Abb. 1.6.1 *Bidestillierapparat* DESTAMAT *Bi 18 T der Fa.* HERAEUS *(11) aus Hanauer Quarzglas; Tischgerät; (auch als Wandgerät erhältlich). Leistung: 1,8 l/h Bidestillat mit einer Leitfähigkeit von 0,4 μS/cm und einem Abdampfrückstand von < 0,4 mg/l.*

Gasen in Berührung kommt (Apparat im Instrumentallabor aufstellen!). Da der Abfluß vom Bi 18 (vgl. Abb. 1.6.1) eine Temperatur von ca. 85°C aufweist, kann das Bidestillat weitgehend auch CO_2-frei gehalten werden, falls die (mit Stickstoff gut gespülte) Flasche ganz knapp unter den umgestülpten Schutztrichter des Geräts gestellt und nach Befüllung sofort verschlossen wird. Jede Flasche ist vor der (Begasung mit Stickstoff und) Füllung mehrmals mit Bidestillat intensiv zu schütteln (Stopfen aufsetzen!).

Trotz der höheren Betriebskosten einer Quarzapparatur ist deren Einsatz insbesondere dann zu empfehlen, wenn bei nicht zu großem Bedarf sehr hohe Ansprüche an Reinheit und gleichbleibende Qualität des Wassers gestellt werden.

1.6.2 Vollentsalzung durch Ionenaustausch und Umkehr-Osmose

Infolge ihrer hervorragenden Eigenschaften und niedrigen Betriebskosten setzen sich im analytischen, aber auch bakteriologischen Labor immer mehr jene Verfahren zur Wasserreinigung durch, die auf der Entfernung der im Wasser gelösten Stoffe durch Ionenaustausch [51, 115, 380, 542, 587] beruhen. Bei den nachfolgend beschriebenen Anlagen kommen poröse Austauscherharze (R-) mit stark sauren (z. B. $R-SO_3^-H_3O^+$; H-Form) bzw. stark basischen [$R-N(CH_3)_3^+OH^-$; OH-Form] Gruppen zur Anwendung, wobei die im Wasser vorhandenen Kationen gegen Oxonium-Ionen, die Anionen gegen Hydroxid-Ionen ausgetauscht werden, z. B. $R-SO_3^-Na^+$ bzw. $R-N(CH_3)_3^+Cl^-$. Ein Harzkorn von nur 0,5 mm Durchmesser kann bis zu 280 Billionen austauschfähige Gruppen besitzen. Durch die poröse Struktur der Harze gelingt es auch organische Substanzen weitgehend zurückzuhalten.

Bei den **Zweibett-Anlagen** werden die beiden Harztypen in zwei Gefäßen getrennt untergebracht. Das Rohwasser wird zunächst über den Kationen-Austauscher und sodann über den Anionen-Austauscher geleitet, wobei die in Freiheit gesetzten H_3O^+- und OH^--Ionen H_2O bilden (Neutralisation). Bei dieser Methode ist ein gewisser Ionenschlupf nicht zu vermeiden; immerhin wird eine Leitfähigkeit des Deionats von etwa 8 μS/cm erreicht.

Eine unvergleichlich bessere Wirkung ist bei Verwendung von **Mischbett-Anlagen** erzielbar. So werden z. B. bei den SERADEST-Mischbettanlagen (42) (vgl. Abb. 1.6.2a und 1.6.2b) Kationen- und Anionen-Austauscherharze in bestimmtem Mengenverhältnis innig miteinander vermischt, so daß sich ungezählt viele Kationen-Anionen-Austauscherstufen hintereinander in nur *einem* Filterbehälter befinden und die statistische Austauschwahrscheinlichkeit um ein Vielfaches zunimmt.

Bei vergleichbaren Mischbettgeräten wird üblicherweise das Rohwasser unten in das Harzbett ein- und das Reinwasser (Deionat) oben abgeleitet. Ionenaustauscherharze schrumpfen bei zunehmender Belastung um 3 bis 11 % ihres Volumens), dadurch bilden sich in den Behältern Hohlräume; zudem haben Kationenaustauscher eine größere Dichte als Anionenaustauscher. Dies führt dazu, daß bei dem in der Praxis häufig vorherrschenden diskontinuierlichen Betrieb bei jeder Inbetriebnahme das Harzbett aufgewirbelt wird; die Kationenaustauscher sinken ab, das Material entmischt sich. Speziell bei der Entnahme von jeweils nur wenigen Litern Deionat wird durch das nur kurzzeitig einströmende Wasser das Harz teilentmischt und setzt sich in neuer Zusammensetzung wieder ab. Dieser Vorgang – eventuell mehrmals in einer Stunde – führt zu sehr rascher Entmischung. Bei den SERADEST-Geräten wird das Wasser den Weg der Schwerkraft geführt und von *oben* gleichmäßig über die Harze geleitet. Die Mischbett-Harze können sich während der gesamten Betriebszeit, gleichgültig ob kontinuierlich

a)   b)

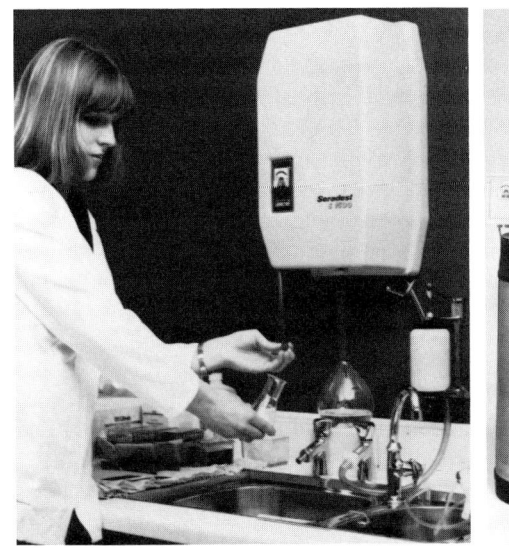

Abb. 1.6.2 a SERADEST S 750 *(42) Mischbett-Wasservollentsalzer. Wandgerät mit eingebautem Leitfähigkeitsmeßgerät; druckfest bis 3 bar, daher auch zur Herstellung von keimfreiem Wasser mittels Membranfiltration geeignet. Stundenleistung bis zu 100 Liter.*

Abb. 1.6.2 b SERADEST *(42) Mischbett-Wasservollentsalzer der Baureihe SD (SD 2000, SD 2800, SD 4000, SD 6000). Faßmodelle aus V4A-Spezial-Legierung, druckfest bis 10 bar, daher speziell geeignet zur Herstellung von keimfreiem Wasser mittels Membranfiltration und für alle Fälle, wo am Reinwasserausgang normaler Wasserdruck benötigt wird. SD 2800 ist mit (und ohne) Leitfähigkeitsmeßgerät abgebildet. Stundenleistung bis zu 1200 Liter.*

oder diskontinuierlich (z. B. Wochenende, Ferien) gearbeitet wird, nicht auftrennen, die Mischbettwirkung bleibt in gleicher Qualität erhalten. Dieses Verfahren hat den zusätzlichen Vorteil, daß auf komplizierte Einbauteile, die ein Entmischen verhindern sollen, verzichtet werden kann, so daß die bei Anlagen mit denen nicht kontinuierlich gearbeitet wird gegebene Verkeimungsgefahr bedeutend vermindert ist (vgl. Abschnitt 1.6.3). Die Wasserführung von oben nach unten wird auch bei großtechnischen Anlagen allgemein angewendet. Weiter wirkt das Harzbett bei dieser Wasserführung in gewissem Ausmaß als mechanisches Filter und hält ungelöste Stoffe zurück.

War eine Anlage längere Zeit abgestellt, so kann sich bei Wiederinbetriebnahme eine zu hohe Leitfähigkeit ergeben. Nach Ablassen einer Wassermenge, die dem Volumen des Mischbettes entspricht (dieses kann für die Grobreinigung von Laborgeräten verwendet werden), stellt sich am eingebauten Leitfähigkeitsinstrument die von dem jeweiligen Zustand des Harzes abhängige Leitfähigkeit ein. Zur **Regeneration** erschöpfter Mischbett-Austauscher werden die Patronen an die nächste Service-Station (42) eingeschickt.

Die **erzielbare Reinheit** des Deionats ist bei SERADEST-Geräten außerordentlich hoch. Dem theoretisch möglichen Wert von 0,039 μS/cm steht ein praktisch erreichbarer Wert von 0,055 μS/cm (bei frisch regeneriertem Mischbett) gegenüber. Die erzielbare Reinheit ist unabhängig von der Qualität des Rohwassers, wobei das Gerät grundsätzlich nur an die Trinkwasserleitung angeschlossen werden darf. Als Richtlinie für die erzielbare Reinheit kann angenommen werden, daß

- bei Erschöpfung der Austauscherkapazität bis zu   60   70   90   100 %
- ein Deionat mit einer Leitfähigkeit von μS/cm   < 0,1   < 1   < 2   < 20

erzielt werden kann. Dabei werden nicht nur praktisch alle dissoziierenden Stoffe, sondern auch Chlor, Kieselsäure, Kohlensäure und sogar Huminsäuren entfernt.
Für wasseranalytische und bakteriologische Zwecke können vorteilhaft die Mischbett-Wasservollentsalzer SERADEST S 750 (vgl. Abb. 1.6.2a) und SERADEST SD 2000 (vgl. Abb. 1.6.2b) eingesetzt werden. Beide Geräte können direkt an die Trinkwasserleitung angeschlossen werden und eignen sich auch für Sterilfiltration (vgl. Abschn. 1.6.3).
SERADEST S 750 ist ein Wandmodell und druckfest bis 3 bar mit einer Stundenleistung von bis zu 100 l und einer Austauscherkapazität von 7500 Härtelitern, d.h. kommt ein Rohwasser von 10°d Gesamt-Elektrolytgehalt zum Einsatz, so können bei einer 100%igen Ausnützung der Austauscherkapazität 750 l Deionat gewonnen werden, bei 5°d 1500 l usw. SERADEST SD 2000 ist ein Faßmodell (V4A-Edelstahl), druckfest bis 10 bar und eignet sich besonders auch für zentrale Versorgungsanlagen und zur direkten Einspeisung in den Labor-Spülautomaten. SD 2000 hat eine Stundenleistung von bis zu 300 l und eine Austauscherkapazität von 20000 Härtelitern, d.h. bei Verwendung eines Rohwassers von 10°d Gesamt-Elektrolytgehalt können bei einer 100%igen Ausnützung der Austauscherkapazität 2000 l Deionat gewonnen werden. Mit den Modellen SD 2800, SD 4000 und SD 6000 stehen entsprechend höhere Kapazitäten zur Verfügung.
Das Prinzip der **Umkehr-Osmose** [115] (auch Gegen-Osmose, Revers-Osmose) (SERADEST-Geräte RO-KM 50/100 und RO K/T 40/80/120) beruht auf einem unter hohem Druck bewerkstelligten Filtrationsvorgang im Bereich molekularer Dimensionen und gestattet in Verbindung mit einer nachgeschalteten Mischbettanlage und der Nachbehandlungsstufe SERADEST UP ultrareines Wasser (Permeat) zu gewinnen.
Die **Nachbehandlungsstufe Seradest UP** [590], bei der je Charge 1,3 l Deionat, Permeat oder Destillat (Lieferleistung 0,5 l/min) so lange im Kreislauf geführt werden, bis der gewünschte Reinheitsgrad erreicht ist (Kontrolle durch Microcomputer und Leitfähigkeitsanzeige), liefert ein organisch gereinigtes, partikelfreies, keim- und pyrogenarmes Wasser, das den ASTM-Qualitätsstandard I übertrifft. Das Kompaktgerät enthält in einer Multifunktionskapsel einen Mischbett-Ionenaustauscher (Nuclear Grade), einen Aktivkohlefilter für die Eliminierung organischer Verunreinigungen und ein 0,2 μm-Membranfilter für die Entfernung von Partikeln und Bakterien. Mit einer Multifunktionskapsel, deren Standzeit einen Monat nicht überschreiten sollte, lassen sich ca. 150 l Wasser höchster Qualität herstellen.

1.6.3 Keimfreies Wasser

Mit den in Abschn. 1.6.2 beschriebenen druckbelastbaren SERADEST-Geräten läßt sich problemlos auch keimarmes bzw. keimfreies Wasser herstellen. Durch die Regeneration sind die Ionenaustauscherharze praktisch keimfrei. Verhindert man durch ein *vorgeschaltetes* **Membranfilter** (28, 37, 38, 42) das Eindringen von Keimen, so läßt sich das Harz und damit auch das Deionat praktisch keimfrei halten. Diese Vorsorge sollte stets auch dann getroffen werden, wenn damit zu rechnen ist, daß die Anlage längere Zeit hindurch abgeschaltet wird. Die Filter haben einen Durchmesser von 50 mm und eine Durchsatzkapazität von 50 bis 100 l, danach sind neue Filter und eine neue Autoklavierung (vgl. Abschn. 3.2) erforderlich. Wird (auch) in den Reinwasser-Ausgang ein Sterilfilter zwischengeschaltet, so steht Deionat zur Verfügung, das frei von vermehrungsfähigen Keimen ist. Das Nachschalten eines Membranfilters verbessert die Wasserqualität auch in bezug auf eventuell noch vorhandene ungelöste Verunreinigungen, gestattet jedoch nicht, pyrogenfreies Wasser zu gewinnen, d. h. Wasser, das frei ist von toxischen Stoffwechselprodukten von Mikroorganismen; pyrogenfreies Wasser wird z. B. für die Herstellung von Injektionslösungen, nicht jedoch für analytische und bakteriologische Zwecke benötigt.

Eine wertvolle Hilfe zur exakten Dosierung kleiner keimfreier Flüssigkeitsmengen, wie sie z. B. zum Anfeuchten von Nährkartonscheiben nötig sind, stellt die **Dosierspritze SM 166 85** (37) (vgl. Abb. 1.6.3) dar. In Verbindung mit einem Filtrationsvorsatz aus Kunststoff (SM 165 17; autoklavierbar) bzw. Edelstahl (SM 162 14; Sterilisation durch Heißluft oder Autoklavieren) (37) lassen sich alle nötigen Dosierungen in Schritten von 0,5 bis 5 ml vornehmen, nachdem durch mehrmaliges Betätigen des Handhebels über den Ansaugschlauch und «Sinker», der sich im Vorratsbehälter befindet, das System mit Wasser gefüllt wurde. Es können Filter ab einer Porengröße von 0,1 μm (i. a. 0,45 μm bzw. 0,2 μm für Pyrogenfreiheit) verwendet werden.

Abb. 1.6.3 *Dosierspritze SM 16685 (37) mit Filtrationsvorsatz aus Edelstahl oder Kunststoff (Bild) zur Herstellung und exakten Dosierung kleiner Mengen keimfreien Wassers. Die Abbildung zeigt den Vorgang des Befeuchtens von Nährkartonscheiben (vgl. Abschn. 3.4.2).*

1.7 Trinkwasser – Beschaffenheit, Anforderungen und Beurteilung; Grenzwerte

«**Trinkwasser ist das wichtigste Lebensmittel. Es kann durch nichts ersetzt werden.**» (DIN 2000) [915]. Daher «gebührt dem Schutz des Trinkwassers nach Güte und Menge gegenüber anderen konkurrierenden Interessen der Vorrang. Grund-, Quell- und Oberflächenwasser, das der Trinkwasserversorgung dient, muß daher zum Wohle der Allgemeinheit in bestmöglicher Weise vor Verunreinigung und vor Beeinträchtigung der Ergiebigkeit geschützt werden.»

«**Güteanforderungen** an das Trinkwasser haben sich im allgemeinen an den Eigenschaften eines aus genügender Tiefe und ausreichend filtrierenden Schichten gewonnenen Grundwassers von einwandfreier Beschaffenheit zu orientieren, das dem natürlichen Wasserkreislauf entnommen ist und in keiner Weise beeinträchtigt wurde.» (DIN 2000).

«Alle Beteiligten haben dafür zu sorgen, daß diese Anforderungen nötigenfalls unter Zurückstellung anderer für die Allgemeinheit weniger lebenswichtiger Interessen mit allen verfügbaren Mitteln erfüllt werden.» (DIN 2000).

Tab. 1.7 *Parameter für Trinkwasser gemäß EG-Richtlinie über die Qualität von Wasser für den menschlichen Gebrauch [889] in Gegenüberstellung zu den Werten der Trinkwasser-Verordnung [730.4], ergänzt mit DIN 2000 [915]. (Die WHO-Standards 1970 [4] sind in Überarbeitung und noch nicht publikationsreif).*

Parameter	Darstellung der Ergebnisse	Richtzahl (RZ)	Zulässige Höchstkonzentration (ZHK) bzw. Höchstwert	Trinkwasser-VO (Grenzwert) bzw. DIN 2000 (*)
A. Organoleptische Parameter				
1 Färbung	mg/l Pt/Co	1	20	
2 Trübung	mg/l SiO$_2$	1	10	
	Secchi-Scheibe, m	6	2	qualitative Bewertung*
3 Geruchsschwellenwert	Verdünnungsfaktor	0	2 bei 12 °C 3 bei 25 °C	
4 Geschmacksschwellenwert	Verdünnungsfaktor	0	2 bei 12 °C 3 bei 25 °C	
B. Physikalisch-chemische Parameter (in Verbindung mit der natürlichen Zusammensetzung des Wassers)				
5 Temperatur	°C	12	25	5–15*
6 Wasserstoffionenkonzentration	pH-Wert	6,5–8,5	9,5	
7 Leitfähigkeit	µS/cm (20 °C)	400		
8 Chlorid	mg/l Cl	25		
9 Sulfat	mg/l SO$_4$	25	250	240
10 Kieselsäure	mg/l SiO$_2$			

Parameter	Darstellung der Ergebnisse	Richtzahl (RZ)	Zulässige Höchstkonzentration (ZHK) bzw. Höchstwert	Trinkwasser-VO (Grenzwert) bzw. DIN 2000 (*)
11 Calcium	mg/l Ca	100		
12 Magnesium	mg/l Mg	30	50	
13 Natrium	mg/l Na	20	175	
14 Kalium	mg/l K	10	12	
15 Aluminium	mg/l Al	0,05	0,2	
16 Gesamthärte	siehe F.			
17 Abdampfrückstand	mg/l (180 °C)		1500	
18 Sauerstoffsättigung	% O_2-Sättigung	Sättigungsindex > 75 % (ausgenommen Grundwasser)		
19 freies Kohlendioxid	mg/l CO_2	das Wasser sollte nicht aggressiv sein		

C. **Parameter für unerwünschte Stoffe** (in zu hohen Konzentrationen)

Parameter	Darstellung der Ergebnisse	Richtzahl (RZ)	Zulässige Höchstkonzentration (ZHK) bzw. Höchstwert	Trinkwasser-VO (Grenzwert) bzw. DIN 2000 (*)
20 Nitrat	mg/l NO_3	25	50	90 (50*)
21 Nitrit	mg/l NO_2		0,1	
22 Ammonium	mg/l NH_4	0,05	0,5	
23 Kjeldahl-Stickstoff (ohne NO_3- u. NO_2-N)	mg/l N		1	
24 Oxidierbarkeit ($KMnO_4$)	mg/l O_2	2	5	
25 Organisch gebundener Kohlenstoff (TOC)	mg/l C	alle möglichen Ursachen für eine Erhöhung der normalen Konz. müssen untersucht werden		
26 Schwefelwasserstoff	µg/l S		organoleptisch n. n.	
27 mit Chloroform extrahierbare Stoffe	Abdampfrückstand mg/l	0,1		
28 Kohlenwasserstoffe; Mineralöle (Petroletherextrakt)	µg/l		10	
29 Phenole (Phenolindex)	µg/l Phenol		0,5	organoleptisch n. n. *
30 Bor	µg/l B	1000		
31 Oberflächenaktive (methylenblauaktive) Stoffe	µg/l Laurylsulfat		200	
32 Organische Chlorverbindungen (ohne Parameter 55)	µg/l		1	
33 Eisen	µg/l Fe	50	200	organoleptisch n. n. *
34 Mangan	µg/l Mn	20	50	organoleptisch n. n. *
35 Kupfer	µg/l Cu	100	3000 (nach 12 h Stagnation in der Leitung)	
36 Zink	µg/l	100	5000 (nach 12 h Stagnation in der Leitung)	2000

Parameter	Darstellung der Ergebnisse	Richtzahl (RZ)	Zulässige Höchst-konzentration (ZHK) bzw. Höchstwert	Trinkwasser-VO (Grenzwert) bzw. DIN 2000 (*)
37 Phosphor	µg/l P_2O_5	400	5000	
38 Fluorid	µg/l F			1500
	8–12 °C		1500	
	25–30 °C		700	
39 Cobalt	µg/l Co			
40 ungelöste Stoffe		keine		keine*
41 Restchlor (nach Desinfektion auf Chlorbasis)	µg/l Cl			min. 100
42 Barium	µg/l Ba	100		
43 Silber	µg/l Ag		10	

D. Parameter für toxische Stoffe

Parameter	Darstellung	Richtzahl	ZHK	Trinkwasser-VO
44 Arsen	µg/l As		50	40
45 Beryllium	µg/l Be			
46 Cadmium	µg/l Cd		5	6
47 Cyanid	µg/l CN		50	50
48 Chrom	µg/l Cr		50	50
49 Quecksilber	µg/l Hg		1	4
50 Nickel	µg/l Ni		50	
51 Blei	µg/l Pb		50	40
52 Antimon	µg/l Sb		10	
53 Selen	µg/l Se		10	8
54 Vanadium	µg/l V			
55 Pestizide	µg/l			
– je Substanz			0,1	
– insgesamt			0,5	
56 Polycyclische aromatische KW	µg/l		0,2	0,25

E. Mikrobiologische Parameter

Parameter	Probemenge in ml	Richtzahl (RZ)	Zuläss. Höchstkonz. (ZHK) MF	MPN	Trinkwasser-VO (Grenzwert)
57 Coliforme [1]	100	0		< 1	0
58 E. coli	100	0		< 1	0
59 Fäkal-Streptokokken	100	0		< 1	
60 Sulfitreduzierendes Clostridium	20			≤ 1	

Parameter	Probemenge in ml	Richtzahl (RZ)	Zuläss. Höchstkonz. (ZHK) MF	MPN	Trinkwasser-VO (Grenzwert)
61 Koloniezahl bei unmittelbar an den Verbraucher geliefertem Wasser	1 (37 °C) 1 (22 °C) 1 (22 °C)	$10^{(1)(2)}$ $100^{(1)(2)}$			100 $20^{(3)}$
62 Koloniezahl bei Wasser in verschlossenen Behältnissen [4]	1 (37 °C) 1 (22 °C)	5 20	20 100	20 100	

Anmerkungen: MF: Membranfiltermethode. MPN: Mehrfachröhrenmethode; wahrscheinlichste Zahl (Most Probable Number).
(1) Bei desinfiziertem Wasser müssen die entsprechenden Werte bei Verlassen der Aufbereitungsanlage deutlich darunter liegen.
(2) Jede Überschreitung der Werte, die bei aufeinanderfolgenden Entnahmen bestehen bleibt, muß eine Überprüfung nach sich ziehen.
(3) In desinfiziertem Wasser, nach Abschluß der Aufbereitung.
(4) Die ZHK-Werte sind innerhalb von 12 h nach dem Abfüllen zu messen, während dieser Zeit sind die Proben auf einer konstanten Temperatur zu halten.

F. Erforderliche Mindestkonzentration für Wasser, das enthärtet worden ist und zum menschlichen Gebrauch geliefert wird

Parameter	Darstellung der Ergebnisse	Erforderliche Mindestkonzentration (enthärtetes Wasser)	Bemerkungen
1 Gesamthärte	mg/l Ca	60	Ca oder gleichwertige Ionen
2 Wasserstoffionenkonz.	pH-Wert		
3 Alkalinität	mg/l HCO_3	30	Das Wasser sollte nicht aggressiv sein
4 Gelöster Sauerstoff			

Hinsichtlich konkret zu stellender **Anforderungen** sind die entsprechenden gesetzlichen Vorschriften [730.3, 730.4, 807, 870.2], die WHO-Anforderungen [4] bzw. EG-Richtlinien [881, 886, 887, 889] und Normen [915, 916, 958, 959] maßgebend. In erster Linie hat sich auch die **Beurteilung** an den darin aufgeführten Erfordernissen zu orientieren; weitere Hinweise s. [202.1, 330, 370, 399].
Damit Wasser als Trinkwasser bezeichnet werden und in Verwendung genommen werden darf, muß es also gewissen, vom Gesetzgeber festgeschriebenen Anforderungen entsprechen. Vor allem muß Trinkwasser frei von Krankheitserregern sein, außerdem darf es keine gesundheitsschädigenden Eigenschaften besitzen. Letzteres bedeutet, daß Trinkwasser in chemischer Hinsicht **frei von toxischen Stoffen** sein muß, bzw. da dies nicht immer absolut möglich ist, daß diese einen bestimmten Grenzwert (eine noch zulässige Höchstkonzentration, ZHK) nicht überschreiten (vgl. Tab. 1.7). Die einzelnen Inhalts-

stoffe und deren Bedeutung wurden bereits in Abschn. 1.4, ausgesprochen toxische Stoffe in Abschn. 1.5 besprochen.

Bezüglich Angabe von **Grenzwerten** muß in aller Deutlichkeit hervorgehoben werden, daß dies nicht etwa *anzustrebende* Werte, sondern vielmehr *maximal noch zulässige* Werte sind, die nach Möglichkeit unterboten werden sollten, vor allem bei anthropogenen Belastungsstoffen. Besonders problematisch sind Grenzwerte hinsichtlich der bakteriologischen Beschaffenheit von Wässern.

Trinkwasser muß **frei von Krankheitserregern** sein (vgl. Abschn. 1.5.5). Der direkte Nachweis von Krankheitserregern ist schwierig und käme wohl in den meisten Fällen auch zu spät, um eine Infektion zu verhindern. Man bedient sich daher gewisser, im allgemeinen ungefährlicher **Indikatorkeime** *(Escherichia coli* und coliforme Bakterien). Bei deren Abwesenheit kann angenommen werden, daß im betreffenden Trinkwasser auch Krankheitserreger nicht zugegen sind.

Escherichia coli darf in 100 ml Trinkwasser nicht nachweisbar sein (vgl. Tab. 1.7).

Als weitere Indikatorkeime kommen (zur Ergänzung bzw. Sicherstellung eines Befundes) noch **Fäkal-Streptokokken (Enterokokken)** in Betracht. *Streptococcus faecalis* ist unempfindlicher gegen äußere Einflüsse und im Stuhl in geringerer Menge enthalten als die Colibakterien, weshalb dessen Nachweis als besonders schwerwiegender Befund zu gelten hat. Außerdem kommen Bakterien der Art *Pseudomonas aeruginosa* bei Mensch und Tier (auch im Darminhalt) vor. Sie können insbesondere in schlecht gewarteten Schwimmbädern zu Infektionen (Ohren, Haut) Anlaß geben.

Zur Absicherung eines Befundes sollten stets mehrere Proben desselben Wassers parallel untersucht werden.

Neben diesen *zwingenden* Anforderungen an ein Trinkwasser, gibt es auch eine Reihe von *wünschenswerten* Eigenschaften, die für dessen Verwendung zwar nicht unbedingt notwendig sind – und im Hinblick auf die vielfältigen Ansprüche an «Wasser von Trinkwasserqualität» (vgl. Tab. 1.2 und Absch. 1.5.7) auch gar nicht alle gleichzeitig realisiert sein könnten – die aber dennoch so weit als möglich und vor allem im Hinblick auf den menschlichen Genuß des Wassers gegeben sein *sollten*. Sie kommen in «Richtzahlen» (RZ) (vgl. Tab. 1.7) bzw. «Leitwerten» (G) (guide) zum Ausdruck oder werden durch qualitative Bewertung festgelegt. Nachfolgend einige besonders wünschenswerte Eigenschaften bzw. auch für die Beurteilung wichtige Aussagen:

1. Trinkwasser soll keimarm sein. (DIN 2000). Ein völlig keimfreies Wasser zu liefern ist praktisch weder möglich noch nötig. Auch bei aufbereitetem (gechlortem bzw. ozontem) Trinkwasser sind keineswegs alle Keime abgetötet. Die unter definierten Bedingungen sich experimentell ergebende **Koloniezahl** (vgl. Abschn. 3.4) sollte jedoch in einem einwandfreien Grundwasser in 1 ml unter 10 liegen [399]. Andernfalls ist darauf zu schließen, daß die Filtration der Bodenschichten ungenügend ist oder daß etwa bei einem Quellwasser ein unzureichender Sickerweg mit zu kurzen Aufenthaltszeiten in filtrierenden Bodenschichten besteht oder daß Verunreinigungen des Untergrundes bzw. des Leitungsnetzes vorhanden sind. Im allgemeinen soll die Koloniezahl eines Trinkwassers (filtriertes Oberflächenwasser) max. 100 je 1 ml betragen, bzw. bei Entkeimung nach abgeschlossener Aufbereitung max. 20 je 1 ml. Besonders sorgfältig ist ein plötzlicher Keimanstieg zu prüfen (vgl. Abschn. 1.5.5). **Coliforme Bakterien** sollen in 100 ml nicht enthalten sein. Sie deuten auf Verunreinigungen hin und geben Anlaß zu weiteren Untersuchungen.

2. Trinkwasser soll appetitlich sein und zum Genuß anregen. Es soll farblos, klar, kühl, geruchlos und geschmacklich einwandfrei sein. (DIN 2000).

Appetitlich ist ein Wasser, wenn seine äußere Beschaffenheit sowie seine physikalischen, chemischen, mikrobiologischen und biologischen Eigenschaften keine Anzeichen einer Verschmutzung erkennen lassen und wenn seine Gewinnung keinen Abscheu erweckt. Mit bloßem Auge sichtbare Organismen, Tier- und Pflanzenreste sowie ungelöste organische Stoffe dürfen im Trinkwasser nicht enthalten sein.

Färbung und Trübung des Wassers erwecken den Eindruck einer Verunreinigung, auch wenn sie – z. B. infolge Ausscheidens von Eisenoxidhydrat oder Calciumcarbonat – erst nach längerem Stehen auftreten. Sie können auch von Bestandteilen des Bodens (Humusstoffe, Ton) herrühren. Auch wenn diese Stoffe gesundheitlich unbedenklich sind, sollten sie durch Aufbereitung entfernt werden. Trübungen, die im Grundwasser nach starken Niederschlägen oder Hochwasser auftreten, sind ein Anzeichen für das Eindringen ungenügend filtrierten Oberflächenwassers. In diesem Fall ist das Wasser als hygienisch bedenklich zu beurteilen. Art und Herkunft von Trübungen und Färbungen sind stets zu ermitteln. Eine beim Zapfen des Wassers zu beobachtende milchige Trübung, die beim Stehen von unten nach oben verschwindet, ist durch Übersättigung des Wassers mit Luft entstanden und unbedenklich. Die Temperatur des Trinkwassers soll nach Möglichkeit zwischen 5 und 15 °C liegen und keine kurzzeitigen Schwankungen aufweisen.

Geruch und fremdartiger Geschmack beeinträchtigen die Güte und Appetitlichkeit eines Trinkwassers und können darüber hinaus gesundheitsschädigend sein (vgl. Abschnitte 1.4.15 und 1.5.3).

3. Der Gehalt an gelösten Stoffen soll sich in Grenzen halten. (DIN 2000).

Wasser ist ein Naturprodukt und daher in seiner Zusammensetzung vielfältig wie die Natur selbst. Es wäre weder sinnvoll noch wünschenswert, ein «einheitliches» oder «genormtes» Trinkwasser bereitstellen zu wollen. Ein gewisser Gehalt des Wassers an Salzen ist erwünscht. Doch sollen die Werte für den zulässigen oder erwünschten Gehalt eines Trinkwassers an gelösten Stoffen sich in solchen Grenzen halten, daß keine Geschmacksbeeinträchtigungen und keine gesundheitlichen Störungen auftreten.

4. Trinkwasser und die damit in Berührung stehenden Werkstoffe sollen so aufeinander abgestimmt sein, daß keine Korrosionsschäden hervorgerufen werden. (DIN 2000). Vgl. Abschn. 1.5.6.

5. Trinkwasser soll an der Übergabestelle in genügender Menge und mit ausreichendem Druck zur Verfügung stehen. (DIN 2000).

Über die Bedeutung von **Verschmutzungs-Indikatoren** zur Beurteilung von Trinkwasser s. Abschn. 1.13.6.

1.8 Mineral- und Heilwässer; Tafelwässer

1.8.1 Entstehung

Geologisch gesehen sind Mineralwässer eine spezielle Form des Grundwassers. Größtenteils entstammt ihr Wasser dem allgemeinen Wasserkreislauf, an dem sie schon lange teilhaben (vadose Quellen), zum Teil aber auch juvenilen Quellen, das sind Quellen, bei denen das Wasser aus großer Tiefe erstmals zu Tage tritt (z. B. die heißen Karlsbader Quellen).
Auf seinem Weg durch die verschiedensten Gesteinsformationen hat das Wasser reichlich Gelegenheit, seine Wirksamkeit als gutes Lösungsmittel zu entfalten und Mineralstoffe aufzunehmen. Wässer aus größerer Tiefe sind meist durch ihre höhere Temperatur gekennzeichnet. Eine Quelltemperatur von 30 °C läßt auf eine Tiefe von 1000 m, eine von 60 °C auf 2000 m schließen. Unter solchen Bedingungen können Stoffe in das Wasser gelangen, die unter gewöhnlichen Umständen nicht oder nur in Spuren anzutreffen sind. Die juvenilen Einflüsse dürften hinsichtlich der gelösten Bestandteile nicht allzu groß sein, der H_2S-Gehalt könnte in einzelnen Fällen juvenil sein, wird wohl aber hauptsächlich aus Gips stammen (reduzierendes Milieu). Als sicher juveniler Bestandteil kann im wesentlichen nur das CO_2 bezeichnet werden. ^{14}C-Bestimmungen an Thermalquellen im Ruhrgebiet haben gezeigt, daß diese Quellen älter sind als 24000 Jahre. Andererseits konnte aber auch nachgewiesen werden, daß die bekannte österreichische Thermalquelle in Gastein aufgrund des Gehaltes an ^{3}H (T) zumindest nicht ausschließlich juvenil sein kann [333].

1.8.2 Charakterisierung und Beschaffenheit

1. Mineralwässer: Gemäß EG-Mineralwasser-Richtlinie [888] ist «Natürliches Mineralwasser ... ein bakteriologisch einwandfreies Wasser, das seinen Ursprung in einem unterirdischen Quellvorkommen hat und aus einer oder mehreren natürlichen oder künstlich erschlossenen Quellen gewonnen wird. Natürliches Mineralwasser unterscheidet sich von gewöhnlichem Trinkwasser deutlich durch
a) seine Eigenart, die durch seinen Gehalt an Mineralien, Spurenelementen oder sonstigen Bestandteilen und gegebenenfalls durch bestimmte Wirkungen gekennzeichnet ist,
b) seine ursprüngliche Reinheit,
wobei beide Merkmale aufgrund der unterirdischen Herkunft des Wassers, das vor jedem Verunreinigungsrisiko geschützt ist, unverändert erhalten sind.»
«Diese Merkmale, die natürlichem Mineralwasser gesundheitsdienliche Eigenschaften verleihen können, müssen überprüft worden sein ...» (unter geologischen, hydrologischen, physikalischen, chemischen, chemisch-physikalischen, mikrobiologischen und erforderlichenfalls pharmakologischen, physiologischen und klinischen Gesichtspunkten). In Anhang II der Richtlinie sind diese Überprüfungen – als Voraussetzung zur Anerkennung als «natürliches Mineralwasser» – detailliert aufgeführt und weisen einen beträchtlichen Umfang auf. Der Definition selbst kommt primär wirtschaftlich-lebensmittelrechtliche Bedeutung zu. Dies zeigt sich insbesondere in den hohen Anforderungen in hygienisch-bakteriologischer Hinsicht. Ein bestimmtes Mindestmaß an Mineralisierung wird jedoch nicht gefordert (u. a. auch deshalb nicht, weil in den romanischen

Ländern die meisten Wässer mineralarm sind). Nach bisheriger Auffassung sind «Mineralwässer» natürliche, aus natürlichen oder künstlich erschlossenen Quellen gewonnene Wässer, die in 1 kg Wasser mindestens 1000 mg gelöste Salze oder mindestens 250 mg gelöstes freies CO_2 enthalten und am Quellort in die für den Verbraucher bestimmten Gefäße abgefüllt worden sind. Übersteigt der natürliche CO_2-Gehalt 1000 mg/kg, so kann das Mineralwasser als «Säuerling» oder «Sauerbrunnen» bezeichnet werden.

Der «Verordnung über natürliches Mineralwasser, Quellwasser und Tafelwasser (Mineral- und Tafelwasser-Verordnung)» [730.6], welche die bisherige Tafelwässer-VO ablöst, ist der oben dargelegte, erweiterte EG-Mineralwasserbegriff grundgelegt; sie gilt nicht nur «für das Herstellen, Behandeln und Inverkehrbringen von natürlichem Mineralwasser», sondern auch für das von «Quellwasser, Tafelwasser und sonstigem Trinkwasser», die – analog den Mineralwässern – «in zur Abgabe an den Verbraucher bestimmte Fertigpackungen abgefüllt sind. Sie gilt nicht für Heilwässer.»

Bei natürlichem Mineralwasser und Quellwasser sind nur folgende Bearbeitungsverfahren zugelassen: Abtrennen unbeständiger Inhaltsstoffe (Enteisenung, Entschwefelung) durch Filtration oder Dekantation, gegebenenfalls nach Belüftung, sofern die Zusammensetzung des Wassers durch diese Behandlung in seinen wesentlichen, seine Eigenschaften bestimmenden Bestandteilen nicht geändert wird; vollständiger oder teilweiser Entzug der freien Kohlensäure durch ausschließlich physikalische Verfahren; Versetzen oder Wiederversetzen mit Kohlenstoffdioxid. Insbesondere dürfen keine Stoffe zugesetzt und keine Verfahren zu dem Zweck durchgeführt werden, den Keimgehalt im natürlichen Mineralwasser zu verändern.

Im Gegensatz dazu sind bei **Tafelwasser** Zusätze erlaubt, und zwar: natürliches salzreiches Wasser (Natursole) oder durch Wasserentzug im Gehalt an Salzen angereichertes natürliches Mineralwasser, Meerwasser sowie NaCl, $CaCl_2$, Na_2CO_3, $NaHCO_3$, $CaCO_3$, $MgCO_3$ und CO_2.

Alle genannten Wässer sind **Lebensmittel** im Sinne des § 1 LMG [730.2]; vgl. auch: Österr. Lebensmittelbuch (Abschn. 4.5.3.2) und Schweiz. Lebensmittelbuch (Abschn. 4.5.4.4).

2. Heilwässer: (vgl. Tab. 1.8.2) sind als natürliche Heilmittel des Bodens **Arzneimittel** im Sinne des § 2 AMG 1976. In den «Begriffsbestimmungen für Kurorte, Erholungsorte und Heilbrunnen» [48, 49] (vgl. auch [830.3]) werden Heilwässer wie folgt charakterisiert: «Natürliche Heilwässer stammen aus Quellen, die natürlich zutage treten oder künstlich erschlossen sind. Aufgrund ihrer chemischen Zusammensetzung, ihrer physikalischen Eigenschaften oder nach der balneologischen Erfahrung sind sie geeignet, Heilzwecken zu dienen» (2001).

«Die chemische Zusammensetzung und die physikalischen Eigenschaften sind durch Heilwasseranalysen nachzuweisen und durch Kontrollanalysen zu überprüfen» (2002).

«Ihre Eignung, Heilzwecken zu dienen, ist durch Gutachten eines Balneologischen Instituts oder eines anerkannten Balneologen nachzuweisen» (2003).

«Durch hygienische und bakteriologische Untersuchungen ist sicherzustellen, daß die Heilwässer an ihrer Austrittsstelle, ihren Anwendungsorten oder nach der Abfüllung in die für die Verbraucher bestimmten Behältnisse hygienisch und bakteriologisch einwandfrei sind» (2004).

«Wässer, die mindestens eine der nachfolgenden Voraussetzungen erfüllen, können unter Berücksichtigung von 2001 bis 2004 den Heilwässern zugeordnet werden, soweit sie nicht Inhaltsstoffe oder Eigenschaften besitzen, die gegen die Benutzung als Heilwasser sprechen:

a) Wässer, die einen Mindestgehalt von 1 g/kg gelöste feste Mineralstoffe aufweisen ...
b) Wässer, die besondere wirksame Bestandteile enthalten. Der Gehalt an wirksamen Bestandteilen muß mindestens folgende Werte erreichen:

1. Eisenhaltige Wässer   20 mg/kg Eisen
2. Iodhaltige Wässer   1 mg/kg Iodid
3. Schwefelhaltige Wässer   1 mg/kg Sulfidschwefel (S)
4. Radonhaltige Wässer   18 nCi/kg
5. Kohlensäure-Wässer oder Säuerlinge   1000 mg/kg freies gelöstes CO_2
6. Fluoridhaltige Wässer   1mg/kg Fluorid

c) Wässer, deren Temperatur von Natur aus höher als 20 °C ist (Thermen).
d) Alle Mindestwerte (a–c) müssen auch am Ort der Anwendung erreicht bzw. überschritten werden.
e) Wässer, die keine angeführten Voraussetzungen erfüllen, müssen krankheitsheilende, -lindernde oder -verhütende Eigenschaften durch klinische Gutachten nachweisen.
f) Wässer, die in 1 kg über 5,5 g Natrium- und 8,5 g Chlorid-Ionen (entsprechend 240 mmol/kg Na^+- bzw. Cl^--Ionen) enthalten, können die Bezeichnung ‹Sole› führen.» (2005).

---

(1) **Matzen, Aubad-Quelle (Quelle V), Münster-Brixlegg/Tirol.**
Heil- und Mineralwasser; mit Kohlensäure versetzt; Versand-Heilwasser: «Alp-Quell».
Indikationen: Leber- und Gallenerkrankungen, Zuckerkrankheit, Gicht, Darmträgheit.
Die schon im Mittelalter bekannte Heilquelle wurde 1971 neu entdeckt und erschlossen.
Analyse: Prof. Dr. C. Job, Baln. Inst. d. Univ. Innsbruck (1971).

---

(2) **Eisenkappel, Ebriacher Quelle (Quelle I), Prebl/Kärnten.**
Heil- und Mineralwasser; Versand -Heilwasser:
«Das österreichische Preblauer natürliche Heilwasser».
Natrium-Calcium-Magnesium-Hydrogencarbonat-Säuerling.

Indikationen: Katarrhalisch-entzündliche Erkrankungen des Nierenbeckens und der Harnblase, Nachbehandlung nach Blasen- und Prostataoperationen, Nieren- und Blasensteine, Magen- und Darmkrankheiten, Katarrhalische Erkrankungen der oberen Atemwege.
Analyse: Prof. Dr. F. Scheminzky und E. G. Komma, TVA am Forsch. Inst. Gastein (1969).

---

(3) **Heilbad Weinberg (Quelle III), Oberösterreich.**
Calcium-Magnesium-Sulfat-Hydrogencarbonat-Eisenquelle.

Indikationen: Trink- und Badekuren: Eisenmangelzustände, Erschöpfungszustände und Rekonvaleszenz. Badekuren: Hauterkrankungen verschiedenster Art.
Analyse: wie (2) (1966).

---

(4) **Bad Deutsch-Altenburg, Niederösterreich.**
Natrium-Calcium-Chlorid-Hydrogencarbonat-Sulfat-Iod-Schwefeltherme (28,0 °C).

Indikationen: Bäder: Alle Erkrankungen der Gelenke und Muskel im subakuten oder chronischen Zustand, Rheumatische Erkrankungen, Neuralgien, Hauterkrankungen, degenerative Erkrankungen der Muskel und Gelenke, Lähmungserscheinungen, Frauenkrankheiten.
Analyse: Ing. A. Stehlik, Bundesstaatl. Anst., Wien (1974).

Tab. 1.8.2 *Charakteristik und Zusammensetzung einiger österreichischer Heil- und Mineralwässer. (Werte entnommen dem Österreichischen Heilbäder- und Kurortebuch; s. Abschn. 4.5.3.2.). (Legende s. S. 110).*

Inhaltsstoffe (mg/kg)	Analyse (1)	Analyse (2)	Analyse (3)	Analyse (4)
Kationen:				
Lithium (Li^+)	–	1,88	–	1,9
Natrium (Na^+)	4,28	1069,0	6,9	630,0
Kalium (K^+)	2,02	28,3	–	47,5
Ammonium (NH_4^+)	–	0,52	–	2,55
Magnesium (Mg^{2+})	43,22	213,1	52,2	74,8
Calcium (Ca^{2+})	466,59	336,4	145,5	276,6
Strontium (Sr^{2+})	–	7,4	–	8,6
Barium (Ba^{2+})	–	–	–	0,92
Eisen (Fe^{2+})	0,08	0,024	11,0	0,06
Eisen (Fe^{3+})	–	0,17	13,7	–
Mangan (Mn^{2+})	–	0,36	–	0,04
Aluminium (Al^{3+})	–	–	–	0,15
Anionen:				
Fluorid (F^-)	–	1,3	–	–
Chlorid (Cl^-)	3,83	39,5	19,9	939,9
Bromid (Br^-)	–	–	–	3,05
Iodid (I^-)	–	–	–	0,96
Nitrat (NO_3^-)	0,30	0,0	–	0,08
Nitrit (NO_2^-)	–	0,0	–	–
Sulfat (SO_4^{2-})	1117,89	77,6	372,8	540,0
Thiosulfat ($S_2O_3^{2-}$)	–	–	–	0,35
Hydrogencarbonat (HCO_3^-)	228,28	4834,0	284,3	651,7
Hydrogensulfid (HS^-)	–	–	–	18,8
Hydrogenphosphat (HPO_4^{2-})	–	< 0,01	–	0,09
Hydrogenarsenat ($HAsO_4^{2-}$)	–	0,05	–	0,13
Nichtelektrolyte:				
m-Borsäure (HBO_2)	–	11,3	–	23,0
m-Kieselsäure (H_2SiO_3)	6,95	74,9	–	39,5
Organische Stoffe	–	–	66,0	–
Gelöste Gase:				
Kohlenstoffdioxid (CO_2)	26,65	2210,0	27,8	315
Stickstoff + Edelgase (N_2)	–	1,65	–	–
Schwefelwasserstoff (H_2S)	–	–	–	75,66
Zweiwertiger Schwefel	–	–	–	89,4
Summe aller gelösten Stoffe:	1900,09	8907,454	1000,1	3740,74

Die Heilwässer bedeuten eine ansehnliche Bereicherung unseres natürlichen Heilmittelschatzes. Ihre Wirkung beruht auf dem besonderen Mineralstoffangebot, häufig auf einem geänderten Ionenverhältnis, wobei etwa Na^+ gegen K^+, Ca^{2+} gegen Mg^{2+}, I^- gegen Br^- usw. ausgetauscht sind, oder ein ganz bestimmtes Ion in pharmakologisch wirksamer Form und Konzentration zugeführt wird. Zur Erzielung einer bestimmten Heilwirkung ist das Gesamt-Ionen-Milieu, das mit einem Heilwasser dem Körper angeboten wird, von größter Bedeutung; es stellt dem Körper ein optimales Verhältnis bestimmter Elektrolyte, einschließlich meist einer Vielzahl von Spurenstoffen zur Verfügung. Doch kann die Heilwirkung nicht allein chemisch erklärt werden. Immer wieder wird darauf hingewiesen, daß zur Erzielung einer bestimmten Heilwirkung die Einnahme und Betreuung am Kurort selbst von größter Wichtigkeit sind. Zum speziellen «chemischen Milieu», das ein Heilwasser charakterisiert, muß wahrscheinlich auch das entsprechende «seelische Milieu» des Kurortes als ebenbürtiger Faktor hinzukommen, ebenso auch die Art der Einnahme, ob nüchtern, in kleinen Schlucken, beim Spazierengehen ... oder im Trubel der Beschäftigung des Alltags. Als typische Heilwirkungen auf bestimmte Organe sind zu nennen:

1. *Erkrankungen der Atmungsorgane: NaCl-Wässer.*
2. *Herzerkrankungen: CO_2-reiche Wässer («Massage»-Wirkung der Kohlensäure).*
3. *Blutarmut und allgemeine Schwäche: Eisen- und Arsen-Wässer.*
4. *Magenerkrankungen: bei zu starker Säuresekretion alkalische, bei zu geringer Säureabgabe NaCl-Wässer.*
5. *Lebererkrankungen und Erkrankungen der Gallenwege: Sulfathaltige Wässer.*
6. *Erkrankungen des Nierenbeckens: alkalische Wässer.*
7. *Arteriosklerose: Iod-Wässer.*
8. *Stoffwechselfördernd und entfettend: Solebäder.*
9. *Rheumatische Erkrankungen: heiße Thermal- und Schwefelbäder (die heißeste deutsche Thermalquelle mit einer Temp. von 77,5 °C liegt in Aachen).*

1.8.3 Untersuchung

Die Mineral- und Tafelwasser-VO [730.6] enthält im Anhang eine Auflistung der zu bestimmenden Parameter. Sie basiert im wesentlichen auf der in der EG-Trinkwasserrichtlinie [889] (vgl. Tab. 1.7) aufgeführten Liste, welche auch die Bezugsverfahren für die Analysen angibt.

Soweit es sich um trinkwasserähnliche, also elektrolytarme Mineralwässer bzw. Heilwässer handelt, kann grundsätzlich dieselbe Untersuchungsmethodik wie für Trinkwässer angewandt werden. Die Schwierigkeit der Untersuchung mineralreicher Wässer liegt in den völlig anderen Konzentrationsverhältnissen. Während man bei Trinkwasser kaum mehr als 50–100 mg/l an festen gelösten Bestandteilen findet, muß bei gut mineralisierten Wässern mit 1 g/kg bis zu 100 g/kg gerechnet werden. In Gegenwart hoher Einzel-Ionen-Konzentrationen sind eine Reihe von Spurenstoffen zu bestimmen – eine Aufgabe, die erhebliche Erfahrung und apparativen Aufwand erfordert.

Nach den «Begriffsbestimmungen» [48] muß eine Heilwasseranalyse (es wird nicht mehr zwischen «großer» und «kleiner» Analyse unterschieden) alle 10 Jahre durchgeführt werden. Alle zwei Jahre muß eine Kontrollanalyse erfolgen, bei der die Gesamtkonzentration, die charakteristischen Eigenschaften und die Hauptwirkstoffe festzustellen sind.

Deutet diese auf eine wesentliche Änderung in der Beschaffenheit des Wassers hin, oder ist eine Neufassung der Quelle erfolgt, so muß erneut eine Heilwasseranalyse durchgeführt werden. Bei Heilbrunnenbetrieben muß alle 5 Jahre eine Heilwasseranalyse der Flaschenfüllung erfolgen. Hygienische Untersuchungen müssen mindestens einmal im Jahr vorgenommen werden.

In Abschnitt 300 ist sodann der Inhalt der Heilwasseranalyse (Mindestanforderungen) umrissen. Die in Tab. 1.8.3 aufgeführte Analyse würde diesen Mindestanforderungen nicht mehr genügen, sie ist jedoch ein gutes Beispiel für eine Kontrollanalyse (zu ergänzen wären u. a. die Leitfähigkeit und der Abdampfrückstand bei 180 °C). Um solche, ggf. noch weiter eingeschränkte Kontrollanalysen, wobei fallweise der eine oder andere spezielle Wirkstoff, etwa Fluorid einbezogen werden kann, wird es sich im Lehrbetrieb handeln. Dies auch deshalb, weil eine Probenahme am Ort des Vorkommens in den

Tab. 1.8.3 *Analyse des Höllensprudels in Hölle/Ofr. (früher als «kleine Heilwasseranalyse» bezeichnet) [395].*

Datum der Probenahme:	24. November 1958 durch K.-E. Quentin
Schüttung der Quelle:	92,3 l/min am freien Überlauf
Temperatur des Wassers:	12,6 °C
pH-Wert des Wassers:	5,8

In einem Kilogramm des Wassers sind enthalten:

	Milligramm	Millimol/z* (Millival)	Millimol/z*-% (Millival-%)
Kationen:			
Natrium (Na^+)	11,80	0,513	4,08
Kalium (K^+)	1,50	0,038	0,23
Ammonium (NH_4^+)	0,33	0,018	0,14
Magnesium (Mg^{2+})	27,67	2,276	18,12
Calcium (Ca^{2+})	184,89	9,226	73,46
Eisen (Fe^{2+})	12,52	0,448	3,57
Mangan (Mn^{2+})	1,12	0,041	0,33
Summe:		12,560	100,00
Anionen:			
Chlorid (Cl^-)	2,57	0,072	0,58
Sulfat (SO_4^{2-})	3,38	0,080	0,64
Hydrogenphosphat (HPO_4^{2-})	0,08	0,002	0,01
Hydrogencarbonat (HCO_3^-)	756,40	12,397	98,77
Summe:	1002,71	12,551	100,00
Undissoziierte Stoffe:		Millimol	
m-Kieselsäure (H_2SiO_3)	112,32	1,438	
Summe:	1115,03		
Gasförmige Stoffe:			
Kohlendioxid (CO_2) (freies, gelöstes)	2392,25	54,355	
Summe:	3507,28		

Die Quelle ist als «Eisenhaltiger Calcium-Hydrogencarbonat-Säuerling» zu bezeichnen.

seltensten Fällen möglich und man auf das in Flaschen käufliche Wasser angewiesen ist – was zu nicht minder interessanten Ergebnissen führen kann. Abgesehen davon, daß sich seit Erstellung der Analyse, wie sie z. B. am Flaschenetikett oder in den einschlägigen Werken (s. Literatur) aufgeführt ist, die Quelle selbst verändert haben kann, sind auch Veränderungen des Wassers durch Lagerung und Behälterkontakt möglich. Die Bestimmung der Koloniezahl gibt interessante Einblicke in den mikrobiologischen Zustand. Keinesfalls sind jedoch Schlüsse aufgrund der Untersuchung von nur *einer* Flasche auf das Gesamt statthaft; hiefür sind eine Anzahl Flaschen desselben Wassers (aus verschiedenen Geschäften) nötig. Das «Vorauswissen» der Analysendaten aus den Angaben darf nicht dazu verleiten, diese als absolut zu werten. Es kann jedoch von großer Hilfe bei der Überlegung und Auswahl der Analysenverfahren sein, wenn man weiß, mit welcher Konzentration eines bestimmten Stoffes zu rechnen ist und welche Störungen zu erwarten bzw. zu beseitigen sind. Bei gut mineralisierten Wässern kann die Dichte oft erheblich von der des reinen Wassers abweichen (daher Angaben in mg/kg). Falls nicht eine Einwaage auf der Analysenwaage erfolgt, müssen alle gemessenen (Pipette) «Einwaagen» mit der Dichte multipliziert werden.

Literatur: [5, 45, 48, 49, 72, 73, 86, 87, 213, 220, 331, 332, 333, 395, 411, 412].

1.9 Fischereigewässer – Anforderungen, Untersuchung und Beurteilung

Im Hinblick auf die überaus große ökologische Bedeutung des Fisches als Endglied der aquatischen Nahrungskette aber auch der Fischzucht und Sportfischerei als Wirtschaftsfaktor «ist es erforderlich, die Fischpopulationen vor den unheilvollen Folgen des Einleitens von Schadstoffen in die Gewässer, so vor allem vor der zahlenmäßigen Verringerung und bisweilen sogar vor der Auslöschung bestimmter Arten, zu bewahren» [885]. Die EG-Richtlinie bezweckt also, «die Qualität von solchem fließendem oder stehendem Süßwasser zu schützen oder zu verbessern, in dem das Leben von Fischen folgender Arten erhalten wird oder, falls die Verschmutzung verringert oder beseitigt wird, erhalten werden könnte:

– einheimischer Arten, die eine natürliche Vielfalt aufweisen, oder
– Arten, deren Vorkommen von den zuständigen Behörden der Mitgliedstaaten als wünschenswert für die Wasserwirtschaft erachtet wird.»

«Im Sinne dieser Richtlinie sind
– ‹**Salmonidengewässer**› Gewässer, in denen das Leben von Fischen solcher Art wie Lachse *(Salmo salar)*, Forellen *(Salmo trutta)*, Äschen und Renken erhalten wird oder erhalten werden könnte;
– ‹**Cyprinidengewässer**› alle Gewässer, in denen das Leben von Fischarten wie Cypriniden *(Cyprinidae)* oder anderen Arten wie Hechten, Barschen und Aalen erhalten wird oder erhalten werden könnte.»

In der «Liste der Parameter» werden sodann 14 grundlegende physikalisch-chemische Parameter aufgeführt, jeweils unterschieden nach den beiden Gewässertypen und je unterteilt in zwingend einzuhaltende Werte (I) (Imperativ) und in Richtwerte (G) (Guide). Nachfolgend die Zusammenstellung der **Werte für Salmonidengewässer**. Ergänzend dazu wären noch vor allem zur Ermöglichung einer zusammenschauenden Interpretation, die an anderer Stelle des Buches zu den einzelnen Parametern gegebenen Hinweise einzusehen, insbes. die Abschnitte 1.2.5, 1.3, 1.4 und 1.5.1 bis 1.5.3.

1. **Temperatur:** Abwärmeeinleitung darf nicht dazu führen, daß die Temperatur um mehr als 1,5 °C über die nichtbeeinträchtigte Temperatur ansteigt (I), keinesfalls dürfen 21,5 °C überschritten werden (10 °C in der Laichzeit solcher Arten, die für die Fortpflanzung kaltes Wasser benötigen). Als Idealtemperatur für Forellen gelten 10–14 °C.

2. **Sauerstoff:** 50 % der Jahreswerte $\geq$ 9 mg/l O_2 (I) bzw. 100 % $\geq$ 7 mg/l (G). Bei einer Intensivhaltung von Forellen sollte eine Sauerstoffsättigung von 50 % nicht unterschritten werden. Insbesondere ist auch der Tag-Nacht-Zyklus zu berücksichtigen (s. Abschn. 1.3.3).

3. **pH-Wert:** 6–9 (I). Am günstigsten sind Werte zwischen 6,5–8 (vgl. Ammonium).

4. **Schwebstoffe:** $\leq$ 25 mg/l (G) (Membranfilter 0,45 μm, Trocknen bei 105 °C).

5. **BSB_5:** $\leq$ 3 mg/l O_2 (G) (bei 20 °C, im Dunkeln, ohne Nitrifikationshemmung).

6. **Gesamtphosphor:** im allgemeinen können 0,2 mg/l PO_4^{3-} als Grenzwert zur Verringerung der Eutrophierung angesehen werden.

7. **Nitrit:** $\leq$ 0,0l mg/l NO_2^- (G). (Verschmutzungsindikator!)

8. **Phenolhaltige Verbindungen:** (Geschmacksprüfung) dürfen nicht in solchen Konzentrationen vorhanden sein, daß sie den Wohlgeschmack des Fisches beeinträchtigen (I) (vgl. Abschn. 1.5.3.4).

9. **Ölkohlenwasserstoffe:** w. o. (vgl. Abschn. 1.5.3.5).

10. **Nicht ionisiertes Ammonium (NH_3):** $\leq$ 0,025 mg/l NH_3 (I) bzw. $\leq$ 0,005 mg/l NH_3 (G).

11. **Ammonium, gesamt (NH_4^+):** $\leq$ 1 mg/l NH_4^+ (I) bzw. $\leq$ 0,04 mg/l NH_4^+ (G).

Diese Werte dürfen zur Verringerung der Gefahr der Toxizität durch Bildung von NH_3, des O_2-Verbrauchs durch Nitrifikation und der Eutrophierung nicht überschritten werden. Freies Ammoniak ist extrem fischtoxisch, ca. 1 mg/l NH_3 (bei 15 °C) ist tödlich (Kiemennekrose mit Erstickungstod), für Fischbrut bereits 0,2–0,3 mg/l; 0,03–0,05 mg/l führen zu chronischen Schäden.

Das Gleichgewicht $NH_4^+ + OH^- \rightleftharpoons NH_3 + H_2O$ (NH_4^+/NH_3) ist temperatur- und vor allem stark pH-abhängig. Bei 17 °C liegen etwa folgende Verhältnisse vor (mg/l-Werte für einen angenommenen Gesamt-NH_4^+-Gehalt von 1 mg/l):

	NH_4^+ (%)	NH_4^+ (mg/l) $\rightleftharpoons$	NH_3 %	NH_3 (mg/l)
pH = 6	100	1,00	0	0,00
pH = 7	99	0,99	1	0,01
pH = 8	96	0,96	4	0,04
pH = 9	75	0,75	25	0,25
pH = 10	22	0,22	78	0,78

Bei der Bestimmung von Ammonium wird stets das Gesamtsystem NH_4^+/NH_3 erfaßt, daher muß zur Beurteilung, welcher Massenanteil davon dem NH_3 zufällt, v. a. der pH-Wert bekannt sein. Der Tatsache, daß im Tag-Nacht-Zyklus stehender Gewässer sowohl die Temperatur als auch der pH-Wert beträchtlich schwanken können (vgl. Abschnitt 1.4.2), ist besondere Aufmerksamkeit zu schenken.

12. **Restchlor, gesamt:** $\leq 0{,}005$ mg/l HOCl (I) (bei pH = 6).
13. **Gesamtzink:** $\leq 0{,}3$ mg/l Zn^{2+} (I) (für ca. 1 mmol/l Gesamthärte).
14. **Gelöstes Kupfer:** $\leq 0{,}04$ mg/l Cu^{2+} (G) (für ca. 1 mmol/l Gesamthärte).

Als weitere wichtige, in der EG-Richtlinie nicht genannte Parameter haben noch die **Gesamthärte (Ca^{2+} + Mg^{2+})** und das **Säurebindungsvermögen (SBV)** (Carbonathärte; m-Wert) zu gelten. Das Kalk-Kohlensäuresystem ist für die Fruchtbarkeit eines Fischgewässers von ausschlaggebender Bedeutung; kalkarme (weiche) und saure (geringes SBV) Gewässer reagieren infolge zu geringer Pufferwirkung (leichte Verschiebbarkeit des pH-Wertes) äußerst empfindlich auf eine Reihe von Einflüssen im Biotop selbst, aber auch auf Einflüsse von außen, z. B. Erniedrigung des pH-Wertes durch sauren Regen. Kalkreiche Gewässer stabilisieren den pH-Wert auf günstige Werte und ermöglichen eine Nährstofferhöhung durch CO_2-Bindung (erhöhtes SBV) (Kalkdüngung zusätzlich zur Phosphatdüngung in der Teichwirtschaft). Als Richtwerte können gelten [517]:

SBV (mmol/l)	Gewässertyp
0 –0,5	armes Gewässer
0,5–1,5	mäßiges Gewässer
> 1,5	fruchtbares Gewässer

In kalkreichen Gewässern wird außerdem die Gefahr der Bildung von zu großen Mengen an **freier Kohlensäure (CO_2)**, ebenfalls infolge guter Pufferwirkung des Wassers, weitgehend verringert. Im allgemeinen sind für Forellen 20–30 mg/l CO_2 tödlich. Bei niedrigen Temperaturen und weichem Wasser können bereits 10–15 mg/l CO_2 (SBV < 0,5 mmol/l) insbesondere für die Brut gefährlich werden. Eine eingehende Darstellung der Problematik s. [304]. In grober Näherung kann die Konzentration an freier Kohlensäure aus dem pH-Wert durch Multiplikation des SBV mit den nachfolgend aufgeführten Faktoren berechnet werden [517]:

pH	Faktor	pH	Faktor	pH	Faktor	pH	Faktor
6,1	94	6,6	30	7,1	9,4	7,6	3,0
6,2	75	6,7	24,0	7,2	7,5	7,7	2,4
6,3	59	6,8	19,0	7,3	5,9	7,8	1,9
6,4	47	6,9	15,0	7,4	4,7	7,9	1,5
6,5	37	7,0	12,0	7,5	3,7	8,0	1,2

Beispiel: SBV = 1,5 mmol/l, pH = 7,1; Faktor: 9,4
freie Kohlensäure (CO_2): 14,1 mg/l CO_2.

Als weitere, z. T. äußerst fischtoxische Ionen bzw. Substanzen sind zu berücksichtigen: Ag^+, Al^{3+}, Fe^{2+}/Fe^{3+}, Hg^{2+} (und Hg-Organika), Ni^{2+}, Pb^{2+}, CrO_4^{2-}, CN^-, H_2S sowie sämtliche in Abschn. 1.5.3 genannten Stoffe. Auch eine zu hohe Salzbelastung führt infolge allgemeiner Biotopschädigung zwangsläufig auch zu einer Verarmung am Fischbestand.
Zur Untersuchung von **Aquarienwasser** s. [527].
Literatur: [22, 25, 26, 69, 107, 138, 166, 213.1, 517, 527, 870.6].

1.10 Wasser für Hallenbäder, Freibeckenbäder und Badeseen – Anforderungen und Beurteilung

Baden und Schwimmen ist seit einigen Jahrzehnten nicht nur eine der beliebtesten Volkssportarten, sondern auch eine der besten gesunderhaltenden Maßnahmen. Vorausgesetzt, daß das dazu benützte Wasser hygienisch einwandfrei ist. Dies ist jedoch vielfach nicht der Fall; z.B. fand STEUER (1975) [205.8] nach Durchsicht der bakteriologischen Bäderbefunde eines Bezirkes mit über 3,5 Millionen Menschen, daß in 30% aller Nichtschwimmer- oder Mehrzweckbecken im Badewasser kein freies Chlor vorhanden war. Ähnliche Unzulänglichkeiten wurden bei der Überwachung von Beckenbädern auch von HEINTZ (1975 [205.8] festgestellt. In Badeseen liegen die Verhältnisse nicht viel anders, wie Untersuchungen von TIEFENBRUNNER (1975) [205.8] gezeigt haben, insbesondere dort, wo diese als Vorfluter auch nur geringer Mengen häuslicher Abwässer dienen und/oder die Selbstreinigungskraft aufgrund zu großer Badefrequenz überfordert wird. Die oft überaus starke Beanspruchung der Hallenbäder, Freibeckenbäder und Badeseen, insbesondere zu Stoßzeiten, fordert daher eine ständige Überwachung und Kontrolle des Badewassers und der Badeanlagen. Dies ist Aufgabe des Betreibers und der zuständigen Behörde (Amtsarzt). Jedoch sollten auch Schule und Ausbildung in verstärktem Maße dafür sorgen, ein entsprechendes Verantwortungsbewußtsein wachzurufen und auszuprägen. Die Untersuchung von Badewässern, insbesondere jener, die man selbst zum Baden benützt und die vielen anderen Menschen ebenfalls zur Erholung dienen, kann nicht nur eine sehr interessante und lehrreiche Aufgabe sein, sondern auch ein Dienst an der Volksgesundheit. Dies besonders dann, wenn nach gewissenhafter Untersuchung sich etwa ergebende Unzulänglichkeiten dem für die betreffende Badeanlage Verantwortlichen und ggf. auch der Behörde mitgeteilt werden.

Tab. 1.10.1 *Anforderungen an das Reinwasser*[1] *und an das Beckenwasser nach DIN 19 643 (und ÖNORM M 6215) (Ergänzungen s. Text).*

	Einheit	Reinwasser min.	max.	Beckenwasser min.	max.
Bakteriologische Beschaffenheit:					
Koloniezahl (bei $20 \pm 2\,°C$) (vgl. 3.)	1/ml		20		100
Koloniezahl (bei $36 \pm 1\,°C$)	1/ml		20		100
Coliforme Keime (bei $36 \pm 1\,°C$)	1/(100 ml)		n.n.		n.n.
E. coli (bei $36 \pm 1\,°C$)	1/(100 ml)		n.n.		n.n.
Pseudomonas aeruginosa (bei $36 \pm 1\,°C$)	1/(100 ml)		n.n.		n.n.
Physikalische Beschaffenheit:					
Wassertemperatur	°C				
Nichtschwimmer-, Schwimmer- und Springerbecken					28
Kurhallenschwimmbecken, Planschbecken					32
Klarheit					einwandfreie Sicht über den ganzen Beckenboden

(1) Reinwasser nach DIN ist «das aufbereitete Wasser nach Einmischung des Desinfektionsmittels», nach ÖNORM sinngemäß das «aufbereitete Wasser unmittelbar vor Eintritt in das Becken».

	Einheit	Reinwasser min.	Reinwasser max.	Beckenwasser min.	Beckenwasser max.
Chemische Beschaffenheit:					
pH-Wert (vgl. 4.)		6,5	7,8	6,5	7,8
Oxidierbarkeit (KMnO$_4$) (vgl. 5.)	mg/l		0		3
Ammonium (NH$_4^+$)	mg/l		0,1		0,1
Nitrat (NO$_3^-$) (über dem Wert des Füllwassers)	mg/l				20
Chlorid (Cl$^-$) (nur ÖN) (über dem Wert des Füllwassers)	mg/l				100
Aluminium (Al^{3+}) (Restgehalt bei Flockung mit Al-Salzen)	mg/l		0,1		0,1
Eisen (Fe^{3+}) (Restgehalt bei Flockung mit Fe-Salzen)	mg/l		0,01		0,01
Desinfektion:					
Verfahrenskombination Flockung + Filterung + Chlorung					
freies Chlor (Cl$_2$)	mg/l		nach Bedarf	0,3	0,6
gebundenes Chlor					
– im pH-Bereich 6,5–7,2	mg/l		0,3		0,3
– im pH-Bereich 7,2–7,8	mg/l		0,5		0,5
Verfahrenskombination Flockung + Filterung + Chlor-Chlordioxid					
freies Chlor (Cl$_2$ + ClO$_2$)	mg/l		nach Bedarf	0,3	0,5
gebundenes Chlor					
– im pH-Bereich 6,5–7,2	mg/l		0,2		0,2
– im pH-Bereich 7,2–7,8	mg/l		0,4		0,4
Chlorit (ClO$_2^-$)	mg/l		0,1		0,1
Verfahrenskombination Flockung + Filterung + Ozonung + Aktivkornkohle-Filterung + Chlorung					
freies Chlor (Cl$_2$)	mg/l		nach Bedarf	0,2	0,5
gebundenes Chlor					
– im pH-Bereich 6,5–7,2	mg/l		0,1		0,1
– im pH-Bereich 7,2–7,8	mg/l		0,2		0,2
Ozon (O$_3$) (im Ablauf des AK-Filters)	mg/l		0,05		0,05
Redox-Spannung (gemessen in Süßwasser gegen 3,5 mol/l KCl Kalomel-Elektrode, bezogen auf 25 °C)					
– im pH-Bereich 6,5–7,5	mV			700	
– im pH-Bereich 7,5–7,8	mV			720	
Redox-Spannung (gemessen in Süßwasser gegen 3,5 mol/l KCl Ag/AgCl-Elektrode, bezogen auf 25 °C)					
– im pH-Bereich 6,5–7,5	mV			750	
– im pH-Bereich 7,5–7,8	mV			770	

1.10.1 Hallenbäder und Freibeckenbäder

Im Abschn. 4 des Bundes-Seuchengesetzes [730.3], der die einzelnen Vorschriften zur Verhütung übertragbarer Krankheiten enthält, heißt es in § 11, Abs. 1, u. a.: «Schwimm- oder Badebeckenwasser in öffentlichen Bädern oder Gewerbebetrieben muß so beschaffen sein, daß durch seinen Gebrauch eine Schädigung der menschlichen Gesundheit durch Krankheitserreger nicht zu besorgen ist. Schwimm- oder Badebecken unterliegen insoweit der Überwachung durch das Gesundheitsamt.» Das heißt, daß das Wasser in Schwimm- oder Badebecken seuchenhygienisch dem Trinkwasser gleichgestellt ist. Ebenso muß es frei sein von Eigenschaften und Inhaltsstoffen, die zu einer Beeinträchtigung der menschlichen Gesundheit führen können. Auch das Wasch- und Brausewasser muß Trinkwasserqualität aufweisen. Eine entsprechende Verordnung über «Schwimm- und Badebeckenwasser» [730.18] regelt Einzelheiten. Die 1972 neu gefaßte KOK-Richtlinie für den Bäderbau (s. Abschn. 4.5.1.14) ist inzwischen in die DIN 19643 «Aufbereitung und Desinfektion von Schwimm- und Badebecken» [920] überführt.
In Österreich diente die KOK-Richtlinie der «Verordnung über Hygiene in Bädern» [830.9] als Grundlage, außerdem sind maßgebend ÖNORM M 6215, M 6216 und M 6217 [954, 955, 956]. Die Schweiz besitzt seit 1982 die SIA 385/1 [973], welche die SIA 173 von 1968 ersetzt und ebenfalls z. T. der KOK-Richtlinie angeglichen wurde.
Grundlage für die zu stellenden **Anforderungen an die Wasserqualität** ist die allgemein anerkannte Meinung, daß ein seuchenhygienisch einwandfreies Schwimmbadewasser nur durch ein optimales Zusammenwirken dreier Faktoren zu erreichen ist:

- **Desinfektion** (Begrenzung der Mikroorganismen durch Abtötung bzw. Inaktivierung),
- **Beckenhydraulik** (optimale Verteilung des Desinfektionsmittels im gut durchströmten Becken und Austrag von Belastungsstoffen) und
- **Aufbereitung** (Entfernung von Belastungsstoffen und Mikroorganismen).

Die in DIN 19643 gestellten Anforderungen (vgl. Tab. 1.10.1) scheinen zunächst übertrieben rigoros. Wenn man aber bedenkt, daß ein Nichtschwimmer bei einmaligem Baden etwa 30 ml, ein Schwimmer etwa 50 ml Wasser durch den Mund aufnimmt und daß durch die Badenden ständig eine Vielzahl von Verschmutzungsstoffen eingetragen werden, z. B. Haare, Textilfasern, Hautschuppen, Seifenreste, Kosmetika, Schweiß, Speichel, Urin und damit ständig auch Krankheitserreger eingeschleppt werden können, sind diese Forderungen durchaus angemessen. In Freibeckenbädern erfolgt noch zusätzlich Verunreinigung durch Staub, Ruß, Sporen, Insekten, Vogelexkremente, Pflanzenteile usw.
Von besonderer Bedeutung ist auch der regelmäßige **Füllwasser-(Frischwasser-)Zusatz**. Er sorgt durch Verdünnung, daß Stoffe, die durch Aufbereitung nicht aus dem Wasser entfernt werden (z. B. das durch Reduktion des Chlors entstehende Chlorid) keine unerwünschte Anreicherung erfahren. Der Füllwasserzusatz ist so zu bemessen, daß die für das Becken geforderten Werte der Tab. 1.10.1 eingehalten werden, im allgemeinen rechnet man mit 30 l pro Beckenbenützer und Tag [954]. Es sollten also je Besucher und Tag 30 l Wasser von der Oberfläche über die Überlaufrinne («Überlaufwasser») entfernt werden. Dies ist von großer Bedeutung, denn gerade die oberen Wasserschichten sind auch bei zureichender Aufbereitung und Umwälzung am stärksten belastet.
In Ergänzung zu Tab. 1.10.1 nachfolgend noch einige Hinweise zur Untersuchung und Beurteilung.

1. **Probenahme:** Die **Reinwasserprobe** wird unmittelbar vor Eintritt in das Becken entnommen. Die **Beckenwasserprobe** wird im oberflächennahen Bereich, in der Regel 50 cm vom Beckenrand entfernt, durch Schöpfen entnommen. Auch das **Füllwasser** (Trinkwasser!) muß überprüft werden.

2. **Sofortuntersuchungen:** An Ort und Stelle sind zu bestimmen die Temperatur, der pH-Wert (möglichst elektrometrisch), die Redox-Spannung sowie freies und gebundenes Chlor. Eine spätere Chlor-Bestimmung hat kaum noch Aussagekraft, da die Chlorzehrung im Wasser weitergeht und das Ergebnis verfälscht. Gut geeignet sind die im Handel erhältlichen Reagenziensätze für Chlor- und pH-Bestimmung, z. B. [502, 503, 530, 593].

3. **Bakteriologische Beschaffenheit:** Das Nicht-Vorhandensein von Indikatorkeimen ist von entscheidender Bedeutung, die Koloniezahl von sekundärem Interesse. Die ÖNORM M 6215 gestattet während der Betriebszeit eine Koloniezahl (22 °C, 48 h) von ≤ 300 in 1 ml, in künstlichen Freibeckenbädern von ≤ 500 in 1 ml, die SIA-Norm von ≤ 1000 in 1 ml.

4. **pH-Wert:** Der pH-Wert sollte zwischen 7,2 und 7,6 liegen (optimaler Wert 7,4). Ein zu hoher pH-Wert erniedrigt die Redoxspannung des Wassers und damit dessen Desinfektionskraft (Algen- und Bakterienwachstum; Entstehen schleimiger Beläge) bzw. erfordert einen wesentlich höheren Desinfektionsmittelzusatz. Bei harten Wässern ist Kalkabscheidung möglich.
Bei Flockung mit Al-Salzen ist im Rohwasser, das ist das der Aufbereitung zugeführte Wasser, ein pH-Bereich von 6,5–7,2, bei Flockung mit Fe-Salzen ein pH-Bereich von 6,5–7,8 einzuhalten (DIN 19 643).

5. **Oxidierbarkeit:** Liegt die Oxidierbarkeit des aufbereiteten Wassers bei unbelasteter Anlage unter der des Füllwassers, so ist dieser niedrigere Wert als Bezugswert zu benutzen; liegt jedoch die Oxidierbarkeit des Füllwassers < 2 mg/l $KMnO_4$, so gelten diese als Bezugswert (DIN 19 643).

6. **Desinfektion (Entkeimung):** (vgl. Abschn. 1.4.17) Erfahrungsgemäß sind in einem gut durchströmten Becken bei maximaler Besucherbelastung für eine ausreichende Desinfektion min. 0,3 mg/l freies Chlor erforderlich. Der Anteil an gebundenem Chlor kann bei Anwesenheit organischer N-Verbindungen (hauptsächlich aus Urinausscheidung) und deren Abbauprodukten NH_4^+ bzw. NH_3 durch Bildung von Chlorharnstoff, Chloraminen und Stickstofftrichlorid auf Kosten des freien Chlors (Chlorzehrung) beträchtlich ansteigen. Diese Verbindungen sind bei der gegebenen Einwirkungsdauer von unzureichender Desinfektionskraft – NCl_3 ist zudem ein starker Reizstoff für Augen und Schleimhäute – und bilden sich hauptsächlich, wenn das Wasser bei starker Belastung unzureichend gechlort wird und einen zu hohen pH-Wert aufweist, so daß nennenswerte Mengen an freiem NH_3 vorhanden sind (s. Abschn. 1.9.11). Werte von > 0,5 mg/l gebundenes Chlor deuten auf eine starke Belastung des Badewassers und erfordern eine vorübergehend starke Chlorung (am besten über Nacht), wobei Stickstoff-Chlor-Verbindungen zu NH_4^+, N_2 und Cl^- abgebaut werden, sowie Frischwasserzusatz.
Eine wirksame Desinfektion hängt jedoch nicht nur von der zugesetzten Menge an Desinfektionsmittel ab. Sie wird mitbestimmt vom Wirkungsgrad der Aufbereitungsmaßnahmen (Flockung, Filtration), dem Ablauf der Oxidationsvorgänge (so können Kolloide z. B. Bakterien und Viren einhüllen und eine Art Schutzschicht gegenüber dem Desinfektionsmittel bilden), der Widerstandsfähigkeit der Keime und von der Anwesenheit sonstiger oxidierbarer Stoffe, z. B. Algen, und ihrer Chlorzehrung. Im Freien sind auch Sonneneinstrahlung, Regen, Staub und Temperaturschwankungen zu beachten.

Daher sollte das Desinfektionsmittel grundsätzlich kontinuierlich nach Maßgabe einer automatischen und registrierenden Überwachung der Redox-Spannung zudosiert werden – unbeschadet der ständigen Kontrolle des freien und des gebundenen Chlors.
Als Desinfektionsmittel sind nach DIN 19643 zugelassen: Chlorgas, Chlor-Chlordioxid (das ClO_2 wird durch Einwirkung von Chlor auf Natriumchlorit-Lösung im Gew. Verh. 10:1 am Verwendungsort hergestellt), Natriumhypochlorit und Calciumhypochlorit.
Eine Redox-Spannung von > 700 mV bei pH-Werten um 7 und Konzentrationen an freiem Chlor zwischen 0,3 und 0,6 mg/l Cl_2 weist auf eine rasche Keimtötung und damit auch auf einen seuchenhygienisch einwandfreien Zustand des Wassers hin [320, 347].

7. Verschmutzungsindikatoren: Hinweise auf eine Verschmutzung geben erhöhte Werte von **Ammonium** und **gebundenem Chlor**, weiter auch von **Chlorid** und **Nitrat**, falls die Werte beträchtlich über den Füllwasserwerten liegen. Auch die Bestimmung der **Leitfähigkeit** (Verhältnis Füllwasser:Beckenwasser) ermöglicht interessante Rückschlüsse.

1.10.2 Badeseen

Wird Oberflächenwasser zu Badezwecken benützt, z.B. natürliche oder künstliche Badeseen bzw. Badeteiche, können schon aufgrund der natürlichen Gegebenheiten keine so hohen Anforderungen an das Badewasser gestellt werden als bei Becken, die mit Trinkwasser gespeist sind. Da auch eine Wasseraufbereitung nicht durchführbar ist, muß an dessen Stelle eine ausreichende natürliche Selbstreinigung (vgl. Abschn. 1.3.2) des Gewässers treten.
Probenahme: Proben werden an den Stellen entnommen, wo durchschnittlich der stärkste tägliche Badebetrieb herrscht. Sie werden vorzugsweise 30 cm unter der Wasseroberfläche entnommen. Die Probenahme beginnt 2 Wochen vor Anfang der Badesaison.
Beurteilung: Viele der in Abschn. 1.10.1 aufgezeigten Kriterien lassen sich sinngemäß auch zur Beurteilung von Badeseen heranziehen. Insbesondere ist auch der biologische Zustand des Gewässers (vgl. Abschn. 1.3.3) zu berücksichtigen. Im einzelnen können folgende Grundsätze zur Beurteilung dienen [882, 957]:

1. Ein Oberflächengewässer darf grundsätzlich nur dann zu Badezwecken benützt werden, wenn gewährleistet ist, daß **keinerlei Abwassereinleitungen** erfolgen und das **Wasser frei von Krankheitskeimen** ist. Der Colititer muß in der Regel $\geq$ 1,0 sein, gelegentliches Auftreten von Colititer 0,1 kann toleriert werden, Colititer $\leq$ 0,01 sind Anlaß zu Badeverbot [313].

2. Die **Sichttiefe** (Transparenz) kann zufolge von Algen- und sonstiger organischer Produktion beeinträchtigt sein; sie *sollte* mindestens 2 m (Leitwert), sie *muß* 1 m (zwingender Wert) betragen [882].

3. Das Wasser darf keine anomale Änderung der **Färbung** aufweisen.

4. Das Wasser muß **geruchlos** sein; es darf sich kein sichtbarer Film, hervorgerufen durch Mineralöle, auf der Wasseroberfläche befinden; auch darf keine anhaltende **Schaumbildung** (Tenside) auftreten.

5. Allgemein-hygienischer Zustand: In dem Wasser dürfen sich keine Teer-Rückstände und schwimmende Körper wie Holz, Kunststoff, Flaschen, Gefäße aus Glas, Kunststoff, Gummi oder sonstigen Stoffen sowie Bruch oder Splitter befinden.

6. **pH-Wert:** 6–9 (zwingender Wert) [882].

7. **Ammonium (NH_4^+):** max. 0,2 mg/l (Epilimnion, während der Badesaison); höhere Werte weisen darauf hin, daß die Selbstreinigungskraft des Wassers gehemmt oder überfordert ist.

8. **Oxidierbarkeit ($KMnO_4$):** < 25 mg/l (glasfaserfiltrierte Probe).

9. **Sauerstoff (O_2):** 80–120 % Sättigung (Leitwert) [882]. In tiefen Seen (mit sommerlicher Temperaturschichtung) in 3 m Tiefe: min. 60 % Sättigung. In epilimnischen Gewässern (ohne sommerliche Temperaturschichtung) min. 40 % Sättigung. In Fließgewässern in der gesamten Wassermasse: min. 60 % Sättigung [957]. Eine hohe Sauerstoffübersättigung im Sommer (130–200 %) beruht auf einer starken Zunahme des Phytoplanktons bzw. in flachen (Bagger-)Seen auf reichlicher Vegetation an Unterwasserpflanzen und zeigt eine entsprechend hohe Belastung an.

10. **Bakteriologische Anforderungen:** [882] Gesamtcoliforme Bakterien in 100 ml: 500 (Leitwert), jedoch max. 10000 (zwingender Wert). Fäkalcoliforme Bakterien in 100 ml: 100 (Leitwert), jedoch max. 2000 (zwingender Wert). *Streptococcus faec.* in 100 ml: 100 (Leitwert). Salmonellen in 1000 ml: 0 (zwingender Wert).

Literatur: [6, 81, 142, 203.7, 205.4, 205.8, 213, 214.7, 313, 320, 347, 530, 593, 709].

1.11 Regenwasser und Schnee (Niederschlagswasser)

Wie bereits in Abschn. 1.2.1 erwähnt, ist die Meinung, Niederschlagswasser sei sehr reines Wasser, da es sein Vorhandensein einem natürlichen Destillationsvorgang verdankt, nur sehr eingeschränkt vertretbar. Infolge der guten Löslichkeit vieler Stoffe in Wasser und der großen wirksamen Oberfläche sowie durch das «Mitreißen» unlöslicher Stoffe und Partikel erfährt die durchströmte Luft zwar einen erheblichen und wohltuenden Prozeß der Reinigung, das betreffende Niederschlagswasser selbst wird jedoch dabei gleichsam zum «Abwasser» der Luft. Es wurde festgestellt, daß ein aus 1 km Höhe fallender 50 mg schwerer Regentropfen 16,3 l Luft bzw. 1 l Regenwasser 326000 l Luft auswäscht.

Da Niederschlagswasser kaum einer direkten Verwendung zugeführt werden kann – außer der, die es von Natur aus besitzt – und als Trinkwasser ungeeignet ist, werden chemische Untersuchungen desselben vergleichsweise selten durchgeführt. Zudem entzieht es sich allen zu stellenden Anforderungen hinsichtlich der Reinheit (Grenzwerte), denn diese können sinnvollerweise nur über Maßnahmen zur Reinhaltung der Luft erfolgen, so daß eine Überwachung als weniger zweckmäßig erscheint. QUENTIN [205.7] (S. 167) weist darauf hin, daß für verbleites Benzin (abgesehen vom immittierten Blei selbst) ein Selengehalt von 53 μg/l Se gefunden wurde und knüpft daran die Feststellung, daß immer noch zu wenig der mögliche Zusammenhang zwischen Luftimmission und Gewässerinhaltsstoffen berücksichtigt wird.

1.11.1 Inhaltsstoffe

Zu den bereits in Abschn. 1.2.1 genannten Inhaltsstoffen ist ergänzend zu bemerken, daß neben der CO_2-Sättigung des Wassers insbesondere der überhöhte SO_2-Gehalt und u. U. auch der Gehalt an Stickoxiden typisch für verstädterte und Industriezonen ist. Durch photochemische Reaktionen unter katalytischer Wirkung von Ruß- und Staubpartikeln können diese Oxide bis zur Schwefelsäure bzw. Salpetersäure oxidiert werden. Dies zeigt sich in dem vergleichsweise hohen Sulfat- bzw. Nitratgehalt dieser Wässer, in der Leitfähigkeit und im pH-Wert (vgl. Tab. 1.11.1).

Tab. 1.11.1 *Vorwiegend anorganische Inhaltsstoffe in Regenwasser (Koblenz-Mitte; 1974) nach* HELLMANN *(1976) [358].*

		Minimal	Maximal
pH-Wert		4,9	6,8
Leitfähigkeit	µS/cm	65	97
Gelöste Stoffe	mg/l	30	50
Gesamthärte	°d	0,6	1,8
Chlorid	mg/l	4	10
Nitrat	mg/l	7	22
Sulfat	mg/l	9	24
Phosphat	mg/l	–	< 0,1
CSB	mg/l	2	10
CCl_4-Extrakt (PAK; Paraffine)	mg/l	0,3	1,5
Kohlenwasserstoffe	mg/l	0,04	0,15

Der Gehalt an Kationen ist im allgemeinen gering, auch der an Calcium und Magnesium (Gesamthärte), so daß Niederschlagswasser zu den sehr weichen, wenig gepufferten (aggressiven) Wässern zu zählen ist. Ein interessanter Zusammenhang besteht zwischen Salzgehalt des Wassers und Entfernung vom Meer. Vermutlich gelangt durch feinstes Versprühen Meerwasser der Uferregionen in die Luft, mit der es über weite Strecken transportiert werden kann. Beispielsweise nehmen die durchschnittlichen Chlorid-Gehalte der Niederschläge in Europa von 10 mg/l Cl^- an der Westküste bis etwa 2 mg/l Cl^- im Inland ab. Eine hohe Konzentration an Blei ist vor allem in den ausgewaschenen Staubpartikeln festzustellen [358]. Ähnliche Auswascheffekte gelten auch für andere natürliche (z. B. vulkanische) oder anthropogene Stoffe, z. B. den Gehalt an Radioaktivität, der nach Kernversuchen stets über weite Gebiete stark zunimmt.

Über organische Inhaltsstoffe liegen relativ wenige Untersuchungen vor. HELLMANN (1976) [358] fand einen bemerkenswert hohen Gesamtgehalt zwischen 5 und 15 mg/l, woraus nach Hochrechnung eine globale Jahresbelastung von 5 Mrd. Tonnen resultieren würde. Weiter ergibt sich für die Bundesrepublik Deutschland aus Emissionen des KFZ-Verkehrs – bei einem Verbrauch an Vergaserkraftstoffen von ca. 2 Mio. Jato – rein rechnerisch eine Kohlenwasserstoffbelastung des Regens von 10 mg/l.

1.11.2 Untersuchungshinweise

Sofort bei Beginn eines Regens wird in vorbereiteten Gefäßen in so kurzer Zeit als möglich so viel als möglich Wasser gesammelt. Dazu können in geeigneter Weise angebrachte Meßzylinder (100–500 ml) verwendet werden, in die man einen PE-Trichter mit möglichst großem Durchmesser stellt. Die Auffangfläche kann durch PE-Säcke, an die man eine Abflußöffnung anbringt, vergrößert werden. Zur Feststellung des Reinigungseffekts werden in kurzen Zeitabständen (Stoppuhr) so große Anteile aufgefangen, daß damit eine Leitfähigkeitsmessung durchgeführt werden kann; bei Fortdauer des Regens können die Abstände der Probenahme vergrößert werden. Aus den Ergebnissen kann eine Leitfähigkeitskurve als Funktion der Zeit erstellt werden; organische Stoffe werden hierbei allerdings nicht mit erfaßt.

Schnee kann auf Plastikfolie oder in großen Glas- oder Kunststoffwannen (Fotoschalen) aufgefangen werden. Bereits liegender Schnee (Datum des Schneefalls feststellen; nicht unter Bäumen oder in der Nähe von Häusern sammeln) wird mit einer Kunststoffschaufel in Weithalsflaschen gefüllt und verschlossen bei Zimmertemperatur geschmolzen.

Es ist zu beachten, daß bereits eine kurze Berührung des Wassers, des Schnees, Hagels bzw. der damit in Berührung kommenden Gefäßteile, vor allem der Leitfähigkeitsmeßelektrode mit den Fingern die Meßergebnisse unbrauchbar machen. Dasselbe gilt für nicht peinlichst gesäuberte Gerätschaften.

Folgende Bestimmungen sollten durchgeführt werden: Temperatur (Regenwasser), pH-Wert, Leitfähigkeit, Säure- und Basekapazität, Gesamthärte (orientierende Bestimmung: Zugabe einer Indikator-Puffertablette), Chlorid, Nitrat, Nitrit, Sulfat (bei sehr geringer Härte vorheriger Ionenaustausch nicht nötig), CSB bzw. Oxidierbarkeit mit $KMnO_4$. Von den Anionen sollten jedenfalls Nitrat und Sulfat bestimmt werden. Staubpartikeln können durch Membranfiltration (0,45 μm) abgetrennt und separat untersucht werden.

Literatur: [91, 205.2, 205.7, 213.2, 339, 358, 428].

1.12 Abwasser – Beschaffenheit, Reinigung, Untersuchung und Beurteilung

Wasser kann bei seinem Gebrauch nicht verlorengehen (abgesehen von geringen Verdunstungsverlusten). Daher fordert jede **Versorgung** mit Wasser, sei es für Haushalt und primär menschliche Bedürfnisse oder für gewerbliche und industrielle Zwecke auch eine entsprechende **Entsorgung**. Allerdings ist das zu entsorgende Wasser durch seinen Gebrauch in seiner natürlichen Beschaffenheit in vielfältigster Weise verändert worden und führt zudem meist eine erhebliche Schmutzfracht mit sich.

Wasser ist zu **Abwasser** geworden.

Zwar wird allseits nicht nur ohne weiteres eingesehen, sondern auch die Forderung erhoben, daß Trinkwasser von entsprechender Qualität sein müsse. Daß aber auch das Abwasser, ehe es dem natürlichen Kreislauf zurückgegeben wird, wieder von entsprechender Qualität sein muß, ist ein Gedanke, der noch immer nicht in dem nötigen Maße in das allgemeine Bewußtsein gedrungen ist. Sorglos wird – weil es so am bequemsten ist – von vielen Menschen noch immer einfach alles ins Wasser geschüttet, wofür man keine Verwendung mehr hat, in die Abortmuschel, in den Ausguß, vom Arznei- und Pflanzenschutzmittel bis zu Benzin- und Ölabfällen ... ohne zu bedenken, welche Probleme den mit der Reinigung des Abwassers befaßten Personen und Einrichtungen daraus erwachsen.

Es gehört neben der Bereitstellung von genügend Wasser mit Trinkwasserqualität zweifellos zu den schwierigsten und verantwortungsvollsten Aufgaben einer zivilisierten Gesellschaft – will sie diesen Namen verdienen – ihr Hauptabfallprodukt von allen unnötigen und gefährdenden Ballaststoffen frei zu halten und in einer Weise zu reinigen und der Natur zurückzugeben, daß der Vorfluter, unsere Bäche, Flüsse, Ströme, Seen und deren natürliche Lebensgemeinschaften möglichst wenig beeinträchtigt, jedenfalls aber nicht geschädigt werden.

1.12.1 Abwasserarten und deren Beschaffenheit

Als **Abwässer** werden im weitesten Sinne sämtliche Wässer bezeichnet, die aus überbauten Gebieten abgeleitet werden müssen. Dazu gehören Abwässer aus Haushalt, Gewerbe und Industrie, einschließlich Kühlwasser, sowie Regenwasser, Schneeschmelz- und Sickerwasser, gleichgültig ob sie verschmutzt oder unverschmutzt sind. Abwässer im engeren Sinne bzw. im Hinblick auf gesetzliche Bestimmungen sind im allgemeinen solche, die wegen ihrer Beschaffenheit, ihrer Menge oder wegen ihres Anfallortes gesammelt, abgeleitet und behandelt werden müssen, damit sie den Anforderungen für die Einleitung in ein Gewässer entsprechen [870.8]. Unbehandeltes Wasser wird auch als *Rohwasser* bezeichnet.

1. Häusliche Abwässer: In Haushalten und Kleinstgewerbebetrieben anfallende Abwässer sind gekennzeichnet durch eine im allgemeinen relativ konstante Zusammensetzung, bei allerdings erheblicher Verschmutzung durch gelöste und ungelöste (absetzbare) anorganische, vorwiegend aber organische Stoffe. Die in ihnen enthaltenen Kohlenhydrate, Eiweißstoffe und Fette sind dem aeroben, die Schlammstoffe dem anaeroben Abbau gut zugänglich, wobei nicht nur weitgehende Mineralisation erfolgt, sondern auch die Aktivität der Mikroorganismen gefördert wird. In kurzer Zeit bildet sich dabei für jedes Abwasser, soweit es nicht durch vorschriftswidrige Einleitungen belastet ist, eine spezifische Mikroorganismen-Flora aus, die imstande ist, eine optimale Abbauleistung zu erbringen.

Der Hauptanteil der in häuslichen Abwässern enthaltenen Feststoffe entstammt den menschlichen Exkrementen. Durchschnittlich gelangen pro Einwohner und Tag mit dem Harn 45–60 g (darin u. a. ca. 30 g Harnstoff, 6 g Na^+, 3 g K^+, 6 g Cl^-, 2,5 g SO_4^{2-}, 3,3 g PO_4^{3-}), mit dem Kot 40–50 g Trockensubstanz in das Abwasser [314]. Hinzu kommen viele weitere Stoffe sowie Wasch- und Spülmittel.

2. Gewerbliche und industrielle Abwässer: sind Abwässer, die bei der Produktion von Waren und Rohstoffen in Gewerbe- und Industriebetrieben entstehen. Sie sind in keiner Weise den häuslichen Abwässern vergleichbar, da sie grundsätzlich jeden beliebigen Stoff in jedem beliebigen Verhältnis mit anderen Stoffen enthalten können und diese zudem häufig in Konzentrationsstößen abgegeben werden. Abwässer aus Brauereien, Brennereien, Molkereien, Schlachthöfen, Papier- und Zuckerindustrie sind vorwiegend organischer Natur, Abwässer aus Gerbereibetrieben enthalten organische und anorganische Stoffe, Abwässer aus Elektrolyse- und Galvanisierbetrieben, Beizereien und ganz allgemein aus metallverarbeitenden Betrieben hauptsächlich anorganische Stoffe, darunter häufig solche von hoher Toxizität (vgl. Abschn. 1.5). Derartige Wässer dürfen nur dann zusammen mit dem häuslichen Abwasser in ein und derselben Kläranlage gereinigt werden, wenn gewisse Einleitebedingungen eingehalten werden, d. h. nach einer entsprechenden Vorbehandlung. Etwa 85 % des von der chemischen Industrie benötigten

Wassers ist *Kühlwasser*, es ist im allgemeinen nicht oder nur wenig verschmutzt. Um unnötige Belastungen der Kläranlage zu vermeiden, wird es meist direkt in den Vorfluter geleitet, wobei gewisse Temperaturen nicht überschritten werden dürfen.

3. **Niederschlagswasser:** Insbesondere Regen- und Schneeschmelzwasser kann infolge von Ausschwemmungen aus der Luft bzw. aus dem Boden, aber auch durch Abschwemmungen von Dächern, Straßen und bebauten Flächen erheblich mit anorganischer und organischer gelöster wie ungelöster Schmutzfracht belastet sein (z. B. Mineralsäuren, Radioaktivität, Straßenstreusalz, Öl- und Treibstoffrückstände, Pflanzenschutz- und Düngemittel). Hinzu kommt der unregelmäßige Anfall mit gelegentlich extremer Stoßbelastung.

4. **Kommunales (städtisches) Abwasser:** ist ein *Mischabwasser*, d. h. ein Gemisch von Abwässern verschiedener Herkunft; es enthält neben vorwiegend häuslichem Abwasser auch Abwässer aus Gewerbe- und Industriebetrieben (da die Mehrzahl dieser Betriebe in geschlossenen Ortschaften stehen), bei Mischkanalisation auch das Niederschlagswasser.

Die tägliche, auf einen Einwohner bezogene Schmutzmenge beträgt für kommunales Abwasser im Mittel 60 g BSB_5 (Biochemischer Sauerstoffbedarf nach 5 Tagen). Bei einem durchschnittlichen Abwasseranfall von 150–200 l/(E·d) errechnet sich daraus ein mittlerer BSB_5 in unbehandeltem Abwasser von 300–350 mg/l (nach biologischer Reinigung meist < 25 mg/l). Industriebetriebe, die Indirekteinleiter sind, können hinsichtlich ihrer zu entrichtenden Abgabe nach **Einwohner-Gleichwerten (EGW)** veranlagt werden, d. h. es wird die von ihnen abgegebene Schmutzfracht mit der Schmutzfracht eines Einwohners in Vergleich gesetzt. Bringt ein Betrieb z. B. eine BSB_5-Last von 60 kg/d, so entspricht diese Schmutzmenge (60000 g:60 =) 1000 EGW. Für eine kleine Brauerei mit einem täglichen Bierausstoß von 10 hl (1000 l) errechnen sich etwa 100–500 EGW, die organische Schmutzlast aus diesem Betrieb ist somit in etwa gleich groß wie die einer Gemeinde mit 100 bis 500 Einwohnern.

1.12.2 Einleitebedingungen

1. **Direkteinleiter – Indirekteinleiter:** Während die Großbetriebe der Industrie ihre Abwässer in eigenen Anlagen reinigen und die Abflüsse direkt in den Vorfluter einleiten *(Direkteinleiter)*, müssen die meisten kleinen und mittleren Unternehmen ihre Abwässer der öffentlichen Kanalisation zuführen. Zwischen ihnen und dem Vorfluter liegt also die kommunale Abwasserreinigungsanlage (ARA); sie sind *Indirekteinleiter*. Daneben hat sich der Zusammenschluß in Abwasserverbänden, in denen kommunale und industrielle Abwassereinleiter gleichberechtigt zusammenwirken, bewährt. Die gemeinsame Behandlung häuslicher und industrieller Abwässer ist dann von Vorteil, wenn sie zu einem gegenseitigen Ausgleich des Nährstoffangebots für die Bakterien führt und dadurch Schwierigkeiten beim biologischen Abbau vermindert oder behebt; sie hat auch wirtschaftliche Vorteile, weil sowohl die Investitionen als auch die Betriebskosten je m³ Abwasser um so geringer werden, je größer die Kläranlage ist. Beispiele für derartige Anlagen sind die Gemeinschaftskläranlage Bayer AG, Leverkusen – Wupperverband, sowie die BASF-Großkläranlage, in der seit 1975 auch die kommunalen Abwässer der Städte Ludwigshafen und Frankenthal behandelt werden.

2. **Einleitebedingungen:** Das Wasserhaushaltsgesetz (WHG) [730.7] (vgl. [830.1, 870.3, 870.8]) stellt in § 1a die grundsätzliche Forderung, daß die Gewässer zum Wohle der

Allgemeinheit zu bewirtschaften sind, vermeidbare Beeinträchtigungen unterbleiben müssen und jedermann verpflichtet ist, eine Verunreinigung des Wassers zu verhüten. Nach § 2 WHG ist für alle wesentlichen Benutzungen eine behördliche Erlaubnis oder Bewilligung erforderlich. Dazu gehört auch das «Einleiten von Stoffen», z. B. Abwasser (§ 3). Die Erlaubnis zum Einleiten wird in der Regel unter Auflagen und Bedingungen erteilt (§ 4), die Schäden im Vorfluter verhindern sollen. Dem Einleiter wird u. a. die Einhaltung von Werten sowohl für Summenparameter als auch für bestimmte Einzelstoffe sowie für die Abwassermenge auferlegt. Wer eine Einleiteerlaubnis beantragt, legt gleichzeitig eine Planung der Anlage bei der zuständigen Behörde vor. Diese erläßt nach Einvernahme von Sachverständigen einen (meist befristeten und widerruflichen) wasserrechtlichen Bescheid mit den entsprechenden Auflagen.

«Eine Erlaubnis für das Einleiten von Abwasser darf nur erteilt werden, wenn Menge und Schädlichkeit des Abwassers so gering gehalten werden, wie dies bei Anwendung der jeweils in Betracht kommenden Verfahren nach den allgemein anerkannten Regeln der Technik möglich ist ... Die Bundesregierung erläßt mit Zustimmung des Bundesrates allgemeine Verwaltungsvorschriften über Mindestanforderungen an das Einleiten von Abwasser, die den allgemein anerkannten Regeln der Technik im Sinne des Satzes 1 entsprechen» (WHG § 7a, Abs. 1).

Die Mindestanforderungen sind also in Verwaltungsvorschriften des Bundes festgelegt, die den Behörden vorschreiben, *welche* Ablaufwerte bundeseinheitlich *mindestens* von den Abwassereinleitern in den Wasserrechtsbescheiden verlangt werden müssen.

Von besonders weitreichender und allgemeiner Bedeutung ist die Vorschrift für kommunale Einleiter, die «Erste allgemeine Verwaltungsvorschrift über Mindestanforderungen

Tab. 1.12.2 *Mindestanforderungen an das Einleiten von Abwasser gemäß 1. Abwasser VwV [730.8], das in Anlagen behandelt worden ist, mit deren Bau nach dem 31.12.1978 begonnen wurde. (Die Werte beziehen sich auf das Abwasser im Ablauf der Abwasserbehandlungsanlage).*

Proben nach Größenklassen	Absetzbare Stoffe ml/l	Chemischer Sauerstoffbedarf (CSB) mg/l	biochemischer Sauerstoffbedarf nach 5 Tagen (BSB$_5$) mg/l
Größenklasse 1 < 60 kg/d BSB$_5$ (roh)			
Stichprobe	0,5	180*	45*
2 Std.-Mischprobe		180	45
24 Std.-Mischprobe		120	30
Größenklasse 2 60 bis 600 kg/d BSB$_5$ (roh)			
Stichprobe	0,5	160*	35*
2 Std.-Mischprobe		160	35
24 Std.-Mischprobe		110	35
Größenklasse 3 > 600 kg/d BSB$_5$ (roh)			
Stichprobe	0,5	140*	30*
2 Std.-Mischprobe		140	30
24 Std.-Mischprobe		100	20

Diese Mindestanforderungen gelten ab 1.1.1985 für sämtliche Einleitungen.
* Bei Anlagen, die für eine Aufenthaltszeit von 24 h und mehr bemessen sind.

an das Einleiten von Abwasser in Gewässer (Gemeinden) – (1. Abwasser VwV)» [730.8].
Sie gilt «für in Gewässer einzuleitendes Abwasser, das in Kanalisationen gesammelt wird und im wesentlichen stammt aus Haushaltungen oder Haushaltungen und Anlagen, die gewerblichen Zwecken dienen, sofern die Schädlichkeit dieses Abwassers mittels biologischer Verfahren mit gleichem Erfolg wie bei Abwasser aus Haushaltungen verringert werden kann;» weiter für Abwasser, «das von einzelnen eingeleitet wird und im wesentlichen stammt aus Haushaltungen oder Einrichtungen wie Gemeinschaftsunterkünfte, Hotels und Gaststätten ...»
Die entsprechenden Mindestanforderungen sind in Tab. 1.12.2 aufgeführt.

Während die Mindestanforderungen gemäß § 7a WHG nach Branchen aufgeteilt erarbeitet werden, geht die Arbeit an den Folgerichtlinien zur EG-Gewässerschutzrichtlinie [883] von einzelnen Stoffen aus.

Das **Abwasserabgabengesetz (AbwAG)** [730.9] belangt nur die *Direkteinleiter*. In dem Gesetz wird festgelegt, daß für das Einleiten von Abwasser eine Abgabe zu entrichten ist, die durch die Länder erhoben wird (§ 1). Allerdings führen auch etwa 90 % aller Industriebetriebe ihre Abwässer der öffentlichen Kanalisation zu, so daß die Gemeinden als Direkteinleiter abgabenpflichtig werden. Die Höhe der Abgabe richtet sich nach der Schädlichkeit des Abwassers, die in Schadeinheiten bestimmt wird (§ 3).

Als Bemessungsgrundlage dienen die folgenden Parameter:
– Absetzbare Stoffe
– Oxidierbare Stoffe (CSB)
– Quecksilber und seine Verbindungen
– Cadmium und seine Verbindungen
– Giftigkeit gegenüber Fischen (Fischtoxizität)

Selbstverständlich müssen die oben genannten gewerblichen und industriellen Indirekteinleiter ihre Abwässer ebenfalls gewissen Anforderungen unterwerfen. Die Ländergesetze und -Verordnungen füllen den durch das WHG und AbwAG gegebenen Rahmen aus und stellen entsprechende Anforderungen an Abwasser bei Einleitung in öffentliche Abwasseranlagen, die z. T. mit Auflagen zur Eigenkontrolle der Betriebe verbunden sind; sie legen auch die zuständige Behörde fest. Zum Schutz von Kanalisation, Kläranlage, Bedienungspersonal, Gewässer und Grundwasser enthalten außerdem die Entwässerungssatzungen der Städte und Gemeinden detaillierte Benutzungsbedingungen. Die Indirekteinleiter tragen diesen Schutzbestimmungen Rechnung, indem sie ihre Abwässer im erforderlichen Umfang vorbehandeln.

1.12.3 Die Reinigung kommunaler Abwässer

Bei den technischen Verfahren der Abwasserreinigung handelt es sich grundsätzlich um eine Reihe von Maßnahmen, bei denen der natürliche Reinigungsprozeß der Gewässer, für den sonst viele Kilometer Fließstrecke nötig wären, mittels mechanischer, biologischer und chemischer Vorgänge, die auf kleinerer Fläche und in kürzerer Zeit als in der Natur ablaufen, nachgeahmt und so weit als möglich optimiert wird. Die **Abwasserreinigungsanlage (ARA)** schließt als ungemein intensiv arbeitendes ökologisches Glied den natürlichen Kreislauf und gibt dem Vorfluter ein mineralstoffreiches Wasser von vergleichbarer Qualität und dem Boden einen Schlamm mit humusartigen Eigenschaften zurück.

1. Das Kanalisationssystem

Der Reinigung in einer ARA geht die Sammlung der Schmutzwässer aus Häusern, Straßenzügen und ganzen Stadtteilen in Leitungen, deren Querschnitte mit zunehmender Abwassermenge größer werden und die schließlich in einen Hauptkanal münden, voraus. Dieses Leitungsnetz der Orts- bzw. Stadtentwässerung heißt **Kanalisation.** Wird das anfallende Niederschlagswasser ebenfalls in dieses Kanalsystem geleitet, spricht man von **Mischkanalisation** (Mischverfahren). Um extreme Regenwasserstöße so weit zu begrenzen, daß sie vom Kanalnetz und von der ARA noch aufgenommen werden können, sind im Hauptkanal an bestimmten Stellen Regenentlastungen (Regenüberläufe) eingebaut, wobei ein Teil des Mischwassers direkt in den Vorfluter abfließt. Die dadurch gegebene Belastung des Vorfluters wird vermieden, indem der Überlauf zunächst in Regenbecken (Regenrückhalte- bzw. Regenklärbecken) gesammelt und über Drosselleitungen nach und nach ebenfalls der Kläranlage zugeführt wird. Auch diese Regenbecken sind mit einem Überlauf versehen, der in den Vorfluter mündet.

Bei dem Alternativverfahren, der **Trennkanalisation,** wird das Schmutzwasser und das Niederschlagswasser in zwei voneinander getrennten Kanalisationssystemen abgeführt, wobei das Niederschlagswasser ebenfalls weitestgehend der ARA und nicht dem Vorfluter zugeführt werden sollte.

2. Verfahren zur Abwasserreinigung

In einer kommunalen Abwasserreinigungsanlage (Kläranlage) kann das über die Kanalisation zufließende Abwasser in folgenden Abschnitten behandelt werden:
– **Mechanische Reinigung (1. Stufe),** sie umfaßt eine Grobreinigung sowie das Abscheiden absetzbarer Schmutzstoffe, wobei etwa 30–35 %, bezogen auf den BSB_5, der organischen Substanzen zurückgehalten werden.
– **Biologische Reinigung (2. Stufe),** sie erfolgt durch optimal an das Abwasser adaptierte Mikroorganismen, wobei ein Reinigungseffekt von bis zu 95 % und mehr erzielbar ist.
– **Weitergehende Reinigung,** sie dient einer zusätzlichen Verbesserung der Reinigungsleistung u.a. durch physikalische Verfahren (z.B. Filtration), chemische Mittel (z.B. zur Fällung und Desinfektion) sowie durch Eliminierung der noch vorhandenen Nährstoffe (Phosphat, Nitrat) mittels biologischer und chemischer Verfahren (früher als 3. Reinigungsstufe bezeichnet). Bei einer zweistufigen ARA werden i.a. nur etwa 30–40 % des Phosphors ausgeschieden, durch Phosphatfällung kann auch hier eine Elimination bis > 95 % erreicht werden, bei Flockungsfiltration (4. Stufe) sogar bis > 98 %.

3. Die mechanische Reinigung

Diese Stufe umfaßt **Rechen,** (Benzin-, Öl- und Fettabscheider), **Sandfang** sowie **Absetzbecken zur Vorklärung,** wobei insbesondere der «mechanische» Effekt des Absetzens (Sedimentation) zur Ausnützung kommt. Zunächst werden mittels Grob- und Feinrechen gröbere Gegenstände und Materialien (die an sich überhaupt nicht in das Wasser hätten gelangen dürfen!), wie etwa Holzstücke, Blechdosen, Kunststoffartikel, Gewebestücke, Gemüsereste usw. entfernt. Ein Benzin-, Öl- und Fettabscheider sollte an sich nicht nötig sein, da zur Abscheidung dieser Stoffe der Verursacher verpflichtet ist. Derartige Stoffe sollten weder in das Kanalsystem, noch in die biologische Stufe und schon gar nicht in ein Gewässer gelangen; sie bilden auf der Wasseroberfläche einen dünnen Film, so daß das Wasser keinen Sauerstoff aufnehmen kann. Der **Sandfang** hat die Aufgabe, mit dem Wasser eingeschwemmten Sand oder andere körnige, meist mineralische Stoffe durch Absetzen in Langsandfängen oder Rundbecken abzufangen.

Abb. 1.12.3 a *Mechanische Abwasserreinigung. Rechteckige Absetzbecken zur Vorklärung mit fahrbarer Räumerbrücke. (Bild: Archiv Ruhrverband)*

Dabei wird die Fließgeschwindigkeit z. B. durch Erweitern des Querschnitts der Anlage so geregelt, daß die vergleichsweise schweren Sandkörner gerade noch absetzen, während die feineren schlammigen Schmutzstoffe weitgehend abgeschwemmt werden. Belüftete Sandfänge sind nicht nur zur Abscheidung von Schwimmstoffen vorteilhaft, es erfährt auch das O_2-freie und in der Kanalisation oft schon angefaulte Wasser dadurch eine willkommene Aufbesserung.

Das Abwasser gelangt nun in die als Rechteck- oder Rundbecken ausgeführten **Absetzbecken**. Hier wird die Strömung neuerlich verlangsamt und zwar so, daß fast alle absetzbaren Stoffe zu Boden sinken. Eine zu weitgehende Abscheidung sedimentierbarer Stoffe sollte jedoch vermieden werden, um mit dem vorgeklärten Abwasser noch genügend Feststoffe als Ansiedelungsfläche für die Bildung eines gut absetzbaren Belebtschlamms in die nachgeschaltete biologische Behandlungsstufe zu bringen.

Das am Boden abgesetzte Material (Rohschlamm) wird durch einen «Räumer» maschinell bei Rechteckbecken zur Schlammrinne, bei Rundbecken in einen Schlammtrichter (Schlammkammer) geschoben, wo er mehrmals am Tag in die Faultürme zur weiteren Behandlung gepumpt wird.

Die Aufenthaltszeit im Becken beträgt etwa 1,5 h, falls keine Einleitung von Rücklaufoder Überschußschlamm aus der biologischen Stufe erfolgt. Bei zu langem Aufenthalt

Abb. 1.12.3 b *Biologische Abwasserreinigung. Tropfkörpergruppe mit dazwischenliegendem Pumpwerk; im Vordergrund rundes Nachklärbecken. (Bild: Archiv Ruhrverband)*

kann das Wasser anfaulen. Für ARA bis zu etwa 10000 EGW wird der **Emscherbrunnen (Emscherbecken)** bevorzugt, er vereinigt Absetz- und Schlammfaulraum in *einem* Bauwerk (zweistöckige Anordnung).
Das Wasser ist nunmehr mechanisch gereinigt und fließt der biologischen Stufe zu.

4. Die biologische Reinigung

Etwa zwei Drittel der organischen Schmutzfracht häuslicher Abwässer sind gelöste oder fein verteilte (suspendierte bzw. kolloid gelöste) Stoffe, die sich in einem Klärbecken nicht absetzen. Sie sind jedoch dem aeroben Abbau v. a. durch die im Wasser bereits vorhandenen Bakterien gut zugänglich, die sich ihrerseits ungemein rasch vermehren («Biomasse»), falls sie mit den Nährstoffen und dem reichlich benötigten Sauerstoff optimal in Kontakt kommen.

Unter **Biomasse** ist das Gesamtgewicht der in einem Tropfkörper oder in einer Belebungsanlage lebenden Organismen zu verstehen.

Im wesentlichen stehen in dieser, dem natürlichen Selbstreinigungsprozeß des Wassers nachgeahmten Reinigungsstufe die im folgenden aufgeführten Verfahren zur Verfügung.

1. Tropfkörperanlagen: Die Tropfkörperanlage ist ein zylinderförmiges, oben offenes, meist gemauertes Bauwerk von bis zu 30 m Durchmesser, das mit einer etwa 3–4 m hohen lockeren Aufschüttung von Gesteinsbrocken (Lavaschlacke, Granit, Kalkstein) bzw. Kunststoffstücken mit ca. 40–80 mm Korngröße gefüllt ist. Das Tropfkörpermaterial ruht auf einem durchlässigen Bodenrost mit darunterliegenden Ablaufrinnen. Die

Umfassungsmauer hat in Höhe des Bodenrostes Lüftungsöffnungen. Das vorgeklärte Abwasser wird durch einen Drehsprenger gleichmäßig von oben her auf die Oberfläche der Tropfkörperfüllung verteilt. Der Antrieb für die Drehbewegung (bis 5 U/min) entsteht durch Rückstoß des durch die Verteilungslöcher ausfließenden Abwassers, bedarf also keines Motors. Das auf den Tropfkörper gebrachte Abwasser rieselt über den «biologischen Rasen», eine Bakterien- und Organismenschicht (Protozoen u. a.), die sich einige mm dick auf der Oberfläche des gesamten Füllmaterials bildet, ähnlich wie man es auch an den Steinen von Bächen und Flüssen beobachten kann. Die zur Sauerstoffversorgung der Mikroorganismen nötige Belüftung erfolgt durch die Kaminwirkung des Bauwerks. Entsprechend der Differenz von Innen- und Außentemperatur ergibt sich eine auf- oder abwärts gerichtete Luftströmung. Die Fließstrecke des Abwassers durch den Tropfkörper von oben nach unten repräsentiert im wesentlichen die Gewässergüteklassen IV bis II (vgl. Abschn. 1.3.4).

Auf seinem Weg durch den Tropfkörper nimmt das Wasser auch stets Teile des biologischen Bewuchses mit. Dies ist von größter Wichtigkeit, da sonst durch die sich ständig vermehrende Biomasse die Hohlräume zwischen den Gesteinsbrocken schnell zuwachsen und verstopfen würden.

Das weitgehend gereinigte Abwasser fließt, zusammen mit dem abgeschwemmten Rasen, durch den Bodenrost und die Ablaufrinne weiter zu den meist trichterförmig ausgeführten Nachklär- bzw. Absetzbecken und nach einer 1–2stündigen Absetzphase zum Vorfluter. Ein Teil des geklärten Abwassers kann jedoch zur besseren Betriebssteuerung wieder zurück zum Tropfkörper geführt werden. Der Schlamm wird dem Nachklärbecken kontinuierlich entnommen, man bringt ihn vor der Faulbehandlung meist in das Absetzbecken der mechanischen Stufe («Rücklaufschlamm»).

Tropfkörper sind robust und wartungsarm im Betrieb, arbeiten gegenüber dem Belebungsverfahren mit bedeutend geringerem Energieaufwand und eignen sich besonders für kleinere Anlagen bis etwa 10–20 000 EGW.

Eine spezielle Bauform stellen die **Scheibentauchkörper (Tauchtropfkörper)** dar. Hier siedelt sich der biologische Rasen auf einer großen Zahl von Kunststoffscheiben mit 2–3 m Durchmesser an, die im Abstand von 1–2 cm auf einer Achse von bis zu 7 m Länge montiert sind. Durch langsames Drehen des knapp zur Hälfte in die vom Abwasser durchströmte Wanne eintauchende Scheibenwalze erfolgt ein dynamischer Kontakt des biologischen Scheibenbewuchses mit dem Abwasser und dem Luftsauerstoff, der dabei auch in das Abwasser eingetragen wird, so daß abgefallener Rasen weiterhin biologisch aktiv bleibt. Bei einem Wirkungsgrad von 50–60 % je Stufe (günstigstes Kosten-Leistungsverhältnis) ist bei einer 3–4stufigen Anlage mit einem Gesamtwirkungsgrad von 85 % bis über 95 % (BSB_5) zu rechnen. Zudem läßt sich eine Kombination von vollständiger Nitrifikation und Teildenitrifikation erreichen.

2. Belebungsanlagen: Beim Belebungsverfahren werden in großen, langgestreckten, einige Meter tiefen Becken Abwasser und Belebtschlamm gemischt und intensiv belüftet, wobei das Wasser langsam dem Beckenausgang zuströmt (etwa 1,5–2 h Durchlaufzeit) und von dort, zusammen mit einem Teil des Belebtschlammes, in das Nachklärbecken gelangt. Im Nachklär- bzw. Absetzbecken werden die Schlammflocken abgesetzt und als aktive und bereits optimal an das betreffende Abwasser adaptierte Biomasse erneut in das Belebungsbecken rückgeführt; ein Überschuß (Überschußschlamm) kommt i. a. in das Vorklärbecken der 1. Stufe. Das gereinigte Abwasser fließt in den Vorfluter.

Der zum biologischen Abbau erforderliche Sauerstoff wird entweder durch Einblasen von Druckluft am Beckenboden (Tiefenbegasung) oder durch mechanische Einwirkung

Abb. 1.12.3c *Biologische Abwasserreinigung. Belebungsbecken mit Kreiselbelüftern in Betrieb. (Bild: Archiv Ruhrverband)*

mittels Oberflächenbelüftern (Walzen und Kreiseln) an der Wasseroberfläche aus der atmosphärischen Luft in das Wasser eingetragen. Die Belüftung dient in der Regel gleichzeitig der Umwälzung des Beckeninhalts und sollte einen Sauerstoffgehalt des Abwassers von 1–2 mg/l O_2 bewirken. Höhere Werte führen bei dieser Verfahrensweise zu keiner besseren Reinigungsleistung [117].
Statt der Sauerstoffversorgung aus der atmosphärischen Luft kann auch eine Begasung mit technischem Reinsauerstoff erfolgen (z. B. Lindox-Verfahren der Fa. Linde AG). Der O_2-Eintrag wird hierbei in gasdicht abgedeckten Becken (geschlossene Systeme) im allgemeinen mit denselben Belüftungseinrichtungen vorgenommen, wobei es gelingt, bei gleichem Energieaufwand die etwa 5fache Sauerstoffmenge in Lösung zu bringen. Infolge der hohen Sauerstoffkonzentration im Becken (4–8 mg/l O_2) kann eine größere Biomasse versorgt und damit das Belebungsbecken kleiner gehalten werden. Außerdem werden die Eigenschaften des Belebtschlammes verbessert (kaum Blähschlammbildung) und die Nitrifikation gefördert. Die geschlossene Bauweise verhindert überdies Geruchsemissionen. Das von den Organismen abgegebene CO_2 wird größtenteils mit dem gereinigten Wasser abgeführt.
Während beim Tropfkörper der auf entsprechendem Untergrund aufgewachsene biologische Rasen Träger der Abbautätigkeit ist, wirkt beim Belebungsverfahren die sedimentierfähige, jedoch im Belebungsbecken ständig in Bewegung gehaltene **Belebtschlamm-Flocke** als das aktive Element. Die Belebtschlammflocke ist normalerweise von grauer

Farbe und besteht aus einer schwammig aufgebauten, durch schleimige, polysaccharidartige Ausscheidungen zusammengehaltenen (koagulierten) Lebensgemeinschaft von (fakultativ) aeroben Bakterien (hauptsächlich Streptokokken und Stäbchenbakterien), Protozoen und z. T. auch Pilzen und Hefen. Die Protozoen leben von der Bakterienflora und sind nur unmittelbar an den biochemischen Umsetzungen beteiligt; sie beschleunigen die Vorgänge und bewirken das Ausflocken bzw. die Adsorption der Kolloide im Abwasser [74]. Die bakterielle Biomasse nimmt im Belebungsbecken die verwertbaren organischen Abwasserinhaltsstoffe auf und veratmet (oxidiert) sie zum einen Teil im Betriebsstoffwechsel, bzw. überführt sie zum anderen Teil im Baustoffwechsel in neue Zellmasse. Zum Ausgleich dieses Biomassezuwachses wird dem Schlammkreislauf eine entsprechende Menge Überschußschlamm entzogen. Hat die Flocke eine gewisse Größe erreicht, so werden die inneren Zellen nicht mehr ausreichend mit Sauerstoff versorgt, die Flocke fällt auseinander bzw. wird durch die herrschende Turbulenz des Wassers zerrissen, die Teile können sich zu neuen Belebtschlammflocken entwickeln.

Blähschlamm (Schlammindex > 150 ml/g) ist durch Massenvermehrung fadenbildender Bakterien gekennzeichnet, für deren Bildung es eine Reihe von Möglichkeiten und Theorien gibt. Obgleich er ein gutes Reinigungsvermögen besitzt, ist er dennoch nicht erwünscht. Die Eigenschaft des Aufschwimmens verhindert dessen Entfernung im Nachklärbecken, so daß die Schlammflocken in den Vorfluter gelangen und diesen zusätzlich mit organischem Material belasten.

3. Oxidationsgraben: Der Oxidationsgraben, ein einfacher Grabenring, etwa 100 m lang und 1 m tief, mit schrägen Seitenflächen, eignet sich für geringen Abwasseranfall (bis etwa 3000 EGW), wobei es günstiger ist, Schlamm und Abwasser ohne Vorreinigung (ausgenommen Rechen und Sandfang) gemeinsam zu behandeln. Der Sauerstoffeintrag geschieht durch Bürstenwalzen, die Luft in die Wasseroberfläche einschlagen und zugleich Abwasser und Schlammflocken in Bewegung halten. Während beim normalen Belebungsverfahren kontinuierlich belüftet wird, unterbricht man diese im Oxidationsgraben periodisch, wodurch auch die Wasserbewegung aufhört und der Schlamm sich innerhalb etwa 40 min absetzt. Damit tritt für die Aerobier Nahrungs- und Sauerstoffmangel ein, sie sind gezwungen ihre eigenen Reservestoffe, das körpereigene Protoplasma über eine endogene Atmung (Grundatmung) abzubauen und zu mineralisieren. Auch die Nitrifikation wird zugunsten einer Denitrifikation (O_2-Gewinn!) bis zum gasförmigen Stickstoff eingestellt.

Nach dem Absetzvorgang läuft das gereinigte Abwasser am Ende des Oxidationsgrabens in den Vorfluter ab, während auf der Einlaufseite weiterhin langsam Abwasser zufließt und nach Erreichen einer gewissen Höhe sich die Walzen wieder in Bewegung setzen. Eine Aufenthaltszeit von 2–3 Tagen reicht aus um eine Reinigungsleistung von über 90 % zu bewirken und auch den Schlamm – sofern bei dem herrschenden Nahrungsmangel welcher anfällt – aerob abzubauen und zu stabilisieren; er kann ohne Geruchsbelästigung zum Trocknen abgezogen werden.

4. Abwasserteiche: haben zwar einen großen Platzbedarf, sind jedoch sehr leistungsfähig (allein in Bayern gibt es über 1500), insbesondere bei Zwischenschaltung eines Tropfkörpers oder Scheibentauchkörpers. Das Abwasser kann i. a. direkt, ohne jegliche Vorbehandlung eingeleitet werden. Meist werden mehrere Teiche hintereinander vom Abwasser durchflossen, der erste wirkt dann auch als Absetzteich (Faulteich mit überwiegend anaeroben Prozessen), die folgenden als Oxidationsteiche. Bei einer Wassertiefe von etwa 1–2 m ergibt sich eine Aufenthaltszeit des Abwassers von 20 bis zu 50 Tagen. Der Sauer-

Abb. 1.12.3 d *Kläranlage Menden-Bösperde (78 800 EGW), Gesamtansicht aus der Luft. 1 Grobrechen, 2 Feinrechen, 3 Sandfang, 4 Grobentschlammung, 5 Belüftungsbecken, 6 Vorklärbecken, 7 Tropfkörper, 8 Nachklärbecken, 9 Abwasserpumpwerk, 10 Schlammeindicker, 11 Klärwärterwohnhaus. (Bild: Archiv Ruhrverband. Freigegeben Reg. Präs. Düsseldorf Nr. 08 A 4)*

stoffeintrag erfolgt über die Wasseroberfläche sowie auch durch Wasserpflanzen, einschließlich Algen. Künstlich belüftete Teiche benötigen nur etwa ein Viertel der Fläche, wie sie für natürlich belüftete Teiche nötig wäre (Wassertiefe 2–3 m), die Mindestaufenthaltszeit des Abwassers im ersten Teich beträgt 5 Tage, im zweiten (Nachklärung) 1–2 Tage; häufig entfällt ein Absetzteich.

Abwasserfischteiche nützen das günstige Nahrungsangebot zur Aufzucht von Fischen, insbesondere von Karpfen und Schleien. Sie haben eine Tiefe von 1–1,5 m. Zur Sauerstoffanreicherung führt man dem mindestens im 1. Teich vorbehandelten Abwasser O_2-haltiges (Fluß)Wasser im Verhältnis 1:4 bis 1:6 zu. Ein Winterbetrieb ist nicht möglich.

5. Verfahrenskombinationen, von denen bereits einige erwähnt wurden, ermöglichen oft eine bedeutende Steigerung der Reinigungsleistung. Bei mehrstufigen Anlagen sind die folgenden Kombinationen üblich:
– Tropfkörper – Belebung (hohe Prozeßstabilität; seit über 25 Jahren bewährt)
– Belebung – Tropfkörper (gute Pufferfähigkeit gegen Belastungsstöße; gute Nitrifikation; «Schönungsfunktion»)
– Belebung – Belebung (1. Stufe hochbelastet)
– Tropfkörper – Tropfkörper

Ganz allgemein wirkt die 1. Stufe als biologische Grobreinigung und wird z.T. extrem hochbelastet ausgelegt. Der dabei erzielte hohe Schlammanfall begünstigt adsorptive

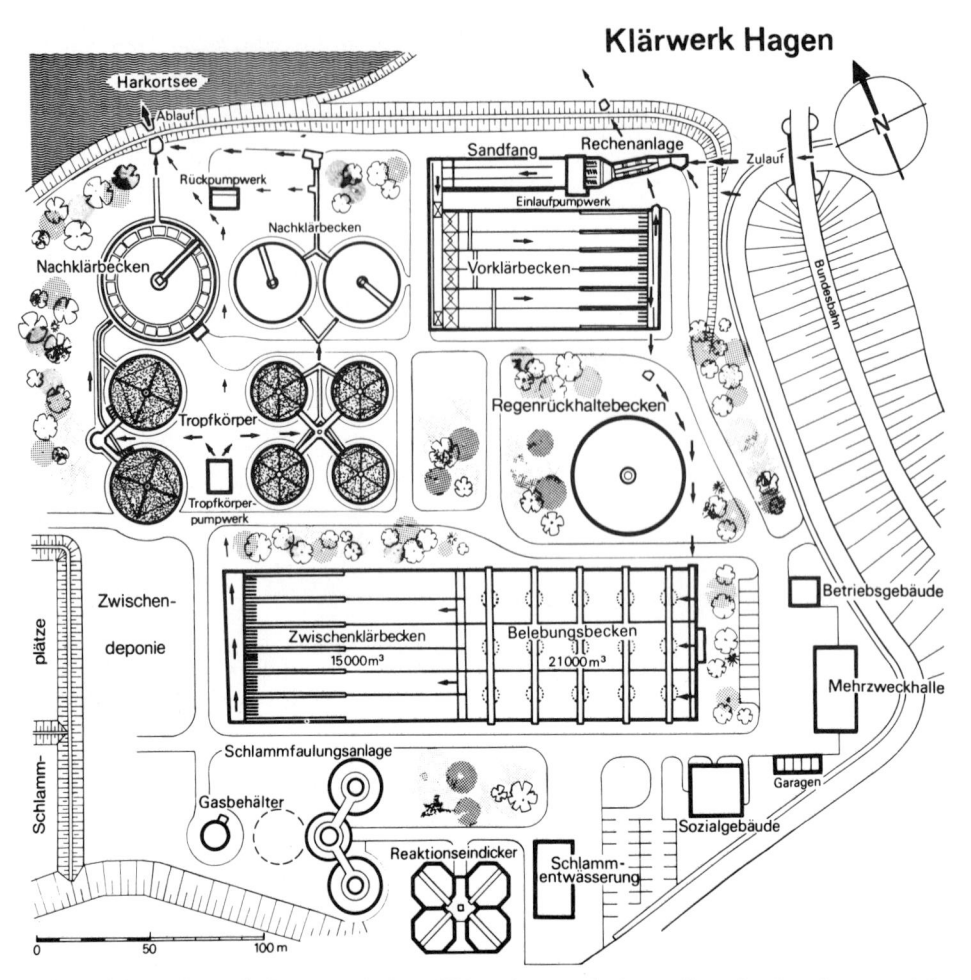

Abb. 1.12.3e *Klärwerk Hagen (440 000 EGW), schematische Darstellung des Grundrisses und des Funktionsprinzips (Pfeile beachten!) der Anlage.*

Effekte sowie die Nitrifikation und wirkt sich positiv auf die biologische Folgestufe aus [206] (die 2. Stufe ist nicht zu verwechseln mit dem Nachklärbecken!).
Es hat sich weiter gezeigt, daß bei Verzicht auf Vorklärbecken und bei der Belebungsanlage *vorgeschalteten* und ohne Zwischenklärung betriebenen Tropfkörpern eine wesentlich verbesserte Belebtschlammqualität erreicht werden kann (Vermeidung von Blähschlamm) [216.8].
Weitere Möglichkeiten ergeben sich in Zusammenhang mit der weitergehenden Reinigung.

6. Neuere Entwicklungen: zielen auf eine Erhöhung der Reinigungsleistung bei verringertem Energieeinsatz und Platzbedarf sowie Vermeidung von Geruchs- und Lärmemissionen. Meist handelt es sich um geschlossene Systeme mit optimiertem Luft- bzw. Sauerstoffeintrag (vgl. das bei den Belebungsanlagen erwähnte Lindox-Verfahren). Beim **Tiefenstrombelüftungsverfahren** ist der Belebungsraum als 70–120 m tiefer Schacht

Abb. 1.12.3f *Klärwerk Hagen (440000 EGW), Gesamtansicht aus der Luft. (Bild: Archiv Ruhrverband. Freigegeben Reg. Präs. Düsseldorf Nr.08 M 21)*

ausgebildet, in dem zwei konzentrische Zylinder angeordnet sind. Das Abwasser fließt im Mittelzylinder nach unten und im äußeren wieder aufwärts. Die in halber Tiefe eingeblasene Luft muß dabei einen sehr langen Weg durchlaufen und wird nahezu vollständig gelöst.

Denselben Effekt (und zusätzliche Verbesserungen) erreicht auch die «**Hochbiologie**» [126]. Erwähnt sei der Biohoch-Reaktor der Farbwerke Hoechst AG, Frankfurt-Griesheim (arbeitet zusätzlich mit Aktivkohle), der Biohoch-Reaktor der Fa. E. Merck, Darmstadt und die Bayer-Turmbiologie (dzt. größte Anlage: Gemeinschafts-Klärwerk in Leverkusen-Bürrig). Bei diesen bis zu 30 m hohen Bauwerken wird das Belebungsbecken mittels spezieller Belüftungssysteme mit feinst verteilter Luft (Bläschendurchmesser bei den Bayer-Injektoren 0,2 mm!) bei langem Weg durch das Wasser versorgt. Der Luftbedarf für einen Hoechst Biohoch-Reaktor liegt bei 6000 m^3/h.

5. Weitergehende Reinigung

Vielfach ist die mechanisch-biologische Reinigung nicht ausreichend, um den erforderlichen Schutz des Vorfluters und die gesetzlichen Anforderungen zu gewährleisten, v. a. dort, wo das gereinigte Abwasser in ein stehendes Gewässer eingeleitet wird. Neben der Behandlung des Kläranlagenablaufes in **Schönungsteichen,** die bei einer Aufenthaltszeit von 1–5 Tagen eine zusätzliche Qualitätsverbesserung bewirken, sowie einer Reihe weiterer Maßnahmen wie Filtration, Flockung, Flockungsfiltration, Schnellsandfilter,

Flotation, Ionenaustausch ist das am häufigsten angewandte Verfahren die **chemische Fällung** mit Al- und Fe-Salzen sowie Kalk als Fällungsmittel. Die chemische Fällung kann auf folgende Weise erfolgen:
– Fällungsmittelzugabe in der mechanischen Stufe (Vorfällung), meist schon im Sandfang oder im Zulauf zum Vorklärbecken, wobei sich die Fällung mit absetzt und die biologische Stufe entlastet wird.
– Fällungsmittelzugabe in der biologischen Stufe (Simultanfällung) und zwar im Zulauf zum Belebungsbecken bzw. in der Rücklaufschlammleitung; der Schlamm wird im Nachklärbecken gesammelt. Bei Zugabe des Fällungsmittels in den Ablauf des Belebungsbeckens werden die Absetzeigenschaften des Belebtschlammes verbessert.
– Nachfällung in einer gesonderten (dritten) Stufe. Diese wirksamste Verfahrensvariante erfordert ein eigenes Fällungs- und Absetzbecken.

Die chemische Fällung bewirkt je nach Fällmittel(kombination) und Verfahren eine Reihe von Qualitätsverbesserungen, u. a. eine beträchtliche Verminderung von Phosphor und Stickstoff, eine weitergehende Abscheidung von Bakterien und Viren sowie suspendierter und kolloid gelöster Stoffe, Elimination biologisch resistenter bzw. toxischer anorganischer und organischer Stoffe, wofür nicht nur die Bildung schwerlösli-

Abb. 1.12.3g *Schlammbehandlung. Beheizbare Schlammfaultürme (Klärwerk Hagen). (Bild: Archiv Ruhrverband)*

cher Verbindungen sondern auch die Fällung als solche (Adsorption; «Mitfällung») Bedeutung hat.

Eine **biogene Denitrifikation** läßt sich z. B. im Belebungsbecken durch Zwischenschaltung O_2-freier Bereiche erreichen, wobei bis > 90 % Stickstoff als N_2 entfernt werden können. Voraussetzung ist eine vorhergehende gute Nitrifikation in der biologischen Stufe. Eine im Nachklärbecken auftretende, durch O_2-Mangel bewirkte Denitrifikation ist unerwünscht, da der frei werdende Stickstoff Schlamm auftreibt (kein Blähschlamm!) und dieser dadurch in den Vorfluter gelangen kann.

6. Schlammbehandlung

Der aus dem Vorklärbecken abgezogene **Frischschlamm,** bestehend aus dem Rohschlamm (Primärschlamm) der mechanischen Stufe, vermehrt um den Überschußschlamm (Sekundärschlamm) aus der biologischen Stufe, enthält nur etwa 2–5 % Feststoffe (davon ca. 60–70 % organische Stoffe, die beim Faulprozeß auf ca. 40–50 % verringert werden), der Rest ist Wasser. Er läßt sich schwer entwässern, riecht unangenehm und beginnt infolge des Fehlens von Sauerstoff schon nach kurzer Zeit zu faulen. Außerdem ist er nicht immer frei von Krankheitskeimen (Salmonellen, Darmbakterien, Wurmeier u. a.). Je nach Verwendungszweck kann der Frischschlamm zu deren Abtötung etwa 30 min auf 70 °C erhitzt (pasteurisiert) werden. Diese Entkeimung *vor* der Faulung hat den Vorteil, daß evtl. noch vorhandene Keime während des Faulungsprozesses abgetötet werden.

Der Frischschlamm kommt entweder in den Faulraum des Emscherbrunnens oder, falls er aus Belebungsanlagen stammt, in eigene **Faulbehälter (Faultürme).** Es sind dies z. B. eiförmige, geschlossene, beheizbare und gut wärmeisolierte Behälter aus Stahlbeton oder Stahl, die von oben befüllt werden und zur innigen Durchmischung des Inhalts mit einer Umwälzeinrichtung versehen sind. Bei größeren Anlagen sind meist mehrere Faultürme vorhanden die z. T. hintereinander zwei- oder mehrstufig betrieben werden. Die letzte Stufe (Nachfaulraum) wird nicht mehr beheizt und dient der Eindickung und optimalen Abscheidung des Faulwassers sowie der Speicherung.

Um die Faultürme nicht unnötig zu belasten und das enorme Schlammvolumen zu verringern, erfolgt meist eine vorhergehende Entwässerung, wobei der Wassergehalt auf 95–85 % gesenkt werden kann. Das anfallende Schlammwasser wird der Vorklärung zugeführt.

Im Faulbehälter wird der Schlamm unter Luftabschluß dem anaeroben Abbau unterworfen **(anaerobe Schlammstabilisierung),** dabei sind sowohl Gärungsvorgänge (anaerober Abbau von C-Verbindungen, z. B. Kohlenhydrate) als auch Fäulnisprozesse (anaerober Abbau von N-Verbindungen, z. B. Eiweiß) maßgebend, man spricht jedoch insgesamt von «Faulung» bzw. vom «Faulprozeß». Die Gärung verläuft in zwei Phasen. Zunächst werden durch hauptsächlich fakultativ anaerobe Bakterien die Makromoleküle wie Proteine, Polysaccharide, Fette, bis zu den Monomeren hydrolysiert bzw. in die verschiedensten Säuren (Ameisensäure, Essigsäure, Buttersäure, Milchsäure, Kohlensäure, Schwefelwasserstoff) und Alkohole (Ethanol) vergoren (saure Gärung; pH bis ca. 4). Erst diese Bausteine vermögen die verschiedenen obligat anaeroben Methanbakterien zu CH_4 und CO_2 zu vergären **(Methangärung)** (pH 6,8–7,5, Temperaturoptimum 35 °C). Beide Phasen müssen im Gleichgewicht bleiben, d. h. der Faulprozeß muß im alkalischen Bereich ablaufen («Umkippen» zur sauren Gärung bei Überhandnehmen der ersten Phase). Das entstehende Faul- bzw. Klärgas (ca. 60–70 % CH_4, 40–30 % CO_2, wenig CO) wird in Gasbehältern gespeichert und z. T. zur Faulraumheizung verwendet. Die Aufenthaltszeit des Schlammes bis zur vollständigen Ausfaulung ist sehr temperaturabhängig und beträgt etwa 5–8 Wochen. Wenn die tatsächlich erforderlichen Ausfaulzeiten voll eingehalten werden, sind pathogene Keime und Wurmeier nicht weiter Entwicklungsfähig.

Faulschlamm ist von schwarzer Farbe und schwach erdigem Geruch, er enthält noch einen hohen Wasseranteil. Falls er nicht direkt zum Einsatz in der Landwirtschaft kommt, kann er auf natürliche Weise auf Schlammtrockenbeeten entwässert werden, rascher führen maschinelle Entwässerungsverfahren (z. B. Druckfiltration) zum Ziel. Die Beseitigung der anfallenden riesigen Schlammengen als wertvoller landwirtschaftlicher Dünger wird oftmals erschwert durch angereicherte Schwermetalle und persistente organische Stoffe. Die Anwendung von Klärschlämmen unterliegt strengen gesetzlichen Anforderungen (vgl. Abfallbeseitigungsgesetz 1977/1982 und Klärschlamm-VO 1982). Bei sämtlichen Prozessen der Abwasserreinigung muß strengstens darauf geachtet werden, daß eine Grundwasserverschmutzung ausgeschlossen ist.

1.12.4 Untersuchung und Beurteilung

Die Untersuchung von Abwasser gestaltet sich besonders schwierig, da Abwasser in keiner Weise ein einheitliches System ist. Entsprechend seiner Herkunft bzw. nachfolgenden Behandlung ist auch seine Zusammensetzung extremen Möglichkeiten hinsichtlich der darin enthaltenen anorganischen und organischen Stoffe und ihren Konzentrationen unterworfen. Hinzu kommen die vielfältigen gegenseitigen Beeinflussungsmöglichkeiten insbesondere auch zu Komplexbildungen sowie der oft äußerst komplizierte physikalische Zustand des Systems (Schwebestoffe aller möglichen Größenordnungen bis zu kolloiddispersen Stoffen mit entsprechenden Adsorptionserscheinungen).

Ein allgemein gangbarer Weg zur Untersuchung von Abwasser läßt sich daher nicht angeben. In vielen Fällen geht es ohnedies nur um die eine oder andere spezielle Fragestellung, die eine Untersuchung wünschenswert oder nötig macht, etwa Verdacht auf unstatthafte Einleitungen, Feststellung, ob ein bestimmter Schadstoff vorhanden ist und woher er stammen könnte, Schwierigkeiten im Betrieb der Kläranlage, spezielle Fragen hinsichtlich der Qualität des Kläranlagenabflusses und der Belastung des Vorfluters ... – abgesehen von den ohnedies «eingespielten» täglichen Routineuntersuchungen im Kläranlagenbetrieb [42], die jedoch auch nicht selten zu unliebsamen analytischen Fragestellungen veranlassen können. Bereits durch die Bestimmung des pH-Wertes, der Leitfähigkeit, des CSB und BSB sowie etwa noch des einen oder anderen speziell interessierenden Parameters, z. B. Ammonium und Nitrat oder Phosphat, kann ein beträchtlicher Informationsgewinn über eine Abwasserprobe erhalten werden. Besonders schwierig gestaltet sich die Identifizierung einzelner organischer Belastungsstoffe, häufig auch die bestimmter Gruppenparameter.

Als Grundlage für Abwasseruntersuchungen dürften im allgemeinen die in Tab. 1.12.4 aufgeführten Parameter bzw. eine dem Untersuchungszweck angemessene Auswahl daraus genügen. Spezielle Hinweise zur Beurteilung sind infolge der vielseitigen Problematik nur im konkreten Zusammenhang mit dem jeweiligen Problem sinnvoll, es mögen jedoch die in diesem Abschnitt sowie in den Abschnitten 1.3, 1.4 und 1.5 gegebenen Hinweise gelegentlich dienlich sein.

Was die analytischen Verfahren betrifft, so eignen sich die im zweiten Teil dieses Buches aufgeführten Bestimmungen grundsätzlich auch für Abwasser. Allerdings sind spezielle

Tab. 1.12.4 *Parameterliste und Normverfahren für Abwasseruntersuchung (vgl. Basisformular nach DEV, DIN 38402-A1).*

Parameter		Einheit	Verfahrens-Kennzeichen
Absetzbare Stoffe, Volumenkonzentration		ml/l	DIN 38409-H9
Absetzbare Stoffe, Massenkonzentration		mg/l	DIN 38409-H10
Wassertemperatur		°C	DIN 38404-C4
Färbung			DIN 38404-C1
Trübung		cm	DIN 38404-C2
pH-Wert bei ...°C			DIN 38404-C5
Elektr. Leitfähigkeit		µS/cm	DIN 38404-C8
Ammonium	NH_4	mg/l	DIN 38406-E5
Nitrit	NO_2	mg/l	DIN 38405-D10
Nitrat	NO_3	mg/l	DIN 38405-D9
Stickstoff, organ. gebunden, nach Kjeldahl	N	mg/l	DIN 38409-H11
Phosphor, gesamt	P	mg/l	DIN 38405-D11
Phosphat, ortho	PO_4	mg/l	
Chlorid	Cl	mg/l	DEV D 1
Sulfat	SO_4	mg/l	DIN 38405-D5
CSB Cr VI → III		mg/l	DIN 38409-H41; H43
BSB_5 mit Nitrifikationshemmer		mg/l	DEV H5
BSB_5 ohne Nitrifikationshemmer		mg/l	
DOC	C	mg/l	DIN 38409-H3
TOC	C	mg/l	
Phenol-Index, gesamt		mg/l	DIN 38409-H16
Phenol-Index, nach Destillation		mg/l	
Kohlenwasserstoffe, gravimetrisch		mg/l	
Kohlenwasserstoffe, IR		mg/l	DIN 38409-H18
Extrahierb.organ. Halogene	(EOX)	µg/l	DIN 38409-H8
Cadmium	Cd	µg/l	DIN 38406-E19; E21
Quecksilber	Hg	µg/l	DIN 38406-E12
Fischtoxizität, G_F			DIN 38412-L15

(Weitere Parameter nach Bedarf und speziellem Untersuchungszweck, z.B. Sauerstoff, Eisen, Aluminium, spezielle toxische anorganische und organische Stoffe)

Störmöglichkeiten nicht ausgeschlossen. Als zusätzliche Literatur sollten insbesondere die Standardwerke eingesehen werden (vgl. Abschn. 4.1.1) [87, 363].

Eine ganz entscheidende Bedeutung kommt gerade bei Abwässern der **Probenahme** zu. Soweit Proben bzw. Mischproben automatisch entnommen werden, ist zu klären, ob das Entnahmegerät einwandfrei arbeitet und eine den Angaben entsprechende repräsentative Probenahme erbringt. Weiter ist zu klären, ob die vorliegenden Proben (noch) in einem Zustand sind, daß die betreffenden Bestimmungen zu einem sinnvollen Ergebnis führen. Insbesondere bei Entnahme von Einzelproben ist zu klären, welche Menge zu entnehmen ist und welche Konservierungsmaßnahmen ggf. für die vorgesehenen Bestimmungen zu treffen sind. Außerdem muß klar sein

– wo (Entnahmeort bzw. Entnahmeorte – ist eine Probenahme möglich und wie?)
– wann (u. U. auch nachts; während oder nach einem starken Regen ...) und
– warum die Probe bzw. die Proben entnommen werden (was ist der Untersuchungszweck? welche speziellen Fragen sind von Interesse? wie richte ich daraufhin die Probenahme ein?).
Weitere Hinweise s. DEV [1], DIN 38 402-A11 «Probenahme von Abwasser».

Trinkwasserverunreinigung durch Abwasser muß als Möglichkeit immer in Betracht gezogen werden. Die örtlichen Erhebungen bei der Probenahme sind gerade auch in dieser Hinsicht von überaus großer Bedeutung. Man muß lernen, mehr zu sehen als nur das Wasser, das man in die Flasche füllt. Speziell sollten auch Badeseen an ihren Zuflüssen auf mögliche Abwassereinleitungen überprüft werden (vgl. Verschmutzungsparameter, Abschnitt 1.13.6). In ländlichen Gebieten können Hauskläranlagen, Jauchegruben oder sonstige zur Aufnahme von Abwasser bestimmte Behälter undicht sein und naheliegende Einzelbrunnen aber nicht selten auch Grundwasser gefährden. Ebenso können Versickerungen von Abwasser häuslicher oder industrieller Art, von Öl- oder Benzinunfällen, von Dünger-, Pflanzenschutzmittel- und Streusalzausschwemmungen in das Grundwasser eindringen.

Stets ist bei allen Abwässern und Abwasseruntersuchungen **größte Vorsicht** geboten und ein direkter Kontakt mit dem Abwasser zu vermeiden, da immer auch pathogene Keime darin enthalten sein können. Dies gilt ganz besonders für das Rohabwasser.

Literatur: s. insbes. Abschn. 4.1.2, 4.1.3, 4.3, 4.4.

1.13 Darstellung und Interpretation der Untersuchungsergebnisse

So wichtig die aufgrund einer gut vorgeplanten und exakt durchgeführten Untersuchung erbrachten Daten auch sind – für sich alleine vermögen sie wenig zu erklären. Für die Beurteilung eines Wassers ist nicht allein die Kenntnis seiner physikalischen, physikalisch-chemischen, chemischen und bakteriologischen Beschaffenheit maßgebend. Ebenso wichtig ist deren richtige Interpretation, die Zusammenschau aller Faktoren, das verstehende Gegeneinander-Abwägen. Dazu ist ein umfassendes Wissen um Herkunft, geologische, hydrologische und biologische Faktoren, die das betreffende Wasser charakterisieren, vorausgesetzt – ein Wissen, das nur in vieljähriger praktischer Erfahrung erworben werden kann. Der Praktikant sollte bemüht sein, sich zunächst den im ersten Teil dieses Buches vorgelegten Stoff anzueignen und ihn durch Literaturstudium vertiefen. Unter Anleitung erfahrener Lehrer und mit den örtlichen Gegebenheiten vertrauten Fachkräften und Sachverständigen wird es nicht nur möglich sein, sinnvolle wasseranalytische Unternehmen zu planen, sondern auch deren Ergebnisse richtig zu interpretieren und zu einem Befund zu verarbeiten, der mehr darstellt als den Beweis, daß die betreffenden analytischen Methoden beherrscht werden.

1.13.1 Gliederung einer Wasseranalyse

In der Praxis der Wasserchemie werden zur Darstellung der Analysenergebnisse, insbesondere im Hinblick auf Datenverarbeitungssysteme Vordrucke bzw. spezielle Formblätter verwendet. Diese sollten zwar bekannt sein und auch entsprechend eingesetzt werden können. Dennoch sind für Übungszwecke selbst angefertigte, maschinengeschriebene, dem Zweck der Untersuchung angepaßte, übersichtlich aufgebaute Darstellungen mit Ionentabelle und den entsprechenden Summenbildungen vorzuziehen. Die folgende Zusammenstellung kann als Grundschema dienen.

1. Probenahme und örtliche Erhebungen, z.B. Beschreibung des Wasservorkommens (Quelle, See, Fluß, Abwasser) und seiner Umgebung, Beschreibung der technischen Einrichtungen, Schüttung bzw. Ergiebigkeit, Ort und Zeitpunkt der Entnahme, Sinnenprüfung, besondere Wahrnehmungen (vgl. Abschn. 1.1.5).

2. Physikalische und physikalisch-chemische Untersuchungen, z.B. Lufttemperatur, Wassertemperatur, pH-Wert, Leitfähigkeit, bei Badewässern auch Redox-Spannung.

3. Chemische Untersuchungen, beginnend mit einzelnen Summenbestimmungen wie Abdampfrückstand, Säure- und Basekapazität, daran anschließend die einzelnen Kationen und Anionen, gelöste Gase und Sonderuntersuchungen (vgl. Inhaltsübersicht).

4. Bakteriologische (und biologische) Untersuchungen, z.B. Koloniezahl, E.coli, Enterokokken.

5. Beurteilung der Ergebnisse. Erst die wohlüberlegte, mit Lehrern, Sachverständigen und auch unter den Praktikanten selbst durchbesprochene Interpretation bzw. deren möglichst ausführliche Niederschrift mißt den Einzelergebnissen die ihnen zukommende Gesamtbedeutung zu.

6. Datum und Unterschrift. Man überlege sich dabei, welche Verantwortung die von Amts wegen mit der Überwachung z.B. der öffentlichen Trinkwasserversorgung Beauftragten in ihren Gutachten für die Volksgesundheit übernehmen.

1.13.2 Berechnung und Angabe der Analysenergebnisse; statistische Verfahren

1. Ionendarstellung: Jene Stoffe, die im Wasser als Ionen vorliegen, müssen auch als solche dargestellt werden, die Hydratation bleibt unberücksichtigt. Man schreibt also z.B. Natrium (Na^+), Sulfat (SO_4^{2-}). In Formularen wird häufig die Ladungszahl weggelassen und man schreibt für Sulfat einfach SO_4, bzw. bei automatischen Ausdrucken SO4 oder NA für Natrium. Werden Stoffe, die in mehreren Oxidationsstufen auftreten können, insgesamt erfaßt, schreibt man z.B. Eisen, gesamt (Fe), bzw. Arsen (As). Keinesfalls darf geschrieben werden z.B. Chloride, Sulfate usw.; in *Lösung* liegen keine Chloride oder Sulfate vor, sondern Chlorid- und Sulfat-Ionen. In der Reihenfolge der Kationen und Anionen geht man nach steigender Ionenwertigkeit vor, bei gleicher Wertigkeit nach Gruppen des PSE. Ammonium (NH_4^+) steht immer am Ende der Alkali-Ionen.

2. Konzentrationsangaben: Grundlage für Konzentrationsangaben ist die DIN 32625 [922]. Die Norm enthält auch eingehende Erläuterungen sowie Tabellen mit Darstellungsformen für Ergebnisse der Wasseranalyse (Ionenbilanzen) unter Verwendung genormter Größennamen. Soweit möglich, sollten bei Einzeldarstellung alle Angaben als **Größengleichung** geschrieben werden (vgl. auch [39]).

Grundlegende Einheit ist die **Stoff(X)mengenkonzentration** (c), $c(X)$:

SI-Einheit: mol/m^3
übliche Einheit: $mol/l\,(mol/dm^3) = 10^{-3}\,mol/m^3$
                       $mmol/l\,(mmol/dm^3) = 10^{-3}\,mol/l$

Beispiele:

Salzsäure, $c(HCl) = 0{,}1\,mol/l$ (früher: 0,1 N HCl)
Schwefelsäure, $c(H_2SO_4) = 1\,mol/l$ (früher: 1 M H_2SO_4)
Schwefelsäure, $c(1/2\,H_2SO_4) = 1\,mol/l$ (früher: 1 N H_2SO_4)
Ammonium, $c(NH_4^+) = 20\,mmol/l$
Chlorid, $c(Cl^-) = 25{,}37\,mmol/l$

Für Angaben im Text kann geschrieben werden z. B.:

25,37 mmol/l Cl^- *nicht aber:* 25,37 mmol Cl^-/l
4,20 mg/l K^+ *nicht aber:* 4,20 mg K^+/l

Die Exponentenschreibweise z. B. $mmol \cdot l^{-1} \,\hat{=}\, mmol/l$ ist nicht nur umständlich, sondern kann auch leicht zu Irrtümern führen, etwa: $mol/m^3 \,\hat{=}\, mol \cdot m^{3-1}$, statt: $mol \cdot m^{-3}$. Neben anderen zulässigen Bezeichnungen, z. B. g/l, mg/l, ist die Angabe in mol/l bzw. mmol/l bevorzugt anzuwenden. Auch die Angabe der Wasserhärte erfolgt in mmol/l (vgl. Abschn. 1.13.5).
Da sich die Angabe mol/l auf 1 Liter Wasser von der Dichte $\varrho = 1$ bezieht, ist zu beachten, daß diese Angabe bei Wässern, deren Dichte erheblich von 1 abweicht, etwa bei Mineralwässern, durch die Angabe der Molalität, $b(X)$, zu ersetzen ist, z. B. $b(Na^+) = 8{,}3$ mol/kg. Wird in solchen Fällen eine «Einwaage» an dem zu untersuchenden (Mineral) Wasser durch Volumenmessung und nicht durch Wägung vorgenommen, muß das Volumen mit der Dichte multipliziert werden. Für Trinkwasser sind die Unterschiede vernachlässigbar. Im Zweifel ist aus der Dichte zu berechnen, ob der entstehende Fehler vernachlässigbar ist. Die Angabe der gelösten Stoffe als **Stoffmasse (g) pro Liter (l)**, also g/l, mg/l ($\hat{=}\,10^{-3}$ g/l) μg/l ($\hat{=}\,10^{-6}$ g/l) wird sehr häufig verwendet, da dies eine auch für Nichtfachleute anschauliche Größe ist. Sie sollte ebenfalls in Form einer Größengleichung, und zwar der **Massenkonzentration** ϱ (bzw. ϱ^*, um Verwechslung mit der Dichte ϱ, die ebenfalls die Dimension Masse/Volumen hat, zu vermeiden) erfolgen, z. B.:

Chlorid, $\varrho(Cl^-) = 12{,}05\,mg/l$.

Bei der Angabe von Einzelergebnissen sollte jedoch primär die Stoffmengenkonzentration und wo nötig in Klammer die Massenkonzentration aufgeführt werden, z. B.:

Chlorid, $c(Cl^-) = 0{,}34\,mmol/l$ (12,05 mg/l).

Dasselbe gilt für den **Massenanteil** w (g/kg, mg/kg), z. B.:

Chlorid, $b(Cl^-) = 2{,}0\,mol/kg$ (70,9 mg/kg).

Es ist üblich, Analysenverfahren in der Weise auszuarbeiten, daß mg/l erhalten werden. Diese Werte in mmol/l umzurechnen und mg/l in Klammer zu setzen, ist nicht gerechtfertigt, sollte jedoch toleriert werden, solange die Verfahren nicht allgemein entsprechend ausgearbeitet sind.

Die Angabe als **äquivalente Stoffmengenkonzentration** (val/l, mval/l) ist keine SI-Einheit und daher nicht mehr zulässig. Sinngemäß erhält man den bisher in val/l ermittelten Wert, indem man die Stoffmengenkonzentration mol/l durch die Äquivalentzahl z* dividiert (vgl. Tab. 1.8.3):

$$\text{mval/l} = \frac{\text{mmol/l}}{z^*}$$

$$\text{mmol/l} = (\text{mval/l}) \cdot z^*$$

$z^* = 1$ z. B. für Na^+, Cl^-
$z^* = 2$ z. B. für Ca^{2+}, SO_4^{2-}
$z^* = 3$ z. B. für Al^{3+}, PO_4^{3-}

3. Analysentabellen und Analysenformulare: Neben der bereits erwähnten DIN 32625 werden in der Gruppe A «Allgemeine Angaben» der DEV [1], entsprechend DIN 38402, u. a. Analysenformulare und allgemeine Hinweise für die Darstellung von Analysenergebnissen erarbeitet. Von besonderem Interesse ist die DIN 38402-A1 «Angabe von Analysenergebnissen». Die Norm enthält u. a. auch Basisformulare für Grundwasser/Trinkwasser, Betriebswasser/Kühlwasser, Deionat/Speisewasser/Kesselwasser/Dampf/Kondensat, Heizwasser, Heilwasser, Mineralwasser, Meerwasser, Badewasser, Oberflächenwasser und Abwasser. Außerdem liegt ein «Einheitsformular für Trinkwasser» vor (DEV A3, 10. Lieferung 1981). Eine «Parameterliste für die Wasseranalytik» (DIN 38402-A...) ist in Bearbeitung.

Tab. 1.13.2 bringt eine «verkürzte» Analysentabelle als mögliche Darstellungsform der Ergebnisse, sie sollte bevorzugt verwendet werden (eine andere, den früheren Gegebenheiten besser entsprechende Darstellungsform s. Tab. 1.8.3).

Tab. 1.13.2 *Darstellungsform für Ergebnisse aus der Wasseranalytik (nach DIN 32625).*

Ionen	Massen-konzentration mg/l	Stoffmengen-konzentration mmol/l	Äquivalent-konzentration mmol/l	Äquivalent-%
Kationen:				
Natrium (Na^+)	897	39	39	92,20
Calcium (Ca^{2+})	34,1	0,85	1,7	4,02
Magnesium (Mg^{2+})	19,4	0,8	1,6	3,78
Summe Äquivalentkonzentration der Kationen:			42,3	100,00
Anionen:				
Chlorid (Cl^-)	621	17,5	17,5	41,37
Hydrogencarbonat (HCO_3^-)	1300	21,3	21,3	50,36
Sulfat (SO_4^{2-})	168	1,75	3,5	8,27
Summe Äquivalentkonzentration der Anionen:			42,3	100,00

4. Angabe der Ergebnisse; statistische Verfahren: Bei analytischen Bestimmungen werden normalerweise mehrere Parallelbestimmungen durchgeführt. Dabei sollen die einzelnen Resultate möglichst nahe beieinander liegen und dem tatsächlichen Gehalt der Probe entsprechen. Demgemäß sind zur Beurteilung analytischer Daten zu beachten:
– die Reproduzierbarkeit der ermittelten Werte,
– die Übereinstimmung mit dem Gehalt der Probe.

Die **Reproduzierbarkeit** hängt ab von *zufälligen Fehlern* mit denen ein jedes Analysenverfahren behaftet ist (z. B. Schätzen der letzten Stelle bei Bürettenablesung oder bei Ablesung von Analoggeräten bzw. schwankende Digitalanzeige). Sie sind charakterisiert durch die unvermeidbare zweiseitige Abweichung der bei N Bestimmungen von derselben Probe gefundenen Analysenwerte x_i von einem Bezugswert. Der Bezugswert ist bei Proben mit unbekanntem Gehalt durch den Mittelwert $\bar{x}$ aus den Analysenwerten von Parallelbestimmungen und bei synthetischen Proben durch den eingestellten Gehalt des zu bestimmenden Stoffes gegeben.

Je größer der Zufallsfehler ausfällt, desto stärker streuen die Werte bei Wiederholung der Analyse, und desto geringer ist die **Präzision** des Analysenverfahrens oder -Ergebnisses. Die Präzision eines Ergebnisses ist also um so höher, je weniger die Einzelwerte um den Mittelwert streuen.

Das *Maß* für die zufälligen Fehler ist bei *nicht standardisierten Analysenverfahren* die aus den Analysenwerten x_i von voneinander unabhängigen Parallelbestimmungen aus einer Probe errechnete *Wiederholstandardabweichung* s_x. Diese gilt jeweils nur für die eine untersuchte Probe und hat somit nur einen beschränkten Anwendungsbereich. Die geforderte Unabhängigkeit der Parallelbestimmungen wird dadurch erreicht, daß jede einzelne Bestimmung so durchgeführt wird, als ob es sich um eine unbekannte Probe handele.

Bei *standardisierten Analysenverfahren* ist das Maß für die zufälligen Fehler, hier besser verfahrensbedingte Fehler genannt, die *Verfahrensstandardabweichung* s_{xO}. Diese berücksichtigt innerhalb eines bestimmten Meßbereiches, dem «Arbeitsbereich», die mittleren Abweichungen gefundener Analysenwerte x_i von den theoretisch zu erwartenden Werten (zur Berechnung beider Standardabweichungen s. [324]).

Abweichungen vom wahren Gehalt der Probe werden durch *systematische Fehler* verursacht (z. B. fehlerhaft geeichte Meßgeräte). Ein Analysenverfahren kann nur dann richtige Werte liefern, wenn es frei ist von systematischen Fehlern. Zufällige Fehler machen ein Analysenergebnis *unsicher,* systematische Fehler machen es *falsch.* Systematische Fehler liegen dann vor, wenn die Differenz zwischen dem gefundenen Mittelwert $\bar{x}$ von N Parallelbestimmungen zu einer Probe und dem «wahren Wert» μ größer ist als der «Vertrauensbereich des Mittelwertes» T_x; letzterer kann nach Vorgabe der «statistischen Sicherheit» P aus der Verfahrensstandardabweichung oder der Wiederholstandardabweichung berechnet werden [324].

Die **Richtigkeit** eines Ergebnisses ist um so höher, je geringer die Differenz des Mittelwertes zum wahren Wert ist.

Der Begriff **«Genauigkeit»** sollte nicht verwendet werden, da er manchmal im Sinne der Präzision eines Verfahrens, manchmal im Sinne seiner Richtigkeit verstanden wird und somit nicht eindeutig ist.

Zur statistischen Bearbeitung von Analysendaten sei insbesondere auf [324] sowie auf DIN 38402-A 5 «Kalibrierung und Auswertung von Analysenverfahren und die Bestimmung von Verfahrenskenngrößen» und DIN 38403-A 41 und A 42 «Ringversuche – Planung und Organisation» bzw. «Ringversuche – Auswertung» verwiesen. Weitere Literatur [50, 93, 202.1].

Noch einige allgemeine Hinweise, insbesondere für jene Fälle, in denen eine statistische Auswertung nicht möglich oder bezweckt ist.

Stets taucht die Frage auf, wie viele Dezimalstellen im Untersuchungsergebnis sinnvoll anzugeben sind. Grundsätzlich sollte die vorletzte Stelle – auch bei ganzen Einheiten – richtig und reproduzierbar sein, während die letzte Stelle einen unterschiedlichen Ungenauigkeitsgrad aufweisen darf. Keinesfalls darf die Präzision einer Analyse da-

durch erhöht werden, daß man, z. B. zur «sauberen Ausfüllung» von Formularen einfach (bei allen Werten gleich viele) Nullen anhängt; 5 mg/l sind nicht dasselbe wie 5,0 mg/l oder 5,00 mg/l. Außerdem sollten alle Angaben auf möglichst wenige Dezimalstellen beschränkt werden, z. B. statt 0,0003 mg/l besser 0,3 µg/l.
Nicht untersuchte Parameter sind in Analysenformularen mit «n. b.» (nicht bestimmt) zu kennzeichnen. Ist eine Substanz durch das angewandte Analysenverfahren nicht nachweisbar, so ist dies durch die Angabe «Kleiner als die Bestimmungsgrenze», z. B. < 0,1 mg/l zu dokumentieren, nicht durch «n. n.» (nicht nachweisbar) oder «n. b.» (nicht bestimmbar).

1.13.3 Indirekte Berechnungen

Häufig wird ohne analytische Bestimmung der Alkali-Ionen aus der Differenz der mmol/z*-(≙ mval)-Summe für die Kationen gegenüber den Anionen die Konzentration an Natrium (Na^+) unter Vernachlässigung (der meist geringen) Konzentration an Kalium (K^+) berechnet. Solche Berechnungen sind nicht zulässig und auch nicht nötig, da die flammenphotometrische Bestimmung von Na^+ und K^+ eine rasche und genaue Ermittlung dieser Werte erlaubt.

Auch Sulfat wird häufig indirekt ermittelt unter der Annahme, daß die nach Abzug der Carbonathärte von der Gesamthärte verbleibende Nichtcarbonathärte zur Hauptsache als Chlorid und Sulfat vorliegt. Eine Sulfatbestimmung erfordert keinen nennenswerten apparativen Aufwand und ist auf jeden Fall vorzunehmen, wenn Sulfat angegeben wird.

1.13.4 Summenbestimmungen und Ausgleich der Ionenbilanz

Bestimmungen, bei denen mehrere Parameter zugleich erfaßt werden, bezeichnet man als **Summenbestimmungen**. Die wichtigsten experimentellen Bestimmungen sind in Abschn. 2.3 zusammengefaßt, hinzu kommt noch die elektrische Leitfähigkeit (Abschn. 2.2.3).

Von diesen experimentellen Summenbestimmungen sind die rechnerischen **Summenbildungen** zu unterscheiden. Diese stellen Summierungen von Einzelbestimmungen dar, insbesondere der Kationen und der Anionen. Falls alle wesentlichen Parameter erfaßt wurden, ermöglichen sie die Überprüfung der Ionenbilanz der Analyse, da Kationen- und Anionen-Summe, je berechnet als (mmol/l)/z* (≙ mval/l) (vgl. Abschn. 1.13.2 und Tab. 1.8.3), theoretisch gleich groß sein müssen.

1. Elektrische Leitfähigkeit: Die elektrische Leitfähigkeit ermöglicht einerseits eine Abschätzung der im Wasser befindlichen Elektrolytmenge, zudem gestattet sie auf rascheste Weise die Überprüfung der Konstanz der Zusammensetzung eines Wassers gegenüber früheren Messungen, etwa Änderung geologischer Bedingungen bei Grund-, Quell- und Mineralwässern; Versalzung von Schwimmbeckenwasser sowie von Oberflächenwässern nach Regen, Abwassereinleitungen.

2. Abdampfrückstand: Der Abdampfrückstand gibt Auskunft über den ungefähren Mineralstoffgehalt eines Wassers in mg/l (mg/kg) (Aussage, ob etwa bereits ein Mineralwasser vorliegt). Seine Bestimmung zählt außerdem zu den wichtigsten Kontrollen der Konstanz der Zusammensetzung insbesondere von Mineralwässern. Bei Verwendung zur Überprüfung der Richtigkeit von Analysenergebnissen ist zu beachten, daß das im Wasser vorhandene Hydrogencarbonat beim Eindampfen zu etwa 50 % in Carbonat übergeht. Als Regel kann gelten: Mineralstoffgehalt des Wassers (mg/l) = Abdampfrückstand (mg/l) + 0,5 Hydrogencarbonat (mg/l).

3. Kationenaustausch: Der Austausch sämtlicher im Wasser vorhandenen Kationen gegen H_3O^+-Ionen, die maßanalytisch bestimmt werden können, stellt ebenfalls eine Möglichkeit zur Überprüfung der Richtigkeit einer Wasseranalyse dar und dient auch der Überprüfung der Konstanz des Mineralstoffgehaltes.

1.13.5 Die Problematik des Begriffes «Wasserhärte»

Die «Härte eines Wassers» (s. Abschn. 1.4.5) gehört zu den wohl häufigsten Routinebestimmungen. In der Praxis hat sich hierbei die Bezeichnung «Deutscher Härtegrad», °d (früher °dH) eingebürgert, wobei:

$$1\,°d \triangleq 10\ mg/l\ CaO \qquad M(CaO) = 56{,}0794\ g/mol.$$

Die Problematik dieser Festlegung, die zudem keine gesetzliche Einheit ist, besteht darin, daß die Härtebildner als CaO erfaßt werden und CaO als solches kein Wasserinhaltsstoff ist. Soll die «Härte eines Wassers» angegeben werden, so kommt nur die Stoffmengenkonzentration der Härtebildner, berechnet als Calcium, d. h. die Angabe in mmol/l (mol/m^3) in Betracht. Da für viele diese Größe völlig unanschaulich ist, sollte es weiterhin zugelassen sein, «°d» in ( ) beizufügen.

Für Berechnungen bzw. Umrechnungen können die in Tab. 1.13.5a zusammengestellten Beziehungen benützt werden. Zur Beurteilung der Härte s. Tab. 1.13.5b und 1.13.5c.

Auch die Bezeichnung «Carbonathärte» (KH) (richtiger müßte es heißen «Hydrogencarbonathärte») und «Nichtcarbonathärte» (NKH) hat sich eingebürgert, obwohl eine «Härte der Anionen» dem Begriff widerspricht. Voraussetzung für den Gebrauch dieser

Tab. 1.13.5a *Umrechnungstabelle für Einheiten der Wasserhärte.*

	Härte eines Wassers (Ca^{2+} + Mg^{2+}; ber. als Ca), angegeben in:			Deutsche Härtegrade
	Stoffmengenkonzentration mmol/l	Äquivalentkonzentration mmol/z^* (= mval)/l	Massenkonzentration mg/l	°d
Gesamthärte (GH) (als Ca) $c(Ca^{2+} + Mg^{2+})$ in mmol/l	1,000	2,000	40,08	5,608
Carbonathärte (KH) (als Ca) $c(Ca^{2+})$ in mmol/l	1,000	2,000	40,08	5,608
Säurekapazität, $K_{S\,4,3}$ (m-Wert) in mmol/l (Säurebindungsvermögen)	1,000	1,000	–	2,804
Äquivalenthärte (als Ca) $c(½\,Ca^{2+} + ½\,Mg^{2+})$ in mmol/l bzw. mmol/z^* (= mval)/l	0,500	1,000	20,04	2,804
Deutsche Härtegrade °d	0,178	0,357	7,147	1,000

Bezeichnungen ist, daß die Angabe als jene Stoffmenge (mmol/l Ca^{2+}) erfolgt, die dem experimentell gefundenen Anteil an Hydrogencarbonat (KH), also der Säurekapazität bis zum pH-Wert 4,3 (m-Wert), bzw. an sonstigen Anionen (NKH) äquivalent ist.

Tab. 1.13.5b *Beurteilung der Gesamthärte von Wässern.*

Gesamthärte mmol/l	entsprechend °d	gerundet °d	frühere Einstufung °d	Beurteilung
0–1	0 – 5,6	0– 6	0– 4	sehr weich
1–2	5,6–11,2	6–11	4– 8	weich
2–3	11,2–16,8	11–17	8–18	mittelhart
3–4	16,8–22,4	17–22	18–30	hart
> 4	> 22,4	> 22	> 30	sehr hart

Tab. 1.13.5c *Härtebereiche nach dem Waschmittelgesetz [730.11].*

Härtebereich	$c(Ca^{2+} + Mg^{2+})$ mmol/l	°d (gerundet)
1	≤ 1,3	≤ 7
2	1,3–2,5	7–14
3	2,5–3,8	14–21
4	> 3,8	> 21

1.13.6 Verschmutzungsindikatoren

Jede Wasseranalyse muß neben den entsprechenden Untersuchungsergebnissen auch eine Interpretation der Reinheit bzw. des Verschmutzungsgrades des Wassers enthalten. Bei vielen Wasseruntersuchungen geht es primär überhaupt nicht um die (möglichst vollständige) Erfassung der Inhaltsstoffe, sondern um den Nachweis, ob Verschmutzung stattgefunden hat oder nicht, und welcher Art diese ist. Dazu kennt man eine Reihe von Kriterien, die als «Verschmutzungsindikatoren» zusammengefaßt werden. Es ist jedoch davor zu warnen, aufgrund eines einzigen erhöhten Wertes bereits eine Verschmutzung anzunehmen – wie auch umgekehrt bei Fehlen eines bestimmten Verschmutzungsstoffes eine solche noch nicht ausgeschlossen werden kann. Erst die Zusammenschau und das Gegeneinander-Abwägen verschiedener Parameter und Aspekte im Hinblick auf Art und Verwendungszweck des betreffenden Wassers erlaubt eine Beurteilung. Wird für einen bestimmten Stoff ein erhöhter Wert gefunden, sind weitere Untersuchungen durchzuführen, bis sichergestellt ist, ob eine Verunreinigung stattgefunden hat oder nicht.

Nachfolgend die wichtigsten Verschmutzungsindikatoren und die Abschnitte, in denen Hinweise für die Beurteilung zu finden sind (vgl. dazu auch [87]).

1. Ortsbesichtigung und sinnenfällige Beobachtungen: sichtbare Verunreinigungen des Wassers und der Umgebung (z. B. Müllablagerungen), Farbe, Geruch (vgl. Abschn. 1.1.5).

2. Leitfähigkeit: Abschn. 1.4.1 und Abschn. 1.13.4.

3. Abdampfrückstand: Abschn. 1.13.4.

4. **Natrium/Kalium-Verhältnis:** Abschn. 1.4.3.
5. **Calcium/Magnesium-Verhältnis:** Abschn. 1.4.5.
6. **Chlorid:** Abschn. 1.4.8.
7. **Sulfat:** Abschn. 1.4.9.
8. **Ammonium, Nitrit, Nitrat:** Abschn. 1.4.10.
9. **Phosphat:** Abschn. 1.4.11.
10. **Oxidierbarkeit:** Abschn. 1.4.15.

Bei Anwesenheit von Ammonium, Nitrit, Nitrat und Phosphat sowie gleichzeitig erhöhtem $KMnO_4$-Verbrauch ist das Wasser auf jeden Fall als verunreinigt und seuchenhygienisch verdächtig anzusehen.

11. **Biochemischer Sauerstoffbedarf:** Abschn. 1.4.16.
12. **E. coli und coliforme Bakterien:** Abschn. 1.5.5 und 3.1.
13. **Spezielle Verunreinigungen** aus gewerblichen bzw. industriellen Betrieben: anorganische Stoffe, vorwiegend Schwermetalle (Abschn. 1.4.13 und 1.5.2), sowie organische Stoffe (Abschnitt 1.4.15 und 1.5.3).

1.13.7 Der Befund

Eine sorgfältig durchgeführte Analyse sowie alle damit zusammenhängenden Beobachtungen und gewonnenen Einsichten bedürfen einer ebenso sorgfältigen Niederschrift. Diese wird als «Befund» oder «Untersuchungsbericht» bezeichnet und in 3facher Ausfertigung mit Schreibmaschine nach den in den Abschn. 1.1. und 1.13 dargelegten Gesichtspunkten abgefaßt. Er stellt die ggf. in der Schlußbesprechung ergänzte bzw. verbesserte endgültige Dokumentation der Ergebnisse des gesamten Unternehmens dar. Jeder Praktikant sollte von Anfang an versuchen, diesen Bericht selbst zu erstellen, aus dem gewonnenen Material, das im Protokoll niedergelegt ist, die entsprechenden Schlüsse zu ziehen und zu formulieren. Dies setzt von Anfang an eine konsequente Protokollführung voraus. Was aus dem Protokoll nicht oder nicht mehr exakt reproduzierbar ist, kann auch nicht (mehr) in den Befund übernommen werden.
Der Befund ist nicht nur das «Bild» des untersuchten Wassers, sondern auch das des Laboranten bzw. Praktikanten.

2 Experimentelle Methoden der Wasseruntersuchung

Nachdem im 1. Teil über die verschiedenen Wasserarten, deren Inhaltsstoffe, Untersuchungskriterien und Beurteilung sowie über Planung und Durchführung entsprechender Untersuchungsvorhaben gesprochen wurde, kann dieser Teil sich auf die Darstellung der wichtigsten Einzelbestimmungen beschränken, denen jeweils in knapper Form die maßgeblichen theoretischen Grundlagen vorausgehen. Insofern bilden sie eine wohl nicht nur für den Lehrbetrieb wünschenswerte Ergänzung der Standardverfahren, die die exakte Ausführung der Bestimmung vorlegen, jedoch sonst meist keine weiteren Erklärungen beinhalten. Vielfach wurden die Verfahren auch in didaktischer Hinsicht aufbereitet – jedoch unter Verzicht auf Beigabe einer «Zusammenstellung von Geräten», da der Lernende sich selbst bemühen soll, geistig und praktisch in das betreffende Verfahren und seine Erfordernisse einzudringen.

In diesem Buch nicht aufgeführte Bestimmungen bzw. zusätzliche Alternativmethoden mögen der Standardliteratur entnommen werden (vgl. Abschn. 4.1.1 und 4.1.2).

Auf den Einsatz spezieller Analysengeräte und -Methoden wurde bereits im 1. Teil des Buches eingegangen. Nach wie vor sind auch naßchemische Verfahren von großer Bedeutung, u. a. auch zur Aneignung grundlegender analytischer Arbeitstechniken im Lehrbetrieb.

Anstelle «qualitativer Nachweise» sei auf die für eine erste Orientierung über Anwesenheit und Konzentration bestimmter Inhaltsstoffe besonders gut geeigneten ionenspezifischen **Merckoquant-Teststäbchen** [532] hingewiesen.

Auch an die hohen Anforderungen an die Reinheit der verwendeten Chemikalien und Geräte (vgl. Abschn. 1.1.3) und an das zur Herstellung der Reagenzlösungen usw. verwendete destillierte bzw. entmineralisierte Wasser (beides wird kurz als «**Deionat**» bezeichnet) (vgl. Abschn. 1.6) sei ebenfalls nochmals erinnert.

2.1 Probenahme und Sinnenprüfung

Die richtige Entnahme der Proben bildet die Voraussetzung für die einwandfreie Untersuchung eines Wassers. Die Entnahme muß dem Untersuchungszweck und den örtlichen Verhältnissen angepaßt werden. Eine eingehende Durchbesprechung und ggf. Einübung aller dabei zu treffenden Maßnahmen (vgl. Abschn. 1.1.9), einschließlich der örtlichen Erhebungen (vgl. Abschn. 1.1.5 und 1.13.1), ist unerläßlich. Die entnommene Probe muß für die durch die Untersuchung zu beantwortende Frage repräsentativ sein.

In manchen Fällen erübrigt sich die Mitnahme von Proben durch Bestimmung des gesuchten Parameters, z. B. pH-Wert, Leitfähigkeit, Chlor, Nitrit, Eisen u. a. an Ort und Stelle (Feldmethode); die dabei erzielbare Genauigkeit muß in Relation zum gesamten Untersuchungsvorhaben stehen.

Die Sinnenprüfung, wie überhaupt alle sinnfälligen Merkmale eines Wassers werden anfangs gerne vernachlässigt und in ihrer Bedeutung unterschätzt; gerade sie erleichtern die nachfolgenden Untersuchungen und erbringen oft wesentliche Erkenntnisse.

Werden die Sinne zur *Wahrnehmung* eines sinnenfälligen Parameters, z. B. Färbung, Trübung, Geruch (bzw. Geruchsschwellenwert), Geschmack (bzw. Geschmacksschwellenwert) eingesetzt, ohne daß damit eine Bewertung verbunden ist, spricht man von **organoleptischer Prüfung** (Organoleptik; organoleptische Parameter); erfolgt hingegen mit der Wahrnehmung zusätzlich auch eine *Bewertung,* wird diese als **sensorische Prüfung** (Sensorik) bezeichnet.

2.1.1 Probenahme und Probenkonservierung

Hinsichtlich der Art der Probenahme (s. dazu auch Abschn. 1.1.4.1 und [345, 986]) wird unterschieden zwischen
– Einzelproben oder Stichproben und
– Mischproben, Sammelproben oder Durchschnittsproben.

Einzel- oder Stichproben sind im allgemeinen von Hand durch direktes Befüllen der zur Aufnahme der Proben bestimmten Gefäße oder mittels eines Schöpfgerätes entnommene einmalige Wasserproben. Wird die Probe aus einem homogenen Wasserkörper gezogen, ist bereits mit einer einzelnen Probe eine repräsentative Probenahme sichergestellt. Bei nicht homogenem Wasserkörper, z. B. in stagnierenden Leitungssystemen oder Oberflächenwässern, ist ein einigermaßen verläßliches Bild des Zustandes des Wasserkörpers nur durch mehrere Einzelproben zu erhalten.

Misch-, Sammel- oder Durchschnittsproben sind immer zusammengesetzte Proben. Sie können aus Einzelproben von Hand zusammengemischt oder von automatischen Probenahmegeräten gesammelt werden. Wenn die Entnahmeintervalle nicht zu lang gewählt werden, ergeben die gesammelten Durchschnittsproben ein reales Bild der durchschnittlichen Zusammensetzung des Wasserkörpers, aus dem die Proben stammen. Dabei sind wiederum Inhomogenitäten des Wasserkörpers als auch eine mögliche Veränderung der Proben selbst im Verlauf der Probenahme (vgl. Probenkonservierung) in Betracht zu ziehen. In vielen Fällen, z. B. bei der Bestimmung von Schmutzfrachten in Flüssen, ist außerdem der Durchfluß (Volumenstrom) zu berücksichtigen, so daß sich sehr komplizierte Verhältnisse ergeben können, insbesondere dann, wenn bei einem zur Probenahme ausersehenen Fluß-km sowohl die Strömung nicht konstant (Flußmitte – Uferbereich) als auch der Wasserkörper nicht homogen ist. Zuflüsse von anderen Wässern benötigen oft eine sehr lange Fließstrecke, bis ein genügend homogener Wasserkörper wiederhergestellt ist.

Hiemit soll nur angedeutet sein, wie schwierig u. U. eine repräsentative Probenahme sein kann bzw. wie vorsichtig man bei der Interpretation von Analysenergebnissen sein muß, wenn nicht völlige Klarheit über die entnommene Probe herrscht.

Mischproben erlauben eine Aussage über die Wasserqualität während eines kürzeren (z. B. Zweistunden-Mischprobe) oder längeren (z. B. Tages-Mischprobe) Zeitraumes, dabei werden allerdings Spitzenbelastungen weitgehend abgeflacht.

Zur Aufnahme der Proben sind gut gereinigte, hydrolysebeständige Glasflaschen bzw. Kunststoffbehälter (dickwandige PE- oder PP-Flaschen; PVC-Flaschen sind weniger gasdurchlässig, geben aber möglicherweise Weichmacher ab) von 500 ml und 1 Liter Inhalt zu verwenden (vgl. Abschn. 1.1.3 und 1.1.9). Sie werden (falls möglich) mehrmals mit dem zu untersuchenden Wasser durch kräftiges Schütteln gespült und nach dem ordnungsgemäßen Befüllen sofort mit Glas- oder Kunststoffstopfen (ohne Korkeinlage o. dgl.) gut verschlossen und beschriftet.

Bezüglich der Entnahme von Proben, die für bakteriologische Untersuchungen bestimmt sind s. Abschn. 3.3.

Über jede Probenahme ist ein Protokoll zu führen (vgl. Abschn. 1.1.2). Entsprechende Protokollbögen für bestimmte Wasserarten s. DEV, DIN-Gruppe 38 402.

1. Probenahme am Zapfhahn bzw. an Handpumpen: Die Proben müssen unter Luftausschluß abgefüllt werden. Dazu stülpt man einen gut gereinigten durchsichtigen Plastikschlauch über das Hahnende der Wasserleitung (Druckleitung) und läßt das Wasser vor der Entnahme etwa 20 min mit gleichmäßigem, etwa 5 mm starkem Strahl ablaufen, bei Handpumpen wird etwa 10 bis 20 min langsam und gleichmäßig abgepumpt, wobei das abfließende Wasser nicht in den Brunnen gelangen (versickern) darf. Sodann wird, ohne den Hahn zu berühren, das Schlauchende bis zum Boden der Probeflasche eingeführt, so daß diese sich langsam von unten nach oben füllt. Luftblasenbildung und Sprudeln ist zu vermeiden. Man läßt das Wasser so lange durch die Flasche strömen, bis sich der Inhalt mehrmals erneuert hat, zieht sodann die Flasche langsam nach unten ab und verschließt sofort blasenfrei (Überprüfung durch Neigen der Flasche). Man erhält auf diese Weise eine exakte Probe, die mit der Luft nicht in Berührung war.

Sollten aus Leitungsrohren aufgenommene Schwermetallspuren bestimmt werden, so sind die nach längerem Stehen (8–12–24 h) des Wassers in den Leitungen ausfließenden ersten Anteile für sich zu sammeln.

Bei großen Zapfhähnen und Pumpenrohren erfolgt die Probenahme w. o. beschrieben, jedoch durch Einstecken des Entnahmeschlauches in das Abflußrohr oder mittels des «überstauten Trichters»: Man läßt das Wasser in einen größeren Plastiktrichter einlaufen, dessen Abflußrohr mit einem Schlauch verlängert ist, der bis zum Boden der Probeflasche reicht. Der Trichter muß beim Füllen ständig überstaut sein, indem man den Schlauch entsprechend zudrückt oder öffnet, damit gleichviel zu- und abläuft. Das Ende des Pumpenrohres oder Zapfhahnes muß ständig in das in dem Trichter stehende Wasser eintauchen. Nach längerem Überlauf aus dem Flaschenhals erhält man eine Wasserprobe, die nicht mit der Luft in Berührung war.

2. Probenahme aus Oberflächengewässern: Bei Probenahme aus Seen sind eine Reihe von Faktoren zu berücksichtigen (vgl. Abschn. 1.3.3), ähnliches gilt für andere Oberflächenwässer.

Für die Entnahme von Proben aus oberflächennahen Schichten von Gewässern genügt im einfachsten Fall die Schöpfprobe. Um jedoch auch hier eine Probe zu erhalten, die kaum mit Luft in Berührung stand, kann man sich eines dickwandigen, gut gereinigten Plastikeimers von etwa 10 bis 15 l Inhalt bedienen, der in einen V-förmig geteilten Holz- oder Metallstiel geklemmt und befestigt wird («Stockklammer»). Diesen führt man schräg in das Wasser, so daß die gesamte Luft noch an der Oberfläche ausströmt, und bewegt ihn sodann in der vorgesehenen Tiefe, z. B. 50 cm, langsam horizontal im Wasser (nicht aufwirbeln!), so daß das zunächst eingeströmte Wasser sicher ausgetauscht ist. Dann hebt man ihn rasch aus dem Wasser, stellt etwas erhöht auf (Sessel), taucht den Entnahmeschlauch bis zum Boden des Eimers ein und zieht das Wasser wie unter 1. beschrieben in die Probeflasche ab. Der Eimer darf nur etwa zur Hälfte entleert werden. Zur Entnahme von Proben aus größerer Tiefe, insbesondere für die O_2-Bestimmung (falls diese nicht mittels Sonde direkt im Gewässer erfolgt) kann das nachfolgend beschriebene einfache Tauchgerät benützt werden. Ein etwa 3 bis 5 l fassendes starkwandiges Blech- oder Glasgefäß (z. B. Gurkenglas) mit gut schließendem Deckel wird mit einem Draht- oder Plastikgeflecht umgeben, in dem sich entsprechend massive Bleiplatten oder Steine befinden. Daran befestigt man über vier Fäden ein dünnes Nylonseil, das in Abständen von je 1 m mit einer Farbmarkierung versehen ist. Der Deckel wird doppelt durchbohrt; in die mittlere Bohrung steckt man mittels eines Gummistopfens ein Glas- oder steifes Kunststoffröhrchen, das fast bis zum Boden des Behälters reicht und oben mit dem Stopfen eben abschließt. In der seitlichen Bohrung befestigt man mittels Gummistopfen ebenfalls ein Glas- oder steifes Kunststoffröhrchen, dem ein (Plastik)Rückschlagventil zwischengeschaltet ist (wie es z. B. für Wasserstrahlpumpen häufig verwendet wird), in der Weise, daß das Rohr möglichst wenig in den Behälter, jedoch mindestens 50 cm aus dem Behälter herausragt. Zur Probenahme befestigt man in dem Behälter die Probeflasche (Sauerstoff-Flasche) z. B. mittels einer Schaumgummieinlage in der Weise, daß das Einströmröhrchen bis knapp zum Boden der Probeflasche reicht, verschließt den Deckel und senkt die Apparatur rasch in die vorgesehene Tiefe ab. Das einströmende Wasser verdrängt zunächst die Luft aus der Probeflasche, dann aus dem Behälter, wobei der Effekt darin besteht, daß das Wasser in der Probeflasche mehrmals ausgetauscht wird. Sobald keine Luftblasen mehr aufsteigen, zieht man das Tauchgerät aus dem Wasser; das Rückschlagventil verhindert dabei ein weiteres Einströmen von Wasser. Die Probeflasche wird entnommen und sofort blasenfrei verschlossen bzw. der Sauerstoff fixiert. Sehr vorteilhaft ist bei dieser Vorrichtung, daß in dem Behälter auch ein Thermometer untergebracht und somit auch die Temperatur der Probe exakt ermittelt werden kann.

Bezüglich Probenahme von Wasser aus größerer Tiefe bzw. in fließenden Gewässern und spezieller Probenahmetechniken und -Geräte, einschließlich Abwasser, s. Abschn. 1.1.4.1 sowie [1, 6, 87, 203.1, 986] und DEV [1], DIN 38402-A12 «Probenahme aus stehenden Gewässern».

3. Probenahme von Grundwasser: Falls Grundwässer bereits durch Pumpen u. dgl. erschlossen sind, wird die unter 1. beschriebene Entnahmetechnik angewandt. Spezielle Entnahmetechniken s. DEV, DIN 38402-A13 «Probenahme aus Grundwasser». Die Norm enthält auch ein Beispiel für ein Formular eines Probenahmeprotokolls.

4. Probenahme von Abwasser: s. Abschn. 1.1.4.1, 1.12.2, 1.12.4 sowie [1, 6, 87, 203.1] und insbesondere DEV, DIN 38402-A11 «Probenahme von Abwasser».

5. Probenkonservierung: Je nach Inhaltsstoffen, deren Konzentration und gegenseitiger Beeinflussung, insbesondere auch durch die Aktivität der im Wasser lebenden Mikroorganismen sowie durch Luftsauerstoff und Aufnahme bzw. Abgabe von CO_2 (z. B. in Kunststoffbehältern) können die entnommenen Wasserproben schon innerhalb kürzester Zeit Veränderungen unterliegen. Daher sind für jene Fälle, in denen die vorgesehenen Bestimmungen nicht unmittelbar am Ort der Probenahme erfolgen können entsprechende konservierende Maßnahmen zu treffen. Dabei sollte die Beeinflussung der Probe so gering als möglich sein und die Untersuchung so bald als möglich erfolgen, dies gilt vor allem für Abwasserproben.

Die einfachste und für viele Bestimmungen zugleich wirksamste Konservierungsmaßnahme ist die Dunkel- und Kühlhaltung bzw. Abkühlung der Probe: Transport in der gut vorgekühlten Kühltasche, sodann Aufbewahrung (möglichst nicht über einen Tag) im Kühlschrank bei 2 bis 5 °C. Soll die Probe längere Zeit aufbewahrt werden, ist nach Möglichkeit dem Tiefgefrieren bei ca. − 20 °C der Vorzug zu geben. Das Auftauen sollte zügig erfolgen (Einstellen in warmes Wasserbad). Geht dabei ein evtl. beim Abkühlen gebildeter Niederschlag nicht in Lösung, wird die Probe umgefüllt und durch Schütteln vor jeder Entnahme homogenisiert. Es sollte geklärt werden, wodurch der Niederschlag verursacht wurde.

Jede probenkonservierende Maßnahme, einschließlich der Dauer der Konservierung, muß genau protokolliert und im Untersuchungsbefund vermerkt werden.

Spezielle Konservierungsmaßnahmen sind bei den einzelnen Bestimmungen angegeben. Eine umfassende Zusammenstellung der derzeitigen Konservierungstechnik für 75 chemische Parameter und die Mikrobiologie gibt die ISO-Norm 5667/3 [986].

2.1.2 Prüfung auf Geruch und Geschmack

Trinkwasser und manche Betriebswässer müssen frei von Geruch sein. Eine einwandfreie Geruchsprüfung ist daher ein wichtiges Kriterium für die Beurteilung der Trinkwasserqualität. Der Geruchssinn des Menschen ist derart empfindlich, daß gewisse Stoffe noch wahrgenommen werden, die ohne Anreicherung sonst nicht bestimmbar sind. Die Geruchsprüfung ist immer *vor* der Geschmacksprüfung vorzunehmen, da der Geruchssinn etwa zehnmal empfindlicher ist als der Geschmackssinn und u. U. vom Geschmack beeinflußt werden kann.

1. Prüfung auf Geruch: Die Prüfung erfolgt am Ort der Probenahme. Eine geruchsfreie 0,5- bis 2-l-Glasflasche (Kunststoff besitzt Eigengeruch) wird nach mehrmaligem Spülen etwa zur Hälfte gefüllt, mit dem Glasstopfen verschlossen und kräftig geschüttelt. Sofort nach Abnahme des Stopfens wird der Geruch geprüft. Prüfung mehrmals wiederholen; bei Zweifel Probe verschlossen (im Labor) auf ca. 60 °C erwärmen.

Angabe der Ergebnisse:
– nach der Intensität: Geruch
        ohne – schwach – stark
– nach der Art: Geruch

metallisch	(z. B. eisenhaltiges Tiefenwasser)
erdig	(z. B. Blaualgen)
fischig	(z. B. Kieselalgen)
aromatisch grasartig }	(z. B. verschiedene wasserblütenbildende Mikroorganismen)
modrig faulig jauchig }	(stark bis sehr stark verunreinigtes Wasser)
u. a.	

– differenziert: Geruch nach
        Chlor – Ammoniak – Schwefelwasserstoff, Teer – Mineralöl – Phenol u. a.

Beispiel:
Geruch: schwach erdig (15,2 °C)

2. Prüfung auf Geschmack: Trinkwasser soll von gutem Geschmack sein. Die Prüfung wird am Ort der Probenahme vorgenommen, hat jedoch bei Verdacht auf Infektions- und Vergiftungsgefahr zu unterbleiben. Zur Prüfung wird ein Schluck Wasser kurze Zeit im Mund bewegt und dann geschluckt. Nachgeschmack beachten! (metallischer Geschmack tritt meist als Nachgeschmack auf), ggf. kann (im Labor) auf ca. 30 °C erwärmt werden.

Angabe der Ergebnisse:
- nach der Intensität: Geschmack
    ohne – schwach – stark
- nach der Art: Geschmack
    säuerlich – salzig – süßlich – bitter – bitter, metallisch – bitter, adstringierend – laugig – fade – moorig u. a.
- differenziert: Geschmack nach
    Chlor – Seife – Fisch u. a.

Beispiel:
Geschmack: schwach säuerlich-salzig (12,0 °C)

Literatur: [1, 5, 87].

2.1.3 Prüfung auf Färbung und Trübung

Als **Färbung** des Wassers bezeichnet man dessen optische Eigenschaft, die spektrale Zusammensetzung des sichtbaren Lichtes zu verändern. Sie ist in erster Linie auf Verunreinigung zurückzuführen. Trinkwasser muß – abgesehen von der Eigenfarbe in dicken Schichten – farblos und klar sein. Es interessiert vor allem die durch gelöste Stoffe hervorgerufene Färbung. Ungelöste, feindisperse Stoffe (vgl. Tab. 1.4) können zwar ebenfalls eine Färbung hervorrufen, sie bewirken jedoch darüberhinaus auch eine Trübung. Als **Trübung** eines Wassers bezeichnet man dessen Eigenschaft, eingestrahltes Licht zu streuen. Da bezüglich der Teilchengröße ein kontinuierlicher Übergang von gelösten zu ungelösten Stoffen besteht, lassen sich die einzelnen Effekte nicht immer eindeutig abgrenzen. Die Prüfung wird am Ort der Probenahme vorgenommen.

1. Prüfung auf Färbung (visuell): Die Wasserprobe wird in eine Klarglasflasche von 1 l Inhalt oder in einen Kolorimeterzylinder gefüllt und im diffusen Licht gegen einen weißen Hintergrund betrachtet. Sind Sinkstoffe zugegen, läßt man diese vorher absetzen.

Angabe der Ergebnisse:
Man bezeichnet die Probe als:
    farblos – schwach gefärbt – stark gefärbt
und setzt den Farbton hinzu, z. B.:
    gelblich – gelblichbraun – bräunlich – braun

Beispiel:
Färbung (visuell): schwach gelblich

Schnellbestimmung mit Aquaquant 14421 [531] «Color»: Der Reagenziensatz beruht auf der visuell-kolorimetrischen Bestimmung als Hazen-Farbzahl (Abstufungen: 0–5–10–20–30–40–50–70–100–150 Hazen); vgl. auch [503, 591].
Bestimmung mit optischen Geräten: s. Abschn. 2.2.7.

2. Prüfung auf Trübung (visuell): Etwa 0,7 l der Wasserprobe werden in eine Klarglasflasche von 1 l Inhalt gefüllt, gut umgeschüttelt und gegen einen schwarzen und danach gegen einen weißen Hintergrund betrachtet. Zur Beurteilung von Oberflächenwässern verwendet man besser die Sichtscheibe, eine weiße Porzellanplatte von ca. 20 cm $\varnothing$ (z. B. Exsikkatoreinsatz), die man an drei kurzen, an deren Enden verbundenen Fäden waagrecht aufhängt und an einer Nylonschnur am Ort der Probenahme so weit in das Wasser eintaucht, bis die Scheibe als solche gerade noch sichtbar ist. Die Messung wird einigemale wiederholt. Die Länge des Fadens von der Wasseroberfläche bis zur Scheibe ist ein Maß für die Trübung des Wassers. Der Einfluß verschiedener Lichtverhältnisse und Sonneneinstrahlungswinkel kann durch Beobachtung der Scheibe mittels eines in das Wasser eintauchenden Sichtrohres ausgeschaltet werden. Die Trübungsmessung mit der Sichtscheibe kann mit der Temperaturmessung kombiniert werden (s. Abschn. 2.2.1).

Angabe der Ergebnisse:
Man bezeichnet die Probe als:
klar – schwach getrübt – stark getrübt – undurchsichtig

Bei Anwendung der Sichtscheibe (SECCHI-Scheibe) werden die Werte der Sichttiefen ≤ 1 m auf 1 cm, die Werte > 1 m auf 0,1 m gerundet angegeben.

Beispiele:
Trübung (visuell): klar
Trübung (Sichtscheibe): Sichttiefe 2,1 m

Bestimmung mit optischen Geräten: s. DEV, DIN 38 404-C 2 «Bestimmung der Trübung».
Gerätehersteller z. B. (8, 13, 22, 29, 34, 43)
Literatur: [1, 5, 87, 217.2].

2.2 Physikalische und physikalisch-chemische Untersuchungen

2.2.1 Bestimmung der Temperatur

Die exakte Ermittlung der Temperatur eines Wassers am Ort der Probenahme – im Freien auch die der umgebenden Luft – bzw. an der interessierenden Meßstelle ist für jede Wasseruntersuchung eine grundlegende Voraussetzung, da z. B. die Geschwindigkeit von Reaktionen und vor allem die Löslichkeit von Gasen temperaturabhängige Größen sind. Zudem sind fast immer weitere Parameter zu ermitteln, etwa die elektrische Leitfähigkeit oder der pH-Wert, wobei das Wasser auf der aktuellen Temperatur zu halten ist [364].

Die Bestimmung kann mit einem (geeichten) **Quecksilberthermometer,** Meßbereich etwa − 20 bis 50 °C (0,1 K) erfolgen. Das Thermometer wird bis zur Ablesehöhe in das Wasser getaucht, nötigenfalls entnimmt man die Probe in einem größeren Glasgefäß (Gurkenglas; mehrmals entleeren und neu füllen). Bei Probenahme vom Zapfhahn läßt man das Wasser mit Hilfe eines bis zum Boden des Glasgefäßes (Gurkenglas) reichenden Schlauches und bei eingehaltenem Thermometer längere Zeit überfließen. Dabei sollten weitere Hähne voll geöffnet werden, da sich das Wasser im oberirdischen Leitungssystem rasch erwärmt. Es kann sowohl die im ersten Ablauf gemessene Temperatur als auch der tiefste gemessene Wert von Bedeutung sein.

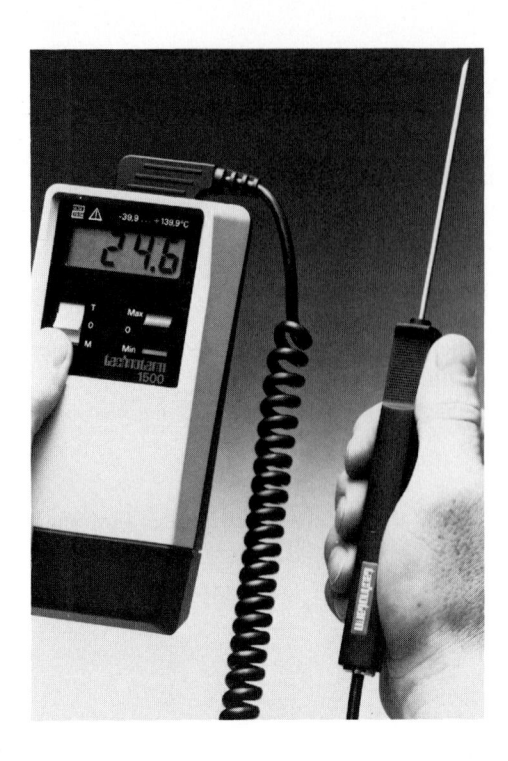

Abb. 2.2.1 *technoterm 1500 Digital-Sekundenthermometer der Fa.* TESTOTERM *(45), eichfähig, Meßbereich −39,9 ... +139,9 °C (Auflösung 0,1 K), mit Maximal- und Minimalwertspeicher (Einzelheiten im Text; vgl. auch Abb. 2.2.6).*

Der Messung mit dem oft schwer abzulesenden und bruchempfindlichen Hg-Thermometer ist die **elektronische Messung** mit digitaler Temperaturanzeige (LCD) vorzuziehen. Ein für die Praxis hervorragend geeignetes Gerät ist das **technoterm 1500 E-Sekunden-Thermometer** mit Präzisions-Thermistor-Fühler 2515 E (45) (vgl. Abb. 2.2.1). Merkmale: Meßbereich − 39,9 bis 139,9 °C; Auflösung 0,1 K über den gesamten Meßbereich; gut ablesbare LCD-Anzeige; eichfähig bzw. amtlich geeicht (E) (Eichfehlergrenze ± 0,1 K); automatische Funktionskontrolle der Elektronik. Mit dem Modell 1503 steht eine absolut wasserdichte Ausführung zur Verfügung. Der ebenfalls wasserdichte Temperaturfühler ist ganz aus V4A-Stahl und kann mit einem beliebig langen Kabel (100 m und mehr, falls nötig) ausgestattet werden. Dadurch lassen sich durch einfaches Absenken des Temperaturfühlers in die gewünschte Tiefe Temperaturen in Schwimmbecken, Fließgewässern und Grundwasser problemlos messen. Ebenso können Temperaturprofile in stehenden Gewässern aufgenommen werden. Außerdem läßt sich am Temperaturfühler auch leicht eine Sichtscheibe (vgl. Abschn. 2.1.3) befestigen (Gummistopfen). Der Extremwertspeicher hält den höchsten bzw. tiefsten Wert einer Messung fest. Zubehör: Servicekoffer, Bereitschaftstasche, Kälteschutztasche, NiCd-Akku mit Ladegerät.

Die Messung erfolgt durch Eintauchen der Fühlerspitze bzw. des ganzen Fühlers, an dessen Kabel Tiefenmarkierungen angebracht werden können, in das Meßgut und Ablesen der Temperatur bzw. nach entsprechender Schalterumstellung des Maximal- bzw. Minimalwertes. Die Temperatureinstellung erfolgt praktisch sofort.

Die **Lufttemperatur** wird in ca. 1 m Höhe über dem Gewässer oder Boden mit dem völlig trockenen Thermometer bzw. Temperaturfühler – bei Sonne im (Körper-)Schatten – gemessen.

Angabe der Ergebnisse:
Die Wassertemperatur wird auf 0,1 K, die Lufttemperatur auf 0,5 K gerundet angegeben. Bei Temperaturschwankungen kann auch das ermittelte Intervall angegeben werden.

Beispiel:
Wassertemperatur: in 1 m Tiefe: in 3 m Tiefe: in 5 m Tiefe:
$t = 20,7\,°C$ $t = 18,4\,°C$ $t = 16,0\,°C$
Lufttemperatur (ca. 1 m über der Wasseroberfläche): $t = 23,1 \ldots 23,8\,°C$

Literatur: DEV [1], DIN 38404-C4, «Bestimmung der Temperatur».

2.2.2 Bestimmung der Dichte

Die Dichte ist eine für jeden Stoff spezifische Größe. Die Dichte einer wäßrigen Lösung gibt Aufschluß über deren Gehalt an gelösten Stoffen und Schwebstoffen; sie ist insbesondere bei stärker mineralisierten Wässern von Interesse.
Die Dichte ϱ eines Stoffes ist der Quotient aus seiner Masse m und seinem Volumen V:

$$\varrho = \frac{m}{V} \qquad \text{Einheit: kg/m}^3 \text{ bzw. g/cm}^3 = \text{g/ml}$$

Da das Volumen einer Stoffportion temperaturabhängig ist, muß die Temperatur, bei der die Bestimmung durchgeführt wird, angegeben werden; um vergleichbare Werte zu erhalten, sollte die Bestimmung bei 20 °C erfolgen.

1. Bestimmung mit dem Pyknometer: [1,5] (für Routineuntersuchungen zu zeitaufwendig).

2. Bestimmung mit der hydrostatischen Einrichtung: (37) [583] Jeder in eine Flüssigkeit untergetauchte Körper erfährt infolge des Auftriebs einen scheinbaren Masseverlust gleich der Masse des verdrängten Flüssigkeitsvolumens (Prinzip von ARCHIMEDES). Ist daher das Volumen des Verdrängungskörpers bekannt, so läßt sich aus dem Auftrieb die Dichte der Flüssigkeit angeben.
Die eichfähige hydrostatische Einrichtung (Modell 606901 für unterschalige, Modell 6080 für oberschalige elektronische Analysenwaagen) besteht im wesentlichen aus einem Glaskörper (Senkkörper) von definiertem Volumen, der an einem dünnen Draht in die Analysenwaage eingehängt wird. Die Waagschale wird mit einer Metallbrücke abgedeckt. Nach Tarieren der Waage stellt man die im dickwandigen (Wärmeisolation!), mit Thermometer versehenen Glasbecher befindliche (thermostatisierte) Probe auf die Metallbrücke und taucht den Senkkörper in definierter Weise ein. Der dadurch verursachte Auftrieb bzw. die Dichte kann direkt an der Waage abgelesen werden.

3. Bestimmung nach der Biegeschwingermethode: Der Digital-Dichte- und Temperaturmesser DMA 35 für Flüssigkeiten (31) ist ein netzunabhängiges Einhandgerät nach der Biegeschwingermethode. Er eignet sich insbesondere für Feldmessungen elektrolytreicher Wässer (sowie auch anderer flüssiger Medien) im Dichtebereich $\varrho = 0 \ldots 1,999 \pm 0,001$ g/cm^3. Ein zweites Flüssigkristalldisplay zeigt die im Biegeschwinger herrschende Temperatur auf 0,1 K genau an (Thermistorfühler im Biegeschwinger). Bei Probentemperaturen ungleich 20 °C (Temperaturbereich 20 ± 5 °C) wird automatisch der tempera-

turabhängige Korrekturwert gebildet und zur gemessenen Dichte vorzeichenrichtig addiert.
Das Meßprinzip beruht darauf, daß die Probe (ca. 2 ml) mittels Injektionsspritze oder manueller Ansaugvorrichtung in einen hohlen gläsernen Biegeschwinger gebracht und sodann zu ungedämpften Schwingungen angeregt wird. Das Probenvolumen, welches an der Schwingung teilnimmt, wird durch konstruktive Auslegung des Schwingers während der Messung konstant gehalten, so daß die Periodendauer des oszillierenden Meßschwingers nur von der Dichte der Probe und der Temperatur des Schwingers abhängt. Gemessen wird die Probe in ihrer Gesamteigenschaft, also auch die darin etwa enthaltenen Gasanteile oder Schwebstoffe. Die Messung dauert nach Angleichung des Schwingers an die Temperatur des Meßgutes nur Sekunden.

Angabe der Ergebnisse:
Es ist das Untersuchungsverfahren zu nennen und die Dichte auf 3 Dezimalstellen anzugeben.

Beispiel:
Dichte (hydrostat.): $\varrho(20°C) = 1{,}037 \text{ g/cm}^3$
Dichte (Biegeschwingermethode): $\varrho(20°C) = 1{,}122 \text{ g/cm}^3$

2.2.3 Bestimmung der elektrischen Leitfähigkeit

1. Allgemeines

Die Kenntnis der elektrischen Leitfähigkeit eines Wassers ermöglicht u. a. Rückschlüsse auf dessen Gesamt-Mineralstoffgehalt (vgl. Abschn. 1.4.1). Zugleich kann sie dazu dienen, bei Wässern gleicher Herkunft durch regelmäßige Kontrollen Änderungen im Elektrolytgehalt zu erkennen (vgl. Abschn. 1.13.6) oder die Qualität von dest. Wasser oder Deionat (vgl. Abschn. 1.6) zu überprüfen.
Die Messung erfolgt mittels spezieller Leitfähigkeitsmeßgeräte (s. Abschn. 1.1.3.13, Abb. 1.1.3c und 2.2.3). Für die Wasseruntersuchung eignen sich insbesondere Eintauchmeßzellen. Deren Zellkonstante ist meist als $\pm$ -Abweichung von 1,00 cm^{-1} angegeben, bei Feldgeräten häufig exakt auf 1,00 cm^{-1} ausgelegt. Eine Überprüfung bzw. Nacheichung ist von Zeit zu Zeit empfehlenswert. Für Wässer mit geringer Leitfähigkeit sind (thermostatisierbare) Durchfluß-Meßzellen nötig.
Anspruchsvolle Laborgeräte sollten über folgende Einstellmöglichkeiten verfügen: mehrere Meßbereiche mit dazu optimaler automatischer Meßfrequenzanpassung; Temperaturmessung (0,1 K) mit (automatischer) Temperaturkompensation auf die Bezugstemperatur von 25°C und jede beliebige andere Bezugstemperatur; Einstellmöglichkeit beliebiger Temperaturkoeffizienten bis 3,50 %/K sowie Einstellmöglichkeit beliebiger Zellkonstanten für 0,1-, 1- und 10-cm^{-1}-Meßzellen.
Gute Feldgeräte sind ebenfalls mit mehreren Meßbereichen, Temperaturanzeige und (automatischer) Temperaturkompensation auf die Bezugstemperatur von 25°C ausgestattet, so daß auf Umrechnungstabellen verzichtet werden kann. Im allgemeinen arbeiten diese Geräte mit einem Temperaturkoeffizienten von 2,1 %/K, so daß bei vielen natürlichen Wässern die Leitfähigkeit mit hinlänglicher Genauigkeit gemessen werden kann, falls die Meßtemperatur nicht allzusehr von 25°C abweicht.

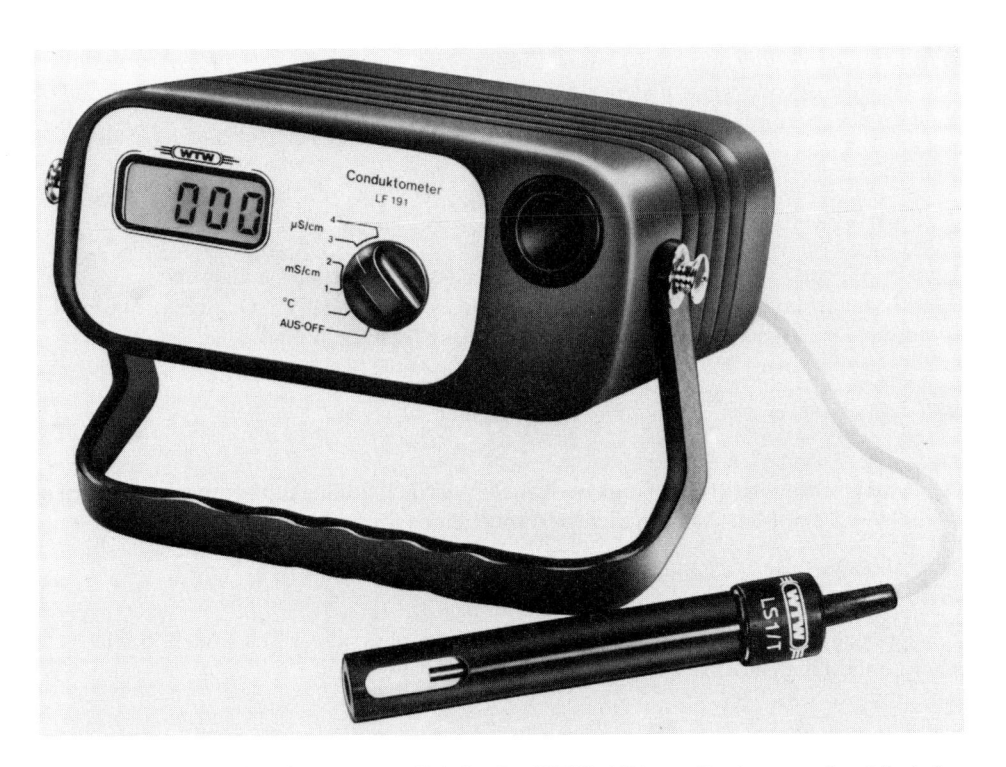

Abb. 2.2.3 *Feld- und Laborgerät LF 191 der Fa. WTW (49) zur Bestimmung der elektrischen Leitfähigkeit und der Temperatur (Akkubetrieb mit externem Ladegerät). 4 Meßbereiche + Salinität, 3 Meßfrequenzen; NTC-Temperaturfühler in Standardmeßzelle LS 1/T (Zellkonstante $K = 1{,}00$ cm^{-1}; keine Pt-Elektrode!) integriert; automatische Temperaturkompensation (Bezugstemperatur 25°C); Temperaturkoeffizient 2,1 %/K bzw. 4 %/K für Reinstwasser-Durchflußmeßzelle mit $K = 0{,}100$ cm^{-1}. Trag- bzw. Aufstellbügel austauschbar gegen Traggurt; Gerät und Anschlüsse wasserdicht.*
Mit dem LF 91 LCD-Digital-Leitfähigkeits- und Temperaturmeßgerät (analog pH 91; vgl. Abb. 2.2.6) steht ein noch kleineres Gerät zur Verfügung (4 Meßbereiche, automatische Temperaturkompensation, Temperaturkoeffizient 2,2 %/K).

2. Theorie

Die elektrische Leitfähigkeit von Wässern beruht ganz allgemein auf deren Gehalt an Ionen. Sie ist abhängig von der Konzentration und dem Dissoziationsgrad der gelösten Elektrolyte, von deren elektrochemischen Wertigkeit, von der Ionenbeweglichkeit, d. h. der Wanderungsgeschwindigkeit der einzelnen Ionen in Feldrichtung, und der Temperatur. Da für eine zu messende Wasserprobe die Wertigkeit der Ionen und deren Wanderungsgeschwindigkeit konstant sind, ist bei konstanter Temperatur deren Leitfähigkeit eine Funktion seiner Ionenkonzentration.

Verhindert man eine Polarisation der Meßelektroden, so gehorcht die Stromleitung in einer Elektrolytlösung – ähnlich der bei Metallen – dem Ohmschen Gesetz:

$$R = \frac{U}{I} \qquad \text{Einheit: Ohm, } \Omega \qquad (1)$$

Darin ist R der Widerstand des Leiters, U die angelegte Spannung und I die Stromstärke. Als Vergleichsgröße verschiedener Stromleiter dient jedoch nicht der Widerstand R sondern der spezifische elektrische Widerstand ϱ.

$$\varrho = R \cdot \frac{A}{l} \qquad \text{Einheit: } \Omega \cdot \text{cm} \qquad (2)$$

Dieser gibt den Widerstand einer Flüssigkeitssäule mit der Länge von $l = 1$ cm (Elektrodenabstand) und einer Elektrodenfläche von $A = 1$ cm² an. Der Reziprokwert des spezifischen elektrischen Widerstandes ist die elektrische Leitfähigkeit $\varkappa$:

$$\varkappa = \frac{1}{\varrho} = \frac{1}{R} \cdot \frac{l}{A} \qquad \text{Einheit: } \Omega^{-1} \cdot \text{cm}^{-1} = \text{S/cm} \qquad (3)$$

Ω^{-1} wird als Siemens (S) bezeichnet und die elektrische Leitfähigkeit demnach gemessen in $\text{S} \cdot \text{cm}^{-1} = \text{S/cm}$. Meist werden kleinere Einheiten benötigt:

$$1 \text{ S/cm} = 10^3 \text{ mS/cm} = 10^6 \text{ μS/cm}.$$

Der Quotient aus dem Elektrodenabstand l und der wirksamen Elektrodenoberfläche A einer Leitfähigkeitsmeßzelle heißt Zellkonstante K.

$$K = \frac{l}{A} \qquad \text{Einheit: cm}^{-1} \qquad (4)$$

Die Zellkonstante läßt sich mit einer Elektrolytlösung bekannter elektrischer Leitfähigkeit ermitteln. Dabei wird meist nicht der elektrische Widerstand R, sondern dessen Kehrwert, der elektrische Leitwert G gemessen. Es gilt:

$$K = \varkappa \cdot R \qquad \text{bzw. } K = \frac{\varkappa}{G} \qquad \text{Einheit: cm}^{-1} \qquad (5)$$

Bei bekannter bzw. experimentell bestimmter Zellkonstante K ergibt sich daraus die elektrische Leitfähigkeit eines Wassers:

$$\varkappa = \frac{K}{R} \qquad \text{bzw. } \varkappa = K \cdot G \quad \text{Einheit: S/cm} \qquad (6)$$

Falls $l = 1,00$ cm und $A = 1,00$ cm², so daß $K = 1,00$ wird, vereinfacht sich Gl. (6) zu:

$$\varkappa = \frac{1}{R} \qquad \text{bzw. } \varkappa = G \quad \text{Einheit: S/cm} \qquad (7)$$

Der elektrische Strom erzeugt in einem Elektrolyten durch das Abscheiden von Ionen eine elektromotorische Gegenkraft, Polarisation genannt; durch diese wird der Widerstand des Elektrolyten scheinbar vergrößert, die Leitfähigkeit somit verringert. Die Polarisation kann hinreichend klein gehalten werden, wenn mit Wechselstrom hoher

Frequenz ($\geq$ 1000 Hz) und mit großer effektiver Elektrodenoberfläche, welche durch Platinieren von Platin erreicht werden kann, gearbeitet wird. Wählt man eine für den jeweiligen Meßbereich optimale Frequenz (75...50000 Hz), so kann auf die schwer zu behandelnden platinierten Pt-Elektroden verzichtet werden (vgl. Abb. 1.1.3c).

3. Bestimmung bzw. Überprüfung der Zellkonstante K

Chemikalien:
Wasser; frisch bereitetes und vor CO_2-Einwirkung geschütztes Bidestillat oder Deionat mit einer Leitfähigkeit $\varkappa < 2\ \mu S/cm$
Kaliumchlorid, KCl z. A., 2 Stunden bei 105 °C getrocknet. Daraus werden bei 20 °C die folgenden Kaliumchloridlösungen A, B und C bereitet:
Lösung A, $c(KCl) = 0{,}1$ mol/l: 7,456 g KCl werden im Meßkolben mit Wasser gelöst und auf 1000 ml aufgefüllt. $\varkappa_{25} = 12{,}984$ mS/cm
Lösung B, $c(KCl) = 0{,}01$ mol/l: 100 ml Lösung A werden mit Wasser auf 1000 ml aufgefüllt. $\varkappa_{25} = 1421\ \mu S/cm$
Lösung C, $c(KCl) = 0{,}001$ mol/l: 100 ml Lösung B werden mit Wasser auf 1000 ml aufgefüllt. $\varkappa_{25} = 147{,}5\ \mu S/cm$
Die Lösungen werden in gut verschließbare Kunststoff-Flaschen gefüllt und sind jeweils frisch herzustellen.

Ausführung:
Die zu prüfende Meßzelle wird mehrere Stunden in einer Lösung aus je einem Volumenteil Isopropanol, Ethylether und verd. Salzsäure gereinigt, mehrmals in heißem Deionat gespült und sodann einen Tag in Deionat aufbewahrt (platinierte Pt-Elektroden müssen ggf. nach Vorschrift des Herstellers neu platiniert werden).
Zur Eichung sollte jene KCl-Lösung verwendet werden, deren Leitfähigkeit im vorgesehenen Arbeitsbereich liegt. Die zur Eichung vorgesehene Lösung wird in einem Wärmeschrank (Brutschrank) auf etwa 25 °C gebracht. Daraus werden ca. 100 ml in ein 150-ml-Becherglas (hohe Form) gefüllt und die Elektrode durch mehrmaliges Eintauchen gespült. Dieser Vorgang ist 3mal zu wiederholen, wobei die jeweils verwendete Lösung verworfen wird. Sodann werden in demselben Becherglas, zusammen mit der Elektrode, etwa 100 ml KCl-Lösung auf $(25{,}0 \pm 0{,}1)$ °C thermostatisiert (Kontrolle: Eintauchen eines geeichten Thermometers bzw. Meßfühlers) und der elektrische Leitwert G_{25} auf dem nach Anweisung des Herstellers eingestellten Meßgerät abgelesen. Die Messung ist so oft zu wiederholen, bis die Werte von zwei aufeinanderfolgenden Messungen nicht mehr als 2 % von ihrem Mittelwert abweichen.
Die Zellkonstante K errechnet sich aus Gl.(5).

4. Bestimmung des Temperatur-Koeffizienten $\alpha_{t,25}$

Die Leitfähigkeit einer Elektrolytlösung ist nicht nur stark temperaturabhängig, sondern auch abhängig von der Art und Konzentration der gelösten Elektrolyte, m. a. W.: es ist nicht nur der Temperatureinfluß auf die Leitfähigkeit von Substanz zu Substanz sehr verschieden, sondern bei ein und derselben Substanz noch zusätzlich abhängig von dessen Konzentration.
Diesen Gegebenheiten wird bei Leitfähigkeitsmessungen entsprochen durch (automatische) Temperaturkompensation, falls diese von der Bezugstemperatur abweicht, sowie durch Berücksichtigung des Temperatur-Koeffizienten $\alpha_{t,25}$. Dieser stellt die relative Leitfähigkeitsänderung in % je °C (%/K) zwischen der Meßtemperatur t und der Bezugstemperatur von 25 °C dar.

Der Temperaturkoeffizient kann wie folgt bestimmt werden: Die Probe wird auf 25,0 °C thermostatisiert, der Temperaturkompensator des Geräts auf 25,0 °C, der Temperatur-Koeffizient auf 0,00 %/K und die Zellkonstante auf den entsprechenden Wert eingestellt. Nachdem Probe und Meßzelle exakt den Wert von 25,0 °C angenommen haben, wird die Leitfähigkeit der Probe bei dieser Temperatur abgelesen. Nun wird dieselbe oder eine andere Portion derselben Probe auf den aktuellen Wert, z. B. Entnahmetemperatur von 12,4 °C, thermostatisiert, der Temperaturkompensator auf diesen Wert gestellt und, nachdem Probe und Meßzelle wiederum exakt die gewünschte Temperatur angenommen haben, der Temperatur-Koeffizient-Regler in der Weise verstellt, daß die Leitfähigkeit mit dem bei 25,0 °C gemessenen Wert übereinstimmt; hierauf liest man den Wert für den Temperatur-Koeffizienten ab, z. B. 2,61 %/K.

Der Wert gilt exakt nur für die betreffende Probe und Temperatur. Andererseits sind aber natürliche Wässer in ihrer Elektrolytzusammensetzung und -Konzentration einander oft recht ähnlich, so daß in vielen Fällen die in Tab. 2.2.3 aufgeführten Werte gute Übereinstimmung mit den experimentellen Werten zeigen.

Tab. 2.2.3 *Temperatur-Koeffizienten* $\alpha_{t,25}$ *für natürliche Wässer bei der Meßtemperatur t bezogen auf 25 °C [419, 423] (vgl. DIN 38404-C8).*

t °C	1	2	3	4	5	6	7	8	9	10	11	12	13	14	15	16	17
$\alpha_{t,25}$ %je °C	3,57	3,48	3,39	3,30	3,22	3.14	3,06	2,99	2,92	2,85	2,79	2,73	2,67	2,61	2,56	2,50	2,45

t °C	18	19	20	21	22	23	24	25	26	27	28	29	30	31	32	33	34
$\alpha_{t,25}$ %je °C	2,40	2,36	2,31	2,27	2,22	2,18	2,14	2,10	2,07	2,03	2,00	1,96	1,93	1,90	1,87	1,84	1,81

5. Bestimmung der elektrischen Leitfähigkeit $\varkappa$

Das Leitfähigkeitsmeßgerät wird nach Anweisung des Herstellers vorbereitet und nötigenfalls auch ein (Kälte)Thermostat auf der vorgesehenen Meßtemperatur gehalten. Als Meßzelle wird im Bereich von 10 bis 2000 μS/cm eine Eintauch-Meßzelle mit $K = 1$ cm^{-1} und im Bereich von 100 bis 20000 μS/cm mit $K = 10$ cm^{-1} verwendet. Im Bereich von 1 bis 200 μS/cm sollte mit Durchfluß-Meßzelle und $K = 0,1$ cm^{-1} gearbeitet werden. Die Meßzelle wird an das Gerät angeschlossen und die Zellkonstante auf den exakten Wert einjustiert.

Beim Arbeiten **im Freien** wird die Elektrode mehrmals entweder direkt in das zu messende Wasser oder in eine Schöpfprobe eingetaucht und zugleich auch die Temperatur bestimmt.

Messungen **im Labor** sollten möglichst bei 25 °C vorgenommen werden, andernfalls muß eine (automatische) Temperaturkompensation erfolgen. Sie wird um so ungenauer, je mehr die Probentemperatur von der Bezugstemperatur abweicht. Außerdem muß der Temperatur-Koeffizient bekannt sein (vgl. 4.). Falls das Gerät mit einem fixen Temperatur-Koeffizienten, z. B. 2,1 %/K, arbeitet, muß die Meßtemperatur nahe um 25 °C liegen. Meßzelle (und Temperaturfühler) werden in der Weise an einem Stativ befestigt, daß auch in einer im Thermostatbad befindlichen Probe leicht gemessen werden kann. Bei Messungen außerhalb des Thermostaten (vgl. Abb. 1.1.3 c) sollte zur Verringerung der Bruchgefahr nicht die Meßzelle sondern die Probe bewegt werden (z. B. beim Spülen derselben oder bei der Entfernung von Gasblasen in der Meßzelle). Dazu stelle man auf die Stativplatte einen etwa 10 cm hohen Holz- oder Kunststoffblock (oder ein ½-kg-Marmeladeglas mit ebenem Deckel) und fixiere die Meßzelle mit einem Zwischenraum von etwa 15 mm. Beim Spülen der Meßzelle mit der Probe, die sich in einem 150- oder 250-ml-Becherglas befindet, entfernt man zunächst den Block und bewegt das Becherglas von unten nach oben mehrmals auf und ab. Falls sich zur vorher gemessenen Probe größere Unterschiede in der Leitfähigkeit (und Temperatur) zeigen, wird dieser Vorgang mindestens dreimal wiederholt und das Meßgut jeweils verworfen. Nun wird die Meßprobe eingefüllt, wiederum einigemale auf und ab bewegt und der Block untergestellt (dadurch bleibt die Meßzelle stets etwa 1 cm vom Boden des Becherglases entfernt). Nachdem sich die Anzeige stabilisiert hat, wird die elektrische Leitfähigkeit bei der betreffenden, auf 0,1 K genau gemessenen Temperatur abgelesen.

Falls die Zellkonstante von z. B. 1,00 cm^{-1} verschieden ist, etwa 0,995 cm^{-1}, und das Gerät keine Korrekturmöglichkeit besitzt, muß der abgelesene Meßwert mit der auf der Meßzelle angegebenen bzw. mit der bei der Eichung (vgl. 3.) ermittelten Zellkonstante multipliziert werden.

Beim Arbeiten mit thermostatisierten Proben ist darauf zu achten, daß die gesamte Probe wie auch die Meßzelle die gewünschte Temperatur angenommen hat und die Messung nicht durch Gasblasen in der Meßzelle beeinträchtigt wird.

Angabe der Ergebnisse:

Es ist die elektrische Leitfähigkeit bei der Meßtemperatur t, bezogen auf 25,0 °C anzugeben, außerdem die Art der Temperaturkorrektur und des Temperatur-Koeffizienten. Falls bei älteren Geräten oder Tabellenwerten eine Bezugstemperatur von 20 °C angegeben ist, kann für natürliche Wässer durch Multiplikation mit dem Faktor $f = 1,116$ auf die Bezugstemperatur von 25 °C umgerechnet werden. Soll ein für die Bezugstemperatur von 25 °C auf jene von 20 °C umgerechnet werden, ist durch diesen Faktor zu dividieren.

Beispiele:
Elektrische Leitfähigkeit $\varkappa_{25} = 386\ \mu S/cm$
Meßtemperatur $t = 16,2\,°C$, automat. Temp. Komp.,
Temp. Koeff. (exp.) $a_{t,25} = 2,40\,\%/K$
Elektrische Leitfähigkeit $\varkappa_{25} = 258\ \mu S/cm$
Meßtemperatur $t = 22,4\,°C$, automat. Temp. Komp.,
Temp. Koeff. (fix) $a_{t,25} = 2,1\,\%/K$

Literatur: [1, 3, 5, 129, 152, 153, 364, 383, 419, 423, 596].

2.2.4 Bestimmung der Oxoniumionen-Konzentration, $c(H_3O^+)$; pH-Wert

1. Theorie

Hydratisierte Oxonium-Ionen, H_3O^+, sind Ursache der «sauren», hydratisierte Hydroxid-Ionen, OH^-, Ursache der «basischen» (alkalischen) Reaktion einer wäßrigen Lösung. Auch in reinstem Wasser sind infolge Autoprotolyse (Gl. 1) stets Oxonium- und Hydroxid-Ionen vorhanden, wenn auch nur in sehr geringer Konzentration.

$$H_2O + H_2O \rightleftharpoons H_3O^+ + OH^- \tag{1}$$

Die Anwendung des Massenwirkungsgesetzes auf Gl. (1) führt zur Dissoziationskonstante K des Wassers:

$$\frac{c(H_3O^+) \cdot c(OH^-)}{c^2(H_2O)} = K \qquad (2)$$

Die molare Konzentration des Wassers ist in verdünnter Lösung praktisch konstant und kann in die Konstante K einbezogen werden, so daß gilt:

$$K \cdot c^2(H_2O) = c(H_3O^+) \cdot c(OH^-) = K_w \qquad (3)$$

K_w wird als das Ionenprodukt des Wassers bezeichnet, es ist temperaturabhängig und beträgt bei 0°C 0,1139·10^{-14}, bei 50°C 1,5474·10^{-14} und bei 24°C genau 1,0000·10^{-14} mol^2/l^2. Da aus 2 Molekülen Wasser je ein H_3O^+- und OH^--Ion gebildet werden, gilt:

$$c(H_3O^+) = c(OH^-) = \sqrt{K_w} = \sqrt{10^{-14} \text{ mol}^2/\text{l}^2} = 10^{-7} \text{ mol/l} \qquad (4)$$

In 1 l reinstem Wasser von 24°C sind somit je 10^{-7} mol H_3O^+- und OH^--Ionen enthalten. Zur Vereinfachung der Zahlenwerte dient der negative dekadische Logarithmus der Oxoniumionen-Konzentration; er wird als pH-Wert bezeichnet.

$$\text{pH} = -\log c(H_3O^+) \quad \text{bzw.} \quad \text{pOH} = -\log c(OH^-) \qquad (5)$$

Sind in einer wäßrigen Lösung gleich viel H_3O^+- und OH^--Ionen vorhanden, z. B. bei 24°C je 10^{-7} mol/l, so gilt: pH = pOH = 7; eine solche Lösung wird als «neutral» bezeichnet.

Das Ionenprodukt (Gl. 3) ist eine Konstante und muß für eine bestimmte Temperatur stets erhalten bleiben, pH + pOH = 14. Daher entspricht einer Zunahme der Oxoniumionen-Konzentration (pH < 7) eine entsprechende Abnahme der Hydroxidionen-Konzentration (pH > 7) und umgekehrt. Ist z. B. durch Lösen von 3,6 g HCl in reinstem Wasser von 24°C und Auffüllen zu 1 l $c(H_3O^+)$ = 0,1 mol/l (10^{-1} mol/l), entsprechend pH = 1, so muß $c(OH^-)$ = 10^{-13} mol/l sein, entsprechend pOH = 13; die Lösung reagiert «stark sauer». Analog ist durch Lösen von 0,4 g NaOH in Wasser und Auffüllen zu 1 l $c(OH^-)$ = 0,01 mol/l (10^{-2} mol/l), entsprechend pOH = 2, bzw. pH = 12; die Lösung reagiert «stark basisch».

Diese Gesetzmäßigkeiten gelten unter der Annahme, daß die in der Lösung enthaltenen entgegengesetzt geladenen Ionen (z. B. Salzsäure, $H_3O^+Cl^-$) keine elektrostatische Anziehung aufeinander ausüben. Dies ist jedoch nur zutreffend, wenn sich sehr viele Wassermoleküle «isolierend» zwischen den Ionen befinden, wenn es sich also um sehr verdünnte (≤ 0,001 mol/l) Lösungen handelt. In allen anderen Fällen wirkt sich die elektrostatische Anziehung – mit zunehmender Konzentration um so stärker – in der Weise aus, daß sich jedes Kation mit Anionen umgibt und umgekehrt. Dieser elektrostatische Abschirmeffekt hat zur Folge, daß die einzelnen Ionen weniger «aktiv» (Aktivitätsfaktor f) sind als die lediglich hydratisierten Ionen, was sich in der experimentellen Bestimmung als scheinbar geringere Ionenkonzentration auswirkt. Ionenlösungen sind daher richtiger durch ihre Ionenaktivität a als durch ihre Ionenkonzentration c zu charakterisieren, wobei f ganz allgemein eine Funktion der Ionenstärke der Lösung ist. Aus Gl (5) folgt demnach:

$$\text{paH} = -\log a(\text{H}_3\text{O}^+), \text{ wobei: } a(\text{H}_3\text{O}^+) = c(\text{H}_3\text{O}^+) \cdot f(\text{H}_3\text{O}^+) \tag{6}$$

In der Praxis der pH-Messung kann dieser Unterschied von experimentell wirksamer Ionenkonzentration (Ionenaktivität a) und theoretischer Ionenkonzentration c im allgemeinen vernachlässigt und paH = pH angenommen werden, nicht aber bei Ionenmessungen mit anderen ionensensitiven Elektroden.

2. Kolorimetrische Bestimmung mit pH-Indikatoren [516, 535, 575]

pH-Indikatoren sind organische Farbstoffe, die auf eine bestimmte Konzentration an H_3O^+- bzw. OH^--Ionen durch ein für den betreffenden Indikator jeweils charakteristisches Umschlagsgebiet seiner Farbe ansprechen; z. B. Kresolrot, Umschlagsgebiet pH 7,0–8,8 (gelb–purpur). Durch geeignete Kombination mehrerer Indikatorfarbstoffe (Mischindikatoren) lassen sich nach Zusatz einiger Tropfen desselben zu der Probe, die sich in einer weißen Porzellanschale befindet, bzw. durch Eintauchen eines mit Mischindikator getränkten Filterpapiers in die Probe über den gesamten pH-Bereich charakteristische Farbänderungen erzielen. Diese können anhand z. B. einer Farbskala dem betreffenden pH-Wert zugeordnet werden. Zur Orientierung wird der pH-Wert zunächst mit Universalindikatorpapier auf ca. 1 pH-Einheit bestimmt und sodann ein Indikator mit entsprechend eingeengtem Bereich, z. B. Spezial-Indikatorstäbchen nicht blutend, pH 6,5–10,0, zur genauen Bestimmung verwendet. Die Meßtemperatur sollte bei 20 °C liegen.

Bestimmung mit Indikatorstäbchen nicht blutend: [535] Zum Unterschied von nur mit Indikatorlösung getränkten Indikatorpapieren enthalten Indikatorstäbchen nicht blutend spezielle Indikatorfarbstoffe, die kovalent an die Cellulose des Reagenzpapieres gebunden sind und daher nicht in die Probelösung ausbluten können. Dadurch ist es möglich, den pH-Wert nicht nur aller gut gepufferten Lösungen rasch und genau, sondern auch schwach gepufferter Flüssigkeiten bei genügend langer Verweilzeit in der Probe (2–5–15 min) auf etwa 0,2 pH-Einheiten zu ermitteln. Bei Messung in trüben oder gefärbten Flüssigkeiten kann nach der Messung kurz mit Deionat abgespült werden, ohne daß sich die Farbeinstellung verändert.

Bestimmung mit Flüssigindikator (Mischindikator): [535] In ungepufferter bzw. sehr schwach gepufferter Lösung sollte ein Flüssigindikator verwendet werden, da die lokale Indikatorkonzentration auf dem Reagenzpapier zu hoch ist und zum sogenannten «Indikatorfehler» führt. Für Wasseruntersuchungen besonders geeignet ist der Aquamerck-Reagenziensatz zur pH-Bestimmung [525] mit Prüfgefäß für kolorimetrischen Farbvergleich.
Abstufung: 0,5 pH-Einheiten im pH-Bereich 4,5–9,0 (rot–blau).

Chlor-unempfindliche Bestimmung mit Phenolrot: Für gechlorte Wässer muß ein Indikator verwendet werden, der von Chlor nicht oxidiert wird. Der Aquamerck-Reagenziensatz zur Chlor- und pH-Bestimmung [530] mit Prüfgefäß für den kolorimetrischen Farbvergleich gestattet die pH-Bestimmung mit einer Genauigkeit von 0,2 pH-Einheiten im pH-Bereich 6,8–7,8 (gelb–rotviolett).

Angabe der Ergebnisse:
Je nach erzielbarer Genauigkeit auf 0,2 bzw. 0,5 pH-Einheiten.

Beispiel:
pH-Wert (kolorim.): pH = 7,8 (24,7 °C)

3. Elektrometrische Bestimmung mit Glaselektrode (vgl. DEV [1], DIN 38 404-C 5)

Theorie:

Die elektrometrische Bestimmung des pH-Wertes beruht auf der Messung der Potentialdifferenz zwischen zwei in das zu untersuchende Wasser eintauchenden Elektroden, einer Bezugselektrode (meist gesättigte Kalomelelektrode, $Hg/Hg_2Cl_2/KCl$ oder Silber/Silberchloridelektrode, $Ag/AgCl/KCl$) und einer Meßelektrode (Glaselektrode) (vgl. Abb. 2.2.4a). Das Potential der Bezugselektrode hat einen gegenüber der Standardwasserstoffelektrode (SWE) konstanten Wert, das Potential der Meßelektrode wird in definierter Weise vom pH-Wert der Untersuchungslösung bestimmt.

Das elektrochemische Potential eines Stoffes, z. B. Hg, der in eine wäßrige Lösung seiner Ionen eintaucht (Hg^+), ist nach NERNST bedingt durch die Differenz zwischen dem Lösungsdruck des Stoffes und dem Abscheidungsdruck seiner Ionen. Der Lösungsdruck wird verursacht durch das Bestreben des Stoffes, bei Berührung mit Wasser in den Ionenzustand überzugehen; der Abscheidungsdruck wird hervorgerufen durch das Bestreben seiner in Lösung befindlichen Ionen, in den ungeladenen Ausgangszustand überzugehen. Der Lösungsdruck hat für jeden Stoff einen spezifischen Wert; je größer er ist, um so unedler (elektropositiver) ist der Stoff. Der Abscheidungsdruck der Ionen ist eine Funktion ihrer Konzentration. Somit kann ganz allgemein aus der Potentialdifferenz zwischen einem Stoff und einer mit ihm in Berührung stehenden wäßrigen Lösung seiner Ionen auf die Konzentration derselben in der Lösung geschlossen werden. Die sich zwischen Stoff und Lösung seiner Ionen einstellende Potentialdifferenz E wird als **Einzelpotential** bezeichnet. Es ist abhängig von dem Normalpotential E^0 des betreffenden Systems, von der Stoffmengenkonzentration c seiner Ionen, genauer: von deren

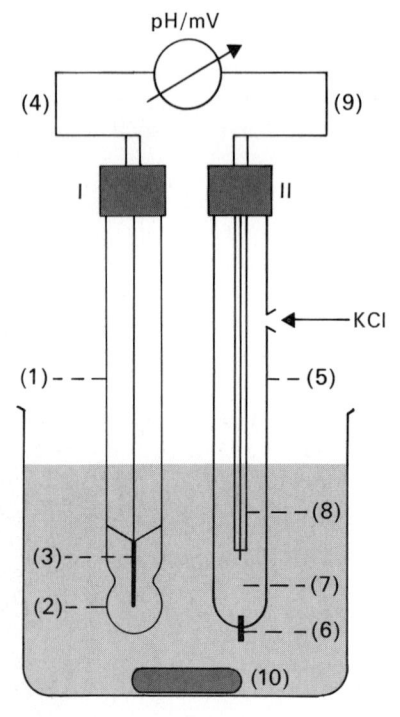

Abb. 2.2.4a *Schematischer Aufbau einer pH-Meßkette bestehend aus Glaselektrode (I) und gesättigter Kalomel-Elektrode (II).*

Elektrodenschaft (1) der Glaselektrode mit angeschmolzener kugelförmiger Oxonium-Ionen sensitiver Glasmembran (2); Schaft und Membran sind mit Pufferlösung gefüllt, die zusätzlich Cl^--Ionen enthalten muß, damit das **innere Bezugssystem** *(3) ein stabiles und definiertes Potential annimmt. Die Ableitung (4) wird mit dem hochohmigen Eingang des pH-Meters verbunden.*

Die Bezugselektrode weist am unteren Ende ihres Schaftes (5) ein poröses Diaphragma (6) auf, das eine leitende Verbindung zwischen der zu messenden Flüssigkeit und dem Bezugselektrolyten (gesätt. K^+Cl^--Lösung) (7) herstellt. In diesen taucht das **äußere Bezugssystem** *(8) (Hg/Hg^+Cl^- in gesätt. K^+Cl^--Lösung), das über die Ableitung (9) mit dem niederohmigen Eingang des pH-Meters in Verbindung steht. An Stelle der Kalomelelektrode wird auch die Silber/Silberchloridelektrode verwendet. In den* **Einstabmeßketten** *sind Glaselektrode und Bezugselektrode zu einem einzigen System kombiniert. Gerührt (10) (Magnetrührer) sollte nur bei potentiometrischen Titrationen werden, da sich dabei dem Diffusionspotential am Diaphragma ein zusätzliches Strömungspotential überlagert.*

wirksamer Stoffmengenkonzentration a (Aktivität), von deren elektrochemischen Wertigkeit n, sowie von der Temperatur T. Außerdem tritt in der NERNSTschen Gleichung (7) noch die Gaskonstante R sowie die FARADAYsche Konstante F auf:

$$E = E^0 + \frac{R \cdot T}{n \cdot F} \cdot \ln a(H_3O^+) \qquad \text{Einheit: Volt, V} \qquad (7)$$

Nach Ersetzen des natürlichen Logarithmus (ln) durch den dekadischen (log) ergibt sich für eine Temperatur $T = 293$ K (20 °C):

$$E = E^0 + \frac{58{,}16}{n} \cdot \log a(H_3O^+) \qquad \text{Einheit: mV} \qquad (8)$$

Für $a(H_3O^+) = 1$ wird, da log 1 = 0, das zweite Glied der Gleichung null und damit $E = E^0$. Das Normalpotential E^0 ist eine temperaturabhängige, charakteristische Größe für jeden Stoff in Berührung mit seinen Ionen.

Der Wert von 58,16 mV bei 20 °C (für einwertige Ionen) bzw. von 59,16 mV bei 25 °C wird als **Steilheit** der Meßkette bezeichnet.

Einzelpotentiale können aus meßtechnischen Gründen nicht genau bestimmt werden, hingegen lassen sich Potentialdifferenzen zwischen zwei Elektroden genau messen. Als Bezugselektrode dient die Standardwasserstoffelektrode (SWE), $H_2/2 H_3O^+$ (kurz: H/H^+), welcher definitionsgemäß das Potential $E^0 = 0{,}00$ V zugeteilt ist. Diese Elektrode ist in der Praxis schwer zu realisieren, so daß meist mit den beiden bereits erwähnten Bezugselektroden gearbeitet wird (bezüglich ihrer Potentialdifferenzen gegenüber der Standardwasserstoffelektrode s. Tab. 2.2.5). Aus der Potentialdifferenz einer genau definierten Bezugselektrode gegenüber einer Glaselektrode, welche innerhalb eines bestimmten pH-Bereiches in definierter Weise und selektiv auf die Oxoniumionen-Aktivität anspricht, kann somit der pH-Wert einer Lösung ermittelt werden.

Aus Gl. (8) folgt, daß die Potentialdifferenz bei 20 °C um 58,16 mV zunimmt, wenn $a(H_3O^+)$ um eine Zehnerpotenz ansteigt, d. h. wenn der pH-Wert um eine Einheit fällt. Da bei Glaselektroden diese theoretische Potentialdifferenz («Steilheit») praktisch nicht ganz erreicht wird und auch vom Zustand der Elektrode abhängt, muß bei der Eichung eine entsprechende Korrektur erfolgen. Die Steilheit einer Meßkette kann auch als die in einem Diagramm (mV- gegen pH-Werte) sich ergebende Steigung einer Eichgeraden für eine bestimmte Temperatur (Isotherme) aufgefaßt werden.

Vor der Korrektur der Steilheit muß bei der Eichung einer Meßkette immer der **Asymmetrieabgleich** (Anpassung einer Meßkette an das pH-Meter) erfolgen. Dabei wird die Meßkette in eine Pufferlösung getaucht, deren pH-Wert mit dem der Innenlösung der Glaselektrode («Elektroden-Nullpunkt», meist pH = 7,00) (nahe) übereinstimmt. Durch entsprechenden Abgleich am Gerät werden das Asymmetriepotential der Glaselektrode, das Diffusionspotential der Bezugselektrode und die Potentialdifferenzen der Ableitungen beider Systeme beseitigt und es liegen am Verstärkereingang exakt 0,00 mV, entsprechend pH = 7,00. Das Asymmetriepotential kann sich im Laufe der Zeit aus den verschiedensten Gründen verschieben (z. B. Alterung der Glaselektrode), so daß eine häufige Eichkontrolle zu empfehlen ist, insbesondere bei neuen und älteren Elektroden.

Es sei noch vermerkt, daß das am Diaphragma der Bezugselektrode sich ausbildende Diffusionspotential in Abhängigkeit von der Art der Probe um mehr als ± 10 mV schwanken kann, so daß das Potential der Bezugselektrode nicht in allen Fällen als genau definiert gelten kann. Dies ist eine der Ursachen, weshalb Messungen des pH-Wertes

nicht genauer als ± 0,05 pH-Einheiten (absolut) ausgeführt werden können. Aus demselben Grund sollte auch die Bezugselektrode nicht länger als nötig in der Pufferlösung belassen werden.
Die mittels Temperaturfühler automatisch erfolgende oder manuell am Gerät einzustellende **Temperaturkompensation** bewirkt lediglich die Korrektur der durch die NERNST-Gleichung gegebenen Temperaturabhängigkeit der Elektrodensteilheit für eine aktuelle Temperatur der Pufferlösung bzw. der Probe, nicht aber die Temperaturabhängigkeit des pH-Wertes an sich. Es wird also stets der pH-Wert bei der gleichzeitig gemessenen Temperatur des Puffers bzw. der Probe bestimmt. Daher gehört die Angabe der Temperatur grundsätzlich zur pH-Messung, denn die Temperaturabhängigkeit des pH-Wertes ist für jedes Wasser charakteristisch und läßt sich mit keinem pH-Meter kompensieren.
Die Eichung der Meßkette erfolgt mit **Standard-Pufferlösungen** (vgl. Abschn. 1.1.3.14), das sind Elektrolytlösungen genau festgelegter Zusammensetzung (vgl. DIN 19266), denen aufgrund von Berechnungen für eine bestimmte Temperatur ein bestimmter pH-Wert zugeteilt wird, wobei dieser infolge Pufferwirkung der Substanzen auch bei Konzentrationsänderungen innerhalb eines begrenzten Bereiches («Pufferkapazität») konstant bleibt. Selbst wenn alle Eichschritte einwandfrei ausgeführt werden, kann eine pH-Messung grundsätzlich nicht genauer sein, als die zur Eichung verwendeten Pufferlösungen.
Zusammenfassend kann also die Glaselektrode als ionensensitive und ionenselektive Elektrode hinsichtlich der Oxoniumionen aufgefaßt werden. Analog gibt es eine Reihe weiterer ionenspezifischer Elektroden (vgl. Abschn. 1.1.3.14), die – wie z. B. die Fluorid-Elektrode – eine hohe Selektivität aufweisen und für die grundsätzlich ebenfalls die oben dargelegten Gesetzmäßigkeiten gelten.

Ausführung:
Zunächst wird die Glaselektrodenmeßkette nach der vom Hersteller vorgeschriebenen Vorbehandlung und der Bedienungsanleitung des pH-Meters entsprechend geeicht [504]. Die Eichung sollte grundsätzlich bei jener Temperatur erfolgen, bei der anschließend die Probe gemessen wird oder gemessen werden muß, z. B. bei Entnahmetemperatur. Dabei ist zu beachten, daß nicht nur die Eichpuffer, sondern auch die pH-Meßkette diese Temperatur aufweisen muß; eine gemeinsame Thermostatisierung von Puffer, Meßkette und Probe (vgl. Abb. 1.1.3 c) [364] wird daher für präzise Messungen häufig unumgänglich sein. Den käuflichen Pufferlösungen sind Tabellen beigegeben, die deren pH-Wert als Funktion verschiedener Temperaturen darstellen (nötigenfalls interpolieren).
Es wird also zunächst die Temperatur der Probe bzw. des Puffers bestimmt und dieser Wert am Gerät eingestellt bzw. die Korrektur automatisch über den Meßfühler vorgenommen. Bei der auf jeden Fall zu bevorzugenden **Zweipuffer-Eichung** erfolgt als nächster Schritt der Asymmetrieabgleich. Dazu taucht man die gut mit Deionat abgespülte (Spritzflasche; Becherglas darunter halten; das Spülwasser sollte dieselbe Temperatur haben wie die Probe!) pH-Meßkette bis etwa 1 cm über dem Diaphragma derselben in einen Puffer, dessen pH-Wert nahe beim Zellnullpunkt (pH = 7,00) liegt. Die Elektrolyt-Nachfüllöffnung am Elektrodenschaft ist zu öffnen. Das pH-Meter wird mittels des entsprechenden Knopfes («cal.», «zero», «AP») auf den pH-Wert der Pufferlösung bei der Meßtemperatur eingeregelt.
Die Elektrode wird mit Deionat abgespült und zur Ermittlung der Steilheit in eine zweite Pufferlösung getaucht. Je nach dem zu erwartenden pH-Wert der Probe verwendet man dazu einen Puffer mit einem pH-Wert von etwa 4 oder 9; der exakte pH-Wert des Puffers

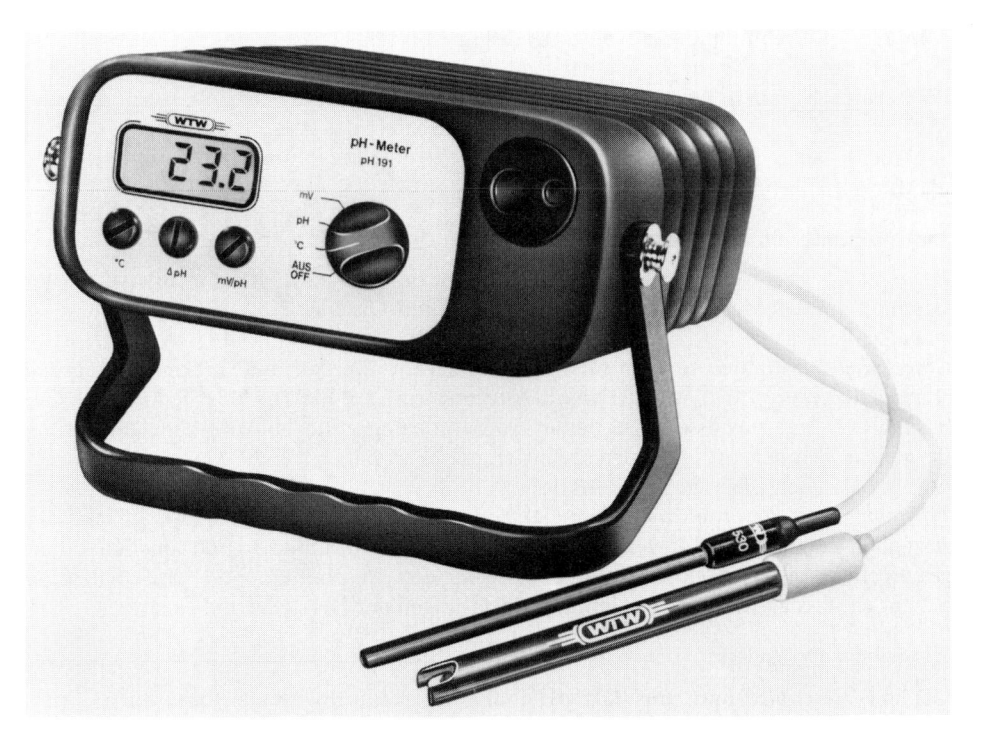

Abb. 2.2.4 b *Feld- und Laborgerät pH 191 der Fa. WTW (49) zur Bestimmung des pH-Wertes, der Redoxspannung und der Temperatur (Akkubetrieb mit externem Ladegerät). LCD-Digitalanzeige; Meßbereiche: 0...14 pH, bzw. 0...1999 mV. Asymmetrie- und Steilheitskorrektur; Temperaturkompensation (0...100°C) manuell und automatisch mit Präzisions-NTC-Temperaturfühler; DIN-Stecker und 4-mm-Buchse zum Anschluß sämtlicher Elektroden bzw. Meßketten. Trag- bzw. Aufstellbügel austauschbar gegen Traggurt; Gerät und Anschlüsse wasserdicht.*
Mit dem pH 91 (vgl. Abb. 2.2.6) steht ein noch kleineres pH-, mV- und Temperaturmeßgerät zur Verfügung.

bei der Meßtemperatur wird mit dem entsprechenden Knopf am Gerät («mV/pH», «slope») eingestellt. Zur Kontrolle sind beide Eichvorgänge zu wiederholen, nötigenfalls auch mehrmals.

Die benutzten Pufferlösungen können einige Tage in den zur Messung verwendeten, gut verschließbaren Kunststoff-Dosen aufbewahrt werden; keinesfalls in die Vorratsflaschen zurückgießen!

Die pH-Meßkette (und der Temperaturfühler) wird neuerlich gut mit Deionat abgespült, der Elektrodenschaft mit Filterpapier getrocknet und in die Probe getaucht (vgl. die in Abschn. 2.2.3 beschriebene Vorrichtung). Die Meßkette darf nur so tief in die Probe eintauchen, daß der Elektrolytspiegel der Bezugselektrode mindestens 2–3 cm über dem Flüssigkeitsniveau der Probe steht und infolge seines hydrostatischen Überdrucks Elektrolytlösung in die Probe diffundieren kann, nicht aber umgekehrt. Nach Stabilisierung der Anzeige wird der pH-Wert abgelesen. Es ist zu beachten, daß die im offenen Behälter befindliche Probe während des Meßvorgangs sowohl CO_2 aus der Luft aufnehmen als auch aus der Probe abgeben kann. Der Meßvorgang sollte also nicht unnötig verzögert werden. In vielen Fällen wird nicht nur die Probenahme unter Luftausschluß erfolgen müssen, sondern auch die Messung. Dazu kann man sich sowohl des in

Abb. 2.2.6 (Durchflußmessung) als auch des in Abb. 2.3.4 b gezeigten Gefäßes bedienen. Falls genügend Probe zur Verfügung steht, kann man bei kohlensäurereichen (Mineral-) Wässern, aber auch bei kohlensäurearmen, schwach gepufferten Wässern die pH-Meßkette in ein Überlaufgefäß tauchen, in welches man das Wasser mittels eines dünnen Schlauches stets frisch von unten an die Elektrode heranführt und oben entweder überfließen läßt oder absaugt.

Aufbewahrung von Meßelektroden [507]:

Bezugselektroden werden im entsprechenden Bezugselektrolyt (z. B. in übergestülpter Gummikappe) aufbewahrt, keinesfalls in Eichpuffer! Die Elektrolyt-Nachfüllöffnung ist zu verschließen.

Glaselektroden können trocken oder naß aufbewahrt werden. Bei trockener Lagerung (Langzeitlagerung) tritt weniger rasch Alterung ein, die Elektrode ist jedoch vor Gebrauch 1–2 Tage zu wässern. Bei nasser Aufbewahrung sollte die Aufbewahrungslösung die gleiche Temperatur und einen ähnlichen pH-Wert haben wie die Meßlösung; keinesfalls in basischen Lösungen aufbewahren!

Einstabmeßketten werden wie Bezugselektroden aufbewahrt (Kompromiß).

Bezüglich **Reinigung** und **Regenerierung** s. [507]. Zur Entfernung von Fett- und Kalkablagerungen kann die Elektrode mit entsprechenden Lösemitteln und verd. Salzsäure behandelt werden. Im übrigen sind die Anweisungen der Hersteller zu beachten.

Angabe der Ergebnisse:

Der pH-Wert wird max. auf 0,05 pH-Einheiten genau angegeben, bzw. auf 0,1 pH-Einheiten, wenn die Messung in ungepufferter oder aber sehr elektrolytreicher Lösung erfolgt. Mit dem pH-Wert ist auch die Temperatur anzugeben.

Beispiel:
pH-Wert (elektrom.): pH = 8,05 (10,2 °C)

Literatur: [1, 3, 5, 44, 129, 154] sowie Abschn. 1.1.3.14.

2.2.5 Bestimmung der Redox-Spannung

Die Bestimmung der Redox-Spannung* (des Redoxpotentials) ist für die Wasseruntersuchung besonders im Zusammenhang mit der Kontrolle der Chlorung (vgl. Abschn. 1.4.17) von Schwimmbecken-Wasser (Abschn. 1.10) aber auch für Abwasseruntersuchungen u. a. von Interesse. Ganz allgemein bestimmen Redoxwerte, ähnlich wie pH-Werte, weitgehend das chemische, insbesondere aber auch das biologische Geschehen in der Natur. So ist z. B. das «Umkippen» eines Gewässers durch ein extremes Absinken der Redoxspannung («Reduktionsmilieu») verursacht.

Theorie:

Die Desinfektionskraft von Chlor beruht auf dessen oxidierender Wirkung:

$$Cl_{2(g)} + 2e^- \rightleftharpoons 2\,Cl^- \qquad E^0 = 1{,}36\,\text{V} \tag{1}$$

* Die entsprechenden Ausdrücke und Formelzeichen sind noch weitgehend ungeläufig und sollen hier zunächst nicht voll berücksichtigt werden.

Für ein Redoxsystem gilt ganz allgemein:

$$\text{Ox} + \text{n e}^- \rightleftharpoons \text{Red} \tag{2}$$

Taucht eine unangreifbare, d.h. hinsichtlich des Redoxsystems indifferente Elektrode (Pt) (Meßelektrode) in eine Lösung, die ein Redoxsystem enthält, z. B. $Cl_2/2\,Cl^-$, so nimmt diese ein durch die NERNSTsche Gleichung (vgl. Abschn. 2.2.4) beschreibbares Potential an:

$$E_{\text{Redox}} = E^0 + \frac{R \cdot T}{n \cdot F} \cdot \ln \frac{a(\text{Ox})}{a(\text{Red})} \qquad \text{Einheit: Volt, V} \tag{3}$$

Das Potential wird wesentlich bestimmt von dem Verhältnis $c(\text{Ox})/c(\text{Red})$, d.h. es wird um so niedriger (negativer), je mehr die Konzentration an reduzierten Stoffen, z.B. $c(Cl^-)$, zunimmt, bzw. es ist um so höher (positiver), je höher das Oxidationsvermögen einer Lösung bzw. eines Wassers ist. Wird $c(\text{Ox}) = c(\text{Red})$, dann nimmt der Quotient in Gl. (3) den Wert 1 an; da ln 1 = 0 ist, gilt: $E_{\text{Redox}} = E^0$; es wird in diesem Falle also das Normalpotential (die Standardspannung) des Redoxsystems gemessen. Wie bereits in Abschn. 2.2.4 ausgeführt, ist auch hier die Konzentration c nur bei sehr verdünnten Lösungen berechtigt; wirksam ist stets die Aktivität a.

Setzt man in Gl.(3) ein, wobei die Anzahl der übertragenen Elektronen mit n = 1 angenommen wird, so ergibt sich für eine Temperatur von 20 °C:

$$E_{\text{Redox}} = E^0 + 58{,}16 \cdot \log \frac{a(\text{Ox})}{a(\text{Red})} \qquad \text{Einheit: mV} \tag{4}$$

Ein Aktivitätsverhältnis $a(\text{Ox})/a(\text{Red})$ von einer Zehnerpotenz ergibt demnach eine Redox-Spannung von ± 58,16 mV (20 °C), so daß die Möglichkeit besteht, über die Redox-Spannung das *Verhältnis* der Konzentrationen bzw. Aktivitäten von oxidierter und reduzierter Substanz zu messen. Sind am Redoxsystem keine Protonen beteiligt, so ist die Redox-Spannung nicht pH-abhängig, jedoch ist sie stets temperaturabhängig, wie die NERNSTsche Gleichung zeigt.

Gl. (3) und Gl. (4) beschreiben die Einzelpotentiale der Meßelektrode. Beim Zusammenschalten der Meßelektrode (meist Platin) mit einer Bezugselektrode geht in das gemessene Potential E_G (bzw. in die gemessene Spannung U_G) der Meßkette zusätzlich noch das Einzelpotential E_B (die Standardspannung U_B) der Bezugselektrode ein, so daß gilt:

$$E_H = E_G + E_B \quad \text{bzw.} \quad U_H = U_G + U_B \qquad \text{Einheit: mV} \tag{5}$$

Tab. 2.2.5 *Bezugselektroden-Potentiale E_B (Standardspannungen U_B) der Kalomel- und Silberchlorid-Elektrode gegen die Standardwasserstoffelektrode (SWE) in mV bei verschiedenen Temperaturen (nach [510] und DEV [1], DIN 38404-C6)*

°C	$Hg/Hg_2Cl_2/KCl$ gesättigt	$Ag/AgCl/KCl$ 1 mol/l	3 mol/l	3,5 mol/l	gesättigt
15	251	242	214	212	207
20	248	239	211	208	202
25	244	236	207	204	197
30	241	233	203	200	192

wobei E_H bzw. U_H das gegenüber der Standardwasserstoffelektrode resultierende Gesamtpotential bzw. die als Untersuchungsergebnis anzugebende Redox-Spannung darstellt.

Als Bezugselektroden werden meist die gesättigte Kalomelelektrode und die Silberchloridelektrode verwendet. Diese geben in dem interessierenden Temperaturbereich gegenüber der Standardwasserstoffelektrode die in Tab. 2.2.5 aufgeführten Potentiale.

Ausführung:
Die Messung der Redox-Spannung kann mit jedem pH-/mV-Meter (vgl. Abb. 2.2.4 b) erfolgen, wobei auf mV-Messung zu schalten und anstelle der pH-Elektrode eine Pt-Elektrode anzuschließen ist. Einer Temperaturkompensation bedarf es nicht, doch muß die Temperatur gemessen werden, da die Temperaturabhängigkeit der Redox-Spannung beträchtlich ist; sie kann sich auch mit dem pH-Wert ändern. Die Pt-Elektrode muß vor der Messung nach Angabe des Herstellers gründlich gereinigt und aktiviert werden; eine Eichung mit Redoxpuffer ist zu empfehlen (s. DIN 38404-C 6). Sodann wird die Meßkette sofort in das zu prüfende (Schwimmbecken-)Wasser eingetaucht. Die Einstellung eines stabilen und repräsentativen Potentials erfolgt grundsätzlich langsamer als die von pH-Werten; bei gut konditionierter Pt-Elektrode (z. B. Aufbewahren in möglichst aktuellem Schwimmbeckenwasser) dauert sie etwa 10 bis 30 Minuten.

Es ist zu beachten, daß insbesondere bei niedriger Temperatur in Wasser gelöster bzw. während der Messung eingetragener Sauerstoff das Ergebnis verfälschen kann. Daher ist einer Durchlaufmessung im geschlossenen, luftfreien Gefäß der Vorzug zu geben. Dazu kann man wie folgt verfahren: Wasser in einem größeren Plastikeimer entnehmen und ca. 0,5 m höher als das Durchlaufgefäß aufstellen; einen bis zum Boden desselben reichenden Schlauch mit dem Durchlaufgefäß verbinden und das Wasser langsam (etwa 10 ml/s) durchströmen lassen, bis sich ein stabiles Potential eingestellt hat.

Angabe der Ergebnisse:

Die nach Gl. (5) ermittelte Redox-Spannung wird auf 10 mV gerundet und zusammen mit der Temperatur und dem pH-Wert des Wassers angegeben.

Beispiel:
Messung: + 541 mV (Pt-Elektrode gegen gesätt. Kalomelelektrode bei 27,0 °C)
Berechnung: $U_H = (541 + 243)$ mV $= 784$ mV, gerundet 780 mV

Redox-Spannung, $U_H = 780$ mV ($t = 27$ °C, pH $= 7,2$)

Literatur: [1, 3, 5, 129, 154, 320, 509, 510, 568, 595] sowie Abschn. 1.1.3.14 und DEV [1], DIN 38404-C6.

2.2.6 Bestimmung der Calciumcarbonatsättigung

Methode:
$CaCO_3$-Sättigung und Messung der pH-Wert-Änderung des Wassers (pH-Wert-Schnelltest nach Axt und DEV [1], DIN 38404-C 10). (Diese Norm enthält auch die Bestimmung des Kalklösevermögens und die Bestimmung des Sättigungsindex I_S.)

Theorie:
Es wurde angenommen, daß die Auflösung von Kalk und kalkähnlichen Mineralien durch den Angriff der Kohlensäure des Wassers erfolge, wobei relativ leicht lösliches Calciumhydrogencarbonat gebildet wird, das in Lösung in Ca^{2+}- und HCO_3^--Ionen dissoziiert:

$$CaCO_3 + (CO_2 + H_2O \rightleftharpoons H_2CO_3) \longrightarrow Ca^{2+}(HCO_3^-)_2 \qquad (1)$$

Dabei wurden u. a. Begriffe geprägt wie: Kalk-Kohlensäure-Gleichgewicht, freie zugehörige und freie überschüssige (aggressive) Kohlensäure (vgl. Abschn. 1.4.6), die sosehr Allgemeingut geworden sind, daß sie nicht plötzlich ignoriert werden können, sondern (zunächst) durch die den heutigen Anschauungen besser entsprechenden Vorstellungen interpretiert werden sollten.

Wird vom tatsächlichen Lösevorgang des $CaCO_3$ abgesehen und betrachtet man, nachdem das Wasser nicht mehr in Kontakt mit den mineralischen Stoffen steht (z. B. im Leitungsnetz), dessen konkreten Gleichgewichtszustand, so ist dieser wesentlich bestimmt durch den pH-Wert und einem davon abhängigem Konzentrationsverhältnis der Kohlensäure und ihrer Anionen, wobei diese nicht allein aus der Carbonatauflösung stammen müssen (vgl. Abschn. 2.5.1). Jedoch ist es unzutreffend, sich diesen Endzustand als durch den Angriff des kohlensäurehaltigen Wassers auf die Carbonatminerale bewerkstelligt zu denken. Vielmehr werden in Kontakt mit Wasser so lange Ca^{2+}- und CO_3^{2-}-Ionen aus dem Gitterverband gelöst, bis das Löslichkeitsprodukt L (Ionenkonzentrationsprodukt) erreicht ist.

L ist eine temperaturabhängige Konstante und f_L der Aktivitätskoeffizient, der aus dem Einfluß der Ionenstärke des Wassers auf das Ionenprodukt resultiert.

$$Ca^{2+}CO_{3(s)}^{2-} \rightleftharpoons Ca^{2+} \cdot aq + CO_3^{2-} \cdot aq \qquad (2)$$

$$c(Ca^{2+}) \cdot c(CO_3^{2-}) = L/f_L \qquad L/f_L = 4{,}9 \cdot 10^{-9} \text{ mol}^2/\text{l}^2 \, (25\,°C) \qquad (3)$$
$$pK_L = 8{,}31$$

Die dabei entstehenden Carbonat-Ionen sind Anionen einer schwachen Säure und reagieren sofort mit den z. B. gemäß Gl. (4) und (5)

$$2\,H_2O \rightleftharpoons H_3O^+ + OH^- \qquad (4)$$
$$H_2CO_3 + H_2O \rightleftharpoons H_3O^+ + HCO_3^- \qquad (5)$$

im Wasser vorhandenen Oxonium-Ionen (pH-Pufferung):

$$CO_3^{2-} + H_3O^+ \rightleftharpoons HCO_3^- + H_2O \qquad (6)$$

wobei auch folgende (Hydrolyse-) Gleichgewichte beteiligt sein können:

$$CO_3^{2-} + H_2O + CO_2 \rightleftharpoons 2\,HCO_3^- \qquad (7)$$
$$CO_3^{2-} + H_2O \rightleftharpoons HCO_3^- + OH^- \qquad (8)$$

In dem Maße, in dem nach Gl. (6), (7), (8) Carbonat-Ionen aus dem Gleichgewicht entfernt werden, geht $CaCO_3$ weiter in Lösung und dies so lange (vorausgesetzt der Kontakt mit den mineralischen Stoffen bleibt bestehen), bis das Löslichkeitsprodukt nach Gl. (3) wieder erfüllt ist. Dabei nimmt $c(Ca^{2+})$ beständig zu, da diese Ionen nicht abgefangen werden; nach Einstellen des Gleichgewichtszustandes ist $c(CO_3^{2-})$ auf etwa 10^{-6} mol/l mit pH-Werten unter etwa 8,6 gesunken. Nach Gl. (3) ist $c(Ca^{2+}) \cdot c(CO_3^{2-}) \approx 10^{-8}$ mol^2/l^2 und $c(Ca^{2+})$ = $c(CO_3^{2-}) \approx \sqrt{10^{-8}}$, somit $c(Ca^{2+}) = 10^{-2}$ mol/l (10 mmol/l) wenn $c(CO_3^{2-})$ auf etwa 10^{-6} mol/l gesunken ist.

Tatsächlich wird das Löslichkeitsprodukt durch die herrschenden realen Konzentrationen an CO_3^{2-} und Ca^{2+} häufig nicht erfüllt. Die Abweichung wird als *Sättigungsindex* (I_S) bezeichnet. Erfüllt das Ionenprodukt den Wert von L nach Gl.(3), so ist das Wasser im Zustand der *Calciumcarbonat-Sättigung* ($I_S = 0$) bzw. im *Kalk-Kohlensäure-Gleichgewicht*. Ist das reale Ionenkonzentrationsprodukt $< L$ ($I_S < 0$), so ist das Wasser *kalkaggressiv* und verhindert u. a. nicht nur die Bildung einer Kalk-Schutzschicht im Leitungsnetz, sondern löst eine bereits bestehende so lange auf, bis $I_S = 0$ ist. Ist das reale Ionenkonzentrationsprodukt $> L$ ($I_S > 0$), so ist das Wasser *kalkabscheidend* und dies so lange, bis wiederum $I_S = 0$ ist.

Da das Löslichkeitsprodukt temperaturabhängig ist und mit steigender Temperatur kleiner wird, sind in einem Wasser, das bei Zimmertemperatur an $CaCO_3$ gesättigt ist, bei höherer Temperatur mehr Ca^{2+}- und CO_3^{2-}-Ionen vorhanden als L entspricht: das sich erwärmende Gleichgewichtswasser ist somit kalkabscheidend; umgekehrt wird ein sich abkühlendes Gleichgewichtswasser kalkaggressiv.

Der **pH-Wert-Schnelltest** beruht auf den oben dargelegten Gegebenheiten. Setzt man einem Wasser von genau bekanntem pH-Wert reinstes Marmorpulver zu, so sinkt dieses zu Boden und bildet eine Schlammschicht, in der in kürzester Zeit $CaCO_3$-Sättigung herrscht. Taucht man in diesen Schlamm eine Einstab-Glaselektrode, so daß deren Kugelmembran völlig davon bedeckt ist, so ist die Änderung des pH-Wertes ein Maß für den Sättigungsindex des betreffenden Wassers:

– Das Wasser ist im Zustand der *Carbonatsättigung:* Es tritt weder Auflösung noch Abscheidung von $CaCO_3$ ein und damit auch *keine Änderung des pH-Wertes,* bzw. darf diese max. $\pm 0{,}04$ pH-Einheiten betragen.
– Das Wasser ist *kalkaggressiv:* Es tritt solange Auflösung von $CaCO_3$ ein, bis das Löslichkeitsprodukt erreicht ist, dabei bilden sich nach Gl.(6) HCO_3^--Ionen, wodurch $c(H_3O^+)$ abnimmt, d. h. der *pH-Wert steigt.*
– Das Wasser ist *kalkabscheidend:* Es wird am Marmorpulver solange $CaCO_3$ abgeschieden, bis das Löslichkeitsprodukt erreicht ist, dabei wird Hydrogencarbonat nach Gl.(6) zu Carbonat rückgebildet und entsprechend $c(H_3O^+)$ erhöht, d. h. der *pH-Wert fällt.*

Anwendungsbereich:

Der pH-Wert-Schnelltest ist bei allen Wässern anwendbar. Wenn das Wasser stark verunreinigt ist oder > 5 mg/l Fe-Ionen enthält, dauert es länger als 2 min, bis die Kalksättigung erreicht ist.

Chemikalien und Reagenzien:

Calciumcarbonat, $CaCO_3$, gefällt, zur Silicatanalyse [518]
Salzsäure, $c(HCl) \approx 0{,}001$ mol/l

Ausführung:

Zur Bestimmung der Calciumcarbonatsättigung kann die in Abb. 2.2.6 gezeigte Apparatur (behelfsmäßig auch ein enges Becherglas oder eine kurze, weite Proberöhre) verwendet werden. Im mittleren Glasgewinde GL 25 des Dreihals-Spitzkolbens (ca. 100 ml Inhalt) ist mittels Dichtungsring eine knapp bis zur Kolbenspitze reichende pH-Einstabmeßkette befestigt (man beachte, daß die Elektrolytfüllung min. 2 cm über die Gewindekappe reicht!). Im kleinen seitlichen Glasgewinde GL 14 wird ein Thermometer oder besser der Temperaturfühler eines Digitalthermometers durch einen steifen Führungs-

Abb. 2.2.6 *Apparatur zur Bestimmung der $CaCO_3$-Sättigung, bestehend aus:*
1. *Dreihals-Spitzkolben, 100 ml, mit Glasgewinde 2 × GL 25 und GL 14 der Fa.* WITEG *(48) (in GL 14 kann auch ein Hg-Thermometer bzw. der Temperaturfühler des pH 91 eingesetzt werden!);*
2. *pH-Meter und Temperaturmeßgerät pH 91 der Fa.* WTW *(49), LCD-Anzeige, Batteriebetrieb, automatische und manuelle Temperaturkompensation, Asymmetrie- und Steilheitskorrektur;*
3. *technoterm 1500-Sekundenthermometer der Fa.* TESTOTERM *(45) mit in die Probe eingeführtem Temperaturfühler (Einzelheiten s. Abschn. 2.2.1).*

schlauch oder Korken in der Weise befestigt, daß die Fühlerspitze bis knapp zur Kolbenspitze reicht, jedoch die Glaselektrode nicht berührt. In die zweite seitliche Öffnung GL 25, die mittels einer Schraubkappe verschließbar ist, wird sodann mittels eines dünnen Probenahmeschlauches, der knapp bis zur Kolbenspitze eingeführt wird, so lange unter Luftausschluß Probe eingeleitet, bis der Kolbeninhalt mehrmals erneuert ist, wobei man sowohl pH-Wert als auch Temperatur kontrolliert. (Obwohl das pH-Meter ebenfalls eine Temperaturmessung gestattet, sollte zur exakten gleichzeitigen Überprüfung beider Werte ein zusätzliches Temperaturmeßgerät verwendet werden). Die Probe ist vorher auf die gewünschte Untersuchungstemperatur zu bringen bzw. auf der aktuellen Temperatur

(z. B. Entnahmetemperatur) zu halten, wobei jede unnötige Verzögerung zwischen Entnahme und Messung zu vermeiden ist.

Das überfließende Wasser wird in einem untergestellten größeren Becherglas (600 ... 1000 ml) so lange aufgefangen, bis es etwa an die mittlere Verschlußkappe des Kolbens reicht. Besteht die Gefahr einer Erwärmung oder Abkühlung der Probe, wird das Becherglas vorher mit Probe von der aktuellen Temperatur etwa zur Hälfte gefüllt, der Kolben eingetaucht und wie oben beschrieben verfahren; das mittels des Probenahmeschlauches zugeführte Wasser kann man vom Becherglas absaugen. Nun wird der Schlauch entfernt und pH-Wert sowie Temperatur notiert.

Zusammen mit der Probe wurden auch mehrere Portionen von je 3 bis 4 g Calciumcarbonat auf die aktuelle Temperatur gebracht (z. B. in einer Kühltasche), dazu verwende man kurze Proberöhren (ca. 10 cm lang, $\varnothing$ 15 mm) ohne Bördelrand mit Gummistopfen. Man saugt vom Kolbenhals einige ml Probe ab, so daß die Proberöhre bequem etwa 1–2 cm eingeführt werden kann und schüttet unter Drehen derselben das $CaCO_3$-Pulver zügig in die Probe. Das Pulver sinkt zur Kolbenspitze ab und bildet einen Schlamm, der Glaselektrode und Thermometerspitze völlig umhüllen muß. Sodann wird die Verschlußkappe aufgeschraubt, sofort der pH-Wert und die Temperatur beobachtet und nach etwa 2 min das Ergebnis abgelesen.

Nach Beendigung der Messung werden Glaselektrode und Spitzkolben sofort mit Salzsäure von anhaftendem Kalk gereinigt und gut gewässert.

Auswertung: s. Abschn. «Theorie».

Angabe der Ergebnisse:

Die pH-Wert-Änderung wird auf 2 Dezimalstellen bzw. falls diese größer ist als 0,3 pH-Einheiten auf 1 Dezimalstelle genau angegeben. Außerdem ist die Temperatur des Wassers anzugeben, die nach der pH-Einstellung herrscht. Es kann auch der vor und nach der $CaCO_3$-Zugabe herrschende pH-Wert und die pH-Wert-Änderung (Δ pH) angegeben werden; dasselbe gilt für die Temperatur.

Beispiel:

Schnelltest der $CaCO_3$-Sättigung: pH-Wert-Anstieg 0,14 pH-Einheiten (11,5 °C).
Das Wasser ist kalkaggressiv.

Literatur: [1, 164, 302, 341, 343].

2.2.7 Bestimmung der Absorption im sichtbaren ($\lambda = 436$ nm) und im UV-Bereich ($\lambda = 254$ nm)

Allgemeines:

Als Ergänzung subjektiv-visueller Methoden zur Bestimmung der Färbung sollte die objektive Messung des spektralen Absorptionsmaßes, $A(\lambda)$, (bisher: Extinktion, E_λ) eines definierten Lichtstrahls erfolgen. Grundsätzlich wird die Intensität der Färbung eines Wassers durch Messung der Lichtschwächung bei der am stärksten geschwächten Wellenlänge charakterisiert. Diese Wellenlänge läßt sich finden durch Aufnahme des Transmissionsspektrums mit einem (Zweistrahl-)Spektralphotometer (s. Abschn. 1.1.3.18), bei Filterphotometern mit jenem Spektralfilter, das die stärkste Lichtschwä-

chung ergibt. Damit man jedoch zu vergleichbaren Ergebnissen gelangt, wurde als Wellenlänge im sichtbaren Bereich die Hg-Linie mit $\lambda = 436$ nm gewählt. Sie liegt im Komplementärbereich zu den meistvorkommenden Gelbbrauntönen gefärbter Wässer und ist sowohl mit Spektral- als auch mit Filterphotometern leicht zu realisieren.
Als von der Meßtechnik her der Färbung analoge, in ihrer Aussage aber als Maß für den Gehalt an organischen Stoffen dienende Größe, wurde auch ein spektrales Absorptionsmaß im UV-Bereich mit $\lambda = 254$ nm (ebenfalls eine Hg-Linie) als für die Wasserchemie bedeutsame Kenngröße eingeführt. Beide Messungen sollten durchgeführt werden. Letztere auch deshalb, weil sie eine wichtige Ergänzung zum DOC-Wert darstellt, bzw. diesen u. U. ersetzen kann, wenn die für jedes (Fließ-)Gewässer spezifische Korrelation zwischen spektralem Absorptionsmaß und DOC-Wert berücksichtigt wird. Außerdem ergeben sich Hinweise auf Huminsäuren bzw. Ligninsulfonsäuren, insbesondere dann, wenn das gesamte Spektrum ab 250 nm aufgenommen wird (vgl. Abschn. 1.4.15.3).

Theorie:
Nach dem Gesetz von BEER sind die spektralen Absorptionskoeffizienten, $a(\lambda)$, den Konzentrationen des gelösten Stoffes proportional. Der dekadische spektrale Absorptionskoeffizient $a(\lambda)$, (bisher: Extinktionsmodul, m_λ) ist der Quotient aus dem dekadischen Absorptionsmaß $A(\lambda)$ und der Schichtdicke d des von dem spektralen Strahlungsfluß durchdrungenen Mediums:

$$a(\lambda) = \frac{A(\lambda)}{d}$$

Das dekadische Absorptionsmaß (die Extinktion) erscheint bei den handelsüblichen Spektralphotometern als Meßsignal.

Störungen:
– Sind in der Probe auch ungelöste Stoffe enthalten («Trübung»), werden diese durch Membranfiltration (0,45 μm) weitgehend entfernt. Dabei können allerdings neue Fehler auftreten, z. B. Farbänderungen durch Änderung von Oxidationsstufen, Abscheidung von Farbkomponenten am Filter. Auch Zentrifugation ist möglich.
– Bei Wellenlängen $\lambda < 250$ nm zeigen außer organischen Stoffen auch Nitrat-Ionen eine Absorption.
– Nicht absolut saubere und spülmittelfreie Küvetten (vgl. Abschn. 1.1.3.2) verfälschen die Meßwerte.

Ausführung:
Die nötigenfalls vorher filtrierte Probe wird in eine (Quarz-)Küvette mit möglichst großer Schichtdicke, z. B. 10 cm, 5 cm, bei stärker gefärbten Wässern auch 1 cm, gefüllt, in den Meßstrahl des Photometers gebracht und der spektrale Absorptionskoeffizient bei den angegebenen und evtl. weiteren Wellenlängen entsprechend der Bedienungsanleitung des Geräts gemessen. Die in den Referenzstrahl des Geräts eingeführte Küvette bzw. die Nullpunkts-Küvette wird mit optisch reinem (bidestilliertem) Wasser gefüllt.

Angabe der Ergebnisse:
Anzugeben ist:
– die Wellenlänge des eingestrahlten Lichtes;
– die spektrale Halbwertsbreite $\Delta\lambda$ (Bandbreite), insbesondere bei Filterphotometern;
– bei Anwendung einer Emissionslinie ist diese entsprechend zu benennen, z. B. λ (Hg) = 436 nm.

Die Werte der spektralen Absorptionskoeffizienten werden auf 0,1 m^{-1} gerundet angegeben.

Beispiel:
Spektraler Absorptionskoeffizient ($\lambda = 254$ nm): 4,7 m^{-1}
Spektraler Absorptionskoeffizient ($\lambda = 436$ nm; $\Delta\lambda = 8$ nm): 1,3 m^{-1}
Literatur: DEV [1], DIN 38404-C1 und DIN 38404-C3.

2.3 Chemische und biochemische Summenbestimmungen

2.3.1 Bestimmung des Gesamtrückstandes und des Abdampfrückstandes

Der *Gesamtrückstand* ist die Summe der unter den Bedingungen der Untersuchung im Wasser enthaltenen nichtflüchtigen *gelösten* und *ungelösten* Stoffe. Der *Abdampfrückstand* ist jener Teil des Gesamtrückstandes, der lediglich die im Wasser *gelösten* Stoffe enthält. Der gewonnene Rückstand sollte nicht verworfen, sondern kann z. B. zu Spurenbestimmungen verwendet werden (Vorproben).
Die EG-Trinkwasserrichtlinie [889] (s. Tab. 1.7) schreibt einen bei 180 °C gewonnenen Abdampfrückstand vor. Dies ist als günstig anzusehen, da bei der vielfach üblichen Temperatur von 110 °C, insbesondere bei höherem Mineralstoffgehalt, undefinierte Mengen an Kristallwasser zurückbleiben und auch Hydrogencarbonat nur unvollständig in Carbonat übergeführt wird.

1. **Bestimmung des Gesamtrückstandes:** 100 ml (bzw. 100 g) der gut umgeschüttelten unfiltrierten Probe werden in einer bei 180 °C 2 h lang getrockneten und nach dem Abkühlen im Exsikkator auf 0,1 mg genau gewogenen Porzellan- oder Quarzschale im gut durchlüfteten Wärme- oder Trockenschrank oder mittels eines Oberflächenverdampfers (staubfrei aufstellen!) eingedampft, ggf. unter mehrmaligem Nachgießen der Probe. Der Rückstand wird im Trockenschrank bei 180 °C 2 h lang getrocknet und nach dem Erkalten im Exsikkator auf 0,1 mg genau gewogen. Nach einer weiteren einstündigen Trocknung bei 180 °C sollte die Auswaage um nicht mehr als ± 10 % vom ersten Wert abweichen, andernfalls muß weiter getrocknet werden.
Bei einer Auswaage von < 20 mg ist eine größere, bei > 1000 mg eine kleinere Portion der Wasserprobe einzudampfen. Es kann eine gemessene (z. B. in einem Meßkolben) oder eine abgewogene (z. B. bei stärker mineralisierten Wässern) Wassermenge eingedampft werden; falls letztere ebenfalls in einem Meßkolben entnommen und bei 20 °C gewogen wird, läßt sich zugleich ein ungefährer Wert für die Dichte ermitteln. Die Gefäße werden zum Schluß 2mal mit wenig Deionat gespült und dieses ebenfalls zum Eindampfen gebracht.

2. Bestimmung des Abdampfrückstandes: Etwa 200–500 ml der Probe werden gut umgeschüttelt und über ein Membranfilter (Porenweite 0,45 μm [578, 585]) (vgl. Abb. 3.4.2c) filtriert, wobei auch kolloid gelöste Stoffe zurückgehalten werden. Sollte sich im Filtrat eine Trübung (Niederschlag) bilden, wird diese(r) durch Umschütteln gleichmäßig in der Gesamtmenge verteilt und daraus 100 ml bzw. ein entsprechend größeres oder kleineres Volumen der Probe genau in der unter 1. beschriebenen Weise weiterbehandelt.

Auswertung:
Wenn a = Auswaage des Rückstandes in mg, W = Volumen in ml bzw. Masse in g des eingedampften Wassers ist, ergibt sich der Gesamtrückstand G bzw. der Abdampfrückstand A der Probe nach der Formel:

$$G = \frac{a \cdot 1000}{W} \quad \text{bzw.} \quad A = \frac{a \cdot 1000}{W} \qquad \text{Einheit: mg/l bzw. mg/kg}$$

Im allgemeinen läßt sich aus dem bei 180 °C gewonnenen Abdampfrückstand angenähert der Gesamtmineralstoffgehalt in mg/l bzw. mg/kg eines Wassers ermitteln, wenn zum Abdampfrückstand 50% (theoretisch 50,83%) des für Hydrogencarbonat gefundenen Wertes addiert werden (vgl. Abschn. 1.13.4).

Angabe der Ergebnisse:
Es werden auf 1 mg/l bzw. 1 mg/kg gerundete Werte angegeben.

Beispiel:
Gesamtrückstand (180 °C):   126 mg/l
Abdampfrückstand (180 °C):   124 mg/l

Literatur: [1,5].

2.3.2 Summenbestimmung durch Kationenaustausch

Methode:
Austausch sämtlicher Kationen gegen Oxonium-Ionen und maßanalytische Bestimmung derselben.

Theorie:
Unter den Summenbestimmungen kommt dem Austausch sämtlicher in einer Wasserprobe vorhandener Kationen gegen H_3O^+-Ionen mittels eines stark sauren Kationenaustauschers in der H-Form eine erhebliche Bedeutung zu (vgl. Abschn. 1.13.4). Der Ionenaustausch erfolgt nach folgendem Schema:

$$2 \; \boxed{R\text{–}SO_3^-} \; H_3O^+ + Me^{2+} \qquad 2\,R\text{–}SO_3^- \; Me^{2+} + 2\,H_3O^+ \qquad (1)$$

Hierin bedeuten:
R   Grundgerüst, «Matrix», z. B. vernetztes Polystyrol
SO_3^- «Fest-Ion», stark sauer, durch Sulfonierung von R eingeführt
H_3O^+ «Gegen-Ion», austauschbar (H-Form des Austauschers)

Vor dem Ionenaustausch wird durch potentiometrische Titration mit Salzsäure die Säurekapazität $K_{S4,3}$ (*m*-Wert) nach Abschn. 2.3.4 ermittelt, dabei wird nach Gl. (2) das gesamte Hydrogencarbonat und ggf. auch Carbonat in Chlorid übergeführt, etwa:

$$Ca(HCO_3)_2 + 2\,HCl \longrightarrow CaCl_2 + 2\,CO_2 + 2\,H_2O \tag{2}$$

Unterwirft man eine solcherart austitrierte Probe dem Kationenaustausch und versetzt den Ablauf mit einem gemessenen Überschuß an Natronlauge, so ergibt sich aus der Differenz der zugesetzten NaOH mit der bei der anschließenden Rücktitration des NaOH-Überschusses bis pH = 4,3 verbrauchten Salzsäure die mmol/z*-(= mval-) Summe der Kationen als auch der Anionen (vgl. Abschn. 1.13.2). Letzteres insofern, als in dieser Summe auch das Hydrogencarbonat miterfaßt ist, da nach Gl. (2) anstelle von HCO_3^- eine äquivalente Menge Cl^- getreten ist. Wird der *m*-Wert nicht bestimmt und die Probe direkt dem Ionenaustausch unterworfen, geht eine dem Hydrogencarbonat äquivalente Menge H_3O^+-Ionen verloren, da dieses sich nach Gl. (3) zu CO_2 umsetzt:

$$HCO_3^- + H_3O^+ \longrightarrow CO_2 + 2\,H_2O \tag{3}$$

Somit ergibt sich eine um den Gehalt an HCO_3^- - (bzw. CO_3^{2-}) verminderte Ionensumme.

Chemikalien und Reagenzien:
Ionenaustauscher Merck Lewatit S 1080 G 1, starksaurer Kationenaustauscher mit Farbindikator, Na^+-Form [518, 542]
Salzsäure, $c(HCl) \approx 2$ mol/l ($w = 7\%$): 190 g Salzsäure z. A., $w = 37\%$ ($\varrho = 1{,}19$ g/ml), werden im Meßkolben mit Deionat zu 1000 ml aufgefüllt.
Salzsäure, $c(HCl) = 0{,}1$ mol/l
Natronlauge, $c(NaOH) = 0{,}1$ mol/l, carbonatfrei

Ausführung:
Als *Austauschersäule* (Abb. 2.3.2) wird eine etwa 15–20 cm lange (Füllhöhe) mit Hahn versehene Glasröhre von ca. 20 mm Innendurchmesser verwendet. Am besten eignen sich Säulen mit knapp über dem Hahn eingeschmolzener Glasfritte G 2 sowie mittels genormtem Glasgewinde G 25 und Kunststoffkappe (Silicon-PTFE-Dichtungsring Gl 25/08; Bohrung 8 mm) aufschraubbarem Tropftrichter beliebiger Größe mit 8-mm-Abflußrohr. Diese Säule gestattet einen *kontinuierlichen Ionenaustausch:* Dazu schraubt man den Tropftrichter auf, öffnet dessen Hahn und regelt mittels des Hahnes an der Säule die Tropfgeschwindigkeit (um das anfängliche Ausfließen zu erleichtern, bewegt man den Tropftrichter im Dichtungsring ein wenig auf und ab); da immer nur soviel Flüssigkeit nachströmt wie abtropft, kann der ganze Vorgang sich selbst überlassen werden.
Das Austauscherharz liegt in der Na-Form vor und muß zunächst in die H-Form übergeführt werden. Dazu spült man das vorgequollene und in Wasser aufgeschlämmte Harz blasenfrei in die Säule, wobei man überschüssiges Wasser abtropfen läßt. Über dem Harz muß stets ein etwa 5 mm hoher Flüssigkeitsspiegel stehen; bei Verwendung der hier beschriebenen Säule ist ein Auslaufen der Flüssigkeit unter den Harzspiegel nicht möglich. Sodann füllt man ca. 100 ml Salzsäure, $c(HCl) \approx 2$ mol/l, in den Tropftrichter und läßt diese mit einer Tropfgeschwindigkeit von max. 3–4 Tr./s, das sind max. 8–10 ml/min durch die Säule. Dabei wird das durch einen an der Matrix fixierten Metallindikator rot gefärbte Harz von oben nach unten farblos bzw. gelblich. Man spült den Tropftrichter gründlich (Auslaufrohr!) und wäscht mit Deionat (direkt aufgeben) in kleinen

Abb. 2.3.2 *Kontinuierlich arbeitende Ionenaustauschersäulen; Hersteller: (48). Durch den mittels Glasgewinde GL 25 im Dichtungsring verschiebbar aufgeschraubten Tropftrichter beliebiger Größe entspricht der Zufluß an Probe genau der am Säulenhahn jeweils eingestellten Tropfgeschwindigkeit; die Säule kann somit während des gesamten Austauschvorganges sich selbst überlassen werden. Austauscherharze mit Farbindikator zeigen die jeweilige Ionenbelastung an. Die eingeschmolzene Fritte verhindert ein Trockenlaufen der Säule. Bei Verwendung eines stark basischen Anionenaustauschers in der OH-Form eignet sich die Säule auch zur Herstellung carbonatfreier volumetrischer Hydroxid-Lösungen (an das Abtropfrohr wird ein dünner Plastikschlauch gesteckt, der bis zum Boden des Auffanggefäßes reicht).*

Portionen so lange, bis die abtropfende Flüssigkeit neutral reagiert bzw. chloridfrei ist. Man läßt die mit Deionat vollständig gefüllte Säule über Nacht stehen und wäscht sodann nochmals mit Deionat nach. Die Säule steht nunmehr zum Kationenaustausch zur Verfügung. (Aufbewahrung: mit Deionat gefüllt und mit Schraubkappe verschlossen. Nach längerem Stehen ist vor Gebrauch stets eine Regenerierung zu empfehlen.)
Je nach Mineralstoffgehalt wird die gesamte (100 ml) oder ein Teil der bei der Bestimmung des m-Wertes erhaltenen Flüssigkeit quantitativ in einen 100-ml-Tropftrichter übergeführt und wie oben beschrieben durch die Austauschersäule gegeben. Titriergefäß und Tropftrichter werden je zweimal mit wenig Deionat gespült und diese Anteile ebenfalls auf die Säule gegeben. Hernach wird die Säule mit Deionat in kleinen Portionen neutral gewaschen. Der gesamte Ablauf einschließlich Waschwasser wird in einem 300-

ml-Erlenmeyerkolben gesammelt und auf ca. 100 ml eingeengt. Nach dem Erkalten der Lösung wird ein Überschuß (z. B. 50,00 ml) an Natronlauge, $c(\text{NaOH}) = 0,1$ mol/l, zugesetzt (bei der Rücktitration sollen min. 5 ml HCl verbraucht werden) und sofort mit Salzsäure, $c(\text{HCl}) = 0,1$ mol/l, nach Abschn. 2.3.4 potentiometrisch zurücktitriert.

Auswertung:
Falls mit der gesamten, zur Bestimmung des m-Wertes eingesetzten Wasserprobe ($W = 100$ ml) quantitativ weitergearbeitet wird, gilt für Kationen wie auch für Anionen in 1 l Wasser:

$$\text{mmol/z*- (= mval-) Summe} = \frac{(a-b) \cdot 1000 \cdot 0,1}{W} = a - b$$

Hierin bedeuten:
a ml Natronlauge, $c(\text{NaOH}) = 0,1$ mol/l, zugesetzt nach Ionenaustausch (z. B. 50 ml)
b ml Salzsäure, $c(\text{HCl}) = 0,1$ mol/l, verbraucht zur Rücktitration (z. B. 37,60 ml)

Angabe der Ergebnisse:
Die Angabe erfolgt auf 0,1 mmol/l genau.

Beispiel:
mmol/z*-Summe der Kationen bzw. Anionen: 12,4 mmol/l

Literatur: [5, 51].

2.3.3 Bestimmung der Gesamthärte (°d GH)

Die Bestimmung der Härtebildner erfolgt nach Abschn. 2.4.2
Allgemeines zur «Härte» eines Wassers s. Abschn. 1.4.4, 1.4.5 und 1.13.5

2.3.4 Bestimmung der Säure- und Basekapazität (K_S und K_B); (m-Wert und p-Wert)

Methode:
Neutralisationstitration mit Salzsäure bzw. Natronlauge
– (gegen Phenolphthalein bzw. Methylorange)
– mit elektrometrischer Endpunktanzeige (vgl. DEV [1], DIN 38 409-H 7)

Theorie:
In Wasser gelöste starke und schwache Basen können maßanalytisch durch Titration mit einer starken Säure, z. B. Salzsäure (Säurekapazität), starke und schwache Säuren durch Titration mit einer starken Base, z. B. Natronlauge (Basekapazität), erfaßt werden. Die Ermittlung der Säure- und Basekapazität dient in der Wasseranalytik als Grundlage zur Berechnung des gelösten Kohlendioxids (der freien Kohlensäure), des Hydrogencarbonat- und Carbonat-Ions (vgl. Abschn. 2.5.1) sowie der Summe derselben (Anorganischer Kohlenstoff; Q_c-Wert; vgl. Abschn. 2.3.5).
Titriert man eine Wasserprobe, die nur starke Säuren gelöst enthält, mit Natronlauge, $c(\text{NaOH}) = 0,1$ mol/l, so tritt eine sprunghafte Änderung des pH-Wertes von 4,5 auf 9,5 auf. Enthält die Probe dagegen schwache Säuren, so wird dieser pH-Sprung abge-

schwächt oder gar in mehrere Teilsprünge aufgeteilt. Je nachdem, welche Puffersubstanzen in einem Wasser gelöst sind, kann jeder pH-Bereich gepuffert werden. Es ist also nicht sicher, bei der Titration einen bestimmten pH-Sprung festzustellen. In den DEV [1] wurde daher eine Vereinbarung getroffen, bis zu welchem pH-Wert die Titration durchgeführt werden soll, unabhängig davon, ob bei der betreffenden Wasserprobe ein pH-Sprung auftritt oder nicht.

Da nun die Kohlensäure bei weitem am häufigsten unter den in der Wasseranalytik anzutreffenden schwachen Säuren vorkommt, titriert man eine Wasserprobe auf die bei der Titration einer wäßrigen Lösung von Kohlensäure feststellbaren pH-Sprünge. Hierbei findet man eine Pufferzone im pH-Bereich 5,0–7,8 und eine zweite im pH-Bereich 9,0–11,6. Entsprechend treten pH-Sprünge auf vom pH-Wert 3 auf 5 und von 7,8 auf 9,0. Weil bei der Titration mit Farbindikatoren der eine Sprung durch den Farbumschlag von Methylorange (pH 3,1–4,4) angezeigt wird, bezeichnet man das bis zu diesem Umschlag erzielte Ergebnis als *m-Wert*. Der andere Sprung wird durch den Farbumschlag von Phenolphthalein (pH 8,2–9,8) erkennbar; das Ergebnis dieser Titration nennt man deshalb *p-Wert*. Hat man diese Werte durch Titration mit Säure erzielt, erhalten sie ein positives, hat man mit Lauge titriert, ein negatives Vorzeichen (vgl. Abb. 2.3.4a).

Die Titrationsendpunkte sind somit definiert, als wäre Kohlensäure die einzige in der Wasserprobe vorhandene schwache Säure und als wären ihre Anionen die einzigen schwachen Basen. Obwohl dies in vielen Fällen, insbesondere bei natürlichen Wässern zutrifft, handelt es sich doch um eine willkürliche Annahme. Daher sind die Titrationsergebnisse zunächst kommentarlos als Säure- bzw. Basekapazität (nämlich bis zu diesen willkürlich, wenn auch mit guter Berechtigung festgelegten Endpunkten) anzugeben. Werden Rückschlüsse aus diesen Ergebnissen gezogen, ist zu prüfen, ob sie berechtigt sind (vgl. Abschn. 2.5.1).

Die Endpunkte sind wie folgt festgelegt:

Endpunkt der Titration bei der Bestimmung des m-Wertes ist der pH-Wert, bei dem die Konzentration der Probe an Hydrogencarbonat-Ionen 1 % der Gesamtkonzentration Q_c an Anionen der Kohlensäure und des gelösten Kohlenstoffdioxids ist:

$$m\text{-Wert} = \frac{Q_c}{100}; \qquad Q_c = c(CO_2) + c(HCO_3^-) + c(CO_3^{2-}) \tag{1}$$

Dieser pH-Wert liegt bei einer Temperatur von 20 °C und einer Ionenstärke von 10 mmol/l bei 4,3. Der *m*-Wert von reinem Wasser bis zu diesem pH-Wert beträgt 0,05 mmol/l; er ist als Korrektur vom gemessenen K_S-Wert abzuziehen (vgl. Gl. (2)).

Endpunkt der Titration bei der Bestimmung des p-Wertes ist der pH-Wert, der sich als Wendepunkt der Titrationskurve zwischen den pH-Werten 8,0 und 8,5 ergibt. Er liegt bei einer Temperatur von 20 °C, einer Ionenstärke von 10 mmol/l mit $c(HCO_3^-) > 1$ mmol/l bei 8,2 (für 10 °C bei 8,3).

Nach DEV [1], DIN 38409-H7 sollten die Begriffe «*m*-Wert» und «*p*-Wert» nicht mehr verwendet werden. Dies scheint im Zusammenhang mit der Bestimmung der Säure- und Basekapazität sinnvoll, weil nur diese direkt meßbare Größen darstellen. Falls jedoch eine grundsätzliche Elimination von *p*- und *m*-Wert angestrebt wird, ist eine diesbezügliche Umstellung erst möglich, nachdem auch für die DEV D8 (Berechnung des gelösten Kohlenstoffdioxids, des Carbonat- und Hydrogencarbonat-Ions) und G1 (Bestimmung der Summe des gelösten Kohlenstoffdioxids) entsprechende Normen vorliegen.

In der DIN 38409-H7 werden die folgenden Begriffe und Symbole eingeführt:

- **Säurekapazität bis zum pH-Wert 8,2 ($K_{S\,8,2}$)** wobei: $K_{S\,8,2} = +p$-Wert
- **Säurekapazität bis zum pH-Wert 4,3 ($K_{S\,4,3}$)** wobei: $K_{S\,4,3} \approx +m$-Wert
- **Basekapazität bis zum pH-Wert 8,2 ($K_{B\,8,2}$)** wobei: $K_{B\,8,2} \approx -p$-Wert
- **Basekapazität bis zum pH-Wert 4,3 ($K_{B\,4,3}$)** wobei: $K_{B\,4,3} = -m$-Wert

Soweit es das Titrationsergebnis betrifft, sind $K_{S\,4,3}$ bzw. $K_{B\,8,2}$ mit dem m-Wert bzw. p-Wert nahezu gleich bzw. können die Unterschiede bei nicht sehr hohen Ansprüchen vernachlässigt werden.

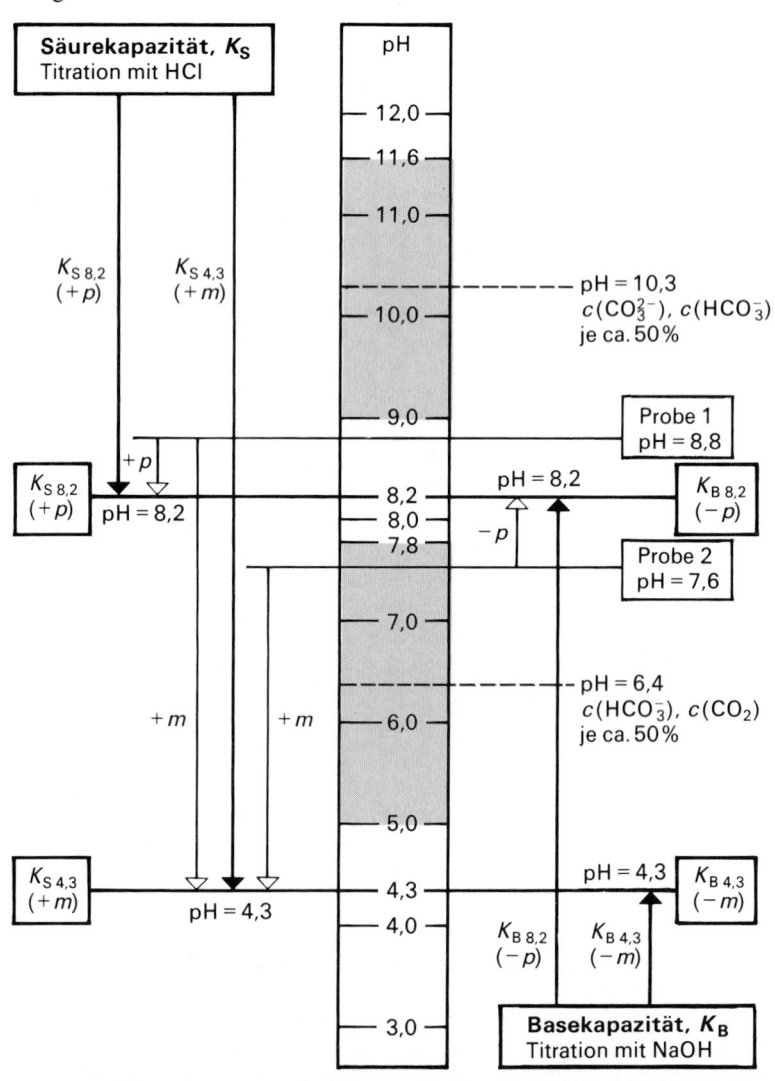

Abb. 2.3.4a *Schematische Darstellung der Bedeutung von Säurekapazität, K_S, und Basekapazität, K_B, bzw. der m- und p-Werte auf der pH-Skala (graue Bereiche: Pufferzonen). Der Abb. kann entnommen werden, welche K_S- und K_B-Werte (m- und p-Werte) aufgrund des pH-Wertes eines zu untersuchenden Wassers zu bestimmen sind.*
Probe 1: pH = 8,8; zu bestimmen: $K_{S\,8,2}$ ($+p$) und $K_{S\,4,3}$($+m$)
Probe 2: pH = 7,6; zu bestimmen: $K_{B\,8,2}$ ($-p$) und $K_{S\,4,3}$ ($+m$)

Falls eine Berücksichtigung erfolgen soll, gilt für die «korrigierte Säurekapazität» $K_{S\,4,3}$ ($\approx m$-Wert):

$$m \approx K_{S4,3} - 0{,}05 \text{ (bzw. } 0{,}06) \text{ mmol/l} \tag{2}$$

für Ionenstärken zwischen 0...10 mmol/l (bzw. 10...30 mmol/l) unter der Voraussetzung, daß die Kohlensäure bei der Titration durch kräftiges Rühren bzw. Einleiten von Stickstoff praktisch vollständig entfernt wird.
Eine eingehende Darlegung der Zusammenhänge sowie exakte Formeln und Berechnungen, auch für die Beziehungen zwischen $K_{B\,8,2}$ und -p-Wert bringt PUTZIEN (1981) [213.2].

Anwendungsbereich:
Das Verfahren ist auf alle Wässer anwendbar, wenn die Titrationsendpunkte elektrometrisch festgestellt werden. Die Anwendung von Indikatoren ist nicht möglich, wenn andere Substanzen als Kohlensäure und deren Anionen vorhanden sind, die bei pH $\sim 4{,}3$ und/oder bei pH $\sim 8{,}2$ eine Pufferung bewirken, bzw. in gefärbten Wässern. Ist bei der Bestimmung von $K_{B\,8,2}$ ($-p$) der Verbrauch an 0,1-mol/l-NaOH > 10 ml, so ist das Rücktitrationsverfahren (DIN 38 409-H 7) anzuwenden.

Chemikalien und Reagenzien:
Natronlauge, $c(\text{NaOH}) = 0{,}1$ mol/l bzw. 0,02 mol/l, carbonatfrei [536]
Salzsäure, $c(\text{HCl}) = 0{,}1$ mol/l bzw. 0,02 mol/l [536]
Tartrat-Citrat-Lösung: 141 g Kaliumnatriumtartrat, $C_4H_4KNaO_6 \cdot 4H_2O$, und 147 g Natriumcitrat, $C_6H_5Na_3O_7 \cdot 2H_2O$, werden in 1 l Deionat gelöst. Die Lösung wird mit NaOH bzw. HCl so eingestellt, daß 1 ml in 100 ml Deionat einen pH-Wert von 8,2 ergibt. Der pH-Wert ist nach längerem Stehen der Lösung erneut zu überprüfen.

Ausführung:
Zur Vermeidung von CO_2-Verlusten bzw. Ausfällung von $CaCO_3$ muß die Probenahme unter Ausschluß von Luft in Glasstopfenflaschen erfolgen; während des Transportes ist die Probe möglichst bei Entnahmetemperatur zu halten (Kühltasche).
Da auch beim Ansaugen der Probe mittels Pipette CO_2-Verluste möglich sind, sollte wie folgt verfahren werden: Die zur Anwendung kommende 100-ml-Pipette wird in der Weise in einen doppelt durchbohrten Gummistopfen gesteckt, daß das Auslaufrohr nach Aufsetzen auf die Probenahmeflasche bis knapp zum Boden derselben reicht. In die zweite Öffnung bringt man ein gewinkeltes Glasrohr, das nur wenig in die Probenahmeflasche reicht und mit dem nach außen ragenden Ende mit einem Gummibaseball versehen ist. Mit Hilfe dieser Vorrichtung drückt man die Probe vorsichtig in die Pipette, nimmt den Aufsatz ab, stellt das Volumen genau bis zur Marke ein und entleert in das zur Bestimmung vorgesehene, trockene, mit geeichter Einstabmeßkette und Magnetrührstäbchen bestückte Titriergefäß (s. Abb. 2.3.4 b), wobei man die Pipette am Boden des Gefäßes ausfließen läßt.
Das Titriergefäß stellt man auf einen Magnetrührer, führt die mit der entsprechenden Titrationslösung gefüllte 10-ml-Bürette möglichst unter Verwendung eines Dichtungsringes in die zweite Öffnung desselben ein (bei Verwendung einer automatischen Bürette in der Weise, daß die Spitze des Titrantauslaufrohres – nach der Bestimmung des pH-Wertes! – einige cm in die Probe eingetaucht werden kann) und verfährt wie unter 1. und 2. beschrieben.

Abb. 2.3.4b *Potentiometrische Bestimmung der Säure- bzw. Basekapazität. Die Probe befindet sich in einem ca. 150 ml fassenden Titrationsgefäß mit Glasgewinde GL 25 und GL 14 (Hersteller: (48)). Im GL 25 kann die Einstabmeßkette mittels Silicon-Dichtungsring höhenverstellbar befestigt werden. GL 14 dient der Aufnahme der Bürette bzw. des Titrantauslaufrohres einer Kolbenbürette (Spitze sollte in die Probe eintauchen); in ein weiteres GL 14 kann der Temperaturfühler eingesetzt werden. Das am Bild gezeigte pH 91 ist in Abb. 2.2.6 beschrieben. Links im Bild eine Probenahmeflasche mit aufgesetzter 100-ml-Pipette und Gummiblasball (vgl. Text).*

Zu Beginn und am Ende einer jeden Titration ist die Temperatur der Probe zu ermitteln. Außerdem sind alle bei der Bestimmung des pH-Wertes (Abschn. 2.2.4) gegebenen Hinweise zu beachten.

Nach Abb. 2.3.4a kann festgestellt werden, welche Bestimmungen aufgrund des herrschenden pH-Wertes durchführbar sind (die Bestimmung von $K_{B\,4,3}$ ist nicht berücksichtigt, da derart tiefe pH-Werte in natürlichen Wässern nicht vorkommen; sie hat jedoch Bedeutung z. B. bei Abflüssen aus Ionenaustauschern). Meist kann aus dem pH-Wert und der Leitfähigkeit darauf geschlossen werden, ob mit 0,1-mol/l- oder mit 0,02-mol/l-Titrationslösung gearbeitet werden muß; eine Vortitration nach Verfahren 3. ist empfehlenswert.

1. Potentiometrische Bestimmung der Säurekapazität: 100 ml der in oben beschriebener Weise in das Titriergefäß einpipettierten Probe läßt man zunächst 2...3 min stehen, bis sich der pH-Wert stabilisiert hat und liest diesen sodann ab.

Zur Bestimmung von $K_{S\,8,2}$ wird nun unter Rühren mit Salzsäure, $c(HCl) = 0{,}1$ mol/l, titriert bis der pH-Wert 8,2 erreicht ist und bei abgestelltem Magnetrührer länger als 2 min bestehen bleibt. Werden dazu weniger als 2 ml verbraucht, wird die Titration mit Salzsäure, $c(HCl) = 0{,}02$ mol/l, wiederholt, wobei besondere Vorsicht geboten ist, damit das Meßergebnis nicht durch CO_2 aus der Luft verfälscht wird.

Zur Bestimmung von $K_{S\,4,3}$ verfährt man in analoger Weise. Die Titration ist beendet, wenn der pH-Wert 4,3 erreicht ist.

2. Potentiometrische Bestimmung der Basekapazität, $K_{B\,8,2}$: 100 ml der in oben beschriebener Weise in das Titriergefäß einpipettierten Probe läßt man zunächst 2...3 min stehen, bis sich der pH-Wert stabilisiert hat und liest diesen sodann ab. Nach Zugabe von 1 ml Tartrat-Citrat-Lösung wird die Probe mit Natronlauge, $c(NaOH) = 0{,}1$ mol/l, in der Weise vorsichtig titriert, daß man jeweils kleine Portionen derselben zur Probe gibt und nach jeder Zugabe der Rührer 2...3 sec einschaltet. Dieser Vorgang wird so lange wiederholt, bis der pH-Wert 8,2 erreicht ist und bei abgestelltem Magnetrührer länger als 2 min bestehen bleibt (Vortitration).

In einer zweiten Titration setzt man etwas weniger als die oben benötigte NaOH-Portion langsam unter Rühren zu und titriert wie oben vorsichtig zu Ende. Die Vortitration kann auch nach Verfahren 3. erfolgen.

Werden weniger als 2 ml verbraucht, wird die Titration mit Natronlauge, $c(NaOH) = 0{,}02$ mol/l wiederholt.

3. Bestimmung mit Aquamerck Reagenziensatz «Säurekapazität bis pH 8,2 und pH 4,3» bzw. «Basekapazität bis pH 8,2» [525] Je Bestimmung werden 5 ml Wasserprobe benötigt. Nach Zugabe des entsprechenden Indikators wird mit Salzsäure bzw. Natronlauge aus der Titriereinrichtung (Abstufung: 0,1 mmol/l) (s. Abb. 2.4.2) titriert. Durch Verwendung eines Mischindikators wird bei pH 4,3 ein gut erkennbarer Farbumschlag von blau über grau nach orangerot erzielt. Die Bestimmung eignet sich als Feldmethode zur raschen Orientierung sowie als Vortitration für Verfahren 1. und 2.

Auswertung:
Die Säurekapazität K_S bzw. Basekapazität K_B der Probe ergibt sich bei Anwendung von $W = 100$ ml Wasserprobe, einer 0,1-mol/l-Salzsäure bzw. -Natronlauge und einem Verbrauch von a ml derselben bei der Titration bis zu den entsprechenden pH-Werten nach der Gleichung:

$$K_S \text{ bzw. } K_B = \frac{a \cdot 1000 \cdot 0{,}1}{W} = a \text{ mmol/l}$$

Falls die sich ergebenden Werte für K_S bzw. K_B als m- bzw. p-Werte angegeben bzw. für Berechnungen weiter verwendet werden sollen, sind die unter «Theorie» gegebenen Hinweise zu beachten.

Das Vorzeichen für m- und p-Werte ist aus Abb. 2.3.4a zu ersehen.

Angabe der Ergebnisse:
Die ermittelten Werte werden auf max. 2 Stellen hinter dem Komma gerundet angegeben.

Beispiele:
Säurekapazität, $K_{S\,8,2} = 0{,}34$ mmol/l ($+p$-Wert $= 0{,}34$ mmol/l)
Säurekapazität, $K_{S\,4,3} = 3{,}2$ mmol/l ($+m$-Wert $\approx 3{,}15$ mmol/l)
Basekapazität, $K_{B\,8,2} = 1{,}1$ mmol/l ($-p$-Wert $\approx 1{,}10$ mmol/l)

Literatur: [1, 164, 213.2, 302, 304, 341, 342, 343, 344, 368, 383].

2.3.5 Bestimmung des gesamten anorganisch gebundenen Kohlenstoffs (TIC; ΣCO_2 bzw. Q_c-Wert)

Methode:
Indirekt durch Berechnung aus dem m- und p-Wert. (DEV [1], G 1)

Theorie:
Die in einem Wasser vorhandene Menge an anorganischem Kohlenstoff (ΣCO_2) ist gegeben durch die Summe der Konzentrationen an gelöstem CO_2, Hydrogencarbonat- und Carbonat-Ionen. Diese Summe wird nach den DEV [1] als Q_c-Wert bezeichnet (vgl. Abb. 1.4.15).

$$Q_c = c(CO_2) + c(HCO_3^-) + c(CO_3^{2-}) \quad \text{Einheit: mmol/l} \tag{1}$$

Die wichtigste Funktion der unter Q_c zusammengefaßten Kohlensäure und ihrer Anionen ist die Stabilisierung des pH-Wertes des Wassers, wobei sie einem Säure- bzw. Laugezusatz gegenüber als Puffersubstanzen wirken. In vielen Fällen, insbesondere bei natürlichen Wässern, ist der Gehalt des Wassers an anderen schwachen Säuren und Basen, die die gleiche Wirkung zeigen, vernachlässigbar klein. Dann wird die Säure- und Basekapazität des Wassers allein durch die Kohlensäure und ihre Anionen bewirkt und Q_c kann aus dem m- und p-Wert berechnet werden.

$$Q_c = (\pm m) - (\pm p) \tag{2}$$

Auch Blut ist im wesentlichen von Kohlensäure und deren Anionen bei pH 7,4 (37 °C) gepuffert und weist einen Q_c-Wert von 20 mmol/l auf.

Anwendungsbereich:
Die Berechnung nach Gl. (2) kann angewendet werden, wenn
- $Q_c > 0{,}5$ mmol/l und
- Störungen durch Puffersubstanzen, die nicht CO_2 und Anionen der Kohlensäure sind, vernachlässigt werden können.

Störungen:
Schwache Säuren und Basen, die nicht Kohlensäure oder deren Anionen sind, werden bei der Bestimmung des m- und p-Wertes miterfaßt. Nach den Angaben in Abschn. 2.5.1 kann geprüft werden, ob der Gehalt des Wassers an diesen störenden Säuren und Basen vernachlässigt werden kann. Ist dies nicht der Fall, muß Q_c direkt bestimmt werden (s. DEV, G 1).

Ausführung:
Der m- und p-Wert wird nach Abschn. 2.3.4 bestimmt.

Angabe der Ergebnisse:
vgl. Abschn. 2.3.4.

Beispiele:
1) $m = +0{,}53$ mmol/l; $\quad p = +0{,}01$ mmol/l; $\quad Q_c = 0{,}52$ mmol/l
2) $m = +3{,}81$ mmol/l; $\quad p = -0{,}74$ mmol/l; $\quad Q_c = 4{,}6\ $ mmol/l

Anorganischer Kohlenstoff (ber. als Q_c-Wert), $Q_c = 0{,}52$ mmol/l (6,25 mg/l C)
Gesamter anorganisch gebundener Kohlenstoff (TIC), $\varrho(C) = 6{,}25$ mg/l

2.3.6 Bestimmung des gesamten organisch gebundenen Kohlenstoffs (TOC)

Gerätehinweise: s. Abschn. 1.1.4.5

Verfahren: Die Bestimmung erfolgt gemäß DEV [1], DIN 38 409-H 3; vgl. [3].

Anwendungsbereich: für alle Wässer mit TOC-Gehalten von etwa 0,1 mg/l bis 1 g/l.

Störungen: Der in der Probe enthaltene anorganisch gebundene Kohlenstoff (TIC) (vgl. Abschn. 1.4.15) muß vor der Bestimmung nach Ansäuern der Probe durch Austreiben des CO_2 entfernt werden (andernfalls würde TC bestimmt). Dabei können allerdings auch gewisse organische Komponenten verlustig gehen (Benzol, Chloroform u. a.). Falls Gefahr besteht, daß organische Stoffe mit dem CO_2 entfernt werden und der TOC-Gehalt der Probe nicht wesentlich kleiner ist als der TIC-Gehalt, bestimmt man TC und TIC getrennt (Differenzmethode) und errechnet den TOC-Gehalt aus der Differenz der Mittelwerte TC – TIC. Elementarer Kohlenstoff (z. B. Kohlestaub, Ruß, Graphit) wird bei unfiltrierten Proben miterfaßt; wird die Probe jedoch filtriert (Membranfilter 0,45 μm), erhält man den DOC.

Verfahrensprinzip: Sämtlichen Methoden zur Bestimmung des TOC bzw. des DOC und des TC in Wasser gemeinsam sind zwei grundlegende Verfahrensschritte:
– die möglichst vollständige Oxidation aller in der Probe befindlichen (organischen) C-Verbindungen zu CO_2, sowie die
– quantitative Detektion des gebildeten CO_2.

Die Oxidation kann auf naßchemischem Wege erfolgen, z. B. durch UV-Bestrahlung der Probe in Gegenwart von Sauerstoff und einem zusätzlichen Oxidationsmittel (Peroxodisulfat) bei ca. 60 °C. Eine andere Möglichkeit ist die Hochtemperatur-Oxidation bei ca. 950 °C mit Luftsauerstoff an Cobalt- oder Nickeloxid-Katalysatoren.

Zur Detektion des bei der Oxidation entstandenen CO_2 gibt es ebenfalls eine Reihe von Möglichkeiten; bevorzugt wird die IR-Absorption von CO_2 zu dessen quantitativer Bestimmung.

Literatur: [206.9, 213.2, 305, 306, 309, 328].

2.3.7 Bestimmung der Oxidierbarkeit mit Kaliumpermanganat ($KMnO_4$-Verbrauch)

Methode:
Maßanalytisch durch Rücktitration einer dem $KMnO_4$-Verbrauch des Wassers äquivalenten Menge Oxalsäure mit Kaliumpermanganat (Manganometrie).

Theorie:
Durch KMnO₄ werden an organischen Substanzen Kohlenhydrate, Phenole und Zellstoff-Sulfitablaugen weitgehend, Eiweiß-Produkte zum geringen Teil, Waschmittel und Laststoffe der organischen Synthese auf dem Kunststoffgebiet (Phthalsäure, Benzoesäure, niedere Fettsäuren, Alkohole, Ketone) nicht oxidiert (vgl. Abschn. 1.4.15). Da die Oxidation von einer Reihe von Faktoren abhängt, müssen, um zu vergleichbaren Ergebnissen zu gelangen, die Versuchsbedingungen genau eingehalten werden.

Setzt man der angesäuerten, kochenden Probe ein genau gemessenes Volumen (15,0 ml) Kaliumpermanganat-Lösung, $c(1/5\,KMnO_4) = 0,01$ mol/l, zu und läßt man sie genau 10 min ihre oxidierende Wirkung ausüben, so wird ein gewisser Anteil an Mn(VII) zu Mn(II) reduziert:

$$\overset{+VII}{MnO_4^-} + 5e^- + 8\,H_3O^+ \longrightarrow Mn^{2+} + 12\,H_2O \qquad (1)$$

Mit demselben Volumen (15,0 ml) Oxalsäurelösung, $c(1/2\,C_2H_2O_4) = 0,01$ mol/l, wird hierauf das zur Oxidation nicht verbrauchte Permanganat zerstört und dabei eine äquivalente Menge Oxalsäure zu CO_2 und Wasser oxidiert:

$$2\,MnO_4^- + 5\,C_2O_4^{2-} + 16\,H_3O^+ \longrightarrow 2\,Mn^{2+} + 24\,H_2O + 10\,CO_2 \qquad (2)$$

Die in der Lösung verbliebene Menge an Oxalsäure, die genau dem KMnO₄-Verbrauch der Wasserprobe entspricht, wird sodann mit Permanganat zurücktitriert.

Anwendungsbereich:
Die Methode ist geeignet zur Bestimmung der Oxidierbarkeit in allen Wässern mit einem KMnO₄-Verbrauch > 1 mg/l.
Die Bestimmung des KMnO₄-Verbrauchs ist vorgeschrieben zur Untersuchung von Trinkwasser gemäß EG-Richtlinie (vgl. Tab. 1.7), sowie zur Untersuchung von Schwimmbeckenwasser (vgl. Tab. 1.10.1).

Störungen und Vorbehandlung:
– Die Proben sollen möglichst sofort nach der Entnahme untersucht werden. Ein Zusatz von Schwefelsäure bis zu einem pH-Wert von 1 verzögert zwar die Zersetzung der organischen Stoffe, hemmt sie aber nicht völlig.
– Je nach dem Zweck der Untersuchung wird die Bestimmung im nicht vorbehandelten, im (2 h) sedimentierten oder im filtrierten Wasser durchgeführt. Das Wasser wird ohne Vorbehandlung untersucht, wenn über die Gesamtverschmutzung durch organische Stoffe (z. B. Belastung von Trinkwasser oder Badewasser) befunden werden soll. Die Art der Vorbehandlung ist im Untersuchungsbericht zu vermerken.
– Da nur die oxidierbaren *organischen* Stoffe erfaßt werden sollen, muß der Einfluß der oxidierbaren *anorganischen* Stoffe ausgeschaltet oder ihr Gehalt gesondert ermittelt werden: *H_2S, Sulfid- und Nitrit-Ionen* werden beim Kochen der Probe mit 5 ml Schwefelsäure (s. Ausführung) entfernt.
Eisen(II)-Ionen verbrauchen 0,57 mg/l KMnO₄ für 1 mg/l Fe^{2+}.
Chlorid-Ionen bis zu 300 mg/l stören nicht, andernfalls wird die Probe verdünnt.
– Enthält die Probe leicht flüchtige organische Verbindungen, so erfolgt die KMnO₄-Zugabe bereits in der Kälte. Dies ist im Untersuchungsbericht zu vermerken.

– *Gefäßvorbereitung:* Es werden 300-ml-Enghalserlenmeyerkolben mit Kühlbirne (notfalls ein umgestülpter Glastrichter) verwendet. Neue Kolben und Kühlbirnen (Glastrichter) müssen vor Gebrauch mit KMnO$_4$-Lösung, 1:10 mit Deionat verdünnt, unter Ansäuern mit Schwefelsäure ausgekocht werden. Sie sind ausschließlich für die Bestimmung der Oxidierbarkeit zu verwenden und vor Staub geschützt, mit Kühlbirne oder Trichter bedeckt, aufzubewahren. Nach Gebrauch werden sie gut entleert, jedoch nicht ausgespült; es dürfen keinerlei Braunsteinflecken an der Kolbenwand vorhanden sein. In gleicher Weise werden Siedesteine aus Glas behandelt und gut verschlossen aufbewahrt (mit Pinzette entnehmen!).

Chemikalien und Reagenzien:
Kaliumpermanganatlösung, $c(1/5\ KMnO_4) = 0{,}01$ mol/l: Der Inhalt einer Ampulle Titrisol KMnO$_4$ [536], eingestellt gegen Oxalat, wird mit Deionat zu 1000 ml aufgefüllt. Der Titer dieser Lösung muß bei Gebrauch bzw. täglich neu bestimmt werden (Tabelle beilegen!): Eine austitrierte, leicht rasa gefärbte Probe wird mit 15,0 ml Oxalsäurelösung versetzt und nötigenfalls bis zur Entfärbung kurz erhitzt; sodann wird mit KMnO$_4$-Lösung bis zum Auftreten der gleichen Rosafärbung zurücktitriert. Der Verbrauch sollte zwischen 14,5 und 15,5 ml liegen.
Oxalsäurelösung, $c(1/2\ C_2H_2O_4) = 0{,}01$ mol/l: Der Inhalt einer Ampulle Titrisol Oxalsäurelösung wird mit Deionat zu 1000 ml aufgefüllt. Die Lösung ist einige Wochen haltbar.
Schwefelsäure; H$_2$SO$_4$, $\varrho = 1{,}27$ g/ml ($w \approx 36\%$): 100 ml Schwefelsäure z. A., $\varrho = 1{,}84$ g/ml ($w \approx 95$–97%), werden vorsichtig in 300 ml Deionat eingegossen. Die noch heiße Flüssigkeit wird bis zur eben auftretenden Rosafärbung mit KMnO$_4$-Lösung versetzt.
Verdünnungswasser: Mit etwa 10 ml/l Schwefelsäure angesäuertes Deionat, dem einige Siedesteine zugegeben wurden, wird gekocht und noch heiß bis zur eben auftretenden Rosafärbung mit KMnO$_4$-Lösung titriert. Werden für 100 ml mehr als 0,2 ml Permanganat verbraucht, muß dieser Blindwert bei der Auswertung berücksichtigt werden.

Ausführung:
100 ml der nötigenfalls vorbehandelten Probe werden im 300-ml-Erlenmeyerkolben mit 5 ml Schwefelsäure versetzt und schnell zum Sieden erhitzt. In die siedende Lösung werden rasch 15,0 ml Permanganatlösung pipettiert. Nach Aufsetzen der Kühlbirne wird vom neu beginnenden Sieden ab genau 10 min in gleichmäßigem, schwachem Sieden gehalten. Ein Zusatz von Siedehilfen (Siedestab, Siedesteine, ausgeglühter Bimsstein) ist in den DEV, H4 nicht vorgesehen in der Praxis jedoch kaum zu vermeiden, da leicht Siedeverzug eintritt und durch lokale Überhitzung die Selbstzersetzung von KMnO$_4$ gefördert wird. Wird während des Siedens die Farbe der Lösung bräunlich oder tritt vollständige Entfärbung ein, so ist die Untersuchung mit einem kleineren Probevolumen, das mit Verdünnungswasser auf 100 ml verdünnt wird, zu wiederholen. Nach 10 min Sieden werden rasch 15,0 ml Oxalsäurelösung zugesetzt. Falls die Lösung nicht sofort farblos wird, ist sie nochmals kurz zu erhitzen. Die heiße Lösung wird mit Permanganatlösung bis zum Auftreten einer eben sichtbaren, wenigstens 30 s beständigen Rosafärbung zurücktitriert (Verbrauch V ml); es sollten etwa 5 bis 12 ml verbraucht werden. Zum Anfassen des heißen Kolbens kann man ein Stück aufgeschlitzten Gummischlauch über Daumen und Zeigefinger drücken.

Auswertung:
1 ml Kaliumpermanganat-Lösung, $c(1/5\ KMnO_4) = 0{,}01$ mol/l, entspricht 0,3161 mg KMnO$_4$.

$M(KMnO_4) = 158{,}04$ g/mol $\qquad M(1/5\ KMnO_4) = 31{,}61$ g/mol

Die Berechnung erfolgt nach der Formel:

$$\varrho\ (KMnO_4) = [(15 + V) \cdot t - 15] \cdot \frac{1000 \cdot 0{,}3161}{W} = [(15 + V) \cdot t - 15] \cdot 3{,}161 \ (mg/l)$$

Hierin bedeuten:
W ml Wasserprobe, unverdünnt, (100 ml)
V ml Kaliumpermanganatlösung
t Titer dieser Lösung, $t = \dfrac{15{,}0\ ml}{ml\ Verbrauch\ für\ Titerstellung}$

Außerdem sind alle in diesem und in Abschn. 1.4.15 aufgezeigten Kriterien sowie eine ggf. vorgenommene Verdünnung der Probe zu berücksichtigen.
Falls die Angabe als O_2-Verbrauch erfolgen soll (vgl. Tab. 1.7), wird anstelle von 0,3161 der Wert von 0,08 in obige Formel eingesetzt; außerdem muß ein $KMnO_4$-Blindverbrauch von ca. 0,5 ml von V abgezogen werden (Permanganatverbrauch von reinem Wasser, einschließlich des zur Erkennung der Rosafärbung erforderlichen Überschusses).

Angabe der Ergebnisse:
Es werden bei einem $KMnO_4$-Verbrauch

$\qquad\qquad < 10$ mg/l auf $\quad 0{,}1$ mg/l
von $\quad 10$–100 mg/l auf $\quad 1\quad$ mg/l
> 100–1000 mg/l auf $\quad 10\quad$ mg/l
> 1000 mg/l auf $\quad 100\quad$ mg/l $\quad$ gerundete Werte angegeben.

Beispiel:
Oxidierbarkeit mit $KMnO_4$ in saurer Lösung (nicht vorbehandelte Probe), $c(1/5\ KMnO_4) = 0{,}506$ mmol/l (16 mg/l).

2.3.8 Bestimmung der Oxidierbarkeit mit Kaliumdichromat ($K_2Cr_2O_7$-Verbrauch); Chemischer Sauerstoffbedarf (CSB)

Methode:
Bestimmung der volumenbezogenen Masse an Sauerstoff, die der Masse an Kaliumdichromat äquivalent ist, die unter den Arbeitsbedingungen der Verfahren mit den im Wasser enthaltenen oxidierbaren Stoffen reagiert. (1 mol $K_2Cr_2O_7 \triangleq 1{,}5$ mol O_2).

Verfahren 1 und 2: Maßanalytisch durch Rücktitration des zur Oxidation nicht verbrauchten Kaliumdichromats mit Ammoniumeisen(II)-sulfat und Ferroin als Redoxindikator.

Verfahren 3: Photometrische Bestimmung des zur Oxidation nicht verbrauchten Kaliumdichromats bei $\lambda = 436$ nm (für niedrige CSB-Werte) bzw. des durch Reduktion von Dichromat entstandenen Cr(III) bei $\lambda = 623$ nm (für höhere CSB-Werte).

Theorie: (s. auch Abschn. 1.4.15)
Dichromat in saurer Lösung ist ein bedeutend stärkeres Oxidationsmittel als Permanganat. Da es imstande ist, unter den gegebenen Versuchsbedingungen, die zur Erzielung reproduzierbarer und vergleichbarer Ergebnisse genau eingehalten werden müssen, eine große Zahl organischer Verbindungen vollständig oder doch sehr weitgehend zu oxidieren, kann in vielen Fällen die dazu erforderliche Dichromatmenge dem CSB-Wert gleichgesetzt werden.
In heißer Chromschwefelsäure (Standardbedingung: (148 ± 3) °C; bei höherer Temperatur nimmt die Selbstzersetzung des Dichromats rasch zu) oxidieren Cr(VI)-Ionen (Dichromat) in Gegenwart von Silber-Ionen als Katalysator die organischen Stoffe und werden selbst zu Cr(III)-Ionen reduziert:

$$\overset{+VI}{Cr_2O_7^{2-}} + 6\,e^- + 14\,H_3O^+ \xrightarrow[148\,°C]{Ag^+} 2\,Cr^{3+} + 21\,H_2O \qquad (1)$$

Das zur Oxidation nicht verbrauchte Dichromat wird sodann mittels Ammoniumeisen(II)-sulfat-Lösung gegen Ferroin als Redoxindikator zurücktitriert:

$$Cr_2O_7^{2-} + 6\,Fe^{2+} + 14\,H_3O^+ \longrightarrow 2\,Cr^{3+} + 6\,Fe^{3+} + 21\,H_2O \qquad (2)$$

Da Cr(VI) eine gelbe und Cr(III) eine grüne Farbe aufweist, besteht außerdem die Möglichkeit der photometrischen Bestimmung beider Ionen. Dabei ist es vorteilhaft, bei niedrigen CSB-Werten (geringem Dichromatverbrauch), analog der titrimetrischen Methode, das zur Oxidation nicht verbrauchte Dichromat zu erfassen, bei höheren CSB-Werten jedoch das dadurch in höherer Konzentration vorhandene Cr(III). Diese Methode wird insbesondere bei Küvettentest-Systemen bevorzugt.

Anwendungsbereich:
Verfahren 1: Nach DEV [1], DIN 38 409-H 41-1 (vgl. ISO DP 6060 und ASTM D 1252 [3]). Verbindliches Verfahren für die CSB-Bestimmung nach dem AbwAG [730.9]; es entspricht außerdem der Anlage der 1. Abwasser VwV [730.8] zu §7 WHG [730.7] (zur Ausführung der Bestimmung ist die o. e. Norm zu verwenden).
Das Verfahren ist anwendbar auf alle Wässer, deren CSB zwischen 15 und 300 mg/l liegt. Bei höheren Werten wird die Wasserprobe mit Bidestillat oder Deionat auf das doppelte Volumen verdünnt – erforderlichenfalls so oft, bis der CSB der verdünnten Probe erstmals unter 300 mg/l liegt.
Der Chlorid-Ionengehalt der unverdünnten bzw. der verdünnten Wasserprobe darf 1,0 g/l nicht überschreiten, andernfalls ist Verfahren H 41-2 zu verwenden.
Verfahren 2: Nach DEV [1], DIN 38 409-H 44
Das Verfahren ist anwendbar auf wenig verschmutzte Wässer, deren CSB unter 15 mg/l liegt. (Diese Norm ist noch in Bearbeitung; es kann das Verfahren nach LEITHE [105, 378] für CSB-Werte von 1 bis 50 mg/l verwendet werden.)
Verfahren 3: CSB-Küvettentest C 1 und C 2 [602] (s. Abb. 2.3.8) (vgl. [515]).
(insbesondere geeignet für die problemlose Eigenüberwachung)
CSB-Test C 1 ist anwendbar im Bereich 15...160 mg/l CSB
CSB-Test C 2 ist anwendbar im Bereich 100...1500 mg/l CSB
Eine Verdünnung ist wie in Verfahren 1 vorzunehmen.
Der Chlorid-Ionengehalt ist wie in Verfahren 1 begrenzt.

Störungen und Vorbehandlung:
- Die Proben sollen möglichst bald nach deren Entnahme untersucht werden. Ein Zusatz von Schwefelsäure bis pH = 1 verzögert den Abbau organischer Stoffe, hemmt ihn aber nicht völlig.
- Je nach Untersuchungszweck wird die Bestimmung mit nicht vorbehandeltem (ggf. gut homogenisiertem), mit sedimentiertem oder filtriertem (zentrifugiertem) Wasser durchgeführt.
- Viele organische Stoffe werden unter den gegebenen Reaktionsbedingungen vollständig oder weitgehend oxidiert (vgl. [3], D 1252, Tab. 1) (ausgenommen Verbindungen mit bestimmten Strukturelementen z. B. Pyridinring, quaternäre N-Verbindungen).
- Leichtflüchtige hydrophobe Verbindungen können insbesondere auch bei der Schwefelsäurezugabe zur Probe entweichen; der verschlossene Küvettentest bietet dazu weniger leicht Gelegenheit.
- Chlorid-Ionen (ebenso aber auch Br^-, I^-, NO_2^-, SO_3^{2-}) werden zu Chlor (bzw. entsprechenden Stoffen) oxidiert. Die Störung wird durch Zugabe von $HgSO_4$ beseitigt, wobei praktisch undissoziiertes $HgCl_2$ bzw. $[HgCl_4]^{2-}$-Komplexionen gebildet werden.

Achtung! Alle Vorsichtsmaßnahmen im Umgang mit starken Säuren und giftigen Stoffen sind zu beachten. Austitrierte Proben sind zu sammeln und zur Aufarbeitung weiterzuleiten, ebenso die zur Reinigung der Gefäße verwendete Chromschwefelsäure.

Chemikalien, Reagenzien und Hilfsmittel (Verfahren 1):
Schwefelsäure z. A., $\varrho(H_2SO_4)$ = 1,84 g/ml ($w \approx 95$–97%)
Schwefelsäure, Ag_2SO_4-haltig: Merck, Art. 1517 [518], enthaltend 10 g/l Silbersulfat z. A. in Schwefelsäure. Bei Selbstherstellung wird das Silbersulfat in 35 ml Deionat unter langsamer Zugabe von 965 ml Schwefelsäure gelöst; Lösung mindestens einen Tag vor Gebrauch ansetzen.
Kaliumdichromat-Lösung, $HgSO_4$-haltig: Merck, Art. 4476, enthaltend 80 g/l Quecksilbersulfat in Kaliumdichromat-Lösung, $c(K_2Cr_2O_7)$ = 0,02 mol/l (entsprechend $c(1/6\ K_2Cr_2O_7)$ = 0,12 mol/l. Bei Selbstherstellung werden 80 g Quecksilbersulfat z. A. in 800 ml Deionat und 100 ml Schwefelsäure gelöst, in die erkaltete Lösung 5,884 g Kaliumdichromat z. A. (2 h bei 105 °C getrocknet) eingetragen und mit Deionat zu 1000 ml aufgefüllt.
Kaliumdichromat-Lösung, $c(K_2Cr_2O_7)$ = 0,02 mol/l (entsprechend $c(1/6\ K_2Cr_2O_7)$ = 0,12 mol/l): Merck, Art. 9119. Bei Selbstherstellung werden 5,884 g Kaliumdichromat z. A. (2 h bei 105 °C getrocknet) in Deionat gelöst und zu 1000 ml aufgefüllt.
Ammoniumeisen(II)-sulfat-Lösung, $c((NH_4)_2Fe(SO_4)_2 \cdot 6H_2O)$ = 0,120 mol/l: 47,1 g Ammoniumeisen(II)-sulfat z. A., Merck, Art. 3792, werden im Meßkolben in Deionat gelöst, mit 20 ml Schwefelsäure versetzt und nach Abkühlen auf Raumtemperatur mit Deionat zu 1000 ml aufgefüllt.
Der Gehalt dieser Lösung muß jeweils vor Gebrauch bzw. täglich bestimmt werden (s. Ausführung).
Ferroin-Redoxindikator-Lösung: Merck, Art. 9161. Bei Selbstherstellung werden 1,485 g 1,10-Phenanthrolin z. A., $C_{12}H_8N_2 \cdot H_2O$, und 0,980 g Ammoniumeisen(II)-sulfat, $(NH_4)_2Fe(SO_4)_2 \cdot 6H_2O$, in Deionat gelöst und zu 100 ml aufgefüllt. Die Lösung ist im Dunkeln längere Zeit haltbar.
Kaliumhydrogenphthalat-Lösung: 0,170 g Kaliumhydrogenphthalat z. A., $C_8H_5KO_4$, Merck, Art. 4876, (2 h bei 105 °C getrocknet), werden in Deionat gelöst und nach

Zugabe von 5 ml Schwefelsäure mit Deionat zu 1000 ml aufgefüllt; die Lösung wird im Kühlschrank aufbewahrt und ist ca. 1 Woche verwendbar.

Chromschwefelsäure zur Reinigung der Geräte: 50 g Kaliumdichromat reinst, $K_2Cr_2O_7$, werden in 1 l Schwefelsäure reinst, $w \approx 95–97\%$, gelöst. Zur Aufbewahrung keine Schliff-Flasche verwenden!

Thermostatenbad-Füllung: Es kann Polyethylenglycol 400 oder Merck Heizbadflüssigkeit [518, 546], Art. 15625, (Temperaturgrenze ca. 170 °C, Stockpunkt ca. -40 °C), verwendet werden. Beide sind wasserlöslich und somit leicht zu handhaben.

Siedesteine, aufgerauht, $\emptyset$ 2 bis 3 mm, in heißer Chromschwefelsäure gereinigt und mit Deionat gut gespült; verschlossen aufbewahren und mit Pinzette entnehmen.

Rückflußeinrichtung: Die Norm schreibt lediglich ein «Schliffgefäß, Nennvolumen max. 250 ml, und Rückflußkühler mit Normschliff» vor. Anstelle von NS-(Rund)Kolben mit Rückflußkühler werden vorzüglich zylindrische Reaktionsgefäße mit NS 29/32 und rundem Boden (nach DIN 12242) in Verbindung mit Rückflußkühler oder Luftkühlrohr verwendet. Die zylindrische Form erlaubt eine platzsparende Anordnung in einer entsprechenden Heizvorrichtung.

Heizvorrichtung: Die Norm schreibt eine «Heizvorrichtung, geeignet, um das Reaktionsgemisch innerhalb von 10 min ohne örtliche Überhitzung zum Sieden zu bringen» vor. Für zylindrische Gefäße eignen sich dazu Metallblockthermostaten mit regelbarer oder fix eingestellter Reaktionstemperatur (die überprüft werden sollte). Umwälzthermostaten mit entsprechender Badfüllung sind für alle Gefäßformen geeignet.

Vorbereitung:
Alle mit dem Reaktionsgemisch in Berührung kommenden Gefäße sind fettfrei und frei von Spülmitteln zu halten und vor Staub geschützt aufzubewahren. Vor der erstmaligen Verwendung bzw. nach längerer Lagerung sind sie mit heißer Chromschwefelsäure zu reinigen. Die ausreichende Sauberkeit der Gefäße und des verwendeten Bidestillats bzw. Deionats wird auch durch den Blindwert kontrolliert. Der Blindwert sollte so niedrig sein, daß nicht mehr als 10% der eingesetzten Oxidationsmittelmenge verbraucht werden. In den Blindwert geht auch die Selbstzersetzung des Kaliumdichromats ein.

Ausführung (Verfahren 1):
20 ml der nötigenfalls vorbehandelten bzw. verdünnten Analysenprobe werden in das Schliffgefäß pipettiert und nach Zusatz von einigen Siedesteinen und 10 ml Kaliumdichromat-Lösung, $HgSO_4$-haltig, der Kolbeninhalt gut gemischt. Nun werden dem Gemisch 30 ml Schwefelsäure, Ag_2SO_4-haltig, langsam und vorsichtig zugegeben, wobei das Gefäß zur Vermeidung örtlicher Überhitzung und von Verlust an flüchtigen Stoffen unter fließendem Wasser oder im Eisbad zu kühlen ist.

Nach Aufsetzen des Kühlers und sorgfältigem Abtrocknen des Gefäßes wird innerhalb von 10 min zum Sieden erhitzt und sodann 110 min in schwachem Sieden gehalten, wobei die Temperatur des Reaktionsgemisches (148 ± 3) °C betragen muß. Es ist dafür zu sorgen, daß sämtliche Proben einer Untersuchungsserie möglichst gleichzeitig zur Erhitzung und ebenso auch zur Abkühlung gelangen. Nach Abkühlen des Reaktionsgemisches unter eine Temperatur von ca. 60 °C wird zunächst der Kühler mit Deionat gespült und abgenommen, sodann der Gefäßinhalt auf mindestens 100 ml verdünnt und auf Raumtemperatur abgekühlt. Falls die Titration nicht im Reaktionsgefäß selbst vorgenommen werden kann (evtl. mit Hilfe eines Magnetrührers), wird dessen Inhalt vor dem Verdünnen quantitativ in einen Titrierkolben übergeführt.

Nach Zugabe von 2 Tropfen Ferroin-Redoxindikator-Lösung wird das noch vorhandene Kaliumdichromat mit Ammoniumeisen(II)-sulfat-Lösung titriert, bis die Farbe von blaugrün nach rotbraun umschlägt.

In gleicher Weise werden mit jeder Untersuchungsserie 3 Blindproben analysiert, die anstelle der Analysenprobe 20 ml Bidestillat oder Deionat enthalten. Zur Überprüfung der Solltemperatur kann in eine der Blindproben ein Thermometer eingehängt oder eingestellt werden. Sämtliche bereits weiter oben gegebenen Hinweise sind genauest zu beachten.

Kontrollbestimmung: Die zuverlässige Durchführung des Verfahrens bzw. einer Untersuchungsserie wird durch Paralleluntersuchung von Blindproben sowie einer Referenzlösung geprüft. Anstelle einer Analysenprobe werden 20 ml Kaliumhydrogenphthalat-Lösung entweder separat, zusammen mit den Blindproben, genau in der oben beschriebenen Weise untersucht oder in einer Untersuchungsserie mitgeführt. Der CSB dieser Lösung beträgt 200 mg/l. Das Ergebnis der Untersuchung ist ausreichend, wenn ein CSB zwischen 192 und 208 mg/l ermittelt wird.

Gehaltsbestimmung der Ammoniumeisen(II)-sulfat-Lösung: 10 ml Kaliumdichromat-Lösung werden mit Deionat auf ca. 100 ml verdünnt und mit 30 ml Schwefelsäure versetzt. Nach dem Abkühlen werden 2 Tropfen Ferroin-Redoxindikator-Lösung zugegeben und die Lösung aus einer 25-ml-Bürette (oder mittels Kolbenbürette) wie oben beschrieben titriert.

Die Konzentration dieser Lösung wird nach folgender Gleichung berechnet:

$$c((NH_4)_2Fe(SO_4)_2) = \frac{V_V \cdot c_D \cdot f}{V_T} = \frac{10 \cdot 0{,}02 \cdot 6}{V_T} = \frac{1{,}200}{V_T}$$

Hierin bedeuten:
- c Konzentration der Ammoniumeisen(II)-sulfat-Lösung in mol/l
- c_D Konzentration der vorgelegten Kaliumdichromat-Lösung in mol/l
- V_V vorgelegtes Volumen der Kaliumdichromat-Lösung in ml
- V_T Volumen der bei der Titration verbrauchten Ammoniumeisen (II)-sulfat-Lösung in ml
- f Äquivalenzfaktor (hier $f = 6$)

Es kann auch Ammoniumeisen (II)-sulfat-Lösung, $c = 0{,}06$ mol/l verwendet werden.

Auswertung (Verfahren 1):

Der Chemische Sauerstoffbedarf einer Wasserprobe wird nach folgender Gleichung berechnet:

$$\varrho\,(CSB) = \frac{c \cdot f}{V_P}\,(V_B - V_E) = \frac{c \cdot 8000}{V_P}\,(V_B - V_E) = c \cdot 400\,(V_B - V_E)$$

Hierin bedeuten:
- ϱ Chemischer Sauerstoffbedarf (CSB) des Wassers, berechnet als Sauerstoff, in mg/l
- c Konzentration der Ammoniumeisen (II)-sulfat-Lösung in mol/l
- V_P Volumen der bei der Untersuchung eingesetzten Wasserprobe in ml (ggf. unter Berücksichtigung der Anzahl n der Verdünnungsschritte: $V_P = 20/2^n$ ml)
- V_B Volumen der bei der Blindprobe verbrauchten Ammoniumeisen(II)-sulfat-Lösung in ml
- V_E Volumen der bei der Analysenprobe verbrauchten Ammoniumeisen (II)-sulfat-Lösung in ml
- f Äquivalenzfaktor (hier $f = 8000$ mg/mol)

Abb. 2.3.8 *CSB-Meßplatz der Fa. WTW (49). Prinzip: Küvettentest-Methode mit photometrischer CSB-Bestimmung (Einzelheiten im Text), bestehend aus: CSB-COD Trockenthermostat-Metallblockreaktor CR 1000 für 15 Proben und Mikroprozessor Universalphotometer MPM 1000 mit LED-Anzeige, geeignet für Rechteck- und Rundküvetten. Zubehör: Kolbenhubpipette, Interferenz-Linienfilter, Küvettenständer, Testsatzprogramm (vgl. [602]); links im Bild: Testsatz Versand- und Entsorgungsbox.*

Ausführung (Verfahren 3): [602]

Die Bestimmung erfolgt mit dem CSB-Meßplatz (s. Abb. 2.3.8) und entsprechenden Küvettentestsätzen, welche bereits die benötigten Reagenzien enthalten.
Der CSB-Meßplatz umfaßt die folgenden Komponenten:
Trockenthermostat-Metallblock-Reaktor CR 1000, geeignet zur Aufnahme von 15 Reaktionsküvetten $(16 \pm 0{,}2)$ mm $\varnothing$ mit auf $(148 \pm 1)\,°C$ eingestellter Blocktemperatur (umschaltbar auf $100\,°C$ zur Bestimmung von Gesamtphosphat) und Zeitschaltuhr $0\ldots120 \pm 3$ min.
Mikroprozessor Photometer MPM 1000; Universal-Einstrahl-Filterphotometer mit LED-Anzeige, Wellenlängenbereich $\lambda = 400\ldots800$ nm, geeignet für Rechteckküvetten 5, 10, 20 mm und Reaktionsküvetten 16 mm $\varnothing$, photometrische Richtigkeit $\pm 1\,\%$.

Etwa 30 min vor der Messung wird der CSB-Reaktor auf $148\,°C$ aufgeheizt; eine erlöschende Kontrollampe zeigt Betriebsbereitschaft an. Währenddessen werden in je eine Reaktionsküvette des entsprechenden Tests (C 1 bzw. C 2; vgl. Anwendungsbereich) bei schräg gehaltener Küvette vorsichtig mittels beigegebener Kolbenhubpipette 2,0 ml Wasserprobe einpipettiert, die Küvette sofort fest mit der Schraubkappe verschlossen und unter Kühlung mit fließendem Wasser geschüttelt. In gleicher Weise wird eine Kontrollprobe (vgl. Verfahren 1) vorbereitet. Eine Blindprobe wird nur für die photometrische Messung benötigt, sie ist dem Reagenziensatz beigegeben. Die so vorbereiteten Küvetten werden gut getrocknet und im beigegebenen Ständer abgestellt. Nun wird die Zeitschaltuhr des betriebsbereiten Reaktors auf 120 min eingestellt und die Küvetten in die Öffnungen des Metallheizblocks gegeben.
Nach Ablauf der Reaktionszeit schaltet die Reaktorheizung automatisch ab. Die Küvetten werden herausgenommen, im Ständer abgestellt, nach 10 min geschüttelt und

zur vollständigen Abkühlung wieder in den Ständer gegeben. Sodann werden die außen völlig trockenen und sauberen Rundküvetten, deren Inhalt frei von Trübungen sein muß (ggf. läßt man absetzen oder zentrifugiert das Reaktionsgemisch), in das mit dem entsprechenden Filter ausgestattete betriebsbereite Photometer eingesetzt, nachdem vorher mittels der Blindprobe ein automatischer Nullabgleich vorgenommen wurde. Nach Eingabe eines Faktors und Drücken der Meßtaste erscheint auf der Digitalanzeige der CSB-Wert in mg/l.

Die gemessenen Proben werden in die vom Hersteller bereitgestellten Sicherheitsbehälter gegeben und im «WTW Entsorgungsdienst» zurückgestellt.

Angabe der Ergebnisse:
Es werden auf 1 mg/l gerundete Werte angegeben, jedoch max. 3 signifikante Stellen. Analysenergebnisse von weniger als 15 mg/l CSB sind als «Chemischer Sauerstoffbedarf (CSB) < 15 mg/l» anzugeben.

Es ist zu beachten, daß die einzelnen CSB-Methoden – an ein und derselben Wasserprobe angewandt – keinen direkten Vergleich gestatten. Auch die Ergebnisse einer Verdünnungsreihe einer Probe, die den gesamten Meßbereich innerhalb eines Verfahrens überstreicht, müssen sich keineswegs additiv verhalten (bei höherer Verdünnung einer Reihe liegt das Oxidationsmittel in einem höheren stöchiometrischen Überschuß vor als bei den Ansätzen nahe der Obergrenze des Anwendungsbereiches). Daher ist es erforderlich, sowohl das angewandte Verfahren als auch die ggf. vorgenommene Verdünnung im Befund anzugeben.

Beispiele:
Chemischer Sauerstoffbedarf (nach DIN 38 409-H 41-1; unverdünnte Probe),
ϱ(CSB) = 42 mg/l
Chemischer Sauerstoffbedarf (WTW Küvettentest C 1; unverdünnte Probe),
ϱ(CSB) = 120 mg/l

Literatur: [1, 3, 105, 213.2, 378, 379, 410, 420, 602] (s. auch Abschn. 1.4.15.2).

2.3.9 Bestimmung des biochemischen Sauerstoffbedarfs (BSB)

Methode:
Bestimmung der volumenbezogenen Masse an Sauerstoff, die für die Oxidation der in 1 Liter Probewasser enthaltenen biochemisch oxidierbaren Inhaltsstoffe in n Tagen (im allgemeinen n = 5; BSB_5) bei der Stoffwechseltätigkeit von einer entsprechenden Mikrobiozönose bei 20 °C summarisch verbraucht wird. (nach DIN 4045)

Verfahren 1: Bestimmung des BSB durch Differenzmessung der O_2-Konzentration mittels chemischer (Methode nach WINKLER; vgl. Abschn. 2.7.1) oder elektrochemischer Verfahren (vgl. Abb. 2.3.9a) zu Beginn und nach 5tägiger Inkubation einer (entsprechend mit Luft angereicherten oder verdünnten) Wasser- bzw. Abwasserprobe.
Variante: Bei elektrochemischer Indikation läßt sich das biologische Abbauverhalten einer Probe durch tägliche O_2-Bestimmung als Funktion der Zeit graphisch darstellen (BSB-Kurve).

Verfahren 2: Bestimmung des BSB in mit reinem O_2 angereicherten Proben (Methode nach VIEHL (1977) [214.8]), sonst wie Verf. 1.

Verfahren 3: Bestimmung des BSB aus der Sauerstoffzehrung (manometrisch) als Druckabfall in der über der Wasserprobe sich befindlichen Gasphase (Luft) (respirometrische Methode; Prinzip nach WARBURG) (vgl. Abb. 2.3.9 b).
Variante: Aus der Beobachtung des Druckabfalls am Manometer läßt sich das biologische Abbauverhalten einer Probe direkt erkennen und als Funktion der Zeit graphisch darstellen (BSB-Kurve).

Verfahren 4: Bestimmung des BSB aus der Differenz der CSB-Werte zu Beginn und am Ende der 5tägigen Inkubation (Verfahren nach LEITHE (1975) [105]).

Verfahren 5: (im weiteren Text nicht behandelt). Der biochemisch einer Probe entzogene Sauerstoff wird aus einer Wasserelektrolysevorrichtung durch Einrühren in die Probe in der Weise ersetzt, daß der Druck in der Probeflasche konstant bleibt und ein echter Atmungsvorgang («Respiration») stattfinden kann (System SAPROMAT, Fa. J. M. Voith, D-7920 Heidenheim). Die dazu in einer bestimmten Zeit benötigte Menge an Sauerstoff ist proportional dem BSB für diese Zeitspanne. Die in einer jeden Probeflasche ablaufenden Vorgänge können mittels Vielkanalschreiber kontinuierlich registriert werden.

Theorie: (s. auch Abschn. 1.4.16)
Bei der Bestimmung des BSB werden soweit als möglich alle jene Vorgänge im Labor nachvollzogen, die bei der natürlichen Selbstreinigung in Gewässern, insbesondere aber auch in der biologischen Stufe von Abwasserreinigungsanlagen ablaufen. Dabei zeigt sich, daß die mikrobiellen Oxidationsvorgänge in den BSB-Ansätzen, besonders von häuslichem Abwasser und damit belastetem Flußwasser, in der Regel in zwei mehr oder weniger deutlich unterscheidbaren Hauptphasen ablaufen. In der ersten Phase erfolgt im wesentlichen die oxidative Destruktion des Kohlenstoffgerüsts der abbaubaren Stoffe unter Freisetzung des zuvor organisch gebundenen Stickstoffs in Form von Ammonium-Ionen. Der Sauerstoffbedarf der zweiten Phase resultiert aus der mikrobiellen Oxidation des Ammonium- über Nitrit- zu Nitrat-N («Nitrifikation»), wobei 1 mg NH_4-N die beträchtliche Menge von 4,57 mg/l O_2 benötigt.

Während der C-BSB bei vielen Proben nach 5 Tagen übereinstimmend zu einem ähnlichen Abbaugrad (70–80 % des Gesamt-SB) gelangt, verhält sich die Nitrifikation in BSB-Ansätzen weit weniger regelmäßig, sowohl was den Zeitpunkt des Einsetzens, als auch die Reaktionsgeschwindigkeit des Vorganges betrifft. So bauen z. B. hochbelastete Kläranlagen nur in der ersten Phase ab, während in schwach belasteten Anlagen auch bereits ein Teil des NH_4-N oxidiert wird, d. h. die Nitrifikation kann schon innerhalb von 5 Tagen und somit während der BSB-Bestimmung einsetzen. Es kann dann bei schwach belasteten Anlagen mit ausgezeichnetem Reinigungserfolg ein höherer BSB gefunden werden als bei hochbelasteten Anlagen mit schlechterer Reinigungswirkung. In vielen Fällen läßt sich zwar eine Nitrifikation am Verlauf der BSB-Kurve erkennen, nicht jedoch am BSB_5 selbst, da infolge der unterschiedlichen Nitrifikation die Werte nicht mehr vergleichbar sind.

Um lediglich den Abbau der organischen C-Verbindungen zu erfassen, muß ein Nitrifikations-Sauerstoffverbrauch verhindert werden, wie es auch die 1. Abwasser VwV. [730.8] fordert: «Biochemischer Sauerstoffbedarf nach 5 Tagen (BSB_5) von der abgesetzten Probe: DEV H 5 a 2 unter zusätzlicher Hemmung der Nitrifikation mit 0,5 mg/l N-Allylthioharnstoff». Allerdings werden 0,5 mg/l ATH als nicht ausreichend angesehen, im allgemeinen werden 2 bis 5 mg/l ATH als Festsubstanz oder Lösung zugegeben.
Oft geben auch Parallelansätze mit und ohne ATH interessante Aufschlüsse, wobei in der Praxis nur Verfahren mit elektrometrischer O_2-Bestimmung oder respirometrische

Verfahren realistisch sind, da die WINKLER-Methode zu viel Zeit- und Flaschenaufwand erfordert und außerdem eine Endpunktserkennung bei der Titration einer $> 0{,}5$ mg/l ATH enthaltenden Probe nicht mehr exakt möglich ist.

Abgesehen von Beginn und Ausmaß der Nitrifikation spielen für die Größe des BSB innerhalb einer bestimmten Zeit noch folgende Faktoren eine ausschlaggebende Rolle:
- Art und Konzentration des Substrats bzw. der metabolisch verwertbaren Stoffe und deren Begleitstoffe;
- Art, Anzahl und Adaption der in dem Wasser vorhandenen Mikroorganismen;
- Sauerstoff- und Nährstoffangebot für die Mikroorganismen;
- Hemmung bzw. Unterbindung der Stoffwechseltätigkeit der Mikroorganismen durch toxische Stoffe;
- Temperatur (Standardtemperatur: 20 °C), pH-Wert und Turbulenz in der Probe;
- Lichteinwirkung (Standardbedingung: Dunkelheit) (Verhinderung von Algenwachstum und damit Verfälschung der Sauerstoffbilanz).

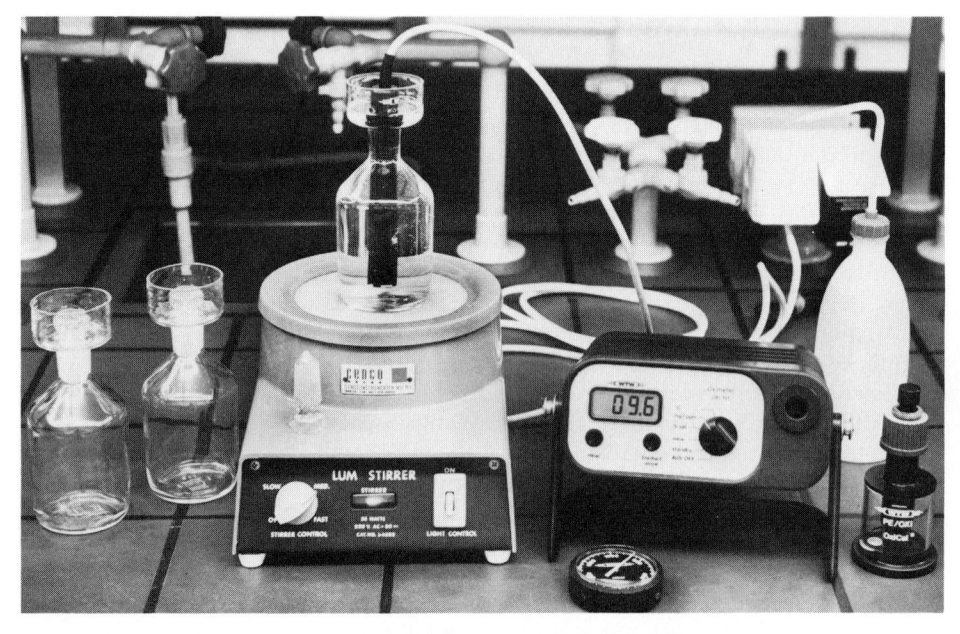

Abb. 2.3.9 a *BSB-Meßplatz mit elektrometrischer Sauerstoff- und Temperaturmessung, bestehend aus:*
1. Oxi 191 Feld- und Labor-Sauerstoff- und Temperaturmeßgerät der Fa. WTW (49). Betriebsarten: mg/l O_2 (0,0…50,0 mg/l), % Sättigung (0…199%), °C (−5…45 °C); Meßgenauigkeit: < 0,1 mg/l O_2 bzw. 0,2 K; automatische Temperaturkompensation (0…50 °C); Luftdruckkorrektur; LCD-Anzeige; Schreiberausgang; Akku- und Netzbetrieb.
2. Sauerstoffelektrode EO 190 (s. Abschn. 2.7.1), nullstromfrei, verwendbar bis 10 bar Überdruck, Einpunkteichung nach dem WTW OxiCal-Prinzip; schnelle Ansprechzeit (99% des Endwertes nach < 40 s bei 20 °C).
3. Die Elektrode wird luftdicht und blasenfrei in eine mit Rührstäbchen versehene und mit Wasserprobe gefüllte «Karlsruher-Flasche» eingesetzt. Der Magnetrührer erzeugt die nötige Mindestanströmung (15 cm/s). An der Elektrode kann ein Rühransatz angebracht werden, der vom Magnetrührer angetrieben wird, so daß sich ein Rührstäbchen erübrigt.

Verfahren 1 und 2: Die biologische Aktivität eines Wassers ist mit Verbrauch an Sauerstoff verbunden. Füllt man eine Wasserprobe in mehrere WINKLER-Flaschen und mißt den Anfangsgehalt sowie nach 5tägiger Inkubationszeit den Restsauerstoff, so ergibt sich aus der Differenz der biochemische Sauerstoffbedarf für diese Zeitspanne. Auf diese Weise sind jedoch nur niedrige BSB-Werte meßbar, da sich infolge des geringen Partialdruckes des Luftsauerstoffs bei 20 °C nur etwa 9 mg/l O_2 im Wasser lösen und in vielen Wässern überdies der O_2-Gehalt unter dem Wert der Sättigung liegt. Die Mikroorganismen finden dadurch zur *Substratatmung,* d. h. zur Verwertung der organischen Nährstoffe (Substrate), insbesondere bei Abwässern ein unzureichendes O_2-Angebot vor und sind gezwungen, auf *endogene Atmung,* d. h. auf die Veratmung eigener Zellsubstanz auszuweichen. Um dies zu verhindern, wird am Ende der Bebrütung ein Restgehalt von 2 mg/l O_2 gefordert.

Damit BSB-Werte gemessen werden können wie sie in stärker belasteten Oberflächenwässern, in Abläufen biologischer Kläranlagen oder in Rohabwässern gegeben sind, wird die Probe häufig mit sauerstoffreichem, praktisch zehrungsfreiem ($BSB_5 < 1$ mg/l O_2) *Verdünnungswasser* so weitgehend verdünnt, daß ebenfalls wieder max. etwa 7 mg/l O_2 gemessen werden und am Ende der Inkubation jedenfalls noch 2 mg/l O_2 in der Probe vorhanden sind. Da man häufig nicht ausreichend Anhaltspunkte über den zu erwartenden BSB besitzt, werden im allgemeinen drei verschiedene Verdünnungsstufen angesetzt. Allerdings werden dabei geringste analytische Fehler mit dem oft hohen Verdünnungsfaktor multipliziert und bewirken eine entsprechend verringerte Genauigkeit der Werte. Zudem wird durch die Verdünnung mit Fremdwasser nicht nur die Probe für weitere Untersuchungen wertlos, es wird für die Bakterien auch ein im Vergleich zur ursprünglichen Probe verändertes biologisches Milieu geschaffen, was eine Verzögerung des Abbaus, besonders in den ersten Tagen zur Folge haben kann.

Wird hingegen die Probe nicht verdünnt, stattdessen aber mit reinem Sauerstoff angereichert bzw. gesättigt (max. etwa 43 mg/l O_2 bei 20 °C und unter gewöhnlichem Druck), so werden häufig vorkommende BSB-Werte um 20 bis 35 mg/l O_2 gut erfaßbar. Eine Schädigung der Bakterien durch den reinen Sauerstoff ist jedenfalls bis 25 mg/l nicht zu befürchten, bei etwa 15 mg/l herrscht optimale Stoffwechseltätigkeit, vorausgesetzt, daß an Nährsalzen kein Mangel ist.

Bei sämtlichen Verfahrensschritten und den zusätzlichen Parallelansätzen sind eine beträchtliche Anzahl von Sauerstoff-Bestimmungen erforderlich. Dabei wird die traditionelle chemische Methode nach WINKLER immer mehr von der elektrochemischen Messung mittels Sauerstoffelektrode verdrängt. Nicht nur, daß letztere an sich genauere Werte liefert, je Probe nur einen oder zwei Ansätze benötigt, keinen Chemikalienbedarf hat, mit großer Zeiteinsparung verbunden ist und größere Probenvolumina (meist 300 ml statt 100 bzw. 250 ml) zu messen gestattet, was ebenfalls zu einer Verbesserung der Genauigkeit beiträgt, wobei überdies das Flaschenvolumen nicht exakt bekannt zu sein braucht. Durch den problemlosen Wechsel der Elektrode von einer Flasche zur anderen bei Benützung der mit aufgesetztem Trichter versehenen *«Karlsruher-Flasche»* (vgl. Abb. 2.3.9 a) sind auch während der Inkubation (täglich oder öfter) O_2-Messungen ohne Veränderung der Probe möglich, wodurch nicht nur ein Sauerstoffmangel frühzeitig erkannt und durch Belüftung mit reinem Sauerstoff leicht behoben, sondern auch das Abbauverhalten als BSB-Kurve graphisch dargestellt werden kann.

Verfahren 3: Das manometrische Prinzip beruht auf der Verwendung von gegenüber der Atmosphäre völlig dicht abgeschlossenen und lediglich mit je einem Hg-Manometer in Verbindung stehenden Probenflaschen. Luftdruckschwankungen bleiben somit ohne

Einfluß auf das Meßergebnis. Über der Probe befindet sich ein entsprechender Luftraum. Die Probe selbst wird im allgemeinen nicht verdünnt sondern je nach den zu erwartenden BSB-Werten werden entsprechende Probenvolumina verwendet. Diese sind jedoch stets größer und damit repräsentativer als bei der Verdünnungsmethode. Außerdem bleibt die Probe erhalten und werden die in der Natur sich abspielenden Vorgänge dadurch besser simuliert als in verdünnten Proben, wozu auch die z. B. durch Rühren erzeugte Bewegung der Probe beiträgt. In Parallelansätzen können, analog dem Verdünnungsverfahren, z. B. drei verschiedene Probenvolumina behandelt werden. Der durch die Aktivität der Bakterien entzogene Sauerstoff wird durch den Rührvorgang ständig aus dem Luftraum über der Probe ergänzt (und kann jederzeit durch Nachbelüftung erneuert werden), wobei zugleich auch Schwebestoffe ständig aufgewirbelt und dadurch der biologischen Abbautätigkeit unterworfen bleiben. Das freigesetzte CO_2 bleibt entweder im Wasser gelöst bzw. wird durch das Rühren in den Luftraum abgegeben und dort durch Absorption an Kalium- oder Natriumhydroxid quantitativ entfernt. Somit entsteht ein dem O_2-Verbrauch proportionaler Druckabfall am Manometer, der ein direktes Maß für den BSB darstellt.

Verfahren 4: Da CSB-Bestimmungen häufig durchzuführen sind, kann das Differenzverfahren bei geringem zeitlichen Aufwand zu recht brauchbaren Ergebnissen führen. Die Gesamtmenge der ursprünglich vorliegenden organischen Stoffe wird durch den CSB am Anfang, der nach 5tägiger Inkubation bei Luftzutritt verbliebene Rest an organischer Substanz durch den CSB nach 5 Tagen repräsentiert (CSB_5). Die Differenz gibt die Menge an Sauerstoff an, die während dieser Zeit zum oxidativen Abbau verbraucht wurde und ist gleich dem BSB_5.

Besonders vorteilhaft ist, daß die biologischen Vorgänge sowohl unter atmosphärischem Druck als auch unter natürlichen Konzentrationsverhältnissen ablaufen. Auch stärker verunreinigte Wässer müssen nicht verdünnt werden. Der der Probe zugeführte Sauerstoff muß nicht bestimmt werden, es genügt, die Wasserprobe in einer entsprechend großen Flasche mit ausreichendem Luftraum 5 Tage bei 20 °C im Dunkeln stehen zu lassen und öfters umzuschütteln bzw. zu belüften. Teilproben können jederzeit entnommen werden (z. B. zur CSB-Bestimmung). Vor der CSB_5-Bestimmung muß die Flasche gut geschüttelt werden, da die entnommene Probe anteilsmäßig den in dieser Zeit neugebildeten Schlamm enthalten muß.

Anwendungsbereich:
Die Verfahren 1 bis 5 sind geeignet zur Bestimmung des BSB in Wässern, vorausgesetzt, daß am Ende der Inkubation noch min. 2 mg/l O_2 in der Probe vorhanden sind.
Niedrige BSB-Werte können ohne Verdünnung bestimmt werden, falls die Probe mit Luft bzw. reinem Sauerstoff angereichert wird (Verfahren 1 und 2). Höhere BSB-Werte können ebenfalls ohne Verdünnung bestimmt werden (Verfahren 3 bis 5) oder es wird nach der Verdünnungsmethode gearbeitet (s. DEV [1], DIN 38409-H 5; vereinfachtes Verfahren s. [42]).

Störungen und Vorbehandlung:
– Je nach Untersuchungszweck wird die Bestimmung mit nicht vorbehandeltem (ggf. mittels hochtourigem Mixer homogenisiertem), mit (2 h) sedimentiertem (Imhoff-Trichter) (z. B. Zulauf von Kläranlagen) oder filtriertem Wasser durchgeführt. Das Wasser wird ohne Vorbehandlung untersucht, wenn über die Gesamtbelastung durch abbaufähige organische Stoffe befunden werden soll (z. B. Ablauf der Vor- und Nachklärung).

- Proben, die absetzbare Stoffe enthalten bzw. falls solche durch Nachflockung entstehen, müssen während der Inkubation wenigstens zeitweise in Bewegung gehalten werden (Magnetrührer; öfters schütteln).
- Ein Animpfen der Proben ist erforderlich, wenn das zu untersuchende Wasser keimarm ist, da sonst zu niedrige Werte erhalten werden. Die Impfung der Ansätze mit einer ausreichenden Menge Impfmaterial aus einer stabilen und möglichst vielseitig zusammengesetzten Mikrobiozönose soll sicherstellen, daß die Abbaureaktionen möglichst ohne Verzug in Gang kommen, so daß nach 5 Tagen alle Proben annähernd die Abklingphase erreicht haben (BSB-Kurve). Je nach Art der Probe werden 0,3–0,5 ml sedimentiertes häusliches Abwasser, 2 ml biologisch gereinigtes Abwasser oder 5–10 ml Flußwasser je Ansatz unter Berücksichtigung des Eigen-BSB dieser Impfwässer zugegeben.
- Die Proben sollten nach Entnahme umgehend zur Untersuchung gelangen; eine Konservierung sollte nicht erfolgen. Allenfalls kommt Tiefkühlung bei $-40\,°C$ in Betracht (vgl. WACHS (1977) [214.8]), wobei ein Animpfen mit frischem Wasser nötig ist; dennoch werden i. a. zu niedrige Werte gefunden.
- Sind in der Probe höhere Organismen (Zooplankton) enthalten, erhält man zu hohe Werte, falls diese nicht durch Filtration (Porenweite 8 μm) entfernt werden.
- Enthält das Wasser Substanzen, die ohne Mitwirkung von Mikroorganismen Sauerstoff verbrauchen (z. B. Fe^{2+}, SO_3^{2-}, H_2S) läßt man das mit Luft bzw. Sauerstoff angereicherte Wasser vor der Untersuchung einige Zeit in halbgefüllter Flasche stehen, wobei man öfter schüttelt.
- Enthält das Wasser biologisch hemmende oder giftige Stoffe (z. B. Cyanid, Cu, Cr (VI), Ni u. a. Schwermetalle, organische Desinfektionsmittel) und lassen sich diese nicht unschädlich machen bzw. ist deren Entfernung mit einer wesentlichen Veränderung der Wasserbeschaffenheit verbunden, führt die Bestimmung zu Fehlresultaten. Derartige Störungen können u. U. daran erkannt werden, daß mehrere Ansätze mit verschiedenen Probemengen untersucht werden; die für größere Probemengen gefundenen BSB-Werte sind meist relativ zu niedrig.
- Freies Chlor wird mit Natriumthiosulfat gebunden.
- Stark sauer oder basisch reagierende Wässer werden mit NaOH bzw. HCl auf pH 7–8 eingestellt.
- Eine Nitrifikation kann durch Zugabe von etwa 2–5 mg/l N-Allylthioharnstoff unterbunden werden. Dieser Zusatz stört die O_2-Bestimmung nach WINKLER.
- Stehen den Mikroorganismen in der Probe keine geeigneten Substrate mehr zur Verfügung, so werden eingelagerte Reserven abgebaut (endogene Atmung). Der dabei verursachte O_2-Verbrauch wird mit erfaßt.
- Für die Bakterien müssen ausreichend Nährsalze vorhanden sein; dies ist bei häuslichen Abwässern und Vorflutern praktisch immer der Fall, nicht jedoch bei organisch hochbelasteten Industrieabwässern. In diesem Fall müssen die benötigten mineralischen Stoffe (v. a. P, N, K, Mg, Fe) in Form einer Nährsalzlösung zugegeben werden (s. DEV).
- Am Ende der Inkubation müssen in der Probe noch etwa 2 mg/l O_2 vorhanden sein. Nötigenfalls muß vor oder während der Bebrütung (je nach Verfahren) eine Anreicherung mit Luft oder reinem Sauerstoff erfolgen.
- Erfolgt die Sauerstoffbestimmung nach WINKLER, sind je nach Flaschengröße zur Bestimmung höherer O_2-Gehalte doppelte Mengen an Manganchlorid- und alkalischer Iodid-Azid-Lösung zuzugeben.

Ausführung:

Verfahren 1: Je nach dem zu erwartenden BSB wird die nötigenfalls vorbehandelte Probe zunächst mit Luft oder mit reinem Sauerstoff (Verfahren 2) angereichert. Dazu füllt man etwa 500 bis 1000 ml möglichst kurz vorher entnommene Probe, deren Temperatur bei 20 °C liegen sollte, in einen Scheidetrichter, Nennvolumen 1 bis 2 Liter, mit langem Ablaufrohr und schüttelt die Probe einige Zeit unter häufigem Belüften durch Öffnen des Stopfens. Sodann werden – falls die Sauerstoffbestimmung nach WINKLER erfolgen soll – drei mit F1, F2 und F3 gekennzeichnete 100-ml-Sauerstoff-Flaschen, deren Volumen auf 0,2 ml genau bekannt sein muß, in der Weise befüllt, daß das Ablaufrohr des Scheidetrichters bis zum Boden derselben reicht und sich die Flasche langsam und blasenfrei bis zum Überlauf mit der Probe füllt. Die Flaschen werden blasenfrei verschlossen und die mit F2 und F3 bezeichneten bei 20 °C 5 Tage im Dunkeln aufbewahrt (Klimaraum oder Klimaschrank). In Flasche F1 wird sogleich der Sauerstoff fixiert (vgl. Abschn. 2.7.1) und nach Möglichkeit auch sogleich bestimmt, damit ein Anhaltspunkt über den Erfolg der Anreicherung gewonnen wird.

Erfolgt die Sauerstoff-Bestimmung elektrometrisch, so werden eine oder zwei, mit Magnetrührstäbchen versehene 300-ml-Karlsruher-Flaschen in gleicher Weise wie oben beschrieben befüllt, der Stopfen blasenfrei aufgesetzt und das im Trichter befindliche Wasser abgegossen. Der Stopfen wird wieder abgenommen und die vorher geeichte Sauerstoffelektrode luftdicht und blasenfrei eingesetzt, wobei das von der Elektrode verdrängte Wasser im Trichter bleibt und nach beendigter Messung, ergänzt mit einigen Tropfen Deionat, in die Flasche zurückfließt, so daß der Stopfen wieder blasenfrei aufgesetzt werden kann. Während der Messung wird durch Rühren die nötige Anströmgeschwindigkeit erzeugt, wobei das Rührstäbchen zur Erzielung besserer Strömungsverhältnisse nicht in der Elektrodenachse rotieren sollte (Flasche etwas dezentriert auf das Rührwerk stellen). Nach Stabilisierung der Anzeige wird der O_2-Gehalt abgelesen und mit der Uhrzeit notiert. Der Trichter wird zur Vermeidung von Kontamination während der Bebrütung mit Alufolie oder Parafilm überspannt.

Die Messungen können auch während der Bebrütung (z. B. täglich zur selben Zeit) durchgeführt werden, wobei die Elektrode beim Übergang auf andere Proben mit Deionat zu spülen ist. Es ist darauf zu achten, daß mit der Elektrode möglichst wenig Probe ausgetragen und möglichst wenig Deionat eingetragen wird. Bei vorsichtiger Arbeitsweise können die dadurch verursachten Fehler, einschließlich der O_2-Aufnahme des während der Messung im Trichter befindlichen Überlaufs vernachlässigt werden, ebenso der von der Elektrode verbrauchte Sauerstoff [392].

Falls eine während der Bebrütung vorgenommene Messung zeigt, daß die Sauerstoffreserve zu gering ist, kann in die entsprechende Probe mittels eines dünnen Glasröhrchens oder mittels Fritte Luft oder reiner Sauerstoff zugeführt werden. Nach der Begasung muß der O_2-Gehalt der Probe bestimmt und bei der Auswertung berücksichtigt werden.

Verfahren 2: Anstelle von Luft wird mit reinem Sauerstoff, z. B. aus einer kleinen Bombe, angereichert. Dies kann in derselben Weise wie bei Verfahren 1 in einem (kleineren) Scheidetrichter geschehen, wobei mittels einer an ein Glasrohr angeschmolzenen Fritte einige Minuten ein schwacher Sauerstoffstrom in die Probe eingetragen wird. Zwischendurch wird der Trichter verschlossen und geschüttelt. Es sollte nicht mehr als auf 25–30 mg/l O_2 angereichert werden, falls nötig kann eine mehrmalige Begasung (z. B. bei der täglichen elektrometrischen O_2-Bestimmung) durchgeführt werden.

Verfahren 3: Je nach dem zu erwartenden BSB werden im allgemeinen 3 verschiedene Volumina derselben (abgesetzten) Probe, deren Temperatur bei 20 °C liegen sollte, in die entsprechenden Überlauf-Meßkolben gefüllt (vgl. Tab. 2.3.9) und sodann in je eine mit Magnetrührstäbchen versehene BSB-Flasche übergeführt. In den Gummiköcher der Verschlußkappe, welche mittels Schlauch mit dem Hg-Manometer verbunden ist, wird ein Plätzchen KOH gelegt und diese dann zunächst locker auf die BSB-Flasche aufgeschraubt. Die Flascheneinheit wird in den auf 20 °C thermostatisierten Klimaschrank geschoben, der mit sämtlichen Flaschen gekoppelte Rührmotor eingeschaltet und 1 h zur Temperaturangleichung gerührt. Nun werden die Verschlußkappen an Flaschen und Manometern absolut dicht verschraubt, die Manometernullpunkte eingestellt und am Diagrammblock die Zeit notiert. Der BSB wird täglich zur selben Zeit abgelesen. Die Werte werden im Diagramm festgehalten und können am Ende der Untersuchung als BSB-Kurve ausgewertet werden.

Übersteigt die Hg-Säule die Skala, so werden beide Verschlüsse der betreffenden Flasche geöffnet und diese mit Frischluft, z. B. durch Einblasen mittels Gummigebläseball, versorgt. Außerdem wird das KOH-Plätzchen im Gummiköcher erneuert. Sodann werden die Verschlüsse wieder fest angezogen und die Skala auf Null gestellt. Die Meßwerte sind zu addieren. Am Ende des 5. Tages ist die Messung beendet, der abgelesene Wert ist mit dem entsprechenden Faktor zu multiplizieren und als BSB_5 anzugeben.

Abb. 2.3.9 b *Meßgerät der Fa. WTW (49) zur manometrischen Bestimmung des Biochemischen Sauerstoffbedarfes (BSB), bestehend aus: 2 Einheiten BSB 601 für je 6 Flaschen (7 Meßbereiche zwischen 0...4000 mg/l BSB, jeweils durch Volumenänderung der Wasserprobe einstellbar) und Thermostaten-(Kühl- bzw. Wärme-)Schrank TS 601/2, einstellbar im Temperaturbereich 15...25 °C (Marke bei 20 °C), Regelgenauigkeit ± 0,25 °C, mit Innensteckdosen. Der Schrank kann auch zur Angleichung von Proben, Meßkolben usw. an die Solltemperatur von 20 °C bzw. an eine im Regelbereich liegende Temperatur eingesetzt werden.*

Tab. 2.3.9 *Meßbereiche, Einfüllvolumen und Umrechnungsfaktoren zur manometrischen BSB-Bestimmung mit WTW-Gerät (49)*

Meßbereich (mg/l BSB_5)	0–40	0–80	0–200	0–400	0–800	0–2000	0–4000
Einfüllvolumen (ml)	432	365	250	164	97	43,5	22,7
Umrechnungsfaktor	1	2	5	10	20	50	100

Auswertung und Angabe der Ergebnisse:
Die Auswertung erfolgt verfahrensspezifisch.
Es werden bei BSB-Werten von
 < 100 mg/l auf 1 mg/l,
 100–200 mg/l auf 5 mg/l,
 > 200 mg/l auf 10 mg/l gerundete Werte angegeben.
Was die Vergleichbarkeit der BSB-Werte betrifft, gelten sinngemäß die für den CSB gemachten Einschränkungen (s. Abschn. 2.3.8).

Beispiele:
Biochemischer Sauerstoffbedarf (unfiltrierte Probe; Sauerstoffanreicherung; elektrometrische O_2-Messung), $\varrho(BSB_5) = 28$ mg/l O_2
Biochemischer Sauerstoffbedarf (2 h sedimentierte Probe, manometrisch), $\varrho(BSB_5) = 210$ mg/l O_2

Literatur: [1, 2, 6, 42, 87, 105, 130, 161, 214.8, 216.4, 379, 392, 398, 413, 421] (s. auch Abschn. 1.1.3.15).

2.4 Bestimmung von Kationen

2.4.1 Bestimmung von Lithium (Li^+), Natrium (Na^+) und Kalium (K^+)

Methode:

Emissions-Flammenphotometrie: Li ($\lambda = 670,8$ nm), Na ($\lambda = 589,3$ nm), K ($\lambda = 768,2$ nm). (Die Bestimmung kann auch mittels AAS erfolgen; vgl. Abschn. 2.4.11).

Theorie:

Die Flammenphotometrie ist im Prinzip eine quantitativ ausgewertete «Flammenfärbung». Werden wäßrige Lösungen von Ionen, die in gewöhnlichen Flammen z. B. Propan-Luft, Ethin-Luft, Wasserstoff-Sauerstoff thermisch anregbar sind, in eine solche Flamme hinein unter konstanten Brennbedingungen quantitativ zerstäubt (Flammenfärbung), so kann man eine für ein bestimmtes Element charakteristische Wellenlänge seines Atomspektrums durch Spektral- bzw. Interferenzfilter aussondern. Man erhält einen der Konzentration des betreffenden Elements proportionalen Photonenstrom, der auf eine Photozelle trifft und dort einen proportionalen Elektronenstrom an ein empfindliches Meßgerät, z. B. Spiegelgalvanometer, weitergibt. Das Gerät wird mit Lösungen bekannten Gehalts geeicht, welche maximal 10 mg/l eines bestimmten Ions enthalten (Eichkurve). Die Proben werden in Verdünnungen angewendet, die ebenfalls höchstens 10 mg/l des zu bestimmenden Stoffes enthalten.

Anwendungsbereich:

Das Verfahren ist auf alle Wässer anwendbar. Ungelöste Stoffe müssen durch Filtration (Porenweite 0,45 μm) bzw. Zentrifugation entfernt werden.

Störungen:

Flammenphotometrische Verfahren unterliegen mannigfachen Störungen. Diese lassen sich unter Anwendung einer von SCHUHKNECHT und SCHINKEL (1963) [402] ausgearbeiteten Vorschrift zur gemeinsamen Bestimmung von Li, Na und K aus einer einzigen Eichlösung durch dieser zugesetzte «spektroskopische» und «physikalische» Puffer ausschalten. Als *spektroskopischer Puffer* wird eine CsCl-Lösung verwendet. Cäsium liefert als äußerst leicht ionisierbares Element in der Flamme so viele Elektronen, daß die Ionisation von Li, Na und K bedeutungslos und infolgedessen die gegenseitige Anregungsbeeinflussung der in der Probe vorhandenen Elemente ausgeschaltet wird. Zudem wird erreicht, daß kleine Änderungen der Flammentemperatur auf die Intensität der Emission ohne Einfluß bleiben. Die Querempfindlichkeit anderer Elemente bei der Alkalibestimmung bleibt bis auf die Erdalkali-Querempfindlichkeit unter der Störgrenze; letztere wird durch den Puffer ebenfalls weitgehend unterdrückt. Das in hoher Konzentration zugesetzte Aluminiumnitrat wirkt sowohl als spektroskopischer Puffer, indem es mit den Erdalkalien schwerflüchtige Verbindungen bildet, als auch als *physikalischer Puffer*, indem es konstante physikalische Bedingungen der Eich- und Probelösungen schafft (Oberflächenspannung, Viskosität, Dichte). Um Fehler, die in den benützten Geräten und in der Verdünnung der Analysenprobe begründet sind, auszuschalten, werden bei jeder Untersuchung mehrere Parallelbestimmungen durchgeführt. Auch bei jeder einzelnen Bestimmung ist als Meßwert das Mittel von drei bis fünf Ablesungen zu verwenden. Infolge der Empfindlichkeit der Methode ist außerdem ein Blindversuch durchzuführen und dessen Ergebnis bei der Auswertung zu berücksichtigen. Sämtliche Lösungen müssen mit größter Sorgfalt hergestellt und in Plastikflaschen aufbewahrt werden.

Chemikalien und Reagenzien:

Alkali-Stammlösung: Der Inhalt einer Titrisol-Ampulle zur Herstellung von 1 l Alkali-Stammlösung [536] wird mit alkalifreiem Deionat im Meßkolben zu 1000 ml aufgefüllt. Die Lösung enthält im Liter je 0,100 g Li^+-, Na^+- und K^+-Ionen.

Cäsiumchlorid-Aluminiumnitrat-Pufferlösung: [518] Die Lösung enthält im Liter 50 g CsCl und 250 g $Al(NO_3)_3 \cdot 9\,H_2O$.

Leitlösung: je 100 ml Alkali-Stammlösung und Pufferlösung werden mit alkalifreiem Deionat im Meßkolben zu 1000 ml aufgefüllt.

Salzsäure z. A., $\varrho(HCl) = 1,19$ g/ml ($w = 37\%$).

Ausführung:

1. Aufstellen der Eichkurven: Der Alkali-Stammlösung werden mit geeichten oder eichfähigen Pipetten oder aus einer Mikrobürette bzw. Kolbenbürette 1, 2, 4, 6, 8 und 10 ml entnommen und in je einem 100-ml-Meßkolben übergeführt. Nach Zugabe von je 1 ml Salzsäure und je 10 ml Pufferlösung wird mit alkalifreiem Deionat bei 20 °C zur Marke aufgefüllt und gut gemischt. In gleicher Weise wird eine Blindlösung ohne Alkali-Stammlösung angesetzt. Das Gerät ist etwa 30 min vor Beginn der Meßungen einzuschalten und der Flammenuntergrund zu kompensieren nachdem vorher die gewünschte Meßwellenlänge, z. B. für Natrium, eingestellt wurde. Durch abwechselndes Zerstäuben von Deionat und Leitlösung ist der Null- und Hundertpunkt am Gerät zu ermitteln und darf während der ersten Meßreihe nicht mehr verstellt werden. Nun werden die einzelnen Eichlösungen zerstäubt, beginnend mit der Blindlösung, und der Ausschlag am Meßgerät notiert. Die Meßwerte werden auf der Ordinate (1–100 Skalenteile) gegen den Gehalt an Na^+-Ionen in mg (Abszisse) aufgetragen (Eichkurve). Es ist empfehlenswert, die Eichkurve durch eine zweite Verdünnungsreihe aus der Alkali-Stammlösung bei neuer Einstellung des Null- und Hundertpunktes zu kontrollieren. Sodann werden die nach Pkt. 2. bzw. 3. vorbereiteten Proben gemessen.

2. Bestimmung von Natrium und Kalium: Durch Vorversuche wird der Gehalt an Natrium und Kalium abgeschätzt. Das Volumen der Probe, bzw. die Verdünnung derselben wird dann so gewählt, daß die Konzentration höchstens 10 mg/l Na^+- bzw. K^+-Ionen beträgt. Ein mit einer Pipette genau abgemessenes Volumen (50 ml falls die Probe < 10 mg/l enthält) der Wasserprobe (W ml) wird in einen 100-ml-Meßkolben übergeführt, mit 1 ml Salzsäure angesäuert, nach Zugabe von 10 ml Pufferlösung mit Deionat bis zur Marke aufgefüllt und gut gemischt. In gleicher Weise werden zwei weitere Meßlösungen derselben Wasserprobe angesetzt, z. B. 25 ml und (50 + 25) ml. Sodann werden Blindlösung und Meßlösungen zerstäubt und der Ausschlag notiert.

3. Bestimmung von Lithium: Falls der Lithium-Gehalt > 1 mg/l beträgt, z. B. in Mineralwässern, erfolgt die Bestimmung wie in Pkt. 2. angegeben. Bei geringeren Gehalten und wenn viel Calcium zugegen ist, muß eine Anreicherung bzw. Extraktion vorgenommen werden. Zur orientierenden Bestimmung wird zunächst 1 l (bzw. 1 kg) der Probe mit HCl neutralisiert und mit 1 ml HCl im Überschuß versetzt. Die Probe wird auf ein Volumen von ca. 50 bis 70 ml eingedampft (Quarzschale mit Oberflächenverdampfer), in einen 100-ml-Meßkolben übergeführt und wie oben beschrieben weiterbehandelt. Auf Grund dieser Messung wird das Volumen der für die eigentliche Bestimmung benötigten Wassermenge gewählt.

Die Probe wird mit Salzsäure neutralisiert, mit 1 ml HCl im Überschuß versetzt und mit der zur Fällung der Sulfat-Ionen nötigen Menge an Bariumchlorid-Lösung ($w = 10\%$; 1 ml fällt ca. 40 mg Sulfat) versetzt. Dazu wird die angesäuerte Wasserprobe auf ca. 500 ml eingeengt und in der Siedehitze tropfenweise mit der Bariumchlorid-Lösung versetzt. Nach Stehen über Nacht wird der $BaSO_4$-Niederschlag abfiltriert und mit HCl-haltigem Wasser ausgewaschen. Das Filtrat wird auf dem Wasserbad eingedampft, bis eine feuchte Masse vorliegt. Diese wird nach dem Erkalten fünfmal mit je 50 ml Ethanol, $\sigma(C_2H_5OH)$ = 96 %, extrahiert, wobei die Salzmasse mit einem Glaspistill zerrieben und der ungelöste Rückstand jeweils abfiltriert wird. Die vereinigten Ethanolextrakte enthalten die Lithium-Ionen; sie werden auf dem Wasserbad zur Trockene eingedampft, der Rückstand in 50 ml Deionat gelöst und quantitativ in einen 100-ml-Meßkolben übergeführt. Die weitere Behandlung erfolgt wie in Pkt. 2. beschrieben.

Auswertung:

Aufgrund des Mittelwertes aus den Einzelmessungen und nach Abzug des Blindwertes wird der Gehalt der Probe an Na$^+$-, K$^+$- bzw. Li$^+$-Ionen der Eichkurve entnommen (A mg) und auf mg/l (bzw. mg/kg) umgerechnet:

$$\varrho(\text{Na}^+ \text{ bzw. } \text{K}^+ \text{ bzw. } \text{Li}^+) = \frac{A \cdot 1000}{W} \quad \text{(mg/l)}$$

1 mmol Natrium-Ionen ≙ 22,990 mg Na$^+$
1 mmol Kalium-Ionen ≙ 39,102 mg K$^+$
1 mmol Lithium-Ionen ≙ 6,939 mg Li$^+$

Angabe der Ergebnisse:

Bei einem Gehalt < 100 mg/l Na-, K- bzw. Li-Ionen werden auf 0,1 mg/l, bei höherem Gehalt auf 1 mg/l gerundete Werte angegeben. Li$^+$ < 0,1 mg/l wird auf 0,01 mg/l gerundet angegeben.

Beispiel:

Lithium, $c(\text{Li}^+) = 0{,}032$ mmol/l (0,22 mg/l)
Natrium, $c(\text{Na}^+) = 4{,}872$ mmol/l (112 mg/l)
Kalium, $c(\text{K}^+) = 0{,}069$ mmol/l (2,7 mg/l)

Literatur: [1, 5, 87, 150, 402, 538].

Bestimmung mit Na$^+$- bzw. K$^+$- selektiver Elektrode: Auf diese Bestimmungsmöglichkeit kann lediglich hingewiesen werden. Einzelheiten entnehme man der Literatur bzw. dem oft recht ausführlichen Informationsmaterial der Hersteller (vgl. Abschn. 1.1.3.14).

2.4.2 Bestimmung von Calcium (Ca^{2+}) und Magnesium (Mg^{2+}) sowie deren Summe (Gesamthärte; GH)

Methode:

Maßanalytisch (Chelatometrie) mit Ethylendinitrilotetraessigsäure (Ethylendiamintetraessigsäure) – Dinatriumsalz (EDTA-Na$_2$) und den Metallindikatoren Eriochromschwarz T (Erio-T) (Ca + Mg) im pH-Bereich 12...13, bzw. Calconcarbonsäure (Ca) bei pH = 10.

Theorie:

Organische Verbindungen mit einer positiven Stickstoffgruppe und einer Carboxylgruppe im Molekül bilden mit einer Reihe von mehrwertigen Metall-Kationen zum Teil sehr beständige, vielfach farblose innere Komplexe (Chelatkomplexe). Die Komplexbildung erfolgt allgemein ohne Rücksicht auf die Ionenwertigkeit des Kations stets im Mol-Verhältnis 1:1. So reagiert z. B. EDTA bzw. dessen formelgerecht wägbares Dinatriumsalz (Titriplex III) [534], (Idranal III) [574] mit Ca^{2+}-Ionen unter Bildung des Ca-EDTA-Komplexes:

$$\left[\begin{array}{c}H_2C\begin{array}{c}CH_2-COO^-\\ ^+NH\\ CH_2-COO^-\\ CH_2-COO^-\\ ^+NH\\ CH_2-COO^-\end{array}\end{array}\right] \rightleftharpoons \left[\begin{array}{c}H_2C\begin{array}{c}CH_2-COOH\\ N\\ CH_2-COO^-\\ CH_2-COO^-\\ N\\ CH_2-COOH\end{array}\end{array}\right]^{2-} 2Na^+ \xrightarrow{Ca^{2+}} \left[\begin{array}{c}\text{Ca-EDTA complex}\end{array}\right]^{2-} 2Na^+ + 2H$$

Während man bei Säure-Base-Titrationen den Äquivalenzpunkt mittels Indikatoren erkennt, die auf eine Änderung des pH-Wertes mit einem Farbwechsel reagieren, gibt es für komplexometrische Titrationen metallspezifische Indikatoren, die auf eine Änderung der Metallionen-Konzentration (pMe-Wert) ansprechen. Diese Indikatoren bilden mit den Metallionen Chelatkomplexe, die anders gefärbt sind als die freien Indikatoren. Der Farbumschlag am Äquivalenzpunkt erfolgt durch den Zerfall des Me-Indikatorkomplexes und das Auftreten der Farbe des freien Indikators – vorausgesetzt dessen Stabilität ist geringer als die des gebildeten Komplexsalzes; sie muß wiederum aber auch groß genug sein, um einen scharfen Farbumschlag zu gewährleisten. Zur Durchführung einer komplexometrischen Titration setzt man daher der Probe einen geeigneten Indikator zu, der die Lösung unter Bildung von Me-Indikatorkomplexen anfärbt. Bei der Titration reagieren die freien Me-Kationen unter Komplexbildung mit EDTA-Na$_2$. Sind alle Me-Ionen aufgebraucht, werden die weniger stabilen Me-Indikatorkomplexe zerstört (vgl. jedoch «Störungen»!) und es tritt am Äquivalenzpunkt die Farbe des freien Indikators auf. Da die Komplexstabilität mit fallendem pH-Wert abnimmt, bei der Titration jedoch H$_3$O$^+$-Ionen frei werden, muß in alkalischem, gepuffertem Milieu gearbeitet werden.

Auch die einzelnen Metallionen bilden mit dem Komplexbildner verschieden stabile Verbindungen. Selbst im alkalischen Bereich sehr geringe Komplexstabilität besitzen die Alkali-Ionen (z.B. pNa = 1,66), so daß diese grundsätzlich nicht stören. Auch die Erdalkali-Komplexe weisen nur im alkalischen Bereich eine ausreichende Stabilität auf: pMg = 8,69, die von Calcium ist mit pCa = 10,70 um zwei Zehnerpotenzen höher. Daher ist die Bestimmung von Calcium neben Magnesium nur möglich, wenn dieses als Hydroxid (pK$_L$ = 10,9) gefällt und somit nicht komplexiert wird; zudem ist Calconcarbonsäure bei pH > 12 calciumspezifisch. Bemerkenswert ist noch, daß durch Oberflächenadsorption des Ca-Calconsäure-Komplexes an Mg(OH)$_2$ ein intensiveres Rot entsteht und dadurch ein schärferer Umschlag; daher setzt man magnesiumarmen Wässern Mg^{2+}-Ionen zu.

Bei der Ca + Mg-Bestimmung ist zu beachten, daß der Ca-Erio-T-Komplex eine zu geringe Stabilität aufweist (pK = 5,4), so daß der Farbumschlag schleppend erfolgt, d.h. der Äquivalenzpunkt nicht mehr exakt definiert ist. Daher setzt man magnesiumarmen Wässern Magnesium-Titriplex III zu: Mg wird daraus durch Ca, das den stabileren EDTA-Komplex bildet, verdrängt und vermag nun seinerseits den stabileren Mg-Erio-T-Komplex (pK = 7) zu bilden, wodurch ein scharfer Umschlag gewährleistet ist.

Anwendungsbereich:

Das Verfahren eignet sich zur Bestimmung von Ca + Mg bis etwa 5 mmol/l (200 mg/l, ber. als Ca) bzw. bis etwa 2,5 mmol/l (100 mg/l) Ca in allen Wässern, die nur so viel störende Ionen enthalten, daß deren Einfluß durch entsprechende Vorbehandlung ausgeschaltet werden kann. Bei höheren Konzentrationen muß die Probe verdünnt werden, da andernfalls unter den gegebenen Reaktionsbedingungen $CaCO_3$ ausfallen kann. Bei sehr geringen Konzentrationen sollte mit 0,001-mol/l-EDTA-Lösung gearbeitet werden. Trübe Proben werden filtriert.

Störungen:
- EDTA ist nicht selektiv und reagiert mit fast allen Me-Ionen; insbesondere die Me^{3+}-Komplexe sind sehr stabil. Außerdem bilden gewisse Metallionen mit den Indikatoren stabilere Komplexe als mit EDTA («Blockierung» des Indikators).
- Barium- und Strontium-Ionen werden mittitriert.
- Viele Kationen (Spuren) fallen bereits beim Alkalisieren als Hydroxide aus bzw. können mit Ammonium- oder Natriumsulfid gefällt werden.
- Cd, Co, Cu, Fe, Hg, Mn, Ni, Pb, Zn bis zu etwa 3 mg/l lassen sich durch Zugabe von Kaliumcyanid als Komplexierungsmittel (max. 0,5 g) und Ascorbinsäure bzw. Hydroxylamin-Lösung (3 g $NH_2OH \cdot HCl$ in 100 ml Deionat) als Reduktionsmittel zur alkalischen Lösung ausschalten; bei Anwesenheit von Mn gibt man außerdem ein paar kleine Kristalle Kaliumhexacyanoferrat(II) zu.
- Fe und Mn sowie Ti bis zu insgesamt etwa 5 mg/l und Al bis zu etwa 10 mg/l können durch Zugabe von Triethanolamin (max. 5 ml) zur alkalischen Probe maskiert werden.
- As, Bi, Cd, Hg, Pb, Sb, Sn, Zn können auch mit 2,3-Dimercaptopropan-1-ol in ammoniakalischer Lösung maskiert werden. Co, Cu, Fe, Mn, Ni stören, da sie intensiv gefärbte Komplexe bilden.
- Thioglycolsäure bildet mit Bi, Cd, Hg, Pb, Zn in alkalischer Lösung stabile farblose Komplexe, der Cu-Komplex ist schwach gelb gefärbt, der von Fe rot (Zugabe von Triethanolamin), Mn wird durch Reduktion mit Ascorbinsäure und Zugabe von Kaliumhexacyanoferrat(II) ausgefällt.
- Orthophosphat > 1 mg/l stört durch Ausfällen von Ca. Die Störung läßt sich umgehen indem man zur schwach HCl-sauren Probe fast die gesamte benötigte Titrantmenge (orientierende Vortitration) zugibt, sodann nach den beschriebenen Verfahren zuende titriert. Vorzuziehen ist Ionenaustausch mittels eines schwach basischen Anionenaustauschers in der OH^--Form (Merck, Art. 5240) [542].
- Carbonat-Ionen, die entweder aufgrund des aktuellen pH-Wertes in der Probe bereits vorhanden sind bzw. beim Alkalisieren aus CO_2 und HCO_3^- gebildet oder durch nicht carbonatfreie Lauge eingeschleppt werden, können zur Ausfällung von $CaCO_3$ und zu einem schleppenden Umschlag der Calconcarbonsäure führen. Auch ein Mitreißen von Ca bei der Fällung von Mg ist möglich. Bei zu langsamer Titration kann ebenfalls Ca ausfallen, selbst wenn im angegebenen Konzentrationsbereich gearbeitet wird. Die Störung durch Carbonat ist in der Arbeitsvorschrift berücksichtigt.
- Ist kein oder nur wenig Mg zugegen, so wird zur Erzielung eines scharfen Umschlags bei der Ca + Mg-Bestimmung eine Spatelspitze Magnesium-Titriplex (Merck, Art. 8409) zugesetzt. Aus demselben Grund gibt man bei der Ca-Bestimmung etwas Magnesiumchlorid zu.
- Die Ammoniaklösung kann bei längerem Stehen Ca aus dem Glas aufnehmen. Kontrolle: 100 ml Deionat werden mit einer Indikator-Puffertablette und 2 ml Ammoniaklösung versetzt; es darf keine Violett- bis Rosafärbung auftreten.

Chemikalien und Reagenzien:

Ammoniaklösung min. 25% z. A., $\varrho(NH_3) = 0{,}91$ g/ml. (Lösung carbonatarm halten; Aufbewahren in PE-Flasche; kann auch durch Einleiten von NH_3 in Deionat bereitet werden.)

Calconcarbonsäure-Indikator: 1 g Calconcarbonsäure (Merck, Art. 4595) wird mit 100 g Natriumchlorid z. A., NaCl, oder 100 g Natriumsulfat wasserfrei z. A., Na_2SO_4, gemischt und gut verrieben.

Indikator-Puffertabletten (enthalten Erio-T; Merck, Art. 8430)

Magnesiumchlorid z. A., $MgCl_2 \cdot 6\ H_2O$

Natriumhydroxid-Lösung, $c(NaOH) = 2$ mol/l: 8 g Natriumhydroxid Plätzchen z. A., NaOH, werden in 100 ml Deionat gelöst. (Lösung carbonatarm halten; möglichst frisch und in PE-Flasche bereiten; zur Entfernung von oberflächlich gebildetem Carbonat können die Plätzchen kurz mit Deionat abgespült werden).

Salzsäure 25% z. A., $\varrho(HCl) = 1{,}12$ g/ml.

Titriplex III-Lösung, $c(EDTA-Na_2) = 0{,}01$ mol/l: 100 ml Titriplex III-Lösung 0,1 mol/l (Merck, Art. 8431) werden in einen Meßkolben pipettiert, mit Deionat zu 1000 ml aufgefüllt und in PE-Flasche aufbewahrt.

Ausführung:

1. Summe Calcium (Ca^{2+}) und Magnesium (Mg^{2+}); (Gesamthärte; GH): 100 ml der Wasserprobe – nötigenfalls in entsprechender Verdünnung – werden in einen 250-ml-Erlenmeyerkolben pipettiert, mit 1 ml Salzsäure angesäuert, kurz aufgekocht, unter fließendem Wasser auf etwa 40 °C abgekühlt und mit 3 bis 4 ml Ammoniaklösung ein pH-Wert von 10 eingestellt (Kontrolle: Alkalit [535]). Nachdem evtl. Störungen behoben wurden, gibt man eine Indikator-Puffertablette zu und titriert sofort – anfangs rasch, bei beginnender Graufärbung sehr langsam – mit Titriplex III-Lösung bis zum Farbumschlag von rot nach grün (Verbrauch: V_{Ca+Mg} ml; 2 Dez.). In gleicher Weise werden 100 ml Deionat behandelt und der Blindwert abgezogen.

2. Bestimmung von Calcium (Ca^{2+}): 100 ml der Wasserprobe – nötigenfalls in entsprechender Verdünnung – werden in einen 250-ml-Erlenmeyerkolben pipettiert, mit 1 ml Salzsäure angesäuert, kurz aufgekocht, unter fließendem Wasser auf etwa 40 °C abgekühlt und mit 8 ml NaOH-Lösung durch langsames Zutropfen unter Umschwenken bzw. Rühren ein pH-Wert von 12–13 eingestellt (Kontrolle: Alkalit; das Indikatorstäbchen kann während der pH-Einstellung in der Probe belassen werden, da es nicht ausblutet). Nachdem evtl. Störungen behoben wurden, gibt man eine Spatelspitze Calconcarbonsäure-Indikator zu und titriert sofort unter kräftigem Rühren (Magnetrührer) mit Titriplex III-Lösung bis zum Farbumschlag von rot nach blau (Verbrauch: V_{Ca} ml; 2 Dez.). In gleicher Weise werden 100 ml Deionat behandelt und der Blindwert abgezogen.

3. Berechnung von Magnesium (Mg^{2+}): Der Verbrauch an Titriplex III-Lösung für Magnesium (V_{Mg} ml) errechnet sich nach: $V_{Mg} = V_{Ca+Mg} - V_{Ca}$.

Auswertung:

1 ml Titriplex III-Lösung, $c(EDTA-Na_2) = 0{,}01$ mol/l, entspricht 0,4008 mg Ca^{2+}- bzw. 0,2431 mg Mg^{2+}-Ionen (bzw. 0,5608 mg CaO; 10 mg CaO = 1 °d)

    1 mmol Calcium-Ionen ≙ 40,08 mg Ca^{2+}
    1 mmol Magnesium-Ionen ≙ 24,31 mg Mg^{2+}

Bei Anwendung von 100 ml unverdünnter Probe errechnet sich der
Gehalt an Calcium- und Magnesium-Ionen (Gesamthärte, ber. als Ca^{2+}):

$$c(Ca^{2+}) = \frac{V_{Ca+Mg} \cdot 0{,}01 \cdot 1000}{100} = V_{Ca+Mg} \cdot 0{,}1 \quad \text{(mmol/l)}$$

$$°d \, GH = V_{Ca+Mg} \cdot 0{,}1 \cdot 5{,}608 = V_{Ca+Mg} \cdot 0{,}5608$$

Gehalt an Calcium-Ionen (Ca^{2+}):

$$c(Ca^{2+}) = \frac{V_{Ca} \cdot 0{,}01 \cdot 1000}{100} = V_{Ca} \cdot 0{,}1 \quad \text{(mmol/l)}$$

$$\varrho(Ca^{2+}) = \frac{V_{Ca} \cdot 0{,}01 \cdot 40{,}08 \cdot 1000}{100} = V_{Ca} \cdot 4{,}008 \quad \text{(mg/l)}$$

Gehalt an Magnesium-Ionen (Mg^{2+}):

$$c(Mg^{2+}) = \frac{V_{Mg} \cdot 0{,}01 \cdot 1000}{100} = V_{Mg} \cdot 0{,}1 \quad \text{(mmol/l)}$$

$$\varrho(Mg^{2+}) = \frac{V_{Mg} \cdot 0{,}01 \cdot 24{,}31 \cdot 1000}{100} = V_{Mg} \cdot 2{,}431 \quad \text{(mg/l)}$$

Angabe der Ergebnisse:
Es werden auf 0,01 mmol/l bzw. 0,1 mg/l (bzw. 0,1 °d) gerundete Werte angegeben.

Beispiel:
Summe Calcium und Magnesium (Gesamthärte, ber. als Ca^{2+}),
 $c(Ca^{2+})$ = 3,45 mmol/l (19,3 °d)
Calcium, $c(Ca^{2+})$ = 2,33 mmol/l (93,4 mg/l)
Magnesium, $c(Mg^{2+})$ = 1,12 mmol/l (27,2 mg/l)

Schnellbestimmung der Gesamthärte: Der Bestimmung mit dem Aquamerck-Reagenziensatz Gesamthärte [525] (s. Abb. 2.4.2) liegt die Titration der Härtebildner mit Titriplex III gegen einen lagerstabilen Flüssigindikator auf der Basis von Eriochromschwarz T zugrunde. Dieser enthält eine Puffersubstanz, wodurch der pH-Wert auf 10 eingestellt wird. Nach Füllen des Meßgefäßes bis zur Ringmarke (5 ml) und Zugabe von 3 Tr. Indikator/Puffer wird bis zum Farbumschlag von rot über grau nach grün titriert – vorteilhaft unter Verwendung eines kleinen Magnetrührers. Die GH wird sodann an der Titriervorrichtung in mmol/l (0,1 mmol/Skt.) bzw. in °d (0,2 °d/Skt.) abgelesen.

Schnellbestimmung von Calcium (Ca^{2+}): Der Bestimmung mit dem Aquamerck-Reagenziensatz Calcium [525] liegt die Titration mit Titriplex III gegen Calconcarbonsäure zugrunde. Abstufung der Titrierpipette: 0,05 mmol/l bzw. 2 mg/l Calcium. Aus der Differenz GH (in mmol/l) – Ca^{2+} kann der Gehalt an Magnesium-Ionen berechnet werden.

Schnellbestimmung der Resthärte: Die Wirksamkeit einer Wasserenthärtungsanlage (Ionenaustausch) bzw. die Qualität von Deionat hinsichtlich Ionengehalt läßt sich zuverlässig überprüfen, indem man entweder 3 Tr. Indikator/Puffer aus dem Aquamerck-Reagenziensatz Gesamthärte (s. oben) oder eine Indikator-Puffertablette (Merck, Art. 8430) in 5 ml Wasserprobe (Meßgefäß mit Ringmarke oder Proberöhre) löst und die sich einstellende Färbung beurteilt:

grün	$0,00°d$
graugrün	$< 0,05 °d$
grauviolett	$0,1 °d$
rotviolett	$0,5 °d$
rot	$> 0,5 °d$

Weitere Bestimmungsmöglichkeiten: [550, 551, 566].
Mittels AAS: DEV [1], DIN 38406-E 3.

Literatur: [1, 3, 92, 391, 520, 525, 534, 574].

Abb. 2.4.2 Titrimetrische Bestimmung der Gesamthärte mit Aquamerck-Reagenziensatz [525]. Nach demselben Prinzip können bestimmt werden: Carbonathärte bzw. Säurekapazität (Säurebindungsvermögen), Basekapazität, Calcium, Chlorid, Sauerstoff. Zur exakten Füllung der Titrierpipette ziehe man den Stempel langsam bis etwas über die Nullmarke und stelle (mittels Lupe) das exakte Volumen von oben her ein. Auch zur Ablesung sollte eine Lupe verwendet werden. Der Tropfenfehler läßt sich vermeiden, wenn man die Spitze der Titrierpipette einige mm in die Probe eintaucht.

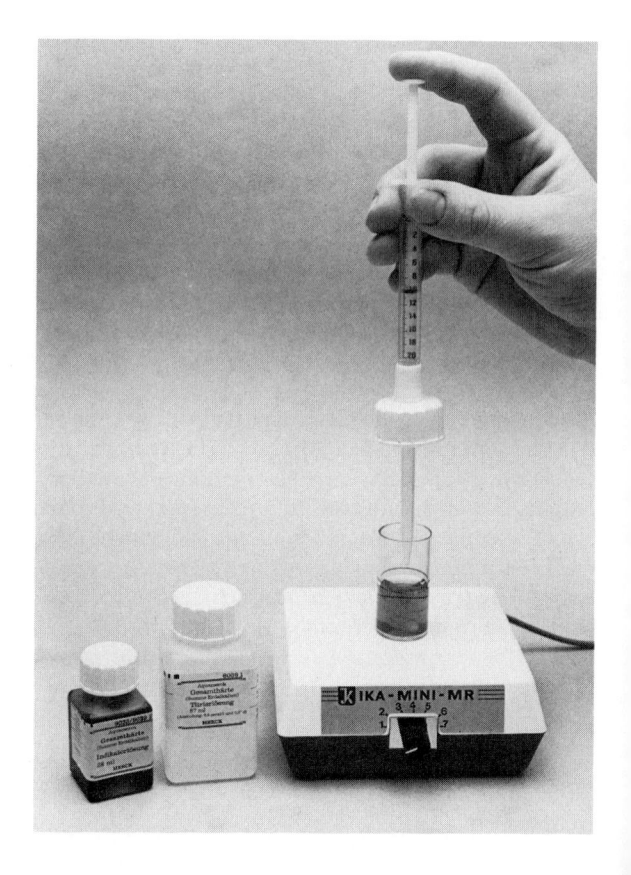

2.4.3 Bestimmung von Eisen (Fe^{2+}; Fe^{3+})

Methode:

Kolorimetrisch bzw. photometrisch mit 2,2'-Bipyridin bzw. Ferrospectral.

Theorie:

Zu den Bestimmungsmethoden von Eisen mit aromatischen Verbindungen, die die α,α'-Diimin-Gruppierung $-N=C-C=N-$ enthalten, zählen die sehr empfindlichen Farbreaktionen von Fe^{2+}-Ionen mit 2,2'-Bipyridin (karminroter Komplex, $\varepsilon \sim 8700, \lambda_{max.} = 522$ nm):

$$Fe^{2+} + 3 \text{ (Bipyridin)} \xrightarrow{pH\ 3-8} [Fe(bipy)_3]^{2+}$$

und 1,10-Phenanthrolin (orangeroter Komplex, $\varepsilon \sim 11000$, $\lambda_{max.} = 510$ nm). Das Bemühen, die positiven Eigenschaften dieser Reagenzien auf eine Erhöhung von ε bei bathochromer Verschiebung von λ auszuweiten, d. h. eine intensivere Färbung, die zugleich in den Rot- bis Blauviolettbereich und damit in den für das Auge besonders empfindlichen Bereich verschoben ist, zu erreichen hat zu Ferrospectral geführt, dem [3-(2-Pyridyl)-5,6-bis(4-phenylsulfonsäure)-1,2,4-triazin Dinatriumsalz] ($\varepsilon \sim 27500$, $\lambda_{max.} = 565$ nm). Wie die chemische Bezeichnung erkennen läßt, wurden die gewünschten Eigenschaften durch Vergrößerung des aromatischen Strukturanteils, die mit einer Sulfonierung zwecks Bildung eines löslichen Eisenkomplexes verbunden ist, erreicht.

Anwendungsbereich:

Die Verfahren 1., 2. und 3. sind auf alle Wässer im Bereich von 0,01–50 mg/l Gesamt-Eisen anwendbar. Eine Differenzierung in «gelöstes» und «ungelöstes» Eisen erfolgt nicht, jedoch kann Fe(II) und Fe(III) getrennt erfaßt werden.

Störungen und Vorbehandlung:

– Die Reduktion zu Fe(II) erfolgt durch Zugabe von Thioglycolsäure-Puffer innerhalb weniger Minuten, wobei zugleich Eisenkomplexe (z. B. mit Huminsäuren, Fluorid, Phosphat) mineralisiert werden. Der pH-Wert sollte bei etwa 3,4 liegen.
– Hydrolysiertes Eisen wird von Thioglycolsäure nur langsam abgebaut, so daß nach Zugabe des Reagenzes Wartezeiten bis zu 30 min nötig sind. Eine langsame Zunahme der Farbintensität weist auf Eisen in dieser Form hin.
– In der Wasserprobe enthaltene sichtbar ungelöste Eisenoxidhydrate (Rost) oder größere Mengen kolloidales (hydrolysiertes) Eisen sollten nach Verfahren 1. erfaßt werden, nötigenfalls unter vorherigem schwachem Ansäuern mit Schwefelsäure. Zur Gewährleistung der vollständigen Reduktion sollte mit einer Spatelspitze Ascorbinsäure je 10 ml Probe kurz aufgekocht werden. In diesen Fällen führt jedoch im allgemeinen nur ein Aufschluß durch vorheriges Eindampfen der Probe mit Schwefelsäure bis zum Auftreten von SO_3-Dämpfen zu einer vollständigen Erfassung des Eisens.

– Zur Bestimmung des gesamten (gelösten und ungelösten) Eisens mit Differenzierung in Fe^{2+}- und Fe^{3+}-Ionen (nach Verfahren 1.) wird bei der *Probenahme* wie folgt verfahren: Eine gut mit Salzsäure und Deionat gereinigte 100-ml-Glasstopfenflasche wird unter Luftausschluß randvoll gefüllt und sogleich 1 ml Schwefelsäure z. A., $w = 25\%$, einpipettiert, wobei man die Pipette einige cm in die Probe eintaucht und hernach sofort blasenfrei verschließt. Durch einen Vorversuch überzeuge man sich, daß die Probe hernach schwach sauer reagiert (pH ~ 3). Wird Fe(II) nicht unmittelbar hernach bestimmt, ist eine einwandfreie Erfassung nicht gewährleistet.

Ausführung:

1. Schnellbestimmung mit Aquamerck-Testsatz 11 136: Zur Bestimmung von Fe(II) wird das Dreikammer-Prüfgefäß bis zur 10-ml-Marke mit der Wasserprobe gefüllt, mit den angegebenen Reagenzien versetzt und nach 10 min die entstandene Farbintensität der Farbvergleichsskala des Prüfgefäßes zugeordnet. Die Bestimmung des Gesamt-Fe erfolgt in derselben Weise, nachdem Fe(III) mittels der beigegebenen Hydroxylammoniumchlorid-Lösung zu Fe(II) reduziert wurde. Der Gehalt an Fe(III) errechnet sich aus der Differenz der beiden Werte.
Die Farbskala weist folgende Abstufungen auf (Zwischenwerte werden geschätzt): 0,1–0,3–0,5–1,0–2,5–5,0–7,5–12,5–25–50 mg/l Fe.

2. Schnellbestimmung mit Aquaquant-Testsatz 14 403: (vgl. Abschn. 1.1.3.6 und Abb. 2.6.3) In beide Rundküvetten werden je 20 ml Wasserprobe einpipettiert. In das innere Glas gibt man sodann 5 Tr. Puffer-Reduktions-Reagenz und nimmt frühestens nach 3 min durch Verschieben der im Komparatorblock untergelegten Farbpunkt-Skala den Farbabgleich vor.
Die Farbskala weist folgende Abstufungen auf (Zwischenwerte werden geschätzt): 0–0,01,–0,02–0,03–0,04–0,05–0,08–0,10–0,15–0,20 mg/l Fe.

3. Photometrische Bestimmung mit Spectroquant-Testsatz 14 761: (0,04–4,0 mg/l Fe) (vgl. Abschn. 1.1.3.6) 10 ml Wasserprobe werden in einem Reagenzglas mit 5 Tr. Puffer-Reduktions-Reagenz versetzt, in eine 20-mm-Küvette umgefüllt und frühestens nach 3 min bei 560 nm in Digital-Photometer SQ 103 (s. Abb. 1.1.3 b) gemessen. Die Kalibrierung des Photometers erfolgt mit der entsprechenden Kalibrierküvette (0,05–2,5 mg/l Fe).

Auswertung und Angabe der Ergebnisse:

Die Auswertung erfolgt methodenspezifisch unter Angabe der angewandten Methode («kolorim.» bzw. «photometr.»).
$\quad$ 1 mmol Eisen, gesamt (Fe) $\triangleq$ 55,85 mg Fe

Beispiel:
Eisen, gesamt (photometr.), c(Fe) = 0,0057 mmol/l (0,32 mg/l)
Literatur: [1, 5, 520, 525, 531]; vgl. DIN 38 406-E 1.

2.4.4 Bestimmung von Mangan (Mn^{2+})

Methode:

Kolorimetrisch bzw. photometrisch nach Bildung des Formaldoxim-Farbkomplexes.

Theorie:

Formaldoxim, $CH_2=N-OH$, bildet im pH-Bereich 9,5...10,5 mit Mn(IV)-Ionen einen wasserlöslichen, rotbraunen Komplex der Formel $[Mn(CH=N-OH)_6]^{2-}$ ($\varepsilon = 9100$, $\lambda_{max.} = 445$ nm). Die Komplexbildung erfolgt unter Oxidation der Mn^{2+}-Ionen durch Luftsauerstoff nach Zugabe von Formaldoxim-Reagenz. Hauptvorteil dieser Bestimmung gegenüber der Oxidation zu Permanganat-Ionen ist eine bessere Reproduzierbarkeit bei ca. 4facher Empfindlichkeit, sowie eine ausreichende Toleranz gegenüber Chlorid-Ionen.

Anwendungsbereich:

Die angegebenen Verfahren sind auf alle Wässer im Bereich von 0,03–12 mg/l Gesamt-Mangan anwendbar.

Störungen und Vorbehandlung:

– Eisen(III)-Ionen bilden mit Formaldoxim einen violett gefärbten Komplex. Diese Störung wird bei den angewandten Verfahren durch eine Kombination von Maskierung *vor* sowie einer selektiven Zerstörung des allenfalls noch gebildeten Fe-Komplexes mittels Hydroxylammoniumchlorid und Titriplex III *nach* der Reaktion mit Mn-Ionen ausgeschaltet.
– Calcium- und Magnesium-Ionen in Konzentrationen > 300 mg/l ergeben zu hohe Meßwerte. Die Probe wird mit Deionat entsprechend verdünnt.
– Phosphat-Ionen in Konzentrationen > 2 mg/l P können bei gleichzeitiger Anwesenheit von Calcium zu Minderbefunden führen.
– Unmittelbar nach der Probenahme muß die Wasserprobe angesäuert werden; für 100 ml Probe wird 1 ml Schwefelsäure z. A., $w = 25\%$, zugegeben, der pH-Wert sollte hernach etwa 1 betragen. Vor der Bestimmung muß die Probe mit Natronlauge annähernd neutralisiert werden.
– Gefärbte oder trübe Wasserproben (Oberflächenwässer bzw. Abwässer) können suspendiertes, kolloidal oder komplex gebundenes Mn(IV) bzw. Mn(II)/Mn(III) enthalten. Derartige Proben sind wie folgt aufzuschließen: 100 ml der angesäuerten Probe werden mit 8 ml Kaliumperoxodisulfat-Lösung (4 g $K_2S_2O_8$ in 100 ml Deionat lösen) versetzt und 40 min zum Sieden erhitzt. Man läßt mindestens 1 h stehen, zerstört das überschüssige Peroxodisulfat mit 0,5 g Natriumsulfit und füllt mit Deionat wieder zu 100 ml auf. Färbungen werden durch diese Vorbehandlung beseitigt; die Entfernung einer Trübung erfordert eine zusätzliche Zentrifugation der Probe.

Ausführung:

1. Schnellbestimmung mit Aquaquant-Testsatz 14406: (vgl. Abschn. 1.1.3.6 und Abb. 2.6.3) In beide Rundküvetten werden je 20 ml Wasserprobe einpipettiert. In das innere Glas gibt man sodann unter Beachtung der angegebenen Wartezeiten die entsprechenden Reagenzien und nimmt frühestens nach 5 min durch Verschieben der im Komparatorblock untergelegten Farbpunkt-Skala den Farbabgleich vor.

Die Farbskala weist folgende Abstufungen auf (Zwischenwerte werden geschätzt): 0–0,03–0,06–0,10–0,15–0,20–0,25–0,3–0,4–0,5 mg/l Mn.

2. Photometrische Bestimmung mit Spectroquant-Testsatz 14770: (0,12–12 mg/l Mn) (vgl. Abschn. 1.1.3.6) 10 ml Wasserprobe werden in einem Reagenzglas unter Beachtung der angegebenen Wartezeiten mit den entsprechenden Reagenzien versetzt, in eine 20-mm-Küvette umgefüllt und frühestens nach 5 min im Digital-Photometer SQ 103 (s. Abb. 1.1.3 b) gemessen. Die Kalibrierung des Photometers erfolgt mit der entsprechenden Kalibrierküvette (0,3–6,0 mg/l Mn).

Auswertung und Angabe der Ergebnisse:

Die Auswertung erfolgt methodenspezifisch unter Angabe der angewandten Methode («kolorim.» bzw. «photometr.»).

1 mmol Mangan, gesamt (Mn) $\triangleq$ 54,94 mg Mn

Beispiel:
Mangan, gesamt (photometr.), $c(Mn) = 0,0033$ mmol/l (0,18 mg/l)

Literatur: [1, 87, 520, 531]; vgl. DIN 38406-E 2.

2.4.5 Bestimmung von Kupfer (Cu^{2+})

Methode:

Kolorimetrisch bzw. photometrisch nach Bildung des Cuprizon-Farbkomplexes im alkalischen Medium.

Theorie:

Das in der Probe in ionogener Form vorliegende Kupfer wird durch ein ammoniakalisches Tartrat-Reagenz zunächst in Diammincuprat(II), $[Cu(OH_2)_4(NH_3)_2]^{2+}$, übergeführt. Dieses reagiert mit Oxalsäure-bis(cyclohexylidenhydrazid), («Cuprizon») zu einem königsblauen, nicht sehr beständigen Farbkomplex mit der wahrscheinlichen Zusammensetzung $[Cu(Cuprizon)_2(NH_3)_2]^{2+}$ ($\varepsilon = 13850$, $\lambda_{max} = 595$ nm).

Anwendungsbereich:

Die angegebenen Verfahren sind auf alle Wässer im Bereich von 0,05–9,5 mg/l Cu anwendbar.

Störungen und Vorbehandlung:

- Unmittelbar nach der Probenahme muß die Wasserprobe angesäuert werden; für 100 ml Probe wird 1 ml Schwefelsäure z.A., $w = 25\%$, zugegeben, der pH-Wert sollte hernach etwa 1 betragen. Vor der Bestimmung muß die Probe mit Natronlauge annähernd neutralisiert werden.
- Abwässer enthalten Kupfer häufig in komplexgebundener Form (z. B. als Cyanokomplex aus alkalischen Kupferelektrolyten). Sie werden durch Eindampfen und Abrauchen mit Schwefelsäure zerstört.
- Schwermetalle in höheren Konzentrationen können stören (s. Selektivitätshinweise im Methodenblatt).

Ausführung:

1. Schnellbestimmung mit Aquaquant-Testsatz 14414: (vgl. Abschn. 1.1.3.6 und Abb. 2.6.3) In beide Rundküvetten werden je 20 ml Wasserprobe einpipettiert. In das innere Glas gibt man sodann 1 Meßlöffel ammoniakalisches Tartrat-Reagenz; der pH-Wert sollte hernach zwischen 7,8 und 8,2 liegen (Kontrolle: Spezial-Indikatorstäbchen pH 6,5–10,0) [535], gegebenenfalls ist mit Natronlauge oder Schwefelsäure zu korrigieren. Nach Zugabe von Cuprizon-Reagenz wird frühestens nach 5 min, jedoch innerhalb von 15 min der Farbabgleich durch Verschieben der im Komparatorblock untergelegten Farbpunkt-Skala vorgenommen.
Die Farbskala weist folgende Abstufungen auf (Zwischenwerte werden geschätzt): 0–0,05–0,08–0,12–0,16–0,20–0,25–0,3–0,4–0,5 mg/l Cu^{2+}.

2. Photometrische Bestimmung mit Spectroquant-Testsatz 14767: (0,1–9,5 mg/l Cu^{2+}) (vgl. Abschn. 1.1.3.6) Die Bestimmung wird mit 10 ml Wasserprobe analog wie unter 1. angegeben vorgenommen. Nach Umfüllen in eine 20-mm-Küvette wird mit Filter R 585 im Digital-Photometer SQ 103 (s. Abb. 1.1.3 b) gemessen. Die Kalibrierung des Photometers erfolgt mit der entsprechenden Kalibrierküvette (0,5–5,0 mg/l Cu).

Auswertung und Angabe der Ergebnisse:

Die Auswertung erfolgt methodenspezifisch unter Angabe der angewandten Methode («kolorim.» bzw. «photometr.»).

$$1 \text{ mmol Kupfer(II)-Ionen} \triangleq 63{,}54 \text{ mg Cu}^{2+}$$

Beispiel:
Kupfer (kolorim.), $c(Cu^{2+}) = 0{,}0035$ mmol/l (0,22 mg/l)

Literatur: [1, 87, 520, 531]; vgl. DIN 38406-E 7.

2.4.6 Bestimmung von Zink (Zn^{2+})

Methode:

Optisch visuelle Kolorimetrie des blaugrünen ternären Komplexes von Zink mit Thiocyanat und Brillantgrün bei pH = 0,9.

Theorie:

Bei der Bestimmung von Zink mit Dithizon (bzw. Zincon) treten bekanntlich erhebliche Selektivitätsprobleme auf, da viele Metalle unter den Bedingungen der Zinkextraktion Dithizonate bilden («Dithizonmetalle»). Eine höhere Selektivität läßt sich bei bestimmten Elementen, so etwa bei Zink, durch Bildung ternärer Komplexe erreichen, deren Farbe nicht auf Anlagerung eines einzelnen Liganden wie Dithizon oder Zincon, sondern auf einer mit weit weniger Elementen reaktionsfähigen *Ligandenkombination* beruht.
Nach Ansäuern der Probe mit verdünnter Schwefelsäure auf pH = 0,9 bilden Zink-Ionen mit Thiocyanat-Ionen zunächst das farblose Tetrathiocyanozincat-Anion, $[Zn(SCN)_4]^{2-}$, das sich unter Bildung neutraler Assoziate vom Typ $[Zn(SCN)_4]^{2-}[Kation]^{2+}$ an verschiedene Kationen und somit auch an kationische (basische) Farbstoffe anlagern kann. Eine derartige Ladungsneutralisation ruft bei einigen basischen Farbstoffen, u.a. bei Brillantgrün, Farbänderungen hervor, die von der Konzentration des

$[Zn(SCN)_4]^{2-}$-Anions und somit von der Zinkkonzentration abhängig sind. Bei Brillantgrün ergibt sich dieser Farbwechsel aus einer Mesomerie, die in Abwesenheit von $[Zn(SCN)_4]^{2-}$ bei pH < 1 zu einer gelben Säureform und bei pH > 3 zu einer blaugrünen Salzform des Farbstoffs führt. Wenn sich $[Zn(SCN)_4]^{2-}$-Ionen an die gelbe Säureform in deren Stabilitätsbereich pH < 1 anlagern, findet trotz Beibehaltung dieses pH-Wertes ein Farbwechsel statt, der optisch dem einer Erhöhung des pH-Wertes auf etwa 3 gleichkommt. Das liegt daran, daß die Resonanzstruktur vom Brillantgrün im Assoziat $[Zn(SCN)_3]^{2-}[Brillantgrün]^{2+}$ der der blaugrünen, bei pH > 3 stabilen Salzform entspricht. Daher muß die Probe bei pH = 0,9 gehalten werden, ehe Brillantgrün zugegeben wird um so ein Vortäuschen von Zink zu verhindern.

Anwendungsbereich:

Das Verfahren ist anwendbar auf alle Wässer im Bereich von 0,1–5,0 mg/l Zn^{2+}-Ionen bzw. Gesamtzink.

Störungen und Vorbehandlung:

– Falls das Wasser nicht innerhalb weniger Stunden nach der Probenahme untersucht werden kann, ist bei der Probenahme mit 1 ml Salzsäure z.A., $w = 32\%$, pro Liter Probe anzusäuern.
– Enthält die Probe ungelöste Stoffe, so müssen diese zur Bestimmung des *gelösten Zinks* vor dem Ansäuern durch Zentrifugation oder Filtration über Membranfilter (Porenweite 0,45 μm) abgetrennt werden. Zur Bestimmung des *gesamten gelösten Zinks* (umfaßt auch den ggf. komplex gebundenen Anteil, z.B. in Abwässern) ist ein Aufschluß erforderlich, ebenso zur Bestimmung des *Gesamtgehaltes an Zink* (Erfassung auch des etwa an Schwebestoffe adsorbierten Zinks), wobei die unfiltrierte Probe dem Aufschluß unterworfen wird: 200 ml der gut homogenisierten (oder filtrierten) Probe werden unter Zusatz von 2 ml Salpetersäure, $w = 65\%$, sowie 2 ml Wasserstoffperoxid, $w = 30\%$, zur Trockene eingedampft und abgeraucht. Der Rückstand wird mit 20 ml warmer verdünnter Salzsäure (1 Raumteil HCl, $w = 32\%$, wird mit 9 Raumteilen Deionat verdünnt) aufgenommen und die Lösung zu 200 ml aufgefüllt.
– Störungen durch Fremdmetalle werden durch die in den Reagenzien enthaltenen Maskierungsmittel unterbunden.
– Der pH-Wert von 0,9 vor Zugabe der Brillantgrün-Lösung muß exakt eingehalten bzw. mit Natronlauge oder Salzsäure eingestellt werden. (Kontrolle: Spezial-Indikatorstäbchen pH 0–2,5, die einen klaren Rotton anzeigen müssen) [535].

Ausführung:

Schnellbestimmung mit Aquaquant-Testsatz 14412 (oder Microquant 14780): (vgl. Abschn. 1.1.3.6 und Abb. 2.6.3) In beide Rundküvetten werden je 5 ml Wasserprobe einpipettiert. In das innere Glas gibt man sodann die entsprechenden Reagenzien und läßt nach Zugabe von Reagenz Zn-3A genau 5 min stehen; währenddessen wird das Glas in kaltes Wasser gestellt (die Temperatur sollte bei 15 °C oder darunter liegen) und der pH-Wert überprüft. Nach Zugabe der Brillantgrün-Lösung (Zn-4A) wird so rasch als möglich im Komparatorblock der Farbabgleich durch Verschieben der untergelegten Farbpunkt-Skala vorgenommen.

Die Überprüfung von Reagenzien und Farbskala sowie die Einübung in die Bestimmung kann durch Eichlösungen erfolgen. Diese werden wie folgt bereitet: 4,400 g Zinksulfat z.A., $ZnSO_4 \cdot 7 H_2O$, werden unter Zusatz von 10 ml Salzsäure z.A., $w = 32\%$, in

Deionat im Meßkolben gelöst und zu 1000 ml aufgefüllt. 1 ml $\triangleq$ 1 mg Zn^{2+}. Sodann werden 5 ml dieser Zink-Stammlösung unter Zusatz von 10 ml Salzsäure z. A., $w = 32\%$, im Meßkolben mit Deionat zu 1000 ml verdünnt. 1 ml $\triangleq$ 0,005 mg Zn^{2+}. Aus dieser Zink-Standardlösung (die zugleich der Eichlösung für 5,0 mg/l Zn^{2+} entspricht) werden z. B. folgende Eichlösungen durch Einpipettieren von 2, 4, 10, 20 und 40 ml in je einen 100-ml-Meßkolben unter Zusatz von je 1 ml Salzsäure z. A., $w = 32\%$, und Auffüllen mit Deionat zu 100 ml hergestellt: 0,1, 0,2, 0,5, 1,0 und 2,0 mg/l Zn^{2+}. Die Eichlösungen sind jeweils frisch herzustellen, die Zink-Standardlösung kann etwa 1 Monat verwendet werden.

Auswertung und Angabe der Ergebnisse:
Die Farbskala weist folgende Abstufungen auf (Zwischenwerte werden geschätzt): 0–0,1–0,2–0,3–0,4–0,5–0,7–1,0–2,0–5,0 mg/l Zn^{2+}.

1 mmol Zink-Ionen $\triangleq$ 65,37 mg Zn^{2+}

Beispiel:
Zink (kolorim.), $c(Zn^{2+}) = 0,0245$ mmol/l (1,6 mg/l)

Literatur: [1, 3, 87, 531]; vgl. DIN 38406-E8.

2.4.7 Bestimmung von Blei (Pb^{2+})

Methode:

Photometrisch ($\lambda = 520$ nm) als Blei-Dithizon-Komplex.
Achtung! Zur Bestimmung wird Chloroform benötigt; es sind alle Vorsichtsmaßnahmen im Umgang mit diesem Stoff und dessen Entsorgung zu treffen.
Nach Möglichkeit sollte das Verfahren nach DIN 38406-E6 (AAS-Methode) bzw. die in Abschn. 2.4.10 und 2.4.11 beschriebenen Verfahren angewandt werden.

Theorie:

Blei-Ionen bilden mit 1,5-Diphenylthiocarbazon (Dithizon) in neutraler und alkalischer Lösung primäres Bleidithizonat, $PbDz_2$, das in organischen Lösungsmitteln mit karminroter Farbe löslich und extrahierbar ist.

Anwendungsbereich:

Das Verfahren ist anwendbar auf alle Wässer im Bereich von 0,005–20 mg/l Pb^{2+}-Ionen bzw. Gesamt-Blei.

Störungen und Vorbehandlung:

- Dithizon ist kein spezifisches Reagenz auf Blei. Durch entsprechend gewählte Reaktionsbedingungen lassen sich Störungen durch andere Elemente weitgehend ausschalten. Ausgenommen Bi, In, Tl werden alle anderen Kationen durch Zugabe von Kaliumcyanid-Lösung maskiert.
- Schwerlösliche Bleiverbindungen, z. B. Bleisulfat und Bleiphosphat werden durch Zusatz von Kaliumnatriumtartrat in Lösung gebracht.
- Bei Anwesenheit von Sulfid-Ionen wird die Probe unter Zusatz von 1 ml Salpetersäure, $w = 65\%$, auf dem Wasserbad zur Trockene eingedampft, der Rückstand mit 2 ml

Salpetersäure befeuchtet und erneut eingedampft. Unter Erwärmen wird der Rückstand in 50 ml Deionat und 2 ml Kaliumnatriumtartrat-Lösung, $w = 20\%$, gelöst.
- Oxidierende Stoffe und Fe(III) werden durch Zusatz von Hydraziniumchlorid-Lösung, $w = 10\%$, ausgeschaltet.
- Organische Bleiverbindungen und höherer Gehalt an organischen Stoffen werden durch Eindampfen mit Schwefelsäure und einigen Tropfen Salpetersäure zerstört.
- Die verwendeten Glasgeräte – einschließlich der Probenahmeflaschen – sind vor Gebrauch mit Salpetersäure zu reinigen und sodann mit Deionat und Chloroform gut zu spülen. Zur Verhinderung von Adsorption an den Gefäßwänden sind die Proben sofort nach Entnahme mit Essigsäure z. A. anzusäuern.

Chemikalien und Reagenzien:

Ammoniaklösung z. A., $\varrho(NH_3) = 0{,}91$ g/ml ($w = 25\%$)
Blei-Standardlösung: Der Inhalt einer Ampulle Blei-Standardlösung Titrisol [536] wird mit Deionat im Meßkolben zu 1000 ml aufgefüllt. 1 ml $\triangleq$ 1 mg Pb^{2+}.
  Aus dieser Blei-Stammlösung werden durch entsprechendes Verdünnen mit Deionat die zur Erstellung der Eichkurve nötigen Blei-Standardlösungen bei Bedarf jeweils frisch bereitet.
Chloroform z. A., $CHCl_3$, (für Bestimmungen mit Dithizon), Merck, Art. 2442
Dithizon-Lösung: 15 mg Dithizon z. A., Merck, Art. 3092, werden in 1000 ml Chloroform gelöst und in brauner Flasche kühl aufbewahrt. Vor Verwendung wird die Dithizon-Lösung photometrisch überprüft. Das spektrale Absorptionsmaß (Extinktion) der Lösung (1:1 mit Chloroform verdünnt) soll bei $\lambda = 605$ nm 1,0 ergeben.
Lösung 1: 20 g Natriumchlorid z. A., NaCl, und 10 ml Hydraziniumhydroxid etwa 24% N_2H_5OH Suprapur, Merck, Art. 4606, werden mit 70 ml Salzsäure, $c(HCl) = 1$ mol/l, in Deionat gelöst und zu 100 ml aufgefüllt.
Lösung 2: 20 g Kaliumhydrogencarbonat z. A., $KHCO_3$, 5 g Kaliumcyanid z. A., KCN, und 5 g Kaliumnatriumtartrat z. A., $C_4H_4KNaO_6 \cdot 4\,H_2O$, werden in 20 ml Ammoniaklösung und etwas Deionat gelöst und mit Deionat zu 100 ml aufgefüllt.
Salzsäure z. A., $\varrho(HCl) = 1{,}125$ g/ml ($w = 25\%$)

Ausführung:

Je nach Bleigehalt, der im Probenvolumen 0,1 mg nicht überschreiten soll, werden 50 bis 250 ml der nötigenfalls vorbehandelten Probe mit Salzsäure angesäuert, zur Entfernung der Kohlensäure etwa 5 min gekocht, mit Ammoniaklösung neutralisiert und quantitativ in einen Scheidetrichter (250 oder 500 ml Inhalt) übergeführt. Für je 50 ml Wasser werden 5 ml Lösung 1 und 5 ml Lösung 2 und insgesamt 25 ml Dithizon-Lösung zugegeben. Es wird 5 min geschüttelt und die abgesetzte Chloroform-Phase zur Trocknung durch ein doppeltes Papierfilter in eine 20-mm-Küvette filtriert, wobei die ersten Filtratanteile zum Spülen der Küvette benutzt und verworfen werden. Anschließend wird sofort photometriert; in die Vergleichsküvette wird reines Chloroform gegeben.
Zur Eliminierung der in den angewandten Chemikalien etwa vorhandenen geringen Bleispuren wird eine Blindprobe mit angesetzt, bei der anstelle der Wasserprobe ein gleiches Volumen Deionat in derselben Weise wie oben beschrieben behandelt wird. Das für diese Blindprobe ermittelte spektrale Absorptionsmaß wird von dem der Probe subtrahiert.
Die Eichkurve wird mittels geeigneter Standard-Lösungen aufgestellt, die in derselben Weise wie die Wasserprobe behandelt werden.

Auswertung:

Der Bleigehalt der Probe errechnet sich aus dem angewendeten Volumen der Wasserprobe, dem Volumen des Chloroform-Extraktes und dem aus der Eichkurve ermittelten absoluten Bleigehalt.

1 mmol Blei-Ionen $\triangleq$ 207,19 mg Pb^{2+}

Angabe der Ergebnisse:

Es werden bei einem Bleigehalt von
        < 0,02 mg/l auf 0,001 mg/l   0,2–2 mg/l auf 0,05 mg/l
        0,02–0,2 mg/l auf 0,01 mg/l   > 2 mg/l auf 0,1 mg/l
gerundete Werte angegeben.

Beispiel:
Blei (photometr.), $c(Pb^{2+})$ = 0,0003 mmol/l (0,06 mg/l)

Literatur: [1, 87, 520, 533]; vgl. DIN 38406-E 6.

2.4.8 Bestimmung von Chrom (Cr^{6+})

Methode:

Kolorimetrisch bzw. photometrisch nach Bildung des Cr(III)-Diphenylcarbazon-Komplexes.

Theorie:

Das in der Probe als Chromat- bzw. Dichromat-Ion vorliegende Cr(VI) wird nach Zugabe von Diphenylcarbazid in einem schwach flußsäurehaltigen Reagenzgemisch zu Cr(III) reduziert, wobei Diphenylcarbazid zu Diphenylcarbazon oxidiert wird. Dieses reagiert mit dem während der Reaktion erzeugten Cr(III) unter Bildung eines rotvioletten Chrom(III)-Diphenylcarbazon-Farbkomplexes (ε = 41 350, $\lambda_{max.}$ = 540 nm).

Anwendungsbereich:

Die angegebenen Verfahren sind auf alle Wässer im Bereich von 0,005–2,5 mg/l Cr(VI) anwendbar.

Störungen und Vorbehandlung:

– Es wird nur Cr(VI) direkt erfaßt, da nur dies das reaktive, nicht hydrolysierte Cr(III) intermediär während der Reaktion erzeugt. Im Gegensatz hierzu ist das in Wässern vorliegende Cr(III) hydrolysiert oder komplex gebunden und daher der Farbreaktion nicht zugänglich. Eine Dekomplexierung ist durch Eindampfen und Abrauchen mit Schwefelsäure z.A., w = 96%, möglich. Durch Schütteln mit Mangan(IV)-oxid und anschließende Filtration oder Zentrifugation kann Cr(III) in Cr(VI) übergeführt und mit erfaßt werden.
– Wird die Probe (zur Konservierung) angesäuert und ist hydrolysiertes Cr(III) vorhanden, wird dieses als Cr(VI) (mit) erfaßt.
– Nach Beendigung der Reaktion sollte ein pH-Wert von 3,0 vorliegen, ggf. ist mit Schwefelsäure bzw. Natronlauge nachzustellen (Kontrolle: Spezial-Indikatorstäbchen pH 2,5–4,5 [535]).

Ausführung:

1. Schnellbestimmung mit Aquaquant-Testsatz 14 402: (vgl. Abschn. 1.1.3.6 und Abb. 2.6.3) In die innere Rundküvette gibt man 2 Microlöffel Diphenylcarbazid (Cr-1 A) und löst dieses in 12 Tr. flußsäurehaltigem Reagenzgemisch Cr-2A. Sodann werden in beide Gläser je 20 ml Wasserprobe einpipettiert, gut gemischt und der pH-Wert überprüft. Nach 5 min Standzeit wird innerhalb von 5 min der Farbabgleich durch Verschieben der im Komparatorblock untergelegten Farbpunkt-Skala vorgenommen.
Die Farbskala weist folgende Abstufungen auf (Zwischenwerte werden geschätzt): 0–0,005–0,01–0,02–0,03–0,04–0,05–0,06–0,08–0,1 mg/l Cr^{6+}.
(Mit Aquaquant 14 441 kann der Bereich 0,1–1,6 mg/l Cr^{6+} erfaßt werden).

2. Photometrische Bestimmung mit Spectroquant-Testsatz 14 758: (0,025–2,5 mg/l Cr^{6+}) (vgl. Abschn. 1.1.3.6) Die Bestimmung wird mit 10 ml Wasserprobe analog wie unter 1. angegeben vorgenommen. Nach Umfüllen in eine 20-mm-Küvette wird im Digital-Photometer SQ 103 (s. Abb. 1.1.3 b) gemessen. Die Kalibrierung des Photometers erfolgt mit der entsprechenden Kalibrierküvette (0,05–1,5 mg/l Cr).

Auswertung und Angabe der Ergebnisse:

Die Auswertung erfolgt methodenspezifisch unter Angabe der angewandten Methode («kolorim.» bzw. «photometr.»).

$$1 \text{ mmol Chrom(VI)-Ionen} \triangleq 52,00 \text{ mg } Cr^{6+}$$

Beispiel:
Chrom (kolorim.), $c(Cr^{6+})$ = 0,0006 mmol/l (0,03 mg/l)
Literatur: [1, 87, 520, 531]; vgl. DIN 38 406-E 10.

2.4.9 Bestimmung von Nickel (Ni^{2+})

Methode:
Kolorimetrisch bzw. photometrisch nach Bildung des Ni-Diacetyl-dioxim-Komplexes.

Theorie:

Das in der Wasserprobe als Ni^{2+}-Ion vorliegende Nickel wird durch Iod in höhere Oxidationsstufen übergeführt. Nach Alkalisierung mit Ammoniaklösung (in Verbindung mit farblosen Chelatbildnern) bis pH = 11,5, wobei zugleich überschüssiges Iod zerstört wird, reagiert Nickel mit Diacetyldioxim unter Bildung einer rotbraunen Lösung, wahrscheinlich bestehend aus Komplexen von Ni(III) und Ni(IV) sowie dessen Mischungen (ε = 12 600, λ_{max} = 445 nm).

Anwendungsbereich:

Die angegebenen Verfahren sind auf alle Wässer im Bereich von 0,25–10 mg/l Ni^{2+} anwendbar.

Störungen und Vorbehandlung:
– Nickel in hydrolysierter oder komplex gebundener Form, wie es in kommunalen und industriellen Abwässern vorkommen kann, wird nicht oder nur teilweise erfaßt. Es

empfiehlt sich zunächst eine Vergleichsmessung zwischen einer direkt gemessenen und einer mineralisierten Probe. Bei entsprechender Übereinstimmung kann ähnliches Probenmaterial fortan ohne Mineralisierung direkt bestimmt werden. Zur Mineralisierung werden 40 ml Probe mit 10 ml Schwefelsäure z. A., $w = 96\%$, zur Trockene abgeraucht und der Rückstand in 40 ml Deionat gelöst. Die klare, nötigenfalls filtrierte oder zentrifugierte Lösung soll neutral bis schwach sauer reagieren.
- Die Vollständigkeit der Oxidation durch Iod wird durch eine haltbare Gelbfärbung von freiem Iod angezeigt. Sie wird bei reduzierenden Proben durch erhöhte Zugabe von Iod (Reagenz Ni-1 A) erreicht. Ein sofortiges Ausbleichen der Iodfarbe tritt bei alkalischen Proben ein und wird durch vorausgehende Neutralisation verhindert.
- Falls das Wasser nicht innerhalb weniger Stunden nach der Probenahme untersucht werden kann, ist bei der Probenahme mit 2 ml Schwefelsäure z. A., $w = 25\%$, pro Liter Probe anzusäuern. Unmittelbar vor der Analyse wird mit Natronlauge neutralisiert.

Ausführung:

1. Schnellbestimmung mit Aquaquant-Testsatz 14420: (vgl. Abschn. 1.1.3.6 und Abb. 2.6.3) In beide Rundküvetten werden je 10 ml Wasserprobe einpipettiert. In das innere Glas gibt man sodann 2 Tr. Iod-Reagenz, läßt 1 min stehen und versetzt unter jeweiligem Mischen mit je 4 Tr. Ammoniak-Reagenz und Diacetyldioxim. Nach frühestens 4 min jedoch innerhalb von 10 min wird der Farbabgleich durch Verschieben der im Komparatorblock untergelegten Farbpunkt-Skala vorgenommen.
Die Farbskala weist folgende Abstufungen auf (Zwischenwerte werden geschätzt): 0–0,25–0,50–0,75–1,0–1,5–2,0–3,0–4,0–5,0 mg/l Ni^{2+}.

2. Photometrische Bestimmung mit Spectroquant-Testsatz 14785: (0,1–10 mg/l Ni^{2+}) (vgl. Abschn. 1.1.3.6) Die Bestimmung wird mit 10 ml Wasserprobe analog wie unter 1. angegeben durchgeführt. Nach Umfüllen in eine 20-mm-Küvette wird im Digital-Photometer SQ 103 (s. Abb. 1.1.3 b) gemessen. Die Kalibrierung des Photometers erfolgt mit der entsprechenden Kalibrierküvette (0,5–5,5 mg/l Ni).

Auswertung und Angabe der Ergebnisse:

Die Auswertung erfolgt methodenspezifisch unter Angabe der angewandten Methode («kolorim.» bzw. «photometr.»).

$$1 \text{ mmol Nickel(II)-Ionen} \triangleq 58{,}71 \text{ mg } Ni^{2+}$$

Beispiel:
Nickel (kolorim.), $c(Ni^{2+}) = 0{,}0290$ mmol/l (1,7 mg/l).

Literatur: [1, 520, 531]; vgl. DIN 38406-E 11.

2.4.10 Bestimmung von Schwermetallspuren (Bi, Cd, Cu, In, Pb, Tl, Zn, Hg) durch Ionenscan-Analyse

Gerätekombination: s. Abschn. 1.1.3.12

Nachweisgrenze: 0,2 µg/l (maximale Gesamtkonzentration: 10 mg/l).

Meßprinzip: Die zur Amalgambildung befähigten Metallionen der Probe werden zunächst durch Reduktion an einer glasigen Kohlenstoff-Elektrode (Arbeitselektrode; Bezugselektrode: Kalomel; Meßelektrode während der Elektrolyse: Pt) in einem Elektrolysevorgang abgeschieden, wobei durch Amalgambildung mit einem dünnen Hg-Film an der Arbeitselektrode eine Vorkonzentrierung erfolgt (potentiostatische Elektrolyse). Sodann wird die Elektrolyse abgebrochen. Nun werden die abgeschiedenen Metalle oxidiert und während einer Scanperiode vom Amalgamfilm abgeschieden (gestrippt) (potentiometrisches Scannen). Die sich ergebende Potential- gegen Zeit-Kurve wird automatisch in Form einer Redoxtitrationskurve aufgezeichnet. Die Reihenfolge, in der die Metalle vom Amalgamfilm gestrippt werden, ist eine Funktion der Redoxspannung eines jeden Metalls und liefert eine qualitative Bestimmung eines jeden vorhandenen Metalls. Die Zeitspanne zwischen zwei aufeinanderfolgenden Äquivalenzpunkten ist der Konzentration eines bestimmten Metalls in der Lösung proportional. Durch Bildung der 1. Ableitung (vgl. Abschn. 1.1.3.11) können die Kurven als Peaks aufgezeichnet werden. Zur Bestimmung von Quecksilber wird Kupfer als Plattierungsmittel und Kaliumpermanganat als Oxidationsmittel verwendet.

Literatur: [570]. Spezialliteratur kann vom Hersteller (34) angefordert werden.

2.4.11 Bestimmung von Schwermetallspuren (Ag, Bi, Cd, Co, Cu, Ni, Pb, Tl, Zn) durch Atomabsorptions-Spektrometrie (AAS)

Gerätehinweise: s. Abschn. 1.1.4.3

Verfahren: Die Bestimmung erfolgt gemäß DEV [1], DIN 38406-E 21; vgl. [3].

Nachweisgrenze: für das angewandte Verfahren: 1 µg/l.

Probenvorbereitung: Der Bestimmung geht ein HNO_3/H_2O_2-Aufschluß voraus, falls die Probe auch Ungelöstes bzw. größere Mengen an organischen Stoffen enthält. Dabei sollte nicht bis zur Trockene abgeraucht werden, sondern die Probe feucht bleiben (evtl. Cd-Verluste) [359]. Außerdem müssen die zu bestimmenden Elemente durch Chelatisierung mit Hexamethylenammonium-Hexamethylendithiocarbamat (HMDC) mit einem Diisopropylketon-Xylol-Gemisch extrahiert werden, wodurch zugleich Anreicherung erfolgt.

Messung: Die Metallkonzentration im Extrakt wird in der Luft/Acetylen-Flamme gemessen. Das Ansetzen der Eichlösungen vereinfacht sich durch Verwendung entsprechender Standards [537].

Meßprinzip: Die AAS nutzt das Phänomen der Resonanzabsorption, wonach durch angeregte Atome eines bestimmten Elements (Lichtquelle) emittierte Lichtquanten (Photonen) von nicht angeregten Atomen desselben Elements (Probe) absorbiert werden können. Diese Absorption wird durch Resonanz zwischen den Eigenschwingungen der

Atome im Grundzustand und den elektromagnetischen Schwingungen des emittierten Lichts hervorgerufen. Um diesen Effekt für die Analytik auszunützen, läßt man die Probe als feines Aerosol in einem Luft/Acetylen-Brenngas (ca. 2300 °C) oder Distickstoffmonoxid/Acetylen-Brenngas (ca. 2750 °C) verdampfen («atomisieren») und schickt durch diesen Dampf das Licht des zu bestimmenden Elements. Dabei wird ein Teil der von der Lichtquelle emittierten Photonen von dem betreffenden Element-Dampf absorbiert. Da die Lampe das gesamte Emissionsspektrum des betreffenden Elements emittiert, muß hinter der Flamme mittels eines (Gitter)Monochromators eine bestimmte, möglichst intensive Linie selektiert werden, gewöhnlich die sogenannte «Resonanzlinie» (Übergang des ersten angeregten Energieniveaus in den Grundzustand). Der Detektor wandelt diesen Photonenstrom sodann in einen proportionalen Elektronenstrom, der als elektrisches Signal zur Anzeige gelangt. Die angezeigte Extinktion (Schwächung der Resonanzlinie) ist gemäß dem LAMBERT-BEERschen Gesetz proportional der Konzentration der freien Atome, d. h. der Konzentration des Elements in der zerstäubten Probelösung. Als Lichtquellen werden Hohlkathodenlampen (HKL) verwendet, bzw. elektrodenlose, mit Hochfrequenz angeregte Entladungslampen mit bis zu 100fach höherer Strahlungsintensität. Eine große Anzahl in der Flamme freigesetzter Atome im Grundzustand sorgt für einen hohen Extinktionsanteil der aus der Lampe emittierten Strahlung bzw. der Resonanzlinie und ist ein Grund für die große Empfindlichkeit der AAS.

Die Atomisierung, d. h. die thermische Dissoziation und Überführung der Atome in den Grundzustand kann auch flammenlos erfolgen, z. B. in einem bis etwa 3000 °C aufheizbaren Graphitrohr, das sich im Strahlengang des AAS-Geräts befindet (elektrothermische Atomisierung in der geheizten «Graphitrohrküvette»). Die **Graphitrohr-Technik** erzielt bei beliebig kleinen Probenmengen, die auch Feststoffe sein können, eine Steigerung der Empfindlichkeit um das 100- bis 1000fache. Weitere Techniken mit noch besseren Nachweismöglichkeiten für bestimmte Elemente sind die Hydrid-Technik und die Kaltdampf-Technik. Durch Zusatz von Natriumborhydrid zu der Probe werden hydridbildende Elemente (As, Bi, Ge, Pb, Sb, Se, Sn, Te) zu gasförmigen Hydriden umgesetzt (Hg wird bis zum Element reduziert) und in einer geheizten Quarzküvette atomisiert **(Hydrid-AAS-Technik)**. Die **Kaltdampf-Technik** ist das empfindlichste und zuverlässigste Bestimmungsverfahren für Quecksilber, wobei man die Tatsache ausnützt, daß Hg das einzige Element ist, das bereits bei Zimmertemperatur einen merklichen Dampfdruck besitzt.

Literatur: [6, 172, 206.8, 317, 348, 362, 397, 426, 427, 554, 556, 557, 558, 560, 561, 562].

2.4.12 Halbquantitative Bestimmung von Aluminium (Al^{3+})

Eine weitgehend selektive und störungsfreie halbquantitative Bestimmung von Aluminium-Ionen im Bereich von 0–10–25–50–100–250 mg/l Al^{3+} ermöglicht der **Merckoquant Aluminium-Test** (vgl. Abschn. 1.1.3.6).

Reaktionsprinzip: Al^{3+}-Ionen werden durch Alkali in Aluminat übergeführt, das beim Baden in Essigsäure mit dem Ammoniumsalz der Aurintricarbonsäure einen roten Farblack bildet.

Quantitative Bestimmung: s. DEV [1], E9.

2.4.13 Halbquantitative Bestimmung von Arsen, As(III), As(V)

Eine weitgehend selektive und störungsfreie halbquantitative Bestimmung von Arsen im Bereich von 0,1–0,5–1,0–1,7–3,0 mg/l As ermöglicht der **Merckoquant Arsen-Test** (vgl. Abschn. 1.1.3.6).

Reaktionsprinzip: Aus der zu untersuchenden Wasserprobe wird durch Zugabe von Zink und Salzsäure aus As(III)- und As(V)-Verbindungen Arsenwasserstoff freigesetzt, der die mit Quecksilber(II)-bromid getränkte Reaktionszone, die sich im Gasraum über der Lösung befindet, gelb bis braun färbt. Es bilden sich gemischte Arsen-Quecksilberhalogenide, z. B. AsH_2HgBr.

Quantitative Bestimmung: s. DEV [1], DIN 38 405-D 12.

2.5 Bestimmung von Anionen

2.5.1 Berechnung des gelösten Kohlenstoffdioxids (der freien Kohlensäure), des Hydrogencarbonat- und Carbonat-Ions (CO_2 bzw. H_2CO_3; HCO_3^-; CO_3^{2-}); Bestimmung der Carbonathärte (°d KH)

Methode:
Berechnung aus dem *m*- und *p*-Wert (vgl. Abschn. 2.3.4). (DEV [1], D 8)

Theorie:
Es gibt keine Methode zur direkten Bestimmung der Kohlensäure und deren Anionen. Die Berechnung erfolgt gemäß DEV, D 8 [1] aufgrund ihrer pH-abhängigen Existenzgebiete aus dem *m*- und *p*-Wert und der Kenntnis des pH-Wertes eines Wassers.
Unter der Voraussetzung, daß die Kohlensäure die einzige in dem Wasser enthaltene Säure und deren Anionen die einzigen in dem Wasser enthaltenen schwachen Basen sind, gelten folgende Gleichungen:

$$m\text{-Wert} = 2c(CO_3^{2-}) + c(HCO_3^-) + c(OH^-) - c(H_3O^+) \qquad (1)$$
$$p\text{-Wert} = c(CO_3^{2-}) - c(CO_2) + c(OH^-) - c(H_3O^+) \qquad (2)$$
$$Q_c = c(CO_3^{2-}) + c(HCO_3^-) + c(CO_2) \qquad (3)$$
$$Q_c = (m\text{-Wert}) - (p\text{-Wert}) \qquad (4)$$

Bei einem pH-Wert von 6,4 ist die Konzentration an Hydrogencarbonat-Ionen und CO_2 etwa gleich groß, die Konzentration an Carbonat-Ionen ist vernachlässigbar klein; bei einem pH-Wert von 10,3 ist die Konzentration an CO_2 sehr gering, die Konzentrationen der Hydrogencarbonat- und Carbonat-Ionen sind etwa gleich groß (vgl. Abb. 2.3.4a). Während ein Wasser bei den genannten pH-Werten optimal gepuffert ist, gibt es zwischen diesen je einen pH-Bereich geringerer Pufferung. Dieser macht sich in der Titrationskurve der Kohlensäure (Abb. 2.5.1) durch einen pH-Sprung bemerkbar (der in Abb. 2.3.4a durch ein weißes Feld gekennzeichnet ist). Grundlage des Verfahrens ist somit die in Abschn. 2.3.4 dargelegte Theorie, wonach man eine Wasserprobe auf die bei der Titration einer wäßrigen Lösung von Kohlensäure feststellbaren pH-Sprünge titriert. Diese Verhältnisse werden durch die Gleichungen der ersten und zweiten Dissoziationsstufe der Kohlensäure beschrieben und durch die Abb. 2.3.4a und 2.5.1 graphisch dargestellt.

Eine wäßrige Lösung von CO_2 reagiert schwach sauer (pH 4–5). In einer solchen Lösung existieren folgende Gleichgewichte:

$$CO_2 + H_2O \rightleftharpoons H_2CO_3 \tag{5a}$$
$$H_2CO_3 + H_2O \rightleftharpoons H_3O^+ + HCO_3^- \qquad pK'_{s1} = 3{,}3 \tag{5b}$$
$$HCO_3^- + H_2O \rightleftharpoons H_3O^+ + CO_3^{2-} \qquad pK_{s2} = 10{,}38 \tag{6}$$

Kohlensäure ist gemäß ihrer «eigentlichen» Säurekonstante ($pK'_{s1} = 3{,}3$) eine mittelstarke Säure. Da bei 20 °C jedoch nur etwa 0,1 % des gesamten in Wasser gelösten CO_2 als Kohlensäure vorliegt, wirkt sie wie eine schwache Säure. Daher werden Gl. (5a) und Gl. (5b) zusammengefaßt und man erhält die Säurekonstante 1. Stufe bezogen auf gelöstes CO_2:

$$CO_2 + 2\,H_2O \rightleftharpoons H_3O^+ + HCO_3^- \qquad pK_{s1} = 6{,}38 \tag{5}$$

Für Gl. (5) und Gl. (6) lauten die entsprechenden Ausdrücke des MWG (Dissoziationskonstanten) bzw. deren negative dekadische Logarithmen (pK-Werte) [131, 164]:

$$K_1 = \frac{c(H_3O^+) \cdot c(HCO_3^-)}{c(CO_2)} = 4{,}16 \cdot 10^{-7} \qquad pK_{s1} = 6{,}38\ (20\,°C) \tag{7}$$

$$K_2 = \frac{c(H_3O^+) \cdot c(CO_3^{2-})}{c(HCO_3^-)} = 4{,}20 \cdot 10^{-11} \qquad pK_{s1} = 10{,}38\ (20\,°C) \tag{8}$$

Beim Ansäuern einer Carbonat-Ionen enthaltenden Lösung wird zunächst das Gleichgewicht (6) unter Bildung von Hydrogencarbonat nach links verschoben. Bei weiterer Zugabe von Oxonium-Ionen bildet sich gemäß Gl. (5) CO_2, welches aus der Lösung entweicht, sobald die für eine bestimmte Temperatur gegebene Löslichkeit überschritten wird (Verdrängungsreaktion; Verkochen von CO_2). Zur Bestimmung von CO_3^{2-}-Ionen muß demnach solange mit HCl titriert werden, bis Glgw. (6) praktisch vollkommen nach links verschoben ist. Aus den Dissoziationskonstanten K_1 und K_2 läßt sich errechnen, bei welchem pH-Wert dies (ohne Berücksichtigung von Aktivitätskoeffizienten) der Fall ist:

$$c(H_3O^+) = \sqrt{K_1 \cdot K_2} \qquad\qquad pH = \frac{pK_{s1} + pK_{s2}}{2}$$

$$= \sqrt{4{,}16 \cdot 10^{-7} \cdot 4{,}20 \cdot 10^{-11}} \qquad pH = \frac{6{,}38 + 10{,}38}{2}$$

$$= 10^{-8{,}38} \qquad\qquad pH = 8{,}38$$

Zur Erkennung des Titrationsendpunktes kann daher Phenolphthalein als Indikator dienen (pH 8,2–9,8; Umschlagspunkt pH = 8,4). Reagiert die Probe gegen Phenol-

phthalein sauer, d. h. bleibt diese beim Zusatz von einigen Tr. Indikator farblos, ist $c(CO_3^{2-})$ vernachlässigbar klein (Vorprobe!).
Dieselbe Überlegung gilt für die Bestimmung von Hydrogencarbonat. Titriert man eine Probe, bis Glgw. (5) ganz in Richtung freies CO_2 verschoben ist, so läßt sich aus dem Säureverbrauch $c(HCO_3^-)$ berechnen. Da die Dissoziation der 2. Stufe äußerst gering ist, wird der entsprechende pH-Wert praktisch nur von K_1 bestimmt. Liegt am Endpunkt eine Lösung von CO_2 in Wasser vor, so ist unter Vernachlässigung der Eigendissoziation des Wassers

$$c(H_3O^+) = c(HCO_3^-)$$

so daß sich der Ausdruck des MWG vereinfacht zu:

$$K_1 = \frac{c(H_3O^+)^2}{c(CO_2)}$$

Nimmt man $c(CO_2) = 10$ mmol/l (10^{-2} mol/l), so ergibt sich der pH-Wert:

$$c(H_3O^+) = \sqrt{4{,}16 \cdot 10^{-7} \cdot 10^{-2}} \qquad pH = \frac{6{,}38 + 2}{2}$$
$$= 10^{-4{,}19} \qquad\qquad\qquad\qquad pH = 4{,}19$$

Wird also die Kohlensäure vollständig in Freiheit gesetzt, beläßt man sie jedoch in Lösung, kann als Indikator z. B. Methylorange (pH = 3,1–4,4; Umschlagspunkt pH = 4,0) verwendet werden.

Anwendungsbereich:

Die nachstehenden Berechnungen können angewendet werden, wenn
- der nach Gl. (4) berechnete Q_c-Wert größer ist als etwa 0,5 mmol/l (vgl. Abschn. 2.3.5) und
- Störungen durch Puffersubstanzen, die nicht CO_2 und Anionen der Kohlensäure sind, vernachlässigt werden können. Dies ist der Fall, wenn bei pH-Werten zwischen 4,5 und 7,8 sowie 8,8 und 9,5 der nach diesem Verfahren berechnete pH-Wert mit dem gemessenen pH-Wert innerhalb ± 0,07 Einheiten, oder im pH-Bereich 7,8 bis 8,8 innerhalb ± 0,2 Einheiten übereinstimmt. Andernfalls müssen die speziellen Vorschriften der DEV [1] beigezogen werden.

Ausführung:

1. Berechnung des pH-Wertes aus *m*- und *p*-Wert: Diese Berechnung ist gemäß Anwendungsbereich Voraussetzung für die Entscheidung, ob der Gehalt an CO_2, HCO_3^- und CO_3^{2-} aus dem gefundenen *m*- und *p*-Wert errechnet werden kann. Der hierfür erforderliche relative *m*-Wert, m_r, wird errechnet nach:

$$m_r = \frac{m}{m-p} = \frac{m}{Q_c} \qquad \begin{array}{ll} m & m\text{-Wert des Wassers in mmol/l} \\ p & p\text{-Wert des Wassers in mmol/l} \end{array} \qquad (9)$$

Aus Abb. 2.5.1 läßt sich aus dem Schnittpunkt des m_r-Wertes mit der Titrationskurve der pH-Wert des Wassers ablesen. Für ionenarmes Wasser wird die obere, für ionenreiches Wasser die untere Kurve zugrundegelegt. Ein Wasser gilt als ionenarm, wenn seine

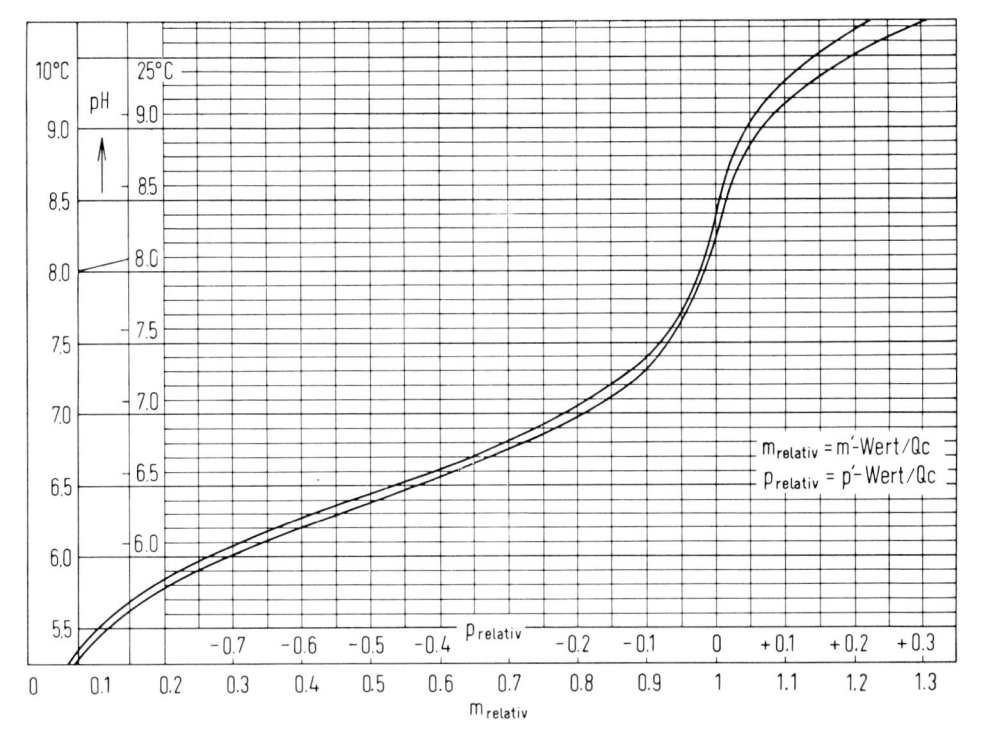

Abb. 2.5.1 Allgemeine Titrationskurve der Kohlensäure nach GROHMANN (1971) [341] und DEV, D 8 [1]; Erklärung und Anwendung s. Text.

elektrolytische Leitfähigkeit bei 20 °C unter etwa 200 μS/cm, als reich an Ionen, wenn sie über etwa 1000 μS/cm beträgt. Die Temperatur des Wassers wird durch die Wahl der entsprechenden pH-Skala auf der Ordinatenachse berücksichtigt.

2. Berechnung der Konzentration an gelöstem Kohlenstoffdioxid, $c(CO_2)$:

Der pH-Wert liegt unter 4,5
Die Berechnung erfolg nach Gl. (2); $c(CO_3^{2-})$ und $c(OH^-)$ sind vernachlässigbar.

$$c(CO_2) = -(-p) - c(H_3O^+) \quad \text{(mmol/l)}$$

Beispiel 1:
p-Wert $= -2,8$ mmol/l; pH-Wert $= 4,4$; m-Wert $= +0,04$ mmol/l;

$$pH = -\log c(H_3O^+) = 4,4$$
$$c(H_3O^+) = 10^{-pH}; \log c(H_3O^+) = 0{,}6{-}5{,}0$$
$$c(H_3O^+) = 3{,}98 \cdot 10^{-5} \text{ mol/l} = 3{,}98 \cdot 10^{-2} \text{ mmol/l} = 0{,}04 \text{ mmol/l}$$
$$c(CO_2) = -(-2{,}8) - 0{,}04 = 2{,}76 \text{ mmol/l}$$

Kohlenstoffdioxid, gelöst, $c(CO_2) = 2{,}76$ mmol/l (121,47 mg/l)

Der pH-Wert liegt zwischen 4,5 und 7,8
Glgw. (5) ist nach Entfernung der Oxonium-Ionen mittels Hydroxid-Ionen ($-p$-Wert) bis pH = 8,2 unter Bildung von Hydrogencarbonat praktisch vollständig nach rechts verschoben. $c(H_3O^+)$ und $c(OH^-)$ sind vernachlässigbar; $c(CO_3^{2-})$ wird vernachlässigt.

$$c(CO_2) = -p \qquad \text{(mmol/l)}$$

Beispiel 2:
$t = 10,5\,°C$; pH-Wert (gemessen) = 7,05; m-Wert = $+5,73$ mmol/l; p-Wert = $-1,31$ mmol/l;

$$m_r = \frac{5,73}{5,73 + 1,31} = 0,814$$

pH-Wert (berechnet nach Abb. 2.5.1, obere Kurve, Ordinate für 10 °C) = 7,04. Der gemessene pH-Wert stimmt mit dem berechneten innerhalb der Toleranzgrenze überein; somit ist das Verfahren anwendbar.

$$c(CO_2) = -(-1,31) = 1,31 \text{ mmol/l}$$

Kohlenstoffdioxid, gelöst, $c(CO_2) = 1,31$ mmol/l (57,65 mg/l)

Der pH-Wert liegt zwischen 6,0 und 8,4
s. Abschn. 2.7.2

3. Berechnung der Konzentration an Hydrogencarbonat-Ionen, $c(HCO_3^-)$:

Der pH-Wert liegt zwischen 4,5 und 8,3
$c(H_3O^+)$ und $c(OH^-)$ sind vernachlässigbar; $c(CO_3^{2-})$ wird vernachlässigt.

$$c(HCO_3^-) = m \qquad \text{(mmol/l)}$$

Beispiel 3:
Es soll Beispiel 2 auf diesen Fall angewendet werden; m-Wert = $+5,73$ mmol/l; somit ist

$$c(HCO_3^-) = 5,73 \text{ mmol/l}$$

Hydrogencarbonat, $c(HCO_3^-) = 5,73$ mmol/l (349,63 mg/l)

Der pH-Wert liegt zwischen 8,3 und 9,5
$c(H_3O^+)$ und $c(OH^-)$ sind vernachlässigbar; $c(CO_2)$ wird vernachlässigt.

$$c(HCO_3^-) = m - 2p \qquad \text{(mmol/l)}$$

Beispiel 4:
$t = 15,0\,°C$; pH-Wert (gemessen) = 8,85; m-Wert = $+0,53$ mmol/l; p-Wert = $+0,01$ mmol/l;

$$m_r = \frac{0,53}{0,53 - 0,01} = 1,02$$

pH-Wert (berechnet nach Abb. 2.5.1, obere Kurve, Ordinate für 15°C) = 8,75. Der gemessene pH-Wert stimmt mit dem berechneten innerhalb der Toleranzgrenze überein; somit ist das Verfahren anwendbar.

$$c(HCO_3^-) = 0{,}53 - (2 \cdot 0{,}01) = 0{,}51 \text{ mmol/l}$$

Hydrogencarbonat, $c(HCO_3^-) = 0{,}51$ mmol/l (31,12 mg/l)

Der pH-Wert liegt über 9,5
$c(H_3O^+)$ und $c(CO_2)$ sind vernachlässigbar; $c(OH^-)$ ist zu berücksichtigen.

$$c(HCO_3^-) = m - 2p + c(OH^-) \qquad \text{(mmol/l)}$$

Beispiel 5:
$t = 20{,}0°C$; pH-Wert (gemessen) = 10,26; m-Wert = $+1{,}03$ mmol/l; p-Wert = $+0{,}42$ mmol/l;

$$\begin{aligned}
c(OH^-) &= 10^{(pH-14)} \text{ mol/l (24°C)} \\
c(OH^-) &= 10^{(pH-14{,}17)} \text{ mol/l (20°C)} \\
\log c(OH^-) &= 10{,}26 - 14{,}17 \\
\log c(OH^-) &= 0{,}26 - 4{,}17 = 0{,}09 - 4{,}00 \\
c(OH^-) &= 1{,}2 \cdot 10^{-4} \text{ mol/l} = 0{,}12 \text{ mmol/l} \\
c(HCO_3^-) &= 1{,}03 - 0{,}84 + 0{,}12 = 0{,}31 \text{ mmol/l}
\end{aligned}$$

Hydrogencarbonat, $c(HCO_3^-) = 0{,}31$ mmol/l (18,92 mg/l)

4. Berechnung der Konzentration an Carbonat-Ionen, $c(CO_3^{2-})$:

Der pH-Wert liegt zwischen 8,8 und 9,5
$c(H_3O^+)$, $c(OH^-)$ und $c(CO_2)$ sind vernachlässigbar.

$$c(CO_3^{2-}) = p \qquad \text{(mmol/l)}$$

Beispiel 6:
Es soll Beispiel 4 auf diesen Fall angewendet werden; p-Wert = $+0{,}01$ mmol/l; somit ist

$$c(CO_3^{2-}) = 0{,}01 \text{ mmol/l}$$

Carbonat, $c(CO_3^{2-}) = 0{,}01$ mmol/l (0,06 mg/l)

Der pH-Wert liegt über 9,5
$c(H_3O^+)$ und $c(CO_2)$ sind vernachlässigbar; $c(OH^-)$ ist, wie in Beispiel 5 ausgeführt, zu berücksichtigen.

$$c(CO_3^{2-}) = p - c(OH^-) \qquad \text{(mmol/l)}$$

Beispiel 7:
Es soll Beispiel 5 auf diesen Fall angewendet werden; p-Wert = $+0{,}42$ mmol/l; $c(OH^-) = 0{,}12$ mmol/l;

$$c(CO_3^{2-}) = 0{,}42 - 0{,}12 = 0{,}30 \text{ mmol/l}$$

Carbonat, $c(CO_3^{2-}) = 0{,}30$ mmol/l (18,00 mg/l)

Angabe der Ergebnisse:
Die ermittelten Werte werden auf max. 2 Stellen hinter dem Komma gerundet angegeben.

  1 mmol Kohlenstoffdioxid $\triangleq 44{,}01$ mg CO_2
  1 mmol Hydrogencarbonat-Ionen $\triangleq 61{,}017$ mg HCO_3^-
  1 mmol Carbonat-Ionen $\triangleq 60{,}009$ mg CO_3^{2-}

5. Schnellbestimmung und Berechnung der Carbonathärte: (Begriffe und Problematik der Begriffe s. Abschn. 1.4.5 und 1.13.5). Die Bestimmung der KH erfolgt mit dem Aquamerck Reagenziensatz «Säurekapazität bis pH 8,2 und 4,3» (s. Abschn. 2.3.4, Bestimmungsmethode 3.) bzw. nach Verfahren 1. und 2. des Abschn. 2.3.4, die Berechnung aus den dabei gewonnenen m- und p-Werten. Bei den meisten natürlichen Wässern ist die KH identisch mit dem m-Wert; färbt sich jedoch die Probe bei Zugabe von Phenolphthalein (Indikator zur Bestimmung des p-Wertes im Reagenziensatz) rot, muß auch der p-Wert berücksichtigt werden:

  $2p \leqslant m$ $KH = m$
  $2p > m > p$ $KH = 2(m - p)$
  $p = m$ $KH = 0$

Mit der KH muß stets auch die GH angegeben werden. Ist KH > GH, so wird KH = GH gesetzt; GH − KH = NKH. Die Angabe erfolgt entsprechend DIN 2000 analog der Gesamthärte als $c(Ca^{2+})$ auf 0,1 mmol/l bzw. 0,1 °d genau. Es gilt:

  Carbonathärte, $c(Ca^{2+})$:   1 mmol/l = 5,6 °d
  m-Wert: 1 mmol/l = 2,8 °d

Beispiel:
pH = 8,0; Summe der Erdalkali-Ionen (als Ca^{2+}): $c(Ca^{2+}) = 1{,}7$ mmol/l; p-Wert = 0; m-Wert = +2,4 mmol/l;

Gesamthärte, $c(Ca^{2+})$ = 1,7 mmol/l (9,5 °d)
Carbonathärte, $c(Ca^{2+})$ = 1,2 mmol/l (6,7 °d)
Nichtcarbonathärte, $c(Ca^{2+})$ = 0,5 mmol/l (2,8 °d)

Literatur: s. Abschn. 2.3.4.

2.5.2 Bestimmung von Chlorid (Cl⁻)

Methode:
Mercurimetrisch mit Quecksilber(II)-nitrat und Diphenylcarbazon als Indikator.

Theorie:
Versetzt man Chlorid-Ionen mit Quecksilber(II)-Ionen, so bildet sich in Wasser zwar gut lösliches, jedoch zu etwa 99 % undissoziiertes Quecksilber(II)-chlorid:

$$2\,Cl^- + Hg^{2+} \rightleftharpoons Cl-Hg-Cl$$

In gleicher Weise entsteht bei der Titration einer Chlorid enthaltenden Wasserprobe mit z. B. 0,01-mol/l- (bzw. 0,005-mol/l-) Quecksilber(II)-nitrat-Lösung solange $HgCl_2$, bis das gesamte Chlorid gebunden ist. Der geringste Überschuß an Hg^{2+}-Ionen gibt sich zu erkennen, indem diese mit 1,5-Diphenylcarbazon eine blauviolett gefärbte Komplexverbindung bilden. Aus dem Verbrauch an Hg^{2+} läßt sich der Chloridgehalt errechnen. Die genauesten Ergebnisse erhält man im pH-Bereich 3,0–3,5. Zur Einstellung dieses Bereiches wird neben dem Metallindikator als Säure-Base-Indikator Bromphenolblau (pH 3,0–4,6; gelb–purpur) zugesetzt, welches nach Zugabe von Salpetersäure bei pH = 3,6 nach gelb umschlägt. Diese Gelbfärbung der Probe gestattet zugleich eine scharfe Erkennung des Endpunktes der Titration, falls gegen einen leuchtend-weißen Hintergrund titriert wird.

Störungen:
- Bromid- und Iodid-Ionen werden miterfaßt und müssen ggf. gesondert bestimmt werden (DEV [1], D 2/D 3).
- > 5 mg/l Eisen(III)-Ionen stören; sie werden durch Zusatz von 2 Tr. einer *tetra*-Natriumdiphosphat-Lösung, $w(Na_4P_2O_7) = 5\%$, beseitigt.
- Kohlensäure und deren Anionen stören in Konzentrationen > 50 mg/l, besonders in Alkali-armen Wässern; sie werden durch Ausblasen der mit Salpetersäure bis zum Umschlag von Bromphenolblau angesäuerten Probe mit Stickstoff oder durch Verkochen des CO_2 entfernt. Vor der Titration wird die Probe auf Raumtemperatur abgekühlt.
- Organische Stoffe und Nitrit-Ionen werden durch Erhitzen mit $KMnO_4$-Lösung in alkalischer Lösung zerstört. Die Mn-Verbindungen werden sodann durch Zusatz von H_2O_2 und Abfiltrieren des ausgeschiedenen Mangan(IV)-oxidhydrates beseitigt.

Chemikalien und Reagenzien:

Indikator-Lösung: 0,5 g Diphenylcarbazon und 0,05 g Bromphenolblau werden in 100 ml Ethanol, $w = 96\%$, gelöst und in Kunststoff-Tropfflasche im Dunkeln aufbewahrt.
Quecksilber(II)-nitratlösung, $c(1/2\ Hg(NO_3)_2) = 0,01$ mol/l: 100 ml Quecksilber(II)-nitratlösung, $c(Hg(NO_3)_2) = 0,05$ mol/l, Merck, Art. 9143 (enthält Salpetersäure) werden im Meßkolben mit chloridfreiem Deionat (100 ml müssen bei pH = 3,3 mit 1 Tr. der Quecksilbernitratlösung blau gefärbt werden; s. Ausführung) zu 1000 ml aufgefüllt und in brauner Glasflasche im Dunkeln aufbewahrt.
Achtung! alle quecksilberhaltigen (austitrierten) Lösungen müssen ordnungsgemäß entsorgt werden.
Kaliumchlorid-Standardlösung: Etwa 2 g Kaliumchlorid z. A., KCl, werden 2 h bei 110 °C getrocknet und nach dem Erkalten im Exsikkator daraus 0,2103 g eingewogen und im Meßkolben mit chloridfreiem Deionat zu 1000 ml aufgefüllt. 1 ml $\hat{=}$ 0,1 mg Cl⁻.
Salpetersäure z. A., $c(HNO_3) \approx 0,1$ mol/l

Ausführung:

100 ml der zu untersuchenden Probe oder ein Volumen (mit Deionat zu etwa 100 ml aufgefüllt), für das bei der Titration nicht mehr als 10 ml Quecksilber(II)-nitratlösung verbraucht werden, versetzt man in einem 250-ml-Erlenmeyerkolben mit 5 Tr. Indikatorlösung und läßt aus einer Bürette Salpetersäure zutropfen, bis Bromphenolblau von blau nach gelb umschlägt. Sodann wird aus einer 10-ml-Mikrobürette langsam mit Quecksilber(II)-nitratlösung bis zur bleibenden Blauviolettfärbung (ohne rötlichen Unterton, der am Titrationsendpunkt mit 1 Tr. Titrant verschwindet) titriert. Vorteilhaft stellt man dazu den Kolben in eine weiße Porzellanschale oder auf ein Stück weißen Karton und vergleicht mit einer austitrierten Probe. Der pH-Wert der austitrierten Probe sollte optimal bei 3,3, jedenfalls aber zwischen 3,0 und 3,5 liegen (Kontrolle: Spezial-Indikatorstäbchen pH 2,5–4,5 [535]).

Zur Einübung in die Titrationstechnik (Erkennen des Titrationsendpunktes bei Tages- bzw. Kunstlicht) und allenfalls zur Überprüfung des Titers der Quecksilber(II)-nitratlösung werden 20 ml Kaliumchlorid-Standardlösung (entsprechend 2 mg Cl^--Ionen) in einen Erlenmeyerkolben pipettiert, mit Deionat zu etwa 100 ml aufgefüllt und genau wie oben angegeben titriert. Der theoretische Verbrauch an Titrant beträgt 5,64 ml.

An der Kolbenwandung anhaftender Indikator kann mit Alkohol entfernt werden.

Auswertung:

1 ml Quecksilber(II)-nitratlösung, $c(1/2\ Hg(NO_3)_2) = 0,01$ mol/l, entspricht 0,3545 mg Cl^--Ionen. Daraus errechnet sich für W ml (100 ml) unverdünnte Wasserprobe und einem Verbrauch von V ml Titrationslösung die in 1 Liter enthaltene Chloridmenge:

$$\varrho(Cl^-) = \frac{V \cdot 1000 \cdot 0,3545}{W} = V \cdot 3,545 \quad (mg/l)$$

1 mmol Chlorid-Ionen $\triangleq$ 35,45 mg Cl^-

Angabe der Ergebnisse:

Es werden bei einem Chloridgehalt von

< 30 mg/l auf 0,1 mg/l,
30–300 mg/l auf 1 mg/l
> 300 mg/l auf 10 mg/l gerundete Werte angegeben.

Beispiel:

Chlorid, $c(Cl^-) = 0,82$ mmol/l (29,1 mg/l)

Literatur: [1, 5, 321].

Weitere Bestimmungsmöglichkeiten:

1. Schnellbestimmung mit Aquamerck-Testsatz 11 106: (vgl. Abschn. 1.1.3.6 und Abb. 2.4.2) Die Bestimmung beruht ebenfalls auf der mercurimetrischen Titration und eignet sich als Feldmethode bzw. zur raschen Orientierung. Alle oben aufgeführten Störungen sind zu beachten. Zur Bestimmung werden 5 ml Wasserprobe im beigegebenen Meß- und Titriergefäß mit Indikatorlösung und Salpetersäure versetzt und mit $Hg(NO_3)_2$-Lösung aus der Titrierpipette (Abstufung: 2 mg/l) bis zum Farbumschlag von gelb nach blauviolett titriert.

2. Schnellbestimmung mit Aquaquant-Testsatz 14401: (vgl. Abschn. 1.1.3.6 und Abb. 2.6.3) (Abstufung: 0–5–20–40–75–150–300 mg/l Cl^-) bzw. mit **Spectroquant-Testsatz 14755:** (vgl. Abschn. 1.1.3.6 und Abb. 1.1.3 b) (Meßbereiche: 0,0–20 bzw. 0–200 mg/l Cl^-). Beide Testsätze beruhen auf der Reaktion von Chlorid mit Quecksilber(II)-thiocyanat unter Bildung von $HgCl_2$ und Chloromercurat(II)-Anionen, wobei Thiocyanat-Ionen freigesetzt werden. Diese reagieren mit Fe(III)-Ionen zu orangerotem Eisen (III)-thiocyanat.

3. Bestimmung mit chlorid-selektiver Elektrode: Literatur- und Firmenhinweise s. Abschn. 1.1.3.14. Auch die übrigen **Halogenid-Ionen** können mittels entsprechender Elektroden empfindlich und selektiv bestimmt werden.

2.5.3 Bestimmung von Fluorid (F^-)

Methode:

Direktpotentiometrische Messung mit fluorid-selektiver Festkörperelektrode (Sensor: LaF_3) und TISAB-Aktivitäts- und pH-Eichpufferlösung.

Theorie:

Für die Messung mit ionensensitiven bzw. ionenselektiven Elektroden gelten grundsätzlich dieselben theoretischen Voraussetzungen wie für die elektrometrische pH-Messung (vgl. Abschn. 2.2.4), die durch die NERNSTsche Gleichung gegeben sind. Stets wird auch in diesem Falle nicht die Konzentration sondern die Aktivität gemessen. Wird jedoch die Aktivität über eine konstante Ionenstärke konstant gehalten, besteht ein definierter Zusammenhang zwischen Aktivität und Konzentration.

Analog wie eine pH-Elektrode auf H_3O^+-Ionen, spricht eine Fluorid-Elektrode selektiv auf F^--Ionen an. Die aktive Elektrodenphase wird in diesem Falle jedoch nicht durch die Glasmembran gebildet, sondern durch einen in Wasser äußerst schwerlöslichen Lanthanfluorid-Einkristall, der in den Elektrodenschaft eingekittet ist und direkt mit der Meßlösung in Verbindung steht. Die Ableitung des sich nach der Gleichung

$$LaF_{3(s)} \rightleftharpoons La^{3+} + 3F^-$$

einstellenden Potentials geschieht nicht wie bei der «Glaselektrode» über einen Innenpuffer, sondern über einen am Kristall befestigten Edelmetalldraht. Zur Verringerung des elektrischen Widerstandes ist der LaF_3-Kristall mit Europium dotiert, außerdem besitzt er eine Leitfähigkeit durch F^--Ionen; diese bewirkt zusammen mit dem günstigen Ionenaustauschgleichgewicht der kleinen Fluorid-Ionen gegenüber den anderen größeren Ionen an der Oberfläche eine einzigartige Selektivität dieser Elektrode. Querempfindlichkeiten durch andere Ionen sind praktisch nicht vorhanden. Der Meßbereich reicht von gesättigt bis nahe an das Löslichkeitsprodukt von LaF_3. Die Reproduzierbarkeit liegt bei $\pm 0,1$ mV. Die Steilheit, die gemäß der NERNSTschen Gleichung

$$E = E^0 - 58{,}16 \cdot \log a\,(F^-)$$

bei 20 °C theoretisch 58,16 mV beträgt, liegt in der Praxis – meist mit guter Konstanz – bei 58 mV. Dies bedeutet, daß bei einer Konzentrationsänderung des Meß-Ions um eine

Zehnerpotenz eine Spannungsdifferenz gemessen werden kann, die dem theoretischen Wert sehr nahe kommt.

Die Fluorid-Elektrode spricht zwar äußerst empfindlich auf F^--Ionen an, nicht jedoch auf undissoziiertes oder komplex gebundenes Fluor. Außerdem kann Fluor auch in unlöslichen Verbindungen vorliegen. Durch exaktes Einstellen eines pH-Wertes im Bereich 5,0 bis 5,5 mittels Pufferlösung kann jedoch erreicht werden, daß praktisch alles Fluor dissoziiert vorliegt. Durch Zugabe eines starken Komplexierungsmittels (Titriplex IV) und ggf. durch Erhitzen (insbesondere bei Abwässern) wird in den meisten Fällen dekomplexiert bzw. umkomplexiert und zudem unlösliches Fluor in die gelöste Form übergeführt. Außerdem wird durch Zugabe des Komplexierungsmittels sowie einer Fremdsalzlösung (z. B. NaCl) hoher Ionenstärke eine weitere Meßbedingung erfüllt, daß nämlich die Gesamtaktivität der Eich- und Meßlösungen konstant sein muß. In der Praxis wird dies durch Zugabe einer **Aktivitätseichlösung** zu den Meßproben im Verhältnis 1:1 erreicht, die unter dem Namen «**TISAB**» (Total Ionic Strength Adjustment Buffer) bekannt ist. Dadurch wird sowohl eine meist ausreichende pH-Pufferung, als auch Dekomplexierung und Einstellung der Lösungen auf gleiche Aktivität bewirkt.

Anwendungsbereich:

Das Verfahren ist anwendbar auf alle natürlichen Wässer, insbesondere Trinkwasser, sowie die meisten Abwässer im Konzentrationsbereich $\geq 0{,}01$ mg/l (10^{-6} mol/l) F^-.

Störungen und Vorbehandlung:

- Hydroxid-Ionen und Oxonium-Ionen stören infolge Bildung von $La(OH)_3$ bzw. HF oder HF_2^-. Die Störung wird durch Optimierung des pH-Wertes mit TISAB-Lösung behoben.
- Komplexbildner wie insbesondere Al^{3+}, Fe^{3+}, Si^{4+} und andere mehrwertige Ionen bilden mit Fluorid z. T. sehr stabile Komplexe. Durch Umkomplexierung mit Titriplex IV wird auch das auf diese Weise gebundene Fluor der Bestimmung zugänglich.
- Eine unterschiedliche Ionenstärke der Proben wird durch Zugabe einer konstanten Menge TISAB-Lösung behoben.
- Proben sollten nur in PE- oder PP-Flaschen entnommen werden, deren Gefäßwandung mit Fluorid gesättigt ist. Dasselbe gilt für die verwendeten Meßbecher und insbesondere für die zur Aufbewahrung der Standards verwendeten Kunststoff-Flaschen; sie sollten stets mit Fluorid-Lösungen derselben Konzentration möglichst voll befüllt sein. Die Lösungen werden erst verworfen, bevor die neuen Eichlösungen eingefüllt werden.
- Soweit Glasgeräte verwendet werden müssen, z. B. zur Bereitung der Standard- und Eichlösungen (Meßkolben, Pipetten), sollten sie vorher mit Natronlauge, $c(NaOH) = 0{,}01$ mol/l gespült werden, um das Glas gegen Fluorid-Ionen zu sperren.
- Das zum Ansetzen der Lösungen verwendete Deionat sollte, um Fluorverluste zu vermeiden, mit Natronlauge (w. o.) gegen Phenolphthalein deutlich alkalisch gemacht werden.
- Die Meßtemperatur sollte bei 20 °C liegen und die Rührgeschwindigkeit konstant gehalten werden. Um eine thermische Beeinflussung der Proben durch Erwärmung des Magnetrührers zu vermeiden, kann zwischen Rührer und Meßbecher eine Schaumstoff-Isolierschicht gelegt werden.
- Bei längerem Nichtgebrauch und trockener Lagerung der Fluorid-Elektrode wird diese (über Nacht) in Deionat aktiviert, bis sich ein konstanter Meßwert für reines

Wasser (< -170 mV) eingestellt hat. Diese Behandlung erfolgt auch zwischen den einzelnen Messungen, wobei die Elektrode jeweils vorsichtig mit reinem Filterpapier abgetupft wird.

Geräte, Chemikalien und Reagenzien:

Fluorid-Einstabmeßkette, z. B. Orion Nr. 94–09 (30) oder Radiometer-Selectrode (34) pH-mV-Meter oder Ionenmeter, Auflösung 0,1 mV (s. Abschn. 1.1.3.14).

TISAB-Pufferlösung (pH 5,0–5,5), Merck, Art. 15368. Die Lösung kann auch wie folgt selbst bereitet werden: Man füllt etwa 700 ml Deionat in ein Becherglas. Dazu gibt man 57 ml Essigsäure z. A. (Eisessig), 58 g Natriumchlorid z. A. (oder möglichst Suprapur, Merck, Art. 6406), 4 g Titriplex IV z. A., Merck Art. 8424, und löst unter Rühren (Magnetrührer). Der Lösung wird unter Rühren und Kühlen im Wasserbad sowie unter elektrometrischer pH-Kontrolle Natronlauge, $c(NaOH) = 5$ mol/l, zugegeben, bis ein pH-Wert zwischen 5,0 und 5,5 erreicht ist. Man füllt in einen Meßkolben und ergänzt mit Deionat zu 1000 ml. Der pH-Wert dieser Lösung sollte bei 5,3 (20 °C) liegen.

Fluorid-Stammlösung (g/l): 1 Ampulle Fluorid-Standardlösung (KF in Wasser), 1,000 g $\pm$ 0,002 g F^-, Merck, Art. 9869, wird mit Deionat im Meßkolben zu 1000 ml aufgefüllt. Die Lösung wird sofort in eine Kunststoff-Flasche umgefüllt. 1 ml $\triangleq$ 1 mg F^-. Aus dieser Lösung werden geeignete Standard-Lösungen hergestellt, z. B.:

Fluorid-Standardlösung 1 (100 mg/l F^-): 100 ml Fluorid-Stammlösung werden in einen Meßkolben pipettiert und mit Deionat zu 1000 ml aufgefüllt. 1 ml $\triangleq$ 0,1 mg F^-.

Fluorid-Standardlösung 2 (10 mg/l F^-): 100 ml Fluorid-Standardlösung 1 werden in einen Meßkolben pipettiert und mit Deionat zu 1000 ml aufgefüllt. 1 ml $\triangleq$ 0,01 mg F^-.

Fluorid-Eichlösungen: Durch weiteres Verdünnen der Fluorid-Standardlösungen werden geeignete Eichlösungen bereitet, z. B.:

Eichlösung Nr.:		ml Standard 2:	verdünnt zu:
1	0,01 mg/l F^-	1,000 ml	1000 ml
2	0,1 mg/l F^-	10,00 ml	1000 ml
3	0,5 mg/l F^-	50,00 ml	1000 ml
4	1,0 mg/l F^-	10,00 ml	100 ml
5	2,0 mg/l F^-	20,00 ml	100 ml
6	5,0 mg/l F^-	50,00 ml	100 ml

Die Eichlösungen werden sogleich in Kunststoff-Flaschen umgefüllt. Sie sind jeweils frisch herzustellen (Dosieren möglichst mittels Kolbenbürette).

Fluorid-Standardlösung (mol/l): (diese Lösung wird verwendet, wenn die Eichkurve in mol/l erstellt werden soll) Natriumfluorid Suprapur, Merck, Art. 6450 wird im Exsikkator bis zur Gewichtskonstanz getrocknet. Daraus werden 0,4199 g eingewogen und im Meßkolben mit Deionat zu 1000 ml gelöst. 1 ml $\triangleq$ 0,01 mol/l (10 mmol/l) (entspricht Standardlösung 2).

Ausführung und Auswertung:

1. Aufstellen der Eichgeraden: Beginnend mit der niedrigsten Konzentration werden je 5 ml Eichlösung und TISAB-Lösung in einen kleinen mit Rührstäbchen versehenen PP-Becher pipettiert, die (vorher aktivierte und mit Filterpapier vorsichtig getrocknete; vgl. Vorbehandlung) Fluorid-Einstabmeßkette eingetaucht und bei gleichmäßig-langsamem Rühren die Stabilisierung des Meßwertes am Gerät abgewartet. Die Meßwerteinstellung erfolgt bei höheren Fluorid-Konzentrationen rasch, kann jedoch bei sehr niederen Werten 30 min und mehr benötigen. Nach Beendigung des Meßvorganges wird die Elektrode mit Deionat gut gespült, mit Filterpapier getrocknet, neuerlich in Deionat konditioniert und nach stabiler Anzeige die nächste Probe gemessen. Nachdem alle Eichlösungen durchgemessen sind, werden deren Konzentrationen (mg/l bzw. mmol/l) auf halblogarithmischem Papier gegen die zugehörigen mV-Werte aufgetragen und die Eichgerade gezogen bzw. aus den ermittelten Punkten nach der Methode der kleinsten Quadrate die Ausgleichsgerade gelegt.

2. Messung der Proben: Die Proben werden in genau derselben Weise gemessen wie die Eichlösungen. Aus den erhaltenen mV-Werten wird anhand der Eichkurve die betreffende Fluorid-Konzentration der Probe ermittelt.

Angabe der Ergebnisse:
Es werden bei einer Konzentration an Fluorid von

        0,01– 0,1   mg/l auf 0,001 mg/l
    > 0,1 –10   mg/l auf 0,01 mg/l
    > 10   mg/l auf 0,1   mg/l gerundete Werte angegeben.

Beispiel:
Fluorid, $c(F^-) = 0{,}0279$ mmol/l (0,53 mg/l)
Literatur: [3, 44, 129, 213.1, 303, 326, 389, 393, 511, 550, 551, 567].

2.5.4 Bestimmung von Cyanid (CN^-)

Methode:

Kolorimetrisch bzw. photometrisch nach Bildung von Chlorcyan, Reaktion mit Pyridin zu Glutacondialdehyd und Kondensation mit 1,3-Dimethylbarbitursäure zu einem violetten Polymethinfarbstoff.

Theorie:

Cyanid bildet mit dem durch Reagenz CN-1 A freigesetzten Chlor Chlorcyan, ClCN. Die gleiche Reaktion tritt, wenn auch mit verminderter Geschwindigkeit, mit Thiocyanat, SCN^-, auf. Von Metallcyaniden und Metallcyanokomplexen reagieren nur solche, die durch Hypochlorit zerstört werden. Sie bilden in der Wasseranalytik die Gruppe der «chlorierbaren» bzw. «durch Chlor zerstörbaren» Cyanide, von deren Reaktionsbereitschaft ihre Toxizität (mit Ausnahmen) manchmal in erster Näherung abgeleitet wird. Die nächste Reaktionsstufe ist die Aufspaltung des Pyridinringes durch Chlorcyan unter Bildung von Glutacondialdehyd. Dieser ist eine Kupplungskomponente, die mit jeweils 2 Mol geeigneter Partner, wobei sich 1,3-Dimethylbarbitursäure als besonders geeignet erwies, zu entsprechenden Polymethinfarbstoffen kondensiert ($\varepsilon = 112\,700$, $\lambda_{max.} = 585$ nm).

Anwendungsbereich:

Die angegebenen Verfahren sind auf alle Wässer im Bereich von 0,002–0,5 mg/l CN^- anwendbar.

Störungen und Vorbehandlung:

- Cyanwasserstoff, HCN, («Blausäure») liegt in sauren und neutralen Wässern als leicht flüchtiger Cyanwasserstoff, im alkalischen Bereich als Cyanid-Ion vor. Cyanidlösungen geben bei pH-Werten < 11,5 HCN an die Luft ab. Daher müssen die Wasserproben entweder sofort untersucht oder durch Zusatz von 1 Plätzchen NaOH pro Liter auf pH ≥ 12 gebracht werden (Haltbarkeit: 1 Tag).
- Thiocyanat reagiert wie Cyanid zu Chlorcyan, wird jedoch bei Säurezugabe nicht in HCN umgesetzt, so daß Cyanid wie folgt entfernt und über die Differenz (CN^- + SCN^-) – (SCN^-) ermittelt werden kann: 50 ml Wasserprobe werden mit 1 ml Schwefelsäure, $w = 25\%$, etwa 1 min gekocht und nach Abkühlen und Auffüllen zu 50 ml wie die ursprüngliche Probe untersucht.
- Cyanoferrat(II)- und Cyanoferrat(III)-Ionen führen in cyanidhaltigen Proben zu Minderbefunden; bei Abwesenheit von Cyanid können sie eine schwach positive Cyanid-Reaktion verursachen.
- Organische Cyanide (Nitrile) werden nicht erfaßt.

Ausführung:

1. Schnellbestimmung mit Aquaquant-Testsatz 14 417: (vgl. Abschn. 1.1.3.6 und Abb. 2.6.3) In beide Rundküvetten werden je 20 ml Wasserprobe einpipettiert. In das innere Glas gibt man sodann der Reihe nach die entsprechenden Reagenzien und nimmt frühestens nach 5 min jedoch innerhalb von 15 min den Farbabgleich durch Verschieben der im Komparatorblock untergelegten Farbpunkt-Skala vor.
Die Farbskala weist folgende Abstufungen auf (Zwischenwerte werden geschätzt): 0–0,002–0,004–0,007–0,010–0,013–0,016–0,020–0,025–0,03 mg/l CN^-.
Mit Aquaquant 14 429 bzw. Microquant 14 798 können bis 5,0 mg/l CN^- erfaßt werden.

2. Photometrische Bestimmung mit Spectroquant-Testsatz 14 800: (0,005–0,5 mg/l CN^-) (vgl. Abschn. 1.1.3.6) Die Bestimmung wird mit 10 ml Wasserprobe analog wie unter 1. angegeben durchgeführt. Nach Umfüllen in eine 20-mm-Küvette wird im Digital-Photometer SQ 103 (s. Abb. 1.1.3 b) gemessen. Die Kalibrierung des Photometers erfolgt mit der entsprechenden Kalibrierküvette (0,008–1,25 mg/l CN^-).

Auswertung und Angabe der Ergebnisse:

Die Auswertung erfolgt methodenspezifisch unter Angabe der angewandten Methode («kolorim.» bzw. «photometr.»).

$$1 \text{ mmol Cyanid-Ionen} \triangleq 26{,}02 \text{ mg } CN^-$$

Beispiel:
Cyanid (kolorim.), $c(CN^-) = 0{,}0010$ mmol/l (0,025 mg/l)

Literatur: [1, 520, 531]; vgl. DIN 38 405-D 13.

2.5.5 Bestimmung von Hydrogensulfid (HS^-)

Schwefel der Oxidationsstufe -2 («Sulfidschwefel») kommt in Wässern in Abhängigkeit von pH-Wert und Temperatur in 3 Koexistenzbereichen vor und zwar als
- gelöster Schwefelwasserstoff (H_2S) in sauren Wässern; bei pH = 7 und 20 °C liegen noch etwa 50 % H_2S vor, erst bei pH = 9 ist der H_2S-Anteil praktisch vernachlässigbar (Fischereigewässer!);
- Hydrogensulfid-Ionen (HS^-); die Konzentration an HS^--Ionen nimmt ab pH = 5 rasch zu, beträgt bei pH = 7 etwa 50 % und bei pH = 9 etwa 100 %, so daß bei den meisten Wässern der Sulfidschwefel größtenteils als Hydrogensulfid vorliegt (und dadurch einem Nachweis durch den Geruchssinn entgeht!);
- Sulfid-Ionen (S^{2-}), welche erst bei pH = 13 etwa 50 % zum Sulfidschwefel beitragen.

Methode:

Kolorimetrisch bzw. photometrisch nach Reaktion zu Methylenblau (Caro-Fischer Reaktion).

Theorie:

Schwefelwasserstoff reagiert (nach Zerstörung von Nitrit durch Amidoschwefelsäure unter gleichzeitigem Ansäuern mit Reagenz HS-1 A) mit N,N'-Dimethyl-1,4-phenylendiammoniumdichlorid zu farblosem Leucomethylenblau, welches anschließend mit Eisen(III)-sulfat zu Methylenblau oxidiert wird ($\varepsilon = 21\,980$, $\lambda_{max.} = 665$ nm).

Anwendungsbereich:

Die angegebenen Verfahren sind auf alle Wässer im Bereich von 0,02–3,3 mg/l HS^--Ionen anwendbar.

Störungen und Vorbehandlung:

- Da H_2S aus Wässern entweichen oder kurzfristig oxidiert werden kann, sollten, insofern eine Analyse vor Ort nicht möglich ist, Proben unter Luftausschluß in dunklen Glasflaschen entnommen, gekühlt transportiert und im Labor sofort untersucht werden.
- Zur Bildung von Methylenblau ist ein pH-Wert von 0,5 erforderlich; nötigenfalls muß mit Schwefelsäure, $w = 25\%$, nachgestellt werden (Kontrolle: Spezial-Indikatorstäbchen pH 0–2,5).

Ausführung:

1. **Schnellbestimmung mit Aquaquant-Testsatz 14 416:** (vgl. Abschn. 1.1.3.6 und Abb. 2.6.3) In beide Rundküvetten werden je 20 ml Wasserprobe einpipettiert. In das innere Glas gibt man sodann der Reihe nach die entsprechenden Reagenzien und nimmt innerhalb von 10 min den Farbabgleich durch Verschieben der im Komparatorblock untergelegten Farbpunkt-Skala vor.
Die Farbskala weist folgende Abstufungen auf (Zwischenwerte werden geschätzt): 0–0,02–0,04–0,06–0,08–0,10–0,13–0,16–0,20–0,25 mg/l HS^-.
Mit Aquaquant 14 435 bzw. Microquant 14 777 können bis 5,0 mg/l HS^- erfaßt werden.

2. **Photometrische Bestimmung mit Spectroquant-Testsatz 14 779:** (0,03–3,3 mg/l HS^-) (vgl. Abschn. 1.1.3.6) Die Bestimmung wird mit 10 ml Wasserprobe analog wie unter 1.

angegeben durchgeführt. Nach Umfüllen in eine 20-mm-Küvette wird im Digital-Photometer SQ 103 (s. Abb. 1.1.3 b) gemessen. Die Kalibrierung des Photometers erfolgt mit der entsprechenden Kalibrierküvette (0,04–1,6 mg/l HS$^-$).

Auswertung und Angabe der Ergebnisse:
Die Auswertung erfolgt methodenspezifisch unter Angabe der angewandten Methode («kolorim.» bzw. «photometr.»).

$$1 \text{ mmol Hydrogensulfid-Ionen} \triangleq 33,07 \text{ mg HS}^-$$

Beispiel:
Hydrogensulfid (Sulfidschwefel)(photometr.), $c(\text{HS}^-) = 0,0423$ mmol/l (1,4 mg/l).

Literatur: [1, 520, 531]; vgl. DIN 38 405-D 7.

2.5.6 Bestimmung von Sulfat (SO_4^{2-})

Methode:
Nach Kationenaustausch Bariumperchlorat-Titration mit Thorin als Indikator.

Theorie:
Die gravimetrische Sulfatbestimmung mit Bariumchlorid in salzsaurer wäßriger Lösung ist wegen der Schwerlöslichkeit von Bariumsulfat

$$\text{Ba}^{2+} + \text{SO}_4^{2-} \rightleftharpoons \text{Ba}^{2+}\text{SO}_{4(s)}^{2-} \quad pK_L = 10$$

zwar sehr genau, jedoch aufgrund der geringen Fällungsgeschwindigkeit zeitraubend. Arbeitet man anstelle von Bariumchlorid mit Bariumperchlorat und außerdem in konz. alkoholischer Lösung, worin $\text{Ba}(\text{ClO}_4)_2$ gut löslich ist und BaSO_4 sich rasch quantitativ abscheidet, so läßt sich – unter Verwendung des Metallindikators Thorin – Sulfat *maßanalytisch* bestimmen. Titriert man eine Sulfat enthaltende Wasserprobe in Alkohol mit eingestellter $\text{Ba}(\text{ClO}_4)_2$-Lösung gegen Thorin, so bildet sich solange BaSO_4, wie Sulfat-Ionen vorhanden sind. Der geringste Überschuß an Ba^{2+}-Ionen färbt die zunächst gelbe Lösung durch Bildung eines Metall-Indikatorkomplexes rotorange. Aus dem Verbrauch an Bariumperchlorat-Lösung läßt sich der Sulfatgehalt errechnen. Thorin ist allerdings kein Ba-spezifischer Metallindikator und bildet mit den in der Probe vorhandenen zweiwertigen Kationen ebenfalls den roten Me-Indikator-Komplex (man versetze eine Wasserprobe mit 1 Tropfen Indikatorlösung!). Diese müssen daher durch Ionenaustausch entfernt werden.

Störungen und Vorbehandlung:
– Sämtliche mehrwertigen Kationen stören; sie werden durch Kationenaustausch nach Abschn. 2.3.2 entfernt.
– Sulfit und Phosphat (z. B. im Kesselwasser) stören und können wie in [520] beschrieben entfernt werden.

Chemikalien und Reagenzien:
Bariumperchlorat-Lösung, $c(\text{Ba}(\text{ClO}_4)_2) = 0,005$ mol/l, in Propanol-2/Wasser (4:1), mit Perchlorsäure eingestellt auf pH 2,5–4,0, Merck, Art. 9086

Perchlorsäure z. A., $w(HClO_4) = 60\%$
Propanol-2 (Isopropylalkohol) z. A., $(CH_3)_2CHOH$, oder Ethanol reinst DAB 8, C_2H_5OH
Thorin-Lösung: 0,2 g Thorin, Merck, Art. 8294, werden in 100 ml Deionat gelöst und in Kunststoff-Tropfflasche aufbewahrt.

Ausführung:
Der Ionenaustausch erfolgt in der nach Abschn. 2.3.2 vorbereiteten Austauschersäule (H-Form). Dazu wird ein Tropftrichter von geeigneter Größe mit einer entsprechenden Menge an Probe (etwa 100–200 ml) auf die Säule aufgeschraubt und der Hahn geöffnet. Mit dem Hahn an der Austauschersäule wird bei einer Tropfgeschwindigkeit von etwa 8–10 ml/min zunächst das in der Säule befindliche Wasser verdrängt (falls aus dem Tropftrichter die Probe nicht abfließt, bewege man ihn vorsichtig im Dichtungsring ein wenig auf und ab). Nach Abtropfen von ca. 15 ml ist saure Reaktion festzustellen; vorsichtshalber läßt man jedoch 30–50 ml abtropfen, verwirft diesen Anteil und sammelt sodann die benötigte Menge in einem Becherglas oder Meßzylinder. Für die Behandlung der nächsten Wasserprobe muß nicht vorher neutral gewaschen werden; es genügt, den Tropftrichter mit der Probe gründlich zu spülen und den ersten abfließenden Anteil von 30–50 ml zu verwerfen. Währenddessen kann die vorhergehende Probe titriert werden.
3mal je 10 ml der kationenfreien Probe mit einem Sulfatgehalt von etwa 0,05–5 mg, entsprechend 5–500 mg/l SO_4^{2-}-Ionen (bei geringerem Gehalt wird die Probe eingedampft, bei höherem verdünnt) werden in je einen 100-ml-Erlenmeyerkolben pipettiert und mit je 40 ml Propanol-2 oder Ethanol versetzt. Falls die Probe durch den Ionenaustausch nicht ohnedies im optimalen pH-Bereich 3,5–4,5 liegt, stellt man diesen durch Zutropfen von Perchlorsäure (Tropfpipette) entsprechend ein (als niedrigster Wert kann 2,5 noch akzeptiert werden, ansonsten ist die Probe zu verdünnen) (Kontrolle: Spezial-Indikatorstäbchen pH 2,5–4,5 [535]). Sodann wird 1 Tr. Thorin-Lösung zugesetzt, dabei muß sich die Probe rein gelb färben, und unter kräftigem Rühren (Magnetrührer) mit Bariumperchlorat-Lösung aus einer 10-ml-Mikrobürette bis zum bleibenden Umschlag von gelb nach rot titriert (Verbrauch V ml); die letzten Tropfen fügt man sehr langsam zu. Falls die Titration bei Tageslicht erfolgt, ist der Umschlag der zarten Farben mit weniger als 1 Tr. Titrant eindeutig erkennbar, vorausgesetzt, daß nicht mehr als 1 Tr. Indikator zugesetzt wurde. In gleicher Weise wird die 2. und 3. Probe titriert, wobei man den größten Teil an Bariumperchlorat rasch zugibt und sowohl mit der bereits austitrierten als auch mit der noch nicht titrierten Probe vergleichen kann.

Auswertung:

1 ml Bariumperchlorat-Lösung, $c(Ba(ClO_4)_2) = 0{,}005$ mol/l, entspricht 0,4803 mg SO_4^{2-}-Ionen. Daraus errechnet sich für 10 ml unverdünnte Wasserprobe die im Liter enthaltene Sulfatmenge:

$$\varrho(SO_4^{2-}) = \frac{V \cdot 1000 \cdot 0{,}4803}{10} = V \cdot 48{,}03 \quad \text{(mg/l)}$$

1 mmol Sulfat-Ionen $\hat{=}$ 96,06 mg SO_4^{2-}

Angabe der Ergebnisse:
Es werden bei einem Sulfatgehalt von

< 40 mg/l auf 1 mg/l,
40–400 mg/l auf 5 mg/l,
> 400 mg/l auf 10 mg/l gerundete Werte angegeben.

Beispiel:
Sulfat, $c(SO_4^{2-}) = 0{,}22$ mmol/l (21,1 mg/l)
Literatur: [1, 337, 520]; vgl. DIN 38 405-D 5.
Weitere Bestimmungsmöglichkeiten: [87, 301, 396, 531]

1. Nephelometrische Methode: Für orientierende Untersuchungen kann die bei Zugabe von Bariumchlorid-Lösung – je nach Sulfatgehalt – früher oder später einsetzende Trübung der Probe dienen (zur quantitativen Bestimmung s. [396]). In einer Proberöhre versetzt man 10 ml Probe mit 5 ml Salzsäure, $c(HCl) \approx 2$ mol/l, (190 g Salzsäure z. A., $w = 37\%$, werden mit Deionat zu 1000 ml aufgefüllt) und 5 ml Bariumchlorid-Lösung, $c(BaCl_2) = 0{,}1$ mol/l, (24,43 g Bariumchlorid z. A. werden in Deionat gelöst und zu 1000 ml aufgefüllt), schüttelt sofort und schaltet die Stoppuhr ein. Die Zeit bis zur ersten erkennbaren Trübung gegen einen schwarzen Hintergrund wird nach folgender Tabelle ausgewertet:

Zeit in s	5	7	10	15	20	30	45	60	75	120	300
mg/l Sulfat	120	100	80	70	60	50	40	30	25	18	12

2. Schnellbestimmung mit Aquaquant-Testsatz 14411: (vgl. Abschn. 1.1.3.6 und Abb. 2.6.3) (Abstufung: 0–25–50–80–110–140–200–300 mg/l SO_4^{2-}) bzw. mit **Microquant-Testsatz 14789** oder photometrisch mit **Spectroquant-Testsatz 14791** (vgl. Abb. 1.1.3 b) (Meßbereich: 10–600 mg/l SO_4^{2-}).
Die Testsätze beruhen auf der Reaktion von Sulfat-Ionen mit Bariumjodat im wäßrig-organischen Medium zu Bariumsulfat und Jodat-Ionen, welche mit Tannin einen braunroten Farbkomplex bilden.

2.5.7 Bestimmung von Phosphat (als PO_4^{3-}) und Silicat bzw. Kieselsäure (als SiO_2)

Phosphorverbindungen können in natürlichen Wässern und Abwässern in gelöster als auch in ungelöster Form vorkommen und durch entsprechende Vorbehandlung in gewissem Ausmaß differenziert erfaßt werden.
Filtrierte Proben (Membranfilter, Porenweite 0,45 μm) ermöglichen die Bestimmung von
- **Orthophosphat,** welches in Abhängigkeit vom pH-Wert vorwiegend als HPO_4^{2-}-Ion vorliegt; es werden jedoch auch andere, in kolloider bzw. oligomerer Molekülgrößenfraktion vorliegende Phosphor-Species mit erfaßt, soweit sie von den Säuren in den zur Bestimmung verwendeten Reagenzien von organischer Matrix abgespalten und anfärbbar (reaktiv) werden («gelöster reaktiver Phosphor»).
- **Summe von Orthophosphat und hydrolysierbarem Phosphat;** es werden alle in stark saurer Lösung in der Siedehitze hydrolysierbaren kondensierten (Poly-)Phosphorverbindungen erfaßt (z. B. Waschmittelbuilder, etwa $Na_5P_3O_{10}$).
- **Gelöstes Gesamtphosphat;** es werden je nach Wirkungsgrad der Aufschlußverfahren weitgehend alle gelösten organischen und anorganischen Phosphorverbindungen

erfaßt (entsprechende Aufschlußverfahren sind nach DEV [1], DIN 38 405-D 11 auszuführen).

Unfiltrierte (homogenisierte) Proben gestatten – analog dem gelösten Gesamtphosphat – je nach Wirkungsgrad der Aufschlußverfahren die Bestimmung von
- **Gesamtphosphat** (z. B. suspendierte mineralische Phosphate bzw. organische Species, etwa Plankton).

Zur **Bestimmung von Phosphat** eignen sich zwei artverwandte kolorimetrische bzw. photometrische Verfahren, die «Phosphorvanadomolybdängelb»-Methode (hier nicht behandelt; vgl. [531]), insbesondere geeignet bei höheren Phosphatgehalten in Gegenwart größerer Silicatmengen, sowie die «Phosphormolybdänblau»-Methode (PMB-Verfahren), die in entsprechend modifizierter Form auch zur **Silicatbestimmung** geeignet ist.

Kieselsäure ist in geringer Menge in allen natürlichen Wässern, teils in echt gelöster Form, teils in kolloidalem Zustand vorhanden. Die echt gelöste Kieselsäure liegt je nach pH-Wert als Silicat-Ion wechselnder Zusammensetzung oder als undissoziierte freie Säure vor. Bezüglich der Erfassung gilt ähnliches wie für Orthophosphat.

Methode:

Kolorimetrisch bzw. photometrisch nach Bildung von reduzierter α-Phosphormolybdänsäure (α-Phosphormolybdänblau) bzw. β-Silicomolybdänsäure (β-Silicomolybdänblau).

Theorie:

Der Phosphat- und der Silicatbestimmung liegt derselbe Reaktionsmechanismus zugrunde. Orthophosphat reagiert im pH-Bereich 0,8–0,95 mit Ammoniumheptamolybdat bzw. der in schwefelsaurer Lösung vorliegenden Isopolymolybdänsäure etwa nach folgender Gleichung

$$H_3PO_4 + 12\ H_2MoO_4\ (\text{polymer}) \xrightarrow[\text{pH} = 0{,}8-0{,}95]{H_2SO_4} H_3P(Mo_3O_{10})_4 + 12\ H_2O$$

zu farbloser α-Phosphormolybdänsäure (β-PMS ist gelb), wobei die vier O-Atome des Orthophosphats durch vier (Mo_3O_{10})-Gruppen ersetzt sind (vgl. Reaktivität!). Die anschließende Reduktion zu α-Phosphormolybdänblau, etwa der Formel $H_7P(Mo_3O_{10})_4$, in der Mo eine Wertigkeit von 5,67 aufweist, kann auf verschiedene Weise erfolgen. Die DEV [1], DIN 38 405-D 11 «Bestimmung von Phosphorverbindungen» verwenden Sb/Ascorbinsäure, wobei das Extinktionsmaximum im IR liegt (λ_{max} = 890 nm). Die nachfolgend beschriebenen Verfahren verwenden Zinn(IV)-chlorid, $SnCl_2$, mit dem Vorteil, daß das Extinktionsmaximum mit den meisten Photometern noch gut erfaßbar ist ($\varepsilon = 26400$, λ_{max} = 700 nm); allerdings ergeben sich dabei ganz schwach blau gefärbte Blindwerte.

In analoger Weise bildet z. B. als Orthokieselsäure, H_4SiO_4, vorliegendes reaktives Silicium im pH-Bereich 1,2–1,7 β-Silicomolybdänsäure, $H_4Si(Mo_3O_{10})_4$, (im pH-Bereich 2–4 bildet sich die α-Form). Auch hier kann, wie bei Orthophosphat, nur das nicht polymere tetraedrische $(SiO_4)^{4-}$-Ion die vier erforderlichen (Mo_3O_{10})-Gruppen anlagern. Die in Anwesenheit von reaktivem Phosphor gleichzeitig gebildete PMS wird durch Weinsäure unter Bildung farbloser Mo-Tartratkomplexe selektiv zerstört. Bei der anschließenden Reduktion wird ebenfalls Mo^{6+} zu etwa $Mo^{5,6+}$ unter Bildung von β-Silicomolybdänblau reduziert. Das Extinktionsmaximum liegt bei λ = 820 nm, es kann jedoch an der Schulter z. B. bei $\lambda = 650$ nm ($\varepsilon = 7330$) noch mit hinlänglicher Genauigkeit gemessen werden.

Bestimmung von Phosphat

Anwendungsbereich:
Die angegebenen Verfahren sind auf alle Wässer im Bereich von 0,01–2,4 mg/l P anwendbar.

Störungen und Vorbehandlung:
– Da sich die Mengenverhältnisse der vorliegenden Phosphor-Species vor allem bei Säurezugabe rasch ändern können, sollten für differenzierende Untersuchungen nur unkonservierte Proben möglichst am Ort der Probenahme, jedenfalls aber innerhalb von 3 h zur Untersuchung gelangen.
– Zur Entnahme von Proben sollten einzig für die Phosphorbestimmung reservierte, dunkle Glasflaschen verwendet werden. Sie sind vor Gebrauch mit heißer Salzsäure, $w = 25\%$, und gründlichem Spülen mit Deionat zu reinigen. Phosphathaltige Reinigungsmittel dürfen nicht verwendet werden.
– Im allgemeinen werden filtrierte (Membranfilter, Porenweite 0,45 μm) Proben untersucht. Die Filtration sollte möglichst kurz nach der Probenahme erfolgen. Das Filter ist vorher mit etwa 200 ml auf 30–40 °C erwärmten Deionat phosphatfrei zu waschen; die ersten 10 ml des Filtrats der Probe werden verworfen.
– Zur Bestimmung der Summe von Orthophosphat und hydrolysierbarem Phosphat werden 100 ml der filtrierten Probe mit 1–2 ml Schwefelsäure, $w = 25\%$, angesäuert (pH < 1) und sodann 30 min zum gelinden Sieden erhitzt, wobei ein Volumen von 25–50 ml zu erhalten ist. Anschließend wird mit Natronlauge, $w = 10\%$, neutralisiert und auf 100 ml rückverdünnt.
– Die Reduktion mit $SnCl_2$ setzt voraus, daß keine starken Oxidationsmittel oder Komplexbildner vorhanden sind.
– Gefäße und Küvetten, die mit dem blauen PMS-Komplex in Berührung kommen, sind von Zeit zu Zeit mit Natronlauge, $w = 20\%$, zu reinigen.

Ausführung:
1. Schnellbestimmung mit Aquaquant-Testsatz 14409: (vgl. Abschn. 1.1.3.6 und Abb. 2.6.3) In beide Rundküvetten werden je 20 ml Wasserprobe einpipettiert. In das innere Glas gibt man sodann 12 Tr. Molybdat-Reagenz (P-1A), dabei sollte sich ein pH-Wert von 0,7 einstellen (Kontrolle: Spezial-Indikatorstäbchen pH 0–2,5 [535]). Nach Zugabe von 3 Tr. $SnCl_2$-Lösung (P-2A) läßt man 7 min stehen und nimmt dann innerhalb von 5 min den Farbabgleich durch Verschieben der im Komparatorblock untergelegten Farbpunkt-Skala vor.
Die Farbskala weist folgende Abstufungen auf (Zwischenwerte werden geschätzt): 0–0,01–0,02–0,03–0,045–0,06–0,08–0,10–0,13–0,16 mg/l P.

2. Photometrische Bestimmung mit Spectroquant-Testsatz 14788: (0,024–2,4 mg/l P) (vgl. Abschn. 1.1.3.6) Die Bestimmung wird mit 10 ml Wasserprobe analog wie unter 1. angegeben durchgeführt (der pH-Wert sollte nach Zugabe von Molybdat-Reagenz 0,8–0,95 betragen). Nach Umfüllen in eine 20-mm-Küvette wird im Digital-Photometer SQ 103 (s. Abb. 1.1.3b) gemessen (Filter: R 690). Die Kalibrierung des Photometers erfolgt mit entsprechenden Kalibrierküvetten (0,1–0,45 mg/l P) (0,45–1,0 mg/l P).

Auswertung und Angabe der Ergebnisse:
Die Auswertung erfolgt methodenspezifisch unter Angabe der angewandten Methode («kolorim.» bzw. «photometr.»).

Umrechnungen:		mmol P	mg P	mg PO_4^{3-}
1 mmol P	entspricht	1	30,974	94,972
1 mg P	entspricht	0,03229	1	3,066
1 mg PO_4^{3-}	entspricht	0,01053	0,326	1

Beispiele:
Orthophosphat (kolorim.), $c(PO_4^{3-}) = 0,0026$ mmol/l (0,25 mg/l $\hat{=}$ 0,08 mg/l P)
Summe von Orthophosphat und hydrolysierbarem Phosphat (photom.), ber. als P, $c(P) = 0,0581$ mmol/l (1,8 mg/l)

Literatur: [1, 520, 525, 531]; vgl. DIN 38405-D 11.

Bestimmung von Silicat bzw. Kieselsäure

Anwendungsbereich:
Die angegebenen Verfahren sind auf alle Wässer im Bereich von 0,01–8,0 mg/l Si anwendbar.

Störungen und Vorbehandlung:
– Die Bestimmung sollte möglichst am Ort der Probenahme oder so rasch als möglich im Labor erfolgen. Die Proben sind in Kunststoff-Flaschen, ohne konservierende Maßnahmen zu entnehmen.
– Bei höheren Silicatkonzentrationen ist die Probe mit Deionat (aus Kunststoffbehälter!) entsprechend zu verdünnen.
– Die Störung durch Phosphat wird bei den in Wässern vorkommenden Konzentrationen durch Komplexierung mit Weinsäure (Reagenz Si-2A) verhindert.
– Zur Depolymerisierung nicht reaktiver Kieselsäure werden 50 ml Wasserprobe mit 0,5 g Natriumcarbonat Suprapur [540] in einer PTFE-Schale durch schwaches Sieden auf etwa die Hälfte eingeengt, mit 1,6 ml Schwefelsäure, $w = 25\%$, versetzt und mit Deionat wieder auf 50 ml aufgefüllt.

Ausführung:
1. Schnellbestimmung mit Aquaquant-Testsatz 14410: (vgl. Abschn. 1.1.3.6 und Abb. 2.6.3) In beide Rundküvetten werden je 20 ml Wasserprobe pipettiert. In das innere Glas gibt man sodann 3 Tr. Molybdat-Reagenz (Si-1 A) und läßt 3 min stehen. Dabei sollte sich ein pH-Wert von 1,7 einstellen (Kontrolle: Spezial-Indikatorstäbchen pH 0–2,5). Nach Zugabe von 3 Tr. Weinsäure (Si-2A) und Reduktion mit 10 Tr. $SnCl_2$-Lösung (Si-3 A) kann nach 2 min der Farbabgleich durch Verschieben der im Komparatorblock untergelegten Farbpunkt-Skala vorgenommen werden. Die Farbe bleibt stabil.
Die Farbskala weist folgende Abstufungen auf (Zwischenwerte werden geschätzt):
0–0,01–0,02–0,04–0,06–0,08–0,10–0,15–0,20–0,25 mg/l Si
Mit Microquant Silicium 14792 können bis 10 mg/l Si direkt bestimmt werden.

2. Photometrische Bestimmung mit Spectroquant-Testsatz 14794: (0,03–8,0 mg/l Si) (vgl. Abschn. 1.1.3.6) Die Bestimmung wird mit 10 ml Wasserprobe analog wie unter 1. angegeben durchgeführt (der pH-Wert sollte nach Zugabe von Molybdat-Reagenz 1,4 betragen). Nach Umfüllen in eine 20-mm-Küvette wird im Digital-Photometer SQ 103 (s. Abb. 1.1.3 b) gemessen (Filter: R 650). Die Kalibrierung des Photometers erfolgt mit der entsprechenden Kalibrierküvette (0,2–4,0 mg/l Si).

Auswertung und Angabe der Ergebnisse:
Die Auswertung erfolgt methodenspezifisch unter Angabe der angewandten Methode («kolorim.» bzw. «photometr.»).

Umrechnungen:		mmol Si	mg Si	mg SiO_2
1 mmol Si	entspricht	1	28,086	60,084
1 mg Si	entspricht	0,03560	1	2,139
1 mg SiO_2	entspricht	0,01664	0,467	1

Beispiele:
Gelöste Kieselsäure und Silicat (kolorim), ber. als SiO_2,
$c(SiO_2) = 0,1068$ mmol/l (6,4 mg/l $\triangleq$ 3,0 mg/l Si)
Gesamt-Kieselsäure (photometr.), ber. als Si, $c(Si) = 0,1424$ mmol/l (4,0 mg/l Si)

Literatur: [1, 520, 525, 531].

2.6 Bestimmung von Stickstoffverbindungen

2.6.1 Bestimmung von Ammonium (NH_4^+) bzw. Ammoniak (NH_3)

Methode:
Kolorimetrisch bzw. photometrisch nach Bildung eines blauen Indophenol-Farbstoffes (BERTHELOTs Reaktion).

Theorie:
Nach Alkalisierung der Wasserprobe bis pH = 13, wobei gleichzeitig Tartrat zugesetzt und dadurch Erdalkaliionen und Eisen in Lösung gehalten werden, reagiert der bei diesem pH-Wert vollständig als NH_3 vorliegende Ammonium-Stickstoff mit Hypochlorit quantitativ zu Monochloramin, NH_2Cl. Die Bildung von Di- und Trichloramin, die für die Folgereaktion ungeeignet sind, ist in diesem stark alkalischen Milieu ausgeschlossen. Monochloramin reagiert sodann unter der katalytischen Wirkung von Dinatriumpentacyano-nitrosyl-ferrat(III) («Natrium-Nitroprussid») mit Thymol (2-Isopropyl-5-methylphenol), das wegen seiner schnelleren Reaktion, höheren Stabilität und Empfindlichkeit dem Phenol überlegen ist, zu N-Chlor-2-isopropyl-5-methylchinon-monoimin. Dieses reagiert schließlich mit einem weiteren Thymolmolekül zum entsprechenden Indophenol, das im alkalischen Medium in der blauen Basenform vorliegt. Im Endeffekt wird bei dieser Reaktion jedes Ammonium-N-Atom zu einem Farbstoffmolekül umgesetzt.

Diese Reaktion bietet gegenüber der NESSLER-Reaktion, insbesondere hinsichtlich der photometrischen Bestimmung Vorteile. Das bei der NESSLER-Reaktion entstehende gelbbraune (Hg-haltige) Reaktionsprodukt bildet ein Kolloid, das kein definiertes Extinktionsmaximum aufweist und bei höherer Konzentration ausfällt. Indophenolblau hingegen ist ein dem LAMBERT-BEERschen Gesetz gehorchender, auch in hoher Konzentration wasserlöslicher Farbstoff mit einem ausgeprägten Extinktionsmaximum bei $\lambda = 690$ nm ($\varepsilon = 10\,500$).

Anwendungsbereich:
Die angegebenen Verfahren sind auf alle Wässer im Bereich von 0,025–3,0 mg/l NH_4^+ anwendbar.

Störungen und Vorbehandlung:
– Je nach pH-Wert liegt der Ammonium-Stickstoff in Wässern im Gleichgewicht NH_4^+/NH_3 (NH_4OH) vor (vgl. Abschn. 1.9); beide Formen werden vollständig erfaßt.
– Die Probenahme kann in Glas- oder PE-Flaschen erfolgen. Falls eine Untersuchung am Ort der Probenahme nicht möglich ist bzw. nicht innerhalb einiger Stunden erfolgen kann, muß die Probe konserviert werden. Es können 6 Tr. der zur Chloridbestimmung verwendeten verdünnten Quecksilbernitratlösung zugegeben werden (vgl. Abschn. 2.5.2).
– Trübstoffe werden durch Membranfiltration (Porenweite 0,45 μm) entfernt.
– Zum Spülen der Gefäße bzw. zum Verdünnen der Proben ist frisches Deionat bzw. Bidestillat zu verwenden, ebenso zum Auswaschen des Membranfilters (heiß).

Ausführung:
1. Schnellbestimmung mit Aquaquant-Testsatz 14428: (vgl. Abschn. 1.1.3.6 und Abb. 2.6.3) In beide Rundküvetten werden je 20 ml Wasserprobe pipettiert, nachdem diese unmittelbar vorher mehrmals mit NH_3-freiem Deionat gespült wurden. In das innere Glas gibt man sodann 2,5 ml Alkali-Tartrat-Reagenz, dabei sollte sich ein pH-Wert von 13 einstellen (Kontrolle: Spezial-Indikatorstäbchen pH 11,0–13,0; es muß sich ein leicht bräunlich-violetter Farbton zeigen). Nach Zugabe von Hypochlorit läßt man 5 min stehen, gibt 2 Tr. Thymol-Lösung zu und nimmt nach genau 7 min den Farbabgleich durch Verschieben der im Komparatorblock untergelegten Farbpunkt-Skala vor. Die Temperatur der Wasserprobe muß mindestens 20 °C, besser jedoch 25 °C betragen.
Die Farbskala weist folgende Abstufungen auf (Zwischenwerte werden geschätzt):
0–0,025–0,050–0,075–0,10–0,15–0,20–0,25–0,30–0,40 mg/l NH_4^+
Mit Aquaquant 14423 und Microquant 14750 können bis 8,0 mg/l NH_4^+ direkt erfaßt werden.

2. Photometrische Bestimmung mit Spectroquant-Testsatz 14752: (0,03–3,0 mg/l NH_4^+) (vgl. Abschn. 1.1.3.6) Die Bestimmung wird mit 10 ml Wasserprobe analog wie unter 1. angegeben durchgeführt, jedoch unter Anwendung von 1,3 ml Alkali-Tartrat-Reagenz und 8 Tr. Thymol-Lösung. Nach Umfüllen in eine 20-mm-Küvette wird im Digital-Photometer SQ 103 (s. Abb. 1.1.3 b) nach frühestens 5 min, jedoch innerhalb von 30 min gemessen (Filter: R 690). Die Kalibrierung des Photometers erfolgt mit der entsprechenden Kalibrierküvette (0,2–1,2 mg/l NH_4^+).

Auswertung und Angabe der Ergebnisse:
Die Auswertung erfolgt methodenspezifisch unter Angabe der angewandten Methode («kolorim.» bzw. «photometr.»).

Umrechnungen:		mmol N	mg N	mg NH_4^+
1 mmol N	entspricht	1	14,007	18,039
1 mg N	entspricht	0,07139	1	1,288
1 mg NH_4^+	entspricht	0,05544	0,777	1

Beispiel:
Ammonium-Stickstoff (kolorim.), $c(N) = 0,0194$ mmol/l (0,27 mg/l $\cong$ 0,35 mg/l NH_4^+)

Literatur: [1, 503, 525, 531]; vgl. DIN 38406-E 5.

Weitere Bestimmungsmöglichkeit: Die Bestimmung von NH_4-N kann auch mittels Ammoniak-Elektrode erfolgen (die Probe muß frei von flüchtigen Aminen sein); Literatur- und Firmenhinweise s. Abschn. 1.1.3.14.

2.6.2 Bestimmung von Nitrit (NO_2^-)

Methode:
Kolorimetrisch bzw. photometrisch nach Diazotierung von Sulfanilsäure und Kupplung mit Naphthylamin zu einem violetten Azofarbstoff ($\varepsilon = 37100$, $\lambda_{max.} = 525$ nm; pH = 2,1). Sulfanilamid bildet unter denselben Reaktionsbedingungen einen roten Azofarbstoff (GRIESS-Reaktion).

Theorie:
Nitrite reagieren in saurer Lösung mit primären aromatischen Aminen, z. B. Sulfanilsäure, $HSO_3-C_6H_4-NH_2 \cdot HCl$, oder Sulfanilamid, $H_2N-SO_2-C_6H_4-NH_2 \cdot HCl$, unter Bildung von Diazoniumsalzen:

$$H_2N-SO_2-C_6H_4-NH_2 + HO-N=O \xrightarrow{H_3O^+Cl^-} [H_2N-SO_2-C_6H_4-N\equiv N]\, Cl^-$$

Diese kuppeln mit aromatischen Verbindungen, die eine Amino- oder Hydroxylgruppe enthalten, z. B. N-[Naphthyl-(1)]-ethylendiamin-dihydrochlorid, zu intensiv (rot) gefärbten Azofarbstoffen:

$$H_2N-SO_2-C_6H_4-\overset{+}{N}\equiv N + [H-C_{10}H_6-\overset{+}{N}H_2-CH_2-CH_2-\overset{+}{N}H_3]\, 2\,Cl^- \longrightarrow$$

$$H_2N-SO_2-C_6H_4-\overset{+}{N}=N-C_{10}H_6-NH-CH_2-CH_2-NH_2 \longleftrightarrow$$
$$|\phantom{=N-C_{10}H_6-NH-CH_2-CH_2-NH_2}$$
$$H$$

$$\left[H_2N-SO_2-C_6H_4-\underset{|\;H}{N}-N=C_{10}H_6=\overset{+}{N}H-CH_2-CH_2-NH_2\right] Cl^-$$

Die Reaktion ist spezifisch und sehr empfindlich, 1 µg/l Nitrit läßt sich noch nachweisen.

Anwendungsbereich:
Die angegebenen Verfahren sind auf alle Wässer im Bereich von 0,005–3,0 mg/l NO_2^- anwendbar.

Störungen und Vorbehandlung:
– Die Wasserprobe muß in einer Glasflasche entnommen und möglichst am Ort der Probenahme, jedenfalls aber innerhalb von 6 h untersucht werden. Eine Konservierung kann wie bei Ammonium (Abschn. 2.6.1) angegeben erfolgen.
– Trübungen werden möglichst durch Zentrifugieren oder Filtration durch Glasfaserpapier bzw. (vorher mit heißem Wasser gewaschenem) Membranfilter beseitigt. Die Filtration ist möglichst schnell durchzuführen.
– Kolloid gelöste organische Stoffe, Huminsäuren und freies Chlor, sowie Störungen durch Schwermetall-Ionen können durch Zusatz von 5 ml Aluminiumsulfat-Lösung (120 g $Al_2(SO_4)_3 \cdot 18\ H_2O$ in 1000 ml Deionat lösen) je 100 ml Probe und von Natriumcarbonat-Natriumhydroxid-Lösung (50 g Na_2CO_3 und 50 g NaOH in 300 ml Deionat lösen) bis pH = 8 mit anschließender Zentrifugation bzw. Filtration beseitigt werden.

Ausführung:
1. Schnellbestimmung mit Aquaquant-Testsatz 14408; (vgl. Abschn. 1.1.3.6 und Abb. 2.6.3) In beide Rundküvetten werden je 20 ml Wasserprobe pipettiert. In das innere Glas gibt man sodann 1 Microlöffel Reagenzgemisch, schüttelt gut durch und nimmt nach 5 bis 10 min den Farbabgleich durch Verschieben der im Komparatorblock untergelegten Farbpunkt-Skala vor. Die Probe sollte eine Temperatur von 25 °C und nach Reagenzzugabe einen pH-Wert von 2,1 aufweisen.
Die Farbskala weist folgende Abstufungen auf (Zwischenwerte werden geschätzt): 0–0,005–0,012–0,02–0,03–0,04–0,05–0,06–0,08–0,1 mg/l NO_2^-.
Mit Microquant 14774 können zwischen 0,1 und 10 mg/l NO_2^- direkt erfaßt werden.
2. Photometrische Bestimmung mit Spectroquant-Testsatz 14776: (0,03–3,0 mg/l NO_2^-) (vgl. Abschn. 1.1.3.6) Die Bestimmung wird mit 10 ml Wasserprobe analog wie unter 1. angegeben durchgeführt. Nach Umfüllen in eine 20-mm-Küvette wird im Digital-Photometer SQ 103 (s. Abb. 1.1.3 b) (Filter: R 525) frühestens nach 10 min gemessen. Die Farbe ist mindestens 12 h stabil. Die Kalibrierung des Photometers erfolgt mit der entsprechenden Kalibrierküvette (0,02–1,5 mg/l NO_2^-).

Auswertung und Angabe der Ergebnisse:
Die Auswertung erfolgt methodenspezifisch unter Angabe der angewandten Methode («kolorimetr.» bzw. «photometr.»).

Umrechnungen:		mmol N	mg N	mg NO_2^-
1 mmol N	entspricht	1	14,007	46,006
1 mg N	entspricht	0,07139	1	3,285
1 mg NO_2^-	entspricht	0,02174	0,304	1

Beispiel:
Nitrit-Stickstoff (photometr.), $c(N) = 0{,}0007$ mmol/l (0,009 mg/l $\hat{=}$ 0,03 mg/l NO_2^-)
Literatur: [1, 525, 531]; vgl. DIN 38405-D 10.

2.6.3 Bestimmung von Nitrat (NO_3^-)

Methode:
Verfahren 1.: kolorimetrisch nach Reduktion zu Nitrit und Diazotierung von Sulfanilsäure in saurem Medium. Das hieraus resultierende Diazoniumsalz wird mit Gentisinsäure (2,5-Dihydroxybenzoesäure) zum entsprechenden Azofarbstoff gekuppelt (vgl. Abschn. 2.6.2).

Verfahren 2. und 3.: kolorimetrisch bzw. photometrisch nach Reaktion in Schwefelsäure, $w = 93\%$, mit 4,4'-Dimethoxybiphenyl zu einer tiefblauen, mäßig stabilen Oxoniumverbindung, die bei $\lambda = 720$ nm photometriert werden kann.

Anwendungsbereich:
Die angegebenen Verfahren sind auf alle Wässer im Bereich von 2–200 mg/l NO_3^- anwendbar.

Störungen und Vorbehandlung:
- Die bei Nitrit (Abschn. 2.6.2) angegebenen Hinweise sind zu beachten.
- Bei Verfahren 1. täuscht Nitrit in Konzentrationen von > 0,4 mg/l Nitrat vor. Es wird durch Zugabe von 4 Tr. einer wäßrigen Lösung von Amidoschwefelsäure z. A., $w = 10\%$, zu 10 ml Probe unter gutem Schütteln beseitigt. Nach etwa 2 min kann auf Nitrat geprüft werden.

Ausführung:
1. Schnellbestimmung mit Aquamerck-Testsatz 8032: In beide Rundküvetten werden je 5 ml Wasserprobe pipettiert. In das innere Glas gibt man sodann 1 Microlöffel Reagenz 1 sowie 2 Microlöffel Reagenz 2, verschließt mit Deckel und schüttelt 1 min. Nach 5 min kann der Farbabgleich durch Verschieben der im Komparatorblock untergelegten Farbpunkt-Skala erfolgen.
Die Farbskala weist folgende Abstufungen auf (Zwischenwerte werden geschätzt): 0–5–10–20–40–60–80–100–120–140 mg/l NO_3^-.
2. Schnellbestimmung mit Aquaquant-Testsatz 14444: (vgl. Abschn. 1.1.3.6 und Abb. 2.6.3) In die äußere Rundküvette werden 3 ml Deionat pipettiert. In das trockene innere Glas werden mittels Spritze 3 ml Reagenz 1A (Vorsicht, konzentrierte Schwefelsäure!) und mittels Mikropipette 0,25 ml Wasserprobe eingebracht. Die Probelösung wird exakt auf 21 °C thermostatisiert und nach Zugabe von 2 Tr. Reagenz 2A genau 2 min bei 21 °C stehen gelassen. Sodann erfolgt ohne weitere Verzögerung der Farbabgleich durch Verschieben der im Komparatorblock untergelegten Farbpunkt-Skala.
Die Farbskala weist folgende Abstufungen auf (Zwischenwerte werden geschätzt): 0–4–8–12–16–22–36 mg/l NO_3^-.
Mit Microquant 14771 können zwischen 0 und 200 mg/l NO_3^- direkt erfaßt werden.
3. Photometrische Bestimmung mit Spectroquant-Testsatz 14773: (2–50 mg/l NO_3^-) (vgl. Abschn. 1.1.3.6) Die Bestimmung wird mit 2,5 ml Reagenz 1 und 0,05 ml Wasserprobe analog wie unter 2. angegeben durchgeführt. Die Einhaltung der Temperatur von 21 °C sowie die sofortige Messung im Digital-Photometer SQ 103 (s. Abb. 1.1.3b) (Filter R 740) nach Umfüllen in eine 10-mm-Küvette und einer Standzeit von 2 min ist Voraussetzung für eine einwandfreie Bestimmung. Die Kalibrierung des Photometers erfolgt mit der entsprechenden Kalibrierküvette (15–60 mg/l NO_3^-).

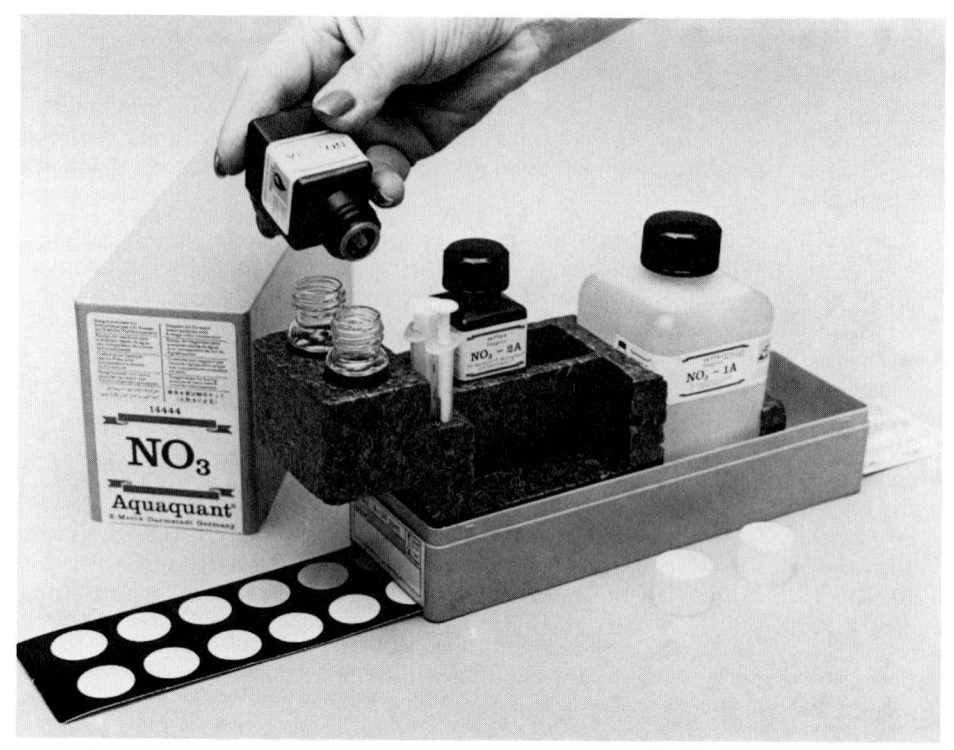

Abb. 2.6.3 *Die Aquaquant-Testsatzreihe [531], dargestellt am Beispiel der Nitratbestimmung. Zur visuellen Kolorimetrie werden lange oder kurze Rundküvetten (20-, 10- und 5-ml-Proben) in den in die Verpackungseinheit integrierten Kunststoff-Komparatorblock eingesetzt. Der Farbabgleich erfolgt nach speziellen optischen Effekten mittels der im Boden der Verpackung verschiebbaren Farbpunkt-Vergleichsskala.*

Auswertung und Angabe der Ergebnisse:
Die Auswertung erfolgt methodenspezifisch unter Angabe der angewandten Methode («kolorimetr.» bzw. «photometr.»).

Umrechnungen:		mmol N	mg N	mg NO_3^-
1 mmol N	entspricht	1	14,007	62,005
1 mg N	entspricht	0,07139	1	4,427
1 mg NO_3^-	entspricht	0,01613	0,226	1

Beispiel:
Nitrat-Stickstoff (photometr.), $c(N) = 0,7096$ mmol/l (9,94 mg/l $\hat{=}$ 44 mg/l NO_3^-)

Literatur: [1, 525, 531]; vgl. DIN 38405-D 9.

Weitere Bestimmungsmöglichkeit: Nitrat kann auch mit ionenselektiver Elektrode bestimmt werden; Literatur- und Firmenhinweise s. Abschn. 1.1.3.14.

2.7 Bestimmung gelöster Gase

2.7.1 Bestimmung von Sauerstoff (O_2)

Methode 1:
Maßanalytisch nach WINKLER (1888) durch Titration einer dem gelösten Sauerstoff äquivalenten Menge Iod mit Natriumthiosulfat (Iodometrie).

Theorie:
Gelöster Sauerstoff oxidiert in alkalischem Milieu Mn(II) zu Mn(IV), wobei sich Oxidhydrate wechselnder Zusammensetzung bilden («Fixieren des Sauerstoffs»):

$$2\,\overset{+II}{Mn}(OH)_2 + O_2 \longrightarrow 2\,\overset{+IV}{Mn}O(OH)_2$$

Der abgesetzte Niederschlag wird durch Zugabe von Säure (pH < 1) gelöst, wobei die durch die Umsetzung mit dem gelösten Sauerstoff entstandenen höherwertigen Mangan-Verbindungen als Mn^{3+}-Ionen in Lösung gehen. Diese wiederum oxidieren eine dem gelösten Sauerstoff äquivalente Menge Iodid-Ionen zu Iod, wobei sie zur ursprünglichen Oxidationsstufe +2 reduziert werden:

$$2\,Mn^{3+} + 2\,I^- \longrightarrow 2\,Mn^{2+} + I_2$$

Das in Freiheit gesetzte Iod läßt sich mittels einer Lösung von Natriumthiosulfat bekannten Gehalts wieder zu Iodid reduzieren, oder anders gesprochen: das in Freiheit gesetzte Iod oxidiert Thiosulfat zu Tetrathionat, wobei es selbst zu Iodid reduziert wird (Iodometrie):

$$\overset{+0}{I_2} + 2\,\overset{+II}{S_2O_3^{2-}} \longrightarrow 2\,\overset{-I}{I^-} + \overset{+X/4}{S_4O_6^{2-}}$$

Aus dem Verbrauch an Thiosulfat läßt sich indirekt der Gehalt an O_2 errechnen.
Die Endpunktanzeige ist durch das vollständige Verschwinden von Iod gekennzeichnet. Dieses bildet mit einem Überschuß an Iodid das tiefbraun gefärbte Triiodid-Ion, $[I_3]^-$, so daß der Endpunkt aufgrund der Eigenfarbe erkennbar wäre. Dennoch wird gegen Ende der Titration eine geringe Menge Stärke-Lösung zugesetzt. Stärke bildet mit geringsten Spuren Iod in Anwesenheit von Iodid eine tiefblau gefärbte Einschlußverbindung, wobei sich in den kanalartigen Hohlräumen der schraubenförmig aufgewickelten Glucoseketten der Amylose atomares Iod kettenförmig einlagert. Die blaue Farbe ist auf eine weitgehend freie Beweglichkeit (Delokalisation) aller sieben Valenzelektronen des Iod, ähnlich der metallischen Bindung, zurückzuführen. Die Einlagerung der Iodatome ist reversibel, so daß nach Reduktion des Iods auch die blaue Farbe verschwindet.

Anwendungsbereich:
Die Methode ist geeignet zur Bestimmung von O_2-Konzentrationen > 0,2 mg/l.
Bei künstlich mit Luft bzw. Sauerstoff angereichertem Wasser können die angegebenen Reagenzienmengen unzureichend sein. Es empfiehlt sich eine Verdoppelung derselben oder die elektrometrische Bestimmung.

Störungen und Vorbehandlung:
- Störend wirken die meisten oxidierenden oder reduzierenden Stoffe; die Ausschaltung aller dadurch hervorgerufenen Störungen wird durch das Iod-Differenzverfahren ermöglicht (DEV [1], DIN 38408-G 21-2).
- In natürlichen, ungechlorten Wässern sind im allgemeinen kaum Störungen zu erwarten bzw. sind diese in der Arbeitsvorschrift berücksichtigt: Nitrit-Ionen werden durch Zugabe von Natriumazid, Eisen(III)-Ionen durch Zusatz von Phosphorsäure unwirksam gemacht.
- Eisen(II)-Ionen müssen bestimmt und ihr O_2-Verbrauch in Abzug gebracht werden. 1 mg/l Fe^{2+} $\triangleq$ 0,14 mg/l O_2.
- Störungen durch gelöste organische Stoffe ($KMnO_4$-Verbrauch > 60 mg/l) werden ausgeschaltet durch Umwandlung der Manganhydroxide in die entsprechenden sauerstoffunempfindlichen Carbonate durch Zusatz von etwa 0,5 g Natriumhydrogencarbonat nach Fällung derselben.
- N-Allylthioharnstoff in Konzentrationen von > 0,5 mg/l stört die Endpunktserkennung bei der Titration.
- In Wässern mit extrem hoher mikrobieller O_2-Zehrung (z. B. Belebungsbecken) muß der Sauerstoff durch Inaktivieren der Mikroorganismen im Augenblick der Probenahme stabilisiert werden (s. DIN 38408-G 21).

Chemikalien und Reagenzien:
Mangan(II)-chlorid-Lösung: 100 g Mangan(II)-chlorid z. A., $MnCl_2 \cdot 4H_2O$, werden in 150 ml Deionat gelöst.
Alkalische Iodid-Azid-Lösung (Fällungsreagenz): 70 g Natriumhydroxid z. A., NaOH, und 60 g Kaliumiodid z. A., KI, werden in 150 ml Wasser gelöst. Getrennt davon werden 2 g Natriumazid, NaN_3, in 20 ml Deionat gelöst und sodann beide Lösungen vermischt. Die Lösung soll nach dem Verdünnen und Ansäuern bei Zugabe einiger Tropfen Stärkelösung keine Farbe zeigen.
Phosphorsäure: 600 ml Phosphorsäure z. A., H_3PO_4, ϱ = 1,71 g/ml (w = 85%), werden unter Rühren zu 400 ml Deionat zugegeben.
Natriumthiosulfat-Lösung, $c(Na_2S_2O_3)$ = 0,01 mol/l: 100 ml Natriumthiosulfatlösung, c = 0,1 mol/l, Titrisol [536] werden mit frisch abgekochtem und unter Verschluß abgekühltem Deionat im Meßkolben zu 1000 ml aufgefüllt. Zur Erhöhung der Haltbarkeit wird 1 Plätzchen Natriumhydroxid zugegeben. Die Lösung wird kühl und im Dunkeln aufbewahrt.
Zinkiodid-Stärkelösung z. A., Merck, Art. 5445

Ausführung:
1. Labormethode: Die Probenahme erfolgt nach Abschn. 2.1.1 in 100-ml-Sauerstoff-Flaschen mit abgeschrägtem Glasstopfen oder in gewöhnlichen Klarglasflaschen mit gut eingeschliffenem Glasstopfen (Flasche und Stopfen numerieren!). Das Volumen jeder dieser Flaschen wird für eine bestimmte Temperatur auf 0,2 ml durch Auswägen bestimmt [92] und auf der Flasche unverlierbar vermerkt, z. B. 102,6 ml (15 °C). Es empfiehlt sich eine Korrekturtabelle für einen bestimmten Temperaturbereich anzufertigen.
Sogleich nach der Probenahme wird der Sauerstoff durch Zugabe von je 1 ml Mangan(II)-chlorid-Lösung und Fällungsreagenz fixiert. Die dazu benützten Pipetten werden bis etwas unter den Flaschenhals in die Probe eingeführt und entleert; dadurch wird sichergestellt, daß sich die Reagenzlösungen unten einschichten und nur das überstehende Wasser aus der Flasche verdrängt wird. Nach blasenfreiem Aufsetzen des Stopfens

(Flasche schräg halten!) wird mehrmals gut umgeschüttelt und das Absetzen des Niederschlages abgewartet. Sodann wird nochmals geschüttelt und die Probe vor Licht geschützt unter Vermeidung größerer Temperaturunterschiede in das Labor transportiert bzw. bis max. 2 Tage aufbewahrt oder nach Möglichkeit alsbald weiterbearbeitet. Dazu wird der im unteren Drittel der Flasche sich befindende Niederschlag durch Zugabe von 5 ml Phosphorsäure bei eingetauchter Pipettenspitze gelöst, nach Säurezugabe die Flasche sofort wieder verschlossen, gut durchmischt und 10 min im Dunkeln stehengelassen. Die Probe wird quantitativ in einen 250-ml-Erlenmeyerkolben überführt und zur Vermeidung von Iodverlusten sofort mit Natriumthiosulfat titriert (10- bzw. 25-ml-Bürette) bis die Flüssigkeit hellgelb geworden ist. Nun setzt man einige Tropfen Stärkelösung zu und titriert langsam bis zum Verschwinden der blauen Farbe zu Ende. Eine später wieder auftretende Blaufärbung bleibt unberücksichtigt.

Die Titration kann auch in der Sauerstoff-Flasche erfolgen. In diesem Falle saugt man von dem gut abgesetzten Niederschlag etwa ein Drittel der überstehenden Lösung vorsichtig ab (wobei zu beachten ist, daß dadurch ein entsprechender Verlust an Iodid entsteht!), setzt 5 ml Phosphorsäure zu und verfährt weiter wie oben angegeben, wobei die Titration in der Flasche erfolgt (Magnetrührer!).

2. Schnellbestimmung mit Testsatz Aquamerck Sauerstoff: [529] (vgl. Abschn. 1.1.3.6 und Abb. 2.4.2) Der Reagenziensatz beruht auf den oben beschriebenen theoretischen Gegebenheiten; auch die experimentelle Bestimmung wird in derselben Weise durchgeführt, wobei die Probenahme mittels beigegebener 50-ml-Spritze erfolgen kann und nach Fixierung des Sauerstoffs auch die Titration direkt am Entnahmeort möglich ist. Durch Anschaffung zusätzlicher Sauerstoff-Flaschen (Volumen 50 ml) lassen sich die einsatzmöglichkeiten beträchtlich erweitern. Die Genauigkeit ist bei ordnungsgemäßer Anwendung als Feldmethode ausreichend (Abstufung der Titrierpipette: 0,1 mg/l O_2).

Auswertung:
Wurden V ml Natriumthiosulfat-Lösung, $c(Na_2S_2O_3) = 0{,}01$ mol/l, (entsprechend 0,08 mg O_2 je ml) verbraucht, beträgt das Volumen der O_2-Flasche W ml und wurden durch die Reagenzien zur Fixierung des Sauerstoffs w ml Probe ($w = 2$ ml) verdrängt, so errechnet sich der Gehalt an Sauerstoff nach der Gleichung:

$$\varrho\,(O_2) = \frac{V \cdot 0{,}08 \cdot 1000}{W - w} = \frac{V \cdot 80}{W - 2} \quad \text{(mg/l)}$$

1 mmol Sauerstoff $\hat{=}$ 32,00 mg O_2

Das **Sauerstoffdefizit** einer Probe bei Entnahmetemperatur ergibt sich als Differenz der Sauerstoffsättigungskonzentration (Sauerstoffsättigung bzw. ggf. auch Sauerstoffübersättigung) (Tab. 2.7.1) zum experimentell für diese Probe gefundenen Wert.

Der **Sauerstoffsättigungsindex** ist das in % ausgedrückte Verhältnis der experimentell ermittelten Sauerstoffkonzentration zur Sauerstoffsättigungskonzentration (100%).

Angabe der Ergebnisse:
Es werden bei einer Konzentration an gelöstem Sauerstoff von
< 10 mg/l auf 0,01 mg/l
≥ 10 mg/l auf 0,1 mg/l gerundete Werte angegeben.

Tab. 2.7.1 Löslichkeit von Luftsauerstoff in reinem Wasser in Abhängigkeit von der Temperatur bei einem Gesamtdruck von 1013,25 mbar (760 Torr) (Sauerstoffsättigungskonzentration) in mg/l O_2 nach WAGNER (1979) [422]; vgl. [130].

t	in °C	,0	,1	,2	,3	,4	,5	,6	,7	,8	,9	1,0
0	14,	64	60	55	51	47	43	39	35	31	27	23
1		23	19	15	10	06	03	.99	.95	.91	.87	.83
2	13,	83	79	75	71	68	64	60	56	52	49	45
3		45	41	38	34	30	27	23	20	16	12	09
4		09	05	02	.98	.95	.92	.88	.85	.81	.78	.75
5	12,	75	71	68	65	61	58	55	52	48	45	42
6		42	39	36	32	29	26	23	20	17	14	11
7		11	08	05	02	.99	.96	.93	.90	.87	.84	.81
8	11,	81	78	75	72	69	67	64	61	58	55	53
9		53	50	47	44	42	39	36	33	31	28	25
10		25	23	20	18	15	12	10	07	05	02	.99
11	10,	99	97	94	92	89	87	84	82	79	77	75
12		75	72	70	67	65	63	60	58	55	53	51
13		51	48	46	44	41	39	37	35	32	30	28
14		28	26	23	21	19	17	15	12	10	08	06
15		06	04	02	.99	.97	.95	.93	.91	.89	.87	.85
16	9,	85	83	81	78	76	74	72	70	68	66	64
17		64	62	60	58	56	54	53	51	49	47	45
18		45	43	41	39	37	35	33	31	30	28	26
19		26	24	22	20	19	17	15	13	11	09	08
20		08	06	04	02	01	.99	.97	.95	.94	.92	.90
21	8,	90	88	87	85	83	82	80	78	76	75	73
22		73	71	70	68	66	65	63	62	60	58	57
23		57	55	53	52	50	49	47	46	44	42	41
24		41	39	38	36	35	33	32	30	28	27	25
25		25	24	22	21	19	18	16	15	14	12	11
26		11	09	08	06	05	03	02	00	.99	.98	.96
27	7,	96	95	93	92	90	89	88	86	85	83	82
28		82	81	79	78	77	75	74	73	71	70	69
29		69	67	66	65	63	62	61	59	58	57	55
30		55	54	53	51	50	49	48	46	45	44	42
31		42	41	40	39	37	36	35	34	32	31	30
32		30	29	28	26	25	24	23	21	20	19	18
33		18	17	15	14	13	12	11	09	08	07	06
34		06	05	04	02	01	00	.99	.98	.97	.96	.94
35	6,	94	93	92	91	90	89	88	87	85	84	83
36		83	82	81	80	79	78	77	75	74	73	72
37		72	71	70	69	68	67	66	65	64	63	61
38		61	60	59	58	57	56	55	54	53	52	51
39		51	50	49	48	47	46	45	44	43	42	41
40		41	40	39	38	37	36	35	34	33	32	31

Beispiel:
gelöster Sauerstoff, $\varrho(O_2)$ = 7,22 mg/l (15,2 °C) (0,2256 mmol/l)
Sauerstoffdefizit: 2,80 mg/l
Sauerstoffsättigungsindex: 72 %

Literatur: [1, 3, 5, 85, 87, 130, 161, 311, 520, 525, 529]; vgl. DIN 38408-G 21.

Methode 2:
Elektrometrische (membranpolarometrische) Sauerstoff-Bestimmung: (s. Abb. 2.3.9 a)

Die elektrometrische Bestimmung von Sauerstoff konnte durch die Entwicklung hochwertiger Meßgeräte und insbesondere auch einfach zu eichender und zu handhabender O_2-Elektroden auf einen technischen Stand gebracht werden, der sie chemischen Methoden überlegen macht, sowohl was die Meßgeschwindigkeit und -Genauigkeit, als auch die Einsatzmöglichkeiten betrifft. Vor allem entfällt die in vielen Fällen schwierig durchzuführende Probenahme und können auch hohe Sauerstoff-Konzentrationen (z.B. O_2-übersättigte Wässer bzw. für die BSB-Bestimmung mit O_2 angereicherte Proben) ohne Schwierigkeiten gemessen werden, wobei gleichzeitig stets auch eine hinreichend genaue Temperaturmessung erfolgt (welche auch das Gerät selbst als Parameter zur Meßwertverarbeitung benötigt). Außerdem ist für die Messung kein definiertes Probenvolumen erforderlich, so daß die Eichung von Sauerstoff-Flaschen entfällt. Lediglich eine gewisse Anströmgeschwindigkeit (min. 15 cm/s) der Probe an die Meßelektrode ist nötig. Diese kann leicht durch Bewegen der Elektrode von Hand aus oder durch eine aufsetzbare Anströmvorrichtung oder mittels Magnetrührer erzeugt werden.

Anströmung der gelösten Sauerstoff enthaltenden Probe

semipermeable Membrane

Elektrolytfüllung (K^+Cl^-)

Ag
Anode
Bezugselektrode

Au
Kathode
Arbeitselektrode

Anodenvorgang:
$2Ag + 2Cl^- \rightarrow 2AgCl + 2e^-$
$2Ag + 2OH^- \rightarrow Ag_2O + H_2O + 2e^-$

Kathodenvorgang:
$O_2 + 2H_2O + 2e^- \rightarrow H_2O_2 + 2OH^-$
$H_2O_2 + 2e^- \rightarrow 2OH^-$

Elektrodenschaft
(Isolator)

Polarisationsspannung

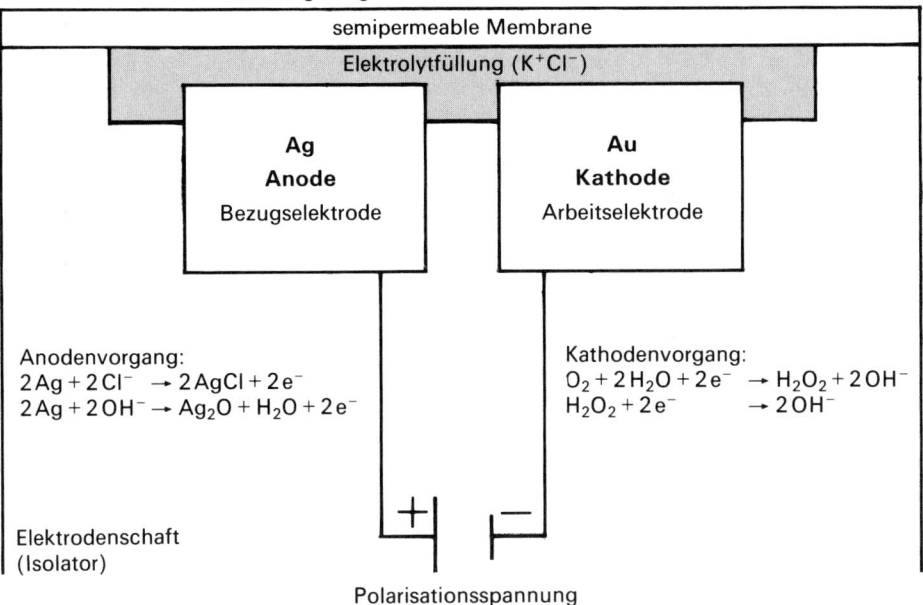

Abb. 2.7.1 a *Konstruktions- und Funktionsprinzip des CLARK-Sensors zur membranpolarimetrischen Bestimmung von Sauerstoff («Sauerstoff-Elektrode»).*

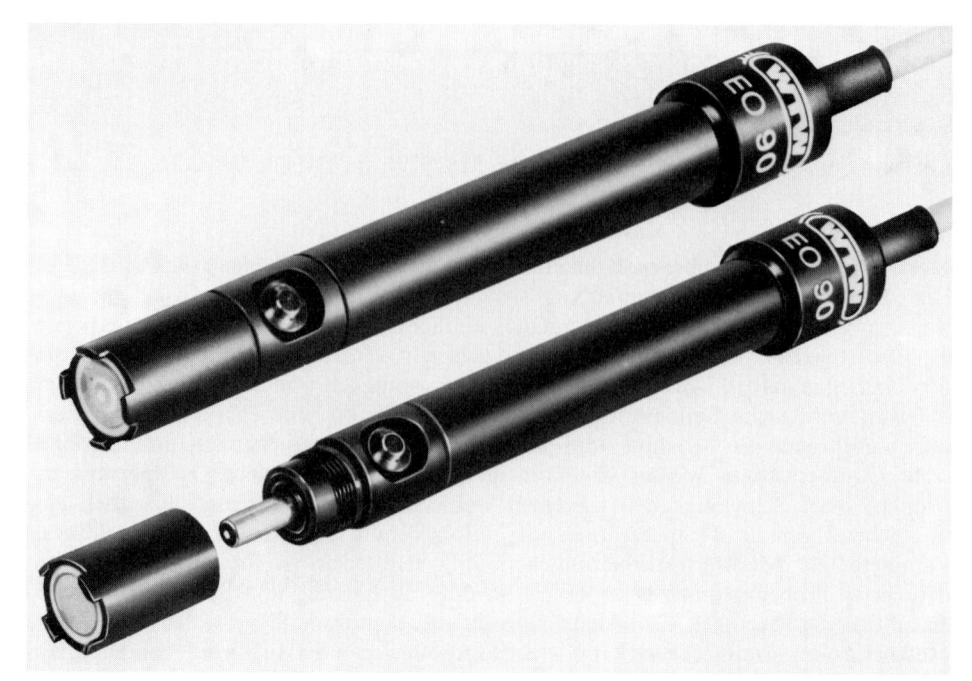

Abb. 2.7.1b *Industriemäßige Ausführung eines* CLARK-*Sensors, Typ EO 90 der Fa. WTW (49); oben: kompletter Sensor («Sauerstoff-Elektrode»), unten: Membranträger (austauschbar) abgeschraubt. In den Aussparungen oberhalb des Membranträgers ist ein NTC-Widerstandsthermometer für die Temperaturmessung und automatische Temperaturkompensation sichtbar.*

Funktionsprinzip der WTW-Sauerstoff-Elektrode nach CLARK: (49) (s. Abb. 2.7.1 a und 2.7.1 b) Die zur Anwendung gelangende membranpolarometrische Meßtechnik beruht darauf, daß in einem elektrolytgefüllten Reaktionsraum eine (unangreifbare) Gold-Kathode und eine an den Redoxvorgängen beteiligte Silber-Anode mit (790 ± 10) mV Gleichspannung polarisiert werden. Über den Reaktionsraum ist eine Membrane gespannt, welche ihn gegenüber dem zu messenden Medium mechanisch abschließt und abtrennt. Die Membrane, meist aus PTFE oder FEP, mit einer Wandstärke von 10 bis 100 μm ist undurchlässig für Ionen, durchlässig jedoch für gelösten Sauerstoff. Bringt man diese Meßzelle in ein sauerstoffhaltiges Medium, so führt der O_2-Partialdruckunterschied zwischen Membranaußen- und Membraninnenwand zu einer Sauerstoffdiffusion durch die Folie. Der im Elektrolytraum befindliche Sauerstoff wird an der Kathode reduziert, wobei sich der Polarisationsstrom um einen Betrag ändert, welcher direkt proportional zur Menge des umgesetzten Sauerstoffs ist. Einer Konzentrationsänderung von 1,0 mg/l O_2 entspricht bei 20 °C eine Stromänderung von etwa 0,075 μA. Daraus wird von der Elektronik des Meßgeräts unter Einbeziehung der Meßtemperatur, des herrschenden Luftdrucks, des Eichwertes der O_2-Sättigung (Einpunkteichung!) mit ggf. nötiger Salzkorrektur die aktuelle Sauerstoffkonzentration in mg/l sowie die Sauerstoffsättigung der Probe in % errechnet und digital angezeigt. Die WTW-Elektroden sind Nullstromfrei, so daß eine Nullpunkts-Eichung entfällt. Das **WTW OxiCal-System** ermöglicht die Eichung der Elektrode im wasserdampfgesättigten Luftraum, was gegenüber der bisher üblichen Eichung in luftgesättigtem Wasser eine erhebliche Vereinfachung (die Eichung dauert nur 1–2 min) und zugleich Erhöhung der Meßgenauigkeit darstellt, da luftgesättigtes Wasser wesentlich schwieriger zu realisieren ist als wassergesättigte Luft.

Weitere Einzelheiten zur Theorie sowie zur Gerätefunktion und praktischen Messung können der Literatur und den Bedienungsanleitungen der Geräte entnommen werden.

Literatur: [1, 3, 85, 130, 597, 598, 599, 600]; vgl. DIN 38 408-G 22.

2.7.2 Bestimmung von Kohlenstoffdioxid (CO_2)

Methode:
Berechnung aus dem Q_c- und pH-Wert nach DEV [1], D 8 (Verfahren 2)

Theorie:
Die exakte Kenntnis des Gehaltes eines Wassers an freier Kohlensäure (CO_2) ist insbesondere für Fischereigewässer von großem Interesse, da zu hohe Konzentrationen an CO_2, vor allem in elektrolytarmen, schwach gepufferten (weichen) Gewässern nicht nur die Fischbrut sondern auch die Fische selbst schädigen können.
Da mit dem Verfahren 1 der DEV, D 8 (vgl. Abschn. 2.5.1) gelöste Kohlensäure lediglich bis pH $\leq$ 7,8 verläßlich erfaßbar ist (und auch dies nur unter der Bedingung, daß mit elektrometrischer Endpunktanzeige gearbeitet wird), muß das mit etwas umständlicherer Rechenarbeit verbundene Verfahren 2 angewandt werden. BAUER (1981) [304] hat aus der für dieses Verfahren angegebenen Formel für $c(CO_2)$ für verschiedene Temperaturen, pH- und Leitfähigkeitswerte den %-Anteil der freien Kohlensäure vom Q_c-Wert errechnet (Tab. 2.7.2). Mittels dieser Tabelle kann aus der Kenntnis des m- und p-Wertes ($Q_c = m - p$) (Abschn. 2.3.4 bzw. 2.3.5), der Temperatur, des pH-Wertes und der elektrischen Leitfähigkeit die Konzentration an freier Kohlensäure im pH-Bereich 6,0 bis 8,4 auf einfache Weise ermittelt werden.

Anwendungsbereich:
Die Berechnung ist anwendbar, wenn die in Abschn. 2.3.5 angegebenen Einschränkungen zutreffen, d. h. wenn der Q_c-Wert aus den m- und p-Werten ermittelt werden kann und nicht direkt bestimmt werden muß (DEV, G 1, Verfahren 2 und 3).

Auswertung:
Die Auswertung erfolgt nach Tab. 2.7.2. Es seien nach den in den betreffenden Abschnitten angegebenen Verfahren folgende Werte experimentell ermittelt worden:
Temperatur (am Ort der Probenahme): $t = 13,7\,°C$
pH-Wert (am Ort der Probenahme) (elektrom.): pH $= 7,4$
Säurekapazität: $K_{S4,3} = 6,2$ mmol/l ($+m$-Wert $= 6,15$ mmol/l)
Basekapazität: $K_{B8,2} = 0,20$ mmol/l ($-p$-Wert $= 0,20$ mmol/l)
Q_c-Wert: $Q_c = m - p = 6,15 - (-0,20) = 6,35$ mmol/l
Elektrische Leitfähigkeit: $\varkappa = 521\ \mu S/cm$
Falls keine Leitfähigkeitsmessung vorgenommen wurde, kann in der Regel mit der Mindestleitfähigkeit (Carbonatleitfähigkeit) gerechnet werden: $\varkappa = m\text{-Wert} \cdot 80 = 492\ \mu S/cm$.

Aus diesen Werten errechnet sich $c(CO_2)$ wie folgt:
Man entnimmt der Tabelle für die nächstgelegene Temperatur (15 °C), Leitfähigkeit (500 µS/cm) und den betreffenden pH-Wert (7,4) den %-Anteil der freien Kohlensäure am gesamten anorganisch gebundenen Kohlenstoff zu 7,93 %, dann ist:

$$c(CO_2) = Q_c \cdot 7{,}93\% = \frac{6{,}35 \cdot 7{,}93}{100} = 0{,}504 \text{ mmol/l } (22{,}16 \text{ mg/l})$$

Tab. 2.7.2 %-Anteil der freien Kohlensäure (CO_2) am gesamten anorganisch gebundenen Kohlenstoff (TIC; Q_c-Wert) in Abhängigkeit von Temperatur t, elektrischer Leitfähigkeit ϰ (µS/cm bei 20 °C) und pH-Wert, berechnet nach DEV, D 8 (Verfahren 2) von BAUER (1981) [304].

t			0 °C					4 °C		
ϰ	100	300	500	700	900	100	300	500	700	900
pH										
6,0	77,3	76,4	75,4	74,4	73,4	75,4	74,4	73,4	72,4	71,3
6,1	73,0	71,9	70,9	69,8	68,7	70,9	69,8	68,7	67,6	66,4
6,2	68,2	67,1	65,9	64,7	63,5	65,9	64,7	63,5	62,3	61,1
6,3	63,0	61,8	60,5	59,3	58,0	60,5	59,3	58,0	56,8	55,5
6,4	57,5	56,2	54,9	53,7	52,4	54,9	53,7	52,4	51,1	49,8
6,5	51,8	50,5	49,2	47,9	46,6	49,2	47,9	46,6	45,3	44,0
6,6	46,0	44,8	43,5	42,2	40,9	43,5	42,2	40,9	39,7	38,5
6,7	40,4	39,2	37,9	36,7	35,5	37,9	36,7	35,5	34,4	33,2
6,8	35,0	33,8	32,7	31,6	30,4	32,7	31,6	30,4	29,4	28,3
6,9	29,9	28,9	27,8	26,8	25,8	27,8	26,8	25,8	24,8	23,9
7,0	25,3	24,4	23,4	22,5	21,6	23,4	22,5	21,6	20,8	19,9
7,1	21,2	20,4	19,6	18,8	18,0	19,6	18,8	18,0	17,2	16,5
7,2	17,7	16,9	16,2	15,5	14,8	16,2	15,5	14,8	14,2	13,6
7,3	14,5	13,9	13,3	12,7	12,1	13,3	12,7	12,1	11,6	11,1
7,4	11,9	11,4	10,9	10,4	9,89	10,9	10,4	9,89	9,45	9,00
7,5	9,69	9,25	8,82	8,42	8,02	8,82	8,42	8,02	7,65	7,29
7,6	7,85	7,49	7,13	6,80	6,47	7,13	6,80	6,47	6,17	5,87
7,7	6,34	6,04	5,75	5,48	5,21	5,75	5,48	5,21	4,96	4,72
7,8	5,10	4,86	4,62	4,40	4,18	4,62	4,40	4,18	3,98	3,78
7,9	4,09	3,90	3,70	3,52	3,35	3,70	3,52	3,35	3,19	3,03
8,0	3,28	3,12	2,96	2,82	2,67	2,96	2,82	2,68	2,55	2,42
8,1	2,62	2,49	2,36	2,25	2,13	2,36	2,25	2,14	2,03	1,93
8,2	2,09	1,99	1,88	1,79	1,70	1,89	1,79	1,70	1,62	1,53
8,3	1,66	1,58	1,50	1,43	1,35	1,50	1,43	1,35	1,29	1,22
8,4	1,32	1,26	1,19	1,13	1,07	1,19	1,14	1,08	1,02	0,97
t			10 °C					15 °C		
ϰ	100	300	500	700	900	100	300	500	700	900
pH										
6,0	72,7	71,7	70,6	69,6	68,4	70,6	69,6	68,4	67,3	66,1
6,1	67,9	66,8	65,6	64,5	63,3	65,6	64,5	63,3	62,1	60,8
6,2	62,7	61,5	60,3	59,0	57,7	60,3	59,0	57,8	56,5	55,2
6,3	57,2	56,0	54,6	53,4	52,1	54,6	53,4	52,1	50,8	49,5
6,4	51,5	50,2	48,9	47,6	46,3	48,9	47,6	46,3	45,1	43,8

t			10 °C					15 °C		
$\varkappa$	100	300	500	700	900	100	300	500	700	900
6,5	45,7	44,5	43,2	41,9	40,7	43,2	41,9	40,7	39,4	38,1
6,6	40,1	38,9	37,6	36,5	35,2	37,6	36,5	35,2	34,1	32,9
6,7	34,7	33,6	32,4	31,3	30,2	32,4	31,3	30,2	29,1	28,0
6,8	29,7	28,7	27,6	26,6	25,6	27,6	26,6	25,6	24,6	23,6
6,9	25,1	24,2	23,2	22,3	21,4	23,2	22,3	21,4	20,6	19,7
7,0	21,0	20,2	19,4	18,6	17,8	19,4	18,6	17,8	17,1	16,3
7,1	17,5	16,8	16,0	15,4	14,7	16,0	15,4	14,7	14,1	13,4
7,2	14,4	13,8	13,2	12,6	12,0	13,2	12,6	12,0	11,5	11,0
7,3	11,8	11,3	10,7	10,3	9,79	10,7	10,3	9,79	9,35	8,91
7,4	9,59	9,16	8,73	8,33	7,93	8,73	8,33	7,93	7,57	7,21
7,5	7,77	7,41	7,06	6,73	6,40	7,06	6,73	6,40	6,11	5,81
7,6	6,27	5,98	5,69	5,42	5,15	5,69	5,42	5,15	4,91	4,67
7,7	5,04	4,80	4,57	4,35	4,13	4,57	4,35	4,13	3,94	3,74
7,8	4,05	3,85	3,66	3,48	3,31	3,66	3,49	3,31	3,15	2,99
7,9	3,24	3,08	2,93	2,79	2,64	2,93	2,79	2,64	2,52	2,39
8,0	2,59	2,46	2,34	2,22	2,11	2,34	2,22	2,11	2,01	1,90
8,1	2,06	1,96	1,86	1,77	1,68	1,86	1,77	1,68	1,60	1,52
8,2	1,64	1,56	1,48	1,41	1,34	1,48	1,41	1,34	1,27	1,20
8,3	1,31	1,24	1,18	1,12	1,06	1,18	1,12	1,06	1,01	0,96
8,4	1,04	0,99	0,94	0,89	0,84	0,93	0,89	0,84	0,80	0,76

t			20 °C					25 °C		
$\varkappa$	100	300	500	700	900	100	300	500	700	900
pH										
6,0	68,7	67,6	66,4	65,3	64,1	67,2	66,0	64,8	63,7	62,5
6,1	63,5	62,3	61,1	59,9	58,6	61,9	60,7	59,4	58,2	56,9
6,2	58,0	56,8	55,5	54,2	52,9	56,4	55,1	53,8	52,5	51,2
6,3	52,4	51,1	49,8	49,5	47,2	50,6	49,4	48,0	46,8	45,5
6,4	46,6	45,3	44,0	42,8	41,5	44,9	43,6	42,3	41,1	39,8
6,5	40,9	39,7	38,5	37,3	36,0	39,3	38,1	36,8	35,7	34,5
6,6	35,5	34,4	33,2	32,1	30,9	33,9	32,8	31,7	30,6	29,5
6,7	30,4	29,4	28,3	27,3	26,2	29,0	28,0	26,9	25,9	24,9
6,8	25,8	24,8	23,9	22,9	22,0	24,5	23,6	22,6	21,7	20,9
6,9	21,6	20,8	19,9	19,1	18,3	20,5	19,7	18,8	18,1	17,3
7,0	18,0	17,2	16,5	15,8	15,1	17,0	16,3	15,6	14,9	14,3
7,1	14,8	14,2	13,6	13,0	12,4	14,0	13,4	12,8	12,2	11,7
7,2	12,1	11,6	11,1	10,6	10,1	11,4	10,9	10,4	9,95	9,49
7,3	9,89	9,45	9,00	8,60	8.19	9,29	8,87	8,45	8,07	7,68
7,4	8,02	7,65	7,29	6,95	6,61	7,52	7,18	6,83	6,51	6,20
7,5	6,47	6,17	5,87	5,60	5,32	6,07	5,78	5,50	5,24	4,98
7,6	5,21	4,96	4,72	4,50	4,27	4,88	4,65	4,42	4,21	4,00
7,7	4,18	3,98	3,78	3,60	3,42	3,91	3,72	3,54	3,37	3,20
7,8	3,35	3,19	3,03	2,88	2,73	3,13	2,98	2,83	2,69	2,55
7,9	2,68	2,54	2,42	2,30	2,18	2,50	2,38	2,26	2,15	2,04
8,0	2,13	2,03	1,93	1,83	1,74	1,99	1,90	1,80	1,71	1,62
8,1	1,70	1,62	1,53	1,46	1,38	1,59	1,51	1,43	1,36	1,29
8,2	1,35	1,29	1,22	1,16	1,10	1,26	1,20	1,14	1,08	1,02
8,3	1,08	1,02	0,97	0,92	0,87	1,00	0,95	0,90	0,86	0,81
8,4	0,85	0,81	0,77	0,73	0,69	0,80	0,76	0,72	0,68	0,64

Angabe der Ergebnisse:
Die ermittelten Werte werden auf max. 2 Stellen hinter dem Komma gerundet angegeben.
Beispiel:
Kohlenstoffdioxid (freie Kohlensäure), $c(CO_2) = 0{,}50$ mmol/l (22,16 mg/l)
Literatur: [304] (s. auch Abschn. 2.3.4).

Bestimmung von freier Kohlensäure (CO_2) mittels gassensitiver Elektrode: Literatur- und Firmenhinweise s. Abschn. 1.1.3.14

2.7.3 Bestimmung von freiem Chlor und Gesamtchlor (Cl_2)

Methode:
Kolorimetrisch mit 4-Amino-N,N-diethylanilin (DPD-Reagenz).

Theorie:
In Abwesenheit von Iodid-Ionen bilden elementares Chlor, unterchlorige Säure und Hypochlorit-Ionen, nicht aber andere oxidierend wirkende Chlor-Substitutionsverbindungen mit DPD-Reagenz (N,N-Diethyl-p-phenylendiamin) einen für kolorimetrische Messung geeigneten roten Farbstoff. In Analogie zur Bildung von WURSTERS Rot (4-Amino-N,N-dimethylanilin) kann mit großer Wahrscheinlichkeit angenommen werden, daß ein semichinoides Farbsalz als Träger der Farbe in Frage kommt:

$$\left[H_2N\!-\!\!\left\langle\!\!\bigcirc\!\!\right\rangle\!\!-\!\!\overset{H}{\underset{+}{N}}\!\!\begin{array}{c}C_2H_5\\C_2H_5\end{array}\right]^+ HSO_4^- \;+\; \left[HN\!\!=\!\!\left\langle\!\!\bigcirc\!\!\right\rangle\!\!=\!\!\overset{}{\underset{+}{N}}\!\!\begin{array}{c}C_2H_5\\C_2H_5\end{array}\right]^+ HSO_4^-$$

$$\xrightarrow[\text{pH 6-7}]{Cl_2} \; 2\left[H_2N\!-\!\!\left\langle\!\!\bigcirc\!\!\right\rangle\!\!=\!\!\overset{}{\underset{+}{N}}\!\!\begin{array}{c}C_2H_5\\C_2H_5\end{array}\right]^+ HSO_4^-$$

Diese Reaktion erfaßt lediglich das «freie Chlor» (vgl. Abschn. 1.4.17). Setzt man anschließend Iodid-Ionen zu, reduzieren diese die in der Probe vorhandenen Chlor-Substitutionsprodukte zu freiem Chlor, so daß dieses nun ebenfalls erfaßt wird; die resultierende Farbintensität entspricht dem «Gesamtchlor». Die Differenz beider Werte ergibt das «gebundene Chlor».

Beim Einsatz chlorabspaltender Präparate zur Desinfektion kann der pH-Wert durch Folgereaktionen ansteigen oder absinken. Daher sollte mit einer Chlorbestimmung stets auch die Bestimmung des pH-Wertes erfolgen, wobei mit einem chlorunempfindlichen Indikator gearbeitet werden muß (vgl. Abschn. 2.2.4).

Anwendungsbereich:
Das Verfahren eignet sich zur Schnellbestimmung des Gehaltes an Gesamtchlor im Bereich von 0,1–1,5 mg/l sowie zur chlorunempfindlichen Bestimmung des pH-Wertes im Bereich 6,8–7,8.

Störungen und Vorbehandlung:
– Um zu repräsentativen Aussagen über den momentanen Zustand eines gechlorten Wassers (z. B. Leitungswasser, Schwimmbeckenwasser) zu gelangen, ist die Bestimmung unverzüglich nach der Probenahme durchzuführen.

- Falls eine Bestimmung nicht unmittelbar am Ort der Probenahme möglich ist, kann ein kurzer Transport der Proben toleriert werden. Zur Entnahme sind dunkle Glasflaschen mit Schliffstopfen von mindestens 1 Liter Inhalt (Konstanthaltung der Temperatur!) zu verwenden; sie müssen blasenfrei gefüllt sein und dürfen vor der Bestimmung nicht geschüttelt werden (Entnahme des benötigten Volumens mit tief eingetauchter Pipette).
- Störungen durch Cu(II) und Fe(III)-Ionen können durch Zugabe von Ethylendinitrilotetraessigsäure (EDTA) behoben werden.

Ausführung:
Schnellbestimmung mit Aquamerck-Testsatz Chlor (DPD) und pH: [525, 530] Zur Bestimmung von **freiem Chlor** wird das Prüfgefäß mehrmals mit dem zu prüfenden Wasser gespült, dann läßt man 6 Tr. Reagenz 1 auf den Boden des leeren Gefäßes tropfen, gibt 1 Tr. Reagenz 2 hinzu und füllt das zu prüfende Wasser mittels Pipette bis zur oberen Markierung ein. Die entstandene Färbung wird sofort dem entsprechenden Wert der (linken) Vergleichsskala zugeordnet.
Zur Bestimmung von **Gesamtchlor** gibt man unverzüglich 1 Iodid-Tablette in die Probe, schüttelt gut durch und ordnet nach 2 min die entstandene Färbung erneut dem entsprechenden Wert der (linken) Vergleichsskala zu.
Zur Bestimmung des **pH-Wertes** wird dasselbe Prüfgefäß verwendet, gut mit der Probe gespült, bis zur oberen Markierung befüllt und nach Zugabe von 4 Tr. Phenolrot die entstandene Färbung dem entsprechenden Wert der (rechten) Vergleichsskala zugeordnet.

Auswertung und Angabe der Ergebnisse:
Die Farbskala des Prüfgefäßes zeigt folgende Abstufungen:
0,1–0,3–0,6–1,0–1,5 mg/l Cl_2 6,8–7,1–7,4–7,6–7,8 pH-Einheiten
Zwischenwerte werden geschätzt.

$$1 \text{ mmol Chlor} \stackrel{\wedge}{=} 70{,}91 \text{ mg } Cl_2$$

Beispiel:
freies Chlor (kolorim.), $c(Cl_2) = 0{,}0042$ mmol/l (0,3 mg/l)
Gesamtchlor, $c(Cl_2) = 0{,}0099$ mmol/l (0,7 mg/l)
gebundenes Chlor, $c(Cl_2) = 0{,}0057$ mmol/l (0,4 mg/l)
pH-Wert (kolorim.), pH = 7,8 (24,2 °C)
Das Wasser wurde am Entnahmeort unmittelbar nach der Probenahme untersucht.
Literatur: [1, 390, 525, 530]; vgl. DIN 38408-G 4.

Weitere Bestimmungsmöglichkeit: Die ORION Restchlor-Elektrode 97–70 (30) [551], basierend auf einer ASTM-Methodik [3] ermöglicht eine sehr empfindliche (ab 0,01 mg/l Cl_2) und weitgehend problemlose Bestimmung von Chlor und dessen Substitutionsprodukten in gechlorten Wässern; vgl. auch Abschn. 1.1.3.14.

3 Bakteriologische Wasseruntersuchung

Die Bakterien sind morphologisch wenig differenzierte, meist einzellige und meist auch chlorophyllfreie Organismen ohne typische Plastiden und und ohne echten Zellkern; sie sind die kleinsten bisher bekannten Lebewesen. Hinsichtlich ihrer Gestalt unterscheidet man kugelige (Kokken), stäbchenförmige und schraubenförmig gewundene, häufig begeißelte und damit bewegungsfähige Zellen.
Die beiden Gruppen der gram-negativen und gram-positiven Bakterien (bei ersteren läßt sich nach Färbung der Anilinfarbstoff durch Alkohol wieder auswaschen, bei letzteren nicht) unterscheiden sich voneinander durch die Aminosäurezusammensetzung ihrer Zellwand. Die Vermehrung erfolgt vegetativ durch Spaltung (Querteilung). Bei manchen Bakterien bleiben die Zellen nach der Teilung miteinander verbunden und bilden Zellhaufen, (verzweigte) Fäden (Fadenbakterien, z. B. Eisenbakterien) oder Netze. Strahlenpilze besitzen oft ein pilzähnliches verzweigtes Myzel, das im Laufe der Entwicklung in kleine Stäbchen zerfallen kann. Die Größe schwankt in weiten Grenzen: die kleinsten Kugelbakterien haben Durchmesser von 0,15 μm, Spirillen können bis zu 100 μm Länge aufweisen; die meisten Bakterien liegen in der Größenordnung zwischen 1–1,5 μm und sind im Lichtmikroskop gerade noch sichtbar. Trotz ihrer niederen Organisationsform sind die Bakterien hinsichtlich ihrer biochemischen Leistungen und der Intensität ihres Stoff- und Energiewechsels im Verhältnis zu ihrer Größe zu den leistungsfähigsten Lebewesen zu zählen. Unter günstigen Ernährungs- und Temperaturverhältnissen erfolgt alle 20 bis 40 Minuten eine Spaltung. Innerhalb von 24 Stunden können aus einer einzigen Zelle 2^{48} Individuen entstehen. Eine solch außergewöhnliche Vermehrungsrate, aber auch ihre vielfach hohe Widerstands- und Anpassungsfähigkeit erklärt das Massenvorkommen der Bakterien in der freien Natur und in den Organismen. Wochenlanges Einfrieren schädigt die Bakterien kaum und insbesondere die Dauerzellen (Sporen) bildenden Arten der Gattungen *Bacillus* und *Clostridium* sind auch gegen Hitze wenig empfindlich. Andererseits sind durch ungünstige Lebensbedingungen und durch die Ausscheidung wachstumshemmender Stoffe (Autotoxine) einer unbeschränkten Vermehrung Grenzen gesetzt.
Die Hauptmasse der Bakterien lebt in der humusreichen oberen Erdschicht, etwa bis zu 50 cm Tiefe; 1 g dieser Erde kann bis zu 25 Milliarden lebende Einzelbakterien enthalten. Bei guter Filtrationskraft des Bodens ist bereits in 6 bis 8 m Tiefe die Zahl der Keime nur noch gering. Je nach Tiefe des Grundwassers muß aber unter besonderen Verhältnissen (z. B. starker Regen) mit einem Keimdurchbruch gerechnet werden. Oberflächengewässer enthalten naturgemäß eine reichhaltige Bakterienflora und können leicht auch zum Träger von in Mensch und Tier lebenden Bakterien werden, vor allem bei direkter Einleitung häuslicher Abwässer oder durch Ausschwemmung z. B. von natürlichem Dünger (1 g Kuhdung kann Hunderte von Milliarden Bakterien enthalten). Die meisten dieser Keime sind zwar harmlose Saprophyten und symbiontische (z. B. der Darmflora entstammende) Bakterien, doch können sich unter ihnen stets auch pathogene Arten (Parasiten; Krankheitserreger; vgl. Abschn. 1.5.5) befinden.

Obwohl also gewisse Bakterienarten gefährliche Krankheitserreger für Mensch und Tier darstellen und die bakteriologische Wasseruntersuchung sich primär mit der Feststellung des hygienischen Zustandes eines Wassers bzw. mit dem Nachweis von fäkalen Verunreinigungen zu befassen hat, darf doch die ungeheure Bedeutung, die den Bakterien im allgemeinen für die Kontinuität des gesamten Lebens zukommt, nicht übersehen werden. Im Laboratorium lassen sich Bakterien auf festen oder in flüssigen künstlichen **Nährböden** [523, 580] züchten (kultivieren). Diese enthalten als Grundsubstanz einen wäßrigen Fleischauszug (Bouillon), weitestgehend abgebautes Eiweiß (Pepton), Spuren verschiedener lebenswichtiger Salze, besonders die Vermehrung bestimmter Bakterien fördernde Zuckerarten, z. B. Lactose (Milchzucker) und häufig auch besondere Farbstoffe, welche durch Farbänderung chemische Umsetzungen (pH-Änderung) erkennen lassen und die oft ebenfalls das Wachstum der gesuchten Bakterien fördern und das «Schwärmen» unerwünschter zu hemmen imstande sind (Selektiv-Nährböden).

Die Kultur der Bakterien verfolgt das Ziel, in geschlossenen, gegen Infektion geschützten Gefäßen die verschiedenen Bakterienformen unter den für sie günstigsten Lebensbedingungen zur Massenvermehrung zu bringen. In **Mischkulturen** wachsen in einem Kulturgefäß viele Arten gemeinsam. **Reinkulturen** hingegen enthalten nur eine bestimmte Bakterienart. Die Erstanreicherung in flüssigen Nährmedien wird als **Primärkultur** bezeichnet.

Will man Bakterien in flüssigen Nährmedien zur Vermehrung bringen **(Flüssigkeitsanreicherung)**, so werden mit einem Watte- oder Zellstoffpfropfen bzw. speziellen metallischen Verschlußkappen verschlossene, sterile Reagenzgläser (meist kurz «Röhrchen» genannt) oder Glaskolben (Säuglingsmilchflaschen) verwendet. Diese Kulturgefäße werden mit Nährlösung beschickt und wiederum sterilisiert. Die Übertragung lebender Bakterien in das für sie geeignete Nährmedium geschieht entweder durch Zugabe einer bestimmten Menge des zu untersuchenden Wassers, z. B. aus einer sterilen Pipette, oder durch Beimpfung mit der eine geringe Probemenge tragenden, vorher ausgeglühten und erkalteten Impfnadel (Platindraht mit Öse). Hierauf wird bei geeigneter Temperatur eine bestimmte Zeit im **Brutschrank** bebrütet. Dabei tritt eine derartige Massenvermehrung ein, daß die Nährflüssigkeit trübe wird. Entnimmt man mit der Impfnadel eine winzige Menge und streicht sie mit derselben (zickzackförmig) auf einem festen Nährboden sorgfältig aus, so verteilt man die einzelnen Keime (der Mischkultur), so daß sie weitgehend voneinander getrennt liegen. Bei Bebrütung beginnt jeder einzelne Keim sich an seinem Platz zu vermehren und bildet eine etwa 1–2 mm große knopfartige **Kolonie,** die sehr oft in Form und Größe schon charakteristisch für eine bestimmte Bakterienart ist **(Subkultur).** Überimpft man von charakteristischen oder verdächtigen Kolonien neuerlich eine Spur auf je einen festen Nährboden, so erhält man nach Bebrütung eine Unzahl gleicher Kolonien, eine **Reinkultur.**

Für die Herstellung von Reinkulturen und zur Ermöglichung der Auszählung der angewachsenen Kolonien sind feste Nährböden erforderlich. Diese erhält man durch Zusatz eines Erstarrungsmittels (Gelatine, Agar-Agar, Kieselsäure) zum flüssigen Nährmedium. Agar-Agar wird bei etwa 95 °C flüssig und erstarrt unterhalb 45 °C, so daß es für alle praktisch in Frage kommenden Bebrütungstemperaturen geeignet ist; es kann nicht als Nährstoff verwertet werden. Gelatine wird bereits bei etwa 25 °C flüssig, erstarrt bei etwa 22 °C und kann von gewissen Bakterienarten («Gelatine-Verflüssiger») als Nährstoff verwertet werden. Die sterilisierten Nährböden werden in Anteilen zu je 10 ml in sterile Reagenzgläser oder zu je 100 ml in sterile Erlenmeyerkolben abgefüllt, kurz nachsterilisiert und zur weiteren Verwendung, z. B. für das **Gußplattenverfahren** aufbewahrt. Dazu wird in sterile flache Glasschalen, die mit einem den Rand übergreifenden

Deckel versehen sind (Petrischalen; Kulturschalen) (s. Abb. 3.2 b), eine definierte Menge der Probe pipettiert, mit 10 ml des bei niedriger Temperatur wiederverflüssigten Nährmediums versetzt, mit aufgelegtem Deckel durch Umschwenken in Form einer 8 gut vermischt und sodann bebrütet. Läßt man die Nährböden ohne Zusatz von Proben in Petrischalen erstarren, dienen sie – wie oben beschrieben – zum Anlegen von Subkulturen und Reinkulturen.

Beliebt sind infolge ihrer einfachen Handhabung und vielfältigen Möglichkeiten die in sterilen Einweg-Kunststoff-Petrischalen verpackten **Nährkartonscheiben (NKS)** mit separat beigepacktem Steril-Membranfilter [580]. Sie enthalten Steril-Nährboden in Trockenform und sind lediglich mit keimfreiem Wasser (s. Abschn. 1.6.3) zu befeuchten. Nach Auflegen des Membranfilters, durch das eine bestimmte Menge des zu untersuchenden Wassers abfiltriert wurde, werden sie bebrütet. Wird ein Sterilfilter aufgelegt, können darauf Subkulturen bzw. Reinkulturen gewonnen werden.

3.1 Zweck und Bedeutung der bakteriologischen Wasseruntersuchung

Die bakteriologische Wasseruntersuchung hat den Zweck, festzustellen, wie viele Bakterien einer Wasserprobe auf einem Nährboden bestimmter Zusammensetzung zur Vermehrung zu bringen sind (Koloniezahl) und ob sich unter ihnen auch Keime aus dem Darm von Mensch und Tier befinden (Nachweis von Escherichia coli und fäkalen Streptokokken) bzw. solche Keime, die im Wasser normalerweise nicht anzutreffen und daher ebenfalls als mögliche fäkale Verunreinigungen anzusehen sind (coliforme Keime). Sind derartige Bakterien nachzuweisen (Indikator-Keime), so muß grundsätzlich immer angenommen werden, daß sich darunter auch Krankheits- und Seuchenerreger (vgl. Abschn. 1.5.5) befinden können. Daher ist Trinkwasser (vgl. Abschn. 1.7 und 1.8), aber auch jedes Wasser, das Trinkwasserqualität aufzuweisen hat (vgl. Abschn. 1.5.7 und 1.10), in dem der typische Warmblütler-Fäkalindikator Escherichia coli nachgewiesen wird, vom hygienischen Standpunkt aus als solches ungeeignet. Die Anwesenheit coliformer Bakterien muß als äußerst bedenklich gewertet werden. Dabei ist zu beachten, daß die mit Fäkalien eingebrachten Mikroorganismen sich in den Wässern nicht oder nicht mehr nennenswert vermehren. Ihre Überlebenszeit ist daher in den verschiedenen Wasserarten je nach Temperatur und Nährstoffangebot in Abhängigkeit von ihren biologischen Eigenschaften unterschiedlich lang. Die Nachweismöglichkeit ist deshalb oft diskontinuierlich und zeitlich begrenzt.

Zugleich deutet ein positiver Befund hinsichtlich solcher Indikatorkeime, jedoch meist schon eine plötzliche Erhöhung der Koloniezahl, in vielen Fällen bereits auch auf die Ursache derartiger Verschmutzungen hin. So kann bei Grundwässern die Filtrationskraft des Bodens überfordert sein, insbesondere nach langen Regenperioden oder während der Schneeschmelze (weshalb gerade zu solchen Zeiten vermehrt Kontrollen erforderlich sind). Zur Trinkwasserversorgung herangezogene Oberflächenwässer können durch Einleitung häuslicher Abwässer verunreinigt sein. Oder die bei der Aufbereitung des Wassers getroffenen Maßnahmen haben nicht oder nicht mehr die nötige

Wirksamkeit. Letzteres kann wiederum ihre Ursache in der Anlage selbst oder in einer (kurzfristig) wesentlichen Veränderung der Wasserbeschaffenheit haben.

Zur Ausforschung der Ursachen derartiger Verschmutzungen ist zunächst und zuallererst die fachkundige Ortsbesichtigung einzuleiten. Auch die chemischen Verschmutzungsindikatoren (vgl. Abschn. 1.13.6) vermögen wertvolle Hinweise zu geben; weist die chemische Beschaffenheit hinsichtlich solcher Parameter eine Veränderung auf, so sind vermehrt bakteriologische Untersuchungen durchzuführen. Denn die größte Gefahr, die dem Trinkwasser drohen kann, ist die unmittelbare Verunreinigung mit Abwasser oder menschlichen Exkrementen. Derartige Verschmutzungen so schnell als möglich aufzudecken und ihre raschest mögliche Beseitigung zu veranlassen, ist vordringlichstes Ziel, Zweck und Bedeutung der bakteriologischen Wasseruntersuchung.

3.2 Sterilisation der Geräte und Nährmedien; Arbeitshinweise

Grundlegende Voraussetzung jeglicher bakteriologischen Arbeit ist die Keimfreiheit der verwendeten Geräte und Nährmedien sowie das Vermeiden einer Einschleppung von Keimen *in* das zu untersuchende Gut während der Untersuchung, z. B. durch Berührung mit den Fingern – umgekehrt aber auch die Kontamination des Arbeitsraumes (der grundsätzlich vom chemischen Labor getrennt sein sollte) durch Keime *aus* dem Untersuchungsgut. Wenngleich nicht mit pathogenen Keimen gearbeitet wird und werden darf, muß dennoch stets von der Annahme ausgegangen werden, daß jede Kultur pathogen sein *kann* und daher auch nicht einfach dem Abfall übergeben werden darf, sondern vernichtet werden muß.

Unter **Sterilisation** ist jener Entkeimungsvorgang zu verstehen, durch den sämtliche Mikroorganismen einschließlich ihrer Sporen durch Hitze (Heißluft-Sterilisation: meist 2–4 h bei 180 °C, bzw. Dampf-Sterilisation im Autoklaven: meist 30 min bei 121 °C, entsprechend 1 bar Überdruck oder 15 min bei 134 °C, entsprechend 2 bar Überdruck), Gase (Ozon, Ethenoxid, Propenoxid) oder durch Einwirkung energiereicher Strahlung vernichtet, vom Sterilisationsgut jedoch nicht abgetrennt werden. **Desinfektion** ist die Abtötung pathogener Keime mit chemischen Mitteln bzw. physikalischen Methoden. Die Verfügbarkeit käuflicher Nährmedien (25) [521, 523] und steriler Hilfsmittel (Membranfilter, Nährkartonscheiben, Petrischalen) (28, 37, 38) [578, 580, 585] sowie die Anwendung der Membranfiltration (vgl. Abb. 3.4.2 a–f) hat die bakteriologische Arbeitstechnik nicht nur wesentlich vereinfacht, sondern ihr auch Möglichkeiten erschlossen, die vor noch nicht langer Zeit ein kleines Labor weit überfordert hätten.

Nachfolgend einige Arbeitshinweise; sie können nicht erschöpfend sein und müssen auch nicht einzig in der angegebenen Weise durchgeführt werden.
– Zur Vermeidung einer Kontamination des Untersuchungsgutes mit Keimen aus der Luft ist in einem vor Luftzug geschützten Raum neben einer brennenden Bunsenflamme zu arbeiten. Der Arbeitsplatz sollte etwa 30 min vor Arbeitsbeginn mit einer desinfizierenden Lösung abgewaschen werden.

Abb. 3.2 a *CERTOclav Hochdruck-Dampfsterilisator Typ CV 1600/II der Fa. KELOmat (19), Inhalt 10 Liter, ⌀ 24 cm; 2-Stufenventil für Sanation (Sterilisation im Sinne der Chirurgie) und Sterilisation (im Sinne der Mikrobiologie), eingebaute Heizung (220 V, 1600 W), mit Thermostat, Kontrollampe, Präzisionsmanometer, Verriegelungsmechanik, 2 Überdrucksicherungen, Abdampfhahn; Instrumentenkörbe und anderes Zubehör. CERTOclav CV 2000/1 ist ein 20-Liter-Modell (⌀ 30 cm) für externe Wärmequelle.*

- Die Hände sind vor Arbeitsbeginn und auch zwischendurch öfters zu reinigen und zu desinfizieren (Behälter mit Desinfektionslösung in das Laborbecken stellen). Labormäntel und Handtücher müssen häufig gewaschen werden.
- Sämtliche Arbeitsgeräte dürfen nur durch Hitze, nicht durch Desinfektionsmittel sterilisiert werden. Dazu soll ein **Heißluftschrank** (Trockenschrank) (10) oder ein **Autoklav** (Abb. 3.2 a) verwendet werden.
- Glasgeräte sind zunächst sorgfältig zu reinigen (48) [546] und zu trocknen. Geräte, die zur Untersuchung verunreinigter Wässer verwendet wurden, z. B. Kulturgefäße aus Glas mit bewachsenen Nährböden, sind *vor* der Reinigung 15 min bei 121 °C zu autoklavieren. Einweggefäße werden 30 min in Desinfektionslösung gekocht oder autoklaviert und dem Müll übergeben.
- Die gereinigten Glasgeräte werden 2–4 h bei 180 °C im Heißluftschrank oder Trockenschrank sterilisiert. Dabei ist zu beachten:
- In Glasstopfenflaschen wird vor der Sterilisation ein etwa 6 cm langer und 1 cm breiter Papierstreifen zwischen Stopfen und Flaschenhals eingelegt (der nach der Sterilisation entfernt wird; Stopfen und Flaschenhals werden sodann mit steriler Alufolie umwickelt). Flaschen können auch ganz in Alufolie bzw. Papier («Natronseide») eingewickelt werden, das erst unmittelbar vor Gebrauch, z. B. vor der Probenahme entfernt wird.
- Pipetten werden in Pipettenbüchsen sterilisiert, deren Luftlöcher sind während der Sterilisation offenzuhalten und hernach zu schließen.

- Kulturflaschen (Säuglingsmilchflaschen) werden mit Watte- oder Zellstoffstopfen, Alufolie oder am besten mit Metallkappe verschlossen sterilisiert (Drahtkörbe verwenden). Der Verschluß darf erst vor Gebrauch entfernt werden.
- Reagenzgläser werden, wie oben angegeben, verschlossen in nicht zu großer Stückzahl in Alufolie gewickelt (evtl. mitsamt dem Drahtgestell) und sterilisiert. Nicht auspakken.
- Petrischalen werden in geringer Stückzahl in Alufolie oder Natronseide gewickelt und sterilisiert.
- Alle in der angegebenen Weise sterilisierten Gegenstände sind bei sorgfältiger Lagerung in einem eigens dafür vorgesehenen dicht verschließbaren Schrank längere Zeit keimfrei; nach etwa sechs Wochen sollte eine Sicherheitssterilisation erfolgen.
- Bei Sterilisation im Autoklaven ist zu beachten, daß bei zu rascher Entspannung desselben die Watte- und Zellstoffstopfen der Behälter herausgeschleudert werden können.

Der Druckausgleich sollte möglichst durch Abkühlen erfolgen. Es ist empfehlenswert, stets einige Stücke Alufolie mit zu sterilisieren. Die angegebenen Zeiten gelten für

Abb. 3.2b HERAEUS (10, 37) Diagnostik-Brutschrank B 290; Tischmodell, stapelbar, Außenmaße $B \times H \times T$ 395 × 280 × 288 mm, Nutzraum 290 × 206 × 244 mm; eingerichtet zur Aufnahme von Petrischalen, Teströhrchen, Kolben usw.; Temperaturbereich 30°C (bzw. 5°C über Raumtemperatur) bis 100°C (max. ±1,5°C bei 37°C). Bei größerem Bedarf an Nutzraum und höheren Ansprüchen ist der elektronisch gesteuerte BT 5042 E zu empfehlen, der sich zugleich zur Hitzesterilisation eignet (vgl. Abschn. 1.1.3.20).

Flüssigkeitsmengen bis zu max. 1000 ml (Rundkolben), größere Mengen erfordern längere Zeiten oder das Abfüllen in mehrere kleine Gefäße. Bei den angegebenen Sterilisationszeiten sind die Aufheiz- und Abkühlzeiten, abhängig vom Gerätetyp und vom Ansatzvolumen, nicht eingerechnet. Sterilität ist nur dann zuverlässig zu erzielen, wenn der Dampfraum und die Gefäße einwandfrei entlüftet wurden. Zu diesem Zweck wird zu Beginn der Aufheizphase der Autoklav bei geöffnetem Ventil ausgiebig mit strömendem Dampf durchspült.
- Die Sterilisation der Membranfiltergeräte erfolgt meist unmittelbar vor Gebrauch durch Abflammen. Werden nicht sterilisierte Membranfilter verwendet, ist die Autoklavierung mit eingelegtem MF zu empfehlen.
- Glasflaschen zur Probenahme von gechlortem Leitungs- oder Schwimmbadwasser werden vor der Sterilisation mit 0,25 ml einer etwa 0,01–mol/l-Natriumthiosulfat-Lösung je 250 ml Flascheninhalt beschickt.
- Nährböden, welche entweder in sterile Petrischalen oder in sterile Flaschen oder Röhrchen abgefüllt wurden (nach Befüllung wieder verschließen), sind 15 min bei 121 °C zu autoklavieren oder einem halbstündigen Kochen im Dampftopf oder Wasserbad zu unterwerfen; unnötige Hitzebelastung vermeiden. Flaschen und Röhrchen können anschließend durch Einstellen in kaltes Wasser rasch abgekühlt werden.
- Zur Bebrütung müssen mindestens zwei **Brutschränke** (10, 37) (Abb. 3.2b) (vgl. Abschn. 1.1.3.20) zur Verfügung stehen. Je nach Aufgabenstellung sind sie auf die entsprechende Bebrütungstemperatur (20, 37, 42, 44 °C) einzuregeln. Zur Bebrütung bei (20 ± 2) °C wird der Brutschrank in einen Kühlraum oder in einen entsprechend geräumigen Kühlschrank (mit Innen-Netzanschluß) oder in einen auf diese Temperatur klimatisierten Raum gestellt.

Literatur: [1, 128, 137, 158, 521, 578, 581, 582]; vgl. DIN 38411-K 1.

3.4 Bestimmung der Koloniezahl (Volumenbezogene Zahl der vermehrungsfähigen Keime)

Die entnommene Probe soll ein Bild der bakteriologischen Beschaffenheit des Wassers liefern, das nicht von außen her verändert und damit von Anfang an wertlos ist. Daher muß die Probenahme sehr sorgfältig durchgeführt werden. Gleichzeitig sollen möglichst umfassende örtliche Erhebungen vorgenommen werden (vgl. Abschn. 1.1.5), da diese vielfach besseren Aufschluß über den Zustand einer Anlage bzw. die in Betracht zu ziehenden Möglichkeiten einer Verunreinigung erbringen als eine nur einmal durchgeführte bakteriologische und chemische Untersuchung. Sind zugleich Proben für chemische Untersuchungen zu entnehmen, so wird die Probe für die bakteriologische Untersuchung stets zuerst entnommen. Als Behälter sind sterile Glasflaschen von 100 bis 250 ml Inhalt zu benutzen; sie dürfen bis zur Probenahme nicht geöffnet werden. Stopfeninnenrand und Flaschenhals dürfen nicht berührt werden, die Flaschen selbst sollen möglichst weit unten angefaßt werden und sind ohne vorheriges Ausspülen nur zu etwa 5/6 zu füllen, um das vor der Untersuchung nötige Umschütteln zu ermöglichen. Nach der Entnahme sind die Flaschen sofort zu verschließen und dürfen bis zur Untersuchung nicht wieder geöffnet werden. Stopfen und Flaschenhals werden mit einem Stück steriler Alufolie umwickelt. Die Benutzung einer gemeinsamen Flasche für die chemische und bakteriologische Untersuchung ist nicht statthaft.

Bei Probenahme vom Zapfhahn wird dieser – zwecks Ausspülen von Schmutzpartikeln – zunächst mehrere Male voll geöffnet und wieder geschlossen. Dann wird mit der Gasflamme (Camping-Kocher) oder einer Alkoholflamme (Spiritusbrenner oder Alkohol auf Wattebausch an Pinzette) so lange abgeflammt, bis beim Öffnen des Hahnes deutlich Zischgeräusche hörbar sind. Nun öffnet man den Hahn und läßt das Wasser in einem etwa bleistiftstarken Strahl frei ausfließen; nach ca. 5 min entnimmt man die Probe durch Unterhalten der Flasche. Soll bei Hähnen an Endsträngen auf das Wasser der Versorgungsanlage geschlossen und nicht das Leitungsnetz selbst auf Zuverlässigkeit geprüft werden, muß das Wasser bei voll geöffnetem Hahn entsprechend lange ablaufen. Hähne, aus denen das Wasser nicht in einem glatten Strahl abfließt, die undicht sind, an denen Schwenkarme, Schläuche usw. befestigt sind oder die Strahlregler besitzen, sind in dieser Form für die Entnahme ungeeignet.

Ist die Probe aus einem mit Handpumpe betriebenen Brunnen zu entnehmen, wird mindestens 5 min abgepumpt, dann der Pumpenauslauf so lange Zeit abgeflammt, bis er völlig trocken ist und wiederum 5 min gleichmäßig abgepumpt. Das geförderte Wasser darf erst im Abstand von mindestens 5 m vom Brunnen versickern (Ablaufrinne anlegen). Proben aus Flußläufen, Seen oder Behältern, z. B. Badebecken oder Brunnen, können entnommen werden, indem die Flasche am Boden mit der Hand gehalten und mit dem Hals nach unten in das Wasser eingetaucht wird; etwa 30 cm unter der Oberfläche dreht man die Flasche, so daß die Öffnung in Strömungsrichtung zeigt. Ist eine natürliche Strömung nicht vorhanden, kann diese durch Horizontalbewegung der Flasche – fort von der die Flasche haltenden Hand – erzeugt werden. Die Probe kann auf die gleiche Weise auch mittels eines an einer Stange befestigten sterilen Bechers entnommen werden. Vor und während der Probenahme darf keine Uferbeschädigung oder sonstige Sekundärverunreinigung erfolgen. Bei den Vorbereitungen zur Probenahme ist auch zu überlegen, ob diese dem Untersuchungsziel angemessen ist und eine repräsentative Probe zu der betreffenden Zeit an der betreffenden Stelle an sich entnommen werden kann.

Die Proben sollen vor Licht geschützt in (mit Eisbeutel versehenen) Kühltaschen so rasch als möglich in das Labor transportiert und sogleich oder doch möglichst innerhalb von 6 h untersucht werden.

Literatur: [1, 137]; vgl. DIN 38411-K 1.

3.4 Bestimmung der Koloniezahl (Volumenbezogene Zahl der vermehrungsfähigen Keime)

«Als Koloniezahl wird die Zahl der mit 6- bis 8facher Lupenvergrößerung sichtbaren Kolonien bezeichnet, die sich aus den in 1 ml des zu untersuchenden Wassers befindlichen Bakterien in Plattengußkulturen mit nährstoffreichen, peptonhaltigen Nährböden (1% Fleischextrakt, 1% Pepton) bei einer Bebrütungstemperatur von $(20 \pm 2)\,°C$ nach (44 ± 4) Stunden Bebrütungstemperatur bilden.» [730.4]

Die Bestimmung der Koloniezahl gibt Auskunft über den Grad der Verunreinigung eines Trinkwassers, Abwassers oder Vorfluters durch Bakterien; sie dient der *laufenden* Überwachung des Wasserversorgungssystems, insbesondere dem Nachweis eines plötzlichen Keimeinbruches (der nur bei laufender Überwachung erkannt werden kann). Bei der Untersuchung sollen diejenigen Keime, die für die seuchenhygienische Beurteilung eines Wassers wichtig sind, erfaßt werden. Es wird im Rahmen der Bestimmung der Koloniezahl nicht angestrebt, alle übrigen, insbesondere die langsam wachsenden Keime aus Wasser, Erdboden und Wasserversorgungsanlagen quantitativ zu erfassen. Deshalb ist auch die Bezeichnung «Gesamtkeimzahl» unzutreffend; dies um so mehr, als die Zahl der anwachsenden Keime auch durch die Art und Konzentration des verwendeten Nährbodens beeinflußt wird. Außerdem wird vorausgesetzt, daß jede makroskopisch erkennbare Kolonie von einem einzelnen Keim ausgegangen ist, was durchaus nicht immer zutrifft.

Die Bebrütungstemperatur von 20 °C ist für tiefer im Wasser oder Boden lebende, kälteliebende *(psychrophile,* opt. Temp. 15–20 °C) Bakterien günstig, während bei 37 °C für solche Keime optimale Wachstumsbedingungen herrschen, die sich auf die Körpertemperatur von Warmblütlern eingestellt haben *(mesophile,* opt. Temp. 20–45 °C; *thermophile,* opt. Temp. > 45 °C) und die daher vorwiegend in oberflächennahen Bodenschichten sowie in Oberflächenwässern und Hallenbädern bzw. beheizten Freibädern anzutreffen sind.

Je nach Zielsetzung der Untersuchung können folgende Nährböden verwendet werden:
– **Gelatine-Nährböden;** eignen sich nur für eine Bebrütung bei 20 °C, da sie bei höheren Temperaturen flüssig werden.
– **Agar- und Gelatine-Agar-Nährböden;** lassen eine Bebrütung bei 20 als auch bei 37 °C zu. Mit Gelatine-Agar können außerdem Gelatine verflüssigende Keime erfaßt werden; diese stammen zumeist aus oberflächennahen Bodenschichten, so daß deren Nachweis zusätzlich Aufschluß über die Herkunft eines Wassers zu geben vermag. Soll zwischen psychrophilen und mesophilen Keimen unterschieden werden, müssen doppelt so viele Ansätze auf Agar-Gelatine hergestellt und in je einem Brutschrank bei 20 und 37 °C bebrütet werden.
– **Kieselsäure-Nährböden;** sie lassen ebenfalls eine Bebrütung bei 20 und 37 °C zu.

3.4.1 Gußplatten-Verfahren auf Gelatine-Agar-Nährboden

Ansetzen des Nährbodens:
43 g DEV Gelatine-Agar zur Bestimmung der Koloniezahl, Merck, Art. Nr. 10 685 [523] (3 g Fleischextrakt, 10 g Pepton aus Fleisch, 5 g Natriumchlorid, 10 g Gelatine, 15 g Agar-Agar), werden in 1 Liter Deionat etwa 30 min eingeweicht und bis zum vollständigen Auflösen im Dampftopf oder Wasserbad gekocht. Dann wird zu je 10 ml in sterile, kurze Reagenzröhrchen abgefüllt (10-ml-Marke anbringen), mit Metallkappe oder Alufolie verschlossen und senkrecht stehend 15 min bei 121 °C, 1 bar, autoklaviert. Die Röhrchen können zu diesem Zweck in kleiner Stückzahl in Alufolie gepackt werden. Nach möglichst raschem Abkühlen werden die Röhrchen im Kühlschrank aufbewahrt.

Anlegen von Verdünnungsreihen:
Bei stärker verschmutzten Wässern, z. B. Badewässer, werden vor der Untersuchung Verdünnungsreihen angelegt. Dazu beschickt man sterile 50-ml-Erlenmeyerkolben mit je 9 ml keimfreiem Deionat und verschließt wieder mit steriler Alufolie. Dem Inhalt des

ersten Kolbens wird 1 ml der gut umgeschüttelten Wasserprobe zugegeben. Nach gutem Durchmischen wird 1 ml dieser Verdünnung in den zweiten Kolben pipettiert usw. (jede Pipette darf nur einmal benützt werden!). Man erhält eine Verdünnungsreihe, die sich jeweils um eine Zehnerpotenz unterscheidet (1:10; 1:100 usw.). Für die nachfolgende Bestimmung soll jene Verdünnung gewählt werden, von der zu erwarten ist, daß die Zahl der anwachsenden Kolonien zwischen 10 und 100 liegt. Die effektive Koloniezahl ergibt sich durch Multiplikation der nach dem Bebrüten ausgezählten Kolonien einer Platte mit dem jeweiligen Verdünnungsfaktor.

Ausführung:
Von der gut gemischten Probe oder/und einer entsprechenden Verdünnung derselben werden unter sterilen Bedingungen 1 ml und 0,1 ml in je eine Petrischale (⌀ 90 mm) pipettiert, wobei man den Deckel nicht mehr als nötig anhebt. In jede Petrischale werden sodann 10 ml des im siedenden Wasserbad verflüssigten und auf (46 ± 2) °C abgekühlten (in eine Nährbodenprobe Thermometer einstellen; mehrmals verwendbar) Nährbodens gegeben und die Kulturschalen bei aufgelegtem Deckel zur guten Durchmischung des Nährbodens mit der Probe vorsichtig in Form einer 8 – nicht kreisförmig – geschwenkt und in waagrechter Lage abgestellt. Nach dem Erstarren des Gemisches werden die Kulturschalen in den entsprechend temperierten Brutschrank gegeben und (44 ± 4) h bei (37 ± 1) °C bzw. bei (20 ± 2) °C bebrütet. Bei gechlortem Wasser wird die Bebrütungszeit auf 72 h ausgedehnt, damit auch die durch Chloreinwirkung geschädigten Keime, die verzögert wachsen, miterfaßt werden; nach 44 h kann – ohne Öffnen des Deckels – eine erste Zählung vorgenommen werden.

Auswertung:
Nach Abschluß der Bebrütung wird mittels 8facher Lupenvergrößerung (am besten mit einem Stereomikroskop) die Zahl der Kolonien ausgezählt, wobei jene Schalen verwendet werden, in denen die Gesamtzahl der Kolonien zwischen 10 und 100 liegt. Sodann kann die Zahl der gelatineverflüssigenden Kolonien getrennt ausgezählt werden. Dazu übergießt man den Nährboden mit etwa 5 ml einer gesättigten wäßrigen Ammoniumsulfat-Lösung. Nach wenigen Minuten kann man jene Kolonien, um die sich Aufhellungshöfe gebildet haben, erkennen und abzählen.

Angabe der Ergebnisse:
Die Koloniezahl wird auf 1 ml des untersuchten Wassers bezogen. Es werden bei Werten

　　≤ 100　　　　/ml　　auf　1　　/ml
　　> 100　bis 1000 /ml　　auf　10　 ml
　　> 1000 bis 10 000/ml　auf　100　/ml
　　$> 10 000$　　　　/ml　　auf　1000/ml gerundete Werte angegeben.

Außerdem müssen das angewandte Verfahren, der benutzte Nährboden, die Bebrütungsdauer und Bebrütungstemperatur angegeben werden.

Beispiel:
Volumenbezogene Zahl der vermehrungsfähigen Keime (Koloniezahl bzw. koloniebildende Einheiten): 110/ml (davon Gelatine-Verflüssiger: 21/ml) (Gußplatten-Verfahren auf Gelatine-Agar-Nährboden; 44 h; 22 °C)

Literatur: [1, 5, 87, 202.1, 205.1, 521, 523, 586].

3.4.2 Membranfilter-Verfahren

Prinzip dieses Untersuchungsverfahrens ist die Anreicherung von Keimen aus *beliebigen* Mengen des zu untersuchenden Wassers auf der Oberfläche eines bakterienundurchlässigen Membranfilters (Porengröße 0,45 µm; $\emptyset$ 50 mm) (28, 37, 38) durch Filtration mittels eines Edelstahl-Filtrationsgerätes unter Wasserstrahlvakuum. Das Membranfilter wird anschließend auf einen geeigneten Nährboden aufgelegt und bebrütet. Aus dem Nährboden diffundieren die Nährstoffe durch die Porenstruktur des Filters an die Keime heran, die sich rasch zu Kolonien entwickeln und gezählt werden können. Das Auszählen der Kolonien wird durch eine entsprechende Farbe des Filters und durch das in das Filter eingedruckte farbige Gitternetz bedeutend erleichtert.

Bei stark verschmutzten Wässern werden durch eine Vorfiltration mittels eines bakteriendurchlässigen Membranfilters (Porengröße 12 µm) Störungen der Kultivierung der Keime ausgeschaltet.

Bei dem nachfolgend beschriebenen Verfahren kommen käufliche, in steriler Petrischale verpackte Nährkartonscheiben (NKS) zur Anwendung, denen je ein entsprechendes Membranfilter (MF) in separater Sterilverpackung beigegeben ist. Die Lagerfähigkeit des NKS beträgt mindestens 1 Jahr.

Das mit Keimen angereicherte feuchte Filter kann auch auf eine Gelatine-Agar-Platte (Abschn. 3.4.1) gelegt werden.

Auswahl und Vorbereitung der Nährkartonscheiben:
Für den gegebenen Untersuchungszweck stehen zwei Typen von NKS zur Verfügung:
Standard-NKS SM 140 64 [580], Fleischextrakt-Pepton, zur Bestimmung der Koloniezahl. Auf diesem Nährmedium wachsen vorwiegend Bakterien mit nach Form und Farbe verschieden ausgebildeten Kolonien (vgl. Abb. in [580]).
Standard TTC-NKS SM 140 55 [580], Fleischextrakt-Pepton, mit Zusatz von TTC (2,3,5-Triphenyltetrazoliumchlorid), zur Bestimmung der Koloniezahl.
Auf diesem Nährmedium wachsen vorwiegend Bakterien, deren Kolonien durch TTC-Reduktion zu Formazan rötlich bis dunkelrot gefärbt sind und die sich daher besonders leicht auszählen lassen. Zudem kann die Reduktionswirkung als charakteristische Leistung der Keime in die Bewertung mit einbezogen werden (vgl. Abb. in [580]).
Die NKS ($\emptyset$ 50 mm) werden vorbereitet, indem man unter leichtem Anheben des Deckels der Petrischale mit der Dosierspritze (vgl. Abb. 1.6.3) oder Pipette je 3,0–3,5 ml keimfreies Deionat aufgibt. Die Befeuchtung ist optimal, wenn an den Randzonen der NKS ein deutlicher Flüssigkeitsüberschuß sichtbar ist.

Vorbereitung des Filtrationsgerätes:
Das Unterteil des Gerätes wird mit Hilfe eines Gummistopfens auf eine 1-l-Saugflasche aufgesetzt und diese mittels Vakuumschlauch mit der Wasserstrahlpumpe verbunden. Der Hahn des Gerätes wird geöffnet und die Pumpe in Betrieb gesetzt. Mit der Bunsenflamme werden zunächst der Filtertisch und die Metallfritte in der Weise abgeflammt (vgl. Abb. 3.4.2a), daß die Flamme durch die Fritte gesaugt wird. Nach Verschwinden des Kondenswassers wird der Hahn geschlossen. Nun wird der trichterförmige 100-ml-Aufsatz am oberen Rand angefaßt, an der Unterfläche abgeflammt und auf den Filtertisch gesetzt. Das Gerät wird mit dem Hebelverschluß geschlossen und der Aufsatz innen spiralförmig von oben nach unten abgeflammt. Zuletzt wird der Deckel aufgelegt, der innen ebenfalls abgeflammt und dessen Öffnung mit einem sterilen Wattebausch verschlossen wurde.

Zwischen jeder einzelnen Filtration muß Aufsatz und Fritte mit Deionat sorgfältig gespült werden. Dies kann auch mit Alkohol in der Weise geschehen, daß man einen Wattebausch gut damit durchtränkt und Filtertisch sowie Unterfläche des Aufsatzes möglichst stark anfeuchtet und sodann – wie beschrieben – abflammt. Dasselbe geschieht mit der Innenseite des Aufsatzes. Der brennende Alkohol wird durch die Fritte abgesaugt. In der Saugflasche muß sich reichlich Wasser befinden.

Filtration:
Der das Membranfilter enthaltende Kunststoffbeutel wird mit einer Schere, die man zur Sterilisation durch die Flamme zieht, aufgeschnitten, mit einer ebenfalls durch die Flamme gezogenen Pinzette das Filter entnommen und nach Abheben des Aufsatzes (in der Hand behalten; nicht innen anfassen) auf den Filtertisch des Geräteunterteils gelegt (vgl. Abb. 3.4.2b). Der Aufsatz wird sofort wieder aufgesetzt und das Gerät mit dem Hebelverschluß verriegelt. Die zu filtrierende Probemenge ist abhängig von der Anzahl der darin befindlichen Keime. Die Belegungsdichte sollte bei der gegebenen wirksamen Filtrationsfläche von 12,5 cm^2 zwischen etwa 10 und 100 Kolonien liegen. Bei Trinkwasser und anderen keimarmen Proben wird im allgemeinen 1 ml verwendet. Von Wasserproben mit hohem Keimgehalt wird, wie in Abschn. 3.4.1 beschrieben, eine Verdünnungsreihe angelegt und dann ebenfalls 1 ml z.B. der Verdünnung 1:1000 in folgender Weise auf das Filter gegeben: Nach Abheben des Deckels bringt man mittels Dosierspritze oder Pipette 20 ml keimfreies Deionat in den Aufsatz und setzt den Deckel wieder auf. Sodann pipettiert man 1 ml der Originalprobe oder einer entsprechenden Verdünnung unter kreisförmiger Bewegung der Pipette in die Vorlage, legt den Deckel auf, öffnet den Hahn des Gerätes und saugt die Probe bis auf einen kleinen Rest ab. An der Aufsatzwand verbliebene Keime werden durch spiralförmiges Abschwemmen mit keimfreiem Deionat aus der Dosierspritze oder Pipette von oben nach unten auf das MF gespült und die Probe vollends filtriert.
Probemengen ab 10 ml werden durch direktes Aufgießen auf das Filter und Abschwemmen, wie oben beschrieben, filtriert (vgl. Abb. 3.4.2c).

Filtration mit Vorfilter:
Vorbereitung des Gerätes und Filtration erfolgt wie oben beschrieben, jedoch mit folgender Abänderung: Auf das abgeflammte Unterteil des Filtrationsgerätes wird das entsprechende Bakterien-Membranfilter aufgelegt, der ebenfalls abgeflammte Zusatz für Vorfiltration aufgesetzt und der Hebelverschluß angezogen. Der Zusatz wird mit keimfreiem Deionat gefüllt (vgl. Abb. 3.4.2e), die Siebplatte abgeflammt und in den Zusatz eingelegt. Nach Auflegen des Vorfilters (vgl. Abb. 3.4.2f) wird der Aufsatz wie üblich angeschlossen.

Kultivierung:
Nach Beendigung der Filtration wird der Hahn geschlossen, der Aufsatz abgenommen, das MF mit der abgeflammten Pinzette vorsichtig von der Siebplatte abgehoben (vgl. Abb. 3.4.2b) und – mit dem Gitternetz nach oben – sofort auf die angefeuchtete NKS gelegt. Durch «Abrollen» des Membranfilters beim Auflegen (vgl. Abb. 3.3.2d) erreicht man vollkommenen Kontakt zwischen Membranfilter und NKS und vermeidet den Einschluß von Luft. Nur so ist eine gleichmäßige Diffusion der Nährstoffe gewährleistet. Die Bebrütung erfolgt (44 $\pm$ 4) h bei (37 $\pm$ 1 °C) und/oder bei (20 $\pm$ 2) °C; es entwickeln sich Kolonien die in ihrer Form und Färbung denen auf vergleichbaren Agar-Nährböden entsprechen.

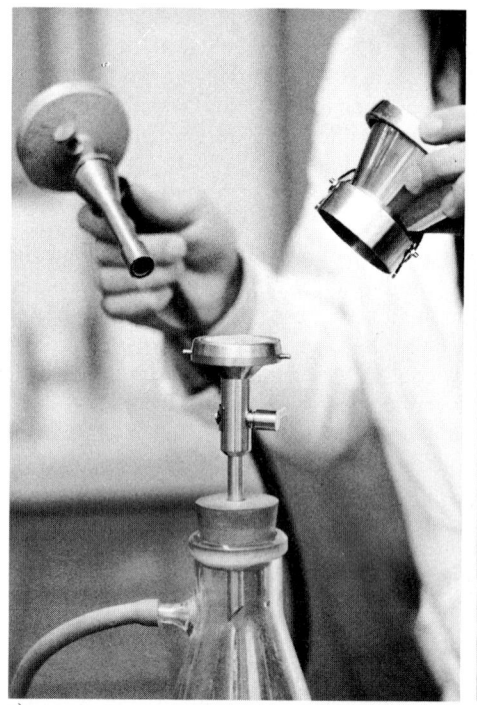

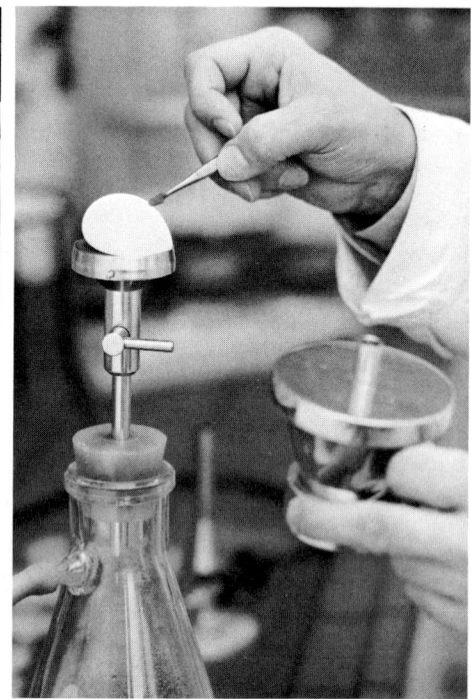

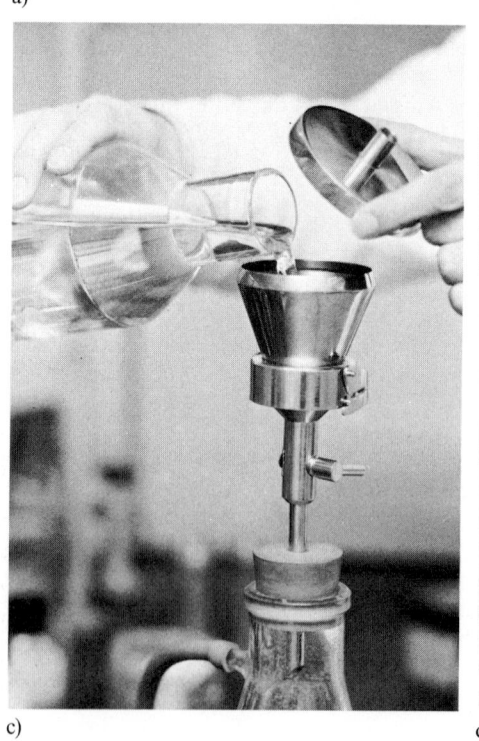

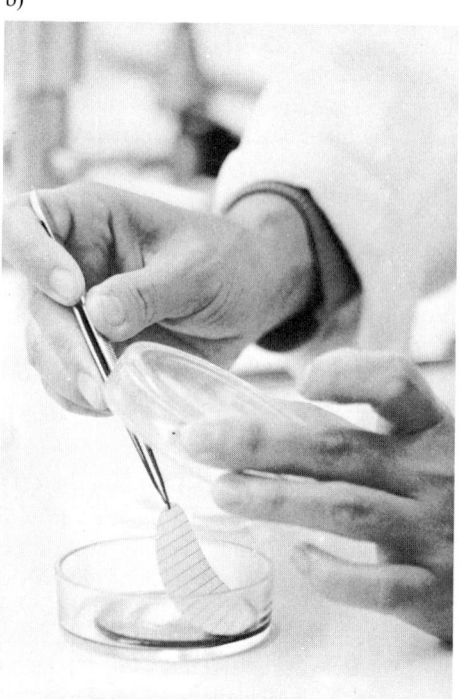

a)

b)

c)

d)

Abb. 3.4.2 a–d *Filtrationsgerät aus Edelstahl SM 162 19 (37), dargestellt mit 100-ml-Aufsatz, für die bakteriologische Untersuchung von Wasser sowie – bei Verwendung entsprechender Membranfilter (∅ 50 mm) (28, 37, 38) – auch für viele chemisch-analytische Arbeiten geeignet.*
Das Unterteil des Gerätes wird mittels Gummistopfen auf eine 1-l-Saugflasche aufgesetzt und an die Wasserstrahlpumpe oder – unter Zwischenschaltung einer Woulffschen Flasche – an eine Vakuumpumpe angeschlossen.
Die grundlegenden Arbeitsschritte bei bakteriologischen Untersuchungen ohne Vorfilter sind in den Abb. a)–d) dargestellt; nähere Erläuterungen im Text.
a) *Sterilisieren des Filtrationsgerätes durch Abflammen mit dem Bunsenbrenner.*
b) *Membranfilter mittels abgeflammter Pinzette der Sterilverpackung entnehmen und auf die Siebplatte legen.*
c) *Nach Aufsetzen des an der Unterseite und innen abgeflammten Oberteils Probe (z.B. 100 ml) filtrieren, sodann Membranfilter wie in Abb. b) gezeigt abheben.*
d) *Membranfilter mit den darauf zurückgehaltenen Keimen nach oben blasenfrei auf die angefeuchtete (vgl. Abb. 1.6.3) NKS in der Petrischale «abrollen» und bebrüten.*

Abb. 3.4.2 e–f *Zusatz zur Vorfiltration aus Edelstahl SM 168 07 (37) in Kombination mit Filtrationsgerät SM 162 19.*
e) *Füllen des abgeflammten und über das Bakterien-Membranfilter (Porengröße 0,45 µm) aufgesetzten Zusatzes mit keimfreiem Deionat. Dabei wird die Siebplatte abgehoben und vor dem Auflegen abgeflammt.*
f) *Auflegen des Vorfilters SM 125 00 (37) (Porengröße 12 µm) auf die Lochplatte des Zusatzes. Nähere Erläuterungen im Text.*

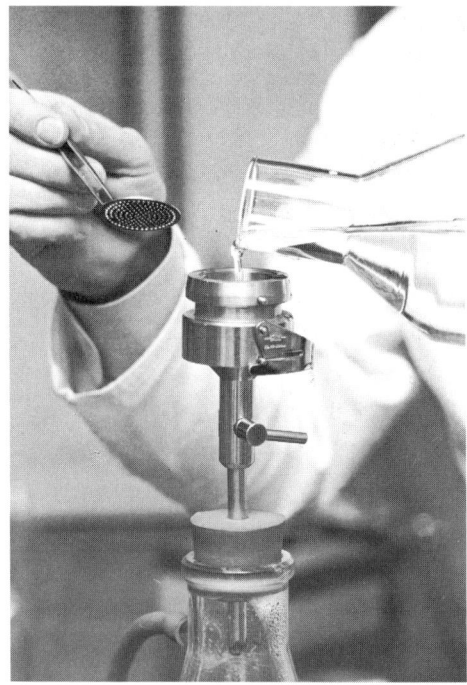

e) f)

Auswertung und Dokumentation:
Die Auszählung der Kolonien erfolgt mit Hilfe einer Lupe mit 8facher Vergrößerung oder mittels Stereomikroskop. Das aufgedruckte Gitternetz mit der Kantenlänge von 3,1 mm ergibt pro Quadrat 1/130 der aktiven Filtrationsfläche. Es genügt, bei dichtem Bewuchs etwa 10 repräsentative Felder auszuzählen, von denen auf die Koloniezahl geschlossen werden kann. Bebrütete Membranfilter, die zur Dokumentation aufbewahrt werden sollen, erhitzt man auf Fließpapier im Trockenschrank 30 min bei 80 °C, wodurch eine sichere Abtötung aller vegetativen Keime gewährleistet ist. Das Aufkleben der Membranfilter erfolgt mit lösungsmittelfreiem Klebstoff, z. B. Pelikanol.

Angabe der Ergebnisse:
vgl. Abschn. 3.4.1.

Beispiel:
Volumenbezogene Zahl der vermehrungsfähigen Keime (Koloniezahl bzw. koloniebildende Einheiten): 56/ml (Membranfilter-Verfahren; TTC-NKS; 44 h; 22 °C).

Literatur: [1, 5, 87, 202.1, 205.1, 521, 578, 580, 581]; vgl. DIN 38411-K 5.

3.4.3 Schnellkontrolle mit Total-Count-Tester

Der Total-Count-Tester (28) [548, 549] dient der raschen Orientierung über den Keimgehalt einer Probe. Er besteht aus einem Kunststoffhalter, auf dem ein Membranfilter, das mit einer saugfähigen NKS fest verbunden ist, aufliegt. Die Filteroberfläche ist zur besseren Erkennung der Keime grauschwarz angefärbt und mit einem Raster versehen. Beim Eintauchen des Testers in die Probe – bei stärkerer Verschmutzung in die Verdünnung derselben (vgl. Abschn. 3.4.1) – wird in kurzer Zeit 1 ml Wasserprobe durch das Filter in die NKS gesogen. Die in dieser Flüssigkeitsmenge enthaltenen Bakterien werden auf der Filteroberfläche zurückgehalten. Zugleich hydratisiert die eingesaugte Flüssigkeit die Nährstoffe, welche durch das Filter hindurch zu den Keimen diffundieren.

Beispiel: vgl. Abschn. 3.4.1.

3.5 Nachweis und Bestimmung der Koloniezahl von Escherichia coli und coliformen Bakterien

Bakterien der Art **Escherichia coli** werden in großer Zahl im Darminhalt des Menschen und warmblütiger Tiere angetroffen; ihr Nachweis im Wasser gilt als Zeichen einer fäkalen Verunreinigung mit allen sich daraus ergebenden Konsequenzen (vgl. Abschn. 3.1 und 1.5.5). Wenngleich nur etwa 10% aerob wachsende Bakterien im menschlichen Stuhl vorhanden sind – knapp 2% davon sind Colibakterien und etwa 0,5% Enterokokken – scheidet der Mensch täglich etwa 500 Billionen bis zu einer Trillion Colibakterien aus [87].

Die **coliformen Bakterien** *können* fäkalen Ursprungs sein, ihren Hauptvermehrungsort haben sie jedoch im Abwasser und Oberflächenwasser; ihr Nachweis im Wasser gilt so lange als Zeichen einer fäkalen Verunreinigung, bis ihre nicht-fäkale Herkunft gesichert ist [1, 205.1]. Auf jeden Fall müssen sie als ein in einem Trinkwasser nachgewiesener Fremdkeim betrachtet werden, der im weitesten Sinne für eine Verunreinigung sprechen kann.

Escherichia coli und die *coliformen Bakterien* gehören zur Familie der **Enterobacteriaceae,** u. a. mit folgenden gemeinsamen Eigenschaften und Fähigkeiten:
– Gramnegative, nicht sporenbildende, gerade, stäbchenförmige Bakterien, beweglich durch peritriche Begeißelung oder unbeweglich;
– aerober und anaerober Glucoseabbau;
– negative Cytochromoxidase-Reaktion (Nadi-Reagenz);
– Reduktion von Nitrat zu Nitrit unter anaeroben Bedingungen;
– Wachstum auf künstlichen Nährmedien.

Die **coliformen Bakterien** gehören u. a. den Gattungen *Escherichia, Citrobacter, Enterobacter* und *Klebsiella* an. Für deren Nachweis ist zusätzlich von besonderer Bedeutung:
– Vergärung von Lactose unter Gas- und Säurebildung bei 37 °C in weniger als 48 Stunden; bei 44 °C in der Regel negativ;
– (in den meisten Fällen) Reduktion von TTC zu Formazan.

Für den Nachweis von **Escherichia coli** ist zusätzlich von besonderer Bedeutung:
– Vergärung von Lactose;
– Glutaminsäuredecarboxidase-Aktivität;
– keine Pigmentbildung auf Nähragar bei achttägiger Bebrütung (20 °C);
– negative Citrat- und Cyanid-Probe;
– keine Spaltung von Harnstoff und keine Spaltung von Gelatine;
– positive Methylrot-Reaktion;
– negative Voges-Proskauer-Reaktion;
– die meisten Stämme bilden Indol aus tryptophanhaltiger Bouillon sowie Säure und Gas aus Glucose bei 44 °C (statt Glucose kann Lactose oder Mannit verwendet werden);
– keine Reduktion von TTC zu Formazan.

Die Trinkwasser-VO [730.4] trifft in Anlage 2 (zu § 12, Abs. 1) folgende Feststellungen:

1. Escherichia coli und coliformen Keimen gemeinsam ist die Fähigkeit, bei einer Temperatur von $(37 \pm 1)\,°C$ Lactose innerhalb von (20 ± 4) h unter Gas- und Säurebildung abzubauen.

2. Die Untersuchung auf Escherichia coli in mindestens 100 ml Wasser kann durch:
– Flüssiganreicherung in doppelt konzentrierter Lactosebouillon, Bebrütungstemperatur $(37 \pm 1)\,°C$ oder $(42 \pm 0{,}5)\,°C$, Bebrütungszeit (20 ± 4) h (Beobachtungszeit und Bebrütung bis (44 ± 4) h) oder
– Membranfiltration und Bebrütung des Membranfilters auf Lactose-Fuchsin-Sulfitagar (Endoagar), Bebrütungstemperatur $(37 \pm 1)\,°C$ oder $(42 \pm 0{,}5)\,°C$, Bebrütungszeit (20 ± 4) h erfolgen.

Eine endgültige Diagnose ist durch das Stoffwechselmerkmal «Gas- und Säurebildung aus Lactose», bzw. «Bildung von fuchsinroten Kolonien» auf dem bebrüteten Membranfilter allein nicht möglich, so daß zusätzlich nach Sub- bzw. Reinkultur auf Endoagar mindestens folgende Stoffwechselmerkmale erfüllt sein müssen:

- Cytochromoxidase-Reaktion: (−)
- Lactosevergärung: Gas- und Säurebildung bei (37 ± 1) °C nach (20 ± 4) h: (+)
- Indolbildung aus tryptophanhaltiger Bouillon: (+)
- Spaltung von Lactose, Dextrose oder Mannit bei (44 ± 0,5) °C innerhalb von (20 ± 4) h zu Gas und Säure: (+)
- Ausnutzung von Citrat als einziger Kohlenstoffquelle: (−)

3. Die Untersuchung auf coliforme Keime in mindestens 100 ml Wasser kann durch die unter 2. genannten Verfahren erfolgen, ausgenommen die Bebrütung bei (42 ± 0,5) °C. Eine endgültige Diagnose ist durch das Stoffwechselmerkmal «Gas- und Säurebildung aus Lactose» bzw. durch die Bildung von fuchsinroten Kolonien auf dem bebrüteten Membranfilter nicht möglich, so daß zusätzlich nach Sub- bzw. Reinkultur auf Endoagar mindestens folgende Stoffwechselmerkmale geprüft werden müssen:
- Cytochromoxidase-Reaktion: (−)
- Lactosevergärung: Gas- und Säurebildung bei (37 ± 1) °C nach (44 ± 4) h: (+)
- Indolbildung aus tryptophanhaltiger Bouillon: in der Regel (−)
- Spaltung von Lactose, Dextrose oder Mannit bei (44 ± 0,5) °C innerhalb von (20 ± 4) h zu Gas und Säure: in der Regel (−)
- Ausnutzung von Citrat als einziger Kohlenstoffquelle: (+) oder (−)

Coliforme Keime spalten also in jedem Falle Lactose bei (37 ± 1) °C unter Gas- und Säurebildung, weichen aber in der Indolbildung und/oder im Zuckerabbau bei einer Bebrütungstemperatur von (44 ± 0,5) °C und/oder im Citratabbau von den für Escherichia coli genannten Merkmalen ab.

Gliederung der Untersuchung:
Die Gesamtuntersuchung gliedert sich in drei Abschnitte:

1. Anzüchtung der Primärkultur; dazu stehen zwei Verfahren zur Verfügung:
- Nachweis durch Flüssigkeitsanreicherung;
- Nachweis durch Membranfilterverfahren; (insbesondere in jenen Fällen vorteilhaft, bei denen negative Befunde zu erwarten sind)

2. Anzüchtung der Subkultur, um Reinkulturen zu gewinnen;

3. Identifizierung der gewonnenen Reinkulturen durch Bestimmen ihrer biochemischen Leistungen («Bunte Reihe»).

3.5.1 Nachweis durch Anreicherung in Lactose-Pepton-Nährlösung und Bestimmung des Coli-Titers

Das Verfahren beruht auf der Eigenschaft coliformer Keime, Lactose (Milchzucker) bei 37 °C – und E. coli bis zu 44 °C – in weniger als 48 h unter Gas- und Säurebildung zu vergären. Bei Anreicherung in Lactose-Pepton-Nährlösung wachsen, wenn beide Bakteriengruppen im Wasser vorhanden sind, in der Regel E. coli schneller als Coliforme. Infolge ungünstiger Relation beider Gruppen in der Probe kann es aber auch zu dem umgekehrten Ergebnis kommen, daher sollte die Anreicherung möglichst bei 37 °C und bei 42 (44) °C erfolgen.

Unter **Titer** wird in der Mikrobiologie die in ml ausgedrückte kleinste Wassermenge verstanden, in der bestimmte Bakterien oder ganz allgemein Bakterien als solche noch nachweisbar sind. Zur Bestimmung des **Coli-Titers** werden abnehmende Volumina (100 ml, 10 ml, 1 ml usw.) des zu untersuchenden Wassers der Nährlösung zugesetzt und bebrütet. Danach wird auf Wachstumstrübung sowie auf Säure- und Gasbildung geprüft. Der Nachweis der Gasbildung erfolgt am sichersten mit DURHAMschen Gärröhrchen, das sind leichte, einseitig zugeschmolzene Glasröhrchen von ca. 25 mm Länge und 7–8 mm $\varnothing$; diese werden – mit der Öffnung nach unten – in die Reagenzgläser eingebracht und mit diesen sterilisiert. Nach Einfüllen der Nährlösung, neuerlicher Sterilisation, Einpipettieren der Probe und Bebrütung, sammelt sich das von den Bakterien produzierte Gas im Röhrchen, wobei dasselbe angehoben werden kann.

Ansetzen der Nährlösungen:
50 g DEV Lactose-Pepton-Bouillon, Merck, Art. Nr. 10690 [523], bestehend aus 20 g Pepton aus Fleisch, 20 g Lactose, 10 g Natriumchlorid und 0,02 g Bromkresolpurpur werden zur Herstellung der *doppelt konzentrierten Nährlösung* in 1 Liter Deionat vollständig gelöst, eventuell unter Erhitzen auf dem Wasserbad. Die Lösung wird in Anteilen zu je 10 ml in große, mit Durham-Röhrchen beschickte sterile Reagenzgläser und in Anteilen von je 100 ml in sterile 200-ml-Säuglingsmilchflaschen abgefüllt und 20 min bei 115 °C (0,8 bar) im Autoklaven sterilisiert.

Die *einfach konzentrierte Nährlösung* wird durch Verdünnen der doppelt konzentrierten Lösung auf das doppelte Volumen hergestellt und in Anteilen von je 5 ml in kleine, mit Durham-Röhrchen beschickte, sterile Reagenzgläser abgefüllt und sterilisiert.

Ausführung:
Je 100 ml der gut durchmischten Wasserprobe werden unter sterilen Bedingungen in je eine der 100 ml doppelt konzentrierte Nährlösung enthaltenden Flaschen gefüllt und 20 h bzw. 44 h bei (37 ± 1) °C und bei $(42 \pm 0,5)$ °C bzw. 44 °C bebrütet. Die Proben werden vor dem Einstellen in den Brutschrank im Wasserbad angewärmt.
Soll eine Titerbestimmung durchgeführt werden, gibt man in je ein Reagenzglas mit 10 ml Nährlösung 10 ml Probe und in je ein Reagenzglas mit 5 ml Nährlösung 1 ml Probe und bebrütet gemeinsam mit den Flaschen.

Auswertung:
Nach (20 ± 4) h wird geprüft, ob in den Flaschen und Röhrchen Trübung und Gasbildung feststellbar und die Farbe des Indikators von purpur nach gelb umgeschlagen ist; falls nicht, wird weitere 24 h bebrütet. Ist auch dann weder Trübung noch Gasbildung (bei den Proben in den Flaschen oft erst nach Klopfen gegen die Gefäßwandung erkennbar) noch Farbumschlag eingetreten, gilt der Befund hinsichtlich E. coli und coliformer Bakterien als negativ; weitere Untersuchungen sind nicht nötig. Bei positivem Befund sind Subkulturen auf speziellen Nährböden anzulegen (s. Abschn. 3.5.2).

Angabe der Ergebnisse:
Es wird das kleinste Wasservolumen angegeben, in welchem die Bakterien noch nachweisbar sind, sowie die angewandte Methode, das benützte Nährmedium und die Bebrütungstemperatur.

Beispiele:
In 100 ml Wasser wurden coliforme Bakterien und E. coli nicht nachgewiesen (Flüssigkeitsanreicherung in Lactose-Pepton-Lösung, 37 °C und 42 °C).
In 10 ml Wasser wurde bei 37 °C und 44 °C Säure- und Gasbildung festgestellt (Flüssigkeitsanreicherung in Lactose-Pepton-Lösung). Es besteht Verdacht auf E. coli.

Literatur: [1, 202.1, 205.1, 521]; vgl. DIN 38411-K 6.

3.5.2 Differenzierung auf Selektivnährböden nach Flüssigkeitsanreicherung bzw. Membranfiltration; («Bunte Reihe»)

Zeigen die durch Anreicherung nach Abschn. 3.5.1 gewonnenen Proben nach 20 h bzw. 44 h positive Reaktion, so werden Subkulturen angelegt.

1. Anzüchtung der Subkulturen auf DEV Endoagar (Lactosefuchsinsulfit-Agar): (Der Nährboden enthält im Liter: 10 g Fleischextrakt, 10 g Pepton aus Fleisch, 5 g Natriumchlorid, 10 g Lactose, 0,5 g Fuchsin, bas., 2,5 g Natriumsulfit, 20 g Agar-Agar) 58 g DEV Endoagar, Merck, Art. 10 684 [523], werden im siedenden Wasserbad in 1 Liter Deionat gelöst, in Anteilen zu je 100 ml in sterile Erlenmeyerkolben abgefüllt und 15 min bei 121 °C autoklaviert (mit steriler Watte verschlossen im Kühlschrank aufbewahren; begrenzt haltbar). Vor Gebrauch werden je 100 ml des durch Erwärmen wieder verflüssigten Nährbodens in je 5 sterile Petrischalen abgefüllt und vor Licht- und Luftzutritt (Rotfärbung!) geschützt zum Erstarren gebracht.

Die Anzüchtung der Subkulturen kann auch auf **Endo-Nährkartonscheiben,** Endo-NKS (SM 140 53) [580] (sterilverpackt in Einweg-Petrischale; steril-Membranfilter separat beigepackt) erfolgen (Abb. s. in [580]). Diese werden vor der Belegung mit dem Filter unter leichtem Anheben des Deckels der Petrischale mit 3,5–4 ml keimfreiem Deionat aus der Dosierspritze oder Pipette angefeuchtet und das Filter (SM 139 06) sodann blasenfrei durch «Abrollen» mit steriler Pinzette aufgelegt. Die Befeuchtung ist optimal, wenn an den Randzonen ein deutlicher Flüssigkeitsüberschuß sichtbar ist.

2. Anzüchtung der Subkulturen auf anderen (zusätzlichen) Nährböden: Die Anzüchtung kann zusätzlich oder alternativ auch auf folgenden Selektiv-Nährböden erfolgen:
- **DEV Agar-Nährboden** (Nähragar);
- **DEV Pril-Nähragar-Platte** (verhindert das Schwärmen der Proteusbakterien);
- **DEV Tryptophan-Trypton-Bouillon;**

Einzelheiten entnehme man den DEV [1], DIN 38 411-K 6.

Außerdem stehen die folgenden Selektiv-NKS [580] zur Verfügung:
- **Tergitol TTC-NKS** (SM 140 56) zum Nachweis coliformer Bakterien und E. coli nach POLLARD, modifiziert nach CHAPMAN. Im Gegensatz zu den meisten coliformen Bakterien besitzt E. coli nicht die Fähigkeit, 2,3,5-Triphenyltetrazoliumchlorid (TTC) zu Formazan (rot) zu reduzieren. Coliforme Bakterien bilden rote Kolonien. Kolonien von *E. coli* und *Enterobacter aerogenes* (= *Aerobacter aerogenes,* ein coliformer Keim) sind orange bis gelb mit gelbem Hof (Abb. s. in [580]).
- **Teepol-NKS** (SM 140 67) zum Nachweis von *E. coli* und fäkalen coliformen Bakterien nach BURMAN. E. coli bildet gelbe Kolonien mit einem Durchmesser von 1–2 mm und gelbem Hof. Coliforme und andere nicht Lactose-vergärende Bakterien wachsen als dunkelrote Kolonien unterschiedlicher Größe (Abb. s. in [580]).
- **M-FC-NKS** (SM 140 68) zum Nachweis von *E. coli* und fäkalen coliformen Bakterien nach GELDREICH u. a. (empfohlen von [2]). *E. coli* und fäkale Coliforme wachsen als blaue Kolonien mit einem Durchmesser von 1–2 mm, Kolonien anderer Färbung werden nicht gewertet (Abb. s. in [580]).

3. Beimpfung, Kultivierung und Auswertung: Mindestens aus den beiden am stärksten verdünnten und bei 37 °C und 42 (44) °C bebrüteten Proben, bei denen Gasbildung erkennbar ist, wird mittels einer ausgeglühten Platinöse (Impfnadel) etwas Probe entnommen und auf die nach Pkt. 1. vorbereitete Platte mit Endoagar bzw. auf das durchfeuchtete Membranfilter der NKS übertragen. Dabei wird die Probe mit der Impfnadel so dünn ausgestrichen, daß mit der Entwicklung von Einzelkolonien gerechnet werden kann.

Wird nach der Membranfilter-Methode (Abschn. 3.5.3) gearbeitet, legt man das nach der Filtration mit den entsprechenden Keimen angereicherte Membranfilter mit einer sterilen Pinzette durch «Abrollen» blasenfrei auf die nach Pkt. 1. vorbereitete Endoagar-Platte bzw. Endo-NKS.

Anschließend wird (20 ± 4) h bei $(37 \pm 1)\,°C$ bebrütet. Nach der Entnahme aus dem Brutschrank sollen die Endoagar-Platten nicht unnötig lange dem Tageslicht ausgesetzt werden, weil sich der Nährboden sonst im ganzen röten kann.

Es wird geprüft, ob sich feuchte, rote Kolonien, insbesondere solche mit Fuchsinglanz (grünlichem Metallglanz) (und dunkelrotem Punkt auf der Unterseite des MF) gebildet haben.

Haben sich auch nach weiterer 20stündiger Bebrütung keine derartigen Kolonien gebildet, wird die Probe negativ hinsichtlich E. coli und Coliforme gewertet.

Bei positivem Befund sind zusätzliche Stoffwechselmerkmale zu überprüfen («Bunte Reihe»). Einzelheiten dazu s. DEV [1], DIN 38411-K 6.

In ähnlicher Weise können auch die ggf. nach Pkt. 2. erhaltenen Kolonien bewertet und an verdächtigen Kolonien, möglichst nach Anlegen einer Reinkultur, weitere biochemische Merkmale überprüft werden.

Das unten (Pkt. 4.) beschriebene Testsystem ermöglicht auf relativ einfache Weise eine große Anzahl derartiger Stoffwechselmerkmale von Enterobacteriaceaen und anderen gramnegativen Bakterien zu überprüfen und eine im allgemeinen eindeutige Bewertung vorzunehmen.

4. Überprüfung spezieller biochemischer Stoffwechselmerkmale («Bunte Reihe»): Von jedem nach Pkt. 3 festgestellten, verdächtigen, in ihrer Beschaffenheit verschiedenen roten Kolonietypen wird mindestens eine einzeln gewachsene Kolonie mit einer ausgeglühten Impfnadel in je 5 ml einer Tryptophan-Trypton-Bouillon (Merck, Art. 10694 [523]) überimpft und diese 4 bis 6 h bei $(37 \pm 1)\,°C$ bebrütet. Die Kulturen werden sodann in einem der nachfolgend beschriebenen Systeme weiter geprüft.

Es können jedoch auch die verdächtigen Kolonien direkt weiter untersucht werden.

Das API 20 E-System (1) ist eine standardisierte Mikromethode zur Identifizierung von Enterobacteriaceaen und anderer gramnegativer Bakterien. 20 Mikroreaktionsgefäße sind auf einem Streifen zur Durchführung 23 biochemischer Standarduntersuchungen zusammengefaßt. In Verbindung mit dem API-Profil-Erkennungssystem angewandt, können die Ergebnisse mühelos ausgewertet werden.

Das «Enterotube» II Roche-System (14) ist ebenfalls ein gebrauchsfertiges Testsystem zur rationellen und sicheren Identifizierung der Enterobacteriaceae anhand von 15 verschiedenen Stoffwechselmerkmalen; es eignet sich insbesondere zur direkten Abimpfung einzelner Kolonien von bebrüteten Platten bzw. Filtern, wobei in einem einzigen Arbeitsgang sämtliche Nährböden des Teströhrchens beimpft werden.

Bezüglich Einzelheiten der Anwendung sowie weiterer Möglichkeiten, die sich durch diese Systeme erschließen, muß auf die Firmenschriften bzw. Literatur verwiesen werden (1, 14) [349, 360, 381, 424].

Angabe der Ergebnisse:

1. Qualitative Angaben: (z. B. bei Untersuchung eines Wassers auf Trinkwasserqualität) Sie beziehen sich auf 100 ml Wasser; die Kurzbezeichnung des Untersuchungsverfahrens ist anzugeben. Wurden *E. coli* nachgewiesen, so erübrigt sich eine Angabe über coliforme Keime.

Beispiele:
In 100 ml Wasser wurden Escherichia coli und coliforme Bakterien nicht nachgewiesen (Flüssigkeitsanreicherung, 42 °C).
In 100 ml Wasser werden Escherichia coli nachgewiesen (Membranfilter-Verfahren, 37 und 42 °C).
In 100 ml Wasser wurden coliforme Bakterien nachgewiesen (Flüssigkeitsanreicherung, 37 °C).

2. Quantitative Angaben: sie sind sowohl bei Flüssigkeitsanreicherung als auch beim Membranfilter-Verfahren möglich.

Beispiele:
In 100 ml Wasser wurden Escherichia coli, außerdem in 0,1 ml Wasser coliforme Bakterien nachgewiesen (Flüssigkeitsanreicherung, 37 °C).
In 100 ml Wasser wurden 45 Kolonien von coliformen Bakterien nachgewiesen (Membranfilterverfahren, 37 °C). Bei Differenzierung von 5 Kolonien erwiesen sich 2 Kolonien als Escherichia coli.

Literatur: [1, 2, 202.1, 205.1, 521, 580]; vgl. DIN 38411-K 6.

3.5.3 Membranfilter-Verfahren

Das Membranfilter-Verfahren wurde bereits in Zusammenhang mit der Bestimmung der Koloniezahl ausführlich beschrieben (vgl. Abschn. 3.4.2); es kann – unter Verwendung entsprechender Selektiv-Nährböden – auch zum Nachweis von E. coli und Coliformen herangezogen werden; insbesondere eignet sich das Verfahren für jene Fälle, bei denen grundsätzlich ein negatives Ergebnis zu erwarten ist, z. B. bei der Routine-Trinkwasser-Überwachung. Die Möglichkeit, die Anzahl der nach Kultivierung angewachsenen Kolonien zahlenmäßig zu bestimmen, gibt ein genaueres Bild über das Ausmaß der Verschmutzung als die Bestimmung des Coli-Titers. Sporenbildende Anaerobier, die in Lactose-Pepton-Lösung eine positive Reaktion vortäuschen können, geben auf dem Membranfilter keinen verdächtigen Befund. Andererseits gestattet das MF-Verfahren nicht, den der Flüssigkeitsanreicherung zugrunde liegenden Abbau von Lactose in einem einzigen Arbeitsgang vorzunehmen – es sei denn, man halbiert das MF nach erfolgter Filtration und kultiviert die eine Hälfte auf einer NKS, die andere Hälfte in einem Röhrchen mit Lactose-Pepton-Lösung. Die Verwendung zweier Selektiv-Nährböden, welche Nährstoffe für die nachzuweisenden und Hemmstoffe für die unerwünschten Kulturen sowie spezielle Zusätze zur Differenzierung enthalten, ferner die Bebrütung bei 37 °C und bei 42 (44) °C ermöglicht die Bestimmung der Koloniezahl der coliformen Bakterien und auch eine gewisse Selektion von E. coli aus der Gruppe der Coliformen. Wie bereits in Abschn. 3.5.2 ausgeführt, sind zur endgültigen Diagnose auch hier die verdächtigen Kolonien auf weitere biochemische Eigenschaften zu untersuchen.

Vorbereitung des Filtrationsgerätes: s. Abschn. 3.4.2.

Filtration:
Die Filtration, gegebenenfalls unter Verwendung eines Vorfilters, erfolgt in derselben Weise wie in Abschn. 3.4.2 beschrieben. Für Trinkwasseruntersuchungen werden 100 ml Wasserprobe verwendet, bei stärker verschmutzten Wässern 10 ml, 1 ml bzw. eine entsprechende Verdünnung. Ab 10 ml kann die Probe direkt auf das Filter gegeben werden (vgl. Abb. 3.4.2c). In jedem Fall muß kurz vor beendeter Filtration der Aufsatz wie beschrieben gespült werden.

Kultivierung:
s. Abschn. 3.4.2. Zur gleichzeitigen Überprüfung des Stoffwechselmerkmals «Lactosevergärung unter Säure- und Gasbildung» kann das Filter mit einer abgeflammten Schere halbiert werden (Gitterlinie), die eine Hälfte wird auf die Endo-NKS gelegt und bei 37 °C bebrütet, die andere Hälfte in einfach konzentrierter Lactose-Pepton-Nährlösung bei 42 (44) °C bebrütet (vgl. Abschn. 3.5.1). Dazu füllt man in ein kleines Röhrchen ca. 10 ml einfach konzentrierte Nährlösung, schiebt mittels abgeflammter Pinzette das Filter in der Weise in die Lösung, daß dessen Unterseite an der Glaswand des Röhrchens liegt, erwärmt im Wasserbad auf etwa 40 °C und bebrütet.
Zur Gewinnung von Reinkulturen wird von jeder der auf Endoagar gewachsenen roten Kolonietypen mindestens eine Kolonie mit einer ausgeglühten (und wieder erkalteten) Platinnadel auf je eine Endoagar-Platte beimpft und bebrütet (vgl. Abschn. 3.5.2).
Zur weiteren Auswertung s. Abschn. 3.5.2.

Literatur: [1, 2, 202.1, 205.1, 578, 580]; vgl. DIN 38411-K 6.

3.5.4 Schnellkontrolle mit Coli-Count-Tester

Der Coli-Count-Tester (28) [548, 549] ist analog aufgebaut wie der in Abschn. 3.4.3 beschriebene Total-Count-Tester. Er enthält ein Lactose-Gallensalz-Medium und einen Anilinblau-Indikator, der coliforme Keime blau färbt, so daß sie leicht von weißen, transparenten oder gelben Kolonien unterschieden werden können. Das Lactose-Gallensalz erfüllt einen doppelten Zweck, indem es bei einer Bebrütungstemperatur von 35 °C für coliforme Bakterien und bei 44,5 °C für E. coli als Selektivmedium dient; Bebrütungszeit 18–24 h. Der Tester kann nur in jenen Fällen eingesetzt werden, in denen 1 ml Probe Aufschluß über die Verunreinigung gibt, z. B. bei der Kontrolle von verunreinigtem Oberflächenwasser und Abwasser. Die Ergebnisse werden auf 100 ml bezogen, d. h. die gezählten Kolonien werden mit 100 multipliziert.

Beispiel:
Coliforme Bakterien (Coli-Count-Tester; 24 h, 35 °C): 2800 Kolonien/100 ml.

3.6 Nachweis und Bestimmung der Koloniezahl von Enterokokken

Der Nachweis der zur Familie der Streptokokken gehörenden Enterokokken, welche als serologisch einheitliche Gruppe «D» von Streptokokken aufzufassen sind, dient – wie Escherichia coli – als Fäkalindikator und wird zur Erhärtung des Verdachts fäkalen Ursprungs nachgewiesener coliformer Bakterien in jenen Fällen angewandt, in denen sich E. coli selbst nicht nachweisen läßt bzw. die Entscheidung schwierig oder unmöglich ist, ob es sich um fäkale Verunreinigung des Wassers handelt oder ob eine Beeinflussung durch ungenügend filtriertes Oberflächenwasser vorliegt. Von den die Enterokokken charakterisierenden Eigenschaften sind für deren Nachweis von besonderer Bedeutung:
- Wachstums- und Vermehrungsfähigkeit innerhalb eines weiten Temperaturbereiches (10 bis 45 °C);
- über 30 min bei 60 °C resistent;
- hohe Resistenz gegenüber Natriumchlorid und Natriumazid;
- Wachstums- und Vermehrungsfähigkeit bis pH = 9,6;
- verhältnismäßig unempfindlich gegenüber Chlor;
- Reduktion von TTC zu Formazan (vgl. Abschn. 3.5.2).

Somit sind Enterokokken äußeren Einflüssen gegenüber bedeutend widerstandsfähiger als E. coli und coliforme Keime und daher auch längere Zeit als diese nachweisbar, z. B. in gechlorten Wässern und Abwässern. Vor allem ermöglicht die hohe thermische Resistenz eine Bebrütung bei Temperaturen, bei denen andere Keime nicht mehr vermehrungsfähig sind oder zugrunde gehen.

Zum Nachweis empfiehlt sich das Membranfilter-Verfahren, da dieses bei positivem Ergebnis zugleich die Auszählung der Keime ermöglicht. Die Bestimmung erfolgt wie in Abschn. 3.4.2 beschrieben, jedoch werden 100 ml Probe (oder entsprechend weniger) direkt durch das Membranfilter (SM 138 06) filtriert. Das Nährmedium der *Azid-NKS SM 140 51* [580] enthält als Hemmstoff für Begleitkeime Natriumazid sowie TTC, wodurch die Keime rot angefärbt erscheinen.
Die Bebrütung erfolgt 24 h bis 48 h bei 37 °C. Die Empfehlungen der WHO sehen eine Bebrütung von 4 h bei 37 °C vor, die dann weitere 44 h bei einer Temperatur von 44–45 °C fortgesetzt wird.
Enterokokken wachsen als kleine ($\varnothing$ ca. 1 mm) rote bis rotbraune Kolonien mit glattem Rand (vgl. Abb. in [580]), diese werden ausgezählt und können sämtlich als fäkale Streptokokken *(Streptococcus faecalis)* angesehen werden. Die Angabe der Ergebnisse erfolgt wie in Abschn. 3.4.1 beschrieben, jedoch wird auf 100 ml bezogen.
Zur weiteren Differenzierung s. [521].

Beispiele:
Enterokokken (Membranfilter-Verfahren; Azid-NKS, 4 h, 37 °C und 44 h, 45 °C):
24 Kolonien/100 ml.
Enterokokken (Membranfilter-Verfahren; Azid-NKS, 48 h, 37 °C):
in 100 ml nicht nachweisbar.

Literatur: [2, 5, 87, 205.1, 521, 580].

4 Literatur und Information

4.1 Literatur

4.1.1 Standardwerke

[1] Deutsche Einheitsverfahren zur Wasser-, Abwasser- und Schlammuntersuchung (DEV); Physikalische, chemische, biologische und bakteriologische Verfahren. Hrsg.: Fachgruppe Wasserchemie in der Gesellschaft Deutscher Chemiker in Gemeinschaft mit dem Normenausschuß Wasserwesen (NAW) im DIN Deutsches Institut für Normung e.V. (Loseblattwerk; 2 Bde.). (s. Abschn. 4.3.1). Verlag Chemie, Weinheim
[2] Standard Methods for the Examination of Water and Wastewater. Ed.: American Public Health Association (APHA), Washington. 1980[15]
[3] 1983 Annual Book of ASTM Standards. Section 11—Water and Environmental Technology, Vol. 11.01 Water (I) (D-19). Vol. 11.02 Water (II) (D-19). Ed.: American Society for Testing and Materials (ASTM), Philadelphia
[4] European Standards for Drinking-Water. Ed.: World Health Organization (WHO), Geneva 1970[2]. In deutscher Übersetzung: Einheitliche Anforderungen an die Beschaffenheit, Untersuchung und Beurteilung von Trinkwasser in Europa (s. Schriftenreihe des Vereins für Wasser-, Boden- und Lufthygiene, Abschn. 4.1.3.1)
[5] Handbuch der Lebensmittelchemie, Bd. VIII/1 und Bd. VIII/2: Wasser und Luft. Springer Verlag, Berlin 1969
[6] Richtlinien für die Untersuchung von Abwasser und Oberflächenwasser (Allgemeine Hinweise und Analysenmethoden). 1. Teil: Abwasser. 2. Teil: Oberflächenwasser. (Loseblattwerk; 2 Bde.; Ausgabe 1982). Dazu: Empfehlungen über die Untersuchung der schweizerischen Oberflächengewässer. Hrsg.: Eidg. Departement des Innern, Bern
[7] Ausgewählte Methoden der Wasseruntersuchung. Hrsg.: Institut für Wasserwirtschaft (s. Abschn. 4.5.2). G. Fischer Verlag, Jena. Bd. I: Chemische, physikalisch-chemische, physikalische und elektrochemische Methoden. Bd. II: Biologische, mikrobiologische und toxikologische Methoden.

4.1.2 Lehrbücher und Monographien

[20] Abwassertechnische Vereinigung e.V. (ATV) (Hrsg.): Lehr- und Handbuch der Abwassertechnik. Insbes. Bd. 4: Biologisch-chemische und weitergehende Abwasserreinigung. Bd. 5 bis 7: Industrieabwässer. W. Ernst & Sohn, Berlin
[21] ALTENKIRCH, W.: Ökologie. Verlage Diesterweg-Salle, Frankfurt – Sauerländer, Aarau 1977
[22] ARIENS, E.J. u.a.: Allgemeine Toxikologie; Eine Einführung. G. Thieme Verlag, Stuttgart 1978
[23] BAECKMANN, W.: Taschenbuch für den kathodischen Korrosionsschutz. Vulkan-Verlag, Essen 1983[3]
[24] BAILEY, P.L.: Analysis with Ion-Selective Electrodes. Heyden & Son Ltd., London 1980[2]
[25] BARTHELMES, D.: Hydrobiologische Grundlagen der Binnenfischerei. G. Fischer Verlag, Stuttgart 1981
[26] BAUR, W.: Gewässergüte bestimmen und beurteilen. Verlag Paul Parey, Hamburg 1980
[27] BEGER, H.; GERLOFF, J.; LÜDEMANN, D.: Leitfaden der Trink- und Brauchwasserbiologie. G. Fischer Verlag, Stuttgart 1966[2]

[28] BERGMAYER, H.-U. (Hrsg.): Grundlagen der enzymatischen Analyse. Verlag Chemie, Weinheim 1977
[29] BERMAN, E.: Toxic Metals and their Analysis. Heyden & Son Ltd., London 1980
[29a] BIRKENBEIL, H.: Einführung in die praktische Mikrobiologie. Verlage Diesterweg-Salle, Frankfurt – Sauerländer, Aarau 1983
[30] BISCHOFSBERGER, W.; HEGEMANN, W. (Hrsg.): Lexikon der Abwassertechnik. Vulkan-Verlag, Essen 1978^2
[31] BJORSETH, A.; ANGELETTI, G. (Ed.): Analysis of Organic Micropolluants in Water. D. Reidel Publ. Comp., Dordrecht 1981
[32] BÖSCH, K.: Korrosion in Wasserleitungen. AT Verlag Aarau, Stuttgart 1981
[33] BORNEFF, J.: Hygiene. Ein Leitfaden für Studenten und Ärzte. G. Thieme Verlag, Stuttgart 1977^3
[34] BOSSEL, H. u. a. (Hrsg.): Wasser; Wie ein Element verschmutzt und verschwendet wird. Fischer Taschenbuch Verlag, Frankfurt 1982
[35] BOTHE, H.; TREBST, A. (Ed.): Biology of Inorganic Nitrogen and Sulfur. Springer-Verlag, Berlin 1981
[36] BRANDS, H. J.; TRIPKE, E. (Hrsg.: Deutsche Babcock Anlagen AG, Oberhausen): Handbuch Wasser. Vulkan-Verlag, Essen 1982^6
[37] BREHM, J; MEIJERING, M.: Fließgewässerkunde; Einführung in die Limnologie der Quellen, Bäche und Flüsse. Quelle & Meyer, Heidelberg 1982
[38] BRETSCHNEIDER, H.; LECHNER, K.; SCHMIDT, M. (Hrsg.): Taschenbuch der Wasserwirtschaft. Verlag Paul Parey, Hamburg 1982^6
[39] BRINKMANN, H.: Rechnen mit Größen in der Chemie. Verlage Diesterweg-Salle, Frankfurt – Sauerländer, Aarau 1980
[40] BUCHMANN, D.: Die natürliche Heilkraft des Wassers. Scherz Verlag, Bern-München 1983
[41] BUCK, H.: Mikroorganismen in der Abwasserreinigung. F. Hirthammer Verlag, München 1980
[41a] BUFFLE, J.: Speciation of Trace Elements in Natural Waters. Ellis Horwood Ltd. (J. Wiley & Sons Ltd.), Chichester 1984
[42] BURCHARD, C. H.; GROCHE, D.: Handbuch einfacher Messungen und Untersuchungen auf Klärwerken. F. Hirthammer Verlag, München 1982^4
[43] BURCHARD, C. H.; LONDONG, D.; STIER, E.: Klärwerksbetrieb in Frage und Antwort. F. Hirthammer Verlag, München 1982^4
[44] CAMMANN, K.: Das Arbeiten mit ionenselektiven Elektroden. Springer-Verlag, Berlin 1977^2
[45] CARLE, W.: Die Mineral- und Thermalwässer von Mitteleuropa; Geologie, Chemismus, Genese. Wissenschaftliche Verlagsgesellschaft, Stuttgart 1975
[46] CHAU, A. S. Y. (Ed.): Analysis of Pesticides in Water. (3 Vol.). CRS Press Inc., Boca Raton, Florida 1982
[47] CONVINGTON, A. K. (Ed.): Ion-Selective Electrode Methodology. (2 Vol.) CRC Press Inc., Boca Raton, Florida 1979
[47a] DAUBNER, I.: Mikrobiologie des Wassers. Akademie-Verlag, Berlin 1984^2
[48] Deutscher Bäderverband e. V. (Hrsg.): Begriffsbestimmungen für Kurorte, Erholungsorte und Heilbrunnen (s. Abschn. 4.5.1.21)
[49] Deutscher Bäderverband e. V. (Hrsg.): Kommentar der Begriffsbestimmungen für Kurorte, Erholungsorte und Heilbrunnen. (1982) (s. Abschn. 4.5.1.21)
[50] DOERFFEL, K.: Statistik in der analytischen Chemie. VEB Deutscher Verlag für Grundstoffindustrie, Leipzig 1982^2
[51] DORFNER, K.: Ionenaustauscher. Verlag W. de Gruyter, Berlin 1970^3
[52] DRACOS, TH.: Hydrologie. Springer-Verlag, Wien 1980
[53] DYCK, S.: Grundlagen der Hydrologie. W. Ernst & Sohn, Berlin 1983
[54] DYCK, W.; HEINEMANN, H.: Handbuch für Klärfacharbeiter. F. Hirthammer Verlag, München 1983^4
[55] EIGENMANN, G. u. a.: Umwelt kennen – Umwelt schützen. Verlage Diesterweg-Salle, Frankfurt – Sauerländer, Aarau 1980^2
[56] EISENBRAND, G.: N-Nitrosoverbindungen in Nahrung und Umwelt; Eigenschaften, Bildungswege, Nachweisverfahren und Vorkommen. Wissenschaftliche Verlagsgesellschaft, Stuttgart 1981
[57] ERNST, W. (Hrsg.): Meeresverschmutzung und Meeresschutz. Naturwissenschaftliche Forschung und rechtliche Instrumente. Campus Verlag, Frankfurt 1982
[58] FAUST, S. D.; ALY, O. M.: Chemistry and Natural Waters. Ann Arbor, London 1982

[59] FÖRSTNER, U.; WITTMAN, G. T. W.: Metal Pollution in the Aquatic Environment. Springer-Verlag, Berlin 1981²
[60] FRANKS, F. (Ed.): Water; A Comprehensive Treatise. Vol. 1: The Physics and Physical Chemistry of Water. Plenum Publishing Corporation, New York, London 1982
[61] FREIER, R. K.: Wasseranalyse; Chemische, physiko-chemische und radiochemische Untersuchungsverfahren wichtiger Inhaltsstoffe. Verlag W. de Gruyter, Berlin 1970³
[62] FRITZ, J. S.; GJERDE, D. T.; POHLANDT, C.: Ion Chromatography. A. Hüthig Verlag, Heidelberg 1982
[63] FUTOMA, D.J. u. a.: Analysis of Polycyclic Aromatic Hydrocarbons in Water Systems. CRC Press, Inc., Boca Raton, Florida 1982
[64] GÄRTNER, H.; REPLOH, H.: Lehrbuch der Hygiene. G. Fischer Verlag, Stuttgart 1969²
[65] GELLINGS, P.J.: Korrosion und Korrosionsschutz von Metallen. C. Hanser Verlag, München 1981
[66] GLADTKE, E. u. a. (Hrsg.): Spurenelemente – Analytik, Umsatz, Bedarf, Mangel und Toxikologie. G. Thieme Verlag, Stuttgart 1979
[67] GLATZEL, W.-D.; HEISE, K.-D. (Hrsg.): Wärmepumpen und Gewässerschutz; Ökologische Auswirkungen von Wärmepumpen mit Wärmeentzug aus Wasser. E. Schmidt Verlag, Berlin 1980
[68] GOLTERMAN, H.L.: Methods for Physical and Chemical Analysis of Fresh Water. IBP Handbook 8. Blackwell Sientific Publications, Oxford 1978²
[69] GRADL, T.: Leitfaden der Gewässergüte; Gewässerkunde – Chemie – Biologie – Recht. R. Oldenbourg Verlag, München 1981
[70] GRASSHOFF, K. (Ed.): Methods of Seawater Analysis. Verlag Chemie, Weinheim 1983²
[71] GRUHLER, J.: Kleine Kläranlagen. VEB Verlag für Bauwesen, Berlin 1981³
[72] GÜBELI-LITSCHER, O.: Chemische Untersuchung von Mineralwässern. Universitätsverlag Wagner, Innsbruck 1948
[73] GUTMANN, S.: Die Heilquellen der Bundesrepublik Deutschland. Eine geologisch-chemisch-biologische Betrachtung. W. Spitzner, Arzneimittelfabrik, D-7505 Ettlingen/Baden 1959
[74] HABECK-TROPFKE, H. H.: Abwasserbiologie. (WIT 60). Werner-Verlag, Düsseldorf 1980
[75] HABERER, K.: Radionuklide im Wasser; Ihre Verbreitung, Anwendung, Messung und Entfernung. (Thiemig Tb. 17). Verlag K. Thiemig, München 1969
[76] HARTINGER, L: Taschenbuch der Abwasserbehandlung für die metallverarbeitende Industrie. Bd. 1: Chemie (1976). Bd. 2: Technik (1977). C. Hanser Verlag, München
[77] HARTMANN, L.: Biologische Abwasserreinigung. Springer-Verlag, Berlin 1983
[78] HELD, H.-D.; BOHNSACK, G.: Kühlwasser. Vulkan-Verlag, Essen 1983³
[79] HELMER, R.; SEKOULOV, I.: Weitergehende Abwasserreinigung. Deutscher Fachschriften-Verlag, Wiesbaden 1977
[80] HERRMANN, R.: Einführung in die Hydrologie. B. G. Teubner GmbH, Stuttgart 1976
[81] HERSCHMAN, W.: Aufbereitung von Schwimmbadwasser; Technologie – Hygiene – Planung. Krammer-Verlag, Düsseldorf 1980
[82] HERTH, W.; ARNDTS, E.: Theorie und Praxis der Grundwasserabsenkung. W. Ernst & Sohn, Berlin 1983²
[83] HEYN, E.: Wasser – ein Problem unserer Zeit; Wasser – Wasserwirtschaft – Gewässerschutz. Verlage Diesterweg-Salle, Frankfurt – Sauerländer, Aarau 1981
[84] HIPPOKRATES: Schriften. Die Anfänge der abendländischen Medizin. rororo Bd. 108/109. Rowohlt Taschenbuchverlag, Hamburg 1962
[85] HITCHMAN, M. L.: Measurement of dissolved Oxygen. John Wiley & Sons, Inc., and Orbisphere Corp., Geneva 1978
[86] HÖGL, O. (Hrsg.): Die Mineral- und Heilquellen der Schweiz. Verlag P. Haupt, Bern 1980
[87] HÖLL, K.: Wasser; Untersuchung, Beurteilung, Aufbereitung, Chemie, Bakteriologie, Virologie, Biologie. Verlag W. de Gruyter, Berlin 1979⁶
[88] HÖLTING, B.: Hydrogeologie; Einführung in die Allgemeine und Angewandte Hydrogeologie. F. Enke Verlag, Stuttgart 1980
[89] HOLTMEIER, H.-J.; KUHN, M.; RUMMEL, K.: Zink ein lebenswichtiges Mineral. Wissenschaftliche Verlagsgesellschaft, Stuttgart 1976
[90] HÖMIG, H. E.: Metall und Wasser; Eine Einführung in die Korrosionskunde. Vulkan-Verlag, Essen 1978⁴
[91] ISRAEL, H.; ISRAEL, G. W.: Spurenstoffe in der Atmosphäre. Wissenschaftliche Verlagsgesellschaft, Stuttgart 1973

[92] JANDER, G.; JAHR, K. F.; KNOLL, H.: Maßanalyse; Theorie und Praxis der klassischen und der elektrochemischen Titrierverfahren. Sammlung Göschen, Bd. 8221. Verlag W. de Gruyter, Berlin 1974[13]
[93] KAISER, R. E.; MÜHLBAUER, J. A.: Elementare Tests zur Beurteilung von Meßdaten. B. I. Hochschultb. 774. Bibliographisches Institut, Mannheim 1983[2]
[94] KALUSCHE, D.: Ökologie. Quelle & Meyer, Heidelberg 1982[2]
[95] KELLER, C.: Radiochemie. Verlage Diesterweg-Salle, Frankfurt – Sauerländer, Aarau, 1975
[96] KELLER, R.: Hydrologie. Wissenschaftliche Buchgesellschaft, Darmstadt 1980
[97] KLEE, O.: Hydrobiologie; Einführung in die Grundlagen; Beurteilungskriterien für Trinkwasser und Abwasser. Deutsche Verlags-Anstalt, Stuttgart 1975
[98] KLEE, O.: Reinigung industrieller Abwässer; Grundlagen und Verfahren. Franckh'sche Verlagshandlung, Stuttgart 1970
[99] KLEIN, K.; BOLDT, G.; KLEIN, G.: Gewässerschutz – ein Unterrichtskonzept für den Biologie-, Chemie- und Geographieunterricht wie für die außerschulische Jugendarbeit und Erwachsenenbildung. Hrsg. u. Verleger: VDSF, s. Abschn. 4.6. (47)
[100] KÖHLER, E.; Hydrologie und Wasserversorgung. Verlage Diesterweg-Salle, Frankfurt – Sauerländer, Aarau 1982
[101] KRÜGER, H. W. (Hrsg.): Trinkwasser – ein Lebensmittel in Gefahr. Ullstein Sachbuch 34107. Verlag Ullstein, Frankfurt 1982
[102] LANG, H. D. (Hrsg.): Hydrogeologie und Hydrochemie. F. Enke Verlag, Stuttgart 1970
[103] LANG, K.: Wasser, Mineralstoffe, Spurenelemente. UTB 341. D. Steinkopff Verlag, Darmstadt 1974
[104] LANGE, B.; VEJDELEK, Z.: Photometrische Analyse. Verlag Chemie, Weinheim 1980[7]
[105] LEITHE, W.: Die Analyse der organischen Verunreinigungen in Trink-, Brauch- und Abwässern. Wissenschaftliche Verlagsgesellschaft, Stuttgart 1975[2]
[106] LEITHE, W.: Umweltschutz aus der Sicht der Chemie. Wissenschaftliche Verlagsgesellschaft, Stuttgart 1975
[107] LIEBMANN, H.: Handbuch der Frischwasser- und Abwasserbiologie; Biologie des Trinkwassers, Badewassers, Fischwassers, Vorfluters und Abwasser. Bd. 1 (1962[2]), Bd. 2 (1960). R. Oldenbourg Verlag, München.
[108] LIEBMANN, H.: Methodik der Untersuchung von Abwasser und Vorfluter. R. Oldenbourg Verlag, München 1971. (Bd. 19 der Reihe [214])
[109] LIENIG, D.: Wasserinhaltsstoffe; Bedeutung und Erfassung. Akademie-Verlag, Berlin 1983[2]
[110] LOON, J. C. van (Ed.): Chemical Analysis of Inorganic Constituents of Water. CRC Press, Inc., Boca Raton, Florida 1982
[111] LOUB, W.: Umweltverschmutzung und Umweltschutz in naturwissenschaftlicher Sicht. Verlag F. Deuticke, Wien 1975
[112] LUCK, W. A. P. (Ed.): Structure of Water and Aqueous Solutions. Verlag Chemie, Weinheim 1974
[113] MANGELSDORF, J.; SCHEURMANN, K.: Flußmorphologie. Ein Leitfaden für Naturwissenschaftler und Ingenieure. R. Oldenbourg Verlag, München 1980
[114] MANGOLD, K.-H. u. a.: Abwasserreinigung in der chemischen und artverwandten Industrie. VEB Deutscher Verlag für Grundstoffindustrie, Leipzig 1979[4]
[115] MARQUARDT, K. u. a.: Erzeugung von Reinstwasser. Expert Verlag, Grafenau 1982
[116] MARTZ, G.: Einführung in den ökologischen Umweltschutz. (WIT Bd. 47). Werner-Verlag, Düsseldorf 1979
[117] MARTZ, G.: Siedlungswasserbau. Teil 1: Wasserversorgung (WIT Bd. 17; 1977[2]). Teil 2: Kanalisation (WIT Bd. 18; 1979[2]). Teil 3: Klärtechnik (WIT Bd. 19; 1981[2]). Werner-Verlag, Düsseldorf
[118] MATTHESS, G. (Hrsg.): Lehrbuch der Hydrogeologie. Bd. 1 (1983): Allgemeine Hydrogeologie; Grundwasserhaushalt. Bd. 2 (1973): Die Beschaffenheit des Grundwassers. Bd. 8 (1980): Isotopenmethoden in der Hydrologie. Gebr. Borntraeger, Stuttgart
[119] MEINCK, F.; STOOFF, H.; KOHLSCHÜTTER, H.: Industrie-Abwässer. G. Fischer Verlag, Stuttgart 1968[4]
[120] MERIAN, E. (Hrsg.): Metalle in der Umwelt. Verteilung, Analytik und biologische Relevanz. Verlag Chemie, Weinheim 1983
[121] MIEGEL, H.: Praktische Limnologie; Untersuchungen an Kleingewässern, Seen und Fließgewässern. Verlage Diesterweg-Salle, Frankfurt – Sauerländer, Aarau 1981
[122] MINEAR, R. A.; KEITH, L. H. (Ed.): Water Analysis. (3 Vol.). Academic Press, New York 1982

[123]   MIZUIKE, A.: Enrichement Techniques for Inorganic Trace Analysis. Springer-Verlag, Berlin 1983
[124]   MOLL, W. L. H.: Taschenbuch für Umweltschutz. Bd. 1: Chemische und technologische Informationen (UTB 197; 1982³). Bd. 2: Biologische Informationen (UTB 511; 1983²). Bd. 3: Ökologische Informationen (UTB 901; 1982²). E. Reinhardt Verlag, München, Basel
[125]   MÖRBE, K.; MORENZ, W.; POHLMANN, H.; WERNER, H.: Praktischer Korrosionsschutz; Korrosionsschutz in wasserführenden Anlagen. VEB Verlag für Bauwesen, Berlin 1981
[126]   MOSER, F. (Hrsg.): Grundlagen der Abwasserreinigung. (2 Bde.). (Schriftenreihe GWF Wasser/Abwasser, Bd. 19). R. Oldenbourg Verlag, München 1982
[127]   MUTSCHMANN, J.; STIMMELMAYR, F.: Taschenbuch der Wasserversorgung. Franckh'sche Verlagshandlung, Stuttgart 1983⁸
[128]   NÄVEKE, R.; TEPPER, K.-P.: Einführung in die mikrobiologischen Arbeitsmethoden. G. Fischer Verlag, Stuttgart 1979
[128a] NIEMEYER-LÜLLWITZ, A.; ZUCCHI, H.: Fließgewässer. Verlage Diesterweg-Salle, Frankfurt – Sauerländer, Aarau 1984
[129]   OEHME, F.; BÄNNINGER, R.: ABC der Konduktometrie. Polymetron AG, CH-8634 Hombrechtikon; –; WERRA, H. v.: ABC der Potentiometrie; w. o.
[130]   OEHME, F.; SCHULER, P.: Gelöst-Sauerstoff-Messung. A. Hüthig Verlag, Heidelberg 1983
[131]   PAGENKOPF, G. K.: Introduction to Natural Water Chemistry. M. Deccer, Inc., New York, Basel 1978
[132]   PIPES, W. O. (Ed.): Bacterial Indicators of Pollution. CRC Press, Inc., Boca Raton, Florida 1982
[133]   PLEISS, H.: Der Kreislauf des Wassers in der Natur. VEB G. Fischer Verlag, Jena 1977
[134]   PÖPEL, F. (Hrsg.): Lehrbuch für Abwassertechnik und Gewässerschutz. (Loseblattsammlung). Deutscher Fachschriften-Verlag, Wiesbaden
[135]   PUXBAUM, H.; WEGSCHEIDER, W. (Hrsg.): Moderne Chromatographie von Ionen (Seminar und Workshop 1982). Instit. f. Analyt. Chemie der TU Wien, Getreidemarkt 9, A-1060 Wien
[136]   RANDOLF, R.: Wohin mit dem Abwasser? VEB Verlag für Bauwesen, Berlin 1982⁵
[137]   REICHARDT, W.: Einführung in die Methoden der Gewässermikrobiologie. G. Fischer Verlag, Stuttgart 1978
[138]   REICHENBACH-KLINKE, H. H.: Der Süßwasserfisch als Nährstoffquelle und Umweltindikator. G. Fischer Verlag, Stuttgart 1974
[139]   REIS, A.: Anodische Oxidation in der Wasser- und Lufthygiene. G-I-T Verlag E. Giebeler, Darmstadt 1981
[140]   RHEINHEIMER, G.: Mikrobiologie der Gewässer. G. Fischer Verlag, Stuttgart 1981³
[141]   RICHTER, W.; LILLICH, W.: Abriß der Hydrogeologie. E. Schweizerbart'sche Verlagsbuchhandlung, Stuttgart 1975
[142]   ROESKE, W.: Schwimmbeckenwasser; Anforderungen – Aufbereitung – Untersuchung. Verlag O. Haase, Lübeck 1980
[143]   RÖSSERT, R.: Grundlagen der Wasserwirtschaft und der Gewässerkunde. R. Oldenbourg Verlag, München 1976²
[144]   SATTLER, J.; ZIEMANN, J.: Die Chemie des Wassers. Verlag Volk und Wissen, Berlin 1980²
[145]   SCHLEGEL, H. G.: Allgemeine Mikrobiologie. G. Thieme Verlag, Stuttgart 1981⁵
[146]   SCHMIDT. E.: Ökosystem See. Quelle & Meyer, Heidelberg 1978³
[147]   SCHNEIDER, H.: Die Wassererschließung. Grundlagen der Erkundung, Bewirtschaftung und Erschließung von Grundwasservorkommen in Theorie und Praxis. Vulkan-Verlag, Essen 1973²
[148]   SCHOENEN, D.; SCHÖLER, H.-F.: Trinkwasser und Werkstoffe; Praxisbeobachtungen und Untersuchungsverfahren. G. Fischer Verlag, Stuttgart 1983
[149]   SCHUA, L.; SCHUA, R.: Wasser – Lebenselement und Umwelt; Die Geschichte des Gewässerschutzes in ihrem Entwicklungsgang dargestellt und dokumentiert. Verlag K. Alber, Freiburg i. Br. 1981
[150]   SCHUHKNECHT, W.: Die Flammenspektralanalyse. F. Enke-Verlag, Stuttgart 1960
[151]   SCHULZE, W.: Radiochemie. Sammlung Göschen, Bd. 4005. Verlag W. de Gruyter, Berlin 1971
[152]   SCHUPPAN, J.: Anwendungen der Konduktometrie. Akademie-Verlag, Berlin 1980
[153]   SCHUPPAN, J.: Theorie und Meßmethoden der Konduktometrie. Akademie-Verlag, Berlin 1980
[154]   SCHWABE, K.: pH-Messung. Akademie-Verlag, Berlin 1980

[155] SCHWEDT, G. (Hrsg.): Methoden der Spurenanreicherung anorganischer und organischer Stoffe aus Wässern. Vogel-Verlag, Würzburg 1983
[156] SCHWOERBEL, J.: Einführung in die Limnologie. UTB 31. G. Fischer Verlag, Stuttgart 1980[4]
[157] SCHWOERBEL, J.: Methoden der Hydrobiologie – Süßwasserbiologie. UTB 979. G. Fischer Verlag, Stuttgart 1980[2]
[158] SEELIGER, H.P.R.: Taschenbuch der medizinischen Bakteriologie. Urban & Schwarzenberg, München 1978
[159] SEKI, H.: Organic Materials in Aquatic Ecosystems. CRC Press, Inc., Boca Raton, Florida 1982
[159a] SMITH, F.C.; CHANG, R.C.: The Practice of Ion Chromatography. J. Wiley & Sons Ltd., Chichester 1983
[160] SOROKIN, Y.I.; KADOTA, H.: Techniques for the Assessment of Microbial Production and Decomposition in Fresh Waters. IBP Handbook 23. Blackwell Scientific Publications, Oxford 1972
[161] STIER, E.: Klärwärter-Taschenbuch. F. Hirthammer Verlag, München 1983[7]
[162] STRASKRABA, M.; GNAUCK, A.: Aquatische Ökosysteme; Modellierung und Simulation. G. Fischer Verlag, Stuttgart 1983
[163] STREIT, B.: Ökologie. Ein Kurzlehrbuch. G. Thieme Verlag, Stuttgart 1980
[164] STUMM, W.; MORGAN, J.J.: Aquatic Chemistry. An Introduction Emphasizing Chemical Equilibria in Natural Waters. J. Wiley & Sons Ltd., Chichester, New York 1981[2]
[165] SUESS, M.J. (Ed.): Examination of Water for Pollution Control. (3 Vol.). Pergamon Press Ltd., Oxford 1982
[166] TESCH, F.W.; WEHRMANN, L.: Die Pflege der Fischbestände und -Gewässer. Paul Parey Verlag, Hamburg 1982[2]
[167] TISCHLER, W.: Einführung in die Ökologie. G. Fischer Verlag, Stuttgart 1979[2]
[168] TSCHUMI, P.A.: Umweltbiologie; Ökologie und Umweltkrise. Verlage Diesterweg-Salle, Frankfurt – Sauerländer, Aarau 1981
[169] UHLMANN, D.: Hydrobiologie. Ein Grundriß für Ingenieure und Naturwissenschaftler. G. Fischer Verlag, Stuttgart 1982[2]
[170] VOLLENWEIDER, R.A.: A Manual on Methods for Measuring Primary Production in Aquatic Environments. IBP Handbook 12. Blackwell Scientific Publications, Oxford 1984[3]
[171] WEIDE, H.; AURICH, H.: Allgemeine Mikrobiologie. G. Fischer Verlag, Stuttgart 1979
[172] WELZ, B.: Atomabsorptionsspektrometrie. Verlag Chemie, Weinheim 1983[3]
[172a] WESLEY, O. (Ed.): Bacterial Indicators of Pollution. CRC Press, Inc., Boca Raton, Florida 1984
[173] WIELAND, G.: Taschenbuch Wasserchemie. Vulkan-Verlag, Essen 1977[10]
[174] WILSON, A.L.: The Chemical Analysis of Water; General, Principles and Techniques. The Chemical Society, London 1976
[175] WITTENBERGER, W.: Chemische Laboratoriumstechnik; Ein Hilfsbuch für Laboranten und Fachschüler. Springer-Verlag, Wien 1973[7]
[176] WOLF, W.: Wasserkreislauf. Praxis Schriftenreihe, Bd. 31. Aulis Verlag Deubner & Co, Köln 1977
[177] WÜNSCH, G.: Optische Analysenmethoden zur Bestimmung anorganischer Stoffe. Sammlung Göschen, Bd. 2606. Verlag W. de Gruyter, Berlin 1976
[178] ZIECHMANN, W.: Huminstoffe; Probleme, Methoden, Ergebnisse. Verlag Chemie, Weinheim 1980; neueste Forschungsergebnisse s. Angew. Chem. **96**, 151 (1984)
[179] ZIMMERMANN, M. (Hrsg.): Photometrische Metall- und Wasser-Analysen. (Loseblattausgabe). Wissenschaftliche Verlagsgesellschaft, Stuttgart 1979[3]; dazu Anschlußwerk: Photometrische Analysenverfahren. (Loseblattausgabe, Stand 1983; Hrsg.: G. Schwedt)

4.1.3 Schriftenreihen und Periodika

1. Bundesrepublik Deutschland

[200] **Schriftenreihen des Umweltbundesamtes** (s. Abschn. 4.5.1.2)
E. Schmidt Verlag Berlin-Bielefeld-München, Genthiner Str. 30 G, D-1000 Berlin 30

Berichte

1 Wasserinhaltsstoffe im Grundwasser – Reaktionen, Transportvorgänge und deren Simulation. Bd. 4/1979
2 Umwelt- und Gesundheitskriterien für Quecksilber. Bd. 5/1980

Materialien

3 Lebensdauer von Bakterien und Viren in Grundwasserleitern. Bd. 1/1982

UMPLIS

4 Behördenverzeichnis Umwelt.
5 Bibliographie Umweltrecht.

LIDUM

Der Literatur-Informationsdienst Umwelt erscheint in den Folgen: Abfallwirtschaft, Lärmbekämpfung, Luftreinhaltung, Wasserwirtschaft, Sonderhefte zu speziellen Themen.
Texte (direkt beim Umweltbundesamt zu beziehen)

6 Verzeichnis der Rechts- und Verwaltungsvorschriften auf dem Gebiet des Wasserrechts (Bundesteil). (Fortschreibung)
7 Verzeichnis der Rechts- und Verwaltungsvorschriften auf dem Gebiet des Wasserrechts (Gesamtfassung sämtlicher Bundesländer). (Fortschreibung)
8 Meßgerätehandbuch. Marktübersicht Meß- und Probenahmegeräte im Bereich der Abwassertechnik.
9 Berufliche Fortbildung im Umweltschutz.
10 Umwelterziehung in Schule und Erwachsenenbildung.

[201] **Publikationen der Deutschen Forschungsgemeinschaft (DFG)** (s. Abschn. 4.5.1.4)
Verlag Chemie, Postf. 1260, D-6940 Weinheim

Forschungsberichte

1 HERMANN, G. u.a.: Methoden der Toxizitätsprüfung an Fischen – Situation und Beurteilung. (1981)
2 REICHERT, J.; de HAAR, U. (Hrsg.): Schadstoffe im Wasser. Bd. 1: Metalle. (1982)
3 RÜBELT, C. u. a. (Hrsg.): Schadstoffe im Wasser. Bd. 2: Phenole. (1982)
4 MÜLLER, H.; JÜTTNER, F.; de HAAR, U. (Hrsg.): Schadstoffe im Wasser. Bd. 3: Algenbürtige Schadstoffe. (1982)

Kommission für Wasserforschung

5 SELENKA, F.: Nitrat – Nitrit – Nitrosamine in Gewässern. Mitt. III (1982)
6 FÖRSTER, U.: de HAAR, U. u.a. (Hrsg.): Schadstoffe im Wasser, Metalle – Phenole – Algenbürtige Schadstoffe. Mitt. IV (1982)

Einzelveröffentlichungen

7 de HAAR, U.; KELLER, R. u.a. (Hrsg.): Hydrologischer Atlas der Bundesrepublik Deutschland. Atlasband (Loseblattwerk). Textband (Zusätzliche Erläuterungen zur regionalen Hydrologie). (1979)

[202] **Veröffentlichungen aus dem Institut für Wasser-, Boden- und Lufthygiene des Bundesgesundheitsamtes** (s. Abschn. 4.5.1.6). Hrsg.: AURAND, K.; HÄSSELBARTH, U.; LAHMANN, E.; NIEMITZ, W., SCHUMACHER, W.; STEUER, W. u. a.
E. Schmidt Verlag Berlin-Bielefeld-München, Genthiner Str. 30 G, D-1000 Berlin 30

1 Die Trinkwasser-Verordnung. Einführung und Erläuterungen für Wasserversorgungsunternehmen und Überwachungsbehörden. (mit Gesetzestext) (1976)
2 Organische Verunreinigungen in der Umwelt – Erkennen, Bewerten, Vermindern. (1978)
3 Atlas zur Trinkwasserqualität der Bundesrepublik Deutschland (BIBIDAT). (1980)
4 Bewertung chemischer Stoffe im Wasserkreislauf. (1981)

[203] **WaBoLu-Berichte, Berichtsreihe des Instituts für Wasser-, Boden- und Lufthygiene des Bundesgesundheitsamtes** (s. Abschn. 4.5.1.6)
Dietrich Reimer Verlag, Unter den Eichen 57, D-1000 Berlin 45

1 SCHUMANN, H.: Probensammlung als Voraussetzung zur Bewertung von Abwässern. Bd. 5/1978
2 FÜLGRAFF, G.; AURAND, K. (Hrsg.): Stand und Ausblick bakteriologischer Untersuchungsverfahren im Rahmen der Umwelthygiene. Bd. 2/1980
3 SEIDEL, K.: FILIP, Z.: Verhalten von Viren im Wasserkreislauf unter besonderer Berücksichtigung der Trinkwasserversorgung. Bd. 6/1980
4 SONNEBORN, M. (Hrsg.): Erfassung und Bewertung mutagener Stoffe in Wässern. Bd. 1/1981
5 AURAND, K.; FISCHER, M. (Hrsg.): Gefährdung von Grund- und Trinkwasser durch leichtflüchtige Chlorkohlenwasserstoffe. Bd. 3/1981
6 MÜLLER, G.; FISCHER, M.; ROSSKAMP, E.: A Study of Carcinogenic Substances in Water. Bd. 5/1981
7 AURAND, K.; FILIP, Z. (Hrsg.): Hygienische Untersuchungen in Schwimmbadeanstalten. Bd. 1/1982
8 JANICKE, W.: Chemische Oxidierbarkeit organischer Wasserinhaltsstoffe. Bd. 1/1983

[204] **SozEp-Berichte, Berichtsreihe des Instituts für Sozialmedizin und Epidemiologie des Bundesgesundheitsamtes** (s. Abschn. 4.5.1.6)
Dietrich Reimer Verlag, w. o.

1 HOFFMEISTER, H.; SCHÖN, D.; JUNGE, B.; SONNEBORN, M.: Zusammenhänge zwischen Trinkwasserinhaltsstoffen und kardiovaskulären Krankheiten. Bd. 3/1979
2 SCHÖN, D.: Trihalomethane im Trinkwasser und die Häufigkeit von Krebs. Bd. 6/1981
3 SCHÖN, D. u. a.: Gesundheitlicher Einfluß von Trinkwasserinhaltsstoffen. Bd. 6/1982

[205] **Schriftenreihe des Vereins für Wasser-, Boden- und Lufthygiene** (s. Abschn. 4.5.1.6)
G. Fischer Verlag, Postf. 72 01 43, D-7000 Stuttgart 70

1 Einheitliche Anforderungen an die Beschaffenheit, Untersuchung und Beurteilung von Trinkwasser in Europa. (WHO Genf 1970). Bd. 14 b (1971^2)
2 AURAND, K.; DELIUS, I.; SCHMIER, H.: Bestimmung der mit Niederschlag und Staub dem Boden zugeführten Radioaktivität (Topfsammelverfahren). Bd. 17 (1960)
3 SATTELMACHER, P. G.: Methämoglobinämie durch Nitrate im Trinkwasser. Bd. 20 (1962)
4 Die Desinfektion von Trinkwasser. Bd. 31 (1970)
5 Gewässer und Pestizide. Bd. 34 (1971)
6 Gewässer und Pflanzenschutzmittel. Bd. 37 (1972)
7 Hygienisch-toxikologische Bewertung von Trinkwasserinhaltsstoffen. Bd. 40 (1973)
8 Schwimmbadhygiene. Bd. 43 (1975)
9 HELLER, A. (Hrsg.): Gewässer und Pflanzenschutzmittel III. Bd. 46 (1975)
10 HELLER, A. (Hrsg.): Gewässer und Pflanzenbehandlungsmittel IV. Bd. 51 (1981)
11 LESCHBER, R.; RÜHLE, H. (Hrsg.): Aktuelle Fragen der Umwelthygiene. Bd. 52 (1981)
12 AURAND, K.; LESCHBER, R. (Hrsg.): Limnologische Beurteilungsgrundlagen der Wassergüte. Bd. 54 (1982)
13 ATRI, F. R.: Schwermetalle und Wasserpflanzen. Bd. 55 (1983)
14 AURAND, K.; IRMER, A.: Zellstoffabwasser und Umwelt. Bd. 56 (1983)

[206] **Gewässerschutz, Wasser, Abwasser (Aachen).** Hrsg.: B. BÖHNKE, Institut für Siedlungswasserwirtschaft der Rhein.-Westf. Techn. Hochschule Aachen, Templergraben 55, D-5100 Aachen. Vertrieb: Gesellschaft z. Förderung der Siedlungswasserwirtschaft an der RWTH Aachen e. V., w. o.

1 Gefährdung und Schutz von Grund- und Oberflächenwässern. Bd. 3 (1970) u. Bd. 4 (1971)
2 Gefährdung von Grund- und Oberflächenwässern durch Gifte und Reststoffe aus Abwasser und Ablagerungen. Bd. 10 (1973)
3 Die weitergehende Abwasserreinigung unter besonderer Berücksichtigung der Erfahrungen mit Phosphor- und Stickstoffeliminierung im technischen Maßstab. Bd. 17 (1975)

4 Abwasserreinigungsverfahren und Regenwasserbehandlung unter Berücksichtigung nationaler und internationaler Gewässergüteanforderungen. Bd. 25 (1978)
5 Berichte über Kläranlagen in Schweden und in der Schweiz unter besonderer Berücksichtigung der Phosphatelimination. Bd. 28 (1977)
6 MEYER, H.: Untersuchungen zur weitergehenden Reinigung biologisch gereinigten Abwassers – die praktische Anwendung der Abwasserfiltration und ihre Bedeutung in der Abwassertechnologie. Bd. 35 (1979)
7 Ionenselektive Elektroden zur Messung in Wasser und Abwasser. Bd. 39 (1979)
8 REICHERT, J.K.; GRUBER, H.: Die atomabsorptionsspektrophotometrische Bestimmung von Arsen und Selen mittels Flammen, Hydridverfahren und heizbarer Quarzküvette im Rahmen der Wasseranalytik. Bd. 40 (1979)
9 Entwicklung und Ziele der Abwasserbehandlung aus der Sicht des Gewässerschutzes. Bd. 42 (1980)
10 Literaturstudie zur weitergehenden Abwasserreinigung. Bd. 43 (1980)
11 Analytik der Schadstoffparameter des Abwasserabgabengesetzes: CSB – Hg – Cd – Absetzbare Stoffe – Fischtest. Bd. 44 (1980)
12 Instrumentation von Meßpunkten an Gewässern, Wasserentnahmen, Abwassereinleitungen, Kläranlagen. Bd. 46 (1981)
13 HIBBELN, K.: Untersuchungen zur weitergehenden Abwasserreinigung durch Abwasserfiltration mit Flockungsmittelzugabe – Flockungsfiltration. Bd. 55 (1982)
14 Abwasser- und Schlammbehandlung – Fortschritte und Probleme. Bd. 59 (1983)
15 Nitrifikation und Denitrifikation. Mehrstufige Kläranlagen und weitergehende Abwasserreinigung. Bd. 62 (1983)
16 Instrumente und Methoden zur Erkennung und Messung von Intoxikationen und anderen Störungen der Abwasser- und Schlammbehandlung. Bd. 63 (1983)

[207] **Mitteilungen Institut für Wasserbau und Wasserwirtschaft der RWTH Aachen,** Mies-van-der Rohe-Str. 1, D-5100 Aachen. (Hrsg.: G. ROUVE)

1 Grundwasser – Schutz und Nutzung. Bd. 41 (1982)

[208] **Schriftenreihe WAR des Instituts für Wasserversorgung, Abwasserbeseitigung und Raumplanung der TH Darmstadt,** Petersenstr. 13, D-6100 Darmstadt

1 Brunnenalterung. WAR 1 (1980)
2 Grundwassergewinnung mittels Filterbrunnen. WAR 4 (1981)
3 HARTMUT, H.: Vergleichende Bewertung von Anlagen zur Grundwasseranreicherung. WAR 6 (1981)
4 Geruchsemissionen aus Abwasseranlagen. WAR 9 (1982)
5 GOSSEL, H.: Untersuchungen zum Verhalten von Belebungsanlagen bei Stoßbelastungen. WAR 12 (1982)
6 SCHREINER, H.: Stoffaustausch zwischen Sediment und Wasserkörper in gestauten Fließgewässern. WAR 15 (1982)
7 Grundwasserbewirtschaftung – Grundwassermodelle, Grundwasseranreicherung. WAR 16 (1982)

[209] **Veröffentlichungen des Instituts für Wasserforschung GmbH Dortmund und der Hydrologischen Abteilung der Dortmunder Stadtwerke AG,** Deggingstr. 40, D-4600 Dortmund 1

1 SCHÖTTLER, U.: Ausbreitung und Eliminierung von Spurenmetallen bei Infiltration und Untergrundpassage. Bd. 27 (1977)
2 SCHÖTTLER, U.: Das Verhalten von Spurenmetallen bei der Wasseraufbereitung – unter besonderer Berücksichtigung der künstlichen Grundwasseranreicherung. Bd. 31 (1980)
3 NÄHLE, C.: Über den Einfluß biogener und anthropogener Komplexbildner auf die Eliminierung von Schwermetallen bei der Langsamsandfiltration. Bd. 32 (1980)

[210] **Veröffentlichungen des Instituts für Siedlungswasserwirtschaft Technische Universität Hannover,** Welfengarten 1, D-3000 Hannover. (Hrsg.: C. F. SEYFRIED)

1 MUDRACK, M.: Untersuchungen über die Anwendung der mikrobiellen Denitrifikation zur biologischen Reinigung von Industrieabwasser. Bd. 36 (1970)
2 MÖNNICH, K.-H.: Beitrag zur Frage der gemeinsamen oder getrennten Reinigung hochverschmutzter Abwässer der chemischen Industrie und kommunaler Abwässer. Bd. 41 (1975)

3 WICHMANN, K.: Untersuchungen zur weitergehenden Abwasserreinigung durch Aktivkohle-Adsorption – unter Berücksichtigung der biochemischen Prozesse. Bd. 45 (1979)
4 SCHÜSSLER, H.: Phosphatelimination in kommunalen Kläranlagen – Technik und Kosten. Bd. 49 (1982)
5 SIXT, H.: Reinigung organisch hochverschmutzter Abwässer aus dem anaeroben Belebungsverfahren am Bsp. von Abwässern der Nahrungsmittelindustrie. Bd. 50 (1980)

[211] **Schriftenreihe Wasserchemie Karlsruhe.** Veröffentlichungen des Bereichs und des Lehrstuhls für Wasserchemie und der DVGW-Forschungsstelle am Engler-Bunte-Institut (H. SONTHEIMER), Universität Karlsruhe, Postf. 63 80, D-7500 Karlsruhe 1
ZfGW-Verlag, Postf. 90 10 80, D-6000 Frankfurt 90

1 Biologisch-adsorptive Trinkwasseraufbereitung in Aktivkohlefiltern. Bd. 11 (1979)
2 Optimierung der Aktivkohleanwendung bei der Trinkwasseraufbereitung. Bd. 12 (1979)
3 Untersuchungen zum Korrosionsschutz in Trinkwasserleitungen. Bd. 14 (1980)
4 Untersuchungen zum optimalen Einsatz von Chlor bei der Aufbereitung von Oberflächenwässern. Analytische Erfassung organischer Chlorverbindungen. Bd. 15 (1980)
5 Trinkwasser und Blei. Eine Studie der DVGW-Forschungsstelle. Bd. 18 (1981)
6 Zur Optimierung der Ozonanwendung in der Wasseraufbereitung – chemische, mikrobiologische und verfahrenstechnische Untersuchungen. Bd. 19 (1982)
7 Aktuelle Probleme der Wasserchemie und der Wasseraufbereitung. Eine Sammlung von Einzelbeiträgen. Bd. 20 (1982)
8 Untersuchung und Kontrolle der Grundwasserbeschaffenheit. Bd. 22 (1983)

[212] **Berichte aus Wassergütewirtschaft und Gesundheitsingenieurwesen der Technischen Universität München** (W. BISCHOFSBERGER), Forschungsgelände, Am Coulombwall, D-8046 Garching

1 Verbesserter Gewässerschutz durch Leistungssteigerung in der Klärtechnik. Bd. 12 (1976)
2 BISCHOFSBERGER, W.; RUF, M.; OVERATH, H.; HEGEMANN, W.: Anwendung von Fällungsverfahren zur Verbesserung der Leistungsfähigkeit biologischer Anlagen. Bd. 13 (1976)
3 VEITS, G.: Einfluß der Vorklärung auf die biologische Stufe und auf die Wirtschaftlichkeit von Belebungsanlagen. Bd. 18 (1977)
4 BISCHOFSBERGER, W.; RUF, M.; HRUSCHKA, H.; HEGEMANN, W.: Anwendung von Fällungsverfahren zur Verbesserung der Leistungsfähigkeit biologischer Anlagen (Teil 2: Eisen (II)-Salz und Kalk). Bd. 22 (1978). (Teil 1 s. Bd. 13)
5 GÖTTLE, A.: Ursachen der Regenwasserverschmutzung und Einflußgrößen auf die Abflußbeschaffenheit im Trennverfahren. Bd. 23 (1978)
6 Erfahrungen mit der weitergehenden Abwasserbehandlung durch Fällungsreinigung. Bd. 25 (1979)
7 DAUSCHECK, H.; BISCHOFSBERGER, W.: Beeinträchtigung von Oberflächen- und Grundwasser durch Auftausalze in Schutzzonen. Bd. 30 (1983)
8 Herkunft und Verbleib von Schwermetallen im Abwasser und Klärschlamm. Bd. 34 (1982)
9 Wasseraufbereitung – Planung, Ausrüstung und Betrieb von Wasseraufbereitungsanlagen. Bd. 36 (1982)

[213] **Hydrochemische und hydrogeologische Mitteilungen.** Institut für Wasserchemie und Chemische Balneologie; Lehrstuhl für Hydrogeologie und Hydrochemie Technische Universität München (K.-E. QUENTIN), Marchioninistr. 17, D-8000 München 70

1 Untersuchung und Beurteilung des Wassers im Nutzungszyklus. Bd. 3 (1978)
2 Nutzungsbezogene Beurteilung des Wassers; Parameter – Methoden – Gesetze. Bd. 4 (1981)

[214] **Münchener Beiträge zur Abwasser-, Fischerei- und Flußbiologie.** Hrsg.: Bayerische Landesanstalt für Wasserforschung, Kaulbachstr. 37, D-8000 München 22
R. Oldenbourg Verlag, Postf. 80 13 60, D-8000 München 80

1 Tropfkörper und Belebungsbecken. Bd. 5 (1968[2])
2 Detergentien und Öle im Wasser und Abwasser. Möglichkeiten ihrer Zurückhaltung und Reinigung. Bd. 9 (1967[2])
3 Der Wassergüteatlas. Methodik und Anwendung. Bd. 15 (1969)

4 Bemessungsgrundlagen und Einleitungsbedingungen von Abwässern in Kanalisationen, Kläranlagen und Vorfluter. Bd. 17 (1970)
5 Methodik der Untersuchung von Abwasser und Vorfluter. Bd. 19 (1971)
6 Abbau und Elimination in Wasser und Abwasser. Bd. 22 (1972)
7 Wasser für die Erholungslandschaft. Bd. 26 (1975)
8 Abwasseruntersuchung, Abwasserbewertung und Abwasserabgabengesetz. Bd. 27 (1977)
9 Behandlung von Industrieabwässern. Bd. 28 (1977)
10 Moderne Abwasserreinigungsverfahren. Bd. 29 (1978)
11 Schadstoffe im Oberflächenwasser und Abwasser. Bd. 30 (1978)
12 Aktuelle Fragen zur Abwasserbehandlung und zum Gewässerschutz. Bd. 31 (1979)
13 Allgemein anerkannte Regeln der Technik – Mindestanforderungen – Gewässerschutz. Bd. 33 (1981)
14 Schwermetalle im Abwasser, Gewässer und Schlamm. Bd. 34 (1982)
15 Abwärme und Gewässerbiologie. Bd. 35 (1982)
16 Anaerobe Abwasser- und Schlammbehandlung – Biogastechnologie. Bd. 36 (1983)
17 Untersuchungsmethoden in der Wasserchemie und -biologie unter besonderer Berücksichtigung des wasserrechtlichen Vollzugs. Bd. 37 (1983)

[215] **Schriftenreihe und Informationsberichte des Bayer. Landesamtes für Wasserwirtschaft,** Lazarettstr. 67, D-8000 München 19

1 BINDER, W.: Grundzüge der Gewässerpflege. Bd. 10 (1980^2)
2 WOLF, P.: Praxisnahe Erprobung vereinfachter CSB-Methoden und Vergleich mit der CSB-Schiedsmethode. Bd. 5/80
3 STEINBERG, C.; MELZER, A.: Stoffkreisläufe in Binnengewässern. Bd. 2/82
4 Wärmehaushalt und Wassergüte in Fließgewässern. Bd. 5/82

[216] **Stuttgarter Berichte zur Siedlungswasserwirtschaft.** Hrsg.: Forschungs- und Entwicklungsinstitut für Industrie- und Siedlungswasserwirtschaft sowie Abfallwirtschaft e.V., Bandtäle 1, D-7000 Stuttgart 80 (Büsnau)
R. Oldenbourg Verlag, Postf. 80 13 60, D-8000 München 80

1 Schutz und Nutzung von Oberflächengewässern für die Trinkwasserversorgung. Bd. 55 (1976)
2 Nitrifikation und Denitrifikation in der Abwasserreinigung. Bd. 60 (1978)
3 Neuere Untersuchungen zur weitergehenden Abwasserreinigung. Bd. 61 (1979)
4 KNAPP, J.H.: Die BSB-Bestimmung biologisch gereinigter Abwässer mit dem Sapromat. Bd. 62 (1979)
5 Beeinflussung der Gewässergüte durch die Regenabflüsse von Straßen. Bd. 64 (1979)
6 Die biologische Abwasserbehandlung. Bd. 68 (1980)
7 Die Sauerstoffzufuhr beim Belebungsverfahren, Probleme mit Blähschlamm. Bd. 70 (1982)
8 WAGNER, F.: Ursachen, Verhinderung und Bekämpfung der Blähschlammbildung in Belebungsanlagen. Bd. 76 (1982)
9 Nitrifikation und Denitrifikation mit Festbettreaktoren und mit Belebungsanlagen bei aerober Schlammstabilisation. Bd. 77 (1983)

[217] **DVGW-Schriftenreihe Wasser** (s. Abschn. 4.5.1.16)

1 Dokumentation zur Frage der Trinkwasserfluoridierung. Bd. 8 (1975)
2 Trübungsmessung in der Wasserpraxis. Bd. 12 (1976)
3 Internationales Symposium Ozon und Wasser, Berlin 1977. Bd. 17 (1978)
4 Organische Schadstoffe in den Fließgewässern der Bundesrepublik Deutschland. Bd. 26 (1981)
5 Halogenkohlenwasserstoffe in Grundwässern. Bd. 29 (1982)
6 Neue Technologien in der Trinkwasserversorgung. Bd. 100 (1978), Bd. 101 (1979), Bd. 102 (1981), Bd. 104 (1983)
7 SCHOENEN, D.; SCHÖLER, H.F.: Trinkwasser und Werkstoffe – Praxisbeobachtungen und Untersuchungsverfahren. Bd. 37 (1983)

[218] **Schriftenreihe der Vereinigung Deutscher Gewässerschutz e. V. (VDG)** (s. Abschn. 4.5.1.19)
1 Trinkwasser. Nr. 29
2 Wasser ist Leben. Nr. 35
3 Naturstoff Wasser. Nr. 37
4 KÖLBLE, J.: Gewässerschutz in der Gesetzgebung. Nr. 44
5 OBERMANN, P.; SALZWEDEL, J.: Grundwasserbelastung durch Nitrate aus der Sicht der öffentlichen Wasserversorgung. Bd. 46 (1983)

[219] **Wasser und Abwasser in Forschung und Praxis.** E. Schmidt Verlag, Postf. 73 30, D-4800 Bielefeld 1
1 Bericht über Probleme der Reinhaltung von Gewässern. Bd. 6 (1973)
2 Nutzung und Wiederverwendung von Abwässern. Bd. 13 (1976)
3 DARIMONT, TH.: Analyse und Bewertung von Nitrat im Trinkwasser. Bd.18 (1983)

[220] **Geologisches Jahrbuch, Reihe C: Hydrogeologie, Ingenieurgeologie.** Hrsg.: Bundesanstalt für Geowissenschaften und Rohstoffe; Niedersächsisches Landesamt für Bodenforschung. E. Schweizerbart'sche Verlagsbuchhandlung, Johannesstr. 3 A, D-7000 Stuttgart 1
1 CARLE, W.: Art und Entstehung der Mineral-Säuerlinge von Graubünden. Bd. 13 (1976)
2 HAHN, J.: Veränderungen der Grundwasserbeschaffenheit durch anthropogene Einflüsse in norddeutschen Lockergesteinsgebieten. Bd. 27 (1980)
3 VIERHUF, H.; WAGNER, W.; AUST, H.: Die Grundwasservorkommen in der Bundesrepublik Deutschland. Bd. 30 (1981)

[221] **Vom Wasser. Jahrbuch für Wasserchemie und Wasserreinigungstechnik.** (jl 2 Bde.) Hrsg.: Fachgruppe Wasserchemie in der GDCh. (s. Abschn. 4.5.1.10)
Verlag Chemie, Postf. 1260, D-6940 Weinheim

2. Österreich

[240] **Wasserwirtschaft. Schriftenreihe des BMfLF** (s. Abschn. 4.5.3.1)
1 Umwelt + Wasser = Leben. Information über Wasserwirtschaft und Umweltschutz. (Heft 1)
2 Seengüte – Seenschutz. (Heft 4)
3 Gewässerstau – Gewässergüte. (Heft 5)
4 Seenreinhaltung in Österreich. Limnologie – Hygiene – Maßnahmen – Erfolge. (Heft 6)

[241] **Wasser und Abwasser. Schriftenreihe der Bundesanstalt für Wassergüte** (s. Abschn. 4.5.3.1)
1 Beiträge zur Gewässerforschung I (Bd. 3/1958) bis dzt. XIII (Bd. 26/1983) (etwa jedes 2. Jahr 1 Bd.)
2 Seen – Grundwasserschutz. Forschung und Fortschritte. (Bd. 16/1971)
3 Kriterien der Gewässergüte. Erfassung und Begrenzung der Gewässerbelastungen. (Bd. 22/1979)
4 Wasserhaushalt und Gewässergüte. Aktuelle Fragen der Wassergütewirtschaft. (Bd. 24/1981)

[242] **Regeln des Österr. Wasserwirtschaftsverbandes (ÖWWV)** (s. Abschn. 4.5.3.7)
Vertrieb: Bohmann Druck und Verlag AG, Leberstr. 122, A-1010 Wien
1 Gewässerschutz im Hochgebirge. (ÖWWV-Regelblatt 1)
2 Das Fachpersonal auf Abwasserreinigungsanlagen. (ÖWWV-Regelblatt 2)
3 Hinweise für das Einleiten von Abwasser aus Betrieben in eine öffentliche Abwasseranlage. (ÖWWV-Regelblatt 4)
4 Richtlinie für die Fremdüberwachung biologischer Abwasserreinigungsanlagen. (ÖWWV-Regelblatt 6)
5 Hinweise für die Mindesteinrichtung von Kläranlagenlabors. (ÖWWV-Regelblatt 7)
6 Leitlinie für die Nutzung und den Schutz von Karstwasservorkommen für Trinkwasserzwecke. (ÖWWV-Regelblatt 201)
7 Leitlinie für die Festsetzung von Schongebieten. (ÖWWV-Regelblatt 202)

[243] **Schriftenreihe des Österr. Wasserwirtschaftsverbandes (ÖWWV)** (s. Abschn. 4.5.3.7)
Vertrieb: Bohmann Druck und Verlag AG, Leberstr. 122, A-1010 Wien
1 Die Wasserwirtschaft Österreichs. Tätigkeitsberichte, Forschung, Judikatur, Literatur, Jahresbericht des ÖWWV. (jl, beginnend mit Bd. 50/1978)
2 Wasserversorgung, Abwasser- und Abfallbehandlung als wasserwirtschaftliche Einheit. (Bd. 56/1982)

[244] **Regeln der Österr. Vereinigung für das Gas- und Wasserfach (ÖVGW)** (s. Abschn. 4.5.3.8)
1 Wassermeisterschulung. (W 10)
2 Wassermeisterseminar. (W 111)
3 Wasserwart-Schulung. (W 12)
4 Prüfbedingungen Wasser. (W 30)
5 Trinkwassernachbehandlung mit Phosphaten. (W 52)
6 Trinkwassernachaufbereitung mit Ionenaustauschern. (W 53)
7 Überwachung zentraler Trinkwasserversorgungsanlagen. (W 54)
8 Hygienische Rohrnetzwartung. (W 55)
9 Umgang mit Chlorgas und chlorhältigen Präparaten. (W 56)
10 Einsatz von Wärmepumpen unter besonderer Berücksichtigung der Trinkwasserversorgung. (W 58)
11 Trinkwasser-Schutz- und Schongebiete. (W 72)

[245] **Wiener Mitteilungen – Wasser, Abwasser, Gewässer.** Hrsg.: Österr. Wasserwirtschaftsverband (ÖWWV), Institut für Hydraulik, Gewässerkunde und Wasserwirtschaft, Institut für Wassergüte und Landschaftswasserbau, beide: Technische Universität Wien, Karlsplatz 13, A-1040 Wien, Institut für Wasserwirtschaft, Universität für Bodenkultur, Gregor Mendel-Str. 33, A-1180 Wien
1 Uferfiltrat und Grundwasseranreicherung. Bd. 12 (1973)
2 EMDE, W. von der; FLECKSEDER, H.; HUBER, L.; VIEHL, K.: Zellstoffabwässer – Anfall und Reinigung. Bd. 13 (1973)
3 EMDE, W. von der; Praktikum der Kläranlagentechnik. Bd. 16 (1974)
4 Abwasserreinigung in kleineren Verhältnissen. Bd. 22 (1977)
5 Wasserversorgung – Gewässerschutz. Bd. 27 (1978)
6 Industrieabwasserbehandlung – Neue Entwicklungen. Bd. 28 (1979)
7 Grundwasserwirtschaft. Bd. 32 (1980)
8 Wasseraufbereitung und Abwasserreinigung als zusammengehörende Techniken. Bd. 40 (1981)
9 Wechselwirkung zwischen Planung und Betrieb von Abwasserreinigungsanlagen – Erfahrungen und Probleme. Bd. 47 (1982)
10 Thermische Beeinflussung des Grundwassers. Bd. 52 (1983)

[246] **Veröffentlichungen des Kärntner Institutes für Seenforschung.** Amt der Kärntner Landesregierung, Abt. 18 – Gewässeraufsicht, Flatschacher Str. 70, A-9020 Klagenfurt

3. Schweiz

[260] **Schriftenreihe Umweltschutz.** Bundesamt für Umweltschutz (BUS) (s. Abschn. 4.5.4.3)
1 Forschung im Gewässerschutz. Nr. 4 (1982)
2 Umweltschutz in der Schweiz. Zuständigkeiten, wichtigste rechtliche Grundlagen. Nr. 7 (1982)
3 Waschmittelphosphate. Nr. 14 (1983)

[261] **Veröffentlichungen des Bundesamtes für Umweltschutz und der Eidg. Fischereiinspektion.** Bundesamt für Umweltschutz (BUS) s. Abschn. 4.5.4.3)
1 Auswirkungen der verstärkten Nährstoffzufuhr in Seen auf Fische und Fischerei. Nr. 24 (1967)
2 Der Gewässerschutz im Rahmen einer umfassenden Wasserwirtschaft. Nr. 27 (1970)
3 Die neue Bundesgesetzgebung über die Fischerei. Nr. 36 (1976)
4 Vorschläge für Maßnahmen im Interesse der Fischerei bei technischen Eingriffen in Gewässer. Nr. 40 (1981)

[262] **Mitteilungen der Landeshydrologie** (s. Abschn. 4.5.4.3)
: 1 Verzeichnis der hydrologischen Untersuchungsgebiete der Schweiz. Nr. 2 (1980)
2 Beschaffung hydrologischer Unterlagen in der Schweiz. Nr. 3 (1981)
3 Handbuch für die Abflußmengenmessung. Nr. 4 (1982)

[263] **Schriftenreihe Schweiz. Gesellschaft für Lebensmittelhygiene (SGLH)**, CH-5038 Obermuhen
: 1 Hygienisch-mikrobiologische Anforderungen an Trinkwasser und seine Verwendung in Lebensmittelbetrieben. Nr. 9 (1980)

[264] **Neue Schriftenreihe des Verbandes Schweizer Badekurorte.** Hrsg. im Auftrag d. Schweiz. Ges. f. Balneologie u. Bioklimatologie, CH-4310 Rheinfelden
: 1 Korrosionsprobleme mit Mineral- und Thermalwasser. Nr. 3 (o. J.)
2 Der Kurort, seine natürlichen Heilfaktoren und seine Struktur. Nr. 8 (1982)

4.1.4 Literaturzitate

[301] ALLENSBACHER, P.; FRAHNE, D.; GEIL, V.: Die Sulfatbestimmung durch instrumentelle Analyse. CLB Chem. Labor Betrieb **34**, 283 (1983)

[302] AXT, G.: Die Kohlensäure-Gleichgewichte in Theorie und Praxis. Vom Wasser **28**, 208 (1961)

[303] BALLCZO, H.; SAGER, M.: Direkte potentiometrische störungsfreie Fluoridbestimmung in Mineral-, Trink- und Brauchwässern. Fresenius Z. Anal. Chem. **298**, 382 (1979)

[304] BAUER, K.: Zur Bedeutung der freien Kohlensäure in Forellenzuchtbetrieben. AFZ-Fischwaid, Der Fischwirt **31**, 1 (1981)

[305] BECKER, W.-J.: Bestimmung des TOC-Gehaltes in Abwasser. Gas-Wasserfach, Wasser-Abwasser **120**, 217 (1979)

[306] BLEIER, H.: Die Bedeutung der Bestimmung des TOC und des COD für die Wasseranalytik. Vom Wasser **40**, 165 (1973)

[307] BOHNSACK, G.: Hydrazin als Inhibitor der Korrosion von Stahl in reinem Wasser. Vom Wasser **53**, 147 (1979)

[308] BORTLISZ, J.: Probenvorbereitung für die anorganische Spurenanalyse bei Abwasseruntersuchungen. Vom Wasser **40**, 1 (1973)

[309] BORTLISZ, J.: Instrumentelle TOC-Analytik. Vom Wasser **46**, 35 (1976)

[310] BRAUNSTEIN, L.; HOCHMÜLLER, K.; SPENGLER, K.: Kombinierte Ammonium-/Nitrat-Analyse unter Einsatz einer ionensensitiven Elektrode. Vom Wasser **54**, 307 (1980)

[311] BRETSCHNEIDER, H.-J.; PILZ, U.: O_2-Stripping, ein zuverlässiges Verfahren zur Bestimmung der O_2-Konzentration eines hochbelasteten Wassers. Vom Wasser **60**, 39 (1983)

[312] BRINGMANN, G.: Die mikrobiologische Selbstreinigung des Wassers und ihre Störungen. [5], 154

[313] BUCKSTEEG, K.: Voraussetzungen für die Nutzung künstlicher Seen zu Erholungszwecken. Österr. Wasserwirtsch. **29**, 24 (1977)

[314] BUCKSTEEG, W.: Charakteristik und Behandlung des Abwassers. [5], 486

[315] BURBA, P.; DYCK, W.; LIESER, K. H.: Abtrennung und energiedispersive RFA gelöster Schwermetallspuren, speziell in Trinkwässern, mittels chelatbildender Celluloseaustauscher. Vom Wasser **54**, 227 (1980)

[316] BURBA, P.; LIESER, K. H.: Energiedispersive Röntgenfluorescenzanalyse von Schwermetallspuren (Mn, Fe, Co, Ni, Cu, Zn, Ta, Pb, U) in Mineralwässern nach Abtrennung am Celluloseaustauscher Hyphan. Fresenius Z. Anal. Chem. **297**, 374 (1979)

[317] BURBA, P.; WILLMER, P. G.: Atomabsorptionsspektrometrische Bestimmung von Schwermetallspuren in Wässern nach Multielement-Anreicherung an Cellulose-HYPHAN. Vom Wasser **58**, 43 (1982)

[318] BURBA, P.; WILLMER P. G.: Native Cellulose als analytisches Adsorbens für Schwermetallspuren. Vom Wasser **59**, 139 (1982)

[319] BURBA, P.; WILLMER, P. G.: UV-Aufschluß organischer Wasserinhaltsstoffe bei spurenanalytischen Multielement-Anreicherungen, speziell an Chelat-Ionenaustauschern. Fresenius Z. Anal. Chem. **311**, 222 (1982)

[320] CARLSON, S.; HÄSSELBARTH, U.; MECKE, P.: Die Erfassung der desinfizierenden Wirkung gechlorter Schwimmbadwässer durch Bestimmung des Redoxpotentials. Arch. Hyg. **152**, 306 (1968); vgl. Vom Wasser **35**, 266 (1968)

[321] CLARKE, F. E.: Determination of Chloride in Water. Anal. Chem. **22**, 553 (1950)
[322] DIETZ, F.; TRAUD, J.: Zur Spurenanalyse von Phenolen, insbesondere Chlorphenolen in Wässern mittels Gaschromatographie – Methoden und Ergebnisse. Vom Wasser **51**, 235 (1978)
[323] DIETZ, F.; TRAUD, J.; KOPPE, P.: Leichtflüchtige Halogenkohlenwasserstoffe in Abwässern und Schlämmen. Vom Wasser **58**, 187 (1982)
[324] DINKLOH, L. u. a.: Anwendung statistischer Methoden zur Beurteilung von Analysenergebnissen in der Wasseranalytik. DEV, 8. Lieferung 1979 [1]; vgl.: Grenzwerte in der Praxis der Wassergütewirtschaft, in: [217], Bd. 15 (1978)
[325] DORNEMANN, A.; KLEIST, H.: Schnelles Verfahren für die Extraktion von Schwermetall-Nanospuren aus wäßriger Lösung. Fresenius Z. anal. Chem. **291**, 349 (1978)
[326] EICKEN, D.: Anwendung ionensensitiver Elektroden in der Wasseranalytik. Vom Wasser **49**, 139 (1977)
[327] EFFERTZ, P.-H.; FICHTE, W.; MOHR, G.: Bestimmung von Kationen und Anionen in Kraftwerkswässern durch Ionenchromatographie. Vom Wasser **55**, 191 (1980)
[328] EHRENBERGER, F.: Zur Bestimmung von Sauerstoffbedarfs- und Kohlenstoff-Kennzahlen (TOD, TOC, DOC usw). in der Wasserqualitätsbestimmung. G-I-T Fachz. Lab. **23**, 370, 738 (1979); **24**, 24 (1980)
[329] FRAHNE, D.; GEIL, J.-V.; DEUTSCHLE, A.: Elektrochemische Trinkwasseranalytik. Labor Praxis **4**, 28 (1980)
[330] FRANK, W. H.: Beurteilungsgrundsätze und Anforderungen an Trink- und Betriebswasser. [5], 794
[331] FRESENIUS, W.; QUENTIN, K.-E.: Untersuchung der Mineral- und Heilwässer. [5], 862
[332] FRESENIUS, W.; QUENTIN, K.-E.; EICHELSDÖRFER, D.: Die neuen Analysenrichtlinien zur Untersuchung und Überwachung der Kurmittel. Heilbad und Kurort **32**, 258 (1980)
[333] FRICKE, K.: Entstehung und Beschaffenheit von Mineralwässern. [5], 106
[334] FRICKE, K.: Hydrologie. [5], 97
[335] FRICKE, K.; MICHEL, G.: Mineral- und Thermalwässer der Bundesrepublik Deutschland. Der Mineralbrunnen **24**, 70 (1974)
[336] FRIMMEL, F.H.; SATTLER, D.: Komplexchemische Charakterisierung isolierter Gewässerhuminstoffe nach gelchromatographischer Fraktionierung. Vom Wasser **59**, 335 (1982)
[337] FRITZ, J. S.; YAMAMURA, S.: Rapid Microtitration of Sulfate. Anal. Chem. **27**, 1461 (1955); vgl. dazu: HAARTZ, J.C. u.a.: Critical Parameters in the Barium Perchlorate/Thorin Titration of Sulfate. Anal. Chem. **51**, 2293 (1979)
[338] FUCHS, F.; RAUE, B.: Charkterisierung hochmolekularer organischer Wasserinhaltsstoffe durch Fraktionierung mittels Gelfiltration. Vom Wasser **57**, 95 (1982)
[339] GLATZEL, G.; HALBWACHS, G.; LÖFFLER, H.; PUXBAUM, H.: Saure Niederschläge – Vorkommen und Auswirkungen. Österr. Chemie-Zeitschr. **84**, 33 (1983)
[340] GRIMMER, G.; NAUJACK, K.-W.: Gaschromatographische Profilanalyse der polycyclischen aromatischen Kohlenwasserstoffe im Wasser. Vom Wasser **53**, 1 (1979)
[341] GROHMANN, A.: Die Kohlensäure in den Deutschen Einheitsverfahren. I. Die Pufferung des Wassers. II. Die Kalkaggressivität des Wassers. Vom Wasser **38**, 81, 97 (1971)
[342] GROHMANN, A.: pH-Pufferung und Möglichkeiten der kontinuierlichen Messung von freier Kohlensäure, ΣCO_2 (Q_c) und m-Wert. Vom Wasser **40**, 19 (1973)
[343] GROHMANN, A.: Übersicht über neuere Anschauungen zur Bedeutung der Kohlensäure im Wasser. Gas-Wasserfach, Wasser-Abwasser **115**, 53 (1974)
[344] GROHMANN, A.; ALTHOFF, W.: Eine automatische, schnelle und genaue Bestimmung des m-Wertes (Alkalinity). Z. Wasser Abwasser Forsch. **8**, 134 (1975)
[345] GUDERNATSCH, H.: Die Probenahme als wesentlicher Bestandteil der Wasser- und Abwasseranalytik. Vom Wasser **60**, 95 (1983)
[346] HABERER, K.; NORMANN, S.: Metallspuren im Wasser – ihre Herkunft, Wirkung und Verbreitung. Vom Wasser **38**, 157 (1971)
[347] HÄSSELBARTH, U.: Badewasser und Schwimmbadhygiene. Öff. Gesundh.-Wesen **42**, 427 (1980)
[348] HAUSEN, B. M.; KUSSMAUL, H.: Einfache und schnelle Bestimmung von Spurenmetallen mit der flammenlosen Atomabsorptions-Spektrophotometrie. Vom Wasser **40**, 101 (1973)
[349] HAUSSMANN, P.; GÜNSTER, M.: Qualitätssicherung in der Mikrobiologie. Identifizierung von Enterobacteriaceae in der Routine mit einem standardisierten Mikrosystem. Labor Praxis **5**, 936 (1981)

[350] HELLMANN, H.: Zur Unterscheidung von biogenen und mineralölbürtigen Aromaten durch Fluoreszenzspektroskopie. Z. Anal. Chem. **272**, 30 (1974)

[351] HELLMANN, H.: Zur quantitativen Bestimmung organischer Stoffgruppen im wäßrigen Milieu durch IR-Spektroskopie. Vom Wasser **46**, 101 (1976)

[352] HELLMANN, H.: Einfache instrumentelle IR-Messung von Kohlenwasserstoffen in Fluß- und Abwässern. Vom Wasser **50**, 231 (1978); vgl. **48**, 129 (1977), **49**, 117 (1977)

[353] HELLMANN, H.: Nachweis und Verfolgung des Abbaus von Waschmittelinhaltsstoffen durch IR-Spektroskopie. Vom Wasser **55**, 249 (1980)

[354] HELLMANN, H.: Analyse von Waschmitteln im Hinblick auf Gewässerbelastung und Abbauverhalten. Fresenius Z. Anal. Chem. **304**, 129 (1980); vgl. **295**, 393 (1979), **300**, 44 (1980), **315**, 612 (1983)

[355] HELLMANN, H.: Persistente Schadstoffe in Gewässern und die Verfeinerung ihres Nachweises im letzten Jahrzehnt. Dtsch. Gewässer-Kd. Mitt. **25**, 114 (1981)

[356] HELLMANN, H.: Einsatz der IR-Spektroskopie beim Abbau organischer Stoffe. I. Mitt.: Anionische und nichtionische Tenside. Z. Wasser Abwasser Forsch. **15**, 15 (1982); II. Mitt.: Waschmittelinhaltsstoffe. **15**, 229 (1982); III. Mitt.: Kationtenside. **16**, 174 (1983)

[357] HELLMANN, H.: Fluorimetrie als Alternative zur IR-Spektroskopie bei der Kohlenwasserstoffbestimmung. Vom Wasser **59**, 181 (1982)

[358] HELLMANN, H.; HOLECZEK, M.; ZEHLE, H.: Organische Stoffe im Regenwasser. Vom Wasser **47**, 57 (1976)

[359] HOFFMANN, H.-J.: Aufschlußverfahren für die Metallbestimmung zu den Verwaltungsvorschriften gemäß § 7a WHG. LaborPraxis **6**, 224 (1982)

[360] HOLMES, B.; WILLCOX, W.; LAPAGE, S.: Identification of Enterobacteriaceae by the API 20 E System. J. Clin. Path. **31**, 22 (1978)

[361] HÖPNER, TH.: Enzymatische Methoden in der Wasseranalytik – Möglichkeiten und Grenzen. Vom Wasser **49**, 173 (1977)

[362] HUBER, L.: ICP-AES, ein neues Verfahren zur Multielementbestimmung in Wasser, Abwasser und Schlämmen. Vom Wasser **58**, 173 (1982)

[363] HUSMANN, W.: Hinweise zur Untersuchung und Beurteilung von Abwässern häuslicher und industrieller Art. [5], 1057

[364] HÜTTER, L. A.: Einsatz von Kältethermostaten im chemischen Labor, im besonderen in der Wasseranalytik. CLB Chem. Labor Betrieb **33**, 110 (1982)

[365] JUNG, K. D.: Auswertung einer Literaturdaten-Dokumentation über aquatische Toxikologie zur Ermittlung der im offenen Gewässer und Trinkwasser analytisch zu überwachenden Stoffe mit unerwünschter biologischer Aktivität. Vom Wasser **46**, 171 (1976)

[366] KARRENBROCK, F.; HABERER, K.: Einsatzmöglichkeiten der kombinierten Gaschromatographie-Massenspektrometrie im Wasserlaboratorium. Vom Wasser **60**, 237 (1983)

[367] KASISKE, D.; SONNEBORN, M.: Analyse anionischer Bestandteile in natürlichen Wässern mittels Ionenchromatographie. LaborPraxis **4**, 76 (1980)

[368] KEGEL, J.: Ein neues Verfahren zur genauen quantitativen Bestimmung der freien Kohlensäure in Wasser sowie schwacher Säuren in gepufferten, wäßrigen Lösungen. Vom Wasser **30**, 274 (1963)

[369] KEMPF, TH.: Analysenverfahren zur Bestimmung anorganischer Spurenstoffe im Wasser. Vom Wasser **46**, 85 (1976); vgl. Mikrochim. Acta 1983 II, 445

[370] KEMPF, TH.; SONNEBORN, M.: Chemische Zusammensetzung von Trinkwässern in verschiedenen Gebieten der Bundesrepublik Deutschland. Vom Wasser **57**, 83 (1981)

[371] Kickuth, R.: Huminstoffe, – ihre Chemie und Ökochemie. Chem. Labor Betrieb **23**, 481 (1972)

[372] KIEFFER, F.: Spurenelemente steuern die Gesundheit. Sandoz bulletin Nr. 51, 52, 53 (1979)

[373] KIRMAIER, N.; SCHÖBERL, M.: Die anodische Oxidation als neues Praxisverfahren zur Wasserdesinfektion. G-I-T Fachz. Labor **24**, 443 (1980)

[374] KLAHRE, P.; VALENTA, P.; NÜRNBERG, H. W.: Ein normiertes pulsinversvoltammetrisches Analysenverfahren zur Prüfung von Trinkwasser auf toxische Metalle. I. Simultanbestimmung von Cu, Cd, Pb und Zn und von Pb und Tl. Vom Wasser **51**, 199 (1978)

[375] KOPPE, W.: Wasser-Werkstoffe-Ventile. Hrsg.: Herion-Werke KG, D-7012 Fellbach

[376] KUNKEL, E.: Zum Stand der Tensidanalytik für Wasser, Abwasser und Schlamm. Vom Wasser **60**, 49 (1983)

[377] KUSSMAUL, H.; HEGAZI, M.: Zur Analytik von Phenylharnstoff-Herbiziden im Wasser. Gaschromatographische Bestimmung der Wirkstoffe und Metaboliten. Vom Wasser **44**, 31 (1975); vgl. **41**, 115 (1973)

[378] LEITHE, W.: Die Bestimmung des chemischen Sauerstoffbedarfs (CSB-Wert) in Wässern. Vom Wasser **37**, 106 (1970)
[379] LEITHE, W.: Vergleichende Bestimmungen des chemischen und biochemischen Sauerstoffbedarfs sowie des Permanganatverbrauchs in Trink- und Oberflächenwässern. Vom Wasser **38**, 119 (1971)
[380] Lewatit und Lewasorb – Ionenaustauscher für Technik und Haushalt. Bayer AG, D-5090 Leverkusen, Bayerwerk
[381] LINZENMEIER, G.: Vorfabrizierte «Bunte Reihe» für Enterobakterien. Ärztl. Lab. **22**, 190 (1976)
[382] LÖBERING, H.-G.; WEIL, L.; QUENTIN, K-E.: Zur Analytik der Pestizide im Wasser. IX. Mitt.: Bestimmung von herbiziden und insektiziden Carbamaten im Wasser. Vom Wasser **51**. 265 (1978); VIII. Mitt.: Bestimmung von chlorierten Kohlenwasserstoffen. Z. Wasser Abwasser Forsch. **7**, 147 (1974)
[383] MAIER, D.; GROHMANN, A.: Bestimmung der Ionenstärke natürlicher Wässer aus deren elektrischer Leitfähigkeit. Z. Wasser Abwasser Forsch. **10**, 9 (1977)
[384] MARTIN, J.: Gefährden radioaktive Stoffe aus der Kerntechnik unsere Gewässer? Vom Wasser **59**, 39 (1982)
[385] MOSER, H.: Isotopenhydrologie – Stand und Ausblick. Vom Wasser **56**, 1 (1981)
[386] MÜLLER, G.: Probleme der epidemiologischen Beurteilung von Wasserinhaltsstoffen. [205.7], 39
[387] NÜRNBERG, H.W.: Moderne voltammetrische Verfahren in der Spurenchemie toxischer Metalle in Trinkwasser, Regen- und Meerwasser. Chem.-Ing.-Tech. **51**, 717 (1979)
[388] OEHLER, K.E.: Werkstoffe und Korrosion. [5], 404
[389] OEHME, F.: Ionenselektive Elektroden in der Wasseranalytik. Vom Wasser **54**, 179 (1980)
[390] PALIN, A.T.: Methoden zur Bestimmung des im Wasser vorhandenen freien und gebundenen wirksamen Chlors, Chlordioxids und Chlorits, Broms, Jods und Ozons unter Verwendung von Diäthyl-p-Phenylen-diamin (DPD). Vom Wasser **40**, 151 (1973)
[391] PATTON, J.; REEDER, W.: New indicator for titration of Calcium with (Ethylendinitrilo)-tetraacetate. Anal. Chem. **28**, 1026 (1956)
[392] PINTER, I.; SCHMITZ, W.: Ein einfaches elektrometrisches Verfahren zur Bestimmung des biochemischen Sauerstoffbedarfs (BSB) und des zeitlichen Verlaufes von Veränderungen der Sauerstoffkonzentration in Wasser, Abwasser oder biologischen Kulturen. Gas-Wasserfach, Wasser-Abwasser **116**, 80 (1975)
[393] PUNGOR, E.; TOTH, K.: Die Anwendung von ionenselektiven Elektroden in der Wasseranalyse. Vom Wasser **42**, 43 (1974)
[394] QUENTIN, K.-E.: Untersuchung des Trink- und Betriebswassers – Beurteilung des Oberflächenwassers. [5], 749
[395] QUENTIN, K.-E.: Beurteilungsgrundsätze und Anforderungen an Mineral- und Heilwässer. [5], 1043
[396] REGNET, W.; QUENTIN, K.-E.: Nephelometrische Bestimmung geringer Sulfatmengen im Trinkwasser. Z. Wasser Abwasser Forsch. **14**, 106 (1981)
[397] REICHERT, J.K.: Spurenelementanalytik in Gewässern mit Hilfe der Atomemission (AES), Atomabsorption (AAS) und Atomfluoreszenz (AFS). Vom Wasser **40**, 135 (1973)
[398] REIMANN, K.: Abbau und Abbaugeschwindigkeit in erwärmten Gewässern. Gas-Wasserfach, Wasser-Abwasser **118**, 10 (1977)
[399] REPLOH, H.: Mikrobiologische Untersuchung und Beurteilung des Trink- und Betriebswassers. [5], 1079
[400] SCHMITZ, J.; VOGG, H.: Die Anwendung der Neutronenaktivierungsanalyse in der Hydrologie. Geol. Jb. C2, 315, (1972)
[401] SCHNEIDER, J.; GEISLER, R.: Spurenelementbestimmung in verschiedenen natürlichen Wasserproben mittels Neutronen-Aktivierungsanalyse. Z. Anal. Chem. **267**, 270 (1973)
[402] SCHUHKNECHT, W.; SCHINKEL, H.: Beitrag zur Beseitigung der Anregungsbeeinflussung bei flammenspektralanalytischen Untersuchungen. Z. Anal. Chem. **194**, 161 (1963)
[403] SCHULZ, W.: Systematische Fehler bei der extremen Elementspuranalyse. CLB Chem. Labor Betrieb **33**, 483 (1982)
[404] SCHWEDT, G.; SICKER, U.: Neue Wege der Elementspuranreicherung. LaborPraxis **7**, 816 (1983)
[405] SCHWEINSBERG, F.: Gesundheitliche Bedeutung der Selen-Aufnahme mit Trinkwasser. Vom Wasser **59**, 73 (1982)

[406] SONTHEIMER, H.: Sicherung der Trinkwasserqualität durch otpimale Verfahrenskombination bei der Aufbereitung von Oberflächenwasser. Vom Wasser **60**, 255 (1983)
[407] SONTHEIMER, H.; KÖLLE, W.; RUDEK, R.: Aufgaben und Methoden der Wasserchemie – dargestellt an der Entwicklung der Erkenntnisse zur Bildung von Korrosionsschutzschichten auf Metallen. Vom Wasser **52**, 1 (1979); vgl. **51**, 161 (1978)
[408] SONTHEIMER, H.; SCHNITZLER, M.: EOX oder AOX? – zur Anwendung von Anreicherungsverfahren bei der analytischen Bestimmung von chemischen Gruppenparametern. Vom Wasser **59**, 169 (1982)
[409] SONTHEIMER, H.; WAGNER, I.: Zur Bestimmung von Huminsäuren und Ligninsulfonsäuren aus den UV-Spektren. Z. Wasser Abwasser Forsch. **10**, 77 (1977)
[410] SPRENGER, F.J.: Die Bestimmung der chemischen Oxidierbarkeit. Vom Wasser **46**, 125 (1976)
[411] STEHLIK, A.; KAINZ, G.: Zur Definition, Einteilung und Untersuchung von Wässern aus Österreichischen Heilquellen. Baln. Bioklim. Mitt. 6/1976
[412] STEHLIK, A. u.a.: Bestimmung von Schadstoffen in abgefüllten Wässern aus Österreichischen Heil- und Mineralquellen. Baln. Bioklim. Mitt. 10/1978
[413] STEINECKE, H.: Die direkte Bestimmung des biochemischen Sauerstoffbedarfs (BSB). Gas-Wasserfach, Wasser-Abwasser **117**, 454 (1976); **120**, 21, 50 (1979)
[414] STÖBER, I.; REUPERT, R.: Verfahren zur Routinebestimmung von polycyclischen aromatischen Kohlenwasserstoffen in Gewässern mittels Hochleistungs-Flüssigkeitschromatographie. Vom Wasser **56**, 115 (1981); vgl. **47**, 219 (1976)
[415] STOCK, W.; ALBERTI, J.: Analytik von organischen Chlorverbindungen im Wasser. Vom Wasser **52**, 75 (1979)
[416] SVORCOVA, L.: Zur Diagnostik der Manganbakterien. Acta hydrochim. et hydrobiol. **11**, 37 (1983)
[417] TÖLG, G.; Zur Frage systematischer Fehler in der Spurenanalyse der Elemente. Vom Wasser **40**, 181 (1973)
[418] TOPALIAN, P.; SCHUSTER, W.; SONTHEIMER, H.: Erfahrungen mit der Simultanbestimmung des gelösten organischen Kohlenstoffs und des chemischen Sauerstoffbedarfs durch photochemische Oxidation. Vom Wasser **55**, 281 (1980); vgl. **43**, 315 (1974)
[419] WAGNER, R.: Über die Temperaturabhängigkeit der elektrischen Leitfähigkeit von Wässern. Vom Wasser **38**, 27 (1971)
[420] WAGNER, R.: Die CSB-Methode im Abwasserabgabengesetz. Vom Wasser **46**, 139 (1976); vgl. **41**,1 (1973) und [213.2], 95
[421] WAGNER, R.: Neue Gesichtspunkte zur Methodik und zur Beurteilung des Verdünnungs-BSB. Gas-Wasserfach, Wasser-Abwasser **117**, 443 (1976)
[422] WAGNER, R.: Die Praxis der Bestimmung des biochemischen Sauerstoffbedarfs. Ergebnis einer Umfrage. Vom Wasser 53, 283 (1979); vgl. **52**, 253 (1979)
[423] WAGNER, R.: Temperaturkorrekturfaktoren für die elektrische Leitfähigkeit von natürlichen Wässern. Z. Wasser Abwasser Forsch. **13**, 62 (1980)
[424] WECKER, H.; ULLMANN, U.: Die Identifizierung von Pseudeomonas-Arten mit konventionellen Methoden und dem API 20 E-System. Ärztl. Lab. **24**, 274 (1978)
[425] WEIL, L.; HAUCK, E.: Neue Methode zur semiquantitativen Erfassung polycyclischer Kohlenwasserstoffe im Trinkwasser. G-I-T Fachz. Lab. **24**, 538 (1980)
[426] WELZ, B.: Einsatz der Atomabsorptionsspektroskopie in der Wasseranalytik. Vom Wasser **42**, 119 (1974)
[427] WELZ, B.; MELCHER, M.: Bestimmung von Arsen in Abwasser mit der Hydrid-AAS-Technik. Vom Wasser **59**, 407 (1982)
[428] ZOBRIST, J.; STUMM, W.; Wie sauber ist das Schweizer Regenwasser? Neue Zürcher Zeitung (Beil. Forschung und Technik) Nr. 146, 27. Juni 1979

4.1.5 Firmenschriften und Sonderdrucke

Die Zahlen in ( ) beziehen sich auf die in Abschn. 4.6 genannten Firmenanschriften.

Dionex GmbH (5)
[500] WEISS, J.: Einführung in die Ionenchromatographie; Grundlagen, Instrumentation und Anwendungsmöglichkeiten. CLB Chemie für Labor u. Betrieb **34**, 293, 342 (1983)

Fluka AG (6)
[501] Hauptkatalog Chemikalien und Reagenzien. (Sehr gute Charakterisierung der einzelnen Substanzen, viele Übersichten sowie Literaturhinweise bei Spezialreagenzien)

Hach Chemical Comp. (29, 43)
[502] Products for Water & Wastewater Analysis.

Hellige GmbH (8)
[503] Handbuch für visuelle Kolorimetrie. (Ringbuchmappe)

Dr. W. Ingold GmbH & Co (16)
[504] Eichung von pH-Elektroden.
[505] Bühler, H.: Grundlagen und Probleme der pH-Messung.
[506] Bühler, H.; Bucher, R.: pH-Messung und Temperaturkompensation.
[507] Bühler, H.: pH-Elektroden – Lagerung, Alterung, Regenerierung.
[508] Galster, H.: pH-Messung in vollentsalztem Wasser. VGB Kraftwerkstechnik **59**, 885 (1979)
[509] Bühler, H.: Redoxmessung – Grundlagen und Probleme.
[510] Galster, H.: Natur, Messung und Anwendung der Redoxspannung. Chemie für Labor u. Betrieb **30**, 330, 377 (1979)
[511] Bühler, H.: Ionensensitive Elektroden – Grundlagen und Probleme.
[512] Galster, H.: Gassensitive Elektroden. G-I-T Fachz. Lab. **25**, 32 (1981)
[513] Ingold Elektroden. (Gesamtkatalog)

H. Jürgens & Co (18, 19)
[514] Großer Laborkatalog; Teil 1: Verbrauchsmaterial, Teil 2: Labor-Apparate.

Dr. Bruno Lange GmbH (22)
[515] Handbuch Wasser- und Abwasser-Analysen.

Macherey-Nagel GmbH + Co KG (24)
[516] Indikator- und Testpapiere. Prüfbestecke zur Wasseruntersuchung.
[517] Untersuchung und Bewertung von Fischgewässern mit Visocolor.

E. Merck (25)
[518] Reagenzien, Diagnostika, Chemikalien Merck-Schuchard. (Hauptkatalog mit ausführlichem Registerteil nach Produktgruppen geordnet; Reagenzien mit Angabe der Typanalyse)
[519] KONTAKTE (Merck). (Die aktuelle Hauszeitschrift)
[520] Die Untersuchung von Wasser. (Handbuch)
[521] Mikrobiologische Untersuchung von Wasser. Nährböden Merck.
[522] Mikrobiologisches Handbuch. (Mit Ergänzungslieferungen)
[523] Handbuch Nährboden Merck.
[524] Schnelltests für Wasseruntersuchungen. (Allgemeine Übersicht)
[525] Aquamerck-Reagenziensätze für die Wasseranalyse.
[526] Aquamerck-Kompaktlabor für Wasseruntersuchungen.
[527] Aquamerck-Wasserlabor für Aquaristik und Teichwirtschaft.
[528] Aquamerck-Wasserlabors für die Bauindustrie.
[529] Aquamerck Sauerstoff.
[530] Aquamerck Chlor- und pH-Bestimmung.
[531] Aquaquant – Microquant – Spectroquant, ein universelles Analysensystem. (Ringordner)
[532] Merckoquant Tests; Ionenspezifische Teststäbchen zur halbquantitativen Bestimmung wichtiger Inhaltsstoffe.
[533] Organische Reagenzien für die Spurenanalyse. (Handbuch)
[534] Komplexometrische Bestimmungen mit Titriplex. (Titriplex I, II, III, IV, V, VI)
[535] pH-Indikatorstäbchen nicht blutend; pH-Indikatorpapiere; flüssige Indikatoren.
[536] Maßlösungen: Titrisol; Combi-Titrisol; Titrifix; Volumetrische Lösungen.
[537] Standards für atomspektrometrische und elektrochemische Verfahren.
[538] Flammenspektrometrische Alkalibestimmung nach Schuhknecht und Schinkel.
[539] Puffersubstanzen; Pufferlösungen; Puffer-Titrisol-Konzentrate.
[540] Suprapur – Ultrareine Reagenzien.
[541] Urtitersubstanzen.
[542] Ionenaustauscher.
[543] DC Fertigplatten; HPTLC Fertigplatten mit Konzentrierungszone.
[544] Reversed Phase Fertigplatten. (DC und HPTLC mit Konzentrierungszone)
[545] Tabellen für das chemische Labor.

[546] EXTRAN – ein umfassendes Sortiment für die manuelle und apparative Reinigung. Hilfsmittel für das Labor. Hilfsmittel für Labor und Technik. (Je eine Druckschrift)

Millipore GmbH (28)
[547] Katalog Laborprodukte.
[548] Mikrobiologische Experimente zu Umweltfragen.
[549] Tester zur mikrobiologischen Kontrolle von Flüssigkeiten.

Orion Research AG (30)
[550] Handbook of Electrode Technology.
[551] Guide to Ion Analysis.
[552] MARING, M.; BREITER, B.: Eine neuartige pH-Elektrode für präzise Messungen. Chem. Rdsch. Nr. 9 (1982)
[553] KINKELDEI, J.: Neuartige pH-Elektrode verbessert pH-Messung. LaborPraxis **6**, 1088 (1982)

Perkin-Elmer & Co GmbH (32)
[554] BERGMANN, H.: Bestimmung von Spurenelementen in Gewässern mittels Atom-Absorptions-Spektroskopie. Angew. AAS-Spektr., Heft 23 (1980)
[555] BÖHME, W.; OGAN, K.: Anwendung der modernen Flüssigchromatographie in der Umweltanalytik. Angew. Chromatogr., Heft 36 (1981)
[556] FISHMAN, M. J.: Über die Verwendung der Atom-Absorptions-Spektroskopie zur Analyse von natürlichen Wässern. Analysentechn. Ber., Heft 10 (1967)
[557] FRANKE, G.; HEIN, H.: Spektrometrische und chromatographische Verfahren in der Wasseranalyse. Chemie-Technik **8**, 185, 295 (1979)
[558] HEIN, H.: Bestimmung wichtiger Metalle in Abwässern und Klärschlämmen mit Hilfe der Atom-Absorptions-Spektrometrie (AAS) – Flamme, Graphitrohrküvette, Quecksilber/Hydrid-System. Angew. AAS-Spektr., Heft 27 (1981)
[559] HEIN, H.: Durchführung von Wasseranalysen mit dem UV-VIS-Spektrophotometer 55 bzw. 550. Angew. UV-Spektr., Heft 5 (1978)
[560] HELLMANN, H.: Kombinierte instrumentelle Analysenmethoden zur Bestimmung organischer Abwasserinhaltsstoffe. Analysentechn. Ber., Heft 58 (1981)
[561] SEFZIG, E.; EBERT, K. H.: Erfahrungen bei der Bestimmung der Elemente As, Pb, Cd, Cr und Se im Rahmen der Anforderungen der Trinkwasser-Verordnung mittels der flammenlosen Atom-Absorptions-Spektroskopie. Angew. AAS-Spektr., Heft 11 (1978); vgl. Vom Wasser, **50**, 285 (1978)
[562] WELZ, B. u. a.: Bessere Analysenpräzision und höhere Analysengeschwindigkeit durch automatische Probenaufgabe bei der flammenlosen AAS, am Beispiel der Spurenmetallbestimmung in natürlichen Wässern. Angew. AAS-Spektr., Heft 1 (1976)
[563] Perkin-Elmer Ionenchromatographie-System und Applikationssammlung

Radiometer Copenhagen (34)
[564] Automatische Dead-Stop-Endpunkttitration in Theorie und Praxis.
[565] Automatische Leitfähigkeitstitration.
[566] Gleichzeitige Bestimmung von Calcium und Magnesium in Trinkwasser mittels komplexometrisch-potentiometrischer Digital-Titration auf zwei Äquivalenzpunkte.
[567] Radiometer SELECTRODEN – Messen mit ionenselektiven Elektroden.
[568] Redox-Measurements, their Theory and Technique.
[569] The Silver Electrode and its Applications.
[570] ISS 820 Ionscan-System zur Metallspurenanalyse.
[571] REC 80 Servograph.

Riedel-de Haen AG (35)
[572] Hauptkatalog Labor-Chemikalien. (Mit ausführlichem Registerteil)
[573] Cellulose HYPHAN, Ionenaustauscher für Analyse.
[574] IDRANAL Reagenzien für die Komplexometrie, Auswahl von Bestimmungsmethoden.
[575] Indikatoren, Indikator- und Reagenzpapiere.
[576] Standardpuffer, Eigenschaften und Herstellung.

Ing. Otto Riele GmbH (36)
[577] Katalog: Wasser-Untersuchung; Probenahme – Probenanalyse.

Sartorius GmbH (37)
[578] Sartorius Laborfiltration – Mikrobiologie – Elektrophorese. (Katalog)
[579] Sartorius Waagen. (Katalog)

[580] Sartorius Nährkartonscheiben und Nährmedien. (Mit sehr guten Abbildungen der Wachstumsmuster)
[581] Mikrobiologische Methoden für den naturwissenschaftlichen Unterricht.
[582] Einfache Beispiele mikrobiologischer Arbeiten im Biologie-Unterricht.
[583] Dichtebestimmung mit Sartorius Analysenwaagen.

Schleicher & Schüll GmbH (38)
[584] Glasfaserpapiere, Glasfaserhülsen – Methoden.
[585] Membranfilter und -Schichten – Katalog.
[586] Mikrobiologische Untersuchung von Wasser und Abwasser (gem. TW-VO 1975).

Seral Erich Alhäuser GmbH (42)
[587] ALHÄUSER, E.: Reinstes Wasser durch Ionenaustausch, das wirtschaftlichste Verfahren. G-I-T Fachz. Lab. **16**, 109 (1972)
[588] ALHÄUSER, E.: Grundlagen und Praxis der Wasser-Vollentsalzung im Labor. Chemie für Labor u. Betrieb **27**, 124 (1976)
[589] EISELE, E.: Wirtschaftliche Verfahren der Reinstwassergewinnung für Labor und Betrieb. G-I-T Lab.-Med. **5**, 362 (1982)
[590] SERADEST UP kompakte Nachbehandlungsstufe für Reinstwasser.

Tintometer GmbH (46)
[591] LOVIBOND – Chemische Analysenverfahren. (2 Ringbuchmappen)
[592] LOVIBOND – Kolorimetrisch-chemische Analysenverfahren; Methoden, Meßbereiche, Geräte.
[593] Das Schwimmbad. Handbuch der Schwimmbeckenwasser-Aufbereitung.

WITEG Glasgeräte Helmut Antlinger KG (48)
[594] General Catalog – Scientific Products. (deutsch/engl.)

WTW Wissenschaftlich-Technische Werkstätten GmbH (49)
[595] NÖSEL, H.: Die kleine pH/mV-Fibel.
[596] ROMMEL, K.: Die kleine Leitfähigkeits-Fibel.
[597] SCHULER, P.: Die kleine Oxi-Fibel.
[598] SCHULER, P.: Ein neues Verfahren zur Schnelleichung von Sauerstoff-Elektroden. G-I-T Fachz. Lab. **24**, 799 (1980)
[599] SCHULER, P.: Die Rolle der Temperatur des Meßgutes bei der Eichung von Sauerstoff-Elektroden. Das techn. Umweltmagazin, Heft 7 (1980)
[600] SCHULER, P.; HERRNSDORF, J.: Neue Wege zur Schnelleichung von Sauerstoff-Elektroden. LaborPraxis **6**, 594 (1982); vgl. Vom Wasser **61**, 277 (1983)
[601] SCHULER, P.; DEGNER, R.: Grundlagen zur Photometrie. WTW-Handbuch zur photometrischen Wasser- und Abwasseranalyse.
[602] SCHULER, P.; DEGNER, R.: Kleines Handbuch über die photometrische CSB-Bestimmung und Analyse von Wasserinhaltsstoffen.
[603] WTW Die aktuelle Information.

4.2 Wasserrecht. Gesetze und Verordnungen

Wasser, das kostbarste Gut der Menschheit, ist in solch vielfältigem Maße Gefahren ausgesetzt, insbesondere durch die Aktivitäten des Menschen selbst, daß es des zwingenden Schutzes bedarf.

4.2.1 Bundesrepublik Deutschland

[700] **Bundesgesetzblatt (BGBl.).** Teil I (Gesetze, Verordnungen, Anordnungen, damit in Zusammenhang stehende Bekanntmachungen); Teil II (Völkerrechtliche Vereinbarungen u.a.) Bundesanzeiger Verlagsges. mbH, Postf. 10 80 06, D-5000 Köln 1
Gemeinsames Ministerialblatt (GMBl.); s. Abschn. 4.5.1.1

[701] **Bundesanzeiger.** (Verlag w. o.)
[702] **Verzeichnis der Rechts- und Verwaltungsvorschriften auf dem Gebiet des Wasserrechts;** Bundesteil. (s. [200])
[703] **Verzeichnis** ... (w. o.); Gesamtfassung sämtlicher Bundesländer.
[704] **Bibliographie Umweltrecht.** (s. [200])
[705] **Zeitschrift für Wasserrecht (ZfW).** (jl 3mal) mit: Schrifttum und Rechtsprechung des Wasserrechts. (jl)
C. Heymanns Verlag, Gereonstr. 18, D-5000 Köln 1
[706] **Das Recht der Wasserwirtschaft.** Schriftenreihe d. Instituts f. d. Recht der Wasserwirtschaft an der Universität Bonn (J. SALZWEDEL), Lennéstr. 35, D-5300 Bonn 1. (Verlag w. o.)
[707] **Wasserrecht und Wasserwirtschaft.** (Schriftenreihe)
E. Schmidt Verlag, Genthiner Str. 30 G, D-1000 Berlin 30
DORNHEIM, C.: Das Recht der Wasser- und Bodenverbände. Bd. 2 (1980^2)
WÜSTHOFF, A.; GRIMME W.; KOLB F.: Einführung in das deutsche Wasserrecht. Bd. 3 (1962^3)
ROTH, H.; DICKENBROK G.: Wassersicherstellungsgesetz. Teil I: Kommentar. Teil II: Durchführungs- und Nachbarvorschriften mit Kurzerläuterungen. Bd. 7 (1967; 1976)
KOLB, F.: Die Wasserversorgung und der Gewässerschutz im neuen Bundes- und Landesrecht. Bd. 9 (1968)
REHBINDER, E.: Rechtliche Schranken der Trinkwasserfluoridierung. Bd. 16 (1975)
ROTH, H. (Hrsg.): Wasserhaushaltsgesetz – Abwasserabgabengesetz. Textausgabe mit Einführung u. a. Bd. 17 (1977)
ROTH, H. (Hrsg.): Wasserhaushaltsgesetz. Textausgabe mit Erläuterungen und Ausführungsvorschriften sowie Einführung zum gesamten Recht der Wasserwirtschaft. Bd. 20 (1982)
SALZWEDEL, J.: Bodennutzung und Grundwasserschutz im Wasserrecht. Bd. 21 (1983)
ROTH, H.: Abwasserabgabengesetz. Textausgabe mit Erläuterungen. Bd. 22 (1983)
[708] BERENDES, K.; WINTERS, K. P.: Das neue Abwasserabgabengesetz. Verlag C. H. Beck, München 1981
[709] Deutsche Gesellschaft für das Badewesen e. V. (Hrsg.): Recht und Verwaltung im Badewesen. (2 Bde.) Verlag O. Haase, Lübeck 1978^2
[710] ENGELHARDT, D.; RUCHAY, D. (Hrsg.): Gewässerschutz und Abwasser. Rechtsvorschriften und technische Bestimmungen für den Gewässerschutz, die Abwasserbeseitigung und die Abwasserabgabe mit Kommentaren und Grundrissen. (Loseblattausgabe) Teil I: Bundesrecht. Deutscher Gemeindeverlag, Köln, und Verlag W. Kohlhammer, Stuttgart
[711] JOUANNE, J.: Wassersicherstellungsgesetz. Bd. 1: Kommentar. Verlag für Verwaltungspraxis F. Rehm, München 1982
[712] KLOEPFER, M.: Umweltschutz. Loseblatt-Textsammlung des Umweltrechts der Bundesrepublik Deutschland. Verlag C. H. Beck, München 1981
[713] KÖLBLE, J.: Gewässerschutz in der Gesetzgebung. (s. [218])
[714] LERSNER, H. V.; ROTH, H. (Hrsg.): Handbuch des Deutschen Wasserrechts. Neues Recht des Bundes und der Länder. Loseblatt-Textsammlung und Kommentare. E. Schmidt Verlag, Berlin 1980
[715] LUDWIG, W.; ODENTHAL, H.: Das Recht der öffentlichen Wasserversorgung. Loseblattausgabe (Grundwerk 1974). Sigillum-Verlag, Köln
[716] ROEBER, H.; SUCH, W.; HAMPEL, W.: Wassersicherstellungsgesetz. Bd. 2: Leitfaden für den Praktiker; Erläuterungen und Durchführungsmaßnahmen. (Loseblatt-Ausgabe). Verlag für Verwaltungspraxis F. Rehm, München
[717] ROTH, H. (Hrsg.): Gesetz über die Umweltverträglichkeit von Wasch- und Reinigungsmitteln (Waschmittelgesetz). E. Schmidt Verlag, Berlin 1981^2
[718] SIEVERS, R.: Wasserrecht. Mit einem Beitrag Moorschutzrecht. C. Heymanns Verlag, Köln 1964
[719] ZITZELSBERGER, W.; DAHME, H.: Das neue Wasserrecht für die betriebliche Praxis. Loseblattwerk in 2 Bd. WEKA-Verlag, Kissing 1982

[730] **Gesetze und Verordnungen**

1 **Grundgesetz für die Bundesrepublik Deutschland** vom 23.05.1949 (BGBl. I S. 1) zuletzt geändert durch Gesetz vom 23.08.1976 (BGBl. I S. 2383) (hier: Art. 73, 74, 75)
2 **Lebensmittelgesetz (LMG)** vom 17.01.1936 (RGBl. I S. 17), geändert durch VO vom 14.08.1943 (RGBl. I S. 488) und durch Gesetz vom 21.12.1958 (BGBl. I S. 950)
3 Gesetz zur Verhütung und Bekämpfung übertragbarer Krankheiten beim Menschen

(Bundes-Seuchengesetz) vom 18.07.1961 (BGBl. I S.1012) i.d.F. der Bek. vom 18.12.1979 (BGBl. I S.2262, 1980 I S.151) zuletzt geändert durch Gesetz vom 18.08.1980 (BGBl. I S.1469) (hier: §§ 11, 12, 17, 64)

4 Verordnung über Trinkwasser und über Brauchwasser für Lebensmittelbetriebe (**Trinkwasser-Verordnung; TWVO**) vom 31.01.1975 (BGBl. I S.453) zuletzt geändert durch VO zur Änderung der TWVO und der VO über Tafelwässer vom 25.06.1980 (BGBl. I S.764). (Neufassung in Vorbereitung)

5 Verordnung über die Verwendung von Zusatzstoffen bei der Aufbereitung von Trinkwasser (**Trinkwasser-Aufbereitungs-Verordnung; TW Aufb. VO**) vom 19.12.1959 (BGBl. I S.762) zuletzt geändert durch VO vom 13.12.1979 (BGBl. I S.2328)

6 **Verordnung über Tafelwässer** vom 12.11.1934 (RGBl. I S.1183) zuletzt geändert durch VO vom 25.06.1980 (BGBl. I S.764), ersetzt durch die **Verordnung über natürliches Mineralwasser, Quellwasser und Tafelwasser (Mineral- und Tafelwasser-Verordnung)** (in Vorbereitung); dazu: Allgemeine Verwaltungsvorschrift zur Verordnung über natürliches Mineralwasser, Quellwasser und Tafelwasser (in Vorbereitung)

7 Gesetz zur Ordnung des Wasserhaushalts (**Wasserhaushaltsgesetz; WHG**) vom 27.07.1957 (BGBl. I S.1110, 1386) i.d.F. der Bek. vom 16.10.1976 (BGBl. I S.3017), zuletzt geändert durch Gesetz vom 28.03.1980 (BGBl. I S.373)

8 Erste allgemeine Verwaltungsvorschrift über Mindestanforderungen an das Einleiten von Abwasser in Gewässer (Gemeinden) (**1. Abwasser VwV**) vom 16.12.1982 (GMBl. 1982 S. 744)

9 Gesetz über Abgaben für das Einleiten von Abwasser in Gewässer (**Abwasserabgabengesetz; AbwAG**) vom 13.09.1976 (BGBl. I S.2721, 3007)

10 **Gesetz über Detergentien in Wasch- und Reinigungsmitteln** vom 05.09.1961 (BGBl. I S.1653). RechtsVO zum Detergentiengesetz vom 01.12.1962 (BGBl. I S.698), abgelöst durch:

11 Gesetz über die Umweltverträglichkeit von Wasch- und Reinigungsmitteln (**Waschmittelgesetz**) vom 20.08.1975 (BGBl. I S.2255) und durch

12 Verordnung über die Abbaubarkeit anionischer und nichtionischer grenzflächenaktiver Stoffe in Wasch- und Reinigungsmitteln vom 30.01.1977 (BGBl. I S.244), geändert durch VO vom 18.06.1980 (BGBl. I S.706) und VO vom 04.08.1983 (BGBl. I S.1068)

13 Verordnung über Höchstmengen für Phosphate in Wasch- und Reinigungsmitteln (**PHöchstMengV**) vom 04.06.1980 (BGBl. I S.664)

14 Gesetz zum Schutz vor gefährlichen Stoffen (**Chemikaliengesetz; ChemG**) vom 16.09.1980 (BGBl. I S.1718) (hier: § 2)

15 Gesetz über die Sicherstellung von Leistungen auf dem Gebiet der Wasserwirtschaft für Zwecke der Verteidigung (**Wassersicherstellungsgesetz**) vom 24.08.1965 (BGBl. I S.1225, 1817) zuletzt geändert durch Gesetz vom 14.12.1976 (BGBl. I S.3341)

16 Verordnung über allgemeine Bedingungen für die Versorgung mit Wasser (**AVB WasserV**) vom 20.06.1960 (BGBl. I S.750, 1067)

17 Gesetz über Wasser- und Bodenverbände (**Wasserverbandgesetz**) vom 10.02.1937 (RGBl. I S.188) zuletzt geändert durch VO vom 18.04.1975 (BGBl. I S.967)

18 Verordnung über Schwimm- und Badebeckenwasser (in Vorbereitung)

4.2.2 Deutsche Demokratische Republik

[750] **Gesetzblatt der Deutschen Demokratischen Republik (GBl. DDR).**
Staatsverlag der DDR, Otto-Grotewohl-Straße 17, DDR-1086 Berlin

[751] **Staat und Recht.** (mtl) (Verlag w. o.)

[752] **Bibliographie Staat und Recht.** (mtl 2mal)
Akademie für Staats- u. Rechtswissenschaft der DDR, August-Bebel-Str. 89, DDR-1502 Potsdam-Babelsberg 2

[770] **Gesetze und Verordnungen**

1 Gesetz über den Schutz, die Nutzung und die Instandhaltung der Gewässer und den Schutz vor Hochwassergefahren vom 17.04.1963 (GBl. DDR I S.77); DurchführungsVO GBl. DDR 1963 II S.281 und GBl. DDR 1970 II, Nr.3

2 Gesetz über die planmäßige Gestaltung der sozialistischen Landeskultur in der DDR (Landeskulturgesetz) vom 14.05.1970 (GBl. DDR I Nr. 12) (Kommentar dazu erschienen im Staatsverlag, s. o.)

313

3 Verordnung über die Festlegung von Schutzgebieten für die Wasserentnahme aus dem Grund- und Oberflächenwasser zur Trinkwasserversorgung vom 11.07.1974 (GBl. DDR I, Nr.37)
4 Anordnung zur Gewährleistung der hygienischen Beschaffenheit des Badewassers in öffentlichen Schwimmbädern vom 14.06.1976 (SD Nr.882, Staatsverlag, s.o.)
5 Verordnung über den Umgang mit Wasserschadstoffen vom 15.12.1977 (GBl. DDR I, Nr.3)
6 Anordnung über die allgemeinen Bedingungen für den Anschluß von Grundstücken an die öffentlichen Wasserversorgungsanlagen und für die Lieferung und Abnahme von Trink- und Betriebswasser (Wasserversorgungsbedingungen) vom 26.01.1978 (GBl. DDR I, Nr.6)
7 Anordnung über die allgemeinen Bedingungen für den Anschluß von Grundstücken an und für die Einleitung von Abwasser in die öffentlichen Abwasseranlagen (Abwassereinleitungsbedingungen) vom 20.07.1978 (GBl. DDR I, Nr.29)

4.2.3 Österreich

[800] **Bundesgesetzblatt für die Republik Österreich**
Österreichische Staatsdruckerei, Rennweg 12a, A-1037 Wien
[801] GRABMAYR, P.; ROSSMANN, H.: Das österreichische Wasserrecht. Nach dem Stande vom 31. März 1978. Wien 1978^2 (Verlag w.o.)
[802] PENZINGER, A.: Das österreichische Wasserrecht. Wien 1978^2. Manz'sche Verlags- und Universitätsbuchhandlung, Postf. 163, A-1014 Wien
[803] KRZIZEK, F.: Kommentar zum Wasserrechtsgesetz. Wien 1962, Erg. 1974 (Verlag w.o.)
[804] KAAN, R.: Wasserrechtsgesetz 1959. Nach dem Stande vom 1.Dez.1976. Prugg Verlag, Haydngasse 10, A-7000 Eisenstadt
[805] OBERHAMMER, H.: Fragen des Wasserrechts. Bd.11 d. Schriftenreihe f.d. juristische Praxis. Eisenstadt 1981 (Verlag w.o.)
[806] OBERHAMMER, H.: Wasserrechtliche Verfahren. Bd. 13 (1982) (w.o.)
[807] FEIL, E.; STRANZ, J.: Das österreichische Lebensmittelrecht. Loseblattausgabe; Eisenstadt 1975^2 (Verlag w.o.)
[808] BARFUSS, W.; PINDUR, H.J.; SMOLKA, K.: Lebensmittelrecht. Loseblattausgabe; Wien 1981, 2. Erg. Lief. 1983, Manz'sche Verlags- und Universitätsbuchhandlung, w.o.

[830] **Gesetze und Verordnungen**
1 Bundesgesetz vom 19.10.1934, BGBl. II Nr.316, betreffend das Wasserrecht, in der Fassung des Bundesgesetzes vom 08.09.1959, BGBl. Nr.215
2 Bundesgesetz vom 22.05.1969, BGBl. Nr.207, womit das Wasserrechtsgesetz 1959 abgeändert wird, ergänzt durch Kundm. vom 19.01 1970, BGBl. Nr.36 über die Aufhebung des §140 Abs.2 des WRG, sowie Bundesgesetz vom 07.07.1983, BGBl. Nr.390, mit dem das Wasserrechtsgesetz 1959 geändert wird.
3 Bundesgesetz vom 02.12.1958, BGBl. Nr.272. über natürliche Heilvorkommen und Kurorte.
4 Verordnung des BMfLuF vom 28.06.1961, BGBl. Nr.177, über die Gewässeraufsichtsorgane.
5 Verordnung des BMfLuF vom 23.12.1968, BGBl. Nr.34, über die Einrichtung und Führung des Wasserwirtschaftskatasters.
6 Verordnung des BMfLuF vom 15.07.1969, BGBl. Nr.275, über bewilligungspflichtige wassergefährdende Stoffe.
7 Bundesgesetz vom 28.11.1974, BGBl. Nr.786, über wasserwirtschaftliche Bundesanstalten.
8 Verordnung des BMfLuF vom 14.04.1977, BGBl. Nr.210, zur Verbesserung der Wassergüte der Donau und ihrer Zubringer.
9 Bundesgesetz vom 06.05.1976, BGBl. Nr.254, über Hygiene in Bädern und Sauna-Anlagen (Bäderhygienegesetz) und Verordnung des BMfGU vom 26.07.1978, BGBl. Nr.495 über Hygiene in Bädern.
10 Bundesgesetz vom 25.01.1979, BGBl. Nr.58, über die Erhebung des Wasserkreislaufes (Hydrographiegesetz).

4.2.4 Schweiz

[850] **Bundesblatt.** (wöch). Herausgegeben von der Bundeskanzlei. Druckerei Stämpfli + Cie AG, CH-3001 Bern
[851] **Sammlung der eidg. Gesetze.** (Die einzelnen Nummern sind dem Bundesblatt beigegeben bzw. unabhängig davon beziehbar), w. o.
[852] **Sammlung der eidg. Gesetze (AS) und Systematische Sammlung des Bundesrechts (SR).** (Jahresinhaltsverzeichnisse), w. o.
[853] **Systematische Sammlung des Bundesrechts.** (Enthält das gesamte geltende Recht und wird durch periodisch erscheinende Nachträge aktualisiert.) Vertrieb: Eidg. Drucksachen- und Materialzentrale (EDMZ), s. Abschn. 4.5.4.2
[854] **Zeitschrift für Schweizerisches Recht.** (jl 6 bis 10mal). Helbing & Lichtenhahn Verlag AG, Steinenvorstadt 73, CH-4051 Basel
[855] **Wasser, Energie, Luft.** (Beinhaltet auch Wasserrecht; s. Abschn. 4.4.4)
[856] MÜLLER-STAHEL, H.-U. (Hrsg.): Schweizerisches Umweltrecht. (1973) Schulthess Polygraphischer Verlag, Zwingliplatz 2, CH-8022 Zürich
[857] MÜLLER-STAHEL, H.-U.; RAUSCH, H.; WINZELER, T. (Hrsg.): Das Umweltschutzrecht des Bundes, Gesetzessammlung. (1975) w. o.
[858] RAUSCH, H.: Die Umweltschutzgesetzgebung. Aufgabe, geltendes Recht und Konzepte. (1977) w. o.
[859] DAETWYLER, M. A.: Ausgewählte Fragen zur rechtlichen Behandlung des Grundwassers in der Schweiz. (1966) w. o.
[860] KÜMIN, K.: Öffentlich-rechtliche Probleme des Gewässerschutzes in der Schweiz. (1973) w. o.
[861] LORENZ-WIEGAND, I.: Haftung aus Gewässerverunreinigung. (1976) w. o.
[862] MÜLLER, H.-U.: Der privatrechtliche Schutz vor Gewässerverunreinigung und die Haftung. (1968). w. o.

[870] **Gesetze und Verordnungen**

1 Bundesgesetz über die Nutzbarmachung der Wasserkräfte (Vom 22.12.1916; zuletzt geändert durch BG vom 08.10.1976) (SR 721.80)
2 Verordnung über Lebensmittel und Gebrauchsgegenstände (Lebensmittelverordnung) (Vom 26.05.1936; zuletzt geändert durch V vom 20.10.1982) (SR 817.02). Insbes. Art. 260–279: Trinkwasser, Eis, Mineralwasser, künstliche Mineralwasser und kohlensaure Wasser.
3 Bundesgesetz über den Schutz der Gewässer gegen Verunreinigung (Gewässerschutzgesetz) (Vom 08.10.1971; zuletzt geändert durch BG vom 25.06.1982) (SR 814.20)
4 Allgemeine Gewässerschutzverordnung (Vom 19.06.1972; zuletzt geändert durch V vom 20.10.1982) (SR 814.201)
5 Verordnung über Inhalt und Darstellung des Sanierungsplans für Gewässer (Vom 08.11.1972) (SR 814.222.22)
6 Bundesgesetz über die Fischerei (Vom 14.12.1973) (SR 923.0) und Verordnung zum Bundesgesetz über die Fischerei (Vom 08.12.1975; zuletzt geändert durch V vom 16.06.1980) (SR 923.01)
7 Verordnung über die Behandlung oder Aufbereitung von Trinkwasser (Vom 09.04.1975; zuletzt geändert durch V vom 24.11.1976) (SR 817.361)
8 Verordnung über Abwassereinleitungen (Vom 08.12.1975) (SR 814.225.21)
9 Verordnung über Wasch-, Spül- und Reinigungsmittel (Waschmittelverordnung) (Vom 13.06.1977; zuletzt geändert durch V vom 08.12.1980) (SR 814.226.22)
10 Verordnung über die Beurteilung der Abbaubarkeit von grenzflächenaktiven Waschmittelbestandteilen (Vom 15.06.1977; zuletzt geändert durch V vom 10.06.1980) (SR 814.227)
11 Klärschlammverordnung (Vom 08.04.1981) (SR 814.225.23)
12 Verordnung über den Schutz der Gewässer vor wassergefährdenden Flüssigkeiten (VWF) (Vom 28.09.1981) (SR 814.226.21)
13 Bundesgesetz über den Umweltschutz (Umweltschutzgesetz; USG). (in Vorbereitung)

4.2.5 Europäische Gemeinschaften

[880] **Amtsblatt der Europäischen Gemeinschaften (ABl. EG);** Ausgabe in deutscher Sprache. Bundesanzeiger Verlagsges. mbH, Postf. 10 80 06, D-5000 Köln 1
[881] Richtlinie des Rates vom 16.06.1975 über die Qualitätsanforderungen an Oberflächenwasser für die Trinkwassergewinnung in den Mitgliedstaaten (75/440/EWG) (ABl.EG vom 25.07.1975 Nr. L 194/34)
[882] Richtlinie des Rates vom 08.12.1975 über die Qualität der Badegewässer (76/160/EWG) (Abl.EG vom 05.02.1976 Nr. L 31/1)
[883] Richtlinie des Rates vom 04.05.1976 betreffend die Verschmutzung infolge der Ableitung bestimmter gefährlicher Stoffe in die Gewässer der Gemeinschaft (76/464/EWG) (ABl.EG vom 18.05.1976 Nr. L 129/23); vgl. dazu 76/769/EWG (Abl.EG vom 27.09.1976 Nr. L 262/201) sowie 77/586/EWG (Schutz des Rheins gegen Verunreinigung) (Abl.EG vom 19.09.1977 Nr. L 240/51)
[884] Entscheidung des Rates vom 12.12.1977 zur Einführung eines gemeinsamen Verfahrens zum Informationsaustausch über die Qualität des Oberflächensüßwassers in der Gemeinschaft (77/759/EWG) (Abl.EG vom 24.12.1977 Nr. L 334/29)
[885] Richtlinie des Rates vom 18.07.1978 über die Qualität von Süßwasser, das schutz- oder verbesserungsbedürftig ist, um das Leben von Fischen zu erhalten (78/659/EWG) (ABl.EG vom 14.08.1978 Nr. L 222/1)
[886] Richtlinie des Rates vom 09.10.1979 über die Meßmethoden sowie über die Häufigkeit der Probenahmen und der Analysen des Oberflächenwassers für die Trinkwassergewinnung in den Mitgliedstaaten (79/869/EWG) (Abl.EG vom 29.10.1979 Nr. L 271/44)
[887] Richtlinie des Rates vom 17.12.1979 über den Schutz des Grundwassers gegen Verschmutzung durch bestimmte gefährliche Stoffe (80/68/EWG) (ABl.EG vom 26.01.1980 Nr. L 20/43)
[888] Richtlinie des Rates vom 15.07.1980 zur Angleichung der Rechtsvorschriften der Mitgliedstaaten über die Gewinnung von und den Handel mit natürlichen Mineralwässern (80/777/EWG) (Abl.EG vom 30.08.1980 Nr. L 229/1)
[889] Richtlinie des Rates vom 15.07.1980 über die Qualität von Wasser für den menschlichen Gebrauch (80/778/EWG) (ABl.EG vom 30.08.1980 Nr. L 229/11)
[890] Beschluß des Rates vom 03.03.1975 über den Abschluß des Übereinkommens zur Verhütung der Meeresverschmutzung vom Lande aus (75/437/EWG) (Abl.EG vom 25.07.1975 Nr. L 194/5)

4.3 Normen

4.3.1 Deutsche Normen (DIN)

DIN Deutsches Institut für Normung e. V., Postf. 1107, D-1000 Berlin 30
Normenausschuß Wasserwesen (NAW) im DIN, w. o.

DIN-Normen, ausländische bzw. internationale Normen sowie die angegebene Literatur sind zu beziehen durch: **Beuth Verlag GmbH, Burggrafenstr. 4–10, Postf. 1145, D-1 Berlin 30**

[900] **DIN-Katalog für technische Regeln.** (jl) Bd. 1: Sachteil, Band 2: Nummern- und Stichwortregister. Vollständiger Überblick über alle bestehenden Normen und Norm-Entwürfe sowie die technischen Regeln von mehr als 40 Regelsetzern. Aktualisierung durch Ergänzungshefte. (mtl)
[901] **DIN-Mitteilungen + elektronorm.** (mtl) Zentralorgan der deutschen Normung
DIN-Taschenbücher. Zusammenfassung von DIN-Normen nach Sachgebieten
[902] **DIN-Taschenbuch 12; Wasserversorgung 1:** Normen über Wassergewinnung, Wasseraufbereitung
[903] **DIN-Taschenbuch 138; Abwasser-Normen 3:** Abwasserreinigung, Abscheider, Kläranlagen
[904] **DIN-Taschenbuch 187; Wasserbau 2:** Normen über Bewässerung, Entwässerung, Bodenuntersuchung
[905] **DIN-Normen und Norm-Entwürfe für das Wasserwesen.** (jl) Vom NAW erstelltes Verzeichnis

Einzelne DIN-Normen

[906] **4030** Beurteilung betonangreifender Wässer, Böden und Gase
[907] **4045** Abwassertechnik; Begriffe
[908] **4046** Wasserversorgung; Begriffe
[909] **4049** Teil 1: Hydrologie; Begriffe, quantitativ
[910] **4049** Teil 2: Gewässerkunde; Fachausdrücke und Begriffserklärungen, qualitativ
[911] **4261** Teil 1: Kleinkläranlagen; Anlagen ohne Abwasserbelüftung; Anwendung, Bemessung und Ausführung
[912] **4261** Teil 2: Kleinkläranlagen; Anlagen mit Abwasserbelüftung; Anwendung, Bemessung, Ausführung und Prüfung
[913] **4261** Teil 3: Kleinkläranlagen; Anlagen ohne Abwasserbelüftung; Betrieb und Wartung
[914] **4261** Teil 4: Kleinkläranlagen; Anlagen mit Abwasserbelüftung; Betrieb und Wartung
[915] **2000** Zentrale Trinkwasserversorgung; Leitsätze für Anforderungen an Trinkwasser, Planung, Bau und Betrieb der Anlagen
[916] **2001** Eigen- und Einzeltrinkwasserversorgung; Leitsätze für Anforderungen an Trinkwasser, Planung, Bau und Betrieb der Anlagen; Technische Regel des DVGW
[917] **19 551 ... 19 558** (Kläranlagen)
[918] **19 570** Teil 1, 2, 3, 4: (Untersuchung von Salzabwasser und versalzenen Gewässern)
[919] **19 600 ... 19 627** (Wasseraufbereitung; Chemikalien und Hilfsmittel)
[920] **19 643** Aufbereitung und Desinfektion von Schwimm- und Badebeckenwasser
[921] **19 999** Begriffe im Wasserwesen; Übersicht über genormte Benennungen
[922] **32 625** Größen und Einheiten in der Chemie. Stoffmenge und davon abgeleitete Größen; Begriffe und Definitionen

Analysenverfahren

Die in dem Loseblattwerk «Deutsche Einheitsverfahren» (DEV) [1] erschienenen Verfahren werden sukzessive in das Deutsche Normenwerk übernommen. Die DEV werden mit den genormten Einheitsverfahren weiter publiziert. Bestehende sowie hinzukommende Normen über «Einheitsverfahren zur Wasser-, Abwasser- und Schlammuntersuchung» werden vom Normenausschuß Wasserwesen (NAW) im DIN und von der Fachgruppe Wasserchemie in der GDCh gemeinsam bearbeitet und als DIN-Normen veröffentlicht; sie sind in folgende Gebiete (Haupttitel) aufgeteilt (jeweils mehrere Teile):

38 402 Allgemeine Angaben (Gruppe A)
38 404 Physikalische und physikalisch-chemische Kenngrößen (Gruppe C)
38 405 Anionen (Gruppe D)
38 406 Kationen (Gruppe E)
38 409 Summarische Wirkungs- und Stoffkenngrößen (Gruppe H)
38 411 Mikrobiologische Verfahren (Gruppe K)
38 412 Testverfahren mit Wasserorganismen (Gruppe L)
38 413 Einzelkomponenten (Gruppe P)
38 414 Schlamm und Sedimente (Gruppe S)

Über die bisher erschienenen Teile dieser Normen gibt der NAW (Tel. 030 2601 421) oder der Beuth Verlag Auskunft.

4.3.2 Österreichische Normen (ÖNORM)

ÖNORMEN, ausländische bzw. internationale Normen sowie die angegebene Literatur sind zu beziehen durch: **Österreichisches Normungsinstitut (ON), Heinestraße 38, Postf. 130, A-1021 Wien**

[930] ÖNORMEN-Verzeichnis, Teil 1: ÖNORMEN, Empfohlene DIN-Normen; Publikationen des ON; Erlässe Dampfkesselwesen u. a. (jl)
[931] ÖNORMEN-Verzeichnis, Teil 2: ISO-Normen; Europäische Normen (EN); Ausländische und internationale Normen und Veröffentlichungen. (jl)
[932] ÖNORMEN-Verzeichnis, Ergänzungshefte zu Teil 1 und 2. (unr)
[933] ÖNORMEN-Teilverzeichnis «Umweltschutz und Umweltgestaltung»
[934] ÖNORM. Fachzeitschrift für das Normenwesen. (jl 10mal) Signum Verlag, Bösendorferstr. 2, A-1010 Wien
[935] Österreichisches Normungsinstitut – Tätigkeitsbericht. (jl)

Einzelne ÖNORMEN

[936] **B 2400** Wasserwirtschaft; Hydrologie, Fachausdrücke und Formelzeichen
[937] **B 2500** Abwassertechnik; Fachausdrücke und Formelzeichen
[938] **B 2501** Entwässerungsanlagen für Gebäude und Grundstücke; Bestimmungen für Planung und Ausführung
[939] **B 2502** Kleinkläranlagen (Hauskläranlagen); Richtlinien für Anwendung, Bemessung, Bau und Betrieb
[940] **B 3305** Betonangreifende Wässer, Böden und Gase; Beurteilung und chemische Analyse
[941] **M 5871** Ausstattung von Trinkwasser-Aufbereitungsanlagen mit Meßgeräten
[942] **M 5872** Ausstattung von Badewasser-Aufbereitungsanlagen mit Meßgeräten
[943] **M 5873** Anforderungen an Anlagen zur Desinfektion von Wasser mittels Ultraviolett-Strahlen
[944] **M 5875** Ausstattung von kommunalen Kläranlagen mit ortsfest eingebauten Geräten zur Betriebsüberwachung
[945] **M 5876** Messung des Sauerstoffgehaltes von Wasser und Abwasser nach elektrochemischen Meßmethoden
[946] **M 5877** Betriebsüberwachung in kommunalen Abwasserreinigungsanlagen; Eigenüberwachung
[947] **M 5878** Anforderungen an Ozonungsanlagen zur Wasserbehandlung
[948] **M 5879** Teil 1: Anforderungen an Chlorungsanlagen zur Wasserbehandlung; Chlorgasanlagen. Teil 2: Anlagen zur Desinfektion und Oxidation durch Chlorverbindungen und deren Lösungen
[949] **M 5880** Durchflußmessung in Kläranlagen
[950] **M 5881** Anforderungen an Dauerprobenentnahmegeräte für die Entnahme von Wasserproben
[951] **M 5886** Registrierende pH-Messung in kommunalen Kläranlagen
[952] **M 5887** Betriebsbuch für kommunale Kläranlagen (mit Beiblatt: Betriebsbuch)
[953] **M 6204** Anforderungen an die Beschaffenheit abzuleitender Abwässer aus Wasseraufbereitungsanlagen
[954] **M 6215** Anforderungen an die Beschaffenheit des Wassers von Hallenbädern und künstlichen Freibeckenbädern
[955] **M 6216** Aufbereitungsanlagen für Wasser von Hallenbädern und künstlichen Freibeckenbädern
[956] **M 6217** Betriebseigene Überwachung der Aufbereitungsanlagen für Wasser von Hallenbädern und künstlichen Freibeckenbädern (mit Beiblatt: Betriebstagebuch)
[957] **M 6230** Anforderungen an die Beschaffenheit von Badegewässern
[958] **M 6250** Öffentliche Trinkwasserversorgung; Anforderungen an die Beschaffenheit des Trinkwassers
[959] **M 6251** Öffentliche Trinkwasserversorgung; Überwachung der Beschaffenheit des Wassers
[960] **M 6252** Öffentliche Trinkwasserversorgung; Betrieb und Überwachung der Wasseraufbereitungsanlagen; Desinfektionsanlagen
[961] **M 6257, M 6258, M 6259** s. Abschn. 4.3.4
[962] **M 6265** Wasseruntersuchung; Bestimmung des Chemischen Sauerstoffbedarfes

4.3.3 Schweizer Normen (SN)

SN-Normen, ausländische bzw. internationale Normen sowie die angegebene Literatur sind zu beziehen durch: **Schweizerische Normen-Vereinigung (SNV), Kirchenweg 4, Postfach, CH-8032 Zürich**

[970] SNV Normen-Verzeichnis. (jl) (Normengruppe «Wasserchemie» ab SNV 081 501)
[971] SN Bulletin. Offizielles Organ der Schweizerischen Normen-Vereinigung. (mtl)
[972] SNV Jahresbericht

Schweizerischer Ingenieur- und Architekten-Verein (SIA), Selnaustraße 16, Postfach, CH-8039 Zürich

[973] **SIA-Norm 385/1** Anforderungen an das Wasser und an die Wasseraufbereitungsanlagen in Gemeinschaftsbädern

4.3.4 International Organization for Standardization (ISO)

ISO Central Secretariat, 1 rue de Varembé, Case postale 56, CH-1211 Genève 20 ISO-Normen und Auskunft über den Stand der ISO-Normung bzw. entsprechende Übersetzungen durch die Normungsinstitute der betreffenden Länder.

[980] ISO-Catalogue. (jl); (Liste aller verfügbaren ISO-Normen, dazu vj kumulative Nachträge)
[981] ISO-Technical Programme. (hj); (Liste aller ISO-Normentwürfe)
[982] ISO-Bulletin. (mtl); Normen-Neuheitendienst; ISO-Sitzungskalender; Liste neuer ISO-Normen

Einzelne ISO-Normen

[985] 3696 Water for Laboratory use; Specifications
[986] 5667/1/2/3 Water quality – Sampling –
Part 1: Guidance on the design of sampling programmes (als ÖNORM: M 6257 Wasseruntersuchung-Richtlinien zur Aufstellung von Probenentnahme-Programmen)
Part 2: Guidance on Sampling techniques (als ÖNORM: M 6258 Wasseruntersuchung – Probenentnahmetechniken)
Part 3: Preservation and handling of samples (als ÖNORM: M 6259 Wasseruntersuchung – Konservierung und Behandlung von Wasserproben)
[987] 6107/1–5 Water quality – Vocabulary – Part 1–5 (trilingual edition)

4.4 Zeitschriften und Periodika Wasserfach und Grenzgebiete
4.4.1 Bundesrepublik Deutschland

abwassertechnik awt – Abfalltechnik + Recycling. (jl 6mal)
Bauverlag GmbH, Postf. 1460, D-6200 Wiesbaden

AFZ-Fischwaid, Allgemeine Fischereizeitung, vereinigt mit «Der Fischwirt», Zeitschrift für die Binnenfischerei. (mtl)
AFZ-Fischwaid, Pechdellerstr. 16, D-8000 München 90, bzw. Bahnhofstr. 37, D-6050 Offenbach/M.

Archiv des Badewesens. (mtl). (s. Abschn. 4.5.1.14)
Verlag A. Schrickel, Am First 9, D-8980 Oberstdorf

Archiv für Hydrobiologie. (jl ca. 10 Hefte + Supplementhefte)
E. Schweizerbart'sche Verlagsbuchhandlung, Johannsstr. 3 A, D-7000 Stuttgart 1

Archiv für Hygiene und Bakteriologie. (s. Zentralblatt f. Bakt., I. Abt., Originale B)
Archives of Microbiology. (früher: Archiv für Mikrobiologie). (mtl)
Springer-Verlag, Heidelberger Platz 3, D-1000 Berlin 33

Archives of Toxicology. (mtl). Springer-Verlag, w. o.
Archives of Environmental Contamination and Toxikology. (jl 6mal). Springer-Verlag, w. o.
Besondere Mitteilungen zum Deutschen Gewässerkundlichen Jahrbuch. (unr). (s. Abschn. 4.5.1.7)
Blinker. Internationale Sportfischerzeitschrift. (mtl)
Jahr-Verlag, Postf. 10 33 46, D-2000 Hamburg 1

Bundesgesundheitsblatt. (mtl). (s. Abschn. 4.5.1.5)
Carl Heymanns Verlag KG, Gereonstr. 18, D-5000 Köln 1

CLB Chemie für Labor und Betrieb. (mtl)
Umschau Verlag, Postf. 11 02 62, D-6000 Frankfurt 1

Deutsche Gewässerkundliche Mitteilungen (DGM). Mitteilungsblatt der gewässerkundlichen Dienststellen des Bundes und der Länder. (jl 6mal). (s. Abschn. 4.5.1.7)

Deutsche Hydrographische Zeitschrift. (jl 6mal). (s. Abschn. 4.5.1.8)

Deutsches Gewässerkundliches Jahrbuch:
Küstengebiet der Nord- und Ostsee. Hrsg.: Landesamt für Wasserhaushalt und Küsten Schleswig-Holstein, Saarbrückenstr. 38, D-2300 Kiel 1

Unteres Elbegebiet (mit Bayer. Elbegebiet und Elbegebiet Berlin-West). Hrsg.: Freie und Hansestadt Hamburg, Behörde f. Wirtschaft, Verkehr, Landwirtschaft, Strom- und Hafenbau, Dalmannstr. 1–3, D-2000 Hamburg 11
Weser und Emsgebiet. Hrsg.: Landesamt für Gewässerkunde beim Niedersächsischen Ministerium f. Ernährung, Landwirtschaft und Forsten, Calenbergerstr. 2, D-3000 Hannover 1
Rheingebiet, Teil I: Hoch- und Oberrhein. Hrsg.: Landesanstalt f. Umweltschutz Baden-Württemberg, Institut f. Wasser- und Abfallwirtschaft, Griesbachstr. 3, D-7500 Karlsruhe 21
Rheingebiet, Teil II: Main. Hrsg.: Bayer. Landesamt f. Wasserwirtschaft, Lazarettstr. 67, D-8000 München 19
Rheingebiet, Teil III: Mittel- und Niederrhein. Hrsg.: Landesamt f. Wasser und Abfall Nordrhein-Westf., Börnestr. 10, D-4000 Düsseldorf 1
Donaugebiet. Hrsg.: wie Rheingebiet, Teil II

Dokumentation Wasser (DW). (mtl). (s. Abschn. 4.5.1.3)
E. Schmidt Verlag, Berlin-Bielefeld-München, Postf. 73 30, D-4800 Bielefeld 1

Erfrischungsgetränk, Das. Mineralwasser-Zeitung. (14tgl)
H. Matthaes Druckerei und Verlag, Postf. 622, D-7000 Stuttgart 1

Ergebnisse der Limnologie (Archiv für Hydrobiologie, Beihefte). (jl ca. 2mal) (s. Archiv für Hydrobiologie)

Fisch und Fang. Eine Zeitschrift für alle Angler und Freunde des Fischwassers. (mtl)
P. Parey Verlag, Postf. 10 63 04, D-2000 Hamburg 1

Fischer & Teichwirt. Fachzeitschrift für die Binnenfischerei. (mtl)
Verband der Bayer. Berufsfischer e. V., Königstorgraben 11, D-8500 Nürnberg

Forschung. Mitteilungen der DFG-Deutsche Forschungsgemeinschaft. (vjl). (s. Abschn. 4.5.1.4).
Verlag Chemie, Postf. 1260, D-6940 Weinheim

Forum Städte-Hygiene. Zeitschrift für Forschung und Technik in der Wasser-, Boden- und Lufthygiene. (jl 6mal). Patzer Verlag, Postf. 47 07, D-3000 Hannover 1

Gas- und Wasserfach (GWF), Das, Ausgabe: Wasser/Abwasser. (mtl). (s. Abschn. 4.5.1.12)
R. Oldenbourg Verlag, Postf. 80 13 60, D-8000 München 80

Gesundheits-Ingenieur (GI). Haustechnik – Bauphysik – Umwelttechnik. (jl 6mal)
R. Oldenbourg Verlag, Postf. 80 13 60, D-8000 München 80

G-I-T Fachzeitschrift für das Laboratorium. (mtl)
G-I-T Verlag E. Giebeler, Postf. 11 05 72, D-6100 Darmstadt 1

Heilbad und Kurort. Zeitschrift für das gesamte Bäderwesen. (mtl)
Verlag H. Flöttmann, Postf. 16 30, D-4830 Gütersloh

Industrieabwässer. (jl). Deutscher Kommunal-Verlag, Roseggerstr. 5 a, D-4000 Düsseldorf

Kommunalwirtschaft. (mtl). Deutscher Kommunal-Verlag, w. o.

Korrespondenz Abwasser (KA) mit ATV-Regelwerk Abwasser/Abfall. (mtl). (s. Abschn. 4.5.1.12). Gesellschaft zur Förderung der Abwassertechnik e. V. (GFA), Markt 71, D-5205 St. Augustin 1

Küste, Die. Archiv für Forschung und Technik an der Nord- und Ostsee (unr.)
Westholsteinsche Verlagsanstalt Boyens & Co, Postf. 18 80, D-2240 Heide

LABO. Kennziffer-Fachzeitschrift für Labortechnik. (mtl)
Verlag Hoppenstedt, Postf. 40 06, D-6100 Darmstadt 1

LaborPraxis. (mtl). Vogel-Verlag, Postf. 67 40, D-8700 Würzburg 1

Literaturberichte über Wasser, Abwasser, Luft und feste Abfallstoffe. (unr.)
G. Fischer Verlag, Postf. 72 01 43, D-7000 Stuttgart 70

Medical Microbiology and Immunology. (früher: Zeitschr. f. Hygiene u. Infektionskrankheiten). (jl 8mal = 2 Bde). Springer-Verlag, Heidelberger Platz 3, D-1000 Berlin 33

Mineralbrunnen, Der. Fachzeitschrift der Deutschen Mineralbrunnenindustrie. (mtl)
Verband Deutscher Mineralbrunnen e. V. (VDM), Kennedyallee 28, D-5300 Bonn 2

Naturwissenschaftliche Rundschau. (mtl)
Wissenschaftliche Verlagsgesellschaft, Postf. 40, D-7000 Stuttgart 1

Neue DELIWA-Zeitschrift. Fachzeitschrift für die Energie- und Wasserversorgung. (mtl)
DELIWA-Verein e. V.-Verlag, Oskar-Winter-Str. 3, D-3000 Hannover 1

3 R international. Technisch-wissenschaftliche Fachzeitschrift für die gesamte Rohr- und Rohrleitungstechnik in Energie- und Wasserversorgung, Chemie und Verfahrenstechnik. (mtl). Vulkan-Verlag, Postf. 10 39 62, D-4300 Essen

Sportfischer, Der. (jl 6mal). (s. Abschn. 5.6.47)
Verband Deutscher Sportfischer e. V., Bahnhofstr. 37, D-6050 Offenbach/M.

Städtetag, der. (mtl). Verlag W. Kohlhammer, Postf. 80 04 30, D-7000 Stuttgart 80

Systematic and Applied Microbiology. (s. Zentralbl. f. Bakt., Mikrobiol. u. Hygiene)

Tenside Detergents. Zeitschrift für Physik, Chemie und Anwendung grenzflächenaktiver Stoffe. (jl 6mal). C. Hanser Verlag, Postf. 86 04 20, D-8000 München 86

Umschau, Die. Das Wissenschaftsmagazin. (14tgl)
Umschau Verlag, Postf. 11 02 62, D-6000 Frankfurt 1

Umwelt. Informationen des Bundesministers des Innern zur Umweltplanung und zum Umweltschutz. (mtl). (s. Abschn. 4.5.1.1)

Umwelt. Zeitschrift des Vereins Deutscher Ingenieure für Immissionsschutz, Abfall, Gewässerschutz. (jl 6mal). VDI-Verlag, Postf. 11 39, D-4000 Düsseldorf 1

Umweltmagazin. Fachzeitschrift für Umwelttechnik in Industrie und Kommune. (jl 8mal)
Vogel-Verlag, Postf. 67 40, D-8700 Würzburg 1

Umwelt-report. Schnellinformation für Politik, Forschung, Wirtschaft, Industrie. (14tgl). VDI-Verlag, Postf. 11 39, D-4000 Düsseldorf 1

Umweltschutz-Referatedienst. Zusammenfassungen, Nachrichten und Kurzreferate aus dem Umweltbereich. Lutz-Verlag, Postf. 14 20, D-6233 Kelkheim/Ts.

UWD Umweltschutz-Dienst. Informationsdienst für Umweltfragen. (mtl 3mal)
Egon Siller Verlag, Postf. 70 24, D-4000 Düsseldorf 1

VGB Kraftwerkstechnik. (mtl). VGB Kraftwerkstechnik GmbH, Postf. 10 39 32, D-4300 Essen 1

Vom Wasser. s. [221]

Wasser und Boden. Zeitschrift für die gesamte Wasserwirtschaft. (mtl). (s. Abschn. 4.5.1.15).
P. Parey Verlag, Postf. 10 63 04, D-2000 Hamburg 1

Wasser, Luft und Betrieb (WLB). Zeitschrift für Umwelttechnik. (mtl)
Verein. Fachverlage Krausskopf-Ingenieur Digest, Postf. 27 60, D-6500 Mainz

Wasser, Luft und Betrieb (WLB). Handbuch Umwelttechnik. (jl). Verlag w. o.

Wasserwirtschaft. Zeitschrift für das gesamte Wasserwesen insbesondere für Hydrologie, Hydromechanik und Wasserbau. (mtl). (s. Abschn. 4.5.1.15)
Franckh'sche Verlagshandlung, Postf. 640, D-7000 Stuttgart 1

Water Research. (mtl). Pergamon Preß GmbH, Hammerweg 6, D-6242 Kronberg

Weltgesundheit. Ausgabe von «World Health» für den deutschsprachigen Raum. Deutsches Grünes Kreuz, Schuhmarkt 4, D-3550 Marburg/Lahn

Werkstoffe und Korrosion. (mtl). Verlag Chemie, Postf. 1260, D-6940 Weinheim

Wissenschaft und Umwelt (ISU). (vjl). F. Vieweg & Sohn, Postf. 58 29, D-6200 Wiesbaden 1.

Zeitschrift der Deutschen Geologischen Gesellschaft. (jl 2–3 Teilbde)
Verlag F. Enke, Herderweg 63, D-7000 Stuttgart

Zeitschrift für Bewässerungswirtschaft. (hj). DLG-Verlags-GmbH, Rüsterstr. 13, D-6000 Frankfurt 1

Zeitschrift für Wasser und Abwasser-Forschung. (jl 6mal). (s. Abschn. 4.5.1.10)
Verlag Chemie, Postf. 1260, D-6940 Weinheim

Zeitschrift für Wasserrecht (ZfW). (s. Abschn. 4.2.1)

Zeitung für kommunale Wirtschaft (ZfK). Das aktuelle Fachblatt für Energie, Wasser, Stadtverkehr und Umweltschutz. (mtl). ZfK Verlag, Putzbrunner Str. 38, D-8012 Ottobrunn

Zentralblatt für Bakteriologie, Mikrobiologie und Hygiene. I. Abt. Originale A: Med. Mikrobiologie, Infektionskrankheiten, Virologie, Parasitologie. (unr). Originale B: Hygiene. (unr). Systematic and Applied Microbiology (formerly: Zentralblatt für Bakteriologie, Mikrobiologie und Hygiene, I. Abt. Originale C). (unr). G. Fischer Verlag, Postf. 72 01 43, D-7000 Stuttgart 70

4.4.2 Deutsche Demokratische Republik

Acta hydrochimica et hydrobiologica. Naturwissenschaftliche Grundlagen des Gewässerschutzes und der Wasserbehandlung. (jl 6mal) Akademie-Verlag, Leipziger-Str. 3–4, DDR-1086 Berlin

Acta Hydrophysica. (unr). Akademie-Verlag, w. o.

Beiträge zur Meereskunde. (unr). Akademie-Verlag, w. o.

Deutscher Angelsport. (mtl). Sportverlag, Postf. 1218, DDR-1086 Berlin

Fortschritte der Fischereiwissenschaft. (unr) Institut für Binnenfischerei der DDR, Müggelseedamm 310, DDR-1162 Berlin-Friedrichshagen

Fortschritte der Wasserchemie und ihrer Grenzgebiete. (seit 1974 fortgesetzt als: Acta hydrochimica et hydrobiologica)

Hydrologischer Monatsbericht. Amt für Wasserwirtschaft, Schadowstr. 1, DDR-1080 Berlin

Internationale Revue der gesamten Hydrobiologie. (jl 6mal). Akademie-Verlag, w. o.

Korrosion. (jl 6mal). Zentralanstalt für Korrosionsschutz, Postf. 38, DDR-8080 Dresden

Limnologica. (unr). Akademie-Verlag, w. o.

Wasserwirtschaft – Wassertechnik (WWT). (mtl) VEB Verlag für Bauwesen, Postf. 1232, DDR-1080 Berlin

Wissenschaftliche Zeitschrift der Technischen Universität Dresden (Reihe 5: Bau-, Wasser- und Forstwesen). (unr) Technische Universität Dresden, Mommsenstr. 13, DDR-8027 Dresden

Zeitschrift für Allgemeine Mikrobiologie. (jl 10mal). Akademie-Verlag, w. o.

Zeitschrift für Chemie. Wissenschaftliche Zeitschrift für Chemie und Grenzgebiete. (mtl) VEB Deutscher Verlag für Grundstoffindustrie, Postf. 16, DDR-7031 Leipzig

Zeitschrift für die Binnenfischerei der DDR. (mtl) VEB Deutscher Landwirtschaftsverlag, Reinhardtstr. 14, DDR-1040 Berlin

Zeitschrift für die gesamte Hygiene und ihre Grenzgebiete. (mtl) VEB Verlag Volk und Gesundheit, Postf. 53, DDR-1020 Berlin

Zentralblatt für Bakteriologie, Parasitenkunde, Infektionskrankheiten und Hygiene. (jetzt: Zentralblatt für Mikrobiologie)

Zentralblatt für Mikrobiologie. Landwirtschaft – Technologie – Umweltschutz. (jl 8mal) VEB G. Fischer Verlag, Postf. 176, DDR-6900 Jena

4.4.3 Österreich

Bäder Journal. Bäder planen, bauen und betreuen. (mtl) Oswald Möbius Verlag, Postf. 585, A-1061 Wien

Balneologisch-Bioklimatologische Mitteilungen. (unr) Österr. Heilbäder und Kurorteverband, Josefsplatz 6, A-1010 Wien

Fachzeitschrift für alkoholfreie Getränke. (mtl). Fachorgan des Verbandes alkoholfreier Getränke Österreichs, Prinz Eugen-Str. 46, A-1040 Wien

Gas, Wasser, Wärme (GWW). (mtl). (vgl. Abschn. 4.5.3.8) Verlag Lorenz, Ebendorfer-Str. 10, A-1010 Wien

Mitteilungen der österreichischen Sanitätsverwaltung. (mtl). (s. Abschn. 4.5.3.2) Verlag W. Hölzenberger, Paracelsusstr. 6, A-1030 Wien

Mitteilungsblatt des Hydrographischen Dienstes in Österreich. (s. Abschn. 4.5.3.1)

Mitteilungsblatt für den Klärfacharbeiter. (unr) (s. ÖWWV, Abschn. 4.5.3.7)

ÖKO.L Zeitschrift für Ökologie, Natur- und Umweltschutz. (vjl) Naturkundliche Station der Stadt Linz, Roseggerstr. 22, A-4020 Linz

Österreichische Moorforschung, Die. (unr) Österr. Moorforschungs-Institut Bad Neydharting, Postf. 84, A-4010 Linz

Österreichische Wasserwirtschaft. Zeitschrift für alle wissenschaftlichen, technischen, rechtlichen und wirtschaftlichen Fragen des gesamten Wasserwesens. (jl 6mal). (s. ÖWWV, Abschn. 4.5.3.7). Springer-Verlag, Postf. 367, A-1011 Wien

Österreichs Fischerei mit Salzburgs Fischerei. (mtl). (s. Abschn. 4.5.3.1)

Review. Gesundheitswesen + Umweltschutz. (hjl). (s. Abschn. 4.5.3.2)

Sportfischer in Österreich. (mtl)
Astoria Druck- und Verlagsanstalt, Großmarktstr. 16, A-1232 Wien

Steirische Beiträge zur Hydrogeologie. (jl)
Springer-Verlag, Postf. 367, A-1011 Wien

Umweltschutz. (wö). APA Austria Presse Agentur, Gunoldstr. 14, A-1199 Wien

Umweltschutz. (mtl). Organ der Österr. Gesellschaft für Natur- und Umweltschutz, Canovagasse 5/4, A-1010 Wien. Bohmann Druck und Verlag GmbH, Postf. 168, A-1110 Wien

Wasserwirtschaftliche Mitteilungen (WWM). (mtl). (s. ÖWWV, Abschn. 4.5.3.7)

Zeitschrift für Gletscherkunde und Glazialgeologie. (hjl)
Universitäts-Verlag Wagner, Andreas-Hofer-Str. 13, A-6010 Innsbruck

4.4.4 Schweiz

Brauerei-Rundschau mit allgemeiner Getränke-Rundschau. (mtl)
Brauerei-Rundschau, Postf. 190, CH-8047 Zürich

Fischerei. (mtl). Offizielle Zeitschrift des Schweiz. Fischerei-Verbandes, Postf. 35, CH-6045 Meggen. Buri Druck AG, Eigerstr. 71, CH-3001 Bern

Gas – Wasser – Abwasser (GWA). (mtl). Schweiz. Verein des Gas- und Wasserfaches (SVGW). (s. Abschn. 4.5.4.18)

Mineralquelle, Die. (jl 6mal). Offizielles Organ des Verbandes Schweiz. Mineralquellen (VSM), Postf. 4778, CH-8022 Zürich. Stämpfli + Cie AG, Postf. 2728, CH-3001 Bern

Petri-Heil. Die große illustrierte Sportfischerzeitung. (mtl)
Verlag Graf + Neuhaus AG, Bächtoldstr. 4, CH-8044 Zürich

Schweizer Ingenieur und Architekt. (wö). Schweizer Ingenieur und Architekt, Schweizerische Bauzeitung, Postf., CH-8021 Zürich

Schweizerische Laboratoriums-Zeitschrift. (mtl). Zentralorgan des Schweiz. Laborpersonal-Verbandes (SLV), Postf. 428, CH-4005 Basel

Schweizerische Technische Zeitschrift (STZ). (14tgl). STV-Verlags AG der Ingenieure und Architekten, Postfach, CH-8023 Zürich

Schweizerische Zeitschrift für Hydrologie. Hydrobiologie, Lymnologie, Fischereiwissenschaft, Abwasserreinigung. (jl 2mal). Birkhäuser Verlag AG, Postf. 34, CH-4010 Basel

Umweltschutz/Gesundheitstechnik. (mtl). Fachorgan für die Bereiche Trink-, Brauch- und Badewasser, Abwasser, Bau von Schwimmbadanlagen, ... Cicero Verlag AG, Postf., CH-8021 Zürich. (s. Abschn. 4.5.4.19)

Wasser – Boden – Luft – Umweltschutz. Technische Zeitschrift für den Umweltschutz. (jl 2mal). Laupper AG, Schmidholzstr. 31, CH-4142 Münchenstein

Wasser, Energie, Luft. (jl 8mal). Schweiz Fachzeitschrift für Wasserrecht, Wasserbau, Wasserkraftnutzung, Gewässerschutz, Wasserversorgung, Bewässerung und Entwässerung, Seenregulierung, Hochwasserschutz, Binnenschiffahrt, Energiewirtschaft, Lufthygiene. Schweiz. Wasserwirtschaftsverband (SWV). s. Abschn. 4.5.4.21

Water International. (jl 4mal). Elsevier Sequoia S. A., Postf. 851, CH-1001 Lausanne

Umweltschutz in der Schweiz. (jl 5mal). Bulletin des Bundesamtes für Umweltschutz. (s. Abschn. 4.5.4.3)

Weitere Zeitschriften und Periodika s. Abschn. 4.1.3, 4.2, 4.3, 4.5

4.5 Spezielle Hinweise und Informationen

4.5.1 Bundesrepublik Deutschland

1 Bundesminister des Innern, Graurheindorfer Str. 198, Postf. 17 02 90, D-5300 Bonn
Wasserversorgungsbericht (1982), Teil A: Bericht über die Wasserversorgung in der Bundesrepublik Deutschland. Teil B: Materialien (5 Bde.). E. Schmidt Verlag, Berlin-Bielefeld-München.
Gemeinsames Ministerialblatt (GMBl.). C. Heymanns Verlag, D-5000 Köln 1
Studienführer Umweltschutz. (Referat Öffentlichkeitsarbeit)
Informationsorgan: «Umwelt». (s. Abschn. 4.4.1)

2 Umweltbundesamt, Bismarckplatz 1, D-1000 Berlin 33
Schriftenreihen: Berichte; Materialien; UMPLIS; LIDUM; Texte. (s. Abschn. 4.1.3.1) Abwasserreinigung. Leistungsübersicht der Anlagenhersteller in der Bundesrepublik Deutschland. (Übersicht über 154 auf dem deutschen Markt anbietende Hersteller von Anlagen und Ausrüstungen zur Abwasserbehandlung). E. Schmidt Verlag, Bielefeld

3 Umweltbundesamt, Dokumentationszentrale Wasser (DZW), Rochusstr. 36, D-4000 Düsseldorf 30
Die Zentrale Dokumentation Wasser. Fachdokumentation für das gesamte Wasserwesen einschließlich der technisch-wissenschaftlichen Randgebiete und der einschlägigen Bereiche des Umweltschutzes.
Informationsorgan: DZW-Information. (vj)
Zeitschrift: Dokumentation Wasser. (s. Abschn. 4.4.1)

4 Deutsche Forschungsgemeinschaft (DFG), Kennedyallee 40, D-5300 Bonn
Die DFG ist in der Bundesrepublik Deutschland die zentrale Selbstverwaltungsorganisation der Wissenschaft. Nach ihrer Satzung hat sie den Auftrag, «die Wissenschaft in allen ihren Zweigen» zu fördern. Publikationen: s. Abschn. 4.1.3.1

5 Bundesgesundheitsamt (BGA), Thielallee 88–92, D-1000 Berlin 33
Informationsorgan: Bundesgesundheitsblatt. (s. Abschn. 4.4.1)

6 Institut für Wasser-, Boden- und Lufthygiene des Bundesgesundheitsamtes, Corrensplatz 1, Postf. 33 00 13, D-1000 Berlin 33
Fortbildungsveranstaltungen Gewässer- und Umweltschutz.
Schriftenreihen: s. Abschn. 4.1.3.1

7 Bundesanstalt für Gewässerkunde, Kaiserin-Augusta-Anlagen 15–17, Postf. 309, D-5400 Koblenz
Zeitschriften: Besondere Mitteilungen zum Deutschen Gewässerkundlichen Jahrbuch.
Deutsche Gewässerkundliche Mitteilungen. (s. Abschn. 4.4.1)

8 Deutsches Hydrographisches Institut, Bernhard-Nocht-Str. 78, D-2000 Hamburg 4
Zeitschrift: Deutsche Hydrographische Zeitschrift. (s. Abschn. 4.4.1)

9 Weitere **Bundesanstalten** sowie die **Landesbehörden** und die wasserfachlichen Lehrstühle und wissenschaftliche Institute an den **Universitäten, Technischen Hochschulen und Fachhochschulen, Vereine** u. a. siehe «Wasser-Kalender» (Abschn. 4.5.1.23) sowie Abschn. 4.1.3.1, 4.2.1, 4.3.1, 4.4.1

10 Fachgruppe «Wasserchemie» in der Gesellschaft Deutscher Chemiker, Postf. 90 04 40, D-6000 Frankfurt 90
Fortbildungsveranstaltungen, Tagungen, Kurse.
Bearbeitung der DEV [1] in Zusammenarbeit mit dem NAW im DIN (s. Abschn. 4.3.1)
Schriftenreihe: Vom Wasser. (s. Abschn. 4.1.3.1)
Zeitschrift: Zeitschrift für Wasser und Abwasser-Forschung. (s. Abschn. 4.4.1)

11 Fortbildungszentrum Gesundheits- und Umweltschutz e. V. (FGU), Caspar-Theyß-Str. 7, D-1000 Berlin 33
Fortbildungsveranstaltungen Gewässer- und Umweltschutz.
Schrift: Gewässerschutz – einfache Untersuchungsverfahren. (42. Seminar, Berlin 1981)

12 Abwassertechnische Vereinigung e. V. (ATV), Markt 71, D-5205 St. Augustin 1
ATV-Regelwerk Abwasser/Abfall. (Arbeitsblätter, Merkblätter u. Hinweise der ATV und des VKS). Verzeichnis und Vertrieb: Gesellschaft zur Förderung der Abwassertechnik e. V. (GFA), w. o.
Technisch-wissenschaftliche Schriftenreihe der ATV.
Abwassertechnische Literatur (Hrsg.). (s. Abschn. 4.1.2)
Zeitschriften: Korrespondenz Abwasser. Das Gas- und Wasserfach. (s. Abschn. 4.4.1)

Klärwärter-Fortbildung und ATV-Kläranlagen-Nachbarschaften. Im F. Hirthammer Verlag, Balanstr. 17, D-8000 München 80, erscheinen die Bände der ATV-Landesgruppe Bayern (Lazarettstr. 67, D-8000 München 19), ATV-Landesgruppe Hessen/Rhld.-Pfalz/Saarland (Bauhofstr. 2, D-6500 Mainz), ATV-Landesgruppe Nord (Am Mittelfelde 169, D-3000 Hannover 81), ATV-Landesgruppe Nordrhein-Westf. (Tonhallenstr. 6, D-4100 Duisburg); direkt zu beziehen: ATV-Landesgruppe Baden-Württemberg, Wefmershalde 22, D-7000 Stuttgart 1

13 Bundesverband der Deutschen Gas- und Wasserwirtschaft e. V. (BGW), Euskirchner Str. 80, Postf. 14 01 54, D-5300 Bonn
Jahrbuch Gas und Wasser (Hrsg. gemeinsam mit DVGW)
Zeitschrift: Das Gas- und Wasserfach. (s. Abschn. 4.4.1)

14 Deutsche Gesellschaft für das Badewesen e. V. und Verein Deutscher Badefachmänner e. V., Postf. 10 09 10, D-4300 Essen
Schriftenreihe: Arbeitsunterlagen für die Planung, den Bau und Betrieb von Bädern.
Zeitschrift: Archiv des Badewesens. (s. Abschn. 4.4.1)

15 Deutscher Verband für Wasserwirtschaft und Kulturbau e. V. (DVWK), Gluckstr. 2, D-5300 Bonn
DVWK-Regelwerk. (Enthält Regeln und Merkblätter)
DVWK-Schriften, DVWK-Fortbildung, DVWK-Mitteilungen.
Zeitschriften (mit Beilage DVWK-Nachrichten): Wasser und Boden. Wasserwirtschaft.
(s. Abschn. 4.4.1)

16 Deutscher Verein des Gas- und Wasserfaches e. V. (DVGW), Postf. 5240, D-6236 Eschborn
DVGW-Regelwerk Wasser. (Enthält alle vom DVGW herausgegebenen Arbeitsblätter, Merkblätter und Hinweise sowie die in das Regelwerk einbezogenen DIN-Normen).
Vertrieb: ZfGW-Verlag, Postf. 90 10 80, D-6000 Frankfurt 90
DVGW-Schriftenreihe Wasser. (s. Abschn. 4.1.3.1). Vertrieb: w. o.
Schriftenreihe GWF – Wasser/Abwasser. R. Oldenbourg Verlag, Postf. 80 13 60, D-8000 München 80
Jahrbuch Gas und Wasser (Hrsg. gemeinsam mit BGW)
Zeitschrift: Das Gas- und Wasserfach. (s. Abschn. 4.4.1)

17 Haus der Technik, Außeninstitut der RWTH Aachen, Hollestr. 1, Postf. 10 15 43, D-4300 Essen
Fortbildungsveranstaltungen.
Schriftenreihe: Haus der Technik – Vortragsveröffentlichungen. Vulkan Verlag, Postf. 10 39 62, D-4300 Essen

18 Institut für gewerbliche Wasserwirtschaft und Luftreinhaltung e. V. (IWL), Gustav-Heinemann-Ufer 84–88, D-5000 Köln 51
Beratung und Nachweis geeigneter Verfahren zur Abwasserbehandlung und Wasseraufbereitung u. a. Dienstleistungen.
IWL-Forum. Kolloquien zu aktuellen Umweltfragen (mit Berichtsbänden).
Schriftenreihe: Veröffentlichungen des IWL
Zeitschrift: IWL-Kurzberichte mit Beilage IWL-Literaturspiegel zum Umweltschutz.

19 Vereinigung Deutscher Gewässerschutz e. V. (VDG), Matthias-Grünewald-Str. 1–3, Bundeshaus, Postf. 12 01 27, D-5300 Bonn 2
Informationsmaterialien zu Fragen des Gewässerschutzes, z. B. Broschüren, Plakate, Schulwandbilder, Filme.
Schriftenreihe der VDG: s. Abschn. 4.1.3.1

20 ACHEMA Handbuch Umweltschutz + Energieeinsparung. Erscheint jeweils zur ACHEMA.
Vertrieb: DECHEMA, Postf. 97 01 46, D-6000 Frankfurt 97

21 Deutscher Bäderkalender. Umfassendes Handbuch des Bäderwesens. Überblick über die Kurorte und ihre Heilanzeigen, Charakterisierung der Kurorte, wissenschaftliche Beiträge, Versandheilbrunnen, Bäderkarte, Klimakarte u. a. Hrsg.: Deutscher Bäderverband e. V., Postf. 19 01 47, D-5300 Bonn 1, Vertrieb: Flöttmann Verlag, Postf. 1704, D-4830 Gütersloh

22 Die Gewässergütekarte der Bundesrepublik Deutschland. (Erscheinungsjahr 1975 und 1980). Karte mit ausführlichem Kommentar. Hrsg.: Länderarbeitsgemeinschaft Wasser (LAWA). Vertrieb: Service-Agentur für die Wissenschaft, Postf. 1131, D-7504 Weingarten

23 WASSER-KALENDER. Jahrbuch für das gesamte Wasserfach. Umfassende wasserfachliche Information. Geltendes Recht. Literatur und Dokumentation. Veranstaltungshinweise. Anschriften der wasserwirtschaftlichen Bundes- und Landesdienststellen. Wasserfachliche Ausbildungs- und Forschungsstätten der Bundesrepublik Deutschland, Österreichs und der Schweiz. E. Schmidt Verlag, Berlin-Bielefeld-München, Postf. 7330, D-4800 Bielefeld

4.5.2 Deutsche Demokratische Republik

1 **Ministerium für Umweltschutz und Wasserwirtschaft,** Hans-Beimler-Str. 70/71, DDR-1026 Berlin
2 **Zentralinstitut für Information und Dokumentation der DDR,** Köpenicker Str. 325, DDR-1170 Berlin
3 **Institut für Wasserwirtschaft, Zentrale Leitstelle für Dokumentation,** Schnellerstr. 140, DDR-1190 Berlin
4 **Kammer der Technik – Kommission für Umweltschutz beim Präsidium der Kammer der Technik,** Clara-Zetkin-Str. 115/117, DDR-1086 Berlin
5 **Chemische Gesellschaft in der Deutschen Demokratischen Republik – Fachverband Wasserchemie,** Clara-Zetkin-Str. 105, Postf. 1327, DDR-1086 Berlin
6 **Technische Universität Dresden,** Sektion Wasserwesen, Georg-Bähr-Str., DDR-8027 Dresden
7 **Akademie der Wissenschaften der DDR,** Forschungszentrum f. Molekularbiol. u. Mediz. Zentralinst. f. Mikrobiol. – Abt. Limnologie, Beutenbergstr. 11, DDR-6900 Jena

Weitere Adressen und Hinweise s. Abschn. 4.2.2 und 4.4.2

4.5.3 Österreich

1 **Bundesministerium für Land- und Forstwirtschaft (BMfLF), Stubenring 1, A-1011 Wien**
Sektion I, Abt. B 4: Wasserrecht bezüglich Siedlungswasserwirtschaft und Gewässerschutz.
Sektion IV, Abt. A 1: Fachliche Angelegenheiten der Wasserwirtschaft.
– Übersicht über Verfügbarkeit bzw. Bearbeitungsstand von Fachunterlagen für Wasserwirtschaft und Wasservorsorge einschließlich der Unterlagen des Wasserwirtschaftskatasters. (Fortschreibung), darin auch aufgeführt:
– Von der Sektion IV erstellte und durch die Oberste Wasserrechtsbehörde erlassene Richtlinien. (u. a. Grundwasserschutz, Abwasseremissionen)
– Wasserwirtschaft, Wasservorsorge – Forschungsarbeiten.
– Wassergütewirtschaftliche Planungen und Untersuchungen.
– Grundsatzkonzepte über die Wassergüte.
– Biologisches Gütebild der Fließgewässer Österreichs («Gewässergütekarte») bzw. der einzelnen Bundesländer (Detaildarstellung und Kurzfassung).
– Schriftenreihe: Wasserwirtschaft. (s. Abschn. 4.1.3.2)
Sektion IV, Abt. A 3: Hydrographisches Zentralbüro, Marxergasse 2, A-1030 Wien
– Mitteilungsblatt des hydrographischen Dienstes in Österreich. (jl)
– Hydrographisches Jahrbuch von Österreich.
Nachgeordnete Dienststellen:
Bundesanstalt für Wassergüte, Schiffmühlenstr. 120, A-1223 Wien-Kaisermühlen
Schriftenreihe: Wasser und Abwasser. (s. Abschn. 4.1.3.2)
Bundesanstalt für Wasserhaushalt von Karstgebieten, Herrengasse 8–10, A-1010 Wien
Bundesanstalt für Kulturtechnik und Bodenwasserhaushalt, A-3252 Petzenkirchen
Bundesinstitut für Gewässerforschung und Fischereiwirtschaft in Scharfling, A-5310 Mondsee
Zeitschrift: Österreichs Fischerei mit Salzburgs Fischerei. (mtl)

2 **Bundesministerium für Gesundheit und Umweltschutz (BMfGU), Stubenring 1, A-1011 Wien**
Sektion III, Abt. 3: Biologische Fragen der Ökologie, der Umwelthygiene, der Trinkwasserversorgung, der Abwasserbeseitigung, des Gewässerschutzes und der Luftreinhaltung
Publikationen des BMfGU:
Österreichisches Lebensmittelbuch (CODEX ALIMENTARIUS AUSTRIACUS) (ÖLMB).
Verlag Brüder Hollinek, Gallgasse 40a, A-1130 Wien
Österreichisches Heilbäder- und Kurortebuch. Amtliches Informations- und Nachschlagewerk.
Bohmann Verlag, Leberstr. 122, A-1110 Wien
Mitteilungen der österr. Sanitätsverwaltung. Offiz. Organ des BMfGU.
Nachgeordnete Dienststellen:
Bundesstaatl. Anstalt für exper.-pharmakolog. u. balneolog. Untersuchungen, Währingerstr. 13a, A-1090 Wien
(Umfangreiche wissenschaftl. Dokumentation über Heilvorkommen, z. B. Mineral-Heilwässer, sonstige Heilwässer, Peloide, Klimatische Heilfaktoren)

Österr. Bundesinstitut für Gesundheitswesen, Stubenring 6, A-1010 Wien
Forschungsprojekte und Publikationen zur Umweltsituation.
Zeitschrift: Review, Gesundheitswesen + Umweltschutz. (hjl)

3 Bundesministerium für Wissenschaft und Forschung, Minoritenplatz 5, A-1014 Wien
Geologische Bundesanstalt, Fachabt. Hydrogeologie, Rasumofskygasse 23, A-1031 Wien

4 Bundesministerium für Unterricht und Kunst (BMfUK), Minoritenplatz 5, A-1014 Wien
Sektion II, Abt. 2: Pädagogische und berufsfachliche Angelegenheiten der mittleren und höheren technischen und gewerblichen Lehranstalten.

5 Österreichische Akademie der Wissenschaften, Dr. Ignaz Seipel-Platz 2, A-1010 Wien
Biologische Station Lunz am See, Abt. d. Instituts f. Limnologie, A-3293 Lunz am See
Institut für Limnologie, Berggasse 18, A-1090 Wien
Institut für Limnologie, Abt. Mondsee, A-5310 Mondsee
Institut für Umweltwissenschaften u. Naturschutz, Abt. Graz, Heinrichstr. 5, A-8010 Graz
Labor Weyregg, Österr. Eutrophieprogramm – Projekt Salzkammergutseen, A-4852 Weyregg 3

6 Anschriften und Forschungsprogramme der entsprechenden Ämter der Landesregierungen, Universitäten, Technischen Hochschulen, Höheren Techn. Lehranstalten, Fachschulen, Berufs- und Wirtschaftsförderungsinstitute sowie der Interessenvertretungen auf Bundes- und Landesebene s. «Handbuch für das Gas- und Wasserfach» der ÖVGW bzw. «Die Wasserwirtschaft Österreichs» des ÖWWV. (s. auch Abschn. 4.1.3.2, 4.2.3, 4.3.2, 4.4.3)

7 Österreichischer Wasserwirtschaftsverband (ÖWWV), An der Hülben 4, A-1010 Wien
Zusammenschluß aller am Wasser interessierten Kreise aus Wissenschaft, Verwaltung und Wirtschaft. Dachverband und Kontaktstelle für alle wasserwirtschaftlichen Belange. Informationsaustausch. Veranstaltungen, Tagungen, Seminare, Fortbildungskurse.
Regeln des ÖWWV. (s. Abschn. 4.1.3.2)
Schriftenreihen: Schriftenreihe des ÖWWV. Wiener Mitteilungen – Wasser, Abwasser, Gewässer. (Mithrsg.). (s. Abschn. 4.1.3.2)
Zeitschriften: Wasserwirtschaftliche Mitteilungen. Mitteilungsblatt für Klärfacharbeiter. Österreichische Wasserwirtschaft. (Mithrsg.). (s. Abschn. 4.4.3)
Die Wasserwirtschaft Österreichs. Jahrbuch in der Schriftenreihe des ÖWWV. (Umfassendes Informationsangebot über das gesamte wissenschaftliche und wasserwirtschaftliche Geschehen in Österreich).

8 Österreichische Vereinigung für das Gas- und Wasserfach (ÖVGW), Schubertring 14, A-1010 Wien
Förderung des Gas- und Wasserfaches sowie verwandter Fachgebiete in wissenschaftlicher, technischer und wirtschaftlicher Beziehung u. a. durch Veranstaltungen, Schulungskurse, Beratung und Information, technische und wirtschaftliche Veröffentlichungen.
Regeln des ÖVGW. (s. Abschn. 4.1.3.2)
Zeitschrift: Gas, Wasser, Wärme. (s. Abschn. 4.4.3)
Handbuch für das Gas- und Wasserfach. (Umfassende Zusammenstellung der jeweils aktuellen Daten, Normen, Gesetze, Anschriften von Behörden, Institutionen und Lehranstalten).

9 Österreichischer Heilbäder- und Kurorteverband, Josefsplatz 6, A-1010 Wien
Wissenschaftliche, wirtschaftliche u. a. Förderung der österr. Heilbäder, Kurorte und Versandheilquellen.
Zeitschrift: Balneologisch-Bioklimatologische Mitteilungen des Österr. Heilbäder- und Kurorteverbandes.

10 Österreichische Wasserschutzwacht – Verband für Gewässer- und Umweltschutz
Haus der Begegnung, Otto-Bauer-Gasse 7, A-1060 Wien

11 Forschungszentrum Graz, Elisabethstr. 16, A-8010 Graz
(Institut für Geothermie und Hydrogeologie; Institut für Umweltforschung)

12 Institut für Abwasserwirtschaft, Alte Poststr. 351–359, A-8020 Graz
Staatlich autorisierte Untersuchungsanstalt der Dr. Justin & Co KG

13 Institut für Wasseraufbereitung, Abwasserreinigung und -Forschung (IWA) der Stadtbetriebe Linz, Körnerstr. 13, A-4010 Linz

14 Kärntner Institut für Seenforschung, Flatschacherstr. 70, A-9020 Klagenfurt
s. [246]

4.5.4 Schweiz

1 Eidgenössisches Departement des Innern (EDI), Inselgasse, Postf., CH-3003 Bern
Aufgabenbereiche (u. a.): Gewässerschutz (Bundesgesetz); Fischerei (Bundesgesetz).
Publikationen (u. a.):
- Richtlinien für die Untersuchung von Abwasser und Oberflächenwasser (Allgemeine Hinweise und Analysenmethoden). 1. Teil: Abwasser. 2. Teil: Oberflächenwasser. (Loseblattsammlung; Ausgabe 1982).
- Empfehlungen über die Untersuchung der schweizerischen Oberflächengewässer (Stand 1982).
- Gewässerbiologie und Gewässerschutz. Leitfaden für Lehrer.
- Richtlinien. Wegleitungen. (z. B. Wegleitung für die Kontrolle und Untersuchung von Abwasserreinigungsanlagen).

2 Eidgenössische Drucksachen- und Materialzentrale (EDMZ), Fellerstr. 21, CH-3000 Bern
Zentrale Beschaffungs-, Bewirtschaftungs- und Dienstleistungsstelle. Druck und Vertrieb der eidg. Gesetze u. a. Publikationen.

3 Bundesamt für Umweltschutz (BUS) (im EDI), Hallwylstr. 4, Postf., CH-3003 Bern
Hauptabt. Wasser- und Bodenschutz: Abt. Gewässerschutztechnik, Abfall und Wasserversorgung; Sektion Grundlagen und Wasserversorgung; Abt. Ökologie und Fischerei; Sektion Grundwasserschutz; Sektion Wasserchemie; Sektion Fischerei.
Landeshydrologie, Effingerstr. 77, Postf., 3001 Bern: Sektion Hydrometrie; Sektion Instrumentation und Laboratorien; Sektion Hydrologie und Wasserdargebot.
Zentrale Dienste: Rechtsdienst; Informationsdienst.
Publikationen (u. a.):
- Verzeichnis der Veröffentlichungen. (jeweils aktualisiert)
- Umweltforschung in der Schweiz. Bd. 1–3 (Stand 1973/74). Bd. 4–5 (Stand 1978/79).
- Zustand der schweiz. Fließgewässer in den Jahren 1974/75 (Projekt Mapos; gemeinsam mit der EAWAG). (Text und Kartenteil).
- Hydrologisches Jahrbuch der Schweiz.
- Schriftenreihen: s. Abschn. 4.1.3.3
- Zeitschrift: Umweltschutz in der Schweiz. (s. Abschn. 4.4.4)
- Merkblätter. Empfehlungen. Wegleitungen (z. B. Wegleitung zur Wärmenutzung aus Wasser und Boden. Wegleitung zur Ausscheidung von Gewässerschutzbereichen, Grundwasserschutzzonen und Grundwasserschutzarealen). Mitteilungen.

4 Bundesamt für Gesundheitswesen (BAG), Bollwerk 27, Postf. 2644, CH-3001 Bern
Publikationen:
- Schweiz. Lebensmittelbuch, Methoden für die Untersuchung und Beurteilung von Lebensmitteln und Gebrauchsgegenständen. (insbes. Kapitel 27 A, Trinkwasser; 27 B Kohlensaures Wasser; 27 C Mineralwasser)
- Bulletin des Bundesamtes für Gesundheitswesen. (wöch.)

5 Bundesamt für Wasserwirtschaft (BWW), Effingerstr. 77, Postf. 7243, CH-3001 Bern
Informationsorgan: Informationen zur Wasserwirtschaft für Behörden, Forschungsanstalten, Fach- und Wirtschaftsorganisationen.

6 Eidg. Gewässerschutzkommission, c/o Bundesamt für Umweltschutz, w. o.

7 Eidg. Technische Hochschule Zürich (ETH), Rämistr. 101, CH-8092 Zürich
- Institut für Hydromechanik und Wasserwirtschaft ETH, Hönggerberg, CH-8093 Zürich
- Versuchsanstalt für Wasserbau, Hydrologie und Glaziologie ETH, Gloriastr. 37–39, CH-8006 Zürich. (Schriftenreihe: Mitteilungen der VAW)

8 Eidg. Anstalt für Wasserversorgung, Abwasserreinigung und Gewässerschutz (EAWAG), Überlandstr. 133. CH-8600 Dübendorf
Zeitschrift: Mitteilungen der EAWAG (darin u. a. Verzeichnis der Publikationen)
EAWAG/BUNDI, U.: Gewässerschutz in der Schweiz – sind die Ziele erreichbar?
Verlag Paul Haupt, Bern, Stuttgart 1981
- EAWAG, Institut für Gewässerschutz und Wassertechnologie, w. o.
- Seeforschungslaboratorium der EAWAG, Seestraße, CH-6047 Kastanienbaum

9 Université de Genève, Rue de Candolle 3, CH-1205 Genève
- **Laboratoire de Limnogéologie,** Route de Suisse 10, CH-1290 Versoix

10 Université de Lausanne, Place de la Cathédrale 4, CH-1005 Lausanne
- **Laboratoire de Hydrogéologie,** Avenue Vinet 24, CH-1004 Lausanne

11 Université de Neuchâtel, CH-2000 Neuchâtel
- **Centre de Hydrogéologie,** Rue Emile-Argand 11, CH-2000 Neuchâtel (Bulletin du Centre d'hydrogéologie)

12 Universität Zürich, Rämistr. 71, CH-8006 Zürich
- **Limnologische Station,** Seestr. 187, CH-8802 Kilchberg

13 Kantonale und kommunale Ämter und Institute: Anschriftenliste beim Bundesamt für Umweltschutz erhältlich.

14 Aqua Viva, Neuenburgstr. 54, CH-2505 Biel. Nationale Arbeitsgemeinschaft (Dachorganisation von Umweltschutzvereinen) zum Schutz der Gewässer und ihrer Uferlandschaften.
Publikation: Schriftenreihe Aqua viva.

15 Schweiz. Arbeitsgemeinschaft für Umweltforschung (SAGUF), Postf. 1089, CH-4001 Basel

16 Schweiz. Bund für Naturschutz (SBN), Wartenbergstr. 22, Postf. 73, CH-4020 Basel
Zeitschrift: Schweizer Naturschutz. (jl 8mal)

17 Schweiz. Gesellschaft für Umweltschutz (SGU), Merkurstr. 45, CH-8032 Zürich
Zeitschrift: SGU-Bulletin. (vj)

18 Schweiz. Verein des Gas- und Wasserfaches (SVGW), Grütlistr. 44, Postf. 658, CH-8027 Zürich
(Gegründet 1873) Förderung des Gas- und Wasserfaches in technischer und techn.-wissenschaftlicher Hinsicht, insbes. der Sicherheit, der Hygiene und der zuverlässigen Versorgung. Fachliche Beratung; Förderung, Durchführung und Überwachung der Ausbildung; Tagungen und Kurse; Öffentlichkeitsarbeit; SVGW-Richtlinien. Wasserstatistik. (jl)
Vereinszeitschrift: Gas – Wasser – Abwasser

19 Schweiz. Vereinigung für Gesundheitstechnik (SVG), Postf. 305, CH-8035 Zürich
Älteste Umweltschutzvereinigung der Schweiz (gegr. 1917)
Vereinszeitschrift: Umweltschutz/Gesundheitstechnik. (s. Abschn. 4.4.4)
Schriftenreihe (Schwerpunkt: Bädertechnik, Sportanlagen)

20 Schweiz. Vereinigung für Gewässerschutz und Lufthygiene (VGL), Postf. 3266, CH-8031 Zürich
Förderung der Umwelterziehung, insbes. des Gewässerschutzes und der Lufthygiene durch Öffentlichkeitsarbeit, Tagungen, Publikationen, z. B.: Lehrerdokumentation Wasser (Loseblattausgabe; umfassende Dokumentation zum Thema Wasser und Gewässerschutz in der Schweiz, jedoch ohne Untersuchungsmethoden).
Zeitschriften: VGL-Information. (jl 4mal). Mithrsg.: Wasser, Energie, Luft

21 Schweiz. Wasserwirtschaftsverband (SWV), Rütistr. 3A, CH-5401 Baden
Verbandszeitschrift: Wasser, Energie, Luft. (s. Abschn. 4.4.4)

22 Schweiz. Zentrum für Umwelterziehung, Rebbergstr., CH-4800 Zofingen

23 Verband Schweiz. Abwasserfachleute (VSA), Grütlistr. 44, Postf. 607, CH-8027 Zürich
Förderung des Gewässerschutzes, insbes. der Abwassertechnik. Weiterbildung der Mitglieder durch Vorträge, Erfahrungsaustausch, Exkursionen, Kurse.
Publikationen: Richtlinien und Wegleitungen; Unterlagen Klärwärter-Kurse; Verbandsberichte; VSA-Dokumentationen von Kursen und Fachtagungen.

24 Verein zur Förderung der Wasser- und Lufthygiene (VFWL), Spanweidstr. 3, CH-8006 Zürich

25 Schweiz. Gesellschaft für Balneologie und Bioklimatologie (SGBB), Salinenstr., CH-4210 Rheinfelden.
Schriftenreihe: s. Abschn. 4.1.3.3

26 Verband Schweizer Badekurorte, Postfach 142, CH-7310 Bad Ragaz.
Schriftenreihe: s. Abschn. 4.1.3.3

27 Versuchsstation Schweiz. Brauereien (mit Spezialabteilung Wasser- und Mineralwasser-Labor), Engimattstr. 11, CH-8059 Zürich
Zeitschrift: Brauerei-Rundschau mit allgemeiner Getränke-Rundschau. (s. Abschn. 4.4.4)

Weitere Anschriften s. Abschn. 4.1.3.3, 4.2.4, 4.3.3, 4.4.4, 4.6

4.5.5 Internationaler Gewässerschutz

1 Commission of the European Communities, Directorate General XIII/B/4, Jean Monnet Building, Luxembourg-Kirchberg
Information über ENDOC (ständiges Verzeichnis von Informations- und Dokumentationsstellen in den Mitgliedsländern der EG) und ENREP (ständiges Verzeichnis umweltbezogener Forschungs- und Entwicklungsvorhaben); für die Bundesrepublik Deutschland: UMPLIS, s. Abschn. 4.5.1.2

2 European Water Pollution Control Association (EWPCA), Markt 71, D-5205 St. Augustin 1

3 International Association of Environmental Analytical Chemistry (IAEAC), Secretary: Dr. Ernest Merian, Im Kirsgarten 22, CH-4106 Therwil

4 Internationale Arbeitsgemeinschaft Donauforschung der Societas Internationalis Limnologiae, Feistmantelstr. 4, A-1180 Wien. (Publikation der Referate der jl. Arbeitstagungen)

5 Internationale Gewässerschutzkommission für den Bodensee (IGKB). (Vorsitz und Sekretariat wechselt alle 2 Jahre)
Bayer. Staatsministerium des Innern, Postf., D-8000 München 22
Ministerium f. Ernährung, Landwirtschaft, Umwelt und Forsten Baden-Württemberg, Postf. 491, D-7000 Stuttgart 1
Bundesministerium f. Land u. Forstwirtschaft, A-1011 Wien (s. Abschn. 4.5.3.1)
Bundesamt für Umweltschutz, CH-3003 Bern (s. Abschn. 4.5.4.3)
Publikationen: Jahresberichte über den limnologischen Zustand des Bodensees. Berichte der IGKB.

6 Internationale Kommission zum Schutze des Rheins gegen Verunreinigung (IKSR), Postf. 309, D-5400 Koblenz 1
Publikationen: Zahlentafeln der physikal.-chem. Untersuchungen des Rheinwassers. (jl)
Tätigkeitsbericht. (jl)

7 Internationale Vereinigung für theoretische und angewandte Limnologie, Überlandstr. 133, CH-8600 Dübendorf

4.6 Bezugsquellen- und Firmenverzeichnis

(1) **api bioMérieux GmbH, Postf. 1204, D-7440 Nürtingen**
   Dr. Carl Reissigl, Franz-Fischer-Str. 2, A-6020 Innsbruck
   api 20 Enterobacteriaceae-Testsysteme
(2) **Kurt Bartelt GmbH, Neufeldweg 42, A-8010 Graz; Johannagasse 36, A-1050 Wien; Anichstraße 29, A-6010 Innsbruck**
   Geräte, Systeme und Zubehör für alle Bereiche des chem. Labors.
(3) **Beckman Instruments GmbH, Frankfurter Ring 115, D-8000 München 40**
   Beckman Instruments Prozeß-Geräte GmbH, w. o.
   Beckman Instruments GmbH Austria, Stefan-Esders-Platz 4, A-1191 Wien
   Beckman Instruments Analytiques SA, Av. de Lonay 19, CH-1110 Morges
   Umfassendes Erzeugungsprogramm Instrumentelle Analytik, z. B. pH-Meter, UV-VIS- und IR-Spektrophotometer, Multielement-Plasmaemissions-Spektrophotometer, HPLC-Systeme, TC/TOC-Analysator TOCAMASTER, Lumineszenz Toxizitäts-Analysator, Low level counting ^{3}H, ^{14}C u. a.
(4) **F. Bergmann GmbH, Kurfürstendamm 170, D-1000 Berlin 15**
   Umfassendes Laborgeräte- und Laborbedarf-Programm, einschließlich Bakteriologie und Mikrobiologie; Geräte für die Wasseruntersuchung; komplette Laboreinrichtungen.
(5) **Dionex GmbH, Einsteinstr. 1, D-6108 Weiterstadt**
   Salus GmbH, Biomedizinische Abt., Geigergasse 11, A-1050 Wien
   Ionenchromatrographie-Systeme zur Wasseruntersuchung.
(6) **Fluka AG, Chemische Fabrik, CH-9470 Buchs SG**
   Umfassendes Angebot an anorganischen und organischen Chemikalien und Reagenzien.
(7) **Dipl. Ing. Fritz Gatt, Chemisches Laboratorium, Müllerstr. 10, A-6010 Innsbruck**
   Umfassendes Angebot für den gesamten Laborbedarf; Chemikalienlager.
(8) **Hellige GmbH, Postf. 728, D-7800 Freiburg i. Br.**

Hellige GmbH & Co KG, Postf. 45, A-1183 Wien
Auer Bittmann Soulie AG, Petersgraben 33, CH-4003 Basel
Neo-Komparator System für kolorimetrische Analysen.
(9) **Hellma GmbH + Co, Glastechnische-Optische Werke, D-7840 Müllheim/Baden**
Präzisions-Küvetten aus Glas und Quarzglas (Sätze mit gleicher Schichtdicke und spektral ausgemessen); Reinigungsmittel und Trockner für Küvetten.
(10) **Heraeus GmbH, Produktbereich Elektrowärme, Postf. 1553, D-6450 Hanau**
Heraeus Laborgeräte AG, Räffelstr. 32, CH-8045 Zürich
Elektrisch beheizte Laborgeräte, u. a. (elektronisch geregelte) Wärme- und Trockenschränke, Brutschränke, Sterilisatoren, Laborgeschirr-Trockner, Heizbäder; Geräte für die Elementar- und Wasseranalyse.
(11) **Heraeus Quarzschmelze GmbH, Postf. 15 54, D-6450 Hanau**
DESTAMAT Mono- und Bidestillierapparate aus Hanauer Quarzglas; Oberflächen-Verdampfer; Acidest Säuredestillationsapparatur aus Quarzglas.
(12) **Heraeus GmbH Wien, Pichlergasse 1, A-1090 Wien**
Programm wie (10, 11), zusätzlich: Geräte zur Wasseruntersuchung, u. a. Temperatur-, pH-, Leitfähigkeits- und O_2-Meßgeräte; vollautomatische Wasseruntersuchungsstationen; Probennahmegeräte.
(13) **Hoelzle & Chelius KG, Postf. 102, D-6078 Neu-Isenburg 1**
Geräte und Reagenzien für die Wasseruntersuchung; Chemikalien für die Wasseraufbereitung und Schwimmbad-Wasserpflege.
(14) **F. Hoffman-La Roche & Co AG, Diagnostika, CH-4002 Basel**
Hoffman-La Roche AG, Diagnostika, Emil-Barell-Str. 1, D-7889 Grenzach-Wyhlen
Hoffman-La Roche Wien GmbH, Diagnostika, Jacquingasse 16–18, A-1030 Wien
«Enterotube» II Roche-Testsystem zur Identifizierung der Enterobacteriaceae.
(15) **Hydro-Bios Apparatebau GmbH, Postf. 8008, D-2300 Kiel-Holtenau**
Umfassendes Geräteprogramm für die Hydrobiologie und Limnologie; Vertikal (Ruttner)- und Horizontal-Probenentnahmegeräte.
(16) **Dr. W. Ingold GmbH & Co, pH-Meßtechnik, Postf. 10 11 29, D-6000 Frankfurt 1**
Dr. W. Ingold AG, pH-Meßtechnik, CH-8902 Urdorf-Zürich
pH-, Redox- und Ionensensitive Elektroden; Equithal-pH-Elektrode; Elektroden für spezielle Meßprobleme (O_2, NH_3, CO_2 u. a.); Titrationsgefäße; Pufferlösungen; Industriegeber für Kessel, Kläranlagen u. a.
(17) **Julabo Labortechnik GmbH, Postf. 20, D-7633 Seelbach/Schwarzwald**
Bad-, Einhänge-, Umwälz-, Kälte-Umwälz- und Tiefkälte-Umwälzthermostate; Schüttelwasserbäder; Wasserbäder; Temperatur-Meß- und -Regelgeräte.
(18) **H. Jürgens & Co, Langenstr. 76–80, D-2800 Bremen 1**
Umfassendes Laborgeräte- und Laborbedarf-Programm einschließlich Bakteriologie und Mikrobiologie; Geräte für die Wasseruntersuchung; komplette Laboreinrichtungen.
(19) **KELOmat Gruber + Kaja KG, A-4050 Traun**
H. Jürgens & Co, w. o.
Märklin AG, Labor-, Medizin- und Industrietechnik, Malzgasse 18, CH-4006 Basel
CERTOclav Hochdruck-Dampfsterilisatoren; Zubehörprogramm.
(20) **Kontron Analytik GmbH, Oskar-von-Miller-Str. 1, D-8057 Eching b. München**
Kontron GmbH, Kontron-Haus, Eisgrubengasse 2, A-2334 Vösendorf b. Wien
Kontron AG, Kontron-Haus, Bernerstr. 169, CH-8048 Zürich
Wissenschaftliche Meß- und Analysensysteme; spezielles Geräteprogramm für Wasseruntersuchung; TC/TOC-Analysator ASTRO; ICP-Spektrometer u. a.
(21) **Lactan Chemikalien- und Laborgerätevertriebs-GmbH, Römerstr. 82, A-4020 Linz, und Zinsendorfgasse 10–12, A-8010 Graz**
Umfassendes Angebot für den Laborbedarf; Chemikalienlager.
(22) **Dr. Bruno Lange GmbH, Wiesenstr. 21, D-4000 Düsseldorf 11**
Dr. Bruno Lange GmbH, Alliiertenstr. 2–4, A-1020 Wien
Dr. Bruno Lange AG, Badener-Str. 234, CH-8048 Zürich
Geräteprogramm und Küvetten-Test-System für die Wasseranalyse; CSB-Analytik; Photometer, Trübungsphotometer, Flammenphotometer; Überwachungssysteme.
(23) **Loba Chemie, Fehrgasse 7, A-2401 Fischamend**
Austranal-Präparate; Feinchemikalien und Reagenzien, Produkte aus eigener Fabrikation sowie u. a. der Firmen Merck und Fluka.
(24) **Macherey-Nagel GmbH + Co KG, Postf. 307, D-5160 Düren**
Visocolor- und Nanocolor-Wasser-Analysensysteme; Indikator- und Testpapiere.

(25) **E. Merck, Frankfurter Str. 250, Postf. 4119, D-6100 Darmstadt**
Austro-Merck GmbH, Zimbagasse 5, Postf. 700, A-1147 Wien
Merck Brandenberger AG, Fröbelstr. 22, CH-8029 Zürich
Umfassendes Angebot an anorganischen und organischen Chemikalien, Reagenzien, Laborpräparaten und Laborhilfsmitteln; Eichsubstanzen und Eichlösungen; Standard-Puffer; Indikatoren; Titrisole; Titriplex-Reagenzien; Ionenaustauscher; Präparate für DC, HPTLC, HPLC; Nährmedien und Präparate für die Bakteriologie und Mikrobiologie. Spezielle Analysensysteme für Wasser- und Abwasser-Untersuchung: Merckoquant-Teststäbchen; Merckoquant-, Aquamerck-, Aquaquant-, Microquant- und Spectroquant-Testsätze und Photometer; Aquamerck-Kompaktlabors.

(26) **Metrohm AG CH-9100 Herisau**
Deutsche Metrohm GmbH, Postf. 2840, D-7024 Filderstadt
Elektronische Meßgeräte für die Instrumentalanalyse, z. B. pH-, Ionen- und Leitfähigkeitsmeßgeräte; Titrierautomaten; Spectralcolorimeter.

(27) **Mettler Instrumente AG, CH-8606 Greifensee**
Mettler-Waagen GmbH, Postf. 11 08 40, D-6300 Gießen 2
Comesa GmbH, Baldassgasse 5, Postf. 35, A-1217 Wien
Vollelektronische Präzisions- und Analysenwaagen; Titrations- und Analysensysteme.

(28) **Millipore GmbH, Postf. 463, D-6078 Neu-Isenburg**
Waters GmbH, Schönbachstr. 13, A-1130 Wien
Millipore AG, Schaffhauserstr. 146, CH-8302 Kloten (Zürich)
Umfassendes Programm für Filtration, Bakteriologie und Mikrobiologie; Systeme zur Herstellung von Reinstwasser; Experimentierkoffer für die Mikrobiologie.

(29) **Monitor Labs Umweltmeßtechnik GmbH, Südstadtzentrum 1/30, A-2344 Maria Enzersdorf**
HACH-Produkte für die Wasseranalyse; TC/TOC-Analysatoren (System ASTRO); Probenahmegeräte tragbar und stationär (System MANNING).

(30) **Orion Research AG, Fähnlibrunnstr. 5, CH-8700 Küsnacht**
Colora Meßtechnik GmbH, Postf. 1240, D-7073 Lorch/Württ.
Salus GmbH, Biomedizinische Abt., Geigergasse 11, A-1050 Wien
Umfassendes pH-Meter-, Ionenmeter- und Elektrodenprogramm; Ross-Elektrode; Gassensitive Elektroden (O_2, Cl_2, NH_3, CO_2 u. a.); Konduktometer; BSB- und CSB-Meßplätze; Probensammler (System ISCO).

(31) **Anton Paar KG, Wissenschaftliche Instrumente, Postf. 58, A-8054 Graz**
Digitale Dichte- und Temperaturmesser; Geräte zur Spurenanalyse.

(32) **Perkin-Elmer & Co GmbH, Bodenseewerk, Postf. 1120, D-7770 Überlingen**
Perkin-Elmer GmbH, Rotenhofgasse 17, Postf. 78, A-1101 Wien
Perkin-Elmer AG, CH-8700 Küsnacht
Umfassendes Erzeugungsprogramm Instrumentelle Analytik, z. B. Ein- und Zweistrahl-UV-VIS-Spektrophotometer, IR- und Fluoreszenz-Spektrometer; Atomabsorptions(AAS)- und Atomemissions(ICP-AES)-Spektrometer; Gaschromatographen; HPLC-Systeme einschließlich Ionenchromatographie. Umfangreiche Literaturdokumentation zu allen Programmbereichen (Verzeichnisse anfordern).

(33) **Philips GmbH, Miramstr. 87, D-3500 Kassel**
Österreichische Philips Industrie GmbH, A-1230 Wien
Philips AG, Abt. Industrie + Forschung, CH-8027 Zürich
Umfassendes Erzeugungsprogramm wissenschaftlicher Meß- und Analysengeräte.

(34) **Radiometer A/S, Emdrupvej 72, DK-2400 Copenhagen NV**
Radiometer Deutschland GmbH, Postf. 1367, D-4150 Krefeld
M. R. Drott KG, Johannesgasse 18, A-1015 Wien
Umfassendes Elektronikprogramm für Chemie und Umweltanalytik, z. B. pH-, Ionen- und Leitfähigkeitsmeßgeräte und -Elektroden; Präzisionspuffer; Digital-Autobüretten und automatische Titrationssysteme; Vielzweck-Laborschreiber; Flammenphotometer; ISS 820-Ion-Scanning System.

(35) **Riedel-de Haen AG, D-3016 Seelze**
Umfassendes Erzeugungsprogramm an anorganischen und organischen Chemikalien und Reagenzien; Idranal-Reagenzien; Standardpuffer.

(36) **Ing. Otto Riele GmbH, Melittastr. 40, D-4950 Minden**
Reichhaltiges Geräteprogramm für die Wasseruntersuchung, insbesondere Ausrüstung für Klärwerk-Laboratorien.

(37) **Sartorius GmbH, Postf. 3243, D-3400 Göttingen**
Sartorius Vertriebs-GmbH, Leberstr. 108, A-1110 Wien
Instrumenten-Gesellschaft AG, Räffelstr. 32, CH-8045 Zürich
Vollelektronische Analysen- und Präzisionswaagen; Hydrostatische Einrichtung zur Dichtebestimmung mit Sartorius Analysenwaagen.
Umfassendes Erzeugungsprogramm für die Bakteriologie und Mikrobiologie; Nährmedien und Nährkartonscheiben steril verpackt; Brutschränke; Membranfilter und Filtrationsgeräte; Dosierspritzen und Filtrationsvorsätze zur Herstellung von keimfreiem Wasser.

(38) **Schleicher & Schüll GmbH, Postf. 4, D-3354 Dassel**
Dr. Ing. Stefan Sztatecsny GmbH, Lohnergasse 3, A-1215 Wien
Schleicher & Schüll AG, CH-8714 Feldbach
Membranfilter, Glasfaserpapiere und Filtrationsgeräte für Chemie und Mikrobiologie.

(39) **Schott Glaswerke, Postf. 2480, D-6500 Mainz**
Laborgeräte, Volumenmeßgeräte, Glasfiltergeräte, Schliffgeräte und Apparate aus DURAN.

(40) **Schott-Geräte GmbH, Postf. 1130, D-6238 Hofheim a. Ts.**
Elektronische Laborgeräte, z. B. pH-Meter, Titriersysteme; umfassendes Erzeugungsprogramm pH- und Redoxelektroden; Pufferlösungen.

(41) **Ernst Schütt jr., Postf. 248, D-3400 Göttingen**
Umfangreiches Programm für Bakteriologie und Mikrobiologie.

(42) **Seral Erich Alhäuser GmbH, D-5412 Ransbach-Baumbach**
Dr. Ing. Stefan Sztatecsny GmbH, Lohnergasse 3, A-1215 Wien
E. Renggli AG, Chamer-Str. 8, CH-6343 Rotkreuz
Reinstwassersysteme Seradest, Seralpur; Revers-Osmose-Anlagen; Wasserenthärter; Filtrationssysteme; Selektiv-Ionenaustauscher.

(43) **Struers GmbH, Albert-Einstein-Str. 5, D-4006 Erkrath 3**
Geräte für Labor und Umweltschutz. HACH (Produkte für die Wasseranalyse) und STRUERS (Probenahmegeräte für Wasser und Abwasser) Generalvertretung für BRD.

(44) **technova Lehrmittel und Laborgeräte GmbH, Römerstr. 134, D-4040 Neuss**
Speziell für Schule und Ausbildung entwickeltes Geräteprogramm für chemische, chem.-physikalische und biologische Wasseruntersuchung; Umweltmeßkoffer; Stereomikroskope; Allgemeines Laborprogramm.

(45) **Testoterm KG Fritzsching, Postf. 1140, D-7825 Lenzkirch/Schwarzwald**
Testoterm GmbH, Geblergasse 94, A-1170 Wien
Elektronische Temperatur-, Drehzahl-, Feuchte- und Luftgeschwindigkeitsmeßgeräte.

(46) **Tintometer GmbH, Westfalendamm 73, D-4600 Dortmund**
LOVIBOND-Geräte und Reagenziensätze zur Wasseranalyse.

(47) **VDSF Verlags- und Vertriebs-GmbH, Bahnhofstr. 37, D-6050 Offenbach/M.**
Speziell für Schulen und Ausbildungslabors: reichhaltiges Angebot an Gewässeruntersuchungssystemen, Compact-Labors, Bestecke für biologische Untersuchungen; Fachliteratur.

(48) **WITEG Glasgeräte Helmut Antlinger KG, Postf. 1291, D-6980 Wertheim**
Rohrbeck's Nachf., Postf. 98, A-1052 Wien
Auer Bittmann Soulie AG, Sihlquai 131–133, CH-8031 Zürich
Hersteller bzw. Lieferant für den gesamten Laborglas- und Laborgeräte-Bedarf; Spezialist für Glasgewinde; Schliffteile und -Geräte; Meßkolben, Pipetten, Büretten (eichfähig bzw. amtlich geeicht); Sonderanfertigungen; Bausätze und Sondergeräte für Schule und Berufsausbildung. Umfassendes Laborgeräteprogramm aus Kunststoff; WITONEX Reinigungskonzentrat.

(49) **WTW Wissenschaftlich-Technische Werkstätten GmbH, Postf. 59, D-8120 Weilheim**
Dipl. Ing. Robert Kühnel GmbH, A. Scharff-Gasse 4, A-1120 Wien
K. Schneider & Co, Ausstellungsstr. 88, CH-8031 Zürich
Umfassendes Erzeugungsprogramm elektronischer Geräte für die Wasseruntersuchung; Digital- und Analog-Geräte für Feld- und Laboruntersuchungen zur Messung von pH-Wert, Leitfähigkeit, Redoxspannung, Temperatur, Sauerstoff; BSB- und CSB-Geräteprogramm; Photometer; Meßstationen und Probenentnahmegeräte.

(50) **Züllig + Baerlocher AG, CH-9424 Rheineck**
Meß-, Registrier- und Probenentnahmegeräte für die Gewässerüberwachung; limnologische- und hydrobiologische Geräte.

Eine umfassende Firmenübersicht bringt das jeweils aktuelle «ACHEMA Handbuch Umweltschutz + Energieeinsparung» (Vertrieb: DECHEMA, Postf. 97 01 46, D-6000 Frankfurt 97) sowie das jl. erscheinende «wlb Handbuch Umwelttechnik» (Abschn. 4.4.1, «Wasser, Luft und Betrieb»).

Verzeichnis gebräuchlicher Kurzbezeichnungen

AAS	Atomabsorptionsspektrometrie	MF	Membranfilter; Membranfiltration
AbwAG	Abwasserabgabengesetz		
AbwVwV	Abwasserverwaltungsvorschrift	MIBK	Methylisobutylketon
AES	Atomemissionsspektrometrie	MPN	Most Probable Number (Bakt.)
AOX	Adsorbierbares organ. Halogen	MS	Massenspektrometrie
APDC	Ammonium-pyrrolidin-dithiocarbamat	NA	Neutronenaktivierungsanalyse
		NKH	Nichtcarbonathärte
ARA	Abwasserreinigungsanlage(n)	NKS	Nährkartonscheiben
ATH	Allylthioharnstoff	NTA	Nitrilotriessigsäure
BiAS	Bismutaktive Substanzen (Tenside)	PAH	Polycycl. aromat. Kohlenwasserstoffe (engl.)
		PAK	
BOD	Biochem. Sauerstoffbedarf (engl.)	PCB	Polychlorierte Biphenyle
BSB	Biochem. Sauerstoffbedarf	PE	Polyethylen
COD	Chem. Sauerstoffbedarf (engl.)	POC	Ungelöster organ. gebundener Kohlenstoff (engl.)
CSB	Chem. Sauerstoffbedarf		
DC	Dünnschichtchromatographie	POX	Ungelöstes organ. gebundenes Halogen (engl.)
DOC	Gelöster organ. gebundener Kohlenstoff (engl.)		
		POX	Ausblasbares organ. gebundenes Halogen (engl.)
DOCl	Gelöstes organ. gebundenes Chlor (engl.)		
		PP	Polypropylen
DOX	Gelöstes organ. gebundenes Halogen (engl.)	PTFE	Polytetrafluorethylen (Teflon)
		PVC	Polyvinylchlorid
DPD	4-Amino-N,N-diethylanilin	RFA	Röntgenfluoreszenzanalyse
EDTA	Ethylendinitrilo-tetraessigsäure	RZ	Richtzahl
EGW	Einwohnergleichwert	SB	Sauerstoffbedarf
EOX	Extrahierbares organ. gebundenes Halogen	SBV	Säurebindungsvermögen
		SE	Schadeinheit(en)
		SWE	Standardwasserstoffelektrode (Normalwasserstoffelektrode)
G	Guide; Richtwert, Leitwert		
GC	Gaschromatographie		
GH	Gesamthärte	TC	Gesamter Kohlenstoff (engl.)
HC	Kohlenwasserstoffe (engl.)	TIC	Gesamter anorgan. gebundener Kohlenstoff (engl.)
HCH	Hexachlorcyclohexan (Lindan)		
HKL	Hohlkathodenlampe	TISAB	Total Ionic Strength Adjustment Buffer
HKW	Halogenkohlenwasserstoffe		
HMDC	Hexamethylendithiocarbaminsäure-Hexamethylenammoniumsalz	TLC	Dünnschichtchromatographie (engl.)
		TOC	Gesamter organ. gebundener Kohlenstoff (engl.)
HPLC	Hochleistungs(Hochdruck)-Flüssigchromatographie (engl.)		
		TOCl	Gesamtes organ. gebundenes Chlor (engl.)
HPTLC	Hochleistungs-Dünnschichtchromatographie (engl.)		
		TOD	Gesamter Sauerstoffbedarf (engl.)
HUS	Huminstoffe	TOX	Gesamtes organ. gebundenes Halogen (engl.)
I	Imperativ; Zwingend einzuhaltender Wert		
		TTC	2,3,5-Triphenyltetrazoliumchlorid
IC	Ionenchromatographie	TW-VO	Trinkwasserverordnung
IR	Infrarot (Spektroskopie)	UV	Ultraviolett (Spektroskopie)
KH	Carbonathärte	VIS	Sichtbarer Spektralbereich (engl.)
KW	Kohlenwasserstoffe	VO	Verordnung
LC	Flüssigchromatographie (engl.)	VOX	Flüchtiges organ. gebundenes Halogen (engl.)
MAK	Maximale Arbeitsplatz-Konzentration		
		WHG	Wasserhaushaltsgesetz
MBAS	Methylenblauaktive Substanzen (Tenside)	WVU	Wasserversorgungsunternehmen
		ZHK	Zulässige Höchstkonzentration

Sachwortverzeichnis

Abbau(vorgänge u. -produkte) 44 f 51 59 f 125 134
- aerob 44 125 131
- anaerob 45 58 59 125 139
- autolytisch 46
- bakteriell 44 46 47 69 80 200 ff
- biologisch 40 41 56 69 80 125 126 200 ff
- Endprodukte 44 46 59

Abbaubarkeit 37 40 69 78 ff 80 81 200 ff

Abdampfrückstand 32 96 103 113 147 f 149 180 f
- Bestimmung 180 f

Abfluß 28
- oberirdisch 28
- unterirdisch 28

Absetzbare Stoffe 38 125 127 128 129 f
- Bestimmung 141

Absetzbecken 92 129 ff 136 138 139

Absetzteiche 134

Absorption, spektrale 178 ff
- im UV-Bereich 68 178 ff
- im VIS-Bereich 178 ff

Abwasser/Abwässer 37 ff 49 f 124 ff
- Anfall (Menge) 38 126 127
- Arten 37 f 125 f
- Beschaffenheit 49 f 125 f 283 290
- Beurteilung 124 ff 140 ff
- gewerbliche 37 70 74 ff 125 f 128
- häusliche 37 f 60 70 82 117 125 126 128 131 142 201 268 270
- industrielle 37 f 54 59 62 63 64 70 74 ff 125 142
- kommunale 126 128 ff
- Probenahme 127 141 f 154
- Schädlichkeit (Toxizität) 35 38 49 f 127 128
- städtische 37 126
- Untersuchung 49 f 124 ff 140 ff 145 204 f
- Verbände 126

Abwasserabgabengesetz (AbwAG) 16 18 38 82 128 195

Abwassereinleitung 35 37 f 45 47 51 60 64 82 117 121 125 126 f 140 268 270
- Auflagen 38 125 127 128
- Bedingungen 38 125 126 ff
- Bewilligung, behördl. 38 127
- Direkteinleiter 38 126 f 128
- Düngeeffekt 38 45
- Folgen f. Gewässer 35 37 f 43 45 47 60 82 117 268 270
- aus Gemeinden 38 127 f 128
- Indirekteinleiter 38 126 f 128
- Mindestanforderungen 38 127 f
- Verwaltungsvorschriften 38 127 f 195 201
- Vorbehandlung 125 128 129

Abwasserfischteiche 135

Abwasserreinigung 37 ff 124 ff 128 ff
- biologische 38 39 43 126 129 131 ff 137 f 201
- Fällungsreinigung 129 138

- gemeinsame 38 126
- Investitionen 38 f
- mechanische 129 f
- Phosphorelimination 38 60 129 138
- Reinigungseffekt 58 129 136 138
- Störungen 79 80 126 201
- Stufen 129
- Verfahren 129 ff 137 f
- Verfahrenskombinationen 129 135 f 137 f
- Vorklärung 129 ff 139
- weitergehende 68 129 137 ff

Abwasserreinigungsanlagen (ARA) 39 f 125 126 128 129 135 136 137
- Ablauf, Qualitätsverbesserung 137 ff
- Ablaufwerte, Mindestanforderungen 127
- Auswirkungen 39 f
- Bau 39
- Benutzungsbedingungen 128
- industrielle 39 126
- Investitionen 39 126
- kommunale 39 f 126 128 135 136 137
- als ökologisches Glied 128
- Reinigungseffekt (-leistung) 129 132 f 134 135 137 ff

Abwasserteiche 134 f

Abwarmeeinleitung → thermische Belastung

Acidität → Basekapazität

Adaption → Mikroorganismen

Additive 87

aerobe Vorgänge 44 125 131

Agar-Nährböden 269 276

aggressives Wasser → Kohlensäure

Akkumulation → Bioakkumulation

Aktivkohle
- i. d. Abwasserbehandlung 68 137
- z. Spurenanreicherung 19
- i. d. Wasseraufbereitung 68 93 94 95 118

Algen 43 f 45 f 82 135
- Arten 43 45
- Bedeutung 43 f 45 f 135
- Bekämpfung 62 78 f 120
- als Primärproduzenten 43 f 81
- Speichervermögen 42
- Störungen durch 71 82 91 120 121 202
- als Testorganismen 81
- Vermehrung 43 ff 52 60 120

Algizide 78 f

Alkalimetalle 53 57 59 143 147 208 ff

Alkali(ni)tät → Säurekapazität K_S 4,3

Allylthioharnstoff 201 205

Aluminium 63 75 103 116 118
- Bestimmung 229

Aluminiumsalze z. Flockung u. Fällung 75 92 118 120 138

Ammonium/Ammoniak (-N) 35 40 50 51 59 f 61 103 115 118 120 122 201

- Bestimmung 115 141 251 ff
- Bildung 45 59 120 201
- Entfernung (Elimination) 93
- freies Ammoniak 33 36 45 59 93 115 120
- Störungen durch 88 ff
- Oxidation 33 59 201
- Umrechnungstabellen 115 253
- als Verschmutzungsindikator 59 f 67 121 150

anaerobe Vorgänge 45 58 59 125 139

Analysenergebnisse → Wasseruntersuchung

Analysenformulare 143 145

Analysensysteme 7 9 ff

Anodische Oxidation 71 94

Anreicherung → Bioakkumulation

Anreicherungsmethoden 18 f

Antimon 62 104

API 20E-System 287

Aquamerck-Testsätze 11 f
- Bestimmungen 189 215 216 218 236 238 255 259 267

Aquaquant-Testsätze 11 ff
- Bestimmungen 156 218 219 221 222 226 227 239 243 244 247 249 250 252 254 255 256

Aquarienwasser/Aquaristik 11 116

Äquivalentkonzentration 145

Äquivalent-% 145

Armaturen → Werkstoffe

Arsen 33 62 63 75 77 104 112
- Bestimmung 230

Assimilation (→ Photosynthese) 42 f 57

Asymmetrieabgleich 169 f

Atmung (Respiration) 42 46 134 200 ff
- endogene 134 203
- Substratatmung 203

Atomabsorptionsspektrometrie (AAS) 19 216 228 f
- Bestimmung 228 f

Atomemissionsspektrometrie (AES) 19

Aufschluß v. Proben 18

Ausgasmethoden 19

Austauschvorgänge → Ionenaustausch

Auswascheffekte → Boden

Autoklaven 16 f 271 f

Bäche 35 41 f

Bacillus 268

Badebeckenwasser → Hallenbäder

Badeseen (→ Seen) 35 f 117 f 142
- Anforderungen 121 f 145
- Beurteilung 121 f 145
- hygienischer Zustand 117 121 142 268 276 283 290
- Probenahme 121 275

Baker-10 Extraction System 19

Bakterien (→ Mikroorganismen, → Organismen) 42 f 45 48 82 f 134 200 ff 268 ff

- Abscheidung 138
- Abtötung 31 70f 94f 120f 271
- (fakultativ) aerobe 134 282
- – anaerobe 30 139 288
- biochemische Leistungen 268 282 ff 287
- als Destruenten 42 48 81 201
- gramnegative 268 283 287
- grampositive 268
- heterotrophe 42
- luminiszierende 20 82
- mesophile 276
- nitrifizierende → Nitrifikation
- obligat anaerobe 30 139
- pathogene → Krankheitserreger
- psychrophile 276
- -ruhr 83
- Störungen durch 88 ff 120
- als Testorganismen 20 81 f
- thermophile 276
- Vermehrung 43 48 82 120 131 134 268
- Verunreinigung durch 34 82f 276 282 288

Bakteriologische Untersuchung 21 23 24 25 73 83 109 117 120 122 143 268 ff
- Arbeitstechnik 16 17 98 ff 100 f 271 ff 278 ff
- Geräte u. Hilfsmittel 16 17 271 ff
- keimfreies Wasser 95 98 ff 100 f
- Kolonien 269 275 f 278
- Kultur (Kultivierung) 269 279 286 f 288
- Primärkultur 269 284
- Probenahme 274 f
- Probenkonservierung 274 f
- Reinkultur 269 270 284 287 289
- Subkultur 269 270 284 286

Bakterizide 78f
Barium 54 55 104
Basekapazität $K_{B\ 4,3}$ ($-m$-Wert) 26 184 ff 190 230 ff 263 ff
- Bestimmung 187 ff
Basekapazität $K_{B\ 8,2}$ ($-p$-Wert) 26 184 ff 190 230 ff 263 ff
- Bestimmung 187 ff
BASF 39 126
Baustoffwechsel 43 f 134
Bayer AG 84 126
Bebrütung (Inkubation) 200 ff 269 273 274 276 277 283 290
Beckenhydraulik 119
Beckenwasser 117 f
Befund 5 22 f 25 142 149 150 155
Begleitelemente 63
Beimpfung 269 286 f
Belebtschlamm 130 132 ff 139
- Abbau 134
- Absetzbarkeit 130 138
- als Biozönose 81
- Eigenschaften 132 133
- Flocke 132 ff
- Kreislauf 134
- Qualität 136

Belebungsanlagen 132 ff 135 136
Belebungsbecken 132 ff 137 138 f
Belebungsverfahren 132 ff 136
Belüftung 93 94 109 132 f 134 f 136 f
Benthal 46
Benthos 81

Benzo(a)pyren 79
Berthelot-Reaktion 251 f
Beryllium 63 75 104
Bestimmung von ... → Einzelwort
Beton(angriff) 26 57 83 87 f 91
Betriebsstoffwechsel 43 f 134
Betriebswasser 39 145
Bezugselektroden 15 168 ff 173 f
- Standardspannungen 173
Bidestilliertes Wasser 95 ff
Bioakkumulation 35 f 74 ff 78 ff
Biochemische Oxidierbarkeit → Biochem. Sauerstoffbedarf
Biochemischer Sauerstoffbedarf (BSB) 40 48 65 69 f 115 126 127 129 150 200 ff
- Bestimmung 16 141 200 ff
- – elektrometrisch 202 203 206
- – manometrisch 203 206 ff
- – respirometrisch 201
- BSB-Kurve 16 200 201 203 207
- Meßgeräte 15 f 201 202 207
- Nitrifikationshemmung 141 205
biogene Entkalkung 52 57
Biohoch-Reaktor 137
Bioindikatoren 47 ff
biologische ... (→ Mikroorganismen → Organismen)
- → Abwasserreinigung
- Aktivität 37 44 69 f 125 132 154 172 203
- Lebensgemeinschaften → Biozönosen
- Testverfahren 20 81 f 141 200 ff
- Wasseranalyse 47 ff 49 f
- Zyklen 52
biologischer Rasen 132 133
biologisches Gleichgewicht 35 f 42 ff 60
biologisches Indikatorsystem 47 ff
Biomasse 45 f 131 ff
- bakterielle 131 ff
- Zuwachs 115
Bioproduktion 44 52 121
Biotop 75 116
Biozide 36
Biozönose(n) 36 41 42 47 ff 49 78 81 125 134 200
Biphenyle, polychlorierte 66 79
Bismut 228 228 f
Bismutaktive Substanzen (BiAS) 81
Bitterwässer 54 59
Blähschlamm 133 134 136
Blaualgen → Cyanobakterien
Blei 33 36 61 f 63 75 104 116 122 f
- Bestimmung 223 ff 228 228 f
- aus Leitungsmaterial 26 51 58 61 f
Boden 31 32 51 53 55 f 60 63 64 80 82 128 268 276
- Auscheffekte 53 56 58 59 60 64 82 122 f 126
- bakteriolog. u. mikrobiolog. Beschaffenheit 31 80 268 276
- Feuchte 3
- Filtrationskraft 31 106 268 270
- Humus(boden) 31 53 63 64 128 268
- Infiltration 28 29 30 63
- Passage 31 33 56 69
- Überdüngung 33 53 59 60 94
- Versauerung 75 123

Bodensee 39
Bodenzone 29 (vgl. → Benthal)
- wassergesättigte 29
- wasserungesättigte 29 33
Bohrbrunnen 34 35
Bor 75 95 103
Brauchwasser → Betriebswasser
Bromid 19 f 59 237
- Bestimmung 239
Brunnen(wasser) 30 34 142 153 275
Brutschränke 16 f 269 273 f
«Bunte Reihe» 284 286 f

Cadmium 36 38 63 104 128
- Bestimmung 141 228 228 f
- aus Leitungsmaterial 62
Calcium (→ Härte) 35 54 55 56 59 63 72 103 174 ff
- Bestimmung 211 ff
Calciumcarbonat (Kalk) 54 55 93 116
- als Fällungsmittel 138
- Ionenkonzentrationsprodukt 175 f
- Kalkabscheidung 25 26 55 57 87 93 107 120 176
- Kalk-Kohlensäure-Gleichgewicht 35 57 86 87 91 93 116 175 f
- Kalklösevermögen 31 41 57 174 ff
- Kalk-Rost-Schutzschicht 55 57 58 87 176
- Sättigung 174 ff
- – Bestimmung 174 ff
- Sättigungsindex 174 176
Calciumhypochlorit 70 121
Calcium/Magnesium-Verhältnis 56 150
Carbonat 52 55 56 f 175 182 184 ff 190 230 ff
- Auflösung 26 31 174 ff
- Berechnung 184 230 ff
- Bildung 52 175 230 ff
- Entfernung aus Hydroxidlösungen 183
- Härte → Härte
- Leitfähigkeit 263
- Überführung in 147 f 180 181
Carcinogene → Krebs
Chemische Oxidierbarkeit → Chem. Sauerstoffbedarf
Chemischer Sauerstoffbedarf (CSB) 38 48 64 ff 69 123 127 128 194 ff 204
- Bestimmung 141 149 ff
- Küvettentest 195 196 199 f
- Meßplatz 16 197 199
chemotrophe Organismen 30
Chironomus 46
Chlor 70 f 94 f 118 121
- Desinfektion mit 70 f 79 80 94 f 118 120 f 172
- freies 71 118 120
- – Bestimmung 266 f
- gebundenes 71 118 120 f
- – Bestimmung 266 f
- Gesamtchlor 71
- – Bestimmung 266 f
- Geschmacksgrenze 70
- organisch gebundenes 66 70 78 ff 94 103 120
- Oxidation mit 70 f 79 80 94 f 118 120 f

- Restchlor 70f 104 116 267
- Substitutionsprodukte 70 79 80 94 120 251 266
- Zehrung 71 120
Chloramine 71 120 251
Chlordioxid 70f 118 120f
Chlorid 33 35 40 51 58 102 110 118f 123
- Bestimmung 19f 141 237ff
- Störungen durch 58 62 85ff 88ff 94
- als Verschmutzungsindikator 58 67 118f 121 150
Chlor-Lignine 40
Chloroform 66 70 79 191
Chlorphenole 66 70 79f
Chlorung → Chlor
Cholera 53 83
Chrom 36 63 76 104 116 225f
- Bestimmung 225f
chromatographische Methoden 15 20
Chromschwefelsäure 197
Citrobacter 283
Clark O_2-Elektrode 15f 202 261 262
Clostridium 104 268
Cobalt 104 228f
Colibakterien → *Escherichia coli*
Coliforme Bakterien 83 104 106 117 122 150 270 282ff
- Anreicherung 284f
- Bestimmung 282ff
- - nach Flüssiganreicherung 284 286f
- - nach Membranfiltration 284 288f
- Differenzierung 286f
- Nachweis 270 283f
- - m. Coli-Count-Tester 289
- Stoffwechselmerkmale 283f 287
Colititer 121 284f 288
Cyanid 36 78 104 116 242f
- Bestimmung 19f 242f
Cyanobakterien (Blaualgen) 43 45 46
Cyprinidengewässer 36 114
Cyprinidae 114

Daphnien-Kurzzeittest 20 81
Dampfraumanalyse 19
Deionat 95ff
- Anforderungen 95f 151
- Herstellung 98ff
- keimfreies 95 98ff 100f
- pyrogenfreies 100f
- Reinheitsstufen 96
- Resthärte 216
- Überprüfung 95f 145 160 216
Denitrifikation 30 132 134 139
Deponien 33 74
Desinfektion 70f 79 80 94f 118 119 120f 129 172 271
Destamat 97
Destilliertes Wasser (→ Deionat) 95f 97f 160
Destruenten 42f 48 81 201
Desulfotomaculum 30
Desulfovibrio 30
Desulfurikation 30
Detergentien → Tenside

Detritus 45f
- -fresser 46
Dichte 114 144 159f
- Bestimmung 13 159f 180
Direkteinleiter → Abwassereinleitung
DPD-Reagenz 266
Düngemittel(-Ausschwemmung) 33 35 53 59f 64 94 126 140 142 268
Dünnschichtchromatographie 20
Durchfluß 152
Durham-Röhrchen 285

Eigenüberwachung 128 195
Eindampfrückstand → Abdampfrückstand
Einleitebedingungen → Abwassereinleitung
Einstabelektroden 15 168ff 239
Einwohnergleichwert (EGW) 39 126 132 134 135 136f
Einzelpotential 168f 173
Einzugsgebiet 6 31 34
Eisen 31 35 46 51 59 60 61 64 103 110 112 116 118
- Bakterien 31 61 82 88ff 268
- Bestimmung 217f
- Enteisenung 33 93 109
- Korrosion 58 83ff
- aus Leitungsmaterial 26 58 60 61
- Oxidhydrat 25 61 82 87 93 96 107
- Störungen durch 33 51 55 61 82 88ff 93
- als Werkstoff 26 55 83ff
Eisensalze z. Flockung u. Fällung 92 118 120 138
Elektrische Leitfähigkeit → Leitfähigkeit
elektrochemische Korrosion 85f
elektrochemische Methoden 19
Elektrolytgehalt 19 32f 35 41 52 56 63 83 88ff 107 108ff 116 128 147 159 160 181
Emscherbecken 131
Emscherbrunnen 131 139
Endoagar-Nährboden 283 286 289
endogene Atmung 134 203
Endotoxine 134
Enteisenung → Eisen
Enterobacter 283
- *aerogenes* 286
Enterobacteriaceae 283 287
Enterokokken 104 106 282 290
- Nachweis u. Bestimmung 290
Enterotube II-System 287
Entfärbung 70f
Enthärtung 53 94 105
Entkeimung 94 120 139
Entmanganung → Mangan
Entsäuerung 86 93
Entschwefelung 109
Entwässerungssatzungen 128
Enzymatische Methoden 20
Epilimnion 45 52 58 122
Equithal pH-Elektrode 15
Erdalkalimetalle 31 54 55 57 75 211ff
Escherichia 282 283
Escherichia coli 82f 104 106 117 122 150 282ff
- Anreicherung 284f

- Bestimmung 282ff
- - nach Flüssiganreicherung 283 286f
- - nach Membranfiltration 283 288f
- Colititer 121 284f 288
- Differenzierung 286f
- Nachweis 270 282ff
- - m. Coli-Count-Tester 289
- Stoffwechselmerkmale 283f 287
Eutrophie(rung) 36 44f 47 60 115
extrahierbare Stoffe 66 80 103 123 141
Extraktionsmethoden u. -systeme 18f

Fäkalindikatoren 83 106 269 282ff
Fällungsreinigung 129 138
Färbung 26 64 102 107 121 156f 178f
- Prüfung auf 141 152 156f 178f
Faulbehälter 139
Faulgas 139
Fäulnis(prozesse) 44f 46 47 88ff 130f 139f
Faulprozeß 139f
Faulschlamm 128 140
Faulteich 134
Faulturm 130 138 139
Faulung 130f 132 139f
Faulwasser 139
Feldgeräte 7 10 13 15 26 158 160 161 171 177 202
Feldmethoden 7 26 151
Filtration
- i. d. Abwasserbehandlung 129 137
- i. d. Wasseraufbereitung 93 94 109 118 120
«Filtrierer» 43
Fisch/Fische 36 42f 76 80 114ff 135
- Endglied d. Nahrungskette 42f 76 81 114
- Gewässer 36 38 114ff 244 263
- - biolog. Untersuchung 47ff 49f
- - chem. Untersuchung 11 114ff 263ff
- ökologische Bedeutung 42 114
- Sauerstoffbedarf 42 58 115
- Teiche/Teichwirtschaft 11 135
- als Testorganismen 20 81f
- Toxizität 20 38 45 60 62 74ff 128 263
- Bestimmung 20 81f 141
Flächenkorrosion 83f
Flammenphotometrie 16 147 208ff
Fließgewässer (→ Oberflächengewässer) 3 29f 35 37ff 41f 45 114
- biologische Vorgänge 47ff 201
- Probenahme 37 153f 275
- Regulierung 33
- Verbesserung 35ff 114
- Verschmutzung 37ff 49f 65 67 114 268 276 283 290
- als Vorfluter 38ff 270
Flockung 75 92 94 118 120 137
Flockungsfiltration 129 137
Flockungsmittel 75 92 118 120 138
Flotation 138
Fluorid 19f 54 58f 104 110
- Bestimmung 239ff
Flüsse → Fließgewässer

337

Flüssig(keits)anreicherung 269 283 286 f
Förderbrunnen 30
fossile Wässer 28
Freibeckenbäder → Hallenbäder
Frischschlamm 139
Frühjahrsvollzirkulation 45
Füllwasser (-Zusatz) 119
Fungizide 78 f

Gärungsprozesse 139
Gaschromatographie 15 19 20
Gase, gelöste 26 35 41 45 50 93 107 157
– Bestimmung 257 ff
Gassensitive Elektroden 15 253 261 ff 266 267
Gasübersättigung 58 107 122 259 261
Gelatine 269
– Agar-Nährböden 276 278
– Nährböden 269 276
– Verflüssiger 269 276 277 283
Gelbsucht, epidemische 83
gelöste Stoffe 24 107 112 123 131 156 159 180
Gelöster organ. Kohlenstoff → Kohlenstoff
Gemeinschaftskläranlagen 126
Geruch(s) 26 155 244
– Beeinträchtigung 78 80 82 84 107 121
– Entfernung 93 94
– Prüfung auf 152 155 244
– -schwellenwert 80 102 152
– -verbesserung 70 f
Gesamter anorgan. Kohlenstoff → Kohlenstoff
Gesamter Kohlenstoff → Kohlenstoff
Gesamter organ. Kohlenstoff → Kohlenstoff
Gesamthärte → Härte
Gesamtkeimzahl → Koloniezahl
Gesamtrückstand 180 f
– Bestimmung 180 f
Geschmack(s) 26 54 55 59 155 f
– Beeinträchtigung 51 58 59 61 62 70 80 82 84 107 115
– Entfernung 93 94
– Prüfung auf 152 155 f
– -schwellenwert 80 102 152
– Verbesserung 70 f
Gewässergüte 47 ff 49 f
– Karten 47
– Kennfarben 47 f
– Klassen 47 ff 132
Gewässerschutz 26 ff 33 37 ff 73 f 124 f 128
Gewässerüberwachung 47 f 49 f 68 73 83 117 119 143 276
Gifte → toxische Stoffe
Glaselektroden → pH-(Einstab)Meßketten
Glaubersalz 59
Gleichgewichtswässer → Kalk-Kohlensäure-Glgw.
Graphitrohrtechnik 19 229
Grenzflächenaktive Stoffe → Tenside

Grenzwerte 51 73 105 f 122
– Problematik 105 f
– f. Trinkwasser 102 ff
Grieß-Reaktion 253
Größengleichungen 144
Grünalgen 43 45
Grundatmung 134
Grundwasser 28 ff 35 f 41 92 102
– Absenkung 31 33
– Anreicherung 29 f
– Arten 28 108
– Aufstockung 30
– Beschaffenheit, chemische 31 ff
– – hygienische 31 34 56 59 f 82 106 268 270
– Beurteilung 31 ff 65 67 69 145
– Bewegung (Dynamik) 29
– Deckschichten 29
– echtes 28 31
– Erschließung 34
– Hemmer 29
– Infiltration 28 29 34 63
– Körper 29
– Leiter 29
– mikrobiol. Aktivität 30 f
– Neubildung 28
– Nichtleiter 29
– Oberfläche 29
– Probenahme 154
– reduziertes 30 f 33 61 172
– Schutz 4 33 34 128 140
– Stockwerke 29
– Verunreinigung(sgefahr) 33 56 58 59 f 63 64 75 79 82 94 106 f 140 142 270
– Verweilzeit 28 30 34 106
– Vorkommen 3 41 108
Gruppenparameter 36 51 64 ff 78
Gußeisen 26 84 87
Gußplattenverfahren 269 276 f
Gutachten 4 92 143

Hallenbäder, Wasser für 117 ff 145 174 276
– Algenbekämpfung 62 78 f 120
– Anforderungen 117 ff
– Aufbereitung 62 75 118 120 f
– Beurteilung 117 f 120 f
– Desinfektion 70 f 118 120 f
– Flockungsmittel 75 92 118 120
– hygienischer Zustand 106 117 119
– Probenahme 120 275
Haloforme 66 70 79
Halogenide 58 f
– Bestimmung 239
Halogenverbindungen, organische 30 36 66 70 78 ff 94 103 120
– extrahierbare (EOX) 66 80 103 123 141
– flüchtige (VOX) 30 66 79
– Gelöstes organ. Chlor (DOCl) 66 79
– Gelöstes organ. Halogen (DOX) 66 70 79
– Gesamtes organ. Chlor (TOCl) 66 70 79 103
– Gesamtes organ. Halogen (TOX) 66 79
– Kohlenwasserstoffe (HKW) 66 79 f

– polychlorierte Biphenyle (PCB) 66 79
Harn 80 120 125
Harnstoff 120 125
Härte d. Wassers 25 32 35 55 f 62 116 120 148 211 ff
– Bereiche 149
– Beurteilung 149
– Carbonathärte (KH) 32 f 54 55 116 147 148 f
– – Bestimmung 236
– Enthärtung 53 94 105
– Gesamthärte (GH) 55 105 116 123 147 148 f 236
– – Bestimmung 184 214 ff
– Nichtcarbonathärte (NKH) 55 59 147 236
– Problematik d. Begriffs 55 148 f
– Resthärte, Bestimmung 216
– Störungen durch 55 88 ff
– Umrechnungstabelle 148
– als Verschmutzungsindikator 56 150
– weiches Wasser 32 52 55 57 61 62 75 116 123 263
Hazen-Farbzahl 156
Head-Space-Technik 19
Hefen 73 88 ff 134
Heilquellen 34 35 109 ff
Heilwässer 35 72 108 ff
– Anforderungen 109 ff
– Beschaffenheit 109 ff
– Entstehung 108
– Flaschenabfüllungen 109 110 114
– Heilwirkung, Nachweis der 109 f
– Untersuchung 112 ff 145
Hepatitis epidemica 83
Herbizide 33 78 f
Herbstzirkulation 45
heterotrophe Organismen 42 f 47
Hexachlorcyclohexan (HCH) 79
Hochbiologie 137
Hochdruckflüssigchromatographie 15 19 20
Hoechst AG 137
Horizontalfilterbrunnen 34
Humate → Huminstoffe
humides Klima 28
Huminsäuren → Huminstoffe
Huminstoffe 40 41 51 57 61 64 ff 68 70 75 80 100 179
– Bestimmung 68 178 ff
– Bildung 40 64 80
– Störungen durch 40 57 70 88 ff 107
– in Trinkwasser 70 88 ff 107
Humus(boden) → Boden
Hydrazin 84
Hydridtechnik 19 229
Hydrobiologie 41 ff
Hydrogencarbonat 31 ff 35 52 55 56 f 87 92 174 ff 182 184 ff 190 230 ff
– Assimilation 52 57
– Berechnung 184 230 ff
– Bildung 26 31 52 54 174 ff 230 ff
– Störungen durch 88 ff
– Verhalten b. Eindampfen 147 f 180 181
Hydrogensulfid (→ Schwefelwasserstoff) 19 f 110 244 f
– Bestimmung 244 f
Hydrogeologie 28 34

Hydrologie 28 41
hydrologischer Zyklus 28
Hydronium-Ionen → Oxonium-Ionen
Hydroxid (-Ionen) 55 87 92 98 165 f 183 230 ff
Hygiene 73 f
hygienische Beschaffenheit v. Wässern 21 73 ff 88 f 269 270 f
Hyphan 18
Hypochlorit 266
Hypolimnion 45 52 58

Idranal 211 ff
Imhoff-Trichter 204
Imperative Werte (I) 36 114
Indikatorkeime → Indikatororganismen
Indikatororganismen 47 ff 81 83 106 120 270 282 f 290
Indikator-Puffertabletten 124 213 216
Indikatorsystem, biologisches 47 ff
Indirekteinleiter → Abwassereinleitung
Indium 228
Infektion 82 f 106 142
Infiltration 28 29 34 63
Infiltrationsbecken 30
Inhaltsstoffe v. Wässern → Wasserinhaltsstoffe
Inkubation → Bebrütung
Insektizide 78 f
Inversvoltammetrie 20
Iodid 19 f 59 110 112 237
– Bestimmung 239
Ionenaktivität 15 52 166 ff 173 175 239 f
Ionenaustausch(er) 18 181 ff 188
– Abwasserbehandlung 138
– Anionenaustausch 183 213
– Enthärtung durch 53 94 105
– – Bestimmung d. Resthärte 216
– Hyphan 18
– Kationenaustausch 148 181 ff 245 f
– Mischbettaustauscher 97 98 f
– natürliche Austauschvorgänge 32 59 88 112
– Nitratelimination 94
– Säule 182 f
– Vollentsalzung 98 ff
Ionenbilanz 24 51 143 f 147 148
Ionenchromatographie 15 19
Ionendarstellung 51 143 145
Ionenmeter 14 15
Ionenselektive Elektroden 15 167 170 211 239 239 ff 256
Ionenstärke 166 f 175 185
Ionenverhältnis 56 58 112
Ionenzusammensetzung 42 63
– Tabellen 32 36 40 50 111 113 145
Ionscan-System 15 228
IR-Spektroskopie 20 141 191
iuvenile Wässer 28 108

Kalium 33 53 63 72 103
– Bestimmung 208 ff
– indirekte Berechnung 147

Kaliumdichromat-Verbrauch → Chem. Sauerstoffbedarf
Kaliumpermanganat-Verbrauch → Oxidation
Kalk ... → Calciumcarbonat
Kaltdampftechnik 19 229
Kanalisation 37 38 39 126 128 129
Karlsruher Flasche 15 202 203
Karst-Hohlräume 29
Keimdurchbruch 268
Keime → Bakterien → Mikroorganismen
Keimeinbruch 276
keimfreies Wasser 95 98 ff 100 f
Keimgehalt → Mikroorganismen
Kesselspeisewasser 19 55 84 90 145
Kesselstein 54 55 84 94
Kieselalgen 43 45
Kieselsäure (→ Silicat) 57 61 84 90 94 96 100 102 247 ff
– Bestimmung 250 f
– Nährböden 269 276
Kjeldahl-Stickstoff 103 141
Kläranlagen → Abwasserreinigungsanlagen
Klärgas 139
Klarheit → Trübung
Klärschlamm 43 139 f
Klärung v. Abwasser → Abwasserreinigung
Klebsiella 283
Klufthohlräume 29
Kluftwasser 31
Kohlensäure (→ Kohlenstoffdioxid) 26 52 56 f 174 ff 184 ff 230 ff 263 ff
– aggressive 27 32 35 52 57 58 61 f 103 123 175 f
– Bildung 26 90 139 230 ff
– Dissoziation 56 230 ff
– Entfernung 93 100 109
– freie 52 56 f 90 103 108 ff 116 175 263
– – Berechnung 116 184 230 ff 263 ff
– – %-Anteil an TIC 264 f
– freie zugehörige 57 175
– gebundene 52 56 f
– Pufferung durch 27 52 56 f 116 123 175 184 ff 190 230 ff 263
– Titration 184 ff
– Titrationskurve 231 ff
Kohlenstoff (C) 66 190 191
– Gelöster organ. gebundener (DOC) 64 ff 179 191
– – Bestimmung 141 191
– Gesamter (TC) 66 68 191
– – Bestimmung 191
– Gesamter anorgan. gebundener (TIC) 66 68 184 f 190 191 264
– – Bestimmung 190 f
– Gesamter organ. gebundener (TOC) 64 ff 96 103
– – Bestimmung 20 141 191
– Ungelöster organ. gebundener (POC) 66
Kohlenstoffdioxid (→ Kohlensäure) 56 f 95 100 103 108 ff 116 123 154 184 ff 190 230 ff 263 ff
– Assimilation 42 f 57
– Bedarf 52 57

– Berechnung 116 184 230 ff 263 ff
– Bestimmung 57 263 ff
– Bildung 26 90 139 230 ff
– IR-Absorption 191
– Versetzen mit 109
Kohlenwasserstoffe (KW) 66 78 ff 80 103 123
– Bestimmung 20 78 ff 80 141
– biogene 20 51 80
– chlorierte 66 78 ff
– halogenierte 66 79 f
– mineralölbürtige 20 36 40 80 f 103 115
– polycyclische aromatische 20 66 79 84 104 123
Kolloide 50 61 64 80 92 96 120 131 134 140
– Abtrennung d. Adsorption u. Flockung 92 120 134 138
– – Filtration 93 181 247 f
Kolonien → Bakteriolog. Untersuchung
Koloniezahl 94 f 96 105 106 114 117 120 270 275 ff
– Bestimmung 275 ff
– – Gußplattenverfahren 269 276 f
– – Membranfilterverfahren 278 ff
– – m. Total-Count-Tester 282
– – nach Vorfiltration 278 279 281
Konduktometer → Leitfähigkeit
Konsumenten 42 f 48 81
Kontamination → Verschmutzung
Konzentrationsangaben 143 ff
Korrosion 26 57 61 f 73 83 ff 107
Korrosionsprodukte 26 51 61 f 83 86
Korrosionsschutz (→ Passivierung) 55 61 73 83 ff 94
Kot 80 125
Krankheitserreger (-keime) 3 26 34 71 73 82 f 88 ff 94 f 105 f 119 121 139 f 142 268 270 271
Krankheitskeime → Krankheitserreger
Krebs (erregende Stoffe) 54 60 72 77 78 ff
Kühlwasser 33 39 91 125 f 145
Kupfer 26 51 62 64 90 f 103 116
– Bestimmung 220 f 228 228 f
– u. -Legierungen als Werkstoff 26 83 ff
– aus Leitungsmaterial 26 51 58 62
Kurort(e) 109 112
Küvetten 9

Laurylsulfat 81 103
Lebensgemeinschaften → Biozönosen
Leitfähigkeit, elektrische 21 24 26 52 102 113 121 123 147 149 160 f 263 f
– Bestimmung 141 160 ff
– Bezugstemperatur 14 160 161
– von Deionat 96 99 f
– Meßgeräte 14 15 160 161
– Meßzellen 14 160 ff
– Mindestleitfähigkeit 263
– Reinstwasser, theoretische 96 99
– Richtwerte 52 97 232 f
– Temperaturkoeffizient 14 160 f
– – Bestimmung 163 f
– – Tabelle 164

339

- Zellkonstante 14 160 ff
- – Bestimmung 163
- Leitorganismen 47 ff
- Leitsubstanzen 64 ff 74 78
- Leitungsnetz 26 57 58 60 61 f 71 73 78 83 ff 157
- Ablagerungen im 26 55 61 82 83 f 176
- Schwermetalle aus dem 26 51 55 61 f 83 153
- Verkeimung 61 71 82 106
- Leitwerte (G) 36 106 114
- Levoxin 84
- Licht 42 43 45 46 52 80 120
- Ligninsulfonsäuren 40 64 68 179
- Limnologie 41
- Lindox-Verfahren 133 136
- Lithium 53 63
- Bestimmung 208 ff
- Lochfraßkorrosion 83 f 87
- Lokalelementbildung 85 ff
- Löslichkeitsbeeinflussung, gegenseitige 32
- Luft (→ Gase) 26 93 94 132 f 134 f 136 f
- Bestimmung d. Temperatur 158 f
- Übersättigung mit 107

Magnesium 54 55 56 59 103
- Bestimmung 211 ff
- Störungen durch 88 f
- Mangan 31 35 46 51 59 61 64 103
- Bakterien 31 82 88 ff
- Bestimmung 219 f
- Entmanganung 33 93
- Störungen durch 61 82 88 ff
- Marinbiologie 41
- Massenanteil 144
- Massenkonzentration 144 f
- Massenspektrometrie 20
- Meerwasser 41 63 76 109 123 145
- Membranfilter (MF) 17 100 271
- – technik 271 278 ff
- Membranfilter-Verfahren 278 ff
- z. Abtrennung v. Staubpartikeln 124
- – – Keimen 100 f 278 ff
- – – Kolloiden 181 247 f
- i. d. Bakteriologie 104 f 271 278 ff 288 f 290
- Merck, E. 11 137
- Merckoquant-Tests 11 151 229 230
- mesosaprob → Saprobie
- mesotroph → Trophie
- Messing 26 62 85
- Metalimnion 45
- Methämoglobinämie 60
- Methan 45 139
- Bakterien 139
- Gärung 139
- Methylenblauaktive Substanzen (MBAS) 81 103
- Microquant-Testsätze 11 f 247
- Microtox-Testverfahren 20 82
- Mikroorganismen (im Wasser) (→ Bakterien) 42 ff 47 ff 51 69 f 73 f 82 f 200 ff
- Abtötung → Desinfektion → Sterilisation

- Adaptierungsvermögen 70 125 129 132 202
- Aktivität 37 44 69 f 125 132 154 172 203
- Gehalt (Keimgehalt) 31 106 109 268 271 275 f 282 f
- pathogene → Krankheitserreger
- Störungen durch 73 f 82 f 88 ff
- Vermehrung 82 f 84 131
- Verunreinigung durch 34 82 f 276 282 288
- Mineralisation (→ Abbau) 42 44 46 59 64
- Ausmaß 46 58 59 60 69 81 125 134
- Endprodukte 44 46 59 134
- d. Geruchs- u. Geschmackstoffe 58 94
- organische Stoffe 42 44 45 f 47 59 64 125 134
- Mineralisierung → Elektrolytgehalt
- Mineralöl(produkte) 33 36 40 46 80 f 103 115 121 126 129 142
- Bestimmung 20 80 f
- Mineralstoffgehalt → Elektrolytgehalt
- Mineralwässer 35 56 72 108 ff 147
- Anforderungen 108 f
- Beschaffenheit 56 108 ff
- Charakterisierung 108 ff
- Entstehung 108
- Flaschenabfüllungen 109 110 114
- Untersuchung 112 ff 145
- Minimumfaktor 36 45
- Mischabwasser 126 129
- Mischbett-Ionenaustauscher 97 98 f
- Mischkanalisation 126 129
- Mischkultur v. Bakterien 269
- Mischwässer 30 37 57
- Molalität 144
- Moorwässer 59 61 64 67 75
- Moos(e) 42
- Most Probable Number (MPN) 104 f
- Mülldeponien → Deponien
- Multielement-Analyse 18 19 20
- +m-Wert → Säurekapazität $K_{S\,4,3}$
- −m-Wert → Basekapazität $K_{B\,4,3}$

Nachfällung 138
Nachfaulraum 139
Nachklärbecken 132 134 138 139
Nachweisgrenze 147
Nährböden 17 269 276 283 286
Nährkartonscheiben 17 101 270 271 278 286 290
Nährmedien 17 269 271 283 285
Nährstoffe 42 f 44 45 f 126 135 203
- Kreislauf 42 f 47
- mineralische 42 f 115 129 203 205
Nanoplankton 43
Natrium 53 59 63 95 103 110
- Bestimmung 208 ff
- indirekte Berechnung 147
- Störungen durch 88 ff
Natriumchlorit 71 121
Natriumhypochlorit 70 121
Natrium/Kalium-Verhältnis 53 150
Neo-Komparator-System 10 f
Nernstsche Gleichung 85 168 ff 173 239

Neßler-Reaktion 251 f
Neutronenaktivierungsanalyse 20
Nichtcarbonathärte → Härte
Nickel 36 104 116
- Bestimmung 226 f 228 f
Niederschlagswasser (→ Regenwasser) 27 28 36 37 64 122 ff 126 129
- Anreicherung m. CO_2 27 31 54
- Inhaltsstoffe 26 27 54 123 126
- Untersuchung 123 f
Nitrat (-N) 33 35 f 40 42 ff 46 51 59 f 94 103 118 123
- -ammonifikation 30
- Bestimmung 19 f 141 255 f
- Bildung 44 123 201
- Entfernung 94 129 137 ff
- Reduktion, chemische 25 58 59 f 62
- – mikrobielle 25 30 45 58 59 f 283
- Störungen durch 88 ff
- Umrechnungstabelle 256
- als Verschmutzungsindikator 60 67 118 121 150
Nitrifikation 33 59 115 132 133 134 135 136 139 201
- Hemmung 201 205
Nitrit (-N) 33 36 59 f 103 115
- Bestimmung 19 f 141 253 f
- Bildung 60 62
- Oxidation 59 201
- Reduktion 59
- Umrechnungstabelle 254
- als Verschmutzungsindikator 60 115 150
N-Nitroso-Verbindungen 60
Normalpotential → Standardspannung
Normalwasserstoffelektrode → Standardwasserstoffelektrode
Norm-Verfahren 10 24 141 145 146 151
Noxizität 81

Oberflächenaktive Stoffe → Tenside
Oberflächenbelüfter 133
Oberflächengewässer 3 4 35 ff 41 f 42 ff 45 f 47 ff 75 201
- Anforderungen 36 f 145
- Arten 35 f 41
- Beschaffenheit, chemische 35 ff 65 67 75 114 f 145
- – – hygienische 35 ff 268 270 276 283 290
- Probenahme 37 46 153 f 275
- Qualitätsverbesserung 35 ff 114
- z. Trinkwassergewinnung 29 f 36 f 39 46 270
- Verschmutzung 35 f 47 ff 49 f 65 67 114 268 270 276 283 290
Ökologie 41
Ökosystem 35 43 44 114 128
oligosaprob → Saprobie
oligotroph → Trophie
Organische Stoffe → Wasserinhaltsstoffe
Organismen (→ Mikroorganismen → Indikatororganismen) 3 35 f 37 41 ff 47 ff 80 131 ff
- chemotrophe 30
- heterotrophe 42 f 47

– photoautotrophe 43 f 58
Organoleptik 51 71 80 94 152
organoleptische Parameter 102 103 152
Orthophosphat → Phosphat
örtliche Erhebungen 5f 21 24 25 142 143 149 271 274
Ortsbesichtigung → örtliche Erhebungen
Oxidation v. Wasserinhaltsstoffen (mit) 26 64ff 79 150 192 194ff 200ff
– anodische 71 94
– biochemische → Biochem. Sauerstoffbedarf
– Chlor → Chlor
– Kaliumdichromat → Chem. Sauerstoffbedarf
– Kaliumpermanganat 65f 69 94 103 118 120 122 150 191 ff
– Luftsauerstoff 94 191
– Ozon → Ozon
– Peroxodisulfat 191
– photochemische 18 191
OxiCal-System 262 f
Oxidationsgraben 134
Oxidationsteiche 134 f
oxidierbare Stoffe → Oxidation
Oxidierbarkeit → Oxidation
Oxonium-Ionen (→ pH-Wert) 83 ff 96 165 ff 181 f 230 ff
– Konzentration 52 165ff 230ff
Ozon 70f 94f 118

Parameterlisten 37 112 145
– Abwasser 141
– Fischereigewässer 36 114
– Mineral- u. Heilwässer 112
– Schwimmbeckenwasser 117 f
– Trinkwasser 37 102 ff
Parasiten 268
Parathyphus 83
Passivierung 26 57 58 84ff 94
pathogene Keime → Krankheitserreger
Permeat 100
persistente Stoffe 34 35f 68 78ff 138 140
Pestizide 33 78f 104
Petrischalen 17 270 271
Pflanzenschutzmittel 62 64 79 126 142 •
Phenol(e) 36 66 79 80 94 103
– biogene 80 94
– Index 80 103 141
– Organoleptik 51 71 80 94 103 115
– Oxidierbarkeit 71 80 94 192
pH-(Einstab)Meßketten 15 168 ff
– Asymmetrieabgleich 169 f
– Behandlung 172
– Steilheit 169 ff
– Temperaturkompensation 170
– Zweipuffer-Eichung 170 f
pH-Indikatoren 167 267
pH-Wert 21 24 42 52 56f 83ff 96 102 115f 118 120 122 123 165ff 230ff
– Bestimmung, elektrometrisch 26 141 168 ff
– – kolorimetrisch 167 267
– v. Deionat 95 f
– Meßgeräte 14 15 171 177 188

– Stabilisierung → Pufferung
Phosphat (-P), Phosphor 33 35f 40 60f 104 115 123 247ff
– Bestimmung 19f 26 141 199 249f
– Bildung 44 46
– Fällung 129 138
– gelöster reaktiver 247
– gesamt-P 40 141 199 247 f
– als Korrosionsschutz 61 84f 94
– als Minimumfaktor 36 45
– als Nährstoff 36 42f 60 115
– organischer 79 247 f
– Polyphosphate 61 84f 94 247
– Remobilisierung 45 45 f
– Umrechnungstabelle 250
– als Verschmutzungsindikator 35 51 60 150
Phosphorsäure 57 60
photoautotrophe Organismen 43 f 58
– Primärproduktion 43 46 47
Photometer 12f 16 199
Photosynthese 43 f
– Leistung 44
Phytoplankton 45 80 122
Pilze 73 88 ff 134
Plankton 43 45 58 75 81 92 248
Plattengußkulturen 269 275 276 f
Polarographie 20
Polycyclische aromat. Kohlenwasserstoffe (PAK) 20 66 79 84 104 123
Polyphosphate → Phosphat
polysaprob → Saprobie
Poren 29 30
– Hohlräume 29
– Raum 29
– Volumen 29
Potentiometrische Titration 13 15 168 182 187 ff
Primärkonsumenten 43
Primärkultur v. Bakterien 269 284
Primärproduktion 42 ff 46 47
Primärproduzenten 43 46 81
Primärschlamm 139
Probenahme 21 25 120 121 141f 143 151 ff
– f. bakteriolog. Untersuchung 274 f
– Gefäße 9 18 25 152
– Geräte 17f 141 152
– – automatische 17f 141 152
– Protokoll 153 155
– f. Sauerstoffbestimmung 25 46 58 153 f
Probenarten 18 127 141 152 ff
Probenaufschluß 18
Probenkonservierung 10 18 25f 141 152 f
Probenvorbereitung 18f 25
Produzenten 42 48
Profundal 46 58
Protokollführung 6 22 150 153 155
Protozoen 42 81 132 134
Pseudomonas 31
– *aeruginosa* 106
Pfuffer 15 170f 209
– Kapazität 57 170
– – v. Deionat 95 f
Pufferung v. Wässern (→ Kohlensäure) 60f 185 190 232

Purge-and-Trap Verfahren 19
+p-Wert → Säurekapazität $K_{S\,8,2}$
−p-Wert → Basekapazität $K_{B\,8,2}$
pyrogenfreies Wasser 100 f

qualitative Nachweise 11 151
Quecksilber 36 38 40 76f 104 116 128
– Bestimmung 141 228 229
Quellen 34 35 41 106
– juvenile 28 108
– künstlich erschlossene 108 f
– natürliche 41 108 f
– vadose 28 108
Quellfassung 34 113
Quellschüttung 34 113
Quellschutzgebiete 34
Quellwasser 4 34 35 109
Q_C-Wert 184f 190f 230 263ff

Radioaktivität 27 34 72 123 126
Radon 72 110
Reagenziensätze u. Testsysteme 7 9ff 22 26 120 151 f
Redoxelektroden 15 173 f
Redoxpotential → Redoxspannung
Redoxpuffer 15 174
Redoxspannung 31 58 95 118 120 172 ff
– Bestimmung 172 ff
– Meßgeräte 15 171 188
– Standardspannungen 173
Redoxvorgänge 59 f 172
– mikrobielle 30f 44f 59f 172
Regen 122 ff
– Entlastungen 129
– Klärbecken 129
– Rückhaltebecken 129
– saurer 75 116 123
– Überläufe 129
Regenwasser (→ Niederschlagswasser) 3 27 35 37 120 122ff 125f 129 270
– Inhaltsstoffe 26 27 52 54 123 126
– Untersuchung 19 123 f
Reinkultur v. Bakterien 269 270 284 287 289
Reinstwasser 95 ff
Reinwasser 95ff 117 f
Remobilisierung 45 45f 64 75
Respiration → Atmung
Restchlor → Chlor
Resthärte → Härte
Revers-Osmose 94 100
Rhein 30 39f 76
Richtzahlen (RZ) 102 ff 106
Ringkanalisation 38
Rohabwasser 125 142
Rohrnetz → Leitungsnetz
Rohschlamm 130 139
Rohwasser 73 92
Röntgenfluoreszenzanalyse (RFA) 20
Ross-pH-Elektrode 15
Rotguß 85
Rubidium 53 63
Rücklaufschlamm 130 132 138
Rückspülwasser 75

Salmonellen 83 122 139
Salmonidengewässer 36 114
Salmo salar 114
– *trutta* 114

341

Salzbelastung 39 52 116
Salzgehalt → Elektrolytgehalt
Sandfang 129 138
Saprobie (-zonen; -Zustände) 47 f
- mesosaprob 47 48
- oligosaprob 47 48
- polysaprob 47 48
Saprobiensystem 47 ff
Saprobitätsstufen 47 f 69
Sapromat 201
Saprophyten 82 268
Sättigungsindex → Calciumcarbonat → Sauerstoff
Sauerbrunnen 109 f
Säuerlinge 52 56 109 f
Sauerstoff 42 ff 45 ff 58 115 122 131 ff
- Anreicherung 93 133 135
- Bedarf (SB) 42
- - biochemischer → Biochem. SB
- - chemischer → Chem. SB
- Bestimmung 46 257 ff
- - elektrometrisch 15 f 200 ff 261 ff
- - nach Winkler 15 203 257 ff
- - Probenahme 25 46 58 153 f 258 f
- - Fixierung 25 258 259
- Bildung (Produktion), biogene 43 f 46 58 122
- Defizit (Mangel) 44 f 46 47 58 129 134 139 259
- Eintrag 47 132 f 134 f 136
- Elektrode nach Clark 15 f 202 261 262
- Flaschen 15 154 202 203 258 259
- Gehalt 33 35 39 45 46 49 58 107 115 122 133
- u. Korrosionsvorgänge 58 83 ff
- Meßgeräte 15 f 202 262
- Profil 16
- Sättigung 46 58 103 115 122 259 260
- Sättigungsindex 103 259
- Sättigungskonzentration 259 260
- Störungen durch 88 ff
- Übersättigung 58 122 259 261
- Verbrauch 44 f 46 58 103 194
- Zehrung in Gewässern 45 46 47
Säurebindungsvermögen (SBV) 55 116 148
Säurekapazität $K_{S\,4,3}$ (+m-Wert) 26 55 105 148 182 184 ff 190 230 ff 263 ff
- Bestimmung 187 ff
- korrigierte 185 187
Säurekapazität $K_{S\,8,3}$ (+p-Wert) 26 184 ff 190 230 ff 263 ff
- Bestimmung 187 ff
Säurekorrosion 83 85 f
Schachtbrunnen 34
Schadeinheiten 38 128
Schädlingsbekämpfungsmittel → Pestizide
Schaumbildung (→ Tenside) 121
Scheibentauchkörper 132 134
Schlamm 43 125 128 130 132 139 f
- Abbau 125 134
- Abscheidung 43 130
- Anfall 134 135
- Behandlung 130 f 132 138 139 f
- Entwässerung 139 f
- Faulung 130 f 132 139 f
- Index 134

- Stabilisierung 134 139
- Volumen 139
- Wasser 139
Schlammröhrenwürmer 46
Schluckbrunnen 30
Schmutzfracht 18 124 126 131 152
Schmutzwasser 37 124 129
Schnee(schmelzwasser) 35 52 122 ff 125 f 270
Schnellsandfilter 93 137
Schönung(steiche) 135 137
Schutzschichtbildung → Passivierung
Schutzzonen 34
Schwebstoffe (→ suspendierte Stoffe) 18 64 92 96 115 140 141 159 204
Schwefelwasserstoff (→ Hydrogensulfid) 33 58 59 61 78 103 108 116 139 244
- Bestimmung 244 f
- Bildung 30 45 58 59 78 244
- Entfernung 93 94 109
- Oxidierbarkeit 59 244
Schwermetalle 26 33 40 51 55 61 f 63 83 150
- Anreicherung 18 19
- - i. d. Nahrungskette 35 f 74 ff 78 ff
- Bestimmung 15 19 20 153 228 228 f
- i. Faulschlamm 140
Schwimmbäder → Badeseen → Hallenbäder
Schwimmbeckenwasser → Hallenbäder
Secchi-Scheibe → Sichtscheibe
Sedimentation 92 129 f
Sedimentationsbecken 92 129 f
Sedimente 45 f 47 64 86
- Remobilisierung 45 45 f 64 75
See/Seen (→ Badeseen → Oberflächengewässer) 3 35 f 41 f 121 f
- biolog. Vorgänge u. Stoffkreislauf 41 ff 45 f
- eutrophe 36 44 f 47 60 115
- mesotrophe 44
- oligotrophe 36 38 44 46
- Probenahme 47 46 153 f 275
- als Vorfluter f. Abwässer 38 117 121 137 268 270 276 283 290
Sekundärschlamm 139
Selbstreinigung v. Gewässern 37 40 42 ff 47 58 68 70 121 128 131 201
Selbstreinigungskraft 37 43 f 60 117 122
Selbstverschmutzung → Verschmutzung
Selektivnährböden 269 286
Selen 63 75 77 f 104 122
Sensorik 152
sensorische Prüfung 152
Seradest 98 ff
Seuchenerreger → Krankheitserreger
Shigellen 83
Sicherheitschlorung 71
Sichtscheibe 13 102 156 f 158
Sichtrohr 157
Sichttiefe → Trübung
Silber 104 116 228 f

Silicat (→ Kieselsäure) 25 61 91 247 ff
- Auflösung 32
- Ausflockung 25
- Bestimmung 26 250 f
- aus Glas 95
- Umrechnungstabelle 251
Simultanfällung 138
Sinnenprüfung 21 149 151 ff
Sole 109 110 112
Solventextraktion 18 f
Sommerstagnation 45 f
Spectroquant-System 11 ff
- Bestimmungen 218 220 221 226 227 243 244 247 249 250 252 254 255
Spektraler Absorptionskoeffizient → Absorption
Spektrophotometer 12 f 15 16
spektrophotometrische Methoden 12 f 20 178 ff
Sprungschicht 45
Spurenanalytik 15 18 19 20 228 228 f
Spurenanreicherung 18 f
Spurenelemente 18 23 35 40 41 50 51 63 f 108 112
Spurenstoffe 9 15 19 24 25 50 51 64 112
Stagnation
- in Gewässern 45 f
- im Leitungsnetz 61 f 75 103 152 153
Stahl 62 85 87
Standardpuffer 15 170 f
Standardspannung 168 f 173
Standardwasserstoffelektrode 168 f 173 f
Statistische Verfahren 145 ff
Stauseen 35 f 46
stehende Gewässer (→ Oberflächengewässer → Seen) 35 ff 38 41 45 50 137
Steilheit v. Elektroden 169 ff 239
Sterilfiltration 100 278 ff
Sterilisation 271 ff
- durch Abflammen 274 275 278 ff
- im Autoklaven 16 f 271 ff
- durch Dampf 17 271 ff
- Geräte 16 17 271 272
- durch Hitze 16 f 271 ff
- von Nährböden 17 274
- von Pipetten u. Glasgeräten 16 272 f
- Sicherheits- 273
Stickstoff
- Abbau zu 120 134 139
- Elimination 94 129 137 ff
- Kjeldahl-N 103 141
- trichlorid 120
- Verbindungen 59 f 120 251 ff
- - Bestimmung 251 ff
Stoffkreislauf 42 43 46
Stoffmengenkonzentration 144 f
Stofftransport 41 47
Straßenstreusalz 33 35 58 126 142
Streptococcus faecalis 106 122 290
Streptokokken, fäkale 83 104 106 122 134 270 290
- Nachweis 270 290
Strontium 54 55 63 72

342

Subkultur v. Bakterien 269 270 284 286
Substratatmung 203
Sulfat 35 54 59 62 90f 102 112 123
– Bestimmung 19f 141 245ff
– Betonangriff 87f 91
– Bildung 44 46 59 78 123
– Entfernung 94
– Härte 54 59
– indirekte Berechnung 147
– Reduktion 30 45 59 78 108
– als Verschmutzungsindikator 59 150
Sulfid(schwefel) → Hydrogensulfid
Sulfit-Ablaugen 40 64 68 179 192
Summenbestimmung(en) 21 24 64ff 147f 180ff
– durch Kationenaustausch 148 181ff
Summenbildungen 143 147f
Summenparameter 64ff 74 78
– f. Abwassereinleitung 38 127
Sumpfgewässer 75
suspendierte Stoffe (→ Schwebstoffe) 50 80 131 138 141 248
Süßwasser 3 36 41ff 114
synsedimentäre fossile Wässer 28

Tafel(quell)wasser 108ff
Tag-Nacht-Zyklus 46 52 58 115
Tauchtropfkörper 132
Teiche 35
Temperatur 21 24 42 52 57 102 107 108 110 115 157ff
– Bestimmung 141 157ff
– – elektronisch 14 158 159 160f 261
– – m. Thermometer 154 157
– Meßgeräte 13 14 15 158 161 171 177 188 202
– Profile 16 158
– Schichtung 45 52 122
– Schwankungen 30 31 35 47 83 107 120
Tenside (Detergentien) 46 80 81 91 103 121 125
– anionische 81
– bismutaktive (BiAS) 81
– methylenblauaktive (MBAS) 81 103
– nichtionische 81
Testsysteme → Wasseruntersuchung
Thallium 228 228f
Thermalquellen 108 110 112
thermische Belastung 33 35
– Fischereigewässer 115
– Grundwasser 33
– Oberflächengewässer 35 39
– Vorfluter 35 126
Thermostatisieren 13f 164f 179 197 207
Thiocyanat 243
Thiobacillus 31
Tiefenbegasung 132
Tiefenstrombelüftung 136f
Tiefenwässer 28
Tiefenzone → Profundal
TISAB-Puffer 239ff
Titriplex 211ff 240

Toxikologie 74
toxische Stoffe 3 26 35f 51 63 73ff 105 205
– im Abwasser 35 37 47 125
– – Elimination 138
– Akkumulation 35f 74ff 78ff
– anorganische 26 36 71 74ff
– Entgiftung 71
– organische 26 36 64 69 74 78ff
– Schwellenkonzentration 63
Toxizitätsprüfung 20 74 81f
Transmissionsspektrum 178
Trennkanalisation 129
Trinkwasser (→ Wasser → Wasseruntersuchung) 102ff 145
– Anforderungen 73f 88ff 92 102 270
– – Parameterliste 102ff
– Beschaffenheit 73f 92 102ff 283
– Beurteilung 65 67 105ff
– -fluoridierung 59
– Gewinnung 29f 36f 39 46
– Grenzwerte 73 102ff 106
– Schutz 4 102
– Schutzzonen 34
– Verbrauchergruppen 88ff
– in Verkehr bringen 109
– Verordnung (TWVO) 102ff 283
– Versorgung 3 4 30 35f 36 46 64 82 102 107 124
– Versorgungsunternehmen 3 30
– Verunreinigung (d. Abwasser) 82 140 142 270f 283 290
Trinkwasseraufbereitung 30 31 33 36f 51 68 73 92ff 106 270
– biologische Verfahren 94
– Störungen 70 79 80 82
– Verfahrensschritte 36f 70f 75 86 92ff 118
– Zusätze 61 70f 84 92ff
Tritium 72 108
Trockenfiltration 93
Tropfkörper 131f 134 135 136
Trophie (-Zonen; -Zustände) 47
– eutroph(ierung) 36 44f 47 60 115
– mesotroph 44
– oligotroph 36 38 44 46
– trophogene Zone 45
– tropholytische Zone 46
Trübung 102 107 117 121 156f
– Prüfung auf 141 152 156f
Tubifex 46
Turmbiologie 137
Typhus 82f

Überlaufwasser 119
Überschußschlamm 130 132 134 139
überstauter Trichter 153
Uferfiltrat(ion) 28 29f 31 34 39
Umkehrosmose 94 100
«Umkippen» d. Gewässer 44f 172
Umsatzwässer 28
Umweltchemikalien 78
Umwelthygiene 74
ungelöste Stoffe (→ Kolloide → Schwebstoffe) 104 156 180
Ungelöster organ. Kohlenstoff → Kohlenstoff
Unkrautvernichtungsmittel → Herbizide

Unterchlorige Säure 266
Untergrundpassage (→ Boden) 30 94
Untersuchungsergebnisse → Wasseruntersuchung
Urin 80 120 125
Ur-Produktion → Primärproduktion
UV-VIS-Spektroskopie 15 16 20 178ff
UV-Photolyse 18 191

VAC-ELUT-System 19
vadose Wässer 28 108
Vanadium 104
Verdunstung 28
Verdüsung 93
Verkeimung
– Deionat 95
– Leitungsnetz 61 71 82 106
Verregnung 93
Verschmutzung v. Gewässern 26 30 33 35 38ff 47ff 49f 51 74ff 78ff 114 127 149f
– d. Abwasser 35 37f 43 45 47 51 58 60 63 64ff 69f 82 117 121 140 268 270
– d. anorgan. Stoffe 33 40 51 52 63 74ff
– anthropogene (allogene) 26 33 35 44 51 63 64 74ff 78ff
– biogene (autogene) 44 51 63f 64 79 80
– geogene 33 77
– d. Niederschlagswasser 27 35 51 63 120 122ff 126
– d. organ. Stoffe 33 40 47 51 64ff 69f 78ff
– Verhütung – Verringerung 35 114 126f
Verschmutzungsindikatoren
– biologische 47ff
– chemische 24 53 56 58 60 107 115 121 149f 271
Verschmutzungsparameter 64ff 142 149f
Vertikalwanderung 45
Verursacher(prinzip) 39 94 129
Vibrio cholerae 83
Viren 34 71 73 82f 120 138
Vorfällung 79
Vorfluter 64 82 125 126 127 128 132 134 137
– Badeseen als 117
– Belastung der 64 134 139
– direkte Einleitungen 64 82 126 129
– Niveau 28
Vorklärbecken 92 129ff 136 138 139
Vorratswässer 28

Wärmebelastung → thermische Belastung
Waschmittel (→ Tenside) 35 60 81 125 149 192 247
Wasser/Wässer (→ Einzelworte)
– Arten 3 26ff 73
– als Arzneimittel 3 109f
– Aufbereitung → Trinkwasseraufbereitung

343

- Blüte 46
- chem.-physik. Eigenschaften 1 f 3 157 ff 159 f 160 ff 165 ff
- Bedarf 3
- Benutzungserlaubnis 127
- Eigendissoziation 96 165 f
- Eigenleitfähigkeit 96 99
- Entsorgung 124
- Förderung 30
- gesundheitliche Bedeutung 3 35 73
- Gewinnungsanlagen 3 30 34
- Härte → Härte
- Ionenkonzentrationsprodukt 166
- Kreislauf 3 28 47 92 102 108 124 128
- als Lebensmittel 4 82 102 109
- als Lebensraum 3 35 41 ff 47 ff 73 82 125
- Leitungen → Leitungsnetz
- als Lösemittel 3 26 73 108 122
- Nutzung 35
- Pflanzen 41 42 ff 45 52 57 60 122 135
- Verbrauch 3
- Verbrauchergruppen 3 73 82 88 ff
- Versorgung(sunternehmen) 3 30 124 276
- Vorkommen 3 26 ff 41
Wasserhaushaltsgesetz (WHG) 34 38 126 128 195
Wasserinhaltsstoffe 3 5 50 51 ff 122 142 ff 154
- anorganische 50 51 ff
- Begleitstoffe 24 50
- Hauptinhaltsstoffe 24 33 50
- organische 41 50 51 64 ff 179
- → Spurenelemente

- → Spurenstoffe
- Tabelle 50
Wasserrecht 74 311 ff
Wasserrechtsbescheid 127
Wasserstoffionen → Oxonium-Ionen → pH-Wert
Wasseruntersuchung (→ Einzelworte) 151
- Analysen- u. Untersuchungsergebnisse 73 142 ff
- – Angabe 51 143 ff
- – Berechnung 143 ff 147
- – Darstellung 143 ff
- – Interpretation 73 142 143 152
- – Richtigkeit 146 147 f
- Analysen- u. Verfahrensfehler 24 145 ff
- Analysenformulare 143 145
- Analysensysteme 7 9 ff
- Analysentabellen 113 145
- Anforderungen 4 ff 21 ff 73 f 95 f
- Arbeitsplanung 5 f 21 ff 142
- Basisformulare 141 145
- Befund 5 22 f 25 142 149 150 155
- Chemikalien u. Reagenzien 9
- didaktische Hinweise 1 f 4 ff 21 ff 23 ff 151
- Dokumentation 6 150
- Feldgeräte u. -Methoden 7 10 13 15 26 151 f 158 160 161 171 177 202
- Glasgeräte, Reinigung 7 f 96
- Gliederung 20 f 143
- Gutachten 4 92 143
- Kontrolluntersuchung 112 147 f
- Konzentrationsangaben 143 ff
- Laborausstattung u. Geräte 6 ff 151

- Literatur u. Handbibliothek 7 17
- Norm-Verfahren 10 24 141 145 146 151
- praktische Hinweise 6 ff 21 ff 23 ff 25 f 142 ff 151 271 ff
- Protokollführung 6 22 150 153 155
- qualitative Nachweise 11 151
- Räumlichkeiten 6 f
- Reagenziensätze u. Testsysteme 7 9 ff 22 26 120 151 f
- statistische Verfahren 145 f
- Untersuchungsobjekte 4 f 21 ff
- Untersuchungsverfahren 9 f 24 114 151
- Volumenmeßgeräte 7 ff 13
weiches Wasser → Härte
Weiher 41
Werkstoffe 26 55 61 f 83 ff 107
Winkler-Methode 15 203 257 ff
Winterstagnation 45
Wismut → Bismut

Zapfhahn 71 73
- Probenahme vom 153 157 275
Zellkonstante → Leitfähigkeit
Zink 62 64 75 85 103 116
- Bestimmung 221 ff 228 228 f
- aus Leitungsmaterial 26 51 58 60 62 85
Zinn 62 63
Zirkulation 45
Zooplankton 42 45 80 205
Zuckmückenlarven, rote 46
zulässige Höchstkonzentration (ZHK) 102 ff
Zweipuffer-Eichung 170 f

O. A. M. D. G.